Springer Collected Works in Mathematics

More information about this series at http://www.springer.com/series/11104

Dr. Johann Hahn

Hans Hahn

Gesammelte Abhandlungen I – Collected Works I

Editors
Leopold Schmetterer
Karl Sigmund

Reprint of the 1995 Edition

Springer

Author
Hans Hahn (1879 – 1934)
Universität Wien
Wien
Germany

Editors
Leopold Schmetterer (1919 – 2004)
Universität Wien
Vienna
Austria

Karl Sigmund
Universität Wien
Vienna
Austria

ISSN 2194-9875
Springer Collected Works in Mathematics
ISBN 978-3-7091-4864-8 (Softcover)

Library of Congress Control Number: 2012954381

Printed on acid-free paper

This Springer imprint is published by Springer Nature
The registered company is Springer-Verlag GmbH Austria
The registered company address is: Prinz-Eugen-Strasse 8-10, 1040 Wien, Austria

Hans Hahn
Gesammelte Abhandlungen
Band 1

Mit einem Geleitwort von Karl Popper

L. Schmetterer und K. Sigmund (Hrsg.)

Springer-Verlag Wien GmbH

em. Univ.-Prof. Dr. Leopold Schmetterer
Univ.-Prof. Dr. Karl Sigmund
Institut für Mathematik, Universität Wien
Strudlhofgasse 4, A-1090 Wien

Gedruckt mit Unterstützung des Fonds zur
Förderung der wissenschaftlichen Forschung

Satz: Vogel Medien GmbH, A-2100 Korneuburg

Graphisches Konzept: Ecke Bonk
Gedruckt auf säurefreiem, chlorfrei gebleichtem Papier – TCF

ISBN 978-3-211-82682-9

Vorwort

Die gesammelten mathematischen und philosophischen Werke von Hans Hahn erscheinen hier in einer dreibändigen Ausgabe. Sie enthält sämtliche Veröffentlichungen von Hahn, mit Ausnahme jener, die ursprünglich in Buchform erschienen – dazu gehören neben dem zweibändigen Werk über *Reelle Funktionen* auch die *Einführung in die Elemente der höheren Mathematik,* die er gemeinsam mit Heinrich Tietze schrieb, seine Anmerkungen zu Bolzanos *Paradoxien des Unendlichen* und mehrere Kapitel für E. Pascals *Repertorium der höheren Mathematik.* Nicht aufgenommen wurden auch die Buchbesprechungen von Hahn, bis auf seine Besprechung von Pringsheims *Vorlesungen über Zahlen- und Funktionslehre,* die einen eigenen Aufsatz über die Grundlagen des Zahlbegriffs darstellt.

Hahn war nicht nur einer der hervorragendsten Mathematiker dieses Jahrhunderts: Sein Einfluß auf die Philosophie war auch höchst bedeutsam. Das kommt in der Einleitung, die sein ehemaliger Schüler Sir Karl Popper für diese Gesamtausgabe geschrieben hat, deutlich zum Ausdruck. (Diese Einleitung ist der letzte Essay, den Sir Karl Popper verfaßte.)

Hahn schrieb ausschließlich auf deutsch. Wir haben seine Arbeiten in Teilgebiete zusammengefaßt (was auch auf andere Art geschehen hätte können) und ihnen jeweils einen englischsprachigen Kommentar vorangestellt. Diese Kommentare, die von hervorragenden Experten stammen, beschreiben Hahns Arbeiten und ihre Wirkung. Die Teilgebiete sind *Theorie der Kurven* (Kommentar von Hans Sagan), *Funktionalanalysis* (Harro Heuser), *Geordnete Gruppen* (Laszlo Fuchs), *Variationsrechnung* (Wilhelm Frank), *Reelle Funktionen* (David Preiss), *Strömungslehre* (Alfred Kluwick), *Maß- und Integrationstheorie* (Heinz Bauer), *Harmonische Analysis* (Jean-Pierre Kahane), *Funktionentheorie* (Lutger Kaup) und *Philosophie* (Wolfgang Thiel). Die Einleitung von Sir Karl Popper und die Kurzbiographie Hahns sind in deutscher und englischer Sprache abgedruckt.

Wir danken den Professoren Olga Taussky-Todd, Georg Nöbeling, Leopold Vietoris, Fritz Haslinger, Harald Rindler und Walter Schachermayer für ihre Unterstützung und dem österreichischen Fonds zur Förderung der Wissenschaftlichen Forschung für Druckkostenbeiträge.

L. S.
K. S.

Preface

This three-volume edition contains the collected mathematical and philosophical writings of Hans Hahn. It covers all publications of Hahn, with the exception of those which appeared originally in book form – i. e. the two-volume treatise of real functions, a joint work (with Heinrich Tietze) on elementary mathematics, Hahn's annotated edition of Bolzano's *Paradoxien des Unendlichen* and several chapters of the *Repertorium der höheren Mathematik* edited by E. Pascal. We also did not include Hahn's book reviews, with the exception of his review of Pringsheim's *Vorlesungen über Zahlen- und Funktionslehre*, which is, in fact, a self-contained essay on the foundations of the concept of number.

Hahn was not only one of the leading mathematicians of the twentieth century: his influence in philosophy was also most remarkable. This is underscored by the introduction written by Hahn's former student, Sir Karl Popper, for this comprehensive edition. (Incidentally, this is the last essay that was written by Sir Karl.)

Hahn published exclusively in German. We have grouped his papers according to subject matter (a task with a non-unique solution); each group of papers is preceded by an English commentary resuming Hahn's results and discussing their place in the history of ideas. The subject areas are *curve theory* (commented by Hans Sagan), *functional analysis* (Harro Heuser), *ordered groups* (Laszlo Fuchs), *calculus of variations* (Wilhelm Frank), *real functions* (David Preiss), *hydrodynamics* (Alfred Kluwick), *measure and integration* (Heinz Bauer), *harmonic analysis* (Jean-Pierre Kahane), *complex functions* (Lutger Kaup) and *philosophical writings* (Wolfgang Thiel). Sir Karl's introduction and the short biography of Hans Hahn are presented both in English and in German.

We are grateful to Professors Olga Taussky-Todd, Georg Nöbeling, Leopold Vietoris, Fritz Haslinger, Harald Rindler and Walter Schachermayer for their help, and to the Austrian Fonds zur Förderung der Wissenschaftlichen Forschung for financial support.

L. S.
K. S.

Inhaltsverzeichnis
Table of Contents

Hahn's Work on Curve Theory / Hahns Arbeiten zur Kurventheorie

Hahn's Work in Algebra / Hahns Arbeit zur Algebra

Zum Gedenken an Hans Hahn

Erinnerungen eines dankbaren Schülers

Karl R. Popper

I.

In der Mitte des Winters 1918–1919, vermutlich im Januar oder Februar, betrat ich zum ersten Mal – zögernd und fast zitternd – den heiligen Boden des Mathematischen Instituts der Wiener Universität in der Boltzmanngasse. Ich hatte allen Grund, ängstlich zu sein. Zwar hatte ich einen Identitätsausweis und ein Meldungsbuch (in dem der Besuch von Vorlesungen und Seminaren von den Professoren bestätigt wurde), aber auf beiden wurde ich als ein „außerordentlicher Hörer" bezeichnet, da ich noch keine Matura hatte. (Ich war gerade aus der 6. Klasse der Mittelschule ausgetreten und ein sogenannter „Privatist" geworden und legte als solcher am Ende des Schuljahres eine Prüfung ab.)

In diesem ersten Jahr im Mathematischen Institut hatte ich in der Tat die größten Schwierigkeiten. Ich kannte niemanden und fürchtete mich, in der Bibliothek ein Buch herauszunehmen oder an einen richtigen Studenten – der natürlich ein ordentlicher Hörer war – um Auskunft und Hilfe heranzutreten.

Die Einführungsvorlesung über Infinitesimalrechnung wurde damals von Professor Wirtinger abgehalten, der den Ruf eines großen Mathematikers hatte. Aber er war kein guter Lehrer, und ich fand es viel leichter, aus Lehrbüchern zu lernen als aus Vorlesungen, insbesondere auch, weil ich mitten im Vorlesungsjahr war. So beschränkte ich mich damals auf die Bibliothek.

Das alles änderte sich grundlegend, als ich (nach der Matura) zum ersten Mal die Vorlesung (wieder einmal die Einführungsvorlesung) von Hans Hahn besuchte. Vermutlich war es im Jahr 1921/22; aber es kann auch später gewesen sein.

Hahns Vorlesungen waren, zumindest für mich, eine Offenbarung. Sie begannen mit einer recht ausführlichen Geschichte der Infinitesimalrechnung, die unter anderem zeigte, daß die Differentialrechnung und die Integralrechnung eine voneinander fast unabhängige Vorgeschichte hatten. Hahns Darstellung war dramatisch. Er ging auf Einzelheiten ein, die mir völlig neu waren.

Mindestens eine Vorlesung war dem Prioritätsstreit zwischen Newton und Leibniz gewidmet. Hahn kam zum Ergebnis, daß nicht nur Newton die Priorität gebührte, sondern daß Leibniz von Newton direkt beeinflußt war und daß Leibniz sogar gewisse Daten gefälscht hat; darunter das Datum einer Publikation (ich glaube, es war ein Buch, das er mit einem falschen Publikationsjahr drucken ließ). Ich faßte später den Plan, mich mit dieser Geschichte selbst näher zu befassen, aber ich kam nie dazu.

Ich bin ganz sicher, daß Hahn in diesen Vorträgen von probritischen oder ähnlichen Gefühlen unbeeinflußt war: Sein Wille zur Objektivität war sonnenklar. Aber die Frage ist: Wenn er *Non-Standard Analysis* gekannt hätte, Abraham Robinsons revolutionäres Buch von 1966, hätte er dann nicht etwas wohlwollender von Leibniz gesprochen? Robinson selbst schreibt (S. 160) über den „bemerkenswerten Gegensatz zwischen der Strenge, mit der die Ideen von Leibniz abgeurteilt werden, und der Milde, mit der Fehler behandelt werden, die den Anhängern der *Limit*-Methode unterlaufen sind". Ich glaube, Hahn hätte von dieser Bemerkung gelernt. (Aber sie erschien 32 Jahre nach seinem Tod.)

In den weiteren Vorlesungen ging Hahn auf die bekannte Entwicklung ein – Cauchy, Weierstraß, Cantor (Diagonalverfahren!), Dedekind; aber das Hervorragende und Dramatische in seiner Darstellung war die Herausarbeitung der *Problemsituation*, in der diese Mathematiker wirkten. Die Probleme, die sie lösten, wurden mit mathematischen Problemen verglichen. Es wurde gezeigt, daß sie von einem tieferen, einem logischen Charakter waren: die Ausschaltung von inneren, vorher nicht deutlich gesehenen Widersprüchen in der Theorie. Dann kamen die Paradoxien – Cantor, Burali-Forti, Russell. Und alles endete, dramatisch, mit Whitehead und Russells *Principia Mathematica* (1. Auflage 1910, deren ersten Band er uns zeigte) und mit einer Diskussion der logizistischen Begründung der Mathematik und dem Programm Hilberts: Widerspruchsfreiheitsbeweis, Beweis der Vollständigkeit. Auch auf Adolf Fraenkels *Mengenlehre* (1919) wurde hingewiesen, die ich mir gleich besorgte.

Diese großartige problemgeschichtliche Einleitung in die Analysis und die Theorie der reellen Zahlen machte einen überwältigenden Eindruck. Er war weltumstürzend. Ich war ein Kantianer, und hier wurde klar gezeigt, daß Kants finite arithmetische Beispiele ganz offenbar nicht synthetische, sondern analytische Sätze waren – und zwar offenbar in Kants Sinn von analytisch: Hahn war auf dieses Problem eingegangen; und es schien, als ob vielleicht wirklich nur empirische Sätze synthetisch wären. Das war zwar ein wichtiger Punkt, aber bei weitem nicht das Wichtigste: Der Gesamteindruck war ungeheuer.

Es war klar, daß Hahn die Geschichte nicht nur mit den *Principia* endete, sondern daß er selbst als ein Anhänger der *Principia* sprach, obwohl seine Vorträge in einem durchaus objektiven Stil gehalten wurden. Als Lehrer und Vortragender war er unvergleichlich. Jeder einzelne Vortrag war ein Kunstwerk, bis ins kleinste ausgearbeitet. Der Vortragende wirkte durch die Strenge seines Themas; durch die objektive und kristallklare Darstellung der Probleme und ihrer Schwierigkeiten. Viele Jahre später – und ohne an Hahn zu denken – habe ich irgendwo geschrieben, daß die Geschichtsschreibung eine Darstellung der Problemsituationen sein sollte. Jetzt, da ich versuche, mich an meine Erlebnisse mit Hahn zu erinnern, sehe ich, daß ich diesen Gedanken vielleicht dem großen Eindruck verdanke, den Hahns Vorlesungen auf mich machten.

Der persönliche Eindruck von Hahn war der eines ganz ungewöhnlich disziplinierten Menschen. Mir erschien er, allein unter den Mathematikern des Instituts, als eine Verkörperung der mathematischen Disziplin. Und er erschien mir als unnahbar. Der Gedanke, daß er mich einmal einladen würde ihn zu besuchen, wäre mir damals als absurd erschienen.

Ich hatte zu jener Zeit (und für viele Jahre danach) überhaupt keine akademischen Zukunftspläne. Ich studierte, weil ich Lehrer werden wollte und weil mich Mathematik und die Naturwissenschaften – insbesondere die Physik – brennend interessierten. Daß ich einmal vielleicht einen kleinen Beitrag erbringen könnte, das kam mir nie in den Sinn. Im Institut war auch Karl Menger, mit mir gleichaltrig – aber offenbar ein Genie, voll von neuen und hinreißenden Ideen. Auch das wäre mir nie eingefallen, daß Menger, nach seiner Professur, mich einladen würde, an seinem Mathematischen Kolloquium teilzunehmen.

Von dem, was ich über Hahns problemgeschichtliche Vorlesungen sagte, werden meine Leser wohl bemerkt haben, daß er schon damals die wichtigsten Ideen vertrat, die später den „Wiener Kreis" charakterisierten. Einiges davon kann in folgendem Diagramm dargestellt werden (das möglicherweise von Hahn oder vielleicht von Leonard Nelson herrühren dürfte):

Sätze
können unterschieden werden aufgrund der folgenden beiden Standpunkte:

		1. Vom Standpunkt der logischen Struktur	
		analytisch	synthetisch
2. Vom Standpunkt der Beziehung zur Erfahrung	a priori	+	?
	a posteriori	–	+

– analytisch: die logische Struktur entscheidet, ob wahr oder falsch;
– synthetisch: die logische Struktur entscheidet nicht, ob wahr oder falsch;
– a priori: vor (oder: unabhängig von) aller Erfahrung entscheidbar;
– a posteriori: nicht unabhängig von der Erfahrung entscheidbar (wenn überhaupt).

Beispiele: Ich bin eine Großmutter, aber ich hatte nie ein Kind.
Ich bin eine Großmutter, aber ohne ein lebendes Kind.

Nach diesem Diagramm (das offenbar implizit schon bei Kant vorhanden ist) impliziert der analytische (oder kontradiktorische) Charakter eines Satzes, daß er *a priori* gültig (oder ungültig) ist; und daß er *a posteriori* gültig ist, impliziert seinen synthetischen Charakter. Aber das Diagramm zeigt auch, daß die Möglichkeit von synthetischen Sätzen, die *a priori* gültig sind, offenbleibt. Kant behauptet, daß es solche Sätze gibt, zum Beispiel in der Arithmetik. Das unterscheidet ihn von Hume und den Positivisten, die (explizit oder implizit) behaupten, daß es keine synthetischen Sätze gibt, die *a priori* gelten. Hahn deutete an, daß er es hier eher mit Hume halten würde als mit Kant; aber er war sich der Schwierigkeiten, die das für die Grundlagen der Mathematik bedeuteten, klar bewußt, wie sein Hinweis auf das Unendlichkeitsaxiom zeigte.

Viele Jahre später veröffentlichte Quine eine sehr interessante Kritik des Wiener Kreises (und anderer empiristischen Schulen), in der er zugab, daß es analytische Sätze gibt, die *ex definitionem* (und daher *a priori*) gültig sind. Aber er behauptete, daß der Begriff „analytisch", wie er von den Empiristen verwendet wird, ein viel weiterer Begriff ist als der eines Satzes, der *ex definitionem* gültig oder ungültig ist. Quine betonte, daß es Sätze gibt, deren logische Form es nicht leicht macht, oder vielleicht sogar unmöglich macht, zu bestimmen, ob sie analytisch sind oder synthetisch. Und er bezeichnete die (ursprünglich nicht empiristische, sondern

Kantsche) Annahme, daß alle Sätze entweder analytisch oder synthetisch sind, als ein „Dogma des Empirismus".

Natürlich hat Quine ganz recht. Nehmen wir Kants berühmtes Beispiel, den Satz „5 + 7 = 12". Kant ist überzeugt, daß dieser Satz synthetisch ist; aber wie ich aus Hahns Vorlesung lernte und wie wir heute wissen, läßt sich dieser Satz (seit etwa Peano) ganz leicht aus *Definitionen* ableiten – aus den Definitionen von „+", von „5", von „7" und von „12"; und so erschien er mir nach Hahns Vorlesungen als analytisch! Wenn man die Stelle bei Kant sorgfältig liest, ist kein Zweifel, was er dagegen gesagt hätte: „Ich akzeptiere", hätte Kant gesagt, „eure Definitionen von ‚5', ‚7' und ‚12'; aber ich mache darauf aufmerksam, daß ihr für diese Definitionen Existentialsätze verwendet, wie etwa ‚Jede Zahl hat einen Nachfolger'. Eine Definition, die die Wahrheit eines Existentialsatzes voraussetzt, kann, wie ich jetzt sehe, sehr überzeugend sein – aber sie ist nicht genau das, was ich meinte, wenn ich von Definitionen sprach: Ich meinte reine Worterklärungen, nicht Erklärungen, die eine Theorie voraussetzen (eine Theorie, die meiner Meinung nach deutlich synthetisch ist, eben weil sie Existentialsätze verwendet). Und dasselbe gilt in noch höherem Maß für den Begriff der Summe. Für Leute wie mich beruht dieser Begriff auf etwas, das ich ‚Anschauung' nannte. Ich hätte vielleicht auch sagen können, auf einer Operation. So benötigt ihr für eure überaus einleuchtende Definition wiederum die Gültigkeit einer existentiellen Theorie. Wenn es zu Anwendungen kommt, so könnt ihr sehr schön zeigen, daß 5 Äpfel *plus* 7 Äpfel 12 Äpfel ergeben. Aber wie steht es in einer Welt, in der nicht mehr als 11 Äpfel existieren? Hier wird es klar, wie wichtig eure Existenzannahmen sind. Eure Theorie ist sehr wichtig. Und man könnte wohl auch andere alternative Theorien konstruieren, die ähnliches leisten und vielleicht noch schöner sind. Eine solche Theorie könnte es vielleicht ermöglichen, den Begriff ‚Summe' noch besser zu definieren. Das alles zeigt deutlich, daß diese neuen schönen Definitionen, die eure neue Arithmetik fast analytisch erscheinen lassen, in meinem Sinn synthetisch sind.

Ich danke euch für das Neue, das ich von euch gelernt habe. Es ist hochinteressant, geradezu aufregend. Aber ich kann leider nicht zugeben, daß es an meiner These etwas ändert: ‚5 + 7 = 12' ist und bleibt ein synthetischer Satz, ebenso wie der Satz, daß die Zahlenreihe der natürlichen Zahlen unendlich ist."

So würde, wie ich heute glaube, Kant sprechen; und ich glaube, daß er recht hätte.

Quine hat recht, daß man über die Analytizität eines Satzes streiten kann und daß der Begriff vage ist. Aber so sind alle (fast alle?) Begriffe. Und es kommt nie auf die Begriffe an, sondern immer nur auf Sätze. Und wenn unser Diagramm auch vage ist, so ist es (und damit die Unterscheidung von analytisch – synthetisch) überaus brauchbar, um den Unterschied zwischen verschiedenen Philosophien, etwa zwischen Kant und Hume, aufzuklären.

Jedenfalls kann es recht gut verwendet werden, um zu zeigen, was Hahn damals über die Stellung der Mathematik zur Logik dachte und was er als ein wohl noch offenes Problem ansah: die Frage nach der Richtigkeit dessen, was später *Logizismus* genannt und oft (offenbar fälschlich) Russell zugeschrieben wurde: die These, daß die ganze Mathematik, oder zumindest die Arithmetik und Analysis, auf die reine Logik zurückgeführt werden kann.

Obwohl Hahn auch auf Hilbert als den Hauptvertreter der axiomatischen Methode hinwies, sagte er damals noch nichts, wenn meine Erinnerung stimmt, über eine von Hilbert vertretene Philosophie der Mathematik (die später „Formalismus" genannt wurde).

Ich glaube, daß er den Intuitionismus von Poincaré erwähnte und Poincarés Kritik von Russell und auch Brouwer in diesem Zusammenhang nannte; aber die Dreiteilung Logizismus – Formalismus – Intuitionismus kam, glaube ich, erst später.

Um meine Erinnerung an diese Vorlesungen zusammenzufassen: Hahn war damals ein wohl noch nicht voll überzeugter, aber glühender Bewunderer Russells und auch dessen, was man später den Logizismus nannte.

Ich halte das für einen Standpunkt, der annäherungsweise noch heute aufrechterhalten werden kann (wie es auch Gödel in seinem kritischen Beitrag zu Paul A. Schilpp, *The Philosophy of Bertrand Russell*, 1944, zeigt). Aber er wird heute nur selten vertreten. Es scheint mir, daß Russells großartige Leistung heute unterschätzt wird; nicht nur weil sich all das schnell weiterentwickelt hat, sondern auch weil Russell, leider, weder den Formalismus Hilberts noch den Intuitionismus Brouwers verstanden hat. Auch den Unterschied zwischen Metamathematik (einschließlich der Hierarchie der Meta-Metasprachen) einerseits und seiner Typentheorie andererseits hat er, leider, nicht verstanden. Dieses Unverständnis Russells ist sehr bedauerlich. Von meiner persönlichen Kenntnis Russells scheint es mir, daß Russell nach der Riesenleistung der *Principia* und ihrer Revision (in der 2. Auflage, 1925, hat er durch ein Mißverständnis das metamathematische Behauptungszeichen aufgegeben) glaubte, alles Wesentliche gesagt zu haben, und das Interesse an späteren Entwicklungen verlor.

Ich hoffe, Hahns Philosophie *vor* der Gründung des Wiener Kreises richtig dargestellt zu haben.

Ich möchte aus dieser Zeit noch bemerken, daß ich damals ein eifriger Besucher von Konzerten war (natürlich auf Stehplätzen!) und oft auf Hahn traf (nicht auf Stehplätzen), mit großen Partituren bewaffnet, die mich an die *Principia* erinnerten.

II.

Ich wußte nichts über die Gründung des Wiener Kreises durch Hahn oder auch nur über eine Beteiligung am Wiener Kreis, bevor ich sein Büchlein *Überflüssige Wesenheiten* las; aber von dem, was ich später von mehreren Mitgliedern hörte, war Hahn der geistige Gründer und sein Schwager Otto Neurath der organisatorische Gründer. Neurath war ein Sozialwissenschaftler (und ein Politiker, der aus dem Kreis eine halbpolitische Bewegung zu machen suchte); und Schlick wurde zunächst, glaube ich, eine Art Ehrenpräsident. Aber er wurde sehr aktiv, nachdem er Wittgenstein kennenlernte, den er als einen Halbgott verehrte.

Was den Wiener Kreis auszeichnete, was ihn so verschieden machte von fast allen anderen philosophischen Kreisen, war, daß er nicht von Philosophen gegründet wurde, sondern von einem bedeutenden und kreativen Mathematiker, der sich brennend für Grundlagenprobleme interessierte (also auch für das, was zur Philosophie der Mathematik gehörte) und für Anwendungen. Er brachte vor allem einen sehr guten Physiker in den Kreis, Philipp Frank, Nachfolger von Einstein auf dessen erstem Lehrstuhl (in Prag), und später einige seiner Schüler; vor allem Kurt Gödel, ein Genie, der in seinen Interessen von jenen Problemen geleitet war, die ich oben als Hahns Probleme beschrieben habe: Grundlagen der Mathematik, Axiomatik, Mengenlehre, die Probleme der *Principia* und des Logizismus. Zu diesen hatten sich inzwischen auch die Probleme des Formalismus Hilberts angegliedert und die des Intuitionismus Brouwers. Das waren dieselben Probleme, die auch in Mengers Kolloquium die Hauptrolle spielten; und Gödel war dort, wie ich mich deutlich erinnere, sehr aktiv beteiligt – wie mir gesagt wurde weit mehr als im Wiener Kreis. Karl Menger, der demselben Jahrgang angehörte wie ich (1902), war ein prominenter Schüler von Hahn. Auf Hahns Initiative ging er zu Brouwer, bevor er Professor in Wien wurde. Er war ein führendes Mitglied des Wiener Kreises. Vor kurzem hörte ich, daß Hahn auch an Carnaps Dozentur in Wien beteiligt war und damit an seiner Mitgliedschaft des Kreises. Schlick hatte bei

Max Planck in Physik dissertiert. Seine *Allgemeine Erkenntnislehre* (1918) war ein ganz ausgezeichnetes Buch – ich glaube, das beste wissenschaftstheoretische Buch seit Kant.

Victor Kraft (ein Mitglied des Kreises, mit dem zusammen ich eine Art von Epizykloide konstituierte) war ebenfalls der Autor eines ganz ausgezeichneten Buches über Wissenschaftstheorie. Und „Wissenschaftstheorie“ bedeutet hier vor allem eine Theorie der Naturwissenschaften, insbesondere der Physik, wie sie in Wien schon vor dem Ersten Weltkrieg von Ernst Mach und Ludwig Boltzmann betrieben wurde.

Unter den Mitgliedern des Wiener Kreises war auch Heinrich Gomperz, der (wie Otto Neurath) keine unmittelbare Beziehung zu den Naturwissenschaften oder zur Mathematik hatte. Aber er erreichte, als er noch ganz jung war, daß ein philosophischer Lehrstuhl für den Physiker Ernst Mach in Wien errichtet wurde; jener philosophische Lehrstuhl, auf den nach Mach zuerst Boltzmann und, Jahre später, Schlick berufen wurden. Es war diese Tradition – die Betonung der Mathematik und Physik –, die dem Wiener Kreis seine Eigenart und seine Bedeutung verlieh: Hier waren ungewöhnliche und kreative Mathematiker und Naturwissenschaftler mit philosophischen Interessen, die versuchten, mit naturwissenschaftlich orientierten Philosophen zusammenzuarbeiten. Und das war unzweifelhaft Hahns Werk.

III.

Von allen Schülern Hahns und Mitgliedern des Wiener Kreises und Mengers „Mathematischen Kolloquiums“ war Kurt Gödel der bedeutendste. Der nächste war Karl Menger (für den sein Aufenthalt bei Brouwer geradezu tragische Folgen hatte). Unter denen, die aus dem Ausland für längere Zeit als Mitglieder kamen, war Alfred Tarski zweifellos der bedeutendste: Er war sozusagen Gödels nächster Konkurrent. (Ich kann bezeugen, daß er im Kolloquium der einzige war, der von Gödel als auf gleicher Stufe stehend behandelt wurde, jemand, der sofort alle Bemerkungen verstehen konnte, die Gödel machte – und die manchmal schwierig waren –, und dessen Kritik absolut ernst genommen werden mußte; aber da er kein Schüler Hahns war, gehe ich hier nicht auf ihn ein.)

Ich möchte die Bedeutung, die Hahn für Gödel hatte, in der Form einer prüfbaren historischen Hypothese vorlegen. Ich kann sie leider nicht selbst prüfen, schon deshalb nicht, weil ich mit mehr als 90 Jahren die verschiedenen Plätze, an denen vielleicht wichtige Dokumente vorliegen, nicht besuchen kann. Ich kenne leider auch fast nichts von der schon vorliegenden historischen Literatur, die diese Dokumente berücksichtigt.

Meine Hypothese ist sehr einfach. Sie lautet: *Die wichtigsten Probleme,* die in Gödels frühen (und auch in späteren) Arbeiten behandelt werden, zumindest bis zum Problem von Cantors Kontinuumshypothese, hat Gödel zuerst in einer Einführungsvorlesung von Hahn kennengelernt, die ihn, ähnlich wie mich, begeisterte und die in ihm den Enthusiasmus entzündete, der für eine jahrelange und schwierige kritische Untersuchung unentbehrlich ist. Auch die große Selbstdisziplin, die aus Gödels Arbeiten spricht, könnte von Hahn beeinflußt sein.

Hier sind ein paar Gründe für diese Hypothese:

(1) Hahn erklärte in jener Vorlesung (genauer: Vorlesungsreihe; ich glaube, fünf Stunden wöchentlich) Hilberts Axiomatik und ihre Probleme, wie Widerspruchsfreiheit, Vollständigkeit und Unabhängigkeit der Axiome.

(2) Hahn war interessiert am Intuitionismus, da er Menger, seinen bis dahin besten Schüler, zu Brouwer schickte.

(3) Ich vermute, daß Hahn jene einführenden Vorlesungen, die ich hörte, in späteren Jahren wiederholte, selbstverständlich mit neuen Ergebnissen. Das könnte wohl festgestellt werden.

(4) Vermutlich hat Hahn auf Hilbert und Ackermanns *Grundzüge der theoretischen Logik* (1928) sofort hingewiesen (vielleicht sogar vor der Veröffentlichung, da er ja sogar meine *Logik der Forschung* vor der Veröffentlichung las).

(5) Adolf Fraenkels *Einleitung in die Mengenlehre* (1919, 2. Aufl. 1923 und 3. Aufl. 1928), von der ich in Hahns Vorlesungen hörte, bespricht die Widerspruchsfreiheit, Unabhängigkeit und Vollständigkeit eines Axiomensystems und die Kontinuumshypothese.

IV.

Wenige Wochen vor seinem Tode (24. Juli 1934) erhielt ich von Hans Hahn einen freundlichen Brief mit der Einladung, ihn zu besuchen.

Wieder war der Eindruck von Hahn überwältigend. Er war noch immer ein disziplinierter Enthusiast, aber er war nicht mehr ein distanzierter, unerreichbarer Perfektionist: Er war nun ein naher, warmer Mensch. Er hatte gerade die letzten Seitenkorrekturen meines Buches *Logik der Forschung* gelesen (ob als Mitglied des Kreises, dessen Führer die *Schriften zur wissenschaftlichen Weltauffassung* herausgab, oder als Herausgeber der *Monatshefte*, das weiß ich nicht); und er wollte mir nun seine Meinung darüber sagen. Diese Meinung war so positiv, als ich nur wünschen konnte. Und er lud mich ein, bald wieder zu kommen.

Das ist meine letzte Erinnerung.

In Memory of Hans Hahn

Recollections by a Grateful Student

Karl R. Popper

I.

It was in thc middle of the winter 1918–1919, most likely in January or February, when I first set foot, hesitantly and almost trembling, on the sacred ground of the Mathematical Institute of the University of Vienna in the Boltzmanngasse. I had every reason to be apprehensive. Even though I had an identity card and a registration book (in which the professors confirmed that I had attended lectures and seminars), I was referred to as an "außerordentlicher Hörer" (guest student) on both of these documents because I had not yet received my secondary school diploma. (I had just left secondary school in my sixth year to become a so-called "Privatist", which meant I had to take an exam at the end of the school year.)

In this first year at the Mathematical Institute I did indeed have the greatest difficulties. I knew not a soul and I was afraid of taking a book out of the library or of asking someone who really studied there – who was, of course, an "ordentlicher Hörer", i.e. a properly enrolled student – for information or assistance.

At that time the introductory lectures on infinitesimal calculus were held by Professor Wirtinger, who was renowned as a great mathematician. However, he was not a good teacher, and I found it easier to learn from textbooks than from his lectures, especially since it was the middle of the academic year. At that time I limited myself to the library.

All of this changed radically when (after my "Matura") I attended, for the first time, the lectures (once again the introductory lectures) given by Hans Hahn. Presumably this was in 1921/22, but it could also have been later.

Hahn's lectures were, for me at least, a revelation. They began with a relatively detailed history of the infinitesimal calculus which demonstrated, among other things, that differential calculus and integral calculus developed quite independently from each other. Hahn's presentation was dramatic. He focussed on details that were completely new to me.

At least one lecture was dedicated to the priority debate between Newton and Leibniz. Hahn came to the conclusion that not only did Newton deserve priority, but also that Leibniz had been directly influenced by Newton and that Leibniz had even falsified certain dates, including the date of a publication (I think it was a book that he had had printed with the wrong year of publication). I later planned to explore this story in greater detail myself, but I never got around to it.

I am quite sure that in these lectures Hahn was not influenced by pro-British or suchlike feelings: his will to be objective was as clear as daylight. But the question is: if he had known *Non-Standard Analysis*, Abraham Robinson's revolutionary book of 1966, would he not have been a bit more forebearing with regard to Leibniz? Robinson himself writes (p. 160) about the "remarkable contrast between the stringency with which Leibniz's ideas have been condemned and the leniency with which the mistakes made by adherents of the limit method have been treated". I think that Hahn would have learned from this remark. (But it only appeared 32 years after his death.)

In his later lectures, Hahn dealt with the well-known development – Cauchy, Weierstraß, Cantor (diagonal procedure!), Dedekind; but the most outstanding and dramatic aspect of his lectures was the way he elaborated on the problem situation of these mathematicians. The problems they tackled were compared with mathematical problems. It was demonstrated that they were of a more profound and logical nature, involving the elimination of internal contradictions in the theory, which had previously not been clearly recognized. Then came the paradoxes – Cantor, Burali-Forti, Russell. And everything ended dramatically with Whitehead and Russell's *Principia Mathematica* (1st edition, 1910, the first volume of which he showed us) and with a discussion on the logicist foundation of mathematics and Hilbert's program, i. e. proof of consistency, proof of completeness. He also referred to Adolf Fraenkel's *Set Theory* (1919) which I purchased immediately.

This great thematic and historical introduction to the analysis and theory of real numbers left a lasting impression on me. It was revolutionary. I was a Kantian, and here it was clearly shown that Kant's arithmetic examples were not synthetical but analytical statements – and that, obviously, in Kant's sense of analytical. Hahn had dealt with this issue and it seemed as if perhaps only empirical statements were synthetic indeed. This was a crucial point but by far not the most crucial. The overall impression was overwhelming.

It was clear that Hahn not only ended the story with the *Principia* but also that he himself spoke as an adherent of the *Principia,* even if his own lectures were held in a completely objective style. As a teacher and lecturer he was incomparable. Every single lecture was a work of art, worked out down to the last details. The lecturer made an impression through the stringency of the topic, through the objective and crystal-clear account of the problems and their difficulties. Many years later – not even thinking of Hahn – I wrote somewhere that history should be an account of problem situations. Now, in attempting to recall my experiences with Hahn, I recognize that these thoughts are perhaps a result of the great impression he made upon me.

The personal impression I gained was that of a strikingly disciplined man. Of all the mathematicians at the institute, he was the one who seemed to me the embodiment of mathematical discipline. To me he was inaccessible. The thought that he would one day invite me to visit him would at that time have seemed absurd.

In those days (and for years afterwards) I had absolutely no plans for an academic future. I was at the university because I wanted to become a teacher and because I was keenly interested in mathematics and the natural sciences, especially physics. It never occurred to me that I might one day make a small contribution myself. Karl Menger, a student of my age, was also at the institute and quite obviously a genius, full of new and exciting ideas. It would also have never occurred to me that Menger, on becoming professor, would invite me to take part in his mathematical colloquium.

From what I have said about Hahn's lectures, it will have become clear to my readers that already then he advocated the most important ideas that were later to become characteristic of the "Vienna Circle". Some of these ideas can be illustrated in the following diagram (which may originate from Hahn or perhaps from Leonard Nelson).

Statements

can be distinguished on the basis of the following two standpoints

		1. From the standpoint of the logical structure	
		analytical	synthetical
2. From the standpoint of the relation to experience	a priori	+	?
	a posteriori	–	+

- analytical: the logical structure determines whether true or false;
- synthetical: the logical structure does not determine whether true or false;
- a priori: can be decided before (or independent of) all experience;
- a posteriori: cannot be decided independent of experience (if at all).

Examples: I am a grandmother, but I never had a child.
I am a grandmother, but without a living child.

According to this diagram (which apparently is already implicit in Kant) the analytical (or contradictory) character of a statement implies that it is *a priori* valid (or invalid). Furthermore, that it is *a posteriori* valid implies its synthetic character. However, the diagram also shows that the possibility of synthetic statements that are *a priori* valid remains open. Kant claims that there are such statements, for instance, in arithmetic. This distinguishes him from Hume and the Positivists who (explicitly or implicitly) claim that there are no synthetic statements which are valid *a priori*. Hahn indicated that he would here agree more with Hume than with Kant. Yet at the same time, he was aware of the difficulties which this implied for the foundations of mathematics, as his reference to the axiom of infinity shows.

Many years later, Quine published a very interesting critique of the Vienna Circle (and other empiricist schools) in which he admitted that there are analytic statements which are valid *ex definitionem* (and thus *a priori*). However, he claimed that the notion "analytical" as used by the empiricists was a much broader term than one of a statement which is valid or invalid *ex definitionem*. Quine stressed that there are statements whose logical form does not easily allow, or perhaps even makes it impossible to determine whether they are analytical or synthetical. And he referred to the (originally not empiricist, but rather Kantian) assumption that all statements are either analytical or synthetical as a "dogma of empiricism".

Of course, Quine is quite right. Let's take Kant's famous example, the statement "5 + 7 = 12". Kant is convinced that this statement is synthetical. Yet as I learned from Hahn's lecture and as we know today, this statement can (since about Peano's time) be relatively easily deducted from definitions – from the definitions of "+", "5", "7", and from "12"; and thus after Hahn's lectures it seemed analytical to me! If one reads the passage in Kant carefully, there is no doubt what he would have said against it: "I accept", Kant would have said, "your definitions of '5', '7' and '12' but I call your attention to the fact that you are using existential statements for these definitions, such as 'each number has a successor'. A definition which presupposes the truth of an existential statement can, as I see now, be very convincing – but it is not precisely what I meant when I spoke of definitions. I meant pure verbal explanations, not explanations presupposing a theory (a theory which in my mind is clearly synthetical, simply because it uses existential statements). And the same is true to an even greater extent for the notion of sum. For people like me this notion is based on something I referred to as 'intuition'. I could have perhaps also said on an operation. So for your extremely convincing definition you once again need the validity of an existential theory. When it comes to applications you could show very nicely that 5 apples plus 7 apples amount to 12 apples. But what about a world in which there are not more than 11 apples? Here it becomes clear how important your existential assumptions are. Your theory is very important. And one could also construct other alternative theories that achieve something similar or are perhaps even more attractive. Such a theory could perhaps enable one to define the notion of 'sum' in a still better way. All of this shows quite clearly that these nice new definitions which make your new arithmetic almost appear analytical are synthetical in my sense.

I am grateful to you for the new ideas you have given me. They are highly interesting, almost exciting, but I am afraid I cannot admit that they cause me to alter my theory: '5 + 7 = 12' is, and remains, a synthetical statement, just as much as the statement that the series of the natural numbers is never-ending."

That is how, I think today, Kant would have spoken and I think he would have been right.

Quine is right when he says that one can argue about the analyticity of a statement and that the notion is vague. But so are all notions (or almost all) and it is never a question of notions but always only of statements. And even when our diagram is vague, it is exceedingly useful (and so is the difference between analytical – synthetical) when it comes to explaining the difference between various philosophies such as those of Kant and Hume.

In any case it can be easily applied to demonstrate what Hahn at that time thought about the position of mathematics with regard to logic and what he regarded apparently as a still unsolved problem: the question of the correctness of what was later to be called logicism and is often attributed (obviously wrongly) to Russell: the theory that the whole of mathematics or at least arithmetic and analysis can be reduced to pure logic.

Even though Hahn pointed Hilbert out as the principal advocate of the axiomatic method, he did not at the time, if my memory serves me correctly, say anything about a philosophy of mathematics advocated by Hilbert (and later called "formalism").

I think he mentioned Poincaré's intuitionism and Poincaré's critique of Russell as well as Brouwer in this context, but the trichotomy of logicism – formalism – intuitionism only appeared later, I believe.

To sum up my memories of these lectures: at that time Hahn, while not yet completely convinced, was a fervent admirer of Russell and of what he was later to call logicism.

I consider that a position which can more or less be maintained even today (as Gödel also showed in his critical contribution to Paul A. Schilpp, *The Philosophy of Bertrand Russell,* 1944). But it is one that is very rarely held today. It seems to me that today Russell's great accomplishment is underestimated not only because everything has quickly developed but also because Russell unfortunately understood neither Hilbert's formalism nor Brouwer's intuitionism. Unfortunately, he also did not understand the difference between metamathematics (including the hierarchy of the meta-meta languages) on the one hand and his theory of types on the other. This misunderstanding of Russell's is very unfortunate. From my own knowledge of Russell it seems to me that after the enormous achievement of *Principia* and its revision (in the 2nd edition, 1925, he gave up the metamathematical assertion symbol due to a misunderstanding) Russell believed that he had said everything there was to say and lost interest in later developments.

I hope I have given a correct account of Hahn's philosophy before the founding of the Vienna Circle.

I would like to add that at that time I was an avid concert-goer (of course, always buying the cheapest tickets and thus having to stand!) and often ran into Hahn (who did not have to stand), who was armed with huge scores that reminded me of the Principia.

II.

I did not know anything about Hahn founding the Vienna Circle or even about his involvement with the Vienna Circle before I read his little book *Überflüssige Wesenheiten* (Superfluous Entities). But from what I later heard from numerous members Hahn was the intellectual founder and his brother-in-law Otto Neurath, the organizer. Neurath was a social scientist (and a politician who sought to make a semi-political movement out of the circle). Schlick was first a sort of honorary president, I believe, but he became very active after he met Wittgenstein, whom he venerated as a sort of demigod.

What made the Vienna Circle so special, so different from any other philosophical circle was that it was founded not by philosophers, but by an important and creative mathematician, who was keenly interested in fundamental problems (also in those belonging to the philosophy of mathematics) and in applications. Above all, he introduced a very good physicist to the circle, Philipp Frank, who succeeded Einstein on the latter's first professorship (in Prague) and later some of his students, most significantly, Kurt Gödel, a genius whose interests were guided by those problems I described above as Hahn's: the foundations of mathematics, axiomatics, set theory, the problems of *Principia* and of logicism. In the meantime these also included Hilbert's formalism and Brouwer's intuitionism. These were the same problems which also figured centrally in Menger's Kolloquium in which Gödel had been very actively involved as I can remember myself; much more (I was told) than in the Vienna Circle. Karl Menger, who was born the same year I was (1902), was a pre-eminent student of Hahn's. On Hahn's initiative he went to Brouwer before becoming a professor in Vienna. He was a leading member of the Vienna Circle. A little while ago I heard that Hahn was also involved in getting Carnap his habilitation in Vienna and thus in his becoming a member of the circle. Schlick had written his dissertation in physics under Max Planck. His *Allgemeine Erkenntnislehre* (1918) (General Theory of Knowledge) was really an excellent book – I think the best book on the theory of science since Kant.

Victor Kraft (a member of the circle with whom I formed a sort of epicycloid) was also the author of an excellent book on the theory of science. And in this context "theory of science" meant, above all, a theory of the natural sciences, in particular physics, as practised in Vienna by Ernst Mach and Ludwig Boltzmann already before World War I.

Among the members of the Vienna Circle there was also Heinrich Gomperz who, like Otto Neurath, had no immediate links to the natural sciences or to mathematics but had succeeded at a very early age in getting a chair for philosophy created for the physicist Ernst Mach – the chair to which, after Mach, first Boltzmann and then, many years later, Schlick was appointed. It was this tradition – the focus on mathematics and physics – which gave the Vienna Circle its specific character and its significance. Here were exceptional and creative mathematicians and natural scientists with philosophical interests, who tried to collaborate with scientifically-oriented philosophers. And this was undoubtedly Hahn's achievement.

III.

Of all of Hahn's students and members of the Vienna Circle and Menger's "Mathematical Colloquium", Kurt Gödel was the most important one. The next was Karl Menger (for whom the stay with Brouwer had almost tragic consequences). Among those members who came from abroad for a longer period Alfred Tarski was undoubtedly the most significant: he was Gödel's nearest rival, as it were. (I can testify that he was the only one in the colloquium who was treated by Gödel on equal footing, as someone who could immediately understand all the remarks Gödel made – remarks which were sometimes difficult – and whose criticism had to be taken absolutely seriously. But since he was not one of Hahn's students I will not dwell on him here.)

I would like to describe the significance Hahn had for Gödel in the form of a verifiable historical hypothesis. I unfortunately cannot verify it myself, since the fact that I am over ninety years of age means that I cannot visit the various places where one might find important documents. I unfortunately hardly know anything either of the historical literature already available which takes these documents into account.

My hypothesis is very simple. It is as follows: The major problems dealt with in Gödel's early (and also later) works, at least up to the problem of Cantor's continuum hypothesis, have been presented to him for the first time in Hahn's introductory lectures, which had inspired him just as they had me and had aroused the sort of enthusiasm which is essential for a difficult critical study spanning a period of many years. The great self-discipline reflected in Gödel's works could also have been influenced by Hahn.

Here are a few reasons for this hypothesis:

(1) In those particular lectures (more precisely: lecture series; 5 hours weekly, I believe) Hahn explained Hilbert's axiomatic theory and its problems, such as consistency, completeness and independence of the axioms.

(2) Hahn was interested in intuitionism, since he sent Menger, his best student up until then, to Brouwer.

(3) I presume Hahn repeated those introductory lectures, which I had heard, in later years, adding new results, of course. This is something which could be determined.

(4) Presumedly Hahn referred to Hilbert and Ackermann's *Foundations of Theoretical Logic* (1928) right away (perhaps even before it was

published, since he even read my *Logic of Discovery* before it was published).

(5) Adolf Fraenkel's *Introduction to Set Theory* (1919, 2nd edition, 1923 and 3rd edition, 1928) of which I had heard in Hahn's lectures, speaks about consistency, independence and completeness of an axiomatic system and about the continuum hypothesis.

IV.

A few weeks before his death (July 24, 1934) I received a friendly letter from Hans Hahn, in which he invited me to visit him.

Once again I was overwhelmed by Hahn. He was still a disciplined enthusiast but he was no longer a distant, inaccessible perfectionist. He was now a close, warm human being. He had just read the last page proofs of my book *Logic of Discovery* (I do not know whether as a member of the circle whose leading figures published *Schriften zur wissenschaftlichen Weltauffassung* or as editor of the "Monatshefte"), and he wanted to tell me his opinion. This opinion was as positive as I could only wish it to be. And he invited me to come again soon.

This is my last memory.

Hans Hahn – eine Kurzbiographie

Leopold Schmetterer und Karl Sigmund

Hans Hahn wurde am 27. September 1879 in Wien geboren. Nach dem Wunsch seines Vaters (eines k. k. Hofrates) sollte er Jus studieren, doch wandte er sich bald der Mathematik zu. Damals waren Franz Mertens[1] und Gustav von Escherich[2] die beiden Mathematikprofessoren an der Universität Wien. Unter den gleichaltrigen Kommilitonen ragten Gustav Herglotz[3], Paul Ehrenfest[4] und Heinrich Tietze[5] hervor; gemeinsam mit Hahn waren sie als die „unzertrennlichen Vier" bekannt. Hahn, der auch an den Universitäten von Straßburg und München studierte, kehrte nach Wien zurück, um unter der Anleitung von Gustav von Escherich seine Dissertation zu schreiben. Er promovierte am 1. Juni 1902. Anschließend erhielt er ein Stipendium für einen Forschungsaufenthalt in Göttingen.

Hahns erste Arbeiten befaßten sich vorwiegend mit der Variationsrechnung, die damals – zum Teil dank David Hilbert[6] – eine besonders auf-

1. Franz Mertens (1840–1927), studiert bei Weierstraß, Professor in Krakau, Graz und Wien; zahlreiche Beiträge zur Algebra und Analysis sowie zur Primzahlverteilung.
2. Gustav von Escherich (1849–1935), Professor in Czernowitz, Graz und (ab 1884) in Wien, wo er die *Monatshefte für Mathematik und Physik* gründete. Arbeiten zur Geometrie und zur Variationsrechnung.
3. Gustav Herglotz (1881–1953), studierte in Wien, München und Göttingen. Astronom und Mathematiker. Professor in Leipzig (1909–1925) und Göttingen (1925–1947). Wichtige Beiträge zur mathematischen Physik, Zahlentheorie und Differentialgeometrie.
4. Paul Ehrenfest (1880–1933), studierte in Wien und Göttingen. Schüler Boltzmanns und enger Freund Einsteins. 1912 wurde er Nachfolger von H. A. Lorentz in Leiden, wo er Fermi, Uhlenbeck und Weisskopf zu seinen Schülern zählte. Verfaßte (teilweise gemeinsam mit seiner Frau Tatjana) wesentliche Beiträge zur statistischen Mechanik und zur Quantenphysik.
5. Heinrich Tietze (1880–1964), Professor in Brünn (1910–1919), Erlangen (1919–1925) und München (1925–1950). Wichtige Arbeiten zur Topologie (z. B. Tietzescher Fortsetzungssatz), zur Zahlengeometrie und zur Kettenbruchlehre.
6. David Hilbert (1862–1943), Professor in Königsberg und (seit 1895) in Göttingen. Epochale Werke zur Algebra, analytischen Zahlentheorie, reellen Analysis, Funktionalanalysis (Hilberträume), mathematischen Physik und zu den Grundlagen der Mathematik.

regende Entwicklung durchlebte. Hahn war noch nicht fünfundzwanzig, als er ausgewählt wurde, um gemeinsam mit Hilberts Assistenten Ernst Zermelo[7] einen Artikel über die Variationsrechnung für die hochangesehene *Enzyklopädie der Mathematischen Wissenschaften* zu verfassen. Nach seiner Rückkehr nach Wien reichte Hahn um seine Habilitation ein und erhielt auf Empfehlung einer Kommission, der auch Ludwig Boltzmann[8] angehörte, zu Beginn des Jahres 1904 den Titel eines Privatdozenten.

Hahn zeichnete sich durch die Vielseitigkeit seiner mathematischen Interessen aus. Zusätzlich zu seinen Untersuchungen über die Variationsrechnung, die er weiter vorantrieb, arbeitete er über abstrakte Fréchet-Räume und über mengentheoretische Topologie. Gemeinsam mit Herglotz und Karl Schwarzschild[9] verfaßte er eine Arbeit über Strömungslehre, die ihrer Zeit weit voraus war (und kaum beachtet wurde). Er wies auch nach, daß der Hauptsatz der Differential- und Integralrechnung für den Fall, daß die Ableitung unendliche Werte annimmt, seine Gültigkeit nicht bewahrt. Er charakterisierte geordnete abelsche Gruppen (Hahns Einbettungssatz ist immer noch ein grundlegendes Resultat in der Theorie der geordneten Vektorräume), und er dehnte das Weierstraßsche Produkttheorem auf Funktionen von zwei komplexen Variablen aus. Hahn entwickelte auch schon frühzeitig ein lebhaftes Interesse an den Grundlagen der Mathematik (möglicherweise unter dem Einfluß von Zermelo), und er studierte das Werk von Bertrand Russell[10] sehr sorgfältig. Er veröffentlichte auch einen Beweis über den Jordanschen Kurvensatz, der nur auf den Hilbertschen Axiomen der ebenen Geometrie beruhte.

Als der Innsbrucker Mathematikprofessor Otto Stolz[11] erkrankte,

7. Ernst Zermelo (1871–1953), Assistent bei Max Planck und später bei David Hilbert. Mathematikprofessor in Göttingen, Zürich und Freiburg. Wichtige Beiträge zur Mengenlehre (Auswahlaxiom). Wissenschaftliche Auseinandersetzungen mit Boltzmann und Gödel.

8. Ludwig Boltzmann (1844–1906), Studium der Physik in Wien. Professor in Graz (1869–1873 und 1876–1890), Wien (1873–1876, 1894–1900 und 1902–1906), München (1890–1894) und Leipzig (1900–1902). Einer der Begründer der statistischen Mechanik und der Thermodynamik. Hielt auch als Nachfolger von Ernst Mach Vorlesungen über Philosophie.

9. Karl Schwarzschild (1873–1916), Astronom und Astrophysiker, arbeitete zur Relativitätstheorie in Göttingen und Potsdam; Begründer der modernen Kosmologie (Schwarzschild-Singularitäten).

10. Bertrand Russell (1872–1970), studierte und arbeitete in Cambridge, grundlegende Beiträge zur symbolischen Logik und zur Philosophie der Mathematik. Unter seinen zahlreichen Büchern ragen die *Principia Mathematica* hervor, die er gemeinsam mit A. N. Whitehead schrieb. Nobelpreis 1950.

11. Otto Stolz (1842–1905), seit 1876 Mathematikprofessor in Innsbruck, Beiträge zur Zahlentheorie, reellen und komplexen Analysis.

sprang Hahn im Wintersemester 1905/06 für ihn ein. Nach Wien zurückgekehrt, hielt er gemeinsam mit seinem Freund Tietze öffentliche Vorlesungen über Elementarmathematik, die 1925 in Buchform erschienen. Hahn organisierte auch eine philosophische Gesprächsrunde, die zum Vorläufer des Wiener Kreises wurde. Frühe Mitglieder waren Philipp Frank[12], Richard von Mises[13] und Otto Neurath[14]. Neurath heiratete Hahns blinde Schwester Olga (1882–1937), die mehrere Beiträge zur symbolischen Logik verfaßte.

1909 wurde Hahn zum außerordentlichen Professor an der Universität von Czernowitz ernannt, einer Stadt nahe an der russischen Grenze. Er heiratete Eleonore (Lilly) Minor, eine Wiener Mathematikstudentin, deren Dissertation den Jordanschen Kurvensatz auf geschlossene Polyederflächen im dreidimensionalen Raum ausdehnte. 1910 kam ihre Tochter Nora zur Welt, die später eine bekannte Schauspielerin wurde. Während der Jahre in Czernowitz arbeitete Hahn über Integrationstheorie. Er schrieb auch einen ausführlichen Bericht über Integraloperatoren. Dieser enthielt eine stark vereinfachte Darstellung der Resultate von Hellinger[15] über die Spektraltheorie von beschränkten quadratischen Formen (heute gelegentlich als Hahn-Hellinger-Theorie bezeichnet). Am wichtigsten aber waren seine Untersuchungen über raumfüllende Kurven und seine Charakterisierung der stetigen Bilder von Strecken als kompakte, zusammenhängende und im kleinen zusammenhängende Mengen. Dasselbe Resultat wurde, unabhängig und beinahe gleichzeitig, auch von Ste-

12. Philipp Frank (1884–1966), studierte Physik und Mathematik in Wien, von 1912 bis 1938 als Nachfolger Albert Einsteins Physikprofessor in Prag, Koautor (mit v. Mises) des klassischen Werks *Die Differential- und Integralgleichungen der Mechanik und Physik.* Emigrierte in die USA. Autor einer Biographie von Albert Einstein und zahlreicher Beiträge zur Philosophie der Wissenschaft.
13. Richard von Mises (1883–1953), studierte an der Technischen Hochschule in Wien. Professor für angewandte Mathematik und Mechanik in Straßburg (1909–1918), und in Berlin (1919–1933). Emigration nach Istanbul, von 1944 bis 1953 McKay-Professor für Aerodynamik und angewandte Mathematik in Harvard. Seine *Fluglehre* wurde zum Standardtext der Aerodynamik. Wichtige Beiträge zu den Grundlagen der Wahrscheinlichkeitslehre und zum Positivismus.
14. Otto Neurath (1882–1945), studierte Wirtschafts- und Sozialwissenschaften und Philosophie in Wien und Berlin, wurde als Mitglied der Münchner Räterepublik 1919 nach Österreich deportiert. 1934 Emigration nach Holland, 1940 nach England. Stand als unermüdlicher Organisator hinter dem Ernst Mach Verein und der International Unity of Science.
15. Ernst Hellinger (1883–1950), Student bei Hilbert, von 1914 bis 1935 Professor in Frankfurt. Emigrierte in die USA, wo er an der Northwestern University und dem Illinois Institute of Technology Anstellung fand. Untersuchungen über unendliche Matrizen und Integralgleichungen.

fan Mazurkiewicz[16] entdeckt, einem der Gründer der polnischen mathematischen Schule.

Als der Erste Weltkrieg ausbrach, wurde Hahn in die österreichisch-ungarische Armee eingezogen. An der italienischen Front wurde er 1915 schwer verwundet. Czernowitz wurde von den Russen erobert, so daß Hahn sowohl sein Heim als auch seine Stellung verlor. Nach seiner Genesung unterrichtete er an einer Kadettenanstalt. 1916 wurde er außerordentlicher und 1917 ordentlicher Professor in Bonn. Sein Hauptwerk galt nun der reellen Analysis und der Fouriertheorie. Er veröffentlichte eine umfangreiche Arbeit über die Darstellung von Funktionen durch Fourierintegrale. Er erhielt auch wichtige Resultate über das Interpolationsproblem in einer Untersuchung, die bereits viel von der noch ungeborenen Funktionalanalysis vorwegnahm, und bewies wichtige Sätze über Stetigkeitseigenschaften. Insbesondere wies er nach, daß die Mengen von Divergenzpunkten von Reihen stetiger Funktionen genau die $G_{\delta\sigma}$-Mengen sind, und er bewies, was heute als „Sandwich-Theorem" bekannt ist: Wenn eine oberhalb stetige Funktion durch eine unterhalb stetige dominiert wird, so liegt dazwischen eine stetige Funktion.

1920 wurde Hahn als Nachfolger auf von Escherichs Lehrkanzel an der Wiener Universität berufen. (Auf der Berufungsliste standen auch Johann Radon[17], der ebenfalls ein Student von Escherichs war, und Hahns alter Freund Heinrich Tietze.) Hahns Kollegen am Mathematischen Institut waren Philipp Furtwängler[18] und Wilhelm Wirtinger[19]; Alfred Tauber[20] war

16. Stefan Mazurkiewicz (1888–1945), studierte in Krakau, Göttingen und Lemberg, ab 1915 Professor in Warschau, Herausgeber der *Fundamenta mathematica.* Einer der Begründer der mengentheoretischen Topologie.
17. Johann Radon (1887–1956), studierte in Wien und Göttingen. Professor in Hamburg 1919–1922, Greifswald 1922–1925, Erlangen 1925–1928, Breslau 1928–1945 und Wien 1946–1956. Grundlegende Beiträge zur Variationsrechnung und zur Differentialgeometrie sowie zur Maßtheorie (Radonmaße). Die Tomographie beruht auf dem Begriff der Radontransformierten.
18. Philipp Furtwängler (1869–1940), Mathematikprofessor in Wien 1912–1938, wichtige Beiträge zur Zahlentheorie und Algebra.
19. Wilhelm Wirtinger (1865–1945), studierte bei von Escherich und Felix Klein. Professor in Innsbruck (1895–1903) und Wien (1903–1935). Wichtige Arbeiten zur Funktionentheorie.
20. Alfred Tauber (1866–1942), studierte Mathematik in Wien, ab 1892 Leiter der mathematischen Abteilung einer Wiener Versicherungsgesellschaft, hielt mehr als 40 Jahre lang Vorlesungen über Versicherungsmathematik. Ab 1913 Honorarprofessor an der Wiener Universität. Wichtige Beiträge zur reellen und komplexen Analysis (Taubersche Sätze), zur Potentialtheorie und zur Theorie der Differentialgleichungen. 1942 wurde Tauber nach Theresienstadt deportiert, wo er starb.

Titularprofessor. Nach seiner Rückkehr nach Wien im Jahr 1921 wurde Hahn korrespondierendes Mitglied der Österreichischen Akademie der Wissenschaften. Dank seiner Bemühungen wurde der Deutsche Moritz Schlick[21] im Jahr darauf auf die Lehrkanzel für Philosophie berufen, die Mach[22] und später Boltzmann innegehabt hatten. Das wurde zum Ursprung des Wiener Kreises: Alle zwei Wochen trafen sich Hahn, Schlick und mehrere gleichgesinnte Freunde und Kollegen, wie etwa Hahns Schwager Otto Neurath, seine Schwester Olga, sein Freund Philipp Frank sowie mehrere Philosophen, um Grundlagenprobleme der Mathematik und der Philosophie zu diskutieren. Bald kam der neuberufene Extraordinarius für Geometrie dazu, der Deutsche Kurt Reidemeister[23], der die Aufmerksamkeit des Kreises auf Ludwig Wittgensteins[24] *Tractatus logico-philosophicus* lenkte.

Schon vor dem Krieg hatte Hahn begonnen, ein Lehrbuch der reellen Analysis zu schreiben, ursprünglich gemeinsam mit Arthur Schoenflies[25] – und zwar zunächst als eine Ausarbeitung von dessen *Bericht über Punktmannigfaltigkeiten*. Nach einiger Zeit beschloß Hahn, alleine eine Monographie über dieses Thema zu schreiben, und 1921 veröffentlichte er einen 865 Seiten langen ersten Band, der zahlreiche neue Resultate enthielt, wie zum Beispiel Hahns Zerlegungssatz für signierte Maße. Doch der Fortschritt in der reellen Analysis war so stürmisch, daß Hahn beschloß, zunächst nicht den zweiten Band fertigzustellen, sondern den ersten noch einmal vollständig neu zu schreiben. Diese Aufgabe nahm mehr als zehn Jahre in Anspruch. 1921 veröffentlichte Hahn auch ein grundlegendes Werk über Funktionaloperatoren, das stark von den Ergebnissen des Wie-

21. Moritz Schlick (1882–1936), studierte bei Max Planck in Berlin, ab 1910 Philosophiedozent in Rostock. Wurde auf der Treppe der Wiener Universität ermordet.
22. Ernst Mach (1838–1916) studierte Physik in Wien, von 1867 bis 1895 Professor für Experimentalphysik in Prag, dann Philosophieprofessor in Wien. 1901 aus gesundheitlichen Gründen emeritiert. Schrieb mehrere einflußreiche Bücher über Physik und Philosophie.
23. Kurt Reidemeister (1893–1971) studierte Philosophie und Mathematik in Freiburg, München und Göttingen. Von 1922 bis 1925 außerordentlicher Professor für Geometrie in Wien, danach ordentlicher Professor in Königsberg (1925–1933) und in Marburg (1934–1954). Wichtige Beiträge zur Geometrie und zur Topologie, insbesondere zur Knotentheorie (Reidemeister moves).
24. Ludwig Wittgenstein (1889–1951), Schüler Russells, ab 1929 Fellow of Trinity College in Cambridge, einer der bedeutendsten Philosophen des zwanzigsten Jahrhunderts. Zu seinen Lebzeiten veröffentlichte er nur ein philosophisches Buch, den *Tractatus logico-philosophicus* (Logisch-philosophische Abhandlung). Posthum sind viele Bände seines Nachlasses herausgegeben worden.
25. Arthur Schoenflies (1853–1928), Mathematikprofessor in Frankfurt ab 1911, Beiträge zur Mengenlehre, Topologie und Geometrie.

ner Mathematikers Eduard Helly[26] angeregt war. So wurde Hahn – neben Stefan Banach[27] – zu einem der Väter der Funktionalanalysis. Er verwendete die neuen Methoden auch, um über Lagrange-Multiplikatoren und über Summationsverfahren zu arbeiten (ein Raum von Nullfolgen wird heute noch als Hahnscher Folgenraum bezeichnet).

In der ersten Seminarstunde nach seiner Rückkehr nach Wien stellte Hahn das Problem, den Begriff der Kurve topologisch zu charakterisieren. Sein Student Karl Menger[28] gelangte fast unmittelbar darauf zu einer Lösung und begann eine Reihe von äußerst erfolgreichen Untersuchungen zum Dimensionsbegriff. Andere junge Topologen, die das Institut anzog, waren Leopold Vietoris[29], Witold Hurewicz[30] und, etwas später, Georg Nöbeling[31]. Hahn verfolgte die Entwicklung mit lebhaftem Interesse und fand einen neuen, sehr eleganten Beweis des Satzes von Hahn-Mazurkiewicz. Er bewies auch eine sehr weitreichende Verallgemeinerung der Fourierschen Integralformel und entdeckte eine schöne Charakterisierung des Lebesgue-Integrals. Doch sein spektakulärster Erfolg war ein Fortsetzungssatz für lineare beschränkte Operatoren, die auf Unterräumen von Banachräumen definiert waren. Hahn veröffentlichte dieses Theorem 1927. Zwei Jahre später wurde es von Stefan Banach (der bald darauf die Priorität Hahns anerkannte) wiederentdeckt.

1925 verließ Reidemeister Wien, um einen Lehrstuhl in Königsberg zu übernehmen. Sein Nachfolger wurde Karl Menger, der nun auch zum

26. Eduard Helly (1884–1943) studierte in Wien. Kriegsgefangenschaft von 1915 bis 1920. Habilitation in Wien 1921. Erst Bank-, dann Versicherungsangestellter. Emigrierte 1938. Starb wenige Monate, nachdem er in Chicago eine Professur für Mathematik erhalten hatte. Er schrieb nur fünf wissenschaftliche Arbeiten, die aber viele wichtige Theoreme über lineare Operatoren und konvexe Körper enthalten.
27. Stefan Banach (1892–1945), ab 1922 Professor in Lemberg (Lwow), einer der Gründer der Funktionalanalysis. Veröffentlichte 1932 seine *Théorie des opérateurs linéaires.*
28. Karl Menger (1902–1985), Sohn des berühmten Wirtschaftswissenschaftlers Carl Menger, studierte in Wien von 1920 bis 1924. Assistent bei Brouwer in Amsterdam 1925–1927, dann Rückkehr nach Wien. Emigration 1936, Professor an der Notre Dame University und, von 1946 bis 1971, an dem Illinois Institute of Technology in Chicago. Wesentliche Beiträge zur Kurventheorie und zur Dimensionstheorie.
29. Leopold Vietoris (*1891) studierte in Wien und habilitierte sich 1922. Von 1930 bis 1961 Mathematikprofessor in Innsbruck. Einer der Begründer der Homologietheorie (Vietoris-Mayer-Folgen, Abbildungssatz von Vietoris).
30. Witold Hurewicz (1904–1956), Studium in Wien, von 1926 bis 1936 in Amsterdam, dann USA; ab 1945 Professor am Massachusetts Institute of Technology. Bahnbrechende Arbeiten zur Dimensionstheorie und zur Homotopie-Theorie.
31. Georg Nöbeling (*1907), seit 1942 Professor in Erlangen, wichtige Beiträge zur Geometrie und zur Topologie.

Wiener Kreis stieß. Der deutsche Philosoph Rudolf Carnap[32] und Kurt Gödel[33], ein junger Student aus Brünn, der sich in Hahns Seminar über die *Principia Mathematica* ausgezeichnet hatte, schlossen sich ebenfalls an. 1929 schrieb Gödel unter Hahns Anleitung eine bemerkenswerte Dissertation, in welcher er die Vollständigkeit des logischen Funktionenkalküls bewies. Das war ein wichtiger erster Schritt im Hilbertschen Programm zur Grundlegung der Mathematik. Bald darauf entdeckte Gödel allerdings seine beiden Unvollständigkeitssätze, aus denen hervorging, daß Hilberts Programm nicht durchführbar war. Mit dieser epochalen Leistung habilitierte sich Gödel im Jahr 1931. Als Schriftführer der Habilitationskommission verfaßte Hahn ein begeistertes Gutachten.

In der Zwischenzeit hatte der „radikale Flügel" des Wiener Kreises (Neurath, Carnap und Hahn) den *Ernst Mach Verein zur wissenschaftlichen Weltauffassung* begründet, was mehrere Mitglieder des Kreises bewog, sich etwas zu distanzieren. Menger gründete das höchst erfolgreiche *Mathematische Kolloquium,* in dessen Rahmen viele hervorragende Arbeiten vorgestellt wurden, hauptsächlich von Gödel und Menger selbst, aber auch von Karl Popper[34], der zwar nie zum Wiener Kreis gehörte, aber von den meisterhaft ausgearbeiteten Vorlesungen von Hans Hahn entscheidend beeinflußt wurde.

Hahn hielt auch vielbeachtete öffentliche Vorträge, die den Hauptteil seiner philosophischen Schriften bildeten. Diese Vorträge wurden vom Ernst Mach Verein veranstaltet und zogen großes Publikum an: Die Einnahmen wurden teilweise verwendet, um für das Assistentengehalt von Olga Taussky[35] aufzukommen. Doch nach den bewaffneten Zusammenstößen zwischen den österreichischen Sozialdemokraten und der Dollfuß-Regie-

32. Rudolf Carnap (1891–1970), studierte in Freiburg und Jena (bei Frege); 1926–1931 Dozent für Philosophie in Wien, dann Professor in Prag (1931–1935), Chicago (1936–1952), Princeton (1952–1954) und Los Angeles (1954–1961). Philosoph und Logiker.

33. Kurt Gödel (1906–1978), studierte in Wien, wo er 1931 Dozent wurde. Mehrere Aufenthalte in den USA. 1940 emigrierte Gödel und wurde Mitglied des Institute for Advanced Studies in Princeton. Grundlegende Beiträge zur mathematischen Logik, zur axiomatischen Mengenlehre und zur Relativitätstheorie.

34. Karl Popper (1902–1994) studierte in Wien, unterrichtete als Hauptschullehrer. Er emigrierte 1937 nach Neuseeland. 1949 wurde er Professor an der London School of Economics. Gilt als einer der einflußreichsten Denker des zwanzigsten Jahrhunderts. Autor zahlreicher Bücher, darunter *Logik der Forschung, Die offene Gesellschaft und ihre Feinde, Vermutungen und Widerlegungen, Ausgangspunkte.*

35. Olga Taussky (*1906), seit 1938 Taussky-Todd, studierte Mathematik in Wien. Sie arbeitete in London (1937–1944) und am Caltech, Pasadena (ab 1957) über Zahlentheorie und Algebra.

rung wurde der Ernst Mach Verein im Februar 1934 verboten. Die Sozialdemokratische Partei wurde aufgelöst. Als Obmann des Vereins der sozialistischen Universitätsprofessoren war Hahn bei der Obrigkeit schlecht angeschrieben.

1932 erschien die zweite Auflage des ersten Bandes von Hahns Lehrbuch der Analysis – tatsächlich ein völlig neues Buch. Der zweite Band sollte im Herbst 1934 fertiggestellt werden. Doch im Frühjahr 1934 brach bei Hahn ein Krebsleiden aus. Er starb nach einer Operation am 24. Juli 1934.

Sein Manuskript für den zweiten Band wurde von Arthur Rosenthal[36] ins Englische übersetzt und 1948 veröffentlicht. 1980 erschien eine englische Übersetzung seiner philosophischen Schriften (mit einem Vorwort von Karl Menger). Ein entsprechender deutschsprachiger Band erschien 1988.

36. Arthur Rosenthal (1887–1959) studierte in München. Ab 1922 Professor in Heidelberg, emigrierte 1939 in die USA; ab 1947 Professor an der Purdue Univ. Beiträge zur Geometrie und zur Analysis.

Nachrufe auf Hans Hahn:

Karl Mayerhofer, *Monatshefte für Mathematik und Physik* **41** (1934), 221–238.

Wilhelm Wirtinger, *Almanach der Akademie der Wissenschaften in Wien* **85** (1936), 252–257.

Karl Menger, *Fundamenta mathematica* **24** (1934), 317–320.

Karl Menger, *Ergebnisse eines mathematischen Kolloquiums* **6** (1934), 40–44.

Philipp Frank, *Erkenntnis* **4** (1934).

Weiteres biographisches Material findet sich in:

Karl Menger: Introduction to Hans Hahn, *Empiricism, Logic and Mathematics,* herausgegeben von Brian Guiness (Vienna Circle Collection vol **13**, Dordrecht, Boston–London 1980).

Rudolf Einhorn: Vertreter der Mathematik und Geometrie an den Wiener Hochschulen 1900–1940, Dissertation an der technischen Universität Wien (1985).

Karl Sigmund: Hans Hahn – a Philosopher's Mathematician, *Mathematical Intelligencer* erscheint 1995.

Hans Hahn – A Short Biography

Leopold Schmetterer and **Karl Sigmund**

Hans Hahn was born on September 27, 1879 in Vienna. His father, a high civil servant, wanted him to study law, but after one term he turned to mathematics. The professors of mathematics, at the University of Vienna, were Franz Mertens[1] and Gustav von Escherich[2]. Among the students of his age class, Gustav Herglotz[3], Paul Ehrenfest[4] and Heinrich Tietze[5] stood out; together with Hahn, they formed a group called "the inseparable four". Hahn, who also studied at the universities of Strasburg and Munich, returned to Vienna to write his Ph. D. thesis under the guidance of Gustav von Escherich. He received the doctorate on June 1, 1902. As a postdoc, Hahn studied in Göttingen. His early work dealt mostly with the calculus of variations, a subject which – partly due to David Hilbert[6] – went through a particularly exciting phase at the time. Not yet twenty-five, Hahn was elected to co-author with Hilbert's assistant Ernst Zerme-

1. Franz Mertens (1840–1927), student of Weierstraß, professor in Cracow, Graz and Vienna; many contributions to algebra, analysis and the distribution of prime numbers.
2. Gustav von Escherich (1849–1935), professor in Czernowitz, Graz and, since 1884, in Vienna, where he founded the *Monatshefte für Mathematik und Physik*. Worked in geometry and the calculus of variations.
3. Gustav Herglotz (1881–1953), studied in Vienna, Munich and Göttingen. Astronomer and mathematician. Professor in Leipzig (1909–1925) and Göttingen (1925–1947). Important contributions to mathematical physics, number theory and differential geometry.
4. Paul Ehrenfest (1880–1933), studied in Vienna and Göttingen. A disciple of Boltzmann and close friend of Einstein, he became in 1912 the successor of H. A. Lorentz in Leiden, where he taught Fermi, Uhlenbeck and Weisskopf. Wrote (in part jointly with his wife Tatjana) essential contributions to statistical mechanics and to quantum mechanics.
5. Heinrich Tietze (1880–1964), professor in Brno (1910–1919), Erlangen (1919–1925) and Munich (1925–1950). Main contributions in topology (for instance the Tietze extension theorem), geometry of numbers and continued fractions.
6. David Hilbert (1862–1943), professor in Königsberg and (since 1895) in Göttingen. He greatly contributed to algebra, analytic number theory, real analysis, functional analysis (Hilbert spaces) mathematical physics, geometry, and the foundations of mathematics.

lo[7] an article on the calculus of variations for the prestigious *Enzyklopädie der Mathematischen Wissenschaften.* Upon his return to Vienna, in 1904, Hahn applied for the *habilitation* and obtained the title *Privatdozent* in early 1905 on the recommendation of a committee which included Ludwig Boltzmann[8].

Hahn's range of mathematical interests was impressive. Apart from continuing to work on the calculus of variations, he studied abstract Fréchet spaces and point set topology. Together with Herglotz and Karl Schwarzschild[9], he wrote a remarkably prescient paper on hydrodynamics which attracted little attention. Hahn also showed that the fundamental theorem of calculus need not be true if the derivative attains infinite values. He characterized ordered abelian groups (Hahn's imbedding theorem is still the basic result in ordered vector spaces) and extended the Weierstrass product theorem to functions of two complex variables. Early on, he developed a lively interest in the foundations of mathematics, possibly influenced by Zermelo, and studied the work of Bertrand Russell[10] in depth. He also published a proof of the Jordan curve theorem based only on Hilbert's axioms for plane euclidean geometry.

When Otto Stolz[11], a mathematics professor in Innsbruck, fell ill, Hahn replaced him during the winter term 1905/06. On his return to Vienna, Hahn and his friend Tietze launched a series of public lectures on elementary mathematics (which they published as a book in 1925). Hahn also organized a circle discussing philosophical ideas which was to be the forerunner of the Vienna Circle. Early members were Philipp Frank[12], Richard von

7. Ernst Zermelo (1871–1953), assistant of Max Planck, later of David Hilbert. Professor of mathematics in Göttingen, Zürich and Freiburg. Important contributions to axiomatic set theory (axiom of choice). Scientific controversies with Boltzmann and Gödel.
8. Ludwig Boltzmann (1844–1906). Studied physics in Vienna. Professor in Graz (1869–1873 and 1876–1890), Vienna (1873–1876, 1894–1900 and 1902–1906), Munich (1890–1894) and Leipzig (1900–1902). One of the founders of statistical mechanics and thermodynamics. Lectured on natural philosophy as successor of Ernst Mach.
9. Karl Schwarzschild (1873–1916), astronomer and astrophysician, worked on the theory of relativity in Göttingen and Potsdam; the founder of modern cosmology (cf. Schwarzschild singularity).
10. Bertrand Russell (1872–1970), studied and worked in Cambridge, basic contributions to symbolic logic and the philosophy of mathematics. Among his many books, the *Principia Mathematica* (written jointly with A. N. Whitehead) stand out. Nobel Prize in 1950.
11. Otto Stolz (1842–1905), since 1876 professor of mathematics in Innsbruck, contributions to number theory, real and complex analysis.
12. Philipp Frank (1884–1966), studied physics and mathematics in Vienna, from 1912 to 1938 successor of Albert Einstein as professor of physics in Prague, co-author (with v. Mises) of the classic *Die Differential- und Integralgleichungen der Mechanik und Physik.* Emigrated to the US. Author of a biography of Albert Einstein, and of many contributions to the philosophy of science.

Mises[13], and Otto Neurath[14]. Neurath married Hahn's blind sister Olga (1882–1937), the author of several contributions to symbolic logic.

In 1909, Hahn was appointed associate professor in Czernowitz, close to the Russian border. He married Eleonore (Lilly) Minor, a Viennese mathematics student whose thesis extended the Jordan curve theorem to polyedral surfaces in three dimensional space. In 1910, their daughter Nora was born, who later became a well-known actress. During the Czernowitz years, Hahn worked on the theory of integration and wrote an extensive survey on integral operators. He greatly simplified the work of Hellinger[15] on the spectral theory of bounded quadratic forms (these results, today, are often referred to as Hahn-Hellinger theory). Most importantly, he studied space-filling curves and gave a characterization of the continuous images of segments as compact, connected and locally connected sets. This result was also discovered, independently and almost simultaneously, by Stefan Mazurkiewicz[16], one of the founding members of the Polish school of mathematics.

When World War I broke out, Hahn was drafted into the Austro-Hungarian army. He was severely wounded in 1915 while serving on the Italian front. Czernowitz was in Russian hands, so that Hahn had lost his job and his home. After his recovery, he taught at a military academy. In 1916, he became associate professor, and in 1917 full professor in Bonn. His main work, now, was devoted to real and harmonic analysis. He published an extensive memoir on the representation of functions by Fourier type integrals. He also wrote on the interpolation problem, in a paper foreshadowing the yet to be born functional analysis, and he obtained important results on continuity properties. In particular, he showed that the sets of points for

13. Richard von Mises (1883–1953) studied at the technical university of Vienna. Professor in applied mathematics and mechanics in Strasburg (1909–1918), and in Berlin from 1919 to 1933. Emigration to Istanbul, from 1944 to 1953 McKay professor for aerodynamics and applied mathematics in Harvard. His *Theory of Flight* became the standard textbook on aerodynamics. He also greatly contributed to the foundations of probability, and to positivism.
14. Otto Neurath (1882–1945), studied economics, social sciences and philosophy in Vienna and Berlin, became a member of the soviet republic (Räterepublik) in Munich. In 1919, he was deported to Austria. In 1934 emigration to Holland, in 1940 to England. A restless organizer behind the Ernst Mach Society and the International Unity of Science.
15. Ernst Hellinger (1883–1950), student of Hilbert, from 1914 to 1935 professor in Frankfurt. Emigrated to the US, appointments at Northwestern and the Illinois Institute of Technology. Worked on infinite matrices and integral equations.
16. Stefan Mazurkiewicz (1888–1945), studied in Cracow, Göttingen und Lwow, since 1915 professor in Warsaw, chief editor of the *Fundamenta mathematica.* One of the founders of set theoretic topology.

which a series of continuous functions diverges are exactly the $G_{\delta\sigma}$-sets, and proved what is today known as the "sandwich theorem": if an upper semi-continuous function is dominated by a lower semi-continuous function, then there exists a continuous function that lies in-between.

In 1920, von Escherich's chair at the university of Vienna became vacant and was offered to Hans Hahn. (The runners-up were Johann Radon[17], another student of Escherich, and Hahn's old friend Heinrich Tietze.) Hahn's colleagues at the institute were Philipp Furtwängler[18] and Wilhelm Wirtinger[19]; Alfred Tauber[20] was honorary professor. Upon his return to Vienna in 1921, Hahn became a corresponding member of the Austrian Academy of Science. Largely through his efforts, the German Moritz Schlick[21] was appointed, one year later, to the chair of philosophy which had been held by Mach[22] and later by Boltzmann. This was the origin of the Vienna Circle: meeting every second Thursday, first in a coffee-house and later in a lecture room at the institute of mathematics, Hahn, Schlick and several like-minded friends and colleagues, such as Hahn's brother-in-law Otto Neurath, his sister Olga, his friend Philipp Frank and several philosophers discussed foundational problems in mathematics and philosophy. Soon they were joined by the newly appointed associate professor of geometry, the German Kurt Reidemeister[23]. It was Reidemeister who first

17. Johann Radon (1887–1956) studied in Vienna and Göttingen. Professor in Hamburg 1919 to 1922, Greifswald 1922–1925, Erlangen 1925–1928, Breslau 1928–1945 and Vienna 1946 to 1956. Fundamental contributions to the calculus of variations and differential geometry, measure theory (Radon measure) and what was to become tomography (Radon transform).
18. Philipp Furtwängler (1869–1940), professor in Vienna 1912–1938, important contributions to number theory and algebra.
19. Wilhelm Wirtinger (1865–1945), student of von Escherich and Felix Klein. Professor in Innsbruck (1895–1903) and Vienna (1903–1935). Important work in complex analysis and number theory.
20. Alfred Tauber (1866–1942), studied mathematics in Vienna, since 1892 head of the mathematical department of an insurance company in Vienna, lectured for more than 40 years on insurance mathematics. Since 1913, honorary professor at the university of Vienna. Important contributions to real and complex analysis (Tauberian theorems), potential theory and differential equations. In 1942, Tauber was transported to Theresienstadt, where he died.
21. Moritz Schlick (1882–1936), student of Planck in Berlin, since 1910 Dozent for philosophy in Rostock. Murdered on the steps of the University of Vienna.
22. Ernst Mach (1838–1916), studied physics in Vienna, from 1867 to 1895 professor of experimental physics in Prague, then of philosophy in Vienna. Retirement caused by ill health in 1901. Wrote several highly influential books on physics and philosophy.
23. Kurt Reidemeister (1893–1971) studied philosophy and mathematics in Freiburg, Munich and Göttingen. From 1922 to 1925 associate professor for geometry in Vienna, then full professor in Königsberg (1925–1933) and in Marburg (1934–1954). Main contributions in geometry and topology, especially in knot theory (Reidemeister moves).

drew the attention of the Circle to Ludwig Wittgenstein's[24] *Tractatus logico-philosophicus,* which influenced the Circle enormously.

Already before the war, Hahn had started working on a treatise of real analysis, which originally was intended as a joint work with Arthur Schoenflies[25] – in fact, as an extension of the latter's survey *Bericht über Punktmannigfaltigkeiten.* Eventually, Hahn decided to write a monograph on the subject by himself, and in 1921 he published an 865 pages long first volume. It contained many new results, including what became known as the Hahn decomposition theorem for signed measures. But progress in real analysis was so fast that rather than finishing the second volume, Hahn started completely re-writing the first, a task which took more than ten years. In 1921, Hahn also published a path-breaking memoir on functional operators, greatly stimulated by the work of the Viennese mathematician Eduard Helly[26]. Thus Hahn became – independently of Stefan Banach[27] – one of the founders of functional analysis. He used its tools in his works on summation methods (a space of null sequences is still called Hahn sequence space), and on Lagrange multipliers.

In the very first seminar after his return to Vienna, Hahn formulated the problem of topologically characterizing a curve. His student Karl Menger[28] solved this problem almost immediately and started a highly successful series of investigations of the concept of dimension. Other budding topologists attracted by the institute were Leopold Vietoris[29], Witold

24. Ludwig Wittgenstein (1889–1951), disciple of Russell, after 1929 Fellow of Trinity College in Cambridge, one of the major philosophers of the century. The *Tractatus logico-philosophicus* is the only philosophical book he published during his life-time. Many volumes of his prolific writings have been published posthumously.
25. Arthur Schoenflies (1853–1928), professor of mathematics in Frankfurt since 1911, contributions to set theory, topology and geometry.
26. Eduard Helly (1884–1943), studied in Vienna. Prisoner of war from 1915 to 1920. Habilitation in Vienna 1921, worked in a bank, later in an insurance company. Emigrated in 1938. Appointed professor of mathematics in Chicago, a few months before his death. He wrote only five research papers, but obtained classical results on convex sets and linear operators.
27. Stefan Banach (1892–1945), since 1922 professor in Lwow, one of the founders of functional analysis. Published 1932 his *Théorie des opérateurs linéaires.*
28. Karl Menger (1902–1985), son of the famous economist Carl Menger, studied in Vienna from 1920 to 1924. Assistant of Brouwer in Amsterdam 1925–1927, then return to Vienna. Emigrated in 1936, professor at the Notre Dame University and, from 1946 to 1971, at the Illinois Institute of Technology in Chicago. Essential contributions to curve theory and dimension theory.
29. Leopold Vietoris (*1891), studied in Vienna, habilitation 1922, from 1930 to 1961 professor of mathematics in Innsbruck. One of the founders of homology theory (cf. Vietoris-Mayer-sequence, Vietoris mapping theorem).

Hurewicz[30] and, somewhat later, Georg Nöbeling[31]. Hahn kept a lively interest in the field, and found a new, very elegant proof for the Hahn-Mazurkiewicz theorem. He also greatly generalized Fourier's integral formula, and found an elegant characterization of the Lebesgue integral. But his most spectacular success was, without doubt, an extension theorem for linear bounded operators defined on subspaces of Banach spaces. Hahn published this theorem in 1927. It was re-discovered some two years later by Banach, who soon acknowledged Hahn's priority.

In 1925, Reidemeister left Vienna for Königsberg. He was succeeded by Karl Menger, who joined the Vienna Circle. So did the German philosopher Rudolf Carnap[32] and Kurt Gödel[33], a young student from Brno who shone in Hahn's seminars on the *Principia Mathematica*. In 1929, Gödel wrote a remakable Ph. D. thesis, under Hahn's supervision, in which he proved the completeness of the first-order logic. This was an important first step in Hilbert's program for the foundations of mathematics. Soon afterwards, however, Gödel dealt a serious blow to this program by proving his two incompleteness theorems. This epochal work earned him the habilitation in 1931, with a glowing report by Hahn.

In the meantime, the "radical wing" of the Vienna Circle (Neurath, Carnap and Hahn) had constituted the *Ernst Mach Society*. As a consequence, several members of the Circle began to take their distance. Menger founded the highly successful *Mathematisches Kolloquium,* whose proceedings contained many first rank contributions, especially by Gödel and Menger themselves, but also by Karl Popper[34]. The latter, who never belonged to the Vienna Circle, had been greatly influenced by Hahn's lectures, who according to all witnesses were masterspieces.

30. Witold Hurewicz (1904–1956) studied in Vienna, worked from 1926 to 1936 in Amsterdam. Since 1945 professor at the Massachusetts Institute of Technology. Major contributions to dimension theory and homotopy.
31. Georg Nöbeling (*1907), professor in Erlangen since 1942, important contributions to geometry and topology.
32. Rudolf Carnap (1891–1970), studied in Freiburg and Jena (where he met Frege); 1926 to 1931 *Dozent* for philosophy in Vienna, then professor in Prague (1931–1935), Chicago (1936–1952), Princeton (1952–1954) and UCLA (1954–1961). Philosopher and logician.
33. Kurt Gödel (1906–1978), studied in Vienna, where he became *Dozent* in 1931. Several visits to the United States. In 1940, Gödel emigrated, and worked at the Institute for Advanced Studies in Princeton. Fundamental contributions to mathematical logic, axiomatic set theory and the theory of relativity.
34. Karl Popper (1902–1994), studied in Vienna, worked as physics teacher, emigrated in 1937 to New Zealand, since 1949 professor at London School of Economics, one of the most influential philosophers of the century. Books: *The logic of discovery, The open society and its enemies, Conjectures and Refutations, Unended Quest* etc.

Hahn also gave extremely successful public lectures, which make up the bulk of Hahn's philosophical writings. These lectures had been organised by the Ernst Mach Society and attracted a large audience; the income was partly used to cover the assistant's salary of Olga Taussky[35]. But after the armed clash between the Austrian social democrats and the Dollfuß regime, in February 1934, the Ernst Mach Society was outlawed. So was the social democratic party itself. As chairman of the society of socialist university professors, Hahn fell in disfavour with the authorities.

In 1932, the second edition of the first volume of Hahn's text-book on Analysis appeared – a completely new book, in fact. The second volume was meant to be finished by autumn 1934. But in the spring of 1934, Hahn fell seriously ill. He died, after cancer surgery, on July 24, 1934.

His notes for the second volume were translated by Arthur Rosenthal[36] into English, and published in 1948. An English volume of his philosophical writings was published (with a foreword by Karl Menger) in 1980. A German version appeared in 1988.

35. Olga Taussky (*1906), since 1938 Taussky-Todd, studied mathematics in Vienna. She worked in London (1937–1944) and at Caltech (since 1957) on number theory and algebra.
36. Arthur Rosenthal (1887–1959), studied in Munich, since 1922 professor in Heidelberg, emigrated 1939 to the USA; since 1947 professor at Purdue Univ. Contributions to geometry and analysis.

Obituaries on Hans Hahn:

Karl Mayerhofer, *Monatshefte für Mathematik und Physik* **41** (1934), 221–238.

Wilhelm Wirtinger, *Almanach der Akademie der Wissenschaften in Wien* **85** (1936), 252–257.

Karl Menger, *Fundamenta mathematica* **24** (1934), 317–320.

Karl Menger, *Ergebnisse eines mathematischen Kolloquiums* **6** (1934), 40–44.

Philipp Frank, *Erkenntnis* **4** (1934).

Further biographical material can be found in:

Karl Menger: Introduction to Hans Hahn, *Empiricism, Logic and Mathematics,* edited by Brian Guiness (Vienna Circle Collection vol **13**, Dordrecht, Boston–London 1980).

Rudolf Einhorn: Vertreter der Mathematik und Geometrie an den Wiener Hochschulen 1900–1940, Dissertation an der Technischen Universität Wien (1985).

Karl Sigmund: Hans Hahn – a Philosopher's Mathematician, to appear in *Mathematical Intelligencer* (1995).

Commentary on Hans Hahn's Contributions in Functional Analysis

Harro Heuser

Mathematisches Institut I, Universität Karlsruhe

Hahn's work on Functional Analysis consists altogether of four papers:

[19] *Bericht über die Theorie der linearen Integralgleichungen*, Jahresbericht der Deutschen Mathematiker-Vereinigung 20 (1911) 69–117

[22] *Über die Integrale des Herrn Hellinger und die Orthogonalinvarianten der quadratischen Formen von unendlich vielen Veränderlichen,* Monatshefte für Mathematik und Physik 23 (1912) 161–224

[50] *Über Folgen linearer Operationen,* Monatshefte für Mathematik und Physik 32 (1922) 3–88

[61] *Über lineare Gleichungssysteme in linearen Räumen,* Journal für die reine und angewandte Mathematik 157 (1927) 214–229

The first two papers are, more or less, preparatory exercises, the last two, however, are landmarks in the development of Functional Analysis.

Exactly in the year 1900 (Hahn was barely 21 years old) the Big Bang of Functional Analysis occurred. The Big Bang was a little paper by Ivar Fredholm: *Sur une nouvelle méthode pour la résolution du problème de Dirichlet.*[1] Fredholm's starting point was the fact that the Dirichlet problem can be transformed into an integral equation

$$\varphi(s) - \lambda \int_a^b K(s, t)\varphi(s)\, ds = f(s). \tag{1}$$

And now his source of inspiration was Volterra's idea to consider an integral equation as the limiting case of a finite system of linear equations. But instead of really executing the difficult *passagio dal discon-*

tinuo al continuo Fredholm relies on the power of analogy and defines without further ado a quantity D (an infinite series of integrals) which he calls (*à cause de l'analogie qui existe entre les équations linéaires et l'équations fonctionnelle* (1)) the "determinant" of (1). The invention of D proved to be the decisive breakthrough: by means of it Fredholm succeeds quickly in establishing a raw version of the *Fredholm alternative* and is now able to demonstrate on scarcely more than one page the solvability of the Dirichlet problem.

Hilbert realized at once the pregnancy of Fredholm's ideas. Almost immediately he started to work on them and published between 1904 and 1910 his famous six *Mitteilungen* on linear integral equations. In a first step he does what Fredholm had avoided to do: he actually performs the limiting process that leads from systems of linear equations to the integral equation (1) and transplants by this *tour de force* the solvability theorems of elementary algebra directly to the "transcendent" equation (1).

Hilbert's investigations take now a decisive turn. By means of an orthonormal basis $\{\Phi_1, \Phi_2, \ldots\}$ of $C[a, b]$ he associates with the integral equation

$$\varphi(s) + \int_a^b K(s, t)\varphi(t)\, dt = f(s) \qquad (K, f \text{ continuous}) \tag{2}$$

an infinite system of linear equations

$$x_p + \sum_{q=1}^{\infty} k_{pq} x_q = y_p \qquad (p = 1, 2, \ldots) \tag{3}$$

where

$$\begin{aligned} x_p &= \int_a^b \varphi(s)\Phi_p(s), \quad k_{pq} = \int_a^b\int_a^b K(s, t)\Phi_p(s)\Phi_q(t)\, ds\, dt, \\ y_p &= \int_a^b f(s)\Phi_p(s)\, ds \end{aligned} \tag{4}$$

and all the series $\sum x_p^2$, $\sum y_p^2$, $\sum k_{pq}^2$ converge (in virtue of Bessel's inequality). The equations (2) and (3) are equivalent in the following sense: a (continuous) solution $\varphi(s)$ of (2) yields via (4) a solution $(x_1, x_2, \ldots)$ of (3) with $\sum x_p^2 < \infty$ and, conversely, such a solution of (3) yields a (continuous) solution $\varphi(s) = \sum x_p \Phi_p(s)$ of (2). In this way Hilbert is led to consider infinite systems of linear equations (3) where $(y_1, y_2, \ldots)$ belongs (in our terminology) to l^2 and to look only for solutions $(x_1, x_2, \ldots)$ that also belong to l^2.

Hilbert attacks the system (3) by means of "bilinear forms"

$$A(x,y)=\sum_{p,q=1}^{\infty} a_{pq}x_p y_q \tag{5}$$

of infinitely many variables. (5) is a shorthand notation for the sequence of the *"Abschnitte"*

$$A_n(x,y)=\sum_{p,q=1}^{n} a_{pq}x_p y_q \qquad (n=1,2,\ldots). \tag{6}$$

Hilbert calls the bilinear form (5) *bounded* if there exists a number M such that for all *"Wertsysteme"* x, y with $\sum_{p=1}^{\infty} x_p^2 \le 1$, $\sum_{p=1}^{\infty} y_p^2 \le 1$ and for all natural n the inequalities

$$|A_n(x,y)| \le M \tag{7}$$

are verified. In this case, $\lim A_n(x, y)$ exists for all $x, y \in l^2$ and is also denoted by $A(x,y)$. Obviously we have

$$|A(x,y)| \le M\sqrt{\sum_{p=1}^{\infty} x_p^2}\sqrt{\sum_{p=1}^{\infty} y_p^2}. \tag{8}$$

A bounded bilinear form is a bounded endomorphism of l^2 in disguise; but the viewpoint of linear transformations is not taken by Hilbert.

One of the highlights of the *Mitteilungen* is the spectral theory of bounded quadratic forms

$$K(x,x)=\sum_{p,q=1}^{\infty} k_{pq}x_p x_q \qquad (k_{pq}=k_{qp}). \tag{9}$$

Hilbert's starting point is the fact that the *"Abschnitte"* $K_n(x,x) = \sum_{p,q=1}^{n} k_{pq}x_p x_q$ can be converted, by orthogonal transformations, into sums of squares. Performing once more the limiting process $n \to \infty$ he hits upon an entirely new phenomenon: the *continuous spectrum*. This first serious deviation from the finite-dimensional case manifests itself in the appearance of an integral in the final formula for $K(x, x)$.

In 1912 Hilbert published the six *Mitteilungen* in his classical book *Grundzüge einer allgemeinen Theorie der linearen Integralgleichungen*.

So much for the historical background. Enter Hans Hahn.

In 1909 the thirty years old Hahn delivered an invited address on linear integral equations at the annual meeting of the *Deutsche Mathematiker-Vereinigung* in Salzburg. An enlarged version of the first half of it was published in 1911 as *Bericht über die Theorie der linearen Integralgleichungen* (cf. [19]). The second half was to outline Hilbert's method of infinitely many variables. It never appeared, perhaps because Hilbert had published his above mentioned book in 1912.

Hahn's *Bericht* summarizes the basic results of Fredholm on general integral equations and of Hilbert on the eigenvalue theory of integral equations with symmetric kernels. Other important findings are also included, e.g. the theorem of Mercer which was barely known in Germany before the *Bericht*. In a prefatory remark ([19], p. 73–74) Hahn states in the spirit of Volterra, Fredholm and Hilbert:

> Das Problem der Auflösung der [linearen] Integralgleichungen [erster und zweiter Art] ist ein transzendentes Analogon zur Auflösung linearer Gleichungssysteme. In der Tat gibt es zwei transzendente Verallgemeinerungen des Summenbegriffs: den der unendlichen Reihe und den des bestimmten Integrales, und dementsprechend zwei Arten, wie man von algebraischen Problemen auf dem Weg verallgemeinernder Analogie zu transzendenten Problemen kommen kann . . . Bei der ersten Art der Verallgemeinerung wird aus dem Problem der Auflösung von *n* linearen Gleichungen für *n* Unbekannte das der Auflösung von unendlich vielen linearen Gleichungen für unendlich viele Unbekannte; bei der zweiten Art der Verallgemeinerung aber wird man auf die linearen Integralgleichungen geführt.

Nevertheless, in Chapter III of his *Bericht* (where he expounds Hilbert's eigenvalue theory for integral equations with symmetric kernels) Hahn does not employ Hilbert's cumbersome limiting procedure that starts out from finite systems of linear equations but uses instead the much more elegant method that Hilbert's disciple Erhard Schmidt had developed *("unter Vermeidung des Grenzüberganges aus dem Algebraischen")* in his doctoral thesis (1905).[2] In a sense, Schmidt elucidates for the first time how far the mere linearity of the problem can lead. Thirteen years after his *Bericht* Hahn will put the abstract concept of linearity right into the center of one of his basic papers on Functional Analysis. Five more years later (1927) a fresh look at integral equations will lead him to the epoch-making discovery of the "Hahn-Banach-Theorem". One may venture to say that the *Bericht*, though not containing much original research, has played an important role in Hahn's mental formation.

One year after his *Bericht* Hahn published (instead of its promised second part on the "method of infinitely many variables") his paper [22] *Über die Integrale des Herrn Hellinger und die Orthogonalinvarianten der quadratischen Formen von unendlich vielen Veränderlichen*. In Hilbert's spectral theory of (bounded) quadratic forms the possible existence of a continuous spectrum *("Streckenspektrum")* had turned out to be a major problem. In the first place, there were no "objects" that corresponded to the points of the continuous spectrum as naturally as eigenvectors correspond to eigenvalues. In the second place, there was the thorny question of the orthogonal equivalence of quadratic forms. In the finite-dimensional case orthogonal equivalence or "similarity" of two quadratic forms takes place if and only if the eigenvalues of the forms and their respective multiplicities are the same. In the infinite-dimensional case, however, the possible existence of a continuous spectrum invalidates this simple criterion. In his doctoral thesis *Die Orthogonalinvarianten quadratischer Formen von unendlich vielen Veränderlichen* (Göttingen 1907) Ernst Hellinger, a disciple of Hilbert, had attacked these problems. He had introduced *"Eigendifferentialformen"* (eigendifferentials) as an ersatz for eigenvectors in the case of the continuous spectrum and in this context had defined "Hellinger integrals"

$$\int_a^b \frac{(df(x))^2}{dg(x)} \tag{10}$$

as the supremum (if finite) of all sums

$$\sum_{i=1}^{n} \frac{(f(x_i) - f(x_{i-1}))^2}{g(x_i) - g(x_{i-1})} \qquad (a = x_0 < x_1 < \cdots < x_n = b) \tag{11}$$

where f is continuous, g continuous and increasing and f constant in each subinterval of $[a, b]$ in which g is constant. Hahn proclaims two aims: firstly, he wants to get rid, via the Lebesgue integral, of the Hellinger integral and to simplify, in this way, Hellinger's investigations; secondly, he wants to define the multiplicity of the continuous spectrum in such a manner that it remains invariant under orthogonal transformations; in this he succeeds by introducing his concept of "ordered systems of eigendifferentials". Involved arguments lead to his main result which he states in a simplified form as follows:

> Als notwendig und hinreichend für orthogonale Äquivalenz zweier beschränkter quadratischer Formen ergibt sich schließlich die Übereinstimmung der Punkt- und Streckenspektra (einschließlich der Vielfachheit) und das Bestehen gewisser Gleichungen, und zwar doppelt so vieler, als die größte im Streckenspektrum auftretende Vielfachheit beträgt.[3]

It seems that Hellinger (four years younger than Hahn) felt slightly offended by Hahn's contention that in the theory of quadratic forms the Lebesgue integral is a more appropriate tool than his own *"integralarti-*

ger Grenzprozeß", especially because he himself had stated in his doctoral thesis just the opposite. In his review of Hahn's paper[4] he declines somewhat testily to judge the merits of the two approaches; towards the end of the review he does concede that Hahn's formulation of the equivalence theorem may well be "more elegant" but materially, he continues, it is "exactly identical" with his own necessary and sufficient condition for orthogonal equivalence, *"was entgegen den leicht mißzuverstehenden Ausführungen in Hahns Einleitung hier zu bemerken erlaubt sei"*. Obviously, Hellinger did not take much pleasure in Hahn's paper.

Hellinger's and Hahn's work on the orthogonal equivalence of bounded quadratic forms was eventually superseded by Gelfand's theory of commutative Banach algebras.

Ten years passed before Hahn published his next functional analytic paper [50] *Über Folgen linearer Operationen*. This work was strongly influenced by Eduard Helly. In 1921 Helly had become *Privatdozent* at the University of Wien and Hahn full professor there. In the same year 1921 Helly published his basic paper *Über Systeme linearer Gleichungen mit unendlich vielen Unbekannten*[5] which was to become a main source of inspiration for Hahn. By analyzing the then current theories of infinite systems of linear equations

$$\sum_{k=1}^{\infty} a_{ik} x_k = c_i \qquad (i = 1, 2, \ldots) \tag{12}$$

Helly discovered in the light of Minkowski's *Geometrie der Zahlen* (1896) the overriding importance of *"konvexe Abstandsfunktionen"* (norms) on sequence spaces:

> In der vorliegenden Arbeit soll gezeigt werden, daß der wesentliche Inhalt der [Lösbarkeitsbedingungen von E. Schmidt und F. Riesz] darin liegt, daß im Raum von abzählbar unendlich viel Dimensionen, in welchem die geometrische Interpretation des Gleichungssystems vor sich geht, eine Abstandsbestimmung vorliegt, für welche das „Dreiecksaxiom" gilt, oder, um den Zusammenhang mit den Minkowskischen Begriffsbildungen hervorzuheben, der „Aichkörper" ein konvexer Körper ist.

Helly embarks upon a trailblazing enterprise which was to be consummated one year later by Hahn. Up to now, mathematicians (with the exception of the yet unknown Stefan Banach) had always considered *concrete* linear spaces (e.g. $C[a, b]$, l^2, L^p) and had defined on them *concrete* norms by means of certain formulas. Helly proceeds differently. He considers an *abstract* sequence space, i.e. an unspecified linear subspace X of the space R_ω of all numerical sequences $(x_1, x_2, \ldots)$ and assumes that there is given on X an *"Abstandsfunktion $D(x)$"* that enjoys three (axiomatically postulated) properties; they are exactly what we nowadays call the norm axioms. Since Helly wants to study the system (12) he has to consider, moreover, such "points" $u = (u_1, u_2, \ldots)$ of R_ω for which the series

$$(u,x) = \sum_{k=1}^{\infty} u_k x_k \tag{13}$$

converge. Finally, the examination of the Schmidt-Riesz-theory of linear equations suggests to him to admit only those points u for which

$$\Delta(u) = \sup\{|(u,x)| : x \in X, D(x) = 1\} \tag{14}$$

is finite. These points form a linear subspace U of R_ω, $\Delta(u)$ is a seminorm on this "polar space" U (he calls it the "polar function") and for all $x \in X$ and $u \in U$ the "fundamental inequality"

$$|(u,x)| \leq \Delta(u)D(x) \tag{15}$$

holds. In other words: Helly considers all sequences u that generate via (13) bounded linear functionals on X. (The trouble with his theory is that in general not every bounded linear functional on X is generated in this way.)

We turn now to Hahn's paper [50] which appeared just one year after the publication of Helly's pathbreaking memoir. On the surface, Hahn's article has nothing to do with integral equations or infinite systems of linear equations (the two driving forces of a nascent Functional Analysis and of Hahn's first contributions to it). This time the mover is the representation of functions by singular integrals and Schur's investigations into linear transformations of infinite series. In the introduction Hahn tells us how this new direction of his mathematical thinking came about:

> Anläßlich eines Referats über die Darstellung willkürlicher Funktionen durch Grenzwerte bestimmter Integrale (sog. singuläre Integrale), die ich auf der Versammlung der Deutschen Mathematikervereinigung in Jena hielt, macht mich Herr J. Schur aufmerksam, daß die Theorie der singulären Integrale offenbar in enger Beziehung stehe zu seinen Untersuchungen über lineare Transformationen in der Theorie der unendlichen Reihen. Ich habe nun versucht, eine allgemeine Theorie aufzustellen, in der sowohl die Theorie der singulären Integrale, als auch die Untersuchungen von J. Schur als Spezialfälle enthalten sind.

Nevertheless, there is an intimate connection with Helly's ideas and it is revealed already in the heading of the very first paragraph: *"Die fundamentale Ungleichung"* – by which is meant Helly's "fundamental inequality", albeit in a more general context. Hahn recognizes that Helly has in fact dealt with bounded linear functionals on abstract sequence spaces and that his own new problems can also be recast in terms of bounded linear functionals, this time, however, on certain concrete sequence and function spaces. At this point he must have realized that the only structural elements of account in all these spaces are their linearity and the fact that they can be equipped with an *"Abstandsfunktion"* in the sense of Helly. Consequently, he opens the first paragraph of his paper with one of his major creations: the definition of the abstract normed space (he calls it *"linearer Raum"*). The norm of an element a he designates, as Helly had done, by $D(a)$. In what follows, he assumes once and for all that the normed space is complete (hence a "Banach space").

In order to appreciate Hahn's achievement we must remember the tormented biography of "normed spaces". Hilbert had paid little attention to the metric structure of the "Hilbert space" l^2; it was, instead, his disciple E. Schmidt who defined 1908 the canonical "length" of $A \in l^2$ and designated it by $\|A\|$.[6] Two years later, F. Riesz[7] introduced the set L^p $(1 \leq p < \infty)$, emphasized its linearity, defined "strong convergence" (convergence in the sense of the L^p-norm) – but failed to do what after E. Schmidt's "geometrization" suggested itself: he did not designate the cumbersome expression $(\int_a^b |f(x)|^p dx)^{1/p}$ by the convenient symbol $\|f\|$, he did not call it the "length" or norm of f and did not interpret $\|f-g\|$ as the "distance" between f and g, although he had been the very first to define the canonical distance in the special case L^2 just four years earlier.[8] Three years later (1913) he deprived also the sequence spaces l^p of their natural norm and metric (in his famous book *Les systèmes d'équations linéaires à une infinité d'inconnues*). Shortly afterwards, however, things changed dramatically for the better when he was writing one of his most influential papers: *Über lineare Funktionalgleichungen*[9] (he finished it in January 1916). In this grand treatise Riesz considered the function space (*"Funktionalraum"*) $C[a, b]$, called the maximum of $|f(x)|$ (a quantity he had used again and again in his functional analytic work) for the first time the norm (*"Norm"*) of f, designated it by Schmidt's symbol $\|f\|$, and specified explicitly its three basic properties (the norm axioms). Only theses properties (and the completeness of $C[a, b]$) are used in the theoretical part of his paper. The ensuing generality of his method he realizes clearly; at the end of the introduction he remarks:

> Die in der Arbeit gemachte Einschränkung auf stetige Funktionen ist nicht von Belang. Der in den neueren Untersuchungen über diverse Funktionalräume bewanderte Leser wird die allgemeinere Verwendbarkeit der Methode sofort erkennen.

Let us imagine Riesz had opened his paper with the sentence: "The basis of the following will be an abstract linear space equipped with a norm that has the same fundamental properties as the maximum-norm on $C[a, b]$" – nothing else in his paper would have changed, but we would these days study "Riesz spaces" instead of "Banach spaces". Riesz did not do it because the concept of an abstract linear space was at this time not known north of the Alps. For exactly the same reason Helly went only one or two steps farther than Riesz when he considered abstract norms $D(x)$ on unspecified sequence spaces. In a curious way the abstract norm existed before the abstract normed space.

The concept of linear space had been created in Italy as early as 1888 under the name of *sistema lineare* by Giuseppe Peano,[10] but had failed to make headway in northern Europe. Maybe Hahn had hit upon Peano's idea, maybe the relentlessly recurring linearity of not less than 23 concrete spaces in the examples of [50] had forced the idea of "linear space" upon him – at any rate, the final result was that Hahn furnished Helly's abstract norm with what it badly needed for an unfettered life: an abstract linear space. Thus the first paragraph of [50] opens with the definition of *"linearer Raum"* by which is meant a normed linear space. Hahn finally seized what Schmidt, Riesz and Helly had groped for.

Helly had generated bounded linear functionals on a sequence space X by means of another sequence space via the "concrete" formula (13). Hahn proceeds in a similar but somewhat more abstract fashion. He associates a normed space $\mathcal{A}$ with a "polar space" (*"polarer Raum"*) $\mathcal{B}$ by means of a "fundamental operation" (*"Fundamentaloperation"*) $U : \mathcal{A} \times \mathcal{B} \to \mathbb{R}$ which is supposed to be linear in its first variable and such that

$$\Delta(b) = \sup_{D(a)=1} |U(a,b)| \quad \text{is finite for all } b \in \mathcal{B}. \tag{16}$$

From this follows the "fundamental inequality" (cf. (15))

$$|U(a, b)| \leq D(a)\Delta(b) \qquad \text{for all } a \in \mathcal{A}, b \in \mathcal{B}. \tag{17}$$

In other words: Hahn generates bounded linear functionals on $\mathcal{A}$ by means of the elements of an unspecified polar space $\mathcal{B}$ and an equally unspecified "fundamental operation" U. All this is done in the spirit of Helly and is written down in Helly's notation and terminology. But now something new is coming up.

Hahn calls the *"Operationsfolge"* (sequence of operations) $U(a, b_n)$ ($n = 1, 2, \ldots$) bounded in $\mathcal{A}$ if for each $a \in \mathcal{A}$ there exists a number $M(a)$

such that $|U(a,b_n)| \leq M(a)$ for $n = 1, 2, \ldots$ His first (and basic) result is one of the great theorems of Functional Analysis, the *principle of uniform boundedness:*

The sequence of operations $U(a, b_n)$ $(n = 1, 2, \ldots)$ *is bounded in* $\mathcal{A}$ *if and only if the sequence* $\Delta(b_n)$ $(n = 1, 2, \ldots)$ *is bounded.*

The proof uses a method which, as Hahn notes, goes back to Lebesgue and is nowadays called "the method of the gliding hump". The theorem itself had a forerunner in the proposition III of Helly's paper *Über lineare Funktionaloperationen* (1912).[11] This same paper will become also an important factor in the genesis of the Hahn-Banach theorem.

Hahn's second theorem is an easy consequence of the principle of uniform boundedness:

Let $U(a, b_n)$ $(n = 1, 2, \ldots)$ *be a sequence of operations converging for each* $a \in \mathcal{A}$. *Then* $V(a) = \lim_{n\to\infty} U(a,b_n)$ *is a uniformly continuous linear operation in* $\mathcal{A}$.

Of course, $V(a)$ need not be generated by any $b \in \mathcal{B}$. The connection between continuity and boundedness of a linear functional, discovered by Riesz years ago, is not mentioned by Hahn.

In order to facilitate the application of the last theorem, Hahn introduces the concept of *"Grundmenge"* (fundamental set): The subset $\mathcal{G}$ of $\mathcal{A}$ is called a fundamental set of $\mathcal{A}$ if the linear hull of $\mathcal{G}$ is dense in $\mathcal{A}$. Hahn can now prove (again by using the principle of uniform boundedness) his third theorem:

The bounded sequence of operations $U(a, b_n)$ $(n = 1, 2, \ldots)$ *is convergent in* $\mathcal{A}$ *if and only if it converges in all points of a fundamental set of* $\mathcal{A}$.

These theorems yield in an obvious way a Banach-Steinhaus theorem for sequences of linear operations $U(a, b_n)$. The general Banach-Steinhaus theorem was first enunciated in Banach's and Steinhaus' paper *Sur le principe de la condensation des singularités,* Fund. Math. 9 (1927) 50–61.

The remaining 89% of Hahn's paper are devoted to 23 applications of his general theorems. In the *Jahrbuch über die Fortschritte der Mathematik* 48 (1921/22) Hahn himself has reviewed his article (p. 473–474); after having stated his theorems he writes with justified pride:

> Diese Sätze fassen eine große Anzahl bekannter Einzeltatsachen zusammen; so enthalten sie bei geeigneter Wahl des Raumes $\mathcal{A}$ und der Maßbestimmung $D(a)$ den bekannten Satz von Toeplitz über lineare Mittelbildungen, die weitergehenden Sätze von Kojima und I. Schur über lineare Transformationen unendlicher Reihen, die Sätze von Lebesgue über

Beschränktheit und Konvergenz linearer Integraloperationen $\int_a^b f(x)\varphi_n(x)\,dx$ die Lebesguesche Theorie singulärer Integrale, Hahns Theorie des Interpolationsproblems. Zum Schlusse wird noch ein verallgemeinerter Stieltjesscher Integralbegriff $\int_a^b f\,d\Phi$ eingeführt, bei dem die Funktion Φ nicht als von endlicher Variation vorausgesetzt wird, und es werden sowohl Folgen $\int_a^b f\,d\Phi_n$ als auch Folgen $\int_a^b \varphi_n\,dF$ verallgemeinerter Stieltjesintegrale auf Beschränktheit und Konvergenz untersucht.

It is, by the way, no small merit of Hahn's applications that in them a host of Banach spaces is introduced.

We must return once more to Banach to settle a question of priority. In June 1920 the twenty-eight-year old Stefan Banach had submitted his doctoral thesis to the University of Lwów. In it he presented, following the Italian mathematician Pincherle, the axioms of the abstract vector space, then the axioms of *une opération appelée norme* (*nous la désignerons par le symbole* $\|X\|$). Finally, he postulated the completeness of this normed space: thus the "Banach space" was born. One of the highlights of Banach's thesis is the principle of uniform boundedness for sequences of continuous linear mappings of two Banach spaces; it is more general than Hahn's theorem but is proved by the same "method of the gliding hump". The thesis was published in the *Fundamenta mathematica* 3 (1922); so it appeared in exactly the same year as Hahn's paper [50]. It was reviewed in exactly the same volume 48 (p. 201) of the *Jahrbuch über die Fortschritte der Mathematik* as Hahn's paper. At this point the coincidence ends. For while Hahn, in his review, emphasized the importance of the principle of uniform boundedness, the reviewer of Banach's thesis did not even so much as mention it.

Thus we may say that Hahn has discovered the concept of Banach space and the principle of uniform boundedness somewhat later than Banach but independently of him. Hahn seems not to have conceded cheerfully Banach's priority. When he returned five years later to the study of bounded linear functionals on normed linear spaces (*"lineare Räume"*) in his masterpiece *Über lineare Gleichungssysteme in linearen Räumen* (1927) he added to the assumption *"Sei $\mathfrak{R}$ ein linearer Raum"* the telltale footnote:

Näheres über lineare Räume: *H. Hahn*, Monatsh. f. Math. u. Physik. 32, S. 3 und insbes. *St. Banach*, Fund. math. 3, 131.

One year later Fréchet coined the term *espace de Banach* in his book *Les espaces abstraits* (1928), and Hahn's contribution to this basic concept passed into oblivion.

We come now to the exciting hunt for the "Hahn-Banach theorem" that culminated in Hahn's paper [61].

This main theorem of Functional Analysis was already dimly foreshadowed in F. Riesz's representation of continuous linear functionals on $C[a, b]$ by means of Stieltjes integrals (1909) together with his solution of the "moment problem" in $C[a, b]$ (1909, 1911) that runs as follows:[12]

Let the functions $f_i \in C[a, b]$, the numbers c_i and a constant M be given. There exists a function $\alpha \in BV[a, b]$ such that $V(\alpha) \leq M$ and

$$\int_a^b f_i(x)\, d\alpha(x) = c_i \qquad (i = 1, 2, \ldots) \tag{18}$$

if and only if the inequality

$$\left|\sum_{i=1}^{n} \mu_i c_i\right| \leq M \times \max\left|\sum_{i=1}^{n} \mu_i f_i(x)\right| \tag{19}$$

holds for all numbers μ_i and each n.

At this point, Helly crosses once more our path. In his important paper *Über lineare Funktionaloperationen* (1912)[13] he fuses without a word of comment the just mentioned results of Riesz into a single theorem which (as far as its structure is concerned) was to become decisive for himself and for Hahn:

Let the functions $f_i \in C[a, b]$, the numbers c_i and a constant M be given. There exists a "lineare Funktionaloperation $U(f)$" (a continuous linear functional U on $C[a, b]$) such that its "Maximalzahl" (norm) is not greater than M and

$$U(f_i) = c_i \quad (i = 1, 2, \ldots)$$

if and only if the inequality (19) *holds for all numbers μ_i und each n.*

Obviously, this theorem is a statement about the linear and continuous extension of a functional defined on the set $\{f_1, f_2, \ldots\}$ to the whole space $C[a, b]$.

Conditions entirely analogous to (19) were given by Riesz for the solvability of the moment problem in the spaces L^p and l^p.[14] Together with the corresponding representation theorems for bounded linear functionals (also due to Riesz) they could have led along Helly's lines to "extension theorems" for functionals in these spaces. But for several years nobody chose to follow this trail.

Finally, in 1921, Helly himself harked back to these ideas in his already mentioned paper *Über Systeme linearer Gleichungen mit unendlich vielen Unbekannten*. In 1913, Riesz had studied systems of linear equations

$$\sum_{k=1}^{\infty} a_{ik} x_k = c_i \qquad (i = 1, 2, \ldots) \tag{20}$$

where (in modern language) all the coefficient sequences $a^{(i)} = (a_{i1}, a_{i2}, \ldots)$ belong to l^q and one admits only solutions $x = (x_1, x_2, \ldots) \in l^p$ with $\|x\|_p \leq M$; here $1 < p < \infty$, $q = p/(p-1)$; $\|x\|_p$ is the l^p-norm of x and M a given constant.[15] Helly realizes that (again in our terminology) Riesz's solvability theorem can be put into the form of an "extension theorem":

There exists a bounded linear functional L on l^q such that $L(a^{(i)}) = c_i$ $(i = 1, 2, \ldots)$ and $\|L\| \leq M$ if and only if

$$\left| \sum_{i=1}^{n} \mu_i c_i \right| \leq M \left\| \sum_{i=1}^{n} \mu_i a^{(i)} \right\| \quad \textit{for all numbers } \mu_i \textit{ and each } n. \tag{21}$$

L is the bounded linear functional generated by the solution $(x_1, x_2, \ldots) \in l^p$.

Wanting to get rid of the (l^p, l^q)-frame in Riesz's theory, Helly starts, as already told, from an arbitrary sequence space X with an unspecified *"Abstandsfunktion"* (norm) $D(x)$ and defines a polar space U and a polar function $\Delta(u)$ on U (cf. (14)). But now Helly is hampered by the fact that the "duality relationship" $(l^q)^* = l^p$ that makes the Riesz theory so smooth and enticing has in general no counterpart in his abstract (U, X)-setting. And since he neither knows nor presages the concept of "dual space" he arrives only at a poor man's version of Riesz's solvability theorem:

Suppose that for the system (20) *(with $a^{(i)} \in U$, $x \in X$) the inequality*

$$\left| \sum_{i=1}^{n} \mu_i c_i \right| \leq M \Delta \left(\sum_{i=1}^{n} \mu_i a^{(i)} \right) \tag{22}$$

holds for all numbers μ_i and each n. Choose an $M_1 > M$ and try to find a linear functional L on U such that

$$L(a^{(i)}) = c_i \quad (i = 1, 2, \ldots) \quad \textit{and} \quad L(u) \leq M_1 \Delta(u). \tag{23}$$

If such an L exists at all and if, moreover,

$$L(u) = \sum_{k=1}^{\infty} u_k p_k \quad \textit{and} \quad D(p) \leq M_1 \quad \textit{with a certain } p \in X \tag{24}$$

then $x = p$ is the solution of (20).

Next, Helly shows that there exists indeed a bounded linear functional L on U satisfying the conditions in (23) if U is *separable* with respect to the *"Abstandsbestimmung"* $\Delta(u)$. This was the closest Helly ever came to the Hahn-Banach theorem.

It was Hahn who eventually achieved the breakthrough that would change the face of Functional Analysis. He did it, six years after Helly's skirmishes, in his paper [61] with the rather unpromising title *Über lineare Gleichungssysteme in linearen Räumen*. In a sense, Hahn returns to his first encounter with Functional Analysis, namely to the theory of linear integral equations of the second kind which, in the meantime, had been so wonderfully enriched and invigorated by F. Riesz's work on *"vollstetige"* (completely continuous) operators in his momentous memoir *Über lineare Funktionalgleichungen.*[16] In the introduction Hahn says (foreboding the basic idea of perturbation theory):

Bekanntlich sind Integralgleichungen zweiter Art:

$$\varphi(s) + \int_a^b K(s,t)\varphi(t)\,dt = f(s)$$

der Untersuchung erheblich leichter zugänglich, als die Integralgleichungen erster Art:

$$\int_a^b K(s,t)\varphi(t)\,dt = f(s).$$

Es liegt das offenbar daran, daß wir die Auflösung der Gleichung $\varphi(s) = f(s)$ vollständig beherrschen, und durch Hinzutreten des Zusatzgliedes $\int_a^b K(s,t)\varphi(t)\,dt$ die für die Gleichung $\varphi(s) = f(s)$ herrschenden durchsichtigen Verhältnisse nicht allzusehr gestört werden. Es liegt also die Frage nahe: sei in irgendeinem linearen Raume, dessen Punkte wir mit x bezeichnen, ein lineares Gleichungssystem gegeben:

$$u_y(x) = c_y,$$

von dem wir wissen, daß es auflösbar ist; unter welchen Umständen wird man daraus auf die Auflösbarkeit des linearen Gleichungssystems

$$u_y(x) + v_y(x) = c_y,$$

schließen können? (Im Falle der Integralgleichungen bedeutet x die Funktion $\varphi(s)$ und y durchläuft alle Werte des Invervalles $[a, b]$.) Mit dieser Frage sollen sich die folgenden Zeilen beschäftigen. Als ausschlaggebend erweist sich der in § 3 auseinandergesetzte Begriff der *Vollstetigkeit* des Systems der Linearformen $v_y(x)$ in bezug auf das System der Linearformen $u_y(x)$, der eine direkte Verallgemeinerung des von Fr. Riesz eingeführten Begriffs der Vollstetigkeit einer linearen Transformation darstellt.

In his *Bericht* [19] Hahn had interpreted infinite systems of linear equations for infinitely many unknowns on the one hand and linear integral equations on the other hand as two different "transcendent" generalizations of finite systems of linear equations for finitely many unknowns. Having devised the concept of *"linearer Raum"* (normed linear space) five years earlier (1922), he now discovers that a system $u_y(x) = c_y$ where u_y is a *"Linearform"* on a general normed space and y runs through a certain index set is the one and true generalization of finite systems of linear equations, embracing in a perfectly natural way integral equations on function spaces and infinite systems of linear equations on sequence spaces. Thus his *"linearer Raum"* turns out to be the proper foundation for his unifying theory. At the outset he reminds the reader of this fundamental concept, calls the norm a *"konvexe Maßbestimmung"* and designates it by Helly's symbol $D(x)$. Once and for all he assumes that the normed linear spaces are *"vollständig"* (complete).

Next, Hahn defines the second essential element of his unifying theory: the general concept of *"Linearform"* on a normed space. By definition, a *"Linearform" f* is a bounded linear functional. He introduces the norm of f which he calls *"Steigung"* (slope), and denotes it in the spirit of Helly by $\Delta(f)$.

Of course, Hahn wants to make sure that his very abstract theory of *"lineare Gleichungssysteme"* $u_y(x) = c_y$ on general normed spaces is not trivial, in other words, that on any normed space there actually exist *"Linearformen"* that do not vanish identically. This line of inquiry he opens with the sentence:

> Wir werden uns nun davon überzeugen, daß es in [dem linearen Raum] $\mathcal{R}$ Linearformen gibt, die nicht identisch verschwinden.

With these words the Hahn-Banach theorem starts rising above the horizon.

Hahn begins with a skeletonized version of the Riesz-Helly theorems that we have already encountered and that now betray themselves as the deep-seated roots of Hahn's great theorem:

> **Satz II.** *Sei $\mathcal{A}$ eine Punktmenge des linearen Raumes $\mathcal{R}$, und sei $\mathcal{R}_0$ der von $\mathcal{A}$ aufgespannte lineare Raum* [the closed linear hull of $\mathcal{A}$]. *Damit es zu der auf $\mathcal{A}$ definierten Funktion $f_0(x)$ eine Linearform $f(x)$ in $\mathcal{R}_0$ gebe, die auf $\mathcal{A}$ mit $f_0(x)$ übereinstimmt und deren Steigung $\leq M$ ist, ist notwendig und hinreichend, daß für jede endliche Linearkombination $\lambda_1 x_1 + \lambda_2 x_2 + \cdots + \lambda_n x_n$ aus den Punkten von $\mathcal{A}$ die Ungleichung bestehe:*

$$|\lambda_1 f_0(x_1) + \lambda_2 f_0(x_2) + \cdots + \lambda_n f_0(x_n)| \leq M\, D(\lambda_1 x_1 + \lambda_2 x_2 + \cdots + \lambda_n x_n). \qquad (*)$$

From this proposition Hahn deduces by transfinite induction the theorem that has immortalized his name:

Satz III. *Sei $\mathcal{R}_0$ ein vollständiger linearer Teilraum von $\mathcal{R}$ und $f_0(x)$ eine Linearform in $\mathcal{R}_0$ der Steigung M. Dann gibt es eine Linearform f(x) in $\mathcal{R}$ der Steigung M, die auf $\mathcal{R}_0$ mit $f_0(x)$ übereinstimmt.*

Of course, the assumed completeness is of no account. And now Hahn obtains immediately as a first triumph the definite solution of the Riesz-Helly moment problems:

Satz IV. *Sei $\mathcal{A}$ eine Punktmenge des linearen Raumes $\mathcal{R}$. Damit es zu der auf $\mathcal{A}$ definierten Funktion $f_0(x)$ eine Linearform f(x) in $\mathcal{R}$ gebe, die auf $\mathcal{A}$ mit $f_0(x)$ übereinstimmt, und deren Steigung $\leq M$ ist, ist notwendig und hinreichend, daß für jede Linearkombination aus Punkten von $\mathcal{A}$ Ungleichung* (*) *gilt.*

From this follows at a stroke the

Satz IVa. *Ist der vollständige lineare Raum $\mathcal{R}_0$ echter Teil von $\mathcal{R}$, so gibt es eine nicht identisch verschwindende Linearform in $\mathcal{R}$, die in allen Punkten von $\mathcal{R}_0$ den Wert* 0 *hat.*

Only perfunctorily Hahn remarks that this proposition ensures the existence of non-trivial *"Linearformen"* on $\mathcal{R}$. (We remember that it had been his professed goal to establish just this fact.) A look at the proof of Satz IVa yields straightaway the important

Satz V. *Zu jedem Punkt a* ($\neq 0$) *von $\mathcal{R}$ gibt es eine Linearform der Steigung* 1, *die im Punkte a den Wert D(a) annimmt.*

All this is done in § 1. In § 2 Hahn paves the way for modern duality theory. He takes bounded linear functionals $u = f(x)$ on $\mathcal{R}$ as "points" u, recognizes the "slope" $\Delta(u)$ as a *"konvexe Maßbestimmung"* (norm) for the set $\mathcal{S}$ of all these points and shows that $\mathcal{S}$, equipped with this norm, is complete. Designating by $B(u, x)$ the value of $u \in \mathcal{S}$ at the point $x \in \mathcal{R}$ he obtains Helly's "fundamental inequality" in its accomplished form:

$$|B(u, x)| \leq \Delta(u)D(x).$$

Borrowing again his terminology from Helly, Hahn calls $\mathcal{S}$ *"den zu $\mathcal{R}$ polaren Raum"* (polar space). But we should keep in mind that Hahn's polar space is of much higher quality than Helly's because it consists of *all* bounded linear functionals, not only of those that can be defined by means of a certain formula. This progress was enforced, as it were, by the sheer abstractness of Hahn's normed space; in such a dematerialized setting there simply are no "formulas" by which functionals could be generated.

Hahn then recognizes the fundamental fact that the mapping $u \rightarrow B(u, x)$ ($x \in \mathcal{R}$ fixed) is a bounded linear functional on $\mathcal{S}$ with "slope" $D(x)$ and that $\mathcal{R}$ can be imbedded normisomorphically in the polar space of $\mathcal{S}$ (i.e. in the second conjugate space of $\mathcal{R}$). This observation leads him to the fecund concept of reflexive space (*"regulärer Raum"*).

How strongly Hahn's work on *"Linearformen"* is inspired by Helly is shown outwardly by the fact that on the trailblazing seven pages 215–221 of [61] Hahn refers to Helly not less than four times (and to nobody else).

The second half of [61] is devoted to the study of systems of linear equations of the form

$$u_y(x) + v_y(x) = c_y \qquad (25)$$

where u_y and v_y are bounded linear functionals on $\mathcal{R}$ and y runs through a certain index set. In imitation of Riesz's concept of completely continuous transformation on $C[a, b]$, Hahn introduces the "complete continuity of the system (v_y) with respect to the system (u_y)" and develops a "Riesz theory" for (25), using extensively the basic ideas of Riesz's paper *Über lineare Funktionalgleichungen* and employing at crucial points his own concept of reflexive space. The reviewer of the *Jahrbuch über die Fortschritte der Mathematik* (53 (1927), p. 369) dwells carefully on this nearly forgotten part of Hahn's paper, while he does not waste a word on Satz III that was destined to become one of the great propositions of mathematics. *Habent sua fata libelli;* much the same can be said of mathematical theorems.

The component "Banach" in the "Hahn-Banach" theorem remains still to be explained. It is a somewhat dramatic story.

In 1923 Banach's paper *Sur le problème de la mesure* appeared.[17] Its key theorem was a full-fledged "extension theorem" for certain functionals:

Théorème 16. *Si $\Omega(F)$ est un corps* [vector space] *d'hyperfonction contenant l'hyperfonction $F = 1$ et s'il existe une opération additive et non négative A, définie dans $\Omega(F)$,*[18] *il existe une opération additive et non négative $\overline{A}(X)$, définie pour toute hyperfonction, et telle que $\overline{A}(X) = A(X)$, lorsque X appartient à $\Omega(F)$.*

The *démonstration* contains already all the essential elements (including transfinite induction) of Banach's proof of the Hahn-Banach theorem six years later. Banach had turned the key but did not open the door.

Nor did young Mazur in 1927 (the year of Hahn's great theorem) when he told the participants of the First Congress of the Polish Mathematical Society that the limit-functional could be extended, by transfinite induction, from old-fashioned convergent sequences to merely bounded ones.[19] In Lwów the Hahn-Banach theorem was in the air.

In 1929 Banach brought it down. In the first volume of the *Studia Mathematica* he published the short article *Sur les fonctionelles linéaires.*[20] Its Théorème 2 is almost verbatim Hahn's famous Satz III, the Hahn-Banach theorem. Moreover, Banach's proof is essentially the same as Hahn's and it seems, furthermore, that Banach was strongly influenced, exactly as Hahn was, by the Riesz-Helly theory of moment problems: in perfect parallelism to Hahn, he applies his Théorème 2 immediately to the general solution of the moment problem (Théorème 3, cf. Hahn's Satz IV), quoting Riesz and Helly and adding truthfully and without undue modesty: *"Notre démonstration est très simple . . ."*. After all these parallels the time has come to stress that Banach was independent of Hahn.

At the hands of Banach, Schauder and Mazur the (Hahn)-Banach theorem proved almost over night its stupendous power. Not less rapidly, however, the storm of priority was gathering. In a paper received by the editor on January 1, 1930, Mazur still extended linear functionals innocently *"nach einem Satz von Herrn S. Banach"*; Schauder did the same with equal innocence in a paper received April 19, 1930. Barely three months later, however, the thunderstorm broke out when Schauder began a sentence (in the *Studia Mathematica*) with the ominous words: *"Umgekehrt gibt es nach einem Erweiterungssatz des Herrn Hahn . . ."*;[21] in a footnote he adds soberly but yet with sympathy for his mentor:

H. Hahn, Über lineare Gleichungssysteme in linearen Räumen, Journ. f. reine und angew. Math. 157 (1927) p. 214–229; insbes. p. 217, Satz III. Vgl. auch S. Banach, Sur les fonctionnelles linéaires I, Studia Math. 1 (1929) p. 211–216.

Enter Banach. No doubt, he was shocked by Schauder's unearthing of Hahn's priority. But he was no temporizer. On October 15, 1930 the editor of the *Studia Mathematica* received the following crisp note:

Reconnaissance du droit de l'auteur

par

S. Banach (Lwów)

Après avoir publié ma Note *„Sur les fonctionnelles linéaires"* dans le t. 1 de ce journal (p. 211–216), j'ai aperçu que des résultats analogues ont étés obtenus antérieurement par M. H. Hahn et publiés dans sons Mémoire *„Über lineare Gleichungen in linearen Räumen"* dans le „Journal für reine und angewandte Mathematik" Bd. 157 (1927) p. 214–229.

(Reçu par la Rédaction le 15. 10. 1930).

Banach had extinguished the fire before it could flare up.

References

1. Oeuvres complètes, Malmö 1955, p. 61–68.
2. Published with some additions in Math. Ann. 63 (1907) 433–476.
3. [22], p. 161. The precise formulation of this theorem is given on page 224 of [22].
4. Jahrbuch über die Fortschritte der Mathematik 13 (1912) 421–423.
5. Monatshefte f. Math. und Physik 31 (1921) 60–91.
6. Über die Auflösung linearer Gleichungen mit unendlich vielen Unbekannten. R. C. del Circ. mat. di Palermo 25 (1908) 53–77.
7. Untersuchungen über Systeme integrierbarer Funktionen. Math. Ann. 69 (1910) 449–497.
8. Sur les ensembles de fonctions. C. R. Paris 143 (1906) 738–741.
9. Acta Math. 41 (1918) 71–98.
10. In his book *Calcolo geometrico secondo l'Ausdehnungslehre di H. Grassmann.*
11. Sitzungsber. Wiener Akad. d. Wiss. Math.-Nat. Klasse 121 II A 1 (1912) 265–297.
12. Sur les opérations fonctionnelles linéaires. C. R. Paris 149 (1909) 1303–1305. Sur certains systèmes singuliers d'équations intégrales. Ann. Sci. de l'Ecole Norm. Sup. 28 (1911) 33–62.
13. Sitzungsber. Wiener Akad. d. Wissensch. Math.-Nat. Klasse 121 II A 1 (1912) 265–297.
14. Untersuchungen über Systeme integrierbarer Funktionen. Math. Ann. 69 (1910) 449–497. Les systèmes d'équations linéaires à une infinité d'inconnues, Paris 1913.
15. Les systèmes d'équations linéaires . . ., Paris 1913.
16. Acta Math. 41 (1918) 71–98.
17. Fund. math. 4 (1923) 7–33.
18. The non-negativity of A means that $A(F) \geq 0$ for all $F \geq 0$ belonging to $\Omega(F)$.
19. On summation methods (in Polish). Ksiega Pamiatkowa I Polskiego Zjazdu Matematycznego, Lwów 1927. Reprinted in Supplément aux Annales de la Soc. Polonaise de Math. (1929) 102–107.
20. Studia Math. 1 (1929) 211–216. In this paper Banach deprives „*fonctionnelle*" almost persistently of one n in the middle.
21. Studia Math. 2 (1930) 188; received by the editor on July 7, 1930.

Hahn's Works on Functional Analysis
Hahns Arbeiten zur Funktionsanalysis

Bericht über die Theorie der linearen Integralgleichungen.

Von Hans Hahn in Czernowitz.

Das Folgende ist eine stark erweiterte Wiedergabe eines Referates, das ich über Aufforderung des Vorstandes der Deutschen Mathematiker-Vereinigung auf der Salzburger Versammlung im Herbste 1909 erstattet habe. Das fortwährende Erscheinen neuer, die Theorie der Integralgleichungen betreffender Arbeiten hat die Veröffentlichung dieses Referates bis jetzt verzögert, und auch jetzt übergebe ich nur die erste Hälfte dem Drucke. Die zweite Hälfte, in der die Methode der unendlich vielen Veränderlichen und die linearen Integralgleichungen erster

1) Vgl. Liebmann, Nichteuklidische Geometrie, S. 103.

Art behandelt werden sollen, wird hoffentlich bald nachfolgen können. In dem vorliegenden Teile ist die Literatur etwa bis Juni 1910 berücksichtigt.

Inhaltsübersicht.

Erster Teil.

I. Einleitende Theoreme.

1. Den Anstoß zu der großen Entwicklung, die die Theorie der Integralgleichungen in den letzten Jahren genommen hat, gab die Tatsache, daß die *erste Randwertaufgabe der Potentialtheorie*, das sog. *Dirichletsche Problem*, sich reduzieren läßt auf die Auflösung einer Gleichung:

$$f(s) = \varphi(s) - \lambda \int_a^b K(s, t) \varphi(t)\, dt \tag{1}$$

nach der unbekannten Funktion φ; das ist eine sog. *lineare Integralgleichung zweiter Art*. H. Poincaré[1]) hatte darauf aufmerksam gemacht, daß die Aufgabe, eine im Innern einer geschlossenen Kurve reguläre Potentialfunktion aufzufinden, die auf dieser Kurve vorgeschriebene Werte annimmt, enthalten ist in der folgenden, von ihm als *Neumannsches Problem* bezeichneten Aufgabe: auf dieser Kurve eine Doppelschicht so zu bestimmen, daß das Potential dieser Doppelschicht die Bedingung erfüllt:

$$\tfrac{1}{2}(W^+ - W^-) - \frac{\lambda}{2}(W^+ + W^-) = f, \tag{2}$$

wo W^+, W^- die Werte bedeutet, die dieses Potential annimmt, wenn man sich der Kurve von innen bzw. von außen her unbeschränkt nähert, f aber die vorgeschriebenen Randwerte bedeutet. In der Tat liefert für $\lambda = -1$ dieses Potential die Lösung der Randwertaufgabe. Beachtet man, daß $\frac{1}{2}(W^+ - W^-)$ nichts anderes ist als die Dichte der gesuchten Doppelschicht, $\frac{1}{2}(W^+ + W^-)$ hingegen die Werte ihres Potentiales in den Punkten der Kurve selbst, führt man endlich für dieses Potential seinen bekannten Ausdruck ein, so erhält man für die Dichte $\varphi(s)$ dieser Doppelschicht eine Gleichung der Form (1), auf deren Auflösung für $\lambda = -1$ die Randwertaufgabe hiermit zurückgeführt ist. Der erste, dem die vollständige Diskussion der Gleichung (1) für beliebige Werte von λ gelang, war J. Fredholm[2]), dessen Name daher in einem Berichte über die Theorie der Integralgleichungen vor allen zu nennen ist. Seither wurden zahlreiche andere Randwertaufgaben, bei gewöhnlichen wie bei partiellen Differentialgleichungen, sowie manche andere Probleme der Analysis auf Integralgleichungen von der Gestalt (1) zurückgeführt, doch werden die Anwendungen der

---

1) Acta math. 20 (1896), 61.

2) Fredholms erste Publikation über diesen Gegenstand fällt ins Jahr 1900. Stockh. Oefvers. 57, 39.

Integralgleichungen innerhalb und außerhalb der Analysis nicht den Gegenstand des folgenden Berichtes bilden, der sich vielmehr durchaus auf die *Theorie* der Integralgleichungen beschränken wird. Hier sei nur aus historischem Interesse noch folgendes angeführt.

Die Gleichung (2) war nicht die erste Integralgleichung, die in der mathematischen Literatur eine Rolle spielte. Im Jahre 1823 wurde N. H. Abel durch mechanische Untersuchungen, die eine Verallgemeinerung des Problems der Tautochrone darstellen[1]), auf die Auflösung der Gleichung:

$$f(s) = \int_a^s \frac{\varphi(t)}{(s-t)^\lambda}\, dt \qquad (\lambda < 1)$$

nach der unbekannten Funktion $\varphi(t)$ geführt; es ist dies nach der heutigen Terminologie eine *lineare Integralgleichung erster Art.* Diese *Abelsche Gleichung* wurde vielfach behandelt[2]); sie ist ein Spezialfall der folgenden Gleichung:

$$f(s) = \int_a^s H(s, t)\, \varphi(t)\, dt,$$

deren Auflösung unter der Bezeichnung „Umkehrung bestimmter Integrale" von V. Volterra erfolgreich behandelt wurde.[3]) Im Falle eines stetig differenzierbaren $H(s, t)$ geht die Gleichung durch Differentiation über in:

$$(3) \qquad f'(s) = \varphi(s)\, H(s, s) + \int_a^s \frac{\partial}{\partial s} H(s, t)\, \varphi(t)\, dt,$$

und das ist eine Gleichung von ähnlichem Typus wie (1).

Auf eine Gleichung dieser Art war lange vorher J. Liouville[4]) gestoßen, bei seinen Untersuchungen über lineare Differentialgleichungen zweiter Ordnung: die Lösung der Differentialgleichung:

$$y'' + \varrho^2 y = f,$$

die für $s = a$ die Anfangswerte $y(a) = 1$, $y'(a) = 0$ hat, ist bekanntlich:

$$y = \cos \varrho(s-a) + \frac{1}{\varrho}\int_a^s f(t) \sin \varrho(s-t)\, dt;$$

1) J. f. Math. 1, 153 (= Werke 1, 97).

2) Vgl. die Literaturangaben bei Volterra, Ann. di mat. (2) 25, 139.

3) Atti Tor. 31 (1896), Rend. Linc. (5), 5/1, Ann. di mat. (2) 25, 139.

4) Journ. de math. 2 (1837), 24. Ich entnehme diese historische Notiz M. Bôcher: Introduction to the study of integral equations, Cambridge 1909. — Ungefähr gleichzeitig mit Volterra wurden Gleichungen vom Typus (3) von J. le Roux studiert: Ann. éc. norm. (3) 12, 244.

daher wird die betreffende Lösung von:

$$y'' + (\varrho^2 - \sigma(s))y = 0$$

der Integralgleichung genügen:

$$\cos \varrho(s-a) = y(s) - \frac{1}{\varrho}\int_a^s \sigma(t) \sin \varrho(s-t)\, y(t)\, dt,$$

und das ist in der Tat eine Gleichung vom selben Typus wie (3).

2. Man bezeichnet als *lineare Integralgleichung erster Art* die Gleichung:

$$f(s) = \int_a^b K(s,t)\,\varphi(t)\,dt; \tag{4}$$

als *lineare Integralgleichung zweiter Art* die Gleichung

$$f(s) = \varphi(s) - \int_a^b K(s,t)\,\varphi(t)\,dt; \tag{5}$$

in beiden sind gegeben: die Integrationsgrenzen, die Funktion $f(s)$ und die Funktion $K(s, t)$, die als der *Kern* der Integralgleichung bezeichnet wird. Die Aufgabe besteht darin, eine Funktion $\varphi(s)$ zu suchen, die identisch im Intervall (a, b) der Veränderlichen s der Gleichung genügt. Die gegebenen Funktionen $f(s)$ und $K(s, t)$ wollen wir als stetig voraussetzen[1]), wiewohl alle Theoreme (mit geringfügigen, leicht ersichtlichen Modifikationen) bestehen bleiben, wenn gewisse Unstetigkeiten dieser Funktionen zugelassen werden.[2]) Ebenso gelten die meisten Theoreme auch, wenn sowohl f als φ von je n Veränderlichen, K von n Veränderlichen $s_1, \ldots, s_n$ und n Veränderlichen $t_1, \ldots, t_n$ abhängt, und die Integration in den Gleichungen (4) und (5) sich über ein gegebenes Gebiet des n dimensionalen Raumes der n Veränderlichen $t_1, \ldots, t_n$ erstreckt.

Das Problem der Auflösung der Integralgleichungen (4) oder (5) ist ein transzendentes Analogon zur Auflösung linearer Gleichungssysteme. In der Tat gibt es zwei transzendente Verallgemeinerungen des Summenbegriffes: den der unendlichen Reihe und den des bestimmten Integrales, und dementsprechend zwei Arten, wie man von algebraischen Problemen auf dem Wege verallgemeinernder Analogie zu transzendenten Problemen kommen kann: einerseits die Einführung abzählbar un-

---

1) $K(s, t)$ sowohl als $f(s)$ können auch komplexe Funktionen sein; die Integrationsgrenzen hingegen sowie die Variabeln s und t werden als reell vorausgesetzt.

2) Über unstetige Kerne vgl. außer den in Nr. 12, 13 angeführten Methoden: E. Schmidt, Math. Ann. 63, 457, 467; E. E. Levi, Rend. Linc. (5) 16/2, 604.

endlich vieler Unbestimmter statt der endlich vielen der Algebra, indem man die Indizes der Unbestimmten und die sich auf diese Unbestimmten beziehenden Indizes der gegebenen Konstanten statt von 1 bis n, von 1 bis ∞ laufen läßt, wobei Summen in unendliche Reihen übergehen; andererseits Ersetzung der Indizes der Unbestimmten und der gegebenen Konstanten durch unabhängige Variable, die alle Werte eines Intervalles (a, b) durchlaufen, gleichzeitige Ersetzung der Summation über einen solchen Index durch eine Integration nach der betreffenden unabhängigen Veränderlichen über das Intervall (a, b); an Stelle eines Systems von n Unbekannten tritt also eine unbekannte Funktion einer unabhängigen Veränderlichen. Bei der ersten Art der Verallgemeinerung wird aus dem Probleme der Auflösung von n linearen Gleichungen für n Unbekannte das der Auflösung von unendlich vielen linearen Gleichungen für unendlich viele Unbekannte; bei der zweiten Art der Verallgemeinerung aber wird man auf die linearen Integralgleichungen geführt. Und zwar wird man auf eine Integralgleichung erster Art geführt, wenn man ausgeht von einem in der Form:

$$f_s = \sum_{t=1}^{n} k_{st} \varphi_t \qquad (s = 1, 2, \ldots, n)$$

geschriebenen Systeme von n linearen Gleichungen für die n Unbekannten $\varphi_1, \varphi_2, \ldots, \varphi_n$, man wird auf eine Integralgleichung zweiter Art geführt, wenn man ausgeht von einem in der Form:

$$f_s = \varphi_s - \sum_{t=1}^{n} k_{st} \varphi_t \qquad (s = 1, 2, \ldots, n)$$

geschriebenen Gleichungssysteme. Die Rolle, die in der Theorie der Linearformen die Matrix der Koeffizienten $(k_{st})_{(s, t = 1, 2, \ldots, n)}$ spielt, wird in der Theorie der Integralgleichungen der Kern $K(s, t)$ spielen. Zwischen beiden Theorien besteht eine weitgehende Analogie, wie das Folgende zeigen wird.

3. Die linearen Substitutionen in n Veränderlichen bilden eine Gruppe. Durch Zusammensetzung der beiden Substitutionen (Matrizes): $A = (a_{st})_{(s, t = 1, 2, \ldots, n)}$ und $B = (b_{st})_{(s, t = 1, 2, \ldots, n)}$ entsteht eine Substitution (Produktmatrix AB): $C = (c_{st})_{(s, t = 1, 2, \ldots, n)}$, wo:

$$c_{st} = \sum_{r=1}^{n} a_{sr} b_{rt}.$$

Faßt man den Ausdruck $\int_a^b K(s, t)\, \varphi(t)\, dt$ auf als eine Transformation der Funktion $\varphi(s)$ (zum Kerne $K(s, t)$ gehörige Transformation erster Art), so bilden auch diese Transformationen eine Gruppe: durch Zusammensetzung mit der zum Kerne $H(s,t)$ gehörigen Transformation erster Art entsteht die zum Kerne:

$$L(s,t) = \int_a^b K(s,r)\, H(r,t)\, dr$$

(dem aus K und H nach erster Art zusammengesetzten Kerne) gehörige Transformation erster Art.

Von besonderer Wichtigkeit sind die durch fortgesetzte Zusammensetzung erster Art eines Kernes mit sich selbst entstehenden Kerne, die definiert sind durch die Rekursionsformeln:

$$K^{(1)}(s,t) = K(s,t); \quad K^{(n+1)}(s,t) = \int_a^b K^{(n)}(s,r)\, K(r,t)\, dr. \tag{6}$$

Der Kern $K^{(n+1)}(s,t)$ heißt *der n-te iterierte Kern* von $K(s,t)$. Es gelten die Formeln:

$$K^{(n)}(s,t) = \int_a^b \cdots \int_a^b K(s,r_1)\, K(r_1,r_2) \cdots K(r_{n-1},t)\, dr_1\, dr_2 \cdots dr_{n-1}.$$

$$K^{(n)}(s,t) = \int_a^b K^{(n-i)}(s,r)\, K^{(i)}(r,t)\, dr \qquad (i = 1, 2, \ldots, n-1).$$

Fassen wir nun auch den Ausdruck $\varphi(s) - \int_a^b K(s,t)\, \varphi(t)\, dt$ auf als eine Transformation der Funktion $\varphi(s)$ (zum Kerne $K(s,t)$ gehörige Transformation zweiter Art), so bilden auch diese Transformationen eine Gruppe[1]); durch Zusammensetzung der angeschriebenen mit der zum Kerne $H(s,t)$ gehörigen Transformation zweiter Art entsteht die zum Kerne:

$$L(s,t) = K(s,t) + H(s,t) - \int_a^b K(s,r)\, H(r,t)\, dr$$

(dem aus K und H nach zweiter Art zusammengesetzten Kerne) gehörige Transformation zweiter Art, analog, wie durch Zusammensetzung der Matrizes[2]):

$$E - A = (e_{st} - a_{st})_{(s,t=1,2,\ldots,n)}; \quad E - B = (e_{st} - b_{st})_{(s,t=1,2,\ldots,n)}$$

die Matrix $E - C = (e_{st} - c_{st})_{(s,t=1,2,\ldots,n)}$ entsteht, wo

$$c_{st} = a_{st} + b_{st} - \sum_{r=1}^{n} a_{sr} b_{rt}.$$

1) Fredholm Acta math. 27, 372.

2) E bedeutet die Einheitsmatrix, und dementsprechend ist $e_{st} = 0$ für $s \neq t$, $e_{ss} = 1$.

Bestehen die beiden Gleichungen:

$$\int_a^b K(s, r)\, H(r, t)\, dr = 0; \quad \int_a^b K(r, s)\, H(t, r)\, dr = 0,$$

so heißen die beiden Kerne $K(s, t)$ und $H(s, t)$ zueinander orthogonal.[1]) Sowohl der aus $K(s, t)$ und $H(s, t)$ als auch der aus $H(s, t)$ und $K(s, t)$ nach zweiter Art zusammengesetzte Kern reduziert sich dann auf die Summe $K(s, t) + H(s, t)$.

4. Wir befassen uns nun im folgenden mit der Auflösung der Integralgleichung zweiter Art. Die Frage nach der Auflösung des einer solchen Integralgleichung analogen linearen Gleichungssystems:

$$(7) \qquad f_s = \sum_{t=1}^{n} (e_{st} - a_{st})\, \varphi_t \qquad (s = 1, 2, \ldots, n)$$

steht in engster Beziehung mit der Frage nach der zu seiner Matrix $E - A$ inversen Matrix $(E - A)^{-1}$. Existiert diese inverse Matrix und setzt man:

$$(E - A)^{-1} = E - \mathfrak{A}, \quad \mathfrak{A} = (\mathfrak{a}_{st})_{(s, t = 1, 2, \ldots, n)}$$

so wird:

$$(8) \qquad A + \mathfrak{A} - A\mathfrak{A} = 0,$$

und die Auflösung von (7) lautet:

$$\varphi_s = f_s - \sum_{t=1}^{n} \mathfrak{a}_{st} f_t$$

Analog gilt der Satz[2]): Gibt es eine Funktion $\mathfrak{K}(s, t)$, die der Gleichung genügt:

$$(9) \qquad K(s, t) + \mathfrak{K}(s, t) - \int_a^b K(s, r)\, \mathfrak{K}(r, t)\, dr = 0,$$

so wird der Integralgleichung (5) genügt durch:

$$(10) \qquad \varphi(s) = f(s) - \int_a^b \mathfrak{K}(s, t)\, f(t)\, dt.$$

Die Funktion $\mathfrak{K}(s, t)$ möge als der zu $K(s, t)$ gehörige *reziproke* Kern bezeichnet werden.

Zu einem Kern $K(s, t)$ kann es nur einen reziproken Kern geben; gibt es einen, so hat die Integralgleichung (5) *bei beliebigem $f(s)$ eine und nur eine Lösung, die gegeben ist durch* (10).

Ebenso wie die Matrix $\mathfrak{A}$ neben der Gleichung (8) auch der Gleichung

$$(8a) \qquad A + \mathfrak{A} - \mathfrak{A}A = 0$$

---

1) Allgemein üblich ist diese Bezeichnung nur bei reellen Kernen. Vgl. Anm. 1 auf S. 86.

2) Die folgenden Sätze finden sich im wesentlichen schon bei Fredholm Acta math. 27. Man vgl. auch die Darstellung bei J. Plemelj Monatsh. 15, 96.

genügt, so genügt der reziproke Kern, falls er existiert, auch der Gleichung:

$$(9a)\qquad K(s,t) + \mathfrak{K}(s,t) - \int_a^b \mathfrak{K}(s,r)\, K(r,t)\, dr = 0.$$

Ebenso wie (8a) gleichbedeutend ist mit der Aussage, daß wenn A', $\mathfrak{A}'$ die zu A, $\mathfrak{A}$ transponierten Matrizes sind, die zu $E - A'$ inverse Matrix nichts anderes als $E - \mathfrak{A}'$ ist, so besagt (9a):

Die aus dem reziproken Kern durch „Transposition" entstehende Funktion $\mathfrak{K}(t,s)$ ist reziproker Kern des „transponierten" Kernes $K(t,s)$. Ist demnach (5) bei beliebigem $f(s)$ auflösbar, so auch die Gleichung:

$$(5a)\qquad f(s) = \varphi(s) - \int_a^b K(t,s)\, \varphi(t)\, dt,$$

und zwar wird die Auflösung geleistet durch:

$$(10a)\qquad \varphi(s) = f(s) - \int_a^b \mathfrak{K}(t,s)\, f(t)\, dt.$$

5. Die Frage nach der Auflösung der Gleichung (5) kann also zunächst ersetzt werden durch die Frage nach der Existenz des reziproken Kernes und nach seiner Auffindung. Die sich unmittelbar darbietende Methode zu seiner Berechnung ist die der sukzessiven Approximationen, die sich am einfachsten gestaltet, indem man $K(s,t)$ ersetzt durch $\lambda K(s,t)$ und nach Potenzen von λ entwickelt. Wir betrachten also von jetzt an die Gleichung:

$$(11)\qquad f(s) = \varphi(s) - \lambda \int_a^b K(s,t)\, \varphi(t)\, dt,$$

die für $\lambda = 1$ in die Gleichung (5) übergeht. Der durch $-\lambda$ dividierte reziproke Kern zu $\lambda K(s,t)$ werde bezeichnet mit $\mathsf{K}(\lambda; s,t)$; er heißt *der zu $K(s,t)$ gehörige lösende Kern*. Zufolge (9) und (9a) genügt er den Gleichungen:

$$(12)\qquad K(s,t) - \mathsf{K}(\lambda; s,t) + \lambda \int_a^b K(s,r)\, \mathsf{K}(\lambda; r,t)\, dr = 0$$

$$(12a)\qquad K(s,t) - \mathsf{K}(\lambda; s,t) + \lambda \int_a^b \mathsf{K}(\lambda; s,r)\, K(r,t)\, dr = 0$$

aus deren jeder die Potenzreihenentwicklung folgt:

$$(13)\qquad \mathsf{K}(\lambda; s,t) = K(s,t) + \lambda K^{(2)}(s,t) + \cdots + \lambda^n K^{(n+1)}(s,t) + \cdots$$

wo die Koeffizienten die durch (6) eingeführten iterierten Kerne sind. Diese Reihe, die vielfach als die *Neumannsche Reihe* bezeichnet wird[1]),

1) Doch findet sie sich schon in der in Nr. 1 zitierten Arbeit von Liouville.

ist, wenn $|K(s,t)| < k$, sicherlich konvergent für $|\lambda| < \frac{1}{k(b-a)}$, da dann offenbar $|K^{(n)}(s,t)| < k^n(b-a)^{n-1}$. Eine günstigere untere Schranke für den Konvergenzradius hat E. Schmidt angegeben[1]): die Reihe konvergiert für $|\lambda| < \frac{1}{\sqrt{L}}$, wo:

$$L = \int_a^b \int_a^b |K(s,t)|^2 \, ds \, dt. \tag{14}$$

Es gibt Fälle, in denen die Neumannsche Reihe beständig konvergent ist. Dazu gehören zunächst die Fälle, in denen sie sich auf ein Polynom reduziert. So tritt z. B. Reduktion auf das erste Glied ein, wenn der Kern *zu sich selbst orthogonal ist* (vgl. Nr. 3), d. h. der Relation genügt:

$$K^{(2)}(s,t) = \int_a^b K(s,r)\, K(r,t)\, dr = 0.$$

Ein Beispiel hierfür ist der Kern[2]):

$$K(s,t) = \sum_{i=1}^{\infty} a_i \sin is \cos it$$

im Intervalle $(0, 2\pi)$; die Reihe der a_i ist dabei als absolut konvergent vorausgesetzt.

Ein besonders wichtiger Fall, in dem die Neumannsche Reihe beständig konvergent ist, ist der der *Volterraschen Gleichung*[3]):

$$f(s) = \varphi(s) - \lambda \int_a^s K(s,t)\, \varphi(t)\, dt;$$

sie ist ein spezieller Fall der Integralgleichung (11), aus der sie entsteht, wenn $K(s,t) = 0$ für $t > s$.[4]) Es verschwinden dann auch sämtliche iterierten Kerne für $t > s$, und die Rekursionsformel (6) kann in der Gestalt geschrieben werden:

$$K^{(n+1)}(s,t) = \int_t^s K^{(n)}(s,r)\, K(r,t)\, dr \qquad (s > t).$$

1) Math. Ann. 64, 162. Man erkennt daraus auch, daß die Reihe (13) konvergiert auch bei nicht überall endlichem Kerne, wenn nur das Doppelintegral (14) endlich ist.

2) É. Goursat, Ann. Toul. (2) 10, 14.

3) Siehe die in Anm. 3 S. 72 angegebene Literatur, sowie É. Picard C. R. 139, 1411; die Gleichung (8) ist eine Gleichung von diesem Typus; über Volterrasche Gleichungen mit singulärem Kerne vgl. G. C. Evans Am. Bull. 16, 130; R. d'Adhémar Atti congr. Roma II, 115.

4) Allerdings tritt dabei im allgemeinen für $s = t$ eine Unstetigkeit des Kernes ein, die aber zu den in Nr. 2 erwähnten zulässigen Unstetigkeiten gehört.

Endlich sei hier folgender Satz über orthogonale Kerne angeführt, der leicht aus der Reihenentwicklung (13) folgt: Sind die Kerne $K(s,t)$ und $H(s,t)$ orthogonal, so ist der lösende Kern von $K(s,t)+H(s,t)$ die Summe der lösenden Kerne von $K(s,t)$ und $H(s,t)$.[1])

II. Die Fredholmsche Theorie.

6. Für alle Werte von λ, für die die Reihe (13) konvergiert, ist die Auflösung von (11) geleistet durch die Formel[2]):

$$\varphi(s) = f(s) + \lambda \int_a^b \mathsf{K}(\lambda; s, t)\, f(t)\, dt. \tag{15}$$

Fredholm war der erste, der das Verhalten der Gleichung (11) für beliebige λ klarstellte, indem er zeigte, daß die Funktion $\mathsf{K}(\lambda; s, t)$ eine in λ meromorphe Funktion ist, die er explizit als Quotienten zweier ganzer Funktionen darstellt.[3])

Man kann sich wieder durch die Analogie mit endlichen Gleichungssystemen leiten lassen. Schreiben wir (wie in Nr. 4) die Matrix $(E-\lambda A)^{-1}$ in der Form $E-\mathfrak{A}$, so wird, wie man leicht sieht:

$$\mathfrak{a}_{st} = -\frac{\lambda D_{st}(\lambda)}{D(\lambda)},$$

wo $D_{st}(\lambda)$ und $D(\lambda)$ folgende Ausdrücke in λ sind:

$$D(\lambda) = 1 - \frac{\lambda}{1!}\sum_{p=1}^{n} a_{pp} + \frac{\lambda^2}{2!}\sum_{p_1,p_2=1}^{n}\begin{vmatrix} a_{p_1p_1} & a_{p_1p_2} \\ a_{p_2p_1} & a_{p_2p_2}\end{vmatrix} + \cdots +$$

$$+ \frac{(-\lambda)^\nu}{\nu!}\sum_{p_1,p_2,\ldots,p_\nu=1}^{n}\begin{vmatrix} a_{p_1p_1} & a_{p_1p_2} & \cdots & a_{p_1p_\nu} \\ a_{p_2p_1} & a_{p_2p_2} & \cdots & a_{p_2p_\nu} \\ \cdot & \cdot & \cdot & \cdot \\ a_{p_\nu p_1} & a_{p_\nu p_2} & \cdots & a_{p_\nu p_\nu}\end{vmatrix} + \cdots$$

$$D_{st}(\lambda) = a_{st} - \frac{\lambda}{1!}\sum_{p=1}^{n}\begin{vmatrix} a_{st} & a_{sp} \\ a_{pt} & a_{pp}\end{vmatrix} + \frac{\lambda^2}{2!}\sum_{p_1,p_2=1}^{n}\begin{vmatrix} a_{st} & a_{sp_1} & a_{sp_2} \\ a_{p_1t} & a_{p_1p_1} & a_{p_1p_2} \\ a_{p_2t} & a_{p_2p_1} & a_{p_2p_2}\end{vmatrix} + \cdots +$$

$$+ \frac{(-\lambda)^\nu}{\nu!}\sum_{p_1,p_2,\ldots,p_\nu=1}^{n}\begin{vmatrix} a_{st} & a_{sp_1} & \cdots & a_{sp_\nu} \\ a_{p_1t} & a_{p_1p_1} & \cdots & a_{p_1p_\nu} \\ \cdot & \cdot & \cdot & \cdot \\ a_{p_\nu t} & a_{p_\nu p_1} & \cdots & a_{p_\nu p_\nu}\end{vmatrix} + \cdots,$$

---

1) Goursat, Ann. Toul. (2) **10**, 29. Br. Heywood, Journ. de math. (6) **4**, 288.

2) Speziell ist also die Auflösung von (5) geleistet dann und nur dann, wenn die Reihe (13) für $\lambda = 1$ konvergiert.

3) Acta math. **27** (1903) 365. Vorher zwei kurze Noten in C. R. **134** (1902). 219, 1561.

wobei zu beachten ist, daß diese Ausdrücke Polynome in λ sind, $D(\lambda)$ höchstens vom $n$ten Grade, $D(\lambda; s, t)$ höchstens vom $(n-1)$ten Grade, wenn $s = t$, höchstens vom $(n-2)$ten Grade, wenn $s \neq t$, da sämtliche in den Gliedern höherer Grade auftretenden Determinanten den Wert Null haben.

Es ist dadurch nahegelegt, für den lösenden Kern folgenden Ansatz zu machen: Es sei zur Abkürzung:

$$K\begin{pmatrix} s_1, \ldots, s_\nu \\ t_1, \ldots, t_\nu \end{pmatrix} = \begin{vmatrix} K(s_1, t_1) & K(s_1, t_2) & \ldots & K(s_1, t_\nu) \\ \ldots & \ldots & \ldots & \ldots \\ \ldots & \ldots & \ldots & \ldots \\ K(s_\nu, t_1) & K(s_\nu, t_2) & \ldots & K(s_\nu, t_\nu) \end{vmatrix}; \tag{16}$$

man setze:

$$\mathsf{K}(\lambda; s, t) = \frac{D(\lambda; s, t)}{D(\lambda)}, \tag{17}$$

wo:

$$D(\lambda) = 1 - \frac{\lambda}{1!}\int_a^b K(r, r)\,dr + \cdots + \tag{18}$$
$$+ \frac{(-\lambda)^\nu}{\nu!}\int_a^b \cdots \int_a^b K\begin{pmatrix} r_1, \ldots, r_\nu \\ r_1, \ldots, r_\nu \end{pmatrix} dr_1 \ldots dr_\nu + \cdots$$

$$D(\lambda; s, t) = K(s, t) - \frac{\lambda}{1!}\int_a^b K\begin{pmatrix} s, r_1 \\ t, r_1 \end{pmatrix} dr_1 + \cdots + \tag{19}$$
$$+ \frac{(-\lambda)^\nu}{\nu!}\int_a^b \cdots \int_a^b K\begin{pmatrix} s, r_1 \ldots r_\nu \\ t, r_1 \ldots r_\nu \end{pmatrix} dr_1 \ldots dr_\nu + \cdots$$

Durch Abschätzen der Determinanten (16) nach dem Hadamardschen Determinantensatze[1]) ergibt sich[2]), *daß $D(\lambda)$ und $D(\lambda; s, t)$ ganze transzendente Funktionen sind, zwischen denen,* wie man durch Vergleichung gleich hoher Potenzen von λ erkennt, *die Relationen bestehen:*

$$\begin{cases} K(s, t)D(\lambda) - D(\lambda; s, t) + \lambda\int_a^b K(s, r)D(\lambda; r, t)\,dr = 0 \\ K(s, t)D(\lambda) - D(\lambda; s, t) + \lambda\int_a^b D(\lambda; s, r)K(r, t)\,dr = 0, \end{cases} \tag{20}$$

die besagen, daß der Ausdruck (17) in der Tat den lösenden Kern darstellt.[3]) Ein anderer Vorgang, um dies nachzuweisen, ist der, daß man die Reihe (13) für $\mathsf{K}(\lambda; s, t)$ mit der Reihe (18) für $D(\lambda)$ multipliziert

1) Siehe etwa G. Kowalewski, Einf. in die Determinantentheorie, 460.

2) Dabei ist durchaus wesentlich, daß $K(s, t)$ zwischen endlichen Grenzen bleibt.

3) Dies ist der Vorgang von Fredholm.

und zeigt, daß dies Produkt nichts andres als die Reihe (19) ist. Diesen Weg hat über Anregung von Hilbert zuerst O. Kellog[1]) eingeschlagen.

Man gelangt zu den Fredholmschen Auflösungsformeln auch, indem man sich nicht nur von der bloßen Analogie mit endlichen Gleichungssystemen leiten läßt, sondern direkt die Integralgleichung (11) als *Grenzfall* eines endlichen Gleichungssystemes auffaßt, nämlich als Grenzfall für unendlich wachsendes n des Gleichungssystemes

$$(21) \qquad f_p = \varphi_p - \lambda \frac{b-a}{n} \sum_{q=1}^{n} K_{pq} \varphi_q, \qquad (p = 1, 2, \ldots, n)$$

in dem f_p, K_{pq} die Werte von $f(s)$, $K(s,t)$ in den Punkten bedeuten, die das Intervall (a,b) der Veränderlichen s und t in n gleiche Teile teilen. Für unendlich wachsendes n gehen die aus diesem Gleichungssysteme sich ergebenden Werte der Unbekannten φ_p in die entsprechenden Werte der zu bestimmenden Funktion $\varphi(s)$ unsrer Integralgleichung über; die Determinante dieses Gleichungssystemes geht dabei (und zwar gleichmäßig in jedem endlichen Intervalle von λ) in die Fredholmsche Funktion $D(\lambda)$ über. Diesen Gedankengang hat Hilbert[2]) durchgeführt.

Die Funktion $D(\lambda)$ wird bezeichnet als die *Fredholmsche Determinante* der Integralgleichung (11) oder des Kernes $\lambda K(s,t)$. $D(1)$ ist also die Determinante von $K(s,t)$. Die Determinante des transponierten Kernes $\lambda K(t,s)$ ist gleich der des Kernes $\lambda K(s,t)$. Die Determinante des aus zwei Kernen nach der zweiten Art zusammengesetzten Kernes ist gleich dem Produkte der Determinanten dieser Kerne.[3]) Sind die Kerne $K(s,t)$ und $H(s,t)$ orthogonal, so ist die Determinante von $\lambda[K(s,t)+H(s,t)]$ das Produkt aus den Determinanten von $\lambda K(s,t)$ und $\lambda H(s,t)$.[4])

Zusammenfassend können wir sagen: *Die Integralgleichung* (11) *hat eine und nur eine durch die Formel* (15) *im Verein mit den Formeln* (17), (18), (19) *gelieferte Auflösung für jeden Wert des Parameters* λ, *der nicht Nullstelle der Fredholmschen Determinante* $D(\lambda)$ *ist.* Da $D(\lambda)$ eine ganze transzendente Funktion ist, können sich diese Nullstellen nur im Unendlichen häufen; sie werden als *singuläre Parameterwerte* bezeichnet.[5])

1) Gött. Nachr. 1902, 165. Ebenso bei É. Goursat, Ann. Toul. (2) **10**, 19.

2) Gött. Nachr. 1904, 49. Ausführliche Darstellung bei G. Kowalewski, Einf. in die Determinantentheorie, 455.

3) Fredholm, Acta math. **27**, 381. G. Kowalewski, Einf. in die Determinantentheorie, 463.

4) Goursat, Ann. Toul. (2) **10**, 27. Heywood, Journ. de math. (6) **4**, 289.

5) Vielfach auch als *Eigenwerte*; doch werden wir (mit E. Schmidt) die Bezeichnung *Eigenwert* in anderem Sinne verwenden. Siehe Nr. 22.

7. Einen von den angegebenen gänzlich verschiedenen Weg, um zu den Fredholmschen Formeln zu gelangen, hat É. Goursat[1]) angegeben. Er geht aus von Kernen der speziellen Form:

$$K(s,t) = S_1(s)T_1(t) + S_2(s)T_2(t) + \cdots + S_n(s)T_n(t), \tag{22}$$

wobei die n Funktionen S sowie die n Funktionen T als linear unabhängig angenommen werden können. Aus der Gleichung (12) ergibt sich, daß $\mathsf{K}(\lambda; s, t)$ die Form haben muß:

$$\mathsf{K}(\lambda; s,t) = S_1(s)K_1(\lambda;t) + \cdots + S_n(s)K_n(\lambda;t). \tag{23}$$

Durch Einsetzen in (12) ergeben sich für die $K_\nu(\lambda; t)$ folgende n lineare Gleichungen, in denen

$$\int_a^b S_\mu(r)T_\nu(r)\,dr = A_{\mu\nu}$$

gesetzt ist:

$$K_\nu(\lambda;t) - \lambda\sum_{\mu=1}^{n} A_{\mu\nu}K_\mu(\lambda;t) = T_\nu(t), \qquad (\nu = 1, 2, \ldots, n)$$

deren Auflösung in (23) eingesetzt, den Ausdruck liefert:

$$\mathsf{K}(\lambda; s,t) = \frac{D(\lambda; s,t)}{D(\lambda)},$$

wo:

$$D(\lambda) = \begin{vmatrix} 1-\lambda A_{11} & -\lambda A_{21} & \cdots & -\lambda A_{n1} \\ -\lambda A_{12} & 1-\lambda A_{22} & \cdots & -\lambda A_{n2} \\ \cdot & \cdot & \cdot & \cdot \\ -\lambda A_{1n} & -\lambda A_{2n} & \cdots & 1-\lambda A_{nn} \end{vmatrix}, \tag{24}$$

$$D(\lambda; s,t) = \begin{vmatrix} 0 & -S_1(s) & \cdots & -S_n(s) \\ T_1(t) & 1-\lambda A_{11} & \cdots & -\lambda A_{n1} \\ \cdot & \cdot & \cdot & \cdot \\ T_n(t) & -\lambda A_{1n} & \cdots & 1-\lambda A_{nn} \end{vmatrix}; \tag{25}$$

diese Ausdrücke gehen durch einfache Determinantenumformungen in die Fredholmschen Ausdrücke (18) und (19) über. $D(\lambda)$ ist hier ein Polynom n-ten Grades.[2]) Es ist das dann und nur dann der Fall, wenn der Kern die Form (22) hat.

Nun gilt der Satz: Variiert der Kern $K(s,t)$ so, daß er sich gleichmäßig einer Grenze $K_0(s,t)$ nähert, so nähern sich auch sowohl

1) Bull. soc. math. 35, 163. Weiter ausgeführt bei H. Lebesgue, Bull. soc. math. 36, 1. Ähnliche Überlegungen: E. Schmidt, Math. Ann. 64, 161; A. C. Dixon, Lond. Proc. (2) 7, 314; L. Orlando, Giorn. di mat. 46, 173. — Einen noch anderen Weg zur Gewinnung der Fredholmschen Formeln hat P. Saurel eingeschlagen, Am. Bull. 15, 445.

2) $D(\lambda; s, t)$ ist ein Polynom $(n-1)$-ten Grades.

$D(\lambda)$ als $D(\lambda; s, t)$ einer Grenze $D_0(\lambda)$ und $D_0(\lambda; s, t)$, und zwar gleichmäßig in s, t und in jedem endlichen Intervalle von λ, und diese Grenzen sind nichts anderes als das zu $K_0(s, t)$ gehörige $D(\lambda)$ und $D(\lambda; s, t)$. Da sich nun jeder beliebige stetige Kern gleichmäßig durch Kerne der Form (22) annähern läßt (etwa indem man ihn in eine Reihe von Polynomen entwickelt), gestattet der eben angeführte Satz den Übergang von den Kernen der Form (22) zu beliebigen stetigen Kernen[1]), womit die Fredholmschen Formeln wieder allgemein bewiesen sind.

Die Formeln (24) und (25) sind Spezialfälle der folgenden von H. Bateman[2]) bewiesenen Formeln: Ist $K_0(s, t)$ ein beliebiger Kern, $\mathsf{K}_0(\lambda; s, t)$ der zugehörige lösende Kern und $D_0(\lambda)$ die Fredholmsche Determinante von $\lambda K_0(s, t)$, und ist:

$$K(s, t) = \begin{vmatrix} K_0(s, t) & -S_1(s) & \cdots & -S_n(s) \\ T_1(t) & a_{11} & \cdots & a_{n1} \\ \cdot & \cdot & \cdot & \cdot \\ T_n(t) & a_{1n} & \cdots & a_{nn} \end{vmatrix}$$

(die a_{ik} bedeuten Konstante), so ist:

$$\mathsf{K}(\lambda; s, t) = \frac{\begin{vmatrix} \mathsf{K}_0(\lambda; s, t) & -\Sigma_1(\lambda, s) & \cdots & -\Sigma_n(\lambda; s) \\ T_1(\lambda, t) & a_{11} - \lambda A_{11}(\lambda) & \cdots & a_{n1} - \lambda A_{n1}(\lambda) \\ \cdot & \cdot & \cdot & \cdot \\ T_n(\lambda, t) & a_{1n} - \lambda A_{1n}(\lambda) & \cdots & a_{nn} - \lambda A_{nn}(\lambda) \end{vmatrix}}{\begin{vmatrix} a_{11} - \lambda A_{11}(\lambda) & \cdots & a_{n1} - \lambda A_{n1}(\lambda) \\ \cdot & \cdot & \cdot \\ \cdot & \cdot & \cdot \\ a_{1n} - \lambda A_{1n}(\lambda) & \cdots & a_{nn} - \lambda A_{nn}(\lambda) \end{vmatrix}}$$

und:

$$D(\lambda) = D_0(\lambda) \frac{|a_{ik} - \lambda A_{ik}(\lambda)|_{(i,\, k = 1, 2, \ldots, n)}}{|a_{ik}|_{(i,\, k = 1, 2, \ldots, n)}},$$

wobei gesetzt ist:

$$\Sigma_i(\lambda; s) = S_i(s) + \lambda \int_a^b \mathsf{K}_0(\lambda; s, t) S_i(t)\, dt$$

$$T_i(\lambda; t) = T_i(t) + \lambda \int_a^b \mathsf{K}_0(\lambda; s, t) T_i(s)\, ds$$

$$A_{ik}(\lambda) = \int_a^b \Sigma_i(\lambda; s) T_k(s)\, ds = \int_a^b S_i(s)\, T_k(\lambda; s)\, ds.$$

Aus diesen Formeln gehen die Formeln (24) und (25) hervor, indem man setzt: $K_0(s, t) = 0$; $a_{ik} = 0$, wenn $i \neq k$, $a_{kk} = 1$ $(i, k = 1, 2, \ldots, n)$.

1) Ja sogar zu beliebigen endlichen „analytisch darstellbaren" Kernen. Lebesgue a. a. O.

2) Mess. of math. 37, 179.

8. Die Auflösung der Integralgleichung (11) für einen singulären Parameterwert λ_0 wurde gleichfalls zuerst von Fredholm erfolgreich behandelt.[1]) Zunächst zeigt es sich, daß ein singulärer Parameterwert stets wirklich ein Pol des lösenden Kernes ist, so daß für einen solchen Wert von λ die Auflösungsformel (15) sicherlich versagt. Die Auflösung knüpft in diesem Fall an gewisse gleich anzuführende ganze transzendente Funktionen an, die als die *Fredholmschen Minoren* bezeichnet werden, weil sie zu den Minoren der Determinante eines endlichen Gleichungssystemes in Analogie stehen, ja in der in Nr. 6 angedeuteten Art aus den Minoren des Gleichungssystemes (21) durch Grenzübergang gewonnen werden können.[2])

Die Definitionsformel für die Fredholmschen Minoren lautet:

$$(26)\quad D\left(\lambda;\begin{matrix}s_1, s_2, \ldots, s_n\\ t_1, t_2, \ldots, t_n\end{matrix}\right) = K\left(\begin{matrix}s_1, s_2, \ldots, s_n\\ t_1, t_2, \ldots, t_n\end{matrix}\right) - \frac{\lambda}{1!}\int_a^b K\left(\begin{matrix}s_1, s_2, \ldots, s_n, r\\ t_1, t_2, \ldots, t_n, r\end{matrix}\right) dr + \cdots$$

$$\cdots + \frac{(-\lambda)^\nu}{\nu!}\int_a^b \cdots \int_a^b K\left(\begin{matrix}s_1, s_2, \ldots, s_n, r_1, \ldots, r_\nu\\ t_1, t_2, \ldots, t_n, r_1, \ldots, r_\nu\end{matrix}\right) dr_1 \ldots dr_\nu + \cdots$$

Die erste von ihnen ($n = 1$) ist nichts anderes als $D(\lambda; s, t)$. Es gilt die Formel[3]):

$$(27)\qquad D\left(\lambda;\begin{matrix}s_1, s_2, \ldots, s_n\\ t_1, t_2, \ldots, t_n\end{matrix}\right) = D(\lambda)\,|\mathsf{K}(\lambda; s_p, t_q)|_{(p, q = 1, 2, \ldots, n)},$$

die einer bekannten Formel der Determinantentheorie über Determinanten aus Unterdeterminanten analog ist.

Zwischen den Fredholmschen Minoren bestehen die Relationen:

$$(28)\qquad D\left(\lambda;\begin{matrix}s_1, \ldots, s_n\\ t_1, \ldots, t_n\end{matrix}\right) - \lambda\int_a^b K(s_1, r) D\left(\lambda;\begin{matrix}r, s_2, \ldots, s_n\\ t_1, t_2, \ldots, t_n\end{matrix}\right) dr =$$

$$= K(s_1, t_1) D\left(\lambda;\begin{matrix}s_2, \ldots, s_n\\ t_2, \ldots, t_n\end{matrix}\right) - K(s_1, t_2) D\left(\lambda;\begin{matrix}s_2, s_3, \ldots, s_n\\ t_1, t_3, \ldots, t_n\end{matrix}\right) + \cdots$$

$$\cdots + (-1)^{n-1} K(s_1, t_n) D\left(\lambda;\begin{matrix}s_2, \ldots, s_n\\ t_1, \ldots, t_{n-1}\end{matrix}\right)$$

$$(28\text{a})\qquad D\left(\lambda;\begin{matrix}s_1, \ldots, s_n\\ t_1, \ldots, t_n\end{matrix}\right) - \lambda\int_a^b K(r, t_1) D\left(\lambda;\begin{matrix}s_1, s_2, \ldots, s_n\\ r, t_2, \ldots, t_n\end{matrix}\right) dr =$$

$$= K(s_1, t_1) D\left(\lambda;\begin{matrix}s_2, \ldots, s_n\\ t_2, \ldots, t_n\end{matrix}\right) - K(s_2, t_1) D\left(\lambda;\begin{matrix}s_1, s_3, \ldots, s_n\\ t_2, t_3, \ldots, t_n\end{matrix}\right) + \cdots$$

$$\cdots + (-1)^{n-1} K(s_n, t_1) D\left(\lambda;\begin{matrix}s_1, \ldots, s_{n-1}\\ t_2, \ldots, t_n\end{matrix}\right),$$

von denen die Relationen (20) nur ein Spezialfall ($n = 1$) sind.

1) Acta math. 27.

2) Durchgeführt bei G. Kowalewski a. a. O. 467.

3) J. Plemelj, Monatsh. 15, 107. Wir machen auf der rechten Seite dieser Gleichung Gebrauch von einer bekannten abgekürzten Schreibweise für Determinanten.

Beachtet man, daß für die n-te Ableitung $D^{(n)}(\lambda)$ von $D(\lambda)$ die Formel gilt:

$$(29)\qquad (-1)^n \frac{d^n}{d\lambda^n} D(\lambda) = \int_a^b \cdots \int_a^b D\begin{pmatrix}\lambda; & r_1, \ldots, r_n \\ & r_1, \ldots, r_n\end{pmatrix} dr_1, \ldots dr_n,$$

so erkennt man, daß, wenn λ_0 eine n-fache Nullstelle von $D(\lambda)$ und mithin $D^{(n)}(\lambda_0) \neq 0$ ist, $D\begin{pmatrix}\lambda_0; & s_1, \ldots, s_n \\ & t_1, \ldots, t_n\end{pmatrix}$ nicht identisch in den $2n$ Veränderlichen s und t verschwinden kann. Unter den n ersten Minoren $D\begin{pmatrix}\lambda; & s_1, \ldots, s_j \\ & t_1, \ldots, t_j\end{pmatrix}$ $(j = 1, 2, \ldots, n)$ gibt es daher einen für $\lambda = \lambda_0$ nicht identisch in den s und t verschwindenden; sei etwa $D\begin{pmatrix}\lambda_0; & s_1, \ldots, s_i \\ & t_1, \ldots, t_i\end{pmatrix}$ der erste nicht verschwindende unter diesen Minoren. Man wähle nun $s_1^0, \ldots, s_i^0, t_1^0, \ldots, t_i^0$ so, daß

$$D\begin{pmatrix}\lambda_0; & s_1^0, \ldots, s_i^0 \\ & t_1^0, \ldots, t_i^0\end{pmatrix} \neq 0,$$

und setze:

$$(30)\qquad \varphi_1(s) = D\begin{pmatrix}\lambda_0; & s, s_2^0, \ldots, s_i^0 \\ & t_1^0, t_2^0, \ldots, t_i^0\end{pmatrix}, \ldots, \varphi_i(s) = D\begin{pmatrix}\lambda_0; & s_1^0, \ldots, s_{i-1}^0, s \\ & t_1^0, \ldots, t_{i-1}^0, t_i^0\end{pmatrix}.$$

$$(30\text{a})\qquad \psi_1(s) = D\begin{pmatrix}\lambda_0; & s_1^0, s_2^0, \ldots, s_i^0 \\ & s, t_2^0, \ldots, t_i^0\end{pmatrix}, \ldots, \psi_i(s) = D\begin{pmatrix}\lambda_0; & s_1^0, \ldots, s_{i-1}^0, s_i^0 \\ & t_1^0, \ldots, t_{i-1}^0, s\end{pmatrix}.$$

Keine dieser $2i$ Funktionen verschwindet identisch in s, die i Funktionen (30) sowie die i Funktionen (30a) sind linear unabhängig und, wie die Relationen (28), (28a) für $n = i$ zeigen, ist:

$$(31)\qquad \varphi_\nu(s) - \lambda_0 \int_a^b K(s,t)\,\varphi_\nu(t)\,dt = 0$$

$$(\nu = 1, 2, \ldots, i)$$

$$(31\text{a})\qquad \psi_\nu(s) - \lambda_0 \int_a^b K(t,s)\,\psi_\nu(t)\,dt = 0.$$

Wir sehen also: *Ist λ_0 ein singulärer Parameterwert, so hat jede der beiden homogenen Integralgleichungen:*

$$(32)\qquad \varphi(s) - \lambda_0 \int_a^b K(s,t)\varphi(t)\,dt = 0; \quad \psi(s) - \lambda_0 \int_a^b K(t,s)\psi(t)\,dt = 0$$

mindestens eine nicht identisch verschwindende Auflösung. Jede nicht identisch verschwindende Auflösung der ersten (bzw. zweiten) Gleichung (32) heißt eine zum singulären Parameterwert λ_0 gehörige *Nullösung* des Kernes $K(s,t)$ (bzw. des transponierten Kernes $K(t,s)$).[1])

---

1) Nach E. Schmidt; vielfach werden sie auch als Eigenfunktionen oder als Fundamentalfunktionen (Goursat) bezeichnet. Wir werden das Wort Eigenfunktionen in anderem Sinne gebrauchen. (Nr. 22.)

Es gilt der Satz: *Jede zum singulären Parameterwert λ_0 gehörige Nullösung von $K(s,t)$ (bzw. $K(t,s)$) setzt sich linear mit konstanten Koeffizienten aus den i speziellen Nullösungen* (30) *(bzw.* (30a)*) zusammen.* Es gibt daher gleichviel linear unabhängige zu λ_0 gehörige Nullösungen von $K(s,t)$ wie von $K(t,s)$.

Was die Auflösung der inhomogenen Integralgleichungen

$$(33)\quad f(s)=\varphi(s)-\lambda_0\int_a^b K(s,t)\varphi(t)\,dt;\quad f(s)=\psi(s)-\lambda_0\int_a^b K(t,s)\psi(t)\,dt$$

für den singulären Parameterwert λ_0 anlangt, so gilt:

Die erste Gleichung (33) *ist dann und nur dann auflösbar, wenn $f(s)$ orthogonal*[1]) *ist zu allen zu λ_0 gehörigen Nullösungen von $K(t,s)$; eine Auflösung wird geliefert durch:*

$$(34)\qquad \varphi(s)=f(s)+\lambda_0\int_a^b \frac{D\left(\lambda_0;\begin{matrix}s, s_1^0,\ldots,s_i^0\\ t, t_1^0,\ldots,t_i^0\end{matrix}\right)}{D\left(\lambda_0;\begin{matrix}s_1^0,\ldots,s_i^0\\ t_1^0,\ldots,t_i^0\end{matrix}\right)} f(t)\,dt,$$

alle übrigen entstehen aus ihr durch Addition einer Nullösung von $K(s,t)$. — Analoges gilt für die zweite Gleichung (33).

Zusammenfassend können wir folgende *Alternative* aufstellen: *Für einen gegebenen Parameterwert λ hat entweder die inhomogene Integralgleichung bei beliebigem $f(s)$ eine (und dann auch nur eine) Auflösung, oder es besitzt die homogene Integralgleichung wenigstens eine nicht identisch verschwindende Lösung.*

9. Was die Anzahl der zu einem singulären Parameterwert λ_0, der n-fache Nullstelle von $D(\lambda)$ sei, gehörigen linear-unabhängigen Nullösungen von $K(s,t)$ anlangt, so wissen wir, daß sie nicht größer als n ist; im übrigen kann sie jeden der Werte $1, 2, \ldots, n$ haben. Es handelt sich noch darum, hierüber näheren Aufschluß zu gewinnen.[2])

---

1) Zwei Funktionen $f(s)$ und $g(s)$ heißen orthogonal (in bezug auf das Intervall (a, b)), wenn: $\int_a^b f(s)g(s)\,ds=0$. Vielfach wird diese Definition nur auf reelle Funktionen angewendet, und für komplexe Funktionen eine etwas andere Definition der Orthogonalität gegeben; doch wollen wir hier der Einfachheit halber die genannte Definition der Orthogonalität für reelle und komplexe Funktionen festhalten.

2) Über die in Nr. 9, 10, 11 angeführten Sätze siehe J. Plemelj, Monatsh. **15**, 93; Br. Heywood, J. de math. (6) **4**, 283; É. Goursat, Ann. de Toul. (2), **10**, 35ff.; H. Mercer, Cambr. Trans. **21**, 129. Wir folgen im wesentlichen der Darstellung von Goursat.

Wir nennen ein System von k linear unabhängigen Funktionen $\varphi_1(s), \ldots, \varphi_k(s)$ ein System von *Hauptfunktionen*[1]) des Kernes $K(s, t)$, wenn:

$$(35)\qquad \int_a^b K(s,t)\varphi_j(t)\,dt = \sum_{r=1}^{k} a_{jr}\varphi_r(s), \qquad (j=1,2,\ldots,k)$$

wo die a_{jr} Konstante von nicht verschwindender Determinante bedeuten. Unterwirft man ein System von Hauptfunktionen einer linearen Transformation von nicht verschwindender Determinante, so entsteht wieder ein System von Hauptfunktionen. *Die Reziprokwerte der charakteristischen Wurzeln der Matrix* (a_{jr}) $(j, r = 1, 2, \ldots, k)$ *sind singuläre Parameterwerte von* $K(s, t)$.

Ist $\frac{1}{\lambda_0}$ charakteristische Wurzel der Matrix (a_{jr}), und zwar etwa n-fache Wurzel, so kann man offenbar durch lineare Transformation $\varphi_1, \ldots, \varphi_k$ so in $\overline{\varphi}_1, \ldots, \overline{\varphi}_k$ transformieren, daß sich unter den $\overline{\varphi}$ ein Inbegriff von n Funktionen, etwa $\overline{\varphi}_1, \ldots, \overline{\varphi}_n$, findet, derart, daß

$$(36)\qquad \int_a^b K(s,t)\overline{\varphi}_j(t)\,dt = \sum_{r=1}^{n} \bar{a}_{jr}\overline{\varphi}_r(s), \qquad (j=1,2,\ldots,n)$$

wo für die charakteristische Determinante der Matrix $(\bar{a}_{jr})$ $(j, r = 1, 2, \ldots, n)$ die Gleichung gilt:

$$(37)\qquad |\bar{a}_{jr} - \mu e_{jr}|_{(j,r=1,2,\ldots,n)} = \left(\frac{1}{\lambda_0} - \mu\right)^n.$$

Die n Funktionen $\overline{\varphi}_1, \ldots, \overline{\varphi}_n$ heißen dann *ein zum singulären Parameterwert* λ_0 *gehöriges System von Hauptfunktionen des Kernes* $K(s, t)$, und nach Obigem läßt sich das Studium der Hauptfunktionen von $K(s, t)$ reduzieren auf das Studium der zu einem singulären Parameterwert gehörigen Hauptfunktionen.

Ist der singuläre Parameterwert λ_0 *n-fache*[2]) *Nullstelle von* $D(\lambda)$, *so gibt es stets ein System von n, aber keines von mehr als n zu* λ_0 *gehörigen Hauptfunktionen von* $K(s, t)$. *Aus einem solchen Systeme entsteht jedes andre durch lineare Transformation mit nicht verschwindender Determinante.* Die Elementarteiler der charakteristischen Determinante (37) sind also für jedes dieser Systeme von Hauptfunktionen dieselben.

Sei $\varphi_1(s), \ldots, \varphi_n(s)$ ein zur n-fachen Nullstelle λ_0 von $D(\lambda)$ gehöriges System von Hauptfunktionen. Wir schreiben (36) in der Form:

$$(36^*)\qquad \lambda_0 \int_a^b K(s,t)\varphi_j(t)\,dt = \sum_{r=1}^{n} \alpha_{jr}\varphi_r(s); \qquad (j=1,2,\ldots,n)$$

1) Eine Funktion, die in einem System von Hauptfunktionen vorkommt, heißt eine Hauptfunktion. Heywood nennt diese Hauptfunktionen „Fundamentalfunktionen".

2) Er heißt dann ein n-facher singulärer Parameterwert.

dann ist also:

(37*) $$|\alpha_{jr} - \mu e_{jr}|_{(j, r = 1, 2, \ldots, n)} = (1 - \mu)^n.$$

Seien

(38) $$(1 - \mu)^{\nu_1}, (1 - \mu)^{\nu_2}, \ldots, (1 - \mu)^{\nu_n} \qquad (\nu_1 \geqq \nu_2 \geqq \cdots \geqq \nu_n)$$

die n Elementarteiler von (37*), so daß $\nu_1 + \nu_2 + \cdots + \nu_n = n$. Sei ν_i der letzte unter den Exponenten, der von Null verschieden ist. Nach einem bekannten Satz aus der Theorie der linearen Transformationen kann man dann die φ linear in n neue Funktionen Φ transformieren, die folgende Eigenschaft besitzen (sie heißen: ein *kanonisches* System von Hauptfunktionen): die n Funktionen Φ zerfallen in i Inbegriffe, bestehend aus bzw. $\nu_1, \nu_2, \ldots, \nu_i$ Funktionen:

$$\Phi_1^{(1)}, \ldots, \Phi_{\nu_1}^{(1)}; \; \Phi_1^{(2)}, \ldots, \Phi_{\nu_2}^{(2)}; \; \ldots; \; \Phi_1^{(i)}, \ldots, \Phi_{\nu_i}^{(i)},$$

und für die Funktionen jedes einzelnen Inbegriffes ist:

(39) $$\left.\begin{aligned} \lambda_0 \int_a^b K(s, t)\, \Phi_1^{(j)}(t)\, dt &= \Phi_1^{(j)}(s) \\ \lambda_0 \int_a^b K(s, t)\, \Phi_2^{(j)}(t)\, dt &= \Phi_2^{(j)}(s) + \Phi_1^{(j)}(s) \\ \cdots\cdots & \cdots\cdots \\ \lambda_0 \int_a^b K(s, t)\, \Phi_{\nu_j}^{(j)}(t)\, dt &= \Phi_{\nu_j}^{(j)}(s) + \Phi_{\nu_j - 1}^{(j)}(s) \end{aligned}\right\} \qquad (j = 1, 2, \ldots, i)$$

Die erste in jedem dieser Inbegriffe auftretende Funktion ist, wie man sieht, eine zu λ_0 gehörige Nullösung; daher:

Die Anzahl der linear unabhängigen zu λ_0 gehörigen Nullösungen des Kernes $K(s, t)$ ist gleich der Anzahl der von Null verschiedenen Exponenten in der Reihe (38) der Elementarteiler von (37).*

10. Da $D(\lambda)$ gleichzeitig auch Determinante der transponierten Integralgleichung ist, so gibt es, wenn λ_0 n-fache Nullstelle von $D(\lambda)$ ist, gleichzeitig auch ein System von n zu λ_0 gehörigen Hauptfunktionen des transponierten Kernes $K(t, s)$, d. h. ein System von n linear unabhängigen Funktionen $\psi_1(s), \ldots, \psi_n(s)$, für die:

(36a) $$\lambda_0 \int_a^b K(t, s)\, \psi_j(t)\, dt = \sum_{r=1}^{n} \beta_{jr} \psi_r(s), \qquad (j = 1, 2, \ldots, n)$$

wobei die charakteristische Determinante der Matrix (β_{jr}) den Wert hat:

(37a) $$|\beta_{jr} - \mu e_{jr}|_{(j, r = 1, 2, \ldots, n)} = (1 - \mu)^n.$$

Es gibt nun eine und nur eine Matrix[1]) $(c_{pq})_{(p,q=1,2,\ldots,n)}$ derart, daß, wenn:

(40) $$k(s,t)=\sum_{p,q=1}^{n} c_{pq}\,\varphi_p(s)\,\psi_q(t)$$

gesetzt wird, neben den Gleichungen (36*) und (36a) auch die Gleichungen

(41) $$\lambda_0\int_a^b k(s,t)\,\varphi_j(t)\,dt=\sum_{r=1}^{n}\alpha_{jr}\varphi_r(s)$$

(41a) $$\lambda_0\int_a^b k(t,s)\,\psi_j(t)\,dt=\sum_{r=1}^{n}\beta_{jr}\psi_r(s)$$

$(j=1,2,\ldots,n)$

bestehen, so daß also die Operationen $\lambda_0\int_a^b k(s,t)\,\varphi(t)\,dt$ und $\lambda_0\int_a^b k(t,s)\,\psi(t)\,dt$ unter den $\varphi(s)$ bzw. $\psi(s)$ dieselben linearen Transformationen hervorrufen, wie die Operationen $\lambda_0\int_a^b K(s,t)\varphi(t)dt$ und $\lambda_0\int_a^b K(t,s)\psi(t)dt$. Der Ausdruck $k(s,t)$ heißt der zu λ_0 gehörige *Hauptkern*.

Nun bilden auch die n Funktionen:

$$\overline{\psi}_j(s)=\sum_{r=1}^{n} c_{jr}\psi_r(s) \qquad (j=1,2,\ldots,n)$$

ein zu λ_0 gehöriges System von Hauptfunktionen von $K(t,s)$, und zwar ist:

(42) $$\lambda_0\int_a^b K(t,s)\overline{\psi}_j(t)\,dt=\sum_{r=1}^{n}\alpha_{rj}\overline{\psi}_r(s). \qquad (j=1,2,\ldots,n)$$

Das so gewonnene System der Funktionen $\overline{\psi}(s)$ heißt *zum Systeme der $\varphi(s)$ konjugiert.* Also:

Zu jedem Systeme von n zu λ_0 gehörigen Hauptfunktionen von $K(s,t)$ gibt es ein und nur ein konjugiertes System von Hauptfunktionen des Kernes $K(t,s)$; erleidet das System $\varphi_j(s)_{(j=1,2,\ldots,n)}$ bei Anwendung der Operation $\lambda_0\int_a^b K(s,t)\,\varphi(t)\,dt$ die lineare Substitution $(\alpha_{jr})_{(j,r=1,2,\ldots,n)}$, so erleidet das konjugierte System bei Anwendung der Operation $\lambda_0\int_a^b K(t,s)\psi(t)\,dt$ die transponierte lineare Substitution $(\alpha_{rj})_{(r,j=1,2,\ldots,n)}$.

Sind die Systeme der Hauptfunktionen $\varphi_j(s)$ und $\psi_j(s)$ konjugiert, so vereinfacht sich der Ausdruck des Hauptkernes zu:

(43) $$k(s,t)=\sum_{j=1}^{n}\varphi_j(s)\,\psi_j(t).$$

1) Und zwar ist die Determinante der c_{pq} ungleich Null.

Ferner haben dann die α_{jr} in (36*) und (42) eine einfache Bedeutung; es ist nämlich:

$$\alpha_{jr} = \lambda_0 \int_a^b \varphi_j(s)\psi_r(s)ds. \tag{44}$$

Bildet man zu dem in Nr. 9 erwähnten kanonischen System von Hauptfunktionen $\Phi_1(s), \ldots, \Phi_n(s)$ das konjugierte System $\Psi_1(s), \ldots, \Psi_n(s)$, so sieht man: Auch das System der $\Psi(s)$ zerfällt in i Inbegriffe:

$$\Psi_1^{(1)}(s), \ldots, \Psi_{r_1}^{(1)}(s); \ldots; \Psi_1^{(i)}(s), \ldots, \Psi_{r_i}^{(i)}(s),$$

so daß für jeden dieser Inbegriffe:

$$\left\{\begin{array}{l} \lambda_0 \int_a^b K(t,s)\Psi_1^{(j)}(t)dt = \Psi_1^{(j)}(s) + \Psi_2^{(j)}(s), \\ \quad \cdot \;\; \cdot \;\; \cdot \;\; \cdot \;\; \cdot \;\; \cdot \;\; \cdot \;\; \cdot \;\; \cdot \;\; \cdot \;\; \cdot \;\; \cdot \;\; \cdot \\ \lambda_0 \int_a^b K(t,s)\Psi_{r_j-1}^{(j)}(t)dt = \Psi_{r_j-1}^{(j)}(s) + \Psi_{r_j}^{(j)}(s), \\ \lambda_0 \int_a^b K(t,s)\Psi_{r_j}^{(j)}(t)dt = \Psi_{r_j}^{(j)}(s). \end{array}\right. \tag{39a}$$

Man kann sagen: das zu einem kanonischen System von Hauptfunktionen konjugierte System ist selbst kanonisch. Die Anzahl der getrennten Inbegriffe, in die es zerfällt, ist dieselbe wie für das System der $\Phi(s)$. Speziell erhalten wir daraus das schon bekannte Resultat wieder, daß die Anzahl der zu λ_0 gehörigen Nullösungen von $K(s,t)$ und von $K(t,s)$ dieselbe ist.

11. Aus (36*), (36a) einerseits, (41), (41a) andererseits folgt mit Leichtigkeit, daß, wenn

$$K(s,t) = k(s,t) + \overline{K}(s,t)$$

gesetzt wird, die beiden Kerne $k(s,t)$ und $\overline{K}(s,t)$ zueinander orthogonal sind, so daß die Determinante von $\lambda K(s,t)$ das Produkt der Determinanten von $\lambda k(s,t)$ und $\lambda \overline{K}(s,t)$ ist (Nr. 6). Da (vgl. Nr. 7) die Determinante von $\lambda k(s,t)$ nichts anderes als $\left(1 - \frac{\lambda}{\lambda_0}\right)^n$ ist, so folgt, daß die Determinante von $\lambda \overline{K}(s,t)$ in λ_0 keine Nullstelle mehr hat, so daß der Parameterwert λ_0 für $\overline{K}(s,t)$ nicht mehr singulär ist. Werden die lösenden Kerne von $k(s,t)$ und $\overline{K}(s,t)$ mit $\varkappa(\lambda; s,t)$ und $\overline{\mathsf{K}}(\lambda; s,t)$ bezeichnet, so ist (vgl. Nr. 5)

$$\mathsf{K}(\lambda; s,t) = \varkappa(\lambda; s,t) + \overline{\mathsf{K}}(\lambda; s,t),$$

wo $\overline{\mathsf{K}}(\lambda; s, t)$ für $\lambda = \lambda_0$ regulär bleibt, während $\varkappa(\lambda; s, t)$ der für $\lambda = \lambda_0$ unendlich werdende sog. Hauptteil von $\mathsf{K}(\lambda; s, t)$ ist. Es ist also der zu λ_0 gehörige Hauptkern derjenige Bestandteil des Kernes, der das Unendlichwerden des lösenden Kernes in λ_0 hervorruft, und der lösende Kern des Hauptkernes ist der Hauptteil des lösenden Kernes von $K(s, t)$ für $\lambda = \lambda_0$.

Es ergibt sich nun auch die Ordnung des Poles von $\mathsf{K}(\lambda; s, t)$ für $\lambda = \lambda_0$, die mit der Ordnung des Unendlichwerdens von $\varkappa(\lambda; s, t)$ für $\lambda = \lambda_0$ übereinstimmt: Wählt man für die Hauptfunktionen von $K(s, t)$ ein kanonisches System, für die von $K(t, s)$ das konjugierte, so lehrt (44), daß jede Hauptfunktion $\Phi(s)$ orthogonal ist zu jeder nicht im entsprechenden Inbegriff stehenden Hauptfunktion $\Psi(s)$ und umgekehrt. Schreibt man daher den Hauptkern in der Form:

$$k(s, t) = k_1(s, t) + k_2(s, t) + \cdots + k_i(s, t),$$

wo

$$k_j(s, t) = \Phi_1^{(j)}(s)\,\Psi_1^{(j)}(t) + \cdots + \Phi_{\nu_j}^{(j)}(s)\,\Psi_{\nu_j}^{(j)}(t),$$

so sind die Kerne $k_j(s, t)$ zu je zweien orthogonal. Nun ist (vgl. Nr. 7) die Determinante von $\lambda k_j(s, t)$ gleich $\left(1 - \frac{\lambda}{\lambda_0}\right)^{\nu_j}$, und für die lösenden Kerne gilt:

$$\varkappa(\lambda; s, t) = \varkappa_1(\lambda; s, t) + \varkappa_2(\lambda; s, t) + \cdots + \varkappa_i(\lambda; s, t).$$

Die Formeln (24) und (25) zeigen, daß $\varkappa_j(\lambda; s, t)$ für $\lambda = \lambda_0$ einen Pol von der Ordnung ν_j hat, woraus sich ergibt:

Die Ordnung des Poles von $\mathsf{K}(\lambda; s, t)$ *für* $\lambda = \lambda_0$ *ist gleich der größten Anzahl im selben Inbegriff stehender Hauptfunktionen eines kanonischen zu* λ_0 *gehörigen Systemes von Hauptfunktionen,* oder was dasselbe ist, *gleich dem größten in der Reihe (38) der Elementarteiler von (37*) auftretenden Exponenten.*

Das Glied höchster Ordnung in $\varkappa_j(\lambda; s, t)$ lautet: $\dfrac{\Phi_1^{(j)}(s)\,\Psi_{\nu_j}^{(j)}(t)}{\left(1 - \frac{\lambda}{\lambda_0}\right)^{\nu_j}}$, sein Koeffizient ist also das Produkt einer Nullösung von $K(s, t)$ und einer Nullösung von $K(t, s)$. Das Residuum von $\varkappa_j(\lambda; s, t)$ ist:

$$\Phi_1^{(j)}(s)\Big[\Psi_1^{(j)}(t) - \Psi_2^{(j)}(t) + \Psi_3^{(j)}(t) - \Psi_4^{(j)}(t) \cdots \pm \Psi_{\nu_j}^{(j)}(t)\Big]$$
$$+ \Phi_2^{(j)}(s)\Big[\Psi_2^{(j)}(t) - \Psi_3^{(j)}(t) + \Psi_4^{(j)}(t) \cdots \mp \Psi_{\nu_j}^{(j)}(t)\Big] \cdots + \Phi_{\nu_j}^{(j)}(s)\,\Psi_{\nu_j}^{(j)}(t).$$

Setzt man hierin die Koeffizienten der $\Phi_p^{(j)}$ der Reihe nach gleich $\overline{\Psi}_1^{(j)}(t), \overline{\Psi}_2^{(j)}(t), \ldots, \overline{\Psi}_{\nu_j}^{(j)}(t)$, so ist, wenn man (44) und (39) berücksichtigt, immer $\Phi_p^{(j)}(s)$ orthogonal zu allen $\overline{\Psi}_q^{(j)}(s)$, außer $\overline{\Psi}_p^{(j)}(s)$, während

$$(45)\qquad \int_a^b \Phi_p^{(j)}(s)\,\overline{\Psi}_p^{(j)}(s) = \frac{1}{\lambda_0}$$

wird. Durch Multiplikation unserer Hauptfunktionen mit $\sqrt{\lambda_0}$ kann man es also erreichen, daß das Integral (45) den Wert 1 erhält.

Wie schon erwähnt, ist jedes $\Phi^{(j)}(s)$ (bzw. $\Psi^{(j)}(s)$) orthogonal zu jedem in einem anderen Inbegriffe stehenden $\Psi^{(n)}(s)$ (bzw. $\Phi^{(n)}(s)$). Ferner gilt der Satz: *Jede zu einem singulären Parameterwert λ_0 gehörige Hauptfunktion von $K(s,t)$ ist orthogonal zu jeder zu einem von λ_0 verschiedenen singulären Parameterwert gehörigen Hauptfunktion von $K(t,s)$.*

Fassen wir dies alles zusammen, so haben wir:

Sei $\lambda_1, \lambda_2, \ldots, \lambda_p, \ldots$ die Folge der singulären Parameterwerte von $K(s,t)$, in der jeder singuläre Parameterwert so oft aufgeschrieben ist, als es seine Vielfachheit als Nullstelle von $D(\lambda)$ angibt. Dann können wir eine Folge von Funktionen:

$$\varphi_1(s),\ \varphi_2(s), \ldots,\ \varphi_p(s), \ldots$$

sowie eine Folge von Funktionen:

$$\psi_1(s),\ \psi_2(s), \ldots,\ \psi_p(s), \ldots$$

aufschreiben von folgenden Eigenschaften: $\varphi_p(s)$ (bzw. $\psi_p(s)$) ist eine zum singulären Parameterwert λ_p gehörige Hauptfunktion von $K(s,t)$ (bzw. von $K(t,s)$); jede Hauptfunktion von $K(s,t)$ (bzw. von $K(t,s)$) setzt sich linear mit konstanten Koeffizienten aus endlich vielen Funktionen $\varphi_p(s)$ (bzw. $\psi_p(s)$) zusammen; es ist:

$$(46)\qquad \int_a^b \varphi_p(s)\,\psi_q(s)\,ds = 0 \quad (p \neq q); \qquad \int_a^b \varphi_p(s)\,\psi_p(s)\,ds = 1.$$

Die beiden Funktionensysteme der $\varphi_p(s)$ und $\psi_p(s)$ bilden also ein sog. *normiertes Biorthogonalsystem.* Ist von einer Funktion $f(s)$ bekannt, daß sie eine gleichmäßig konvergente Entwicklung der Form:

$$(47)\qquad f(s) = c_1\varphi_1(s) + c_2\varphi_2(s) \cdots + c_p\varphi_p(s) + \cdots$$

oder der Form:

$$(47\text{a})\qquad f(s) = d_1\psi_1(s) + d_2\psi_2(s) + \cdots + d_p\psi_p(s) + \cdots$$

zuläßt, so ermöglichen die Formeln (46) die Koeffizientenbestimmung:

$$(48)\qquad c_p = \int_a^b f(s)\,\psi_p(s)\,ds; \quad d_p = \int_a^b f(s)\,\varphi_p(s)\,ds,$$

doch ist über die Möglichkeit solcher Entwicklungen allgemein nichts bekannt.

Bemerkenswert ist folgende Entwicklung des Kernes: $\lambda_1, \lambda_2, \ldots, \lambda_p, \ldots$ seien die singulären Parameterwerte, jeder nur ein einzigesmal angeschrieben, $k_p(s,t)$ der zu λ_p gehörige Hauptkern; dann ist:

$$K(s,t) = k_1(s,t) + k_2(s,t) + \cdots + k_p(s,t) + \cdots + K_0(s,t),$$

falls die rechts stehende Reihe gleichmäßig konvergiert; dabei bedeutet $K_0(s,t)$ einen Kern ohne singulären Parameterwert (der auch wegfallen kann).

Dann gilt für den lösenden Kern die Partialbruchentwicklung:

$$\mathsf{K}(\lambda; s,t) = \varkappa_1(\lambda; s,t) + \varkappa_2(\lambda; s,t) + \cdots + \varkappa_p(\lambda; s,t) + \cdots + \mathsf{K}_0(\lambda; s,t),$$

wo $\varkappa_p(\lambda; s,t)$ lösender Kern von $k_p(s,t)$ ist, mithin nur für $\lambda = \lambda_p$ unendlich wird, während $\mathsf{K}_0(\lambda; s,t)$ lösender Kern von $K_0(s,t)$, und mithin eine ganze transzendente Funktion ist.

12. Zwischen dem lösenden Kerne von $K(s,t)$ und den lösenden Kernen $\mathsf{K}^{(n)}(\lambda; s,t)$ der iterierten Kerne $K^{(n)}(s,t)$ bestehen einfache Beziehungen.[1]) Zunächst drückt sich $\mathsf{K}^{(n)}(\lambda; s,t)$ durch $\mathsf{K}(\lambda; s,t)$ vermöge der Formel aus (ω bedeutet eine primitive n-te Einheitswurzel):

$$(49)\quad \mathsf{K}^{(n)}(\lambda; s,t) = \frac{1}{n\lambda^{1-\frac{1}{n}}}\left[\mathsf{K}\left(\lambda^{\frac{1}{n}}; s,t\right) + \omega\mathsf{K}\left(\omega\lambda^{\frac{1}{n}}; s,t\right) + \cdots + \omega^{n-1}\mathsf{K}\left(\omega^{n-1}\lambda^{\frac{1}{n}}; s,t\right)\right],$$

während umgekehrt aus $\mathsf{K}^{(n)}$ sich K ausdrückt durch die Formel:

$$(50)\quad \mathsf{K}(\lambda; s,t) = \overline{K}^{(n)}(\lambda; s,t) + \lambda^n \int_a^b \overline{K}^{(n)}(\lambda; s,r)\mathsf{K}^{(n)}(\lambda^n; r,t)\,dr,$$

wo gesetzt ist:

$$(51)\quad \overline{K}^{(n)}(\lambda; s,t) = K(s,t) + \lambda K^{(2)}(s,t) + \cdots + \lambda^{n-1}K^{(n)}(s,t).$$

Zwischen der Determinante $D(\lambda)$ von $\lambda K(s,t)$ und der Determinante $D^{(n)}(\lambda)$ von $\lambda K^{(n)}(s,t)$ besteht die Beziehung:

$$(52)\quad D^{(n)}(\lambda) = D\left(\lambda^{\frac{1}{n}}\right) D\left(\omega\lambda^{\frac{1}{n}}\right) \ldots D\left(\omega^{n-1}\lambda^{\frac{1}{n}}\right).$$

Die Formel (50) ist deshalb von besonderer Wichtigkeit, weil sie auch Integralgleichungen, deren Kern nicht durchwegs endlich ist, der Fredholmschen Methode zugänglich macht. Es kann nämlich sein, daß der Kern $K(s,t)$ nicht durchwegs endlich ist, während unter den iterierten Kernen sich einer findet, etwa $K^{(n)}(s,t)$, der endlich bleibt

1) Plemelj, Monatsh. **15**, 123; Goursat, Ann. Toul. (2) **10**, 15.

(dasselbe gilt dann von allen folgenden iterierten Kernen). Man kann dann nach den Fredholmschen Formeln $\mathsf{K}^{(n)}(\lambda; s, t)$ und daraus nach (50) $\mathsf{K}(\lambda; s, t)$ berechnen. Speziell gilt hier folgendes[1]: Wir sagen, der Kern $K(s, t)$ wird für $s = t$ von geringerer als der α-ten Ordnung unendlich, wenn für irgendeine Zahl β, die kleiner als α ist, $|s-t|^{\beta} K(s, t)$ endlich bleibt. *Wird der Kern nur für $s = t$, und zwar von geringerer als der ersten Ordnung unendlich, so gibt es unter den iterierten Kernen solche, die durchweg endlich bleiben, und zwar sind dies alle $K^{(n)}(s, t)$, wo $n > \frac{1}{1-\beta}$.*

Daß dieser Satz seine Gültigkeit verliert bei Kernen, die nicht nur für $s = t$ unendlich werden, zeigt der Kern $K(s, t) = \sqrt{\frac{t}{s}}$ für das Intervall $(a, b) = (0, 1)$; hier sind sämtliche iterierten Kerne gleich $K(s, t)$ und daher keiner von ihnen endlich.[2])

Die oben angeführten Überlegungen gestatten es, die in den früheren Paragraphen wiedergegebenen Theorien auch für Kerne zu entwickeln, die, ohne selbst überall endlich zu sein, einen endlichen iterierten Kern $K^{(n)}(s, t)$ besitzen. Als singulär sind dann solche Parameterwerte zu bezeichnen, für die $\mathsf{K}(\lambda; s, t)$ einen Pol besitzt; dies kann nur in einer Nullstelle von $D^{(n)}(\lambda^n)$ stattfinden, doch brauchen nicht alle Nullstellen von $D^{(n)}(\lambda^n)$ Pole von $\mathsf{K}(\lambda; s, t)$ zu sein.

Zwischen den Nullösungen und Hauptfunktionen von $K(s, t)$ und $K^{(n)}(s, t)$ besteht folgender Zusammenhang[3]):

Jede zu λ_0 gehörige Nullösung (bzw. Hauptfunktion) von $K(s, t)$ ist eine zu λ_0^n gehörige Nullösung (bzw. Hauptfunktion) von $K^{(n)}(s, t)$.

Umgekehrt: Ist λ_0 Pol von $\mathsf{K}(\lambda; s, t)$, während die $n-1$ Stellen $\omega\lambda_0, \omega^2\lambda_0, \ldots, \omega^{n-1}\lambda_0$ nicht Pole sind, so ist jede zu λ_0^n gehörige Nullösung (bzw. Hauptfunktion) von $K^{(n)}(s, t)$ auch zu λ_0 gehörige Nullösung (bzw. Hauptfunktion) von $K(s, t)$.

13. Setzt man:

$$\int_a^b K^{(n)}(s, s)\,ds = A_n, \tag{53}$$

so gilt die für dieselben λ wie (13) konvergente Entwicklung[4]):

$$\frac{D'(\lambda)}{D(\lambda)} = -A_1 - A_2\lambda - \cdots - A_{n+1}\lambda^n - \cdots \tag{54}$$

---

1) Fredholm, Acta math. 27, 384. Daselbst auch das analoge, etwas abweichende Theorem für n-fache Integrale.

2) Goursat, a. a. O. 13.

3) Siehe z. B. Goursat, a. a. O. 68ff.

4) Fredholm, a. a. O. 384.

Die in den Reihen (18) und (19) für $D(\lambda)$ und $D(\lambda; s, t)$ auftretenden Koeffizienten drücken sich, wie hieraus im Verein mit (13) folgt, durch die A in folgender Weise aus[1]):

$$(55)\quad \int_a^b \cdots \int_a^b K\binom{r_1, \ldots, r_n}{r_1, \ldots, r_n} dr_1 \ldots dr_n = \begin{vmatrix} A_1, & n-1, & 0, & \ldots, & 0, & 0 \\ A_2, & A_1, & n-2, & \ldots, & 0, & 0 \\ . & . & . & . & . & . \\ A_{n-1}, & A_{n-2}, & A_{n-3}, & \ldots, & A_1, & 1 \\ A_n, & A_{n-1}, & A_{n-2}, & \ldots, & A_2, & A_1 \end{vmatrix},$$

$$(56)\quad \int_a^b \cdots \int_a^b K\binom{s, r_1, \ldots, r_n}{t, r_1, \ldots, r_n} dr_1 \ldots dr_n = \begin{vmatrix} K(s,t), & n, & 0, & \ldots, & 0, & 0 \\ K_2(s,t), & A_1, & n-1, & \ldots, & 0, & 0 \\ K_3(s,t), & A_2, & A_1, & \ldots, & 0, & 0 \\ . & . & . & . & . & . \\ K_n(s,t), & A_{n-1}, & A_{n-2}, & \ldots, & A_1, & 1 \\ K_{n+1}(s,t), & A_n, & A_{n-1}, & \ldots, & A_2, & A_1 \end{vmatrix}.$$

Da (54) gleichbedeutend ist mit:

$$D(\lambda) = e^{-\frac{A_1}{1}\lambda - \frac{A_2}{2}\lambda^2 - \cdots - \frac{A_n}{n}\lambda^n - \cdots},$$

so ergibt sich unschwer[2]):

Mit $D_i(\lambda)$ und $D_i(\lambda; s, t)$ mögen diejenigen Funktionen bezeichnet werden, die entstehen, wenn man in die Reihen (18) und (19) für $D(\lambda)$ und $D(\lambda; s, t)$ statt der Ausdrücke (55) und (56) diejenigen einführt, die man daraus erhält, indem man die Zahlen $A_1, \ldots, A_i$ durch Nullen ersetzt. Dann ist:

$$D_i(\lambda) = D(\lambda) e^{\frac{A_1}{1}\lambda + \frac{A_2}{2}\lambda^2 + \cdots + \frac{A_i}{i}\lambda^i},$$

$$D_i(\lambda; s, t) = D(\lambda; s, t) e^{\frac{A_1}{1}\lambda + \frac{A_2}{2}\lambda^2 + \cdots + \frac{A_i}{i}\lambda^i},$$

so daß für den lösenden Kern neben (17) auch die Formel gilt:

$$(57)\quad \mathsf{K}(\lambda; s, t) = \frac{D_i(\lambda; s, t)}{D_i(\lambda)}.$$

Auch diese Formel ermöglicht die Behandlung von Integralgleichungen mit nicht durchweg endlichem Kerne. Es gilt nämlich der Satz:

Die Ausdrücke $D_i(\lambda)$ und $D_i(\lambda; s, t)$ sind ganze transzendente Funktionen in λ stets, wenn $K^{(i+1)}(s, t)$ endlich ist, unabhängig davon, ob $K(s, t)$ endlich ist oder nicht; der Quotient (57) *stellt auch dann den lösenden Kern dar.*

---

1) Plemelj, Monatsh. **15**, 122; Goursat, a. a. O. 93.

2) Das Folgende für $n = 2$ zuerst bei Hilbert, Gött. Nachr. 1904, 81; allgemein: Tr. Lalesco, C. R. **145**, 1136; H. Poincaré, Acta math. **33**. 57.

Diese Darstellung von $\mathsf{K}(\lambda; s, t)$ im Falle eines nicht durchweg endlichen $K(s,t)$ hat vor der Darstellung (50) den Vorteil voraus, daß sie die singulären Parameterwerte unmittelbar in Evidenz setzt; *die singulären Parameterwerte von $K(s,t)$ sind nämlich identisch mit den Nullstellen von $D_i(\lambda)$.*

14. Sei nun $K(s,t)$ wieder ein durchaus endlicher Kern, also etwa: $|K(s,t)| < M$, solange s und t in (a,b) bleiben; dann liefert der Hadamardsche Determinantensatz für den Absolutbetrag des Koeffizienten von λ^n in der Reihe (18) für $D(\lambda)$ die obere Schranke: $\frac{M^n n^{\frac{n}{2}}}{n!}(b-a)^n$.

Nach einem bekannten Satze über ganze transzendente Funktionen folgt daraus: Das Laguerresche Geschlecht von $D(\lambda)$ ist höchstens gleich 2.[1])

J. Schur hat darüber hinaus bewiesen:[2]) Ist $\lambda_1, \lambda_2, \ldots \lambda_\nu, \ldots$ die Reihe der Nullstellen von $D(\lambda)$, jede so oft geschrieben, als es ihre Vielfachheit anzeigt, so ist $\sum \frac{1}{|\lambda_\nu|^2}$ konvergent, und zwar:

$$\sum \frac{1}{|\lambda_\nu|^2} \leqq \int_a^b\int_a^b |K(s,t)|^2 ds\,dt. \tag{58}$$

Daher gestattet $D(\lambda)$ folgende Darstellung:

$$D(\lambda) = e^{a\lambda + b\lambda^2} \prod \left(1 - \frac{\lambda}{\lambda_\nu}\right) e^{\frac{\lambda}{\lambda_\nu}}. \tag{59}$$

Genügt $K(s,t)$ der sogenannten *Lipschitzschen Bedingung:*

$$\left| \frac{K(s,t_1) - K(s,t_0)}{|t_1 - t_0|^\alpha} \right| < N, \tag{60}$$

so hat der Absolutwert des Koeffizienten von λ^n in der Reihe (18) die obere Schranke[3]) $\frac{MN^{n-1} n^{\frac{n}{2}} (n-1)^{-\alpha(n-1)}}{n!} (b-a)^{2n-1}$. Hat $K(s,t)$ eine zwischen endlichen Grenzen verbleibende partielle Ableitung nach t, so kann in (60) $\alpha = 1$ gesetzt werden, so daß die Ordnung von $D(\lambda)$ nicht größer als $\frac{2}{3}$, mithin:

$$D(\lambda) = \prod \left(1 - \frac{\lambda}{\lambda_\nu}\right) \tag{59a}$$

1) Doch ist eine Determinante $D(\lambda)$, die wirklich vom Geschlecht 2 wäre, bisher nicht bekannt.

2) Math. Ann. **66**, 508. Und zwar gilt dieser Satz auch für nicht endliche $K(s,t)$, wenn nur das Integral in (58) endlich ist.

3) Fredholm, a. a. O. 368. Lalesco, a. a. O.

wird. — Aus (52) im Verein mit (59) folgt für die Determinanten von $\lambda K^{(i)}(s,t)$:

(61) $$D^{(2)}(\lambda) = e^{2b\lambda}\prod\left(1-\frac{\lambda}{\lambda_\nu^2}\right);\quad D^{(i)}(\lambda) = \prod\left(1-\frac{\lambda}{\lambda_\nu^i}\right) \quad (i>2)$$

d. h. die Determinante von $\lambda K^{(2)}(s,t)$ ist höchstens vom Geschlechte 1, die von $\lambda K^{(3)}(s,t)$ (sowie für alle folgenden iterierten Kerne) stets vom Geschlechte Null.[1])

Aus dem Vergleiche von (59) und (54) folgt die Gültigkeit der Formeln:[2])

(62) $$A_n = \sum\frac{1}{\lambda_\nu^n}$$

für $n > 2$, sowie die Theoreme:[3]) *Damit der Kern $K(s,t)$ keinen einzigen singulären Parameterwert besitze, ist notwendig und hinreichend, daß die Zahlen A_n für $n > 2$ alle den Wert Null haben.* — Damit der Kern $K(s,t)$ nur eine endliche Anzahl i von singulären Parameterwerten[4]) besitze, ist notwendig und hinreichend, daß zwischen je $i+1$ aufeinanderfolgenden unter den Zahlen $A_3, A_4, \ldots$ eine Rekursionsformel der Gestalt:

$$C_0 A_\nu + C_1 A_{\nu+1} + \cdots + C_i A_{\nu+i} = 0 \qquad (\nu = 3, 4, \ldots)$$

besteht.

15. In diesem Paragraphen seien noch einige allgemeine Sätze zusammengestellt. Wir betrachten die *iterierten lösenden Kerne*, die durch die Rekursionsformel definiert sind:

$$\mathsf{K}^{(n)}(\lambda; s,t) = \int_a^b \mathsf{K}^{(n-1)}(\lambda; s,r)\ \mathsf{K}(\lambda; r,t)\,dr,\quad \mathsf{K}^{(1)}(\lambda; s,t) = \mathsf{K}(\lambda; s,t).$$

Die Reihenentwicklung (13) liefert sofort:

$$\mathsf{K}^{(n)}(\lambda; s,t) = \frac{1}{(n-1)!}\,\frac{d^{n-1}}{d\lambda^{n-1}}\,\mathsf{K}(\lambda; s,t),$$

woraus man die Entwicklung von $\mathsf{K}(\lambda; s,t)$ um einen beliebigen nichtsingulären Parameterwert λ_0 erhält:

$$\mathsf{K}(\lambda; s,t) = \mathsf{K}(\lambda_0; s,t) + (\lambda-\lambda_0)\mathsf{K}^{(2)}(\lambda_0; s,t) + \cdots$$
$$+ (\lambda-\lambda_0)^n\,\mathsf{K}^{(n+1)}(\lambda_0; s,t) + \cdots$$

---

1) Goursat, a. a. O. 96.

2) Hier gilt auch folgende Umkehrung: Ist ein System von Zahlen $\lambda_1, \lambda_2, \ldots$ so beschaffen, daß $\sum\frac{1}{|\lambda_\nu|^2}$ konvergiert und für $n>2$ die Formeln (62) gelten, so stellen diese Zahlen die Gesamtheit der Nullstellen von $D(\lambda)$ (in der entsprechenden Vielfachheit) dar. (J. Schur, Math. Ann. **67**, 312.)

3) Lalesco, C. R. **145**, 1136; Goursat, a. a. O. 97.

4) Dabei ist jeder singuläre Parameterwert (ohne Rücksicht auf seine Vielfachheit) nur ein einzigesmal zu zählen.

Schreibt man hierin $\lambda + \lambda_0$ statt λ, so erkennt man, daß:

$$\mathsf{K}(\lambda_0; s, t) - \mathsf{K}(\lambda + \lambda_0; s, t) + \lambda \int_a^b \mathsf{K}(\lambda_0; s, r) \mathsf{K}(\lambda + \lambda_0; r, t) dr = 0$$

ist, d. h.: *Der zum Kerne* $\mathsf{K}(\lambda_0; s, t)$ *gehörige lösende Kern ist* $\mathsf{K}(\lambda + \lambda_0; s, t)$.[1])

Von J. Schur[2]) wurden folgende Theoreme bewiesen: Sind n Kerne $K_1(s,t)$, $K_2(s,t)$, ..., $K_n(s,t)$ gegeben und faßt man das Produkt:

$$K(s_1, s_2, \ldots, s_n; t_1, t_2, \ldots, t_n) = K_1(s_1, t_1)\, K_2(s_2, t_2) \ldots K_n(s_n, t_n)$$

als Kern einer Integralgleichung mit n-fachem Integral auf, so wird die Gesamtheit der singulären Parameterwerte von $K(s_1, \ldots, s_n; t_1, \ldots, t_n)$ geliefert durch die Produkte $\lambda^{(1)}_{\nu_1} \lambda^{(2)}_{\nu_2} \cdots \lambda^{(n)}_{\nu_n}$, die zugehörigen Hauptfunktionen durch die Produkte $\varphi^{(1)}_{\nu_1}(s_1)\, \varphi^{(2)}_{\nu_2}(s_2) \cdots \varphi^{(n)}_{\nu_n}(s_n)$, wo mit $\lambda^{(i)}_\nu$ die singulären Parameterwerte von $K_i(s,t)$ (jeder so oft zu schreiben, als seine Vielfachheit angibt), mit $\varphi^{(i)}_\nu(s)$ die zugehörigen Hauptfunktionen bezeichnet sind.

Faßt man den Ausdruck (siehe (16)) $\frac{1}{n!} K\binom{s_1, \ldots, s_n}{t_1, \ldots, t_n}$ als Kern $K(s_1, \ldots, s_n; t_1, \ldots, t_n)$ einer Integralgleichung mit n-fachem Integrale auf, so wird die Gesamtheit der singulären Parameterwerte geliefert durch die Produkte $\lambda_{\nu_1} \lambda_{\nu_2} \cdots \lambda_{\nu_n} (\nu_1 < \nu_2 < \cdots < \nu_n)$ und die zugehörigen Hauptfunktionen durch die Determinanten: $|\varphi_{\nu_i}(s_k)|\, {\scriptstyle (i, k = 1, 2, \ldots, n)}$), wo mit λ_i die singulären Parameterwerte von $K(s, t)$ (jeder so oft zu schreiben, als seine Vielfachheit angibt), mit $\varphi_i(s)$ die zugehörigen Hauptfunktionen bezeichnet sind. In beiden Theoremen erscheinen dabei die singulären Parameterwerte von $K(s_1, \ldots, s_n; t_1, \ldots, t_n)$ von selbst in der entsprechenden Vielfachheit.

H. Bateman[3]) leitet aus seinen in No. 7 angeführten Formeln die Sätze ab: Zum Kerne $\dfrac{K\binom{s, s_1, \ldots, s_n}{t, t_1, \ldots, t_n}}{K\binom{s_1, \ldots, s_n}{t_1, \ldots, t_n}}$ (die Bedeutung dieses Symboles ist aus (16) ersichtlich, $s_1, \ldots, s_n; t_1, \ldots, t_n$ bedeuten Konstante,

---

1) Hilbert, Gött. Nachr. 1904, 71; Plemelj, Monatsh. 15, 97; Goursat, a. a. O. 16.

2) Math. Ann. 67, 312. Vgl. auch A. Blondel, C. R. 150, 957.

3) Mess. of math. 37, 179.

die so zu wählen sind, daß der Nenner nicht verschwindet) gehört als lösender Kern der Ausdruck (siehe (26)):

$$\frac{D\left(\lambda; \begin{matrix} s, s_1, \ldots, s_n \\ t, t_1, \ldots, t_n \end{matrix}\right)}{D\left(\lambda; \begin{matrix} s_1, \ldots, s_n \\ t_1, \ldots, t_n \end{matrix}\right)},$$

und die zugehörige Fredholmsche Determinante ist: $\dfrac{D\left(\lambda; \begin{matrix} s_1, \ldots, s_n \\ t_1, \ldots, t_n \end{matrix}\right)}{K\begin{pmatrix} s_1, \ldots, s_n \\ t_1, \ldots, t_n \end{pmatrix}}$.

Ferner hat Bateman gezeigt[1]), daß die Werte des Parameters λ, für welche die Lösung $\varphi(s)$ der Integralgleichung (11) an einer vorgeschriebenen Stelle des Integrationsintervalles einen vorgeschriebenen Wert annehmen, die singulären Parameterwerte einer anderen Integralgleichung sind, deren Kern, Determinante und lösender Kern sich unschwer berechnet.

Fredholm[2]) hat bemerkt, daß die Auflösung eines Systemes von Integralgleichungen der Form:

$$f_i(s) = \varphi_i(s) - \int_a^b \sum_{k=1}^{n} K_{ik}(s,t)\,\varphi_k(t)\,dt \qquad (i = 1, 2, \ldots, n) \tag{63}$$

ohne weiteres auf die Auflösung einer Integralgleichung der Form (5) reduziert werden kann. Man setze:

$$\left.\begin{aligned} f(s) &= f_i\,(s - (i-1)(b-a)) \\ \varphi(s) &= \varphi_i(s - (i-1)(b-a)) \end{aligned}\right\} \text{für } a + (i-1)(b-a) \leqq s < a + i(b-a),$$

$$K(s,t) = K_{ik}(s - (i-1)(b-a);\ t - (k-1)(b-a))$$

$$\text{für} \quad \begin{cases} a + (i-1)(b-a) \leqq s < a + i(b-a) \\ a + (k-1)(b-a) \leqq t < a + k(b-a), \end{cases}$$

dann ist die Auflösung von (63) gleichbedeutend mit der von:

$$f(s) = \varphi(s) - \int_a^{a+n(b-a)} K(s,t)\,\varphi(t)\,dt.$$

Endlich sei hingewiesen auf eine Arbeit von S. Pincherle[3]), in der die Theorie der linearen Integralgleichungen zweiter Art aufgefaßt wird als Spezialfall der Theorie der distributiven Funktionaloperationen.

1) Camb. Trans. **20**, 281. Daselbst auch ein etwas allgemeineres Resultat. Vgl. auch Bull. sc. math. (2) **30**, 264 und A. Myller, Bull. sc. math. (2) **31**, 74.
2) Acta math. **27**, 378.
3) Mem. Bologna (6) **3**, 143.

III. Reelle symmetrische Kerne.

16. Von besonderer Wichtigkeit sind die sogenannten *Hermiteschen Kerne*. Sei $\overline{K}(s,t)$ der zu $K(s,t)$ konjugiert komplexe Kern, so sind sie definiert durch: $\overline{K}(t,s) = K(s,t)$. Ist ein Hermitescher Kern reell, so ist $K(s,t) = K(t,s)$; ein solcher Kern heißt *symmetrisch*. Offenbar sind alle aus einem Hermiteschen (bzw. reellen symmetrischen) Kerne durch Iteration entstehenden Kerne selbst Hermitesche (bzw. symmetrische) Kerne, und es kann keiner von ihnen identisch verschwinden. Zufolge der in No. 2 auseinandergesetzten Analogie wird die Theorie eines Hermiteschen (bzw. symmetrischen) Kernes analog sein der Theorie einer Hermiteschen (bzw. symmetrischen) Matrix. Wir werden uns im folgenden der Einfachheit halber auf die Theorie des stetigen *reellen symmetrischen Kernes* beschränken. Diese Theorie wurde zuerst von Hilbert[1]) entwickelt, und zwar durch einen ebensolchen Grenzübergang aus der algebraischen Theorie der quadratischen Formen, wie ihn Hilbert zur Gewinnung der Fredholmschen Formeln benützt (No. 6). Kurz darauf bewies E. Schmidt[2]) die Hilbertschen Theoreme, indem er sie gleichzeitig in gewissen Punkten ergänzte, auf dem Wege der formalen Analogie zur Theorie der quadratischen Formen; wir folgen dieser Darstellung, die die Fredholmsche Theorie nicht voraussetzt. Es seien einige Bemerkungen vorausgeschickt.

Man sagt, die reellen Funktionen[3]) $\varphi_1(s), \varphi_2(s), \ldots, \varphi_i(s), \ldots$ bilden ein *normiertes Orthogonalsystem* in bezug auf das Intervall (a, b), wenn sie in bezug auf dieses Intervall zu je zweien orthogonal sind und für jede einzelne von ihnen: $\int\limits_a^b (\varphi_i(t))^2 dt = 1$ ist.[4]) Als *Fouriersche Konstante* der (reellen) Funktion[5]) $f(s)$ in bezug auf dieses normierte Orthogonalsystem bezeichnet man die Zahlen:

$$(64) \qquad f_i = \int\limits_a^b f(t)\varphi_i(t)\,dt.$$

1) Gött. Nachr. 1904, 62.

2) Math. Ann. **63**, 433. Man vgl. auch die Arbeiten von W. Stekloff, Ann. de Toul. (2) **6**, 351, Mém. Acad. Petersb. 1904, 7. Nach den in der Potentialtheorie von Poincaré angewandten Methoden wurde die Theorie der symmetrischen Kerne behandelt von A. Korn, C. R. **144**, 1411 und A. Chicca, Atti. Tor. **44**, 97.

3) Es ist von ihnen vorauszusetzen, daß sie samt ihrem Quadrate integrabel sind im Sinne von Lebesgue.

4) Eine Funktion, die dieser letzteren Bedingung genügt, wird kurz als *normiert* bezeichnet.

5) Auch $f(s)$ ist als samt seinem Quadrate integrabel im Sinne von Lebesgue vorauszusetzen.

Dann gilt die *Besselsche Ungleichung*[1]):

$$\sum_i f_i^2 \leqq \int_a^b f(t)^2 dt, \tag{65}$$

die im Falle daß unser Orthogonalsystem aus unendlich vielen Funktionen besteht, auch die Konvergenz der Reihe aus den Quadraten der Fourierschen Konstanten der Funktion $f(s)$ aussagt.[2]) Die Besselsche Ungleichung ist analog einer bekannten algebraisch-(geometrischen) Ungleichung: Die Funktionen einer Veränderlichen entsprechen ja bei der von uns festgehaltenen Analogie Systemen von n Zahlen, die wir als Vektoren im n-dimensionalen Raume deuten können. Unser normiertes Orthogonalsystem entspricht einem Systeme von Einheitsvektoren, die zu je zweien orthogonal sind, die Fourierschen Konstanten einer Funktion den Projektionen eines Vektors auf diese Einheitsvektoren, die Besselsche Ungleichung dem Satze, daß die Projektion eines Vektors auf irgendeine lineare Mannigfaltigkeit niemals größer ist als der Absolutbetrag dieses Vektors.

Ist

$$K = (k_{pq})_{(p, q = 1, 2, \ldots, n)}$$

eine reelle symmetrische Matrix, so wollen wir als Eigenwert dieser Matrix jede Zahl λ bezeichnen, für welche die n Gleichungen[3]) für $\varphi_1, \varphi_2, \ldots, \varphi_n$:

$$\sum_{q=1}^{n} (e_{pq} - \lambda k_{pq}) \varphi_q = 0 \qquad (p = 1, 2, \ldots, n) \tag{66}$$

von Null verschiedene Auflösungen besitzen. Die Zahlen $(\varphi_1, \varphi_2, \ldots, \varphi_n)$ deuten wir wieder als einen Vektor und nennen ihn einen zu diesem Eigenwert gehörigen Eigenvektor der Matrix K. Wir können ihn als Einheitsvektor annehmen. Die Eigenwerte von K sind nichts anderes als die Wurzeln der Gleichung:

$$| e_{pq} - \lambda k_{pq} |_{(p, q = 1, 2, \ldots, n)} = 0, \tag{67}$$

und also sämtlich reell.[4]) Ist diese Gleichung in λ vom m-ten Grade $(m \leqq n)$, so gibt es ein System von m zu je zweien orthogonalen Eigen-

1) Siehe z. B. Schmidt, a. a. O. 439.

2) Die bekannte *Schwarzsche Ungleichung:*

$$\left(\int_a^b f(t)\, g(t)\, dt\right)^2 \leqq \int_a^b (f(t))^2 dt \cdot \int_a^b (g(t))^2 dt$$

ist ein einfaches Korollar der Besselschen Ungleichung.

3) $E = (e_{pq})$ $(p, q = 1, 2, \ldots, n)$ bedeutet, wie immer, die Einheitsmatrix.

4) Die Eigenwerte von K sind die reziproken Werte der charakteristischen Wurzeln von K.

vektoren (wir nehmen sie als Einheitsvektoren an): $(\varphi_1^{(i)}, \varphi_2^{(i)}, \ldots \varphi_n^{(i)})_{(i=1,2,\ldots,m)}$. Die zugehörigen Eigenwerte seien $\lambda_1, \lambda_2, \ldots, \lambda_m$. Fügt man, falls $m < n$ ist, $(n-m)$ weitere zu je zweien und zu allen Eigenvektoren orthogonale Einheitsvektoren hinzu: $(\varphi_1^{(i)}, \ldots, \varphi_n^{(i)})_{(i=m+1,\ldots,n)}$, so führt die orthogonale Transformation:

$$x_i' = \sum_{k=1}^{n} \varphi_k^{(i)} x_k \qquad (i=1,2,\ldots,n) \tag{68}$$

die quadratische Form $\sum_{p,q=1}^{n} k_{pq} x_p x_q$ über in:

$$\sum_{p,q=1}^{n} k_{pq} x_p x_q = \sum_{i=1}^{m} \frac{x_i'^2}{\lambda_i}. \tag{69}$$

Wird die ν-mal mit sich selbst multiplizierte Matrix K:

$$K^\nu = (k_{p,q}^{(\nu)})_{(p,q=1,2,\ldots,n)}$$

gesetzt, so ist auch:

$$\sum_{p,q=1}^{n} k_{pq}^{(\nu)} x_p x_q = \sum_{i=1}^{m} \frac{x_i'^2}{\lambda_i^\nu}. \tag{70}$$

Aus (68), (69) und (70) folgt:

$$k_{pq} = \sum_{i=1}^{m} \frac{\varphi_p^{(i)} \varphi_q^{(i)}}{\lambda_i}; \quad k_{pq}^{(\nu)} = \sum_{i=1}^{m} \frac{\varphi_p^{(i)} \varphi_q^{(i)}}{\lambda_i^\nu}. \tag{71}$$

17. Dem Gleichungssysteme (66) entspricht nun bei der zugrunde gelegten Analogie (Nr. 2) die linear-homogene Integralgleichung mit reellem symmetrischen Kerne:

$$\varphi(s) - \lambda \int_a^b K(s,t) \varphi(t)\, dt = 0 \tag{72}$$

und somit den Eigenwerten der Matrix K solche Werte von λ, für die die Gleichung (72) eine von Null verschiedene Lösung $\varphi(s)$ besitzt; nach unserer früheren Terminologie sind dies die singulären Parameterwerte; wir wollen sie hier im Falle eines reellen symmetrischen Kernes *Eigenwerte* von $K(s,t)$, die Lösungen $\varphi(s)$ von (72) zugehörige *Eigenfunktionen* von $K(s,t)$ nennen. *Zu verschiedenen Eigenwerten gehörige Eigenfunktionen sind orthogonal.* Daraus folgt unmittelbar: *sämtliche Eigenwerte sind reell.*[1])

Ein Eigenwert heißt n-fach[2]), wenn es zu ihm n-linear-unabhängige Eigenfunktionen gibt. Daß jedem Eigenwert eine endliche Vielfachheit zukommt, erkennt man, ohne Berufung auf die Fredholmsche

1) Schmidt, a. a. O. 441, vorher auf anderem Wege Hilbert, a. a. O.

2) Ein n-facher Eigenwert ist auch n-facher singulärer Parameterwert, vgl. Nr. 20.

Theorie so[1]): Angenommen es gehören zum Eigenwerte λ_0 die m-linear unabhängigen Eigenfunktionen $\varphi_1(s), \ldots, \varphi_m(s)$; offenbar können sie als normiert und zu je zweien orthogonal angenommen werden. Setzt man in der Besselschen Ungleichung $f(t) = K(s,t)$, also $f_i = \frac{\varphi_i(s)}{\lambda_0}$ und integriert von a bis b, so hat man:

$$m \leqq \lambda_0^2 \int_a^b \int_a^b (K(s.t))^2 ds dt.$$

Derselbe Gedankengang zeigt auch, daß die Eigenwerte sich nirgends im Endlichen häufen und daß, falls ihrer unendlich viele auftreten, die Reihe $\sum_i \frac{1}{\lambda_i^2}$ konvergent ist und die Ungleichung besteht[2]):

$$\sum \frac{1}{\lambda_i^2} \leqq \int_a^b \int_a^b (K(s,t))^2 ds\, dt.$$

Dabei bedeuten $\lambda_1, \lambda_2, \ldots$ die Gesamtheit der Eigenwerte, jeder so oft angeführt, als seine Vielfachheit angibt. Man kann nun jedem Eigenwert λ_i dieser Folge eine ihm zugehörige Eigenfunktion $\varphi_i(s)$ so zuordnen, daß diese Eigenfunktionen ein normiertes Orthogonalsystem bilden; jede beliebige Eigenfunktion von $K(s,t)$ setzt sich dann linear mit konstanten Koeffizienten aus einer endlichen Anzahl der $\varphi_i(s)$ (nämlich den zum selben Eigenwert gehörigen) zusammen. Das System der $\varphi_i(s)$ bezeichnen wir als *vollständiges*[3]) *normiertes Orthogonalsystem von Eigenfunktionen des Kernes* $K(s,t)$.

Ein vollständiges normiertes Orthogonalsystem von $K(s,t)$ ist ein ebensolches von $K^{(\nu)}(s,t)$ und gehört als solches zu den Eigenwerten $\lambda_1^\nu, \lambda_2^\nu, \ldots$; jede Eigenfunktion von $K^{(\nu)}(s,t)$ ist Eigenfunktion von $K(s,t)$, wenn ν ungerade, Eigenfunktion oder Summe von zwei Eigenfunktionen von $K(s,t)$, wenn ν gerade.[4])

18. Wir wenden uns dem Satze zu: *Jeder reelle symmetrische (nicht identisch verschwindende) Kern besitzt mindestens einen Eigenwert.* Aus den Formeln (71) folgt:

$$\sum_{p=1}^{n} k_{pp}^{(\nu)} = \sum_{i=1}^{m} \frac{1}{\lambda_i^\nu}. \qquad (\nu = 1, 2, \ldots)$$

---

1) Schmidt, a. a. O. 445.

2) Analoge Überlegungen lassen sich auch für den unsymmetrischen Kern anstellen, wie J. Schur zeigte, Math. Ann. **66**, 501. Sie führen auch dort zu einer von der Fredholmschen Theorie unabhängigen Definition der Vielfachheit eines singulären Parameterwertes und zur Ungleichung (58).

3) Damit soll nicht gesagt sein, daß dieses Orthogonalsystem *vollständig* ist in dem in Nr. 21 angegebenen Sinne.

4) Vgl. Nr. 12.

Ist λ_1 der absolut genommen kleinste Eigenwert, so ist daher:

$$\lim_{\nu=\infty} \frac{\sum_{p=1}^{n} k_{pp}^{(2\nu+2)}}{\sum_{p=1}^{n} k_{pp}^{(2\nu)}} = \frac{1}{\lambda_1^2}$$

und $\lim_{\nu=\infty} \lambda_1^{2\nu} k_{pq}^{(2\nu)}$ konvergiert, wenn man dem Index q einen (geeigneten) der n Werte $1, 2, \ldots, n$ erteilt, für $p = 1, 2, \ldots, n$ gegen die n Koordinaten eines zu λ_1^2 gehörigen Eigenvektors der Matrix K^2.

E. Schmidt hat, in Anlehnung an ein von H. A. Schwarz ausgebildetes Verfahren, die folgenden transzendenten Analoga dieser Sätze bewiesen[1]): Wird A_n durch (53) definiert, so existiert $\lim_{\nu=\infty} \frac{A_{2\nu+2}}{A_{2\nu}}$ und stellt den Reziprokwert $\frac{1}{\lambda_1^2}$ eines (und zwar des kleinsten) Eigenwertes von $K^{(2)}(s,t)$ dar, während $\lambda_1^{2\nu} K^{(2\nu)}(s,t)$ mit wachsendem ν gleichmäßig gegen eine (mithin stetige) Grenzfunktion konvergiert, die bei Festhaltung eines geeigneten Wertes von t nicht identisch in s verschwindet, und eine zum Eigenwert λ_1^2 gehörige Eigenfunktion von $K^{(2)}(s,t)$ darstellt. Nach Nr. 17 ist daher entweder λ_1 oder $-\lambda_1$ Eigenwert von $K(s,t)$, und der angekündigte Satz ist bewiesen.[2]) Die Grundlage des Beweises bilden die durch Anwendung der Schwarzschen Ungleichung auf die iterierten Kerne sich unmittelbar ergebenden Ungleichungen

(73) $$A_{m+n}^2 \leqq A_{2m} \cdot A_{2n}; \quad A_{2m+2n} \leqq A_{2m} \cdot A_{2n},$$

in deren erster als Spezialfall auch die Ungleichung

(73a) $$\frac{A_{2n}}{A_{2n-2}} \leqq \frac{A_{2n+2}}{A_{2n}}$$

enthalten ist.

Schon vor E. Schmidt hatte diesen Satz D. Hilbert bewiesen[3]); er leitet zunächst durch Grenzübergang aus dem Algebraischen die weiter unten angeführte Formel (78) her, aus der die Existenz wenigstens eines Eigenwertes unmittelbar gefolgert werden kann.

---

1) A. a. O. 455. Man vgl. H. A. Schwarz, Ges. Abh. 1, 241 ff.

2) A. Kneser und J. Schur haben Grenzprozesse angegeben, die nicht nur den absolut kleinsten, sondern alle Eigenwerte von $K^{(2)}(s,t)$ liefern. Schur geht aus von seinen in Nr. 15 angeführten Sätzen (Math. Ann. 67, 327), während Kneser sich auf die funktionentheoretische Methode stützt, aus den Koeffizienten einer Potenzreihe, die auf ihrem Konvergenzkreis als einzige Singularität einen Pol hat, diesen Pol zu finden (Rend. Pal. 22, 1).

3) A. a. O. 72.

Andere Beweise, die im Gegensatze zu dem von E. Schmidt durchwegs die Fredholmsche Theorie voraussetzen, sind die folgenden: A. Kneser[1]) folgert aus der Ungleichung (73a), daß die Reihe (54) für die logarithmische Derivierte von $D(\lambda)$ nicht beständig konvergent sein kann. Lalesco[2]) entnimmt den Beweis aus der Tatsache, daß seine in Nr. 14 angegebene notwendige und hinreichende Bedingung für das Fehlen singulärer Parameterwerte bei einem reellen symmetrischen Kerne nicht erfüllt sein kann, weil in diesem Falle alle $A_{2\nu}$ von Null verschieden sind. Goursat[3]) erschließt den Satz aus der Tatsache, daß für $\nu > 2$ die Determinante von $\lambda K^{(\nu)}(s,t)$ vom Geschlechte 0, daher bei Fehlen eines Eigenwertes gleich 1 sein müßte, was offenbar wieder mit dem Nichtverschwinden der $A_{2\nu}$ in Widerspruch steht.

19. Bilden die $\varphi_i(s)$ $(i=1,2,\ldots)$ ein vollständiges normiertes Orthogonalsystem von $K(s,t)$, (Nr. 17), und sind die λ_i $(i=1,2,\ldots)$ die zugehörigen Eigenwerte, so gilt die Gleichung[4]):

$$K(s,t) = \sum_i \frac{\varphi_i(s)\,\varphi_i(t)}{\lambda_i} \tag{74}$$

immer, wenn die auf der rechten Seite stehende Reihe gleichmäßig konvergiert[5]); denn die Differenz $K(s,t) - \sum \frac{\varphi_i(s)\,\varphi_i(t)}{\lambda_i}$ würde einen symmetrischen Kern ohne Eigenwerte darstellen. Speziell ergibt sich hieraus: Damit der Kern $K(s,t)$ nur eine endliche Anzahl n von Eigenwerten besitze, ist notwendig und hinreichend, daß er die Form habe:

$$K(s,t) = u_1(s)u_1(t) + u_2(s)u_2(t) + \cdots + u_n(s)u_n(t),$$

wo die $u(s)$ voneinander linear unabhängig sind.[6])

Für die iterierten Kerne $K^{(\nu)}(s,t)$ $(\nu \geqq 2)$ gelten die absolut und gleichmäßig konvergenten Entwicklungen

$$K^{(\nu)}(s,t) = \sum_i \frac{\varphi_i(s)\,\varphi_i(t)}{\lambda_i^\nu}. \tag{75}$$

Zu ihrem Beweise genügt, zufolge des eingangs dieses Paragraphen angeführten Satzes, der Nachweis der absoluten und gleichmäßigen Konvergenz der rechts auftretenden Reihen. Für $\nu \geqq 4$ wurde dieser

---

1) A. a. O. 2) C. R. **145**, 906. 3) Ann. Toul. (2) **10**, 96.

4) Schmidt, a. a. O. 449.

5) Wie neuerdings J. Mercer nachgewiesen hat (Phil. Trans. **209** (1909) A, 415), ist dies stets der Fall für Kerne $K(s,t)$ von positivem Typus (vgl. Nr. 21). — Es unterliegt keinerlei Schwierigkeiten, stetige Kerne anzugeben, für welche die Reihe (74) gar nicht, oder nicht gleichmäßig konvergiert.

6) Hilbert, a. a. O. 72.

Beweis von E. Schmidt geführt[1]), seine Methode ist für $\nu = 3$ unmittelbar anwendbar; für $\nu = 2$ vgl. etwa Kowalewski.[2]) Aus (75) folgen nun wieder die Formeln (62):

(62a) $$A_\nu = \sum_i \frac{1}{\lambda_i^\nu}$$

diesmal aber für $\nu \geqq 2$. Daraus folgt, daß (in der Bezeichnungsweise von Nr. 14) im Falle eines reellen symmetrischen Kernes $b = 0$ ist; mithin ist in diesem Falle $D(\lambda)$ höchstens vom Geschlechte 1, $D_2(\lambda)$ stets vom Geschlecht 0.

Die Entwicklungen (74) und (75) sind analog zu den bei quadratischen Formen gültigen Entwicklungen (71). Bei quadratischen Formen gilt: Setzt man:

$$\sum_{q=1}^{n} k_{pq} x_q = f_p, \qquad (p = 1, 2, \ldots, n)$$

so läßt sich der Vektor $(f_1, \ldots, f_n)$ linear aus den Eigenvektoren der Matrix K zusammensetzen. Analog gilt[3]):

Läßt sich die Funktion $f(s)$ in der Form darstellen:

(76) $$f(s) = \int_a^b K(s,t)\, g(t)\, dt,$$

wo $g(s)$ samt seinem Quadrate integrierbar ist, so gilt die absolut und gleichmäßig konvergente Entwicklung:

(77) $$f(s) = \sum_i f_i \varphi_i(s),$$

wo die f_i die Fourierkoeffizienten (64) *von $f(s)$ in bezug auf das normierte Orthogonalsystem der $\varphi_i(s)$ bedeuten.*

Ein unmittelbares Korollar dieser Entwicklung ist die zuerst von Hilbert bewiesene Gleichung:

(78) $$\int_a^b \int_a^b K(s,t)\, g(s)\, h(t)\, ds\, dt = \sum_i \frac{g_i h_i}{\lambda_i},$$

in der g_i, h_i die Fourierkoeffizienten von $g(s)$, $h(s)$ in bezug auf die $\varphi_i(s)$ bedeuten und $g(s)$ und $h(s)$ beliebige (samt ihrem Quadrate integrierbare) Funktionen sind. Diese Formel ist analog zur Formel, welche die orthogonale Transformierbarkeit einer quadratischen Form in eine Quadratsumme ausdrückt, aus der sie auch von Hilbert durch

1) A. a. O. 450.
2) Einf. i. d. Determinantentheorie, 533.
3) Hilbert, a. a. O. 72, Schmidt, a. a. O. 451.

Grenzübergang gewonnen wurde. Hilbert leitete aus ihr umgekehrt die Formel (77) ab, aber unter der engeren Voraussetzung, daß $f(s)$ die Darstellung gestattet

$$f(s) = \int_a^b K^{(2)}(s, t)\, h(t)\, dt;$$

für sog. *allgemeine* Kerne (s. Nr. 21) auch unter der Voraussetzung (76). In der oben angeführten Form wurde das Entwicklungstheorem zuerst von E. Schmidt bewiesen.

20. Aus dem Entwicklungstheorem nun leitet E. Schmidt[1]) folgende, von der Fredholmschen Theorie unabhängige Auflösung der Integralgleichung (11) mit reellem symmetrischen Kerne ab. Die Gleichung (11) selbst lehrt, daß $\varphi(s) - f(s)$ die Form (76) hat, und daher eine Entwicklung nach den $\varphi_i(s)$ gestattet; durch Einsetzen in (11) ergibt sich:

$$\varphi(s) = f(s) + \lambda \sum_i \frac{f_i}{\lambda_i - \lambda} \varphi_i(s). \tag{79}$$

Die Gleichung (11) ist also (vgl. Nr. 6 und 8), wenn λ kein Eigenwert, für beliebige $f(s)$ auflösbar; hingegen wenn λ ein Eigenwert, dann und nur dann, wenn $f(s)$ orthogonal zu allen zu diesem Eigenwerte gehörigen Eigenfunktionen ist.

Für den lösenden Kern ergibt sich so die Entwicklung:

$$\mathsf{K}(\lambda; s, t) = K(s, t) + \lambda \sum_i \frac{\varphi_i(s)\, \varphi_i(t)}{\lambda_i(\lambda_i - \lambda)}; \tag{80}$$

der zu einem reellen symmetrischen Kerne gehörige lösende Kern besitzt also nur Pole erster Ordnung. Nach Nr. 11 ist dies gleichbedeutend mit der schon beiläufig erwähnten Tatsache (S. 102 Anm. 2): *Ist ein Eigenwert n-fache Nullstelle von $D(\lambda)$, so gehören zu ihm genau n linear-unabhängige Eigenfunktionen.* Der erste Beweis hierfür wurde von Hilbert geführt[2]), indem er eine n-fache Nullstelle von $D(\lambda)$ als Grenzfall von n einfachen Nullstellen auffaßt; da zu verschiedenen Nullstellen gehörige Eigenfunktionen orthogonal sind, können sie beim Grenzübergange nicht linear abhängig werden. Andere Beweise bei T. Boggio[3]) und Goursat.[4]) J. Schur gibt folgenden Beweis[5]): Sei λ_0 n-fache Null-

---

1) A. a. O. 453. Eine andere Herleitung der Formel (79) bei T. Boggio, Rend. Linc. (5) **17**/2, 458, daselbst auch ein Beweis der Formel (77).

2) A. a. O. 87. 3) C. R. **145**, 619. 4) Ann. Toul. (2) **10**, 49.

5) Math. Ann. **66**, 506.

stelle von $D(\lambda)$; man kann die n zugehörigen Hauptfunktionen $\psi_1(s), \ldots, \psi_n(s)$ als normiertes Orthogonalsystem wählen; sei

$$\int_a^b K(s,t)\psi_p(t)\,dt = \sum_{q=1}^n a_{pq}\psi_q(s), \qquad (p=1,2,\ldots,n)$$

so folgt, wenn $K(s,t)$ reell und symmetrisch ist, daß auch die Matrix $(a_{pq})_{(p,q=1,2,\ldots,n)}$ reell und symmetrisch ist; da eine solche Matrix aber stets einer Diagonalmatrix ähnlich ist, so ist der Satz bewiesen.

Aus den Entwicklungstheoremen von Nr. 19 läßt sich auch die wichtige Tatsache herleiten, daß der reelle symmetrische Kern $K(s,t)$ durch seine Eigenwerte und die zugehörigen Eigenfunktionen völlig bestimmt ist.

Es sei bei dieser Gelegenheit auch auf eine andere Art hingewiesen, den Kern $K(s,t)$ festzulegen, auf die H. Bateman aufmerksam gemacht hat[1]), und die für beliebige (auch nicht symmetrische) Kerne gilt: Ist die Lösung der Integralgleichung:

$$f(s) = \varphi(s) - \int_a^\beta K(s,t)\varphi(t)\,dt$$

gegeben als Funktion von s und β für alle β des Intervalles (a,b), so ist der Kern $K(s,t)$ für alle Werte von s und t des Intervalles (a,b) festgelegt.

21. Besitzt die Gleichung[2]):

$$\int_a^b K(s,t)\varphi(t)\,dt = 0 \tag{81}$$

eine Auflösung $\varphi(s)$, so ist $\varphi(s)$ orthogonal zu allen Eigenfunktionen des reellen symmetrischen Kernes $K(s,t)$. Umgekehrt genügt jede Funktion $\varphi(s)$, die orthogonal ist zu allen Eigenfunktionen, der Gleichung (81). Hilbert hat einen reellen symmetrischen Kern $K(s,t)$ als *abgeschlossen* bezeichnet[3]), wenn der Gleichung (81) durch keine stetige Funktion genügt werden kann. Da aber, auch bei stetigem $K(s,t)$, dieser Gleichung sehr wohl durch *unstetige* Funktionen genügt werden kann, so empfiehlt es sich, die Bezeichnung *abgeschlossen* nur dann zu verwenden, wenn der Glei-

1) Math. Ann. **63**, 547; Lond. Proc. (2) **4**, 113.

2) Dieser Gleichung wird offenbar durch jede Funktion genügt, die nur in den Punkten einer Menge des Inhaltes Null nicht verschwindet; wenn wir von Lösungen von (81) sprechen, so schließen wir stets diese trivialen Lösungen aus.

3) A. a. O. 73.

chung (81) durch keine Funktion genügt werden kann, die samt ihrem Quadrate integrabel ist im Sinne von Lebesgue. Bezeichnet man noch, wie üblich, ein normiertes Orthogonalsystem als *vollständig*, wenn es nicht durch Hinzufügung weiterer Funktionen zu einem umfassenderen solchen Systeme erweitert werden kann, so gilt: *Das normierte Orthogonalsystem eines abgeschlossenen Kernes ist vollständig.* Offenbar hat also jeder abgeschlossene Kern unendlich viele Eigenwerte, was auch noch richtig bleibt, wenn man das Wort *abgeschlossen* im ursprünglichen Hilbertschen Sinne versteht.

Ferner bezeichnet Hilbert einen reellen symmetrischen Kern als *allgemein*, wenn sich zu jeder stetigen Funktion $f(s)$ und zu jeder positiven Zahl ε eine stetige Funktion $g(s)$ findet, so daß das über (a, b) erstreckte Integral des Quadrates von

$$f(s) - \int_a^b K(s, t) g(t) dt$$

kleiner als ε wird (d. h. wenn sich $f(s)$ durch Ausdrücke $\int_a^b K(s,t) g(t) dt$ „im Mittel" beliebig genau annähern läßt). Faßt man den Begriff des abgeschlossenen Kernes, wie es oben geschehen ist, so fällt er mit dem Begriffe des allgemeinen Kernes zusammen; hingegen ist nicht jeder im ursprünglichen Hilbertschen Sinne abgeschlossene Kern auch allgemein.[1])

Ein reeller symmetrischer Kern $K(s, t)$ heißt[2]) von *positivem Typus*, wenn bei beliebigem $g(s)$ die Ungleichung gilt:

$$\int_a^b \int_a^b K(s, t) g(s) g(t) ds dt \geqq 0. \tag{82}$$

Dazu ist (nach (78)) offenbar notwendig und hinreichend, daß alle Eigenwerte positiv sind.

Ein Kern, der abgeschlossen und von positivem Typus ist, heißt *positiv definit*. (Analog die Begriffe „von negativem Typus" und „negativ definit".)

J. Mercer[3]) hat folgende (der Theorie der quadratischen Formen nachgebildete) notwendige und hinreichende Bedingungen dafür an-

1) E. Fischer, C. R. **144**, 1148.

2) Wir schließen uns hier der Terminologie von J. Mercer an; andere Autoren nennen auch Kerne, die hier als „von positivem Typus" bezeichnet werden, „positiv definit".

3) Phil. Trans. **209**, 415.

gegeben, daß $K(s,t)$ von positivem Typus sei: *Es darf keiner der Ausdrücke:*

$$K(s_1,s_1),\ K\binom{s_1, s_2}{s_1, s_2}\ldots,\ K\binom{s_1, s_2, \ldots, s_n}{s_1, s_2, \ldots, s_n}, \ldots$$

negativer Werte fähig sein, eine Bedingung, die völlig äquivalent ist der folgenden: *es darf keine der Zahlen*[1])

$$\int_a^b K(s_1,s_1)ds_1,\ \int_a^b\int_a^b K\binom{s_1, s_2}{s_1, s_2}ds_1 ds_2, \ldots,\ \int_a^b\int_a^b K\binom{s_1, s_2, \ldots, s_n}{s_1, s_2, \ldots, s_n}ds_1 ds_2 \ldots ds_n, \ldots$$

negativ sein. Bedingungen dafür, daß der Kern von negativem Typus sei, erhält man hieraus, indem man $K(s,t)$ durch $-K(s,t)$ ersetzt.

Hilbert[2]) hat gezeigt, daß die Eigenfunktionen von $K(s,t)$ in engster Beziehung stehen zu einem Maximumsproblem, das er als *Gaußsches Variationsproblem* bezeichnet[3]), und das einer bekannten Maximumsaufgabe bei quadratischen Formen analog ist:

Seien $\lambda_1^+, \lambda_2^+, \ldots \lambda_i^+, \ldots$ die positiven Eigenwerte von $K(s,t)$ (falls solche existieren) der Größe nach geordnet, jeder nur ein einziges Mal angeschrieben. Dann ist für jedes normierte $g(s)$ (Anm. 4, S. 100):

$$\int_a^b\int_a^b K(s,t)g(s)g(t)\,ds\,dt \leqq \frac{1}{\lambda_1^+},$$

und das Maximum $\frac{1}{\lambda_1^+}$ wird dann und nur dann angenommen, wenn $g(s)$ eine zu λ_1^+ gehörige Eigenfunktion ist. Allgemein ist für jedes normierte und zu allen zu $\lambda_1^+, \lambda_2^+, \ldots \lambda_{i-1}^+$ gehörigen Eigenfunktionen orthogonale $g(s)$:

$$\int_a^b\int_a^b K(s,t)g(s)g(t)\,ds\,dt \leqq \frac{1}{\lambda_i^+},$$

und das Maximum $\frac{1}{\lambda_i^+}$ wird dann und nur dann angenommen, wenn $g(s)$ eine zu λ_i^+ gehörige Eigenfunktion ist. Analoge Sätze gelten für die negativen Eigenwerte $\lambda_1^-, \lambda_2^-, \ldots, \lambda_i^-, \ldots$ (falls solche existieren), nur

1) Es sind dies die in der Fredholmschen Reihe für $D(\lambda)$ auftretenden Zahlen.

2) a. a. O. 78. Siehe auch H. Bateman, Cambr. Trans. **31**, 123.

3) So wie man, ausgehend von geeigneten Variationsproblemen, die Theorie gewisser linearer Differentialgleichungen und ihrer Eigenlösungen durchführt, hat E. Holmgren (C. R. **142**, 331; Ark. f. math. **3**, Nr. 1) ausgehend vom Gaußschen Variationsproblem, indem er die Existenz der Lösungen dieses Problems direkt nachweist, die Theorie der Integralgleichung zweiter Art mit symmetrischem Kerne durchgeführt.

daß das Zeichen $\leqq$ durch $\geqq$ zu ersetzen ist. Der Beweis dieser Sätze ergibt sich leicht aus (78).

Der Fall eines unsymmetrischen reellen $K(s, t)$ wird auf den symmetrischen zurückgeführt[1]), indem man beachtet, daß $H(s, t) = K(s, t) + K(t, s)$ symmetrisch und:

$$\int_a^b \int_a^b K(s, t) g(s) g(t) ds dt = \frac{1}{2} \int_a^b \int_a^b H(s, t) g(s) g(t) ds dt$$

ist. Angewendet auf $K(s, t) = u(s) v(t)$ ergibt diese Bemerkung folgende Verallgemeinerung der Schwarzschen Ungleichung: Setzt man:

$$c_{11} = \int_a^b (u(t))^2 dt \qquad c_{12} = \int_a^b u(t) v(t) dt \qquad c_{22} = \int_a^b (v(t))^2 dt,$$

so ist für beliebiges $g(s)$:

$$\left(c_{12} - \sqrt{c_{11} c_{22}}\right) \int_a^b (g(t))^2 dt \leqq 2 \int_a^b u(t) g(t) dt \int_a^b v(t) g(t) dt$$

$$\leqq \left(c_{12} + \sqrt{c_{11} c_{22}}\right) \int_a^b (g(t))^2 dt.$$

22. E. Schmidt[2]) hat den Begriff der *Eigenfunktionen* in folgender Weise auf *unsymmetrische* Kerne ausgedehnt (wobei wir uns der Einfachheit halber wieder auf reelle Kerne beschränken):

Der Wert λ_0 heißt ein *Eigenwert* von $K(s, t)$, wenn bie beiden Gleichungen:

$$(83) \qquad \varphi(s) - \lambda_0 \int_a^b K(s, t) \psi(t) dt = 0; \quad \psi(s) - \lambda_0 \int_a^b K(t, s) \varphi(t) dt = 0$$

durch ein Paar nicht identisch verschwindender Funktionen $\varphi(s)$ und $\psi(s)$ befriedigt werden können; ein solches Funktionenpaar heißt *ein zu λ_0 gehöriges Paar adjungierter Eigenfunktionen von $K(s, t)$.*

Bezeichnet man mit $\overline{K}(s, t)$ den aus $K(s, t)$ und $K(t, s)$ nach erster Art zusammengesetzten Kern (Nr. 3), mit $\underline{K}(s, t)$ den aus $K(t, s)$ und $K(s, t)$ nach erster Art zusammengesetzten Kern, so sind offenbar $\overline{K}(s, t)$ und $\underline{K}(s, t)$ symmetrisch und von positivem Typus, und man erkennt durch Elimination von $\psi(s)$ (bzw. $\varphi(s)$) aus den beiden Gleichungen (83), daß jedes $\varphi(s)$ eine zu λ_0^2 gehörige Eigenfunktion von $\overline{K}(s, t)$, jedes $\psi(s)$ eine zu λ_0^2 gehörige Eigenfunktion von $\underline{K}(s, t)$ ist. Da aber alle Eigenwerte von $\overline{K}(s, t)$ wie von $\underline{K}(s, t)$ positiv sind, so sind alle Eigen-

1) Bateman a. a. O.

2) a. a. O. 461.

werte von $K(s,t)$ reell. Offenbar ist neben λ_0 auch $-\lambda_0$ Eigenwert und $\varphi(s)$ und $-\psi(s)$ ein Paar zu $-\lambda_0$ gehöriger adjungierter Eigenfunktionen; es genügt daher, die positiven Eigenwerte zu betrachten; wir sprechen also im folgenden nur mehr von diesen.

Geht man aus von einem vollständigen normierten Orthogonalsysteme $\varphi_1(s), \varphi_2(s), \ldots \varphi_i(s), \ldots$ von $\overline{K}(s,t)$ (Nr. 17), bestimmt aus der zweiten der Gleichungen (83) zugehörige Funktionen $\psi_1(s)$, $\psi_2(s)$, $\ldots$, $\psi_i(s), \ldots$ so bildet jedes Paar $\varphi_i(s)$, $\psi_i(s)$ ein Paar adjungierter Eigenfunktionen von $K(s,t)$, und ist umgekehrt $\varphi(s)$, $\psi(s)$ ein beliebiges (zu einem positiven Eigenwerte gehöriges) Paar adjungierter Eigenfunktionen, so setzt sich $\varphi(s)$ linear mit konstanten Koeffizienten aus endlich vielen $\varphi_i(s)$, $\psi(s)$ linear mit denselben Koeffizienten aus den entsprechenden $\psi_i(s)$ zusammen. Die Folge der $\varphi_i(s)$ und die der $\psi_i(s)$ wollen wir als ein Paar vollständiger adjungierter normierter Orthogonalsysteme des Kernes $K(s,t)$ bezeichnen.

Jede in der Form

$$f(s) = \int_a^b K(s,t) g(t) dt \tag{84}$$

darstellbare Funktion läßt die absolut und gleichmäßig konvergente Entwicklung:

$$f(s) = f_1 \varphi_1(s) + f_2 \varphi_2(s) + \cdots + f_i \varphi_i(s) + \cdots, \tag{85}$$

jede in der Form

$$f(s) = \int_a^b K(t,s) g(t) dt \tag{84a}$$

darstellbare Funktion die absolut und gleichmäßig konvergente Entwicklung:

$$f(s) = f_1^* \psi_1(s) + f_2^* \psi_2(s) + \cdots + f_i^* \psi_i(s) + \cdots \tag{85a}$$

zu, wo die f_i (bzw. f_i^*) die Fourierschen Koeffizienten in bezug auf das normierte Orthogonalsystem der $\varphi_i(s)$ (bzw. der $\psi_i(s)$) bedeuten.[1])

An Stelle der Formel (78) tritt die Formel:

$$\int_a^b \int_a^b K(s,t) g(s) h(t) ds\, dt = \sum_i \frac{g_i h_i^*}{\lambda_i}, \tag{86}$$

---

1) Wie Schmidt aus (77) die Formel (79), so gewinnt E. Bounitzky (Bull. sc. math. **32,** 14) aus dem Entwicklungstheorem (85) eine Auflösungsformel für das Integralgleichungssystem:

$$f(s) = \varphi(s) - \lambda \int_a^b K(s,t) \psi(t) dt \qquad f_1(s) = \psi(s) - \lambda_1 \int_a^b K(t,s) \varphi(t) dt.$$

wo die g_i (bzw. h_i^*) die Fourierschen Koeffizienten von $g(s)$ (bzw. $h(s)$) in bezug auf die $\varphi_i(s)$ (bzw. $\psi_i(s)$) bedeuten. Es gilt die Gleichung:

$$K(s,t) = \sum_i \frac{\varphi_i(s)\psi_i(t)}{\lambda_i}, \tag{87}$$

falls die rechtsstehende Reihe gleichmäßig konvergiert. Dieses Entwicklungstheorem wird in bemerkenswerter Weise ergänzt durch folgendes *Approximationstheorem*[1]): Man ordne die (positiven) Eigenwerte von $K(s,t)$ ihrer Größe nach: $\lambda_1, \lambda_2, \ldots, \lambda_i, \ldots$, wobei jeder so oft angeschrieben werde, als seine Vielfachheit[2]) angibt. Die Aufgabe, m Paare von Funktionen $u_i(s), v_i(s)$ $(i=1,2,\ldots,m)$ so zu finden, daß das Integral:

$$\int_a^b\int_a^b \Big[K(s,t) - \sum_{i=1}^m u_i(s)v_i(t)\Big]^2 ds\,dt \tag{88}$$

ein Minimum wird, wird gelöst durch:

$$u_i(s) = \frac{\varphi_i(s)}{\sqrt{\lambda_i}}, \quad v_i(s) = \frac{\psi_i(s)}{\sqrt{\lambda_i}}. \qquad (i=1,2,\ldots,m)$$

Man kann das auch so ausdrücken: man stellt sich die Aufgabe, den Kern $K(s,t)$ für alle in (a,b) gelegenen Werte von s und von t durch eine Summe der Form $\sum\limits_{i=1}^m u_i(s)v_i(t)$ (von gegebener Gliederzahl m) möglichst gut zu approximieren, wobei als Maß der Approximation das Integral über das Fehlerquadrat (nämlich der Ausdruck (88)) gelte; die in diesem Sinne beste Approximation wird geliefert durch die m ersten Paare adjungierter normierter Eigenfunktionen, jede dividiert durch die Quadratwurzel aus dem zugehörigen Eigenwert. — Bezeichnet man noch mit M_m das Maß dieser besten Approximation:

$$M_m = \int_a^b\int_a^b \Big[K(s,t) - \sum_{i=1}^m \frac{\varphi_i(s)\psi_i(t)}{\lambda_i}\Big]^2 ds\,dt$$

so ist $\lim\limits_{m=\infty} M_m = 0$.

23. Die Aufgabe, die beiden Parameter λ und μ sowie die Funktion $\varphi(s)$ so zu bestimmen, daß die Gleichung:

$$\varphi(s) = \lambda\int_a^b K(s,t)\varphi(t)dt + \mu p(s)$$

1) Schmidt a. a. O. 467.

2) Ein Eigenwert heißt n-fach, wenn sich in einem Paare adjungierter vollständiger Orthogonalsysteme von $K(s,t)$ gerade n Paare adjungierter ihm zugehöriger Eigenfunktionen finden.

($K(s, t)$ symmetrisch) und die Nebenbedingung:

$$\int_a^b \varphi(s) p(s) ds = 0$$

erfüllt sind, kann auf die Aufsuchung der Eigenwerte und Eigenfunktionen eines symmetrischen Kernes zurückgeführt werden.[1])

Das Studium von Kernen der Form

$$K(s, t) = p(s) q(t) H(s, t), \tag{89}$$

wo $H(s, t)$ reell und symmetrisch, läßt sich auf das Studium eines symmetrischen Kernes zurückführen[2]), wenn das Produkt $p(s)q(s)$ in (a, b) sein Zeichen nicht ändert. Es ist dann nämlich:

$$K^*(s, t) = \sqrt{p(s) q(s) p(t) q(t)}\, H(s, t)$$

ein reeller symmetrischer Kern, und zwischen den lösenden Kernen von $K(s, t)$ und $K^*(s, t)$ besteht die Beziehung:

$$\mathsf{K}(\lambda; s, t) = \sqrt{\frac{p(s) q(t)}{p(t) q(s)}}\; \mathsf{K}^*(\lambda; s, t) \tag{90}$$

Es sind somit auch die singulären Parameterwerte von $K(s, t)$ reell und einfache Pole des lösenden Kernes; zwischen zwei zu verschiedenen singulären Parameterwerten gehörigen Nullösungen besteht die Beziehung:

$$\int_a^b \frac{q(t)}{p(t)} \varphi_1(t) \varphi_2(t) dt = 0,$$

und aus dem Entwicklungstheorem für die Eigenfunktionen von $K^*(s, t)$ ergibt sich ohne weiteres ein Entwicklungstheorem für die Nullösungen von $K(s, t)$.

Eine eingehende Theorie liegt auch vor für Kerne der Form:

$$K(s, t) = p(s) H(s, t), \tag{91}$$

wo $H(s, t)$ ein reeller, symmetrischer Kern von positivem Typus und $p(s)$ eine Funktion beliebigen Zeichens bedeutet.[3]) Integralgleichungen mit Kernen dieser Art wurden zuerst von Hilbert[4]) betrachtet, unter dem Namen: *Integralgleichungen dritter Art* oder *polare Integralgleichungen*, und zwar nach der Methode der unendlich vielen Veränderlichen, auf

1) W. Cairns, Gött. Diss. 1907; A. J. Pell, Am. Bull. **16**, 412.

2) Vgl. etwa T. Boggio C. R. **145**, 619; Goursat, Ann. Toul (2), **10**, 18.

3) Über Kerne der Form $K(s, t) = p(s) q(t) H(s, t)$ bei beliebigem Zeichen von p und q siehe J. Marty C. R. **150**, 1032.

4) Gött. Nachr. 1906, 462. Über Integralgleichungen dritter Art vgl. auch eine Note von É. Picard C. R. **150**, 489.

die wir in der Fortsetzung dieses Referates zurückkommen werden. Neuerdings hat J. Marty[1]) gezeigt, daß die Theorie der Kerne (91) ganz ähnlich aufgebaut werden kann, wie E. Schmidt die Theorie der symmetrischen Kerne entwickelt hat. Dabei tritt in den Überlegungen an Stelle der Schwarzschen Ungleichung die Ungleichung:

$$(92)\qquad \left(\int_a^b\int_a^b H(s,t)f(s)g(t)\,ds\,dt\right)^2$$
$$\leqq \int_a^b\int_a^b H(s,t)f(s)f(t)\,ds\,dt \int_a^b\int_a^b H(s,t)g(s)g(t)\,ds\,dt.$$

Bezeichnen wir auch hier die singulären Parameterwerte als (polare) Eigenwerte von $K(s,t)$, die Nullösungen als (polare) Eigenfunktionen[2]), so besteht zwischen zwei Eigenfunktionen, $\varphi_1(s)$ und $\varphi_2(s)$, die zu verschiedenen Eigenwerten gehören, die Beziehung:

$$(93)\qquad \int_a^b\int_a^b H(s,t)\varphi_1(s)\varphi_2(t)\,ds\,dt = 0 \quad \text{oder:} \quad \int_a^b \frac{\varphi_1(t)\varphi_2(t)}{p(t)}\,dt = 0,$$

woraus wieder folgt, *daß alle Eigenwerte von $K(s,t)$ reell sind.* Sie sind ferner *einfache Pole des lösenden Kernes,* und auch hier läßt sich in ähnlicher Weise wie in Nr. 18 *die Existenz mindestens eines Eigenwertes* nachweisen, *außer wenn*

$$K^{(2)}(s,t) = p(s)\int_a^b H(s,r)p(r)H(r,t)\,dr$$

identisch Null ist, in welchem Falle kein Eigenwert existiert. (Vgl. Nr. 5.)

Die zu einem n-fachen Eigenwerte gehörigen n linear unabhängigen Eigenlösungen lassen sich offenbar so wählen, daß sie zu je zweien der Bedingung (93), jede für sich der Bedingung:

$$(94)\qquad \int_a^b\int_a^b H(s,t)\varphi(s)\varphi(t)\,ds\,dt = 1$$

genügen. Mit $\lambda_1, \lambda_2, \ldots, \lambda_i, \ldots$ werde die Folge aller Eigenwerte von K bezeichnet, jeder so oft angeschrieben, als seine Vielfachheit beträgt; $\varphi_1(s)$, $\varphi_2(s), \ldots, \varphi_i(s), \ldots$ sei eine Folge zugehöriger Eigenfunktionen, die so

1) C. R. **150**, 515, 603. Eine andere Methode zur Begründung dieser Theorie hat G. Fubini durchgeführt, Ann. di mat. (3) **17**, 111; sie ist der von Holmgren auf symmetrische Kerne angewendeten analog (Nr. 21).

2) Selbstverständlich stimmen diese polaren Eigenwerte und Eigenfunktionen von $K(s,t)$ nicht überein mit den Schmidtschen Eigenwerten und adjungierten Eigenfunktionen (Nr. 22) des unsymmetrischen Kernes $K(s,t)$.

gewählt seien, daß sie sämtlich der Bedingung (94), zu je zweien der Bedingung (93) genügen. Für die (polaren) Fourierkoeffizienten einer beliebigen Funktion $f(s)$, die durch:

$$(95)\qquad f_i^* = \int_a^b\int_a^b H(s,t)\varphi_i(s)f(t)\,ds\,dt = \frac{1}{\lambda_i}\int_a^b \frac{\varphi_i(t)f(t)}{p(t)}\,dt$$

definiert werden, gilt die der Besselschen Ungleichung analoge Ungleichung:

$$(96)\qquad \sum_i f_i^{*2} \leqq \int_a^b\int_a^b H(s,t)f(s)f(t)\,ds\,dt.$$

Man entnimmt daraus:

Die Reihe aus den Reziprokwerten der dritten Potenzen der Eigenwerte ist stets konvergent.

Für $\nu \geqq 3$ ist

$$(97)\qquad K^{(\nu)}(s,t) = \frac{1}{p(t)}\sum_i \frac{\varphi_i(s)\varphi_i(t)}{\lambda_i^{\nu+1}},$$

wo die rechts stehende Reihe absolut und gleichmäßig konvergiert.[1]) Konvergiert die Reihe auch für $\nu = 2$ gleichmäßig, so gilt (97) auch für $\nu = 2$. Für $\nu = 1$ gilt:

$$(97\text{a})\qquad K(s,t) = \frac{1}{p(t)}\sum_i \frac{\varphi_i(s)\varphi_i(t)}{\lambda_i^2} + K_0(s,t),$$

falls die rechts stehende Reihe gleichmäßig konvergiert, wobei $K_0(s,t)$ einen Kern bedeutet, dessen erster iterierter Kern identisch verschwindet und der somit keinen einzigen (polaren) Eigenwert besitzt. Aus diesem Entwicklungstheoreme entnimmt man wie bei symmetrischem Kerne die notwendige und hinreichende Bedingung für das Vorhandensein nur endlich vieler Eigenwerte.

Jede in der Form:

$$(98)\qquad f(s) = \int_a^b K^{(2)}(s,t)g(t)\,dt$$

darstellbare Funktion ist in die gleichmäßig konvergente Reihe entwickelbar:

$$(99)\qquad f(s) = \sum_i f_i^*\varphi_i(s).$$

---

1) Daß in Formel (97) im Gegensatze zu (75) die $(\nu+1)$te Potenz der Eigenwerte in den Nennern auftritt, erklärt sich aus der Art, wie hier die Eigenfunktionen normiert wurden; die Normierung durch (94) ist für $\varphi_i(s)$ gleichbedeutend mit $\int_a^b \frac{(\varphi_i(t))^2}{p(t)}\,dt = \lambda_i$.

Für jede in der Form:

$$(98a) \qquad f(s) = \int_a^b K(s,t)g(t)\,dt = p(s)\int_a^b H(s,t)g(t)\,dt$$

darstellbare Funktion gilt:

$$(99a) \qquad f(s) = \sum_i f_i^* \varphi_i(s) + h(s),$$

falls die rechts stehende Reihe gleichmäßig konvergiert; dabei bedeutet $h(s)$ eine der Gleichung

$$\int_a^b H(s,t)h(t)\,dt = 0$$

genügende Funktion, die also sicher identisch verschwindet, falls $H(s,t)$ abgeschlossen ist. (Nr. 21.)

Im Falle eines abgeschlossenen $H(s,t)$ hat Hilbert gezeigt[1]), daß stets unendlich viele positive und unendlich viele negative Eigenwerte vorhanden sind.

Über die Integrale des Herrn Hellinger und die Orthogonalinvarianten der quadratischen Formen von unendlich vielen Veränderlichen.

Von **Hans Hahn** in Czernowitz.

Herr E. Hellinger hat anläßlich seiner Untersuchungen über die Streckenspektra der quadratischen Formen von unendlich vielen Veränderlichen[1]) integralartige Grenzwerte eingeführt, die ihm für diese Untersuchungen unentbehrlich schienen, insoferne sie sich seiner Ansicht nach nicht durch gewöhnliche Integrale, auch wenn man diese im Sinne von Lebesgue versteht, ersetzen ließen. Im folgenden soll nun gezeigt werden, daß durch Einführung einer neuen Veränderlichen[2]) eine solche Zurückführung dennoch gelingt und wie sich dadurch die von Herrn Hellinger in betreff seiner Integrale durchgeführten Untersuchungen vereinfachen. Auf Grund dieser Zurückführung werden sodann die von Herrn Hellinger angestellten schönen und wichtigen Untersuchungen über die Orthogonalinvarianten der quadratischen Formen von unendlich vielen Veränderlichen wieder aufgenommen, da es mir scheint, daß sich nunmehr größere Durchsichtigkeit und Vollständigkeit erreichen ließ. Insbesondere gelingt es durch Einführung des Begriffes der „geordneten" Systeme von Eigendifferentialformen die Vielfachheit des Streckenspektrums so zu definieren, daß auch diese Vielfachheit invariant bleibt bei orthogonaler Transformation, was bei der bisherigen Art, diese Vielfachheit zu definieren, nicht der Fall war.[3]) Als notwendig und hinreichend für orthogonale Äquivalenz zweier beschränkter quadratischer Formen ergibt sich schließlich die Übereinstimmung der Punkt- und Streckenspektra (einschließlich der Vielfachheit) und das Bestehen gewisser Gleichungen, und zwar doppelt so vieler, als die größte im Streckenspektrum auftretende Vielfachheit beträgt.

---

[1]) „Die Orthogonalinvarianten quadratischer Formen von unendlich vielen Veränderlichen." Dissertation, Göttingen, 1907. „Neue Begründung der Theorie quadratischer Formen von unendlich vielen Veränderlichen" (Habilitationsschrift). J. f. Math., Bd. 136. (Im folgenden zitiert als Habil.)

[2]) Es ist dieselbe Veränderliche, mit deren Hilfe H. Lebesgue die Stieltjesschen Integrale auf seine Integrale zurückgeführt hat. C. R., Bd. 150 (1910), S. 86.

[3]) Vgl. Hellinger, Diss., S. 74.

In § 1 werden Hilfssätze über die Integrale von Lebesgue entwickelt; § 2 bringt die Zurückführung der Hellingerschen Integrale auf Lebesguesche; in § 3 wird ein sich unmittelbar ergebender Beweis des Riesz-Fischerschen Theorems ausgeführt; § 4 dient einem eingehenden Studium der Systeme orthogonaler Differentialformen; § 5 handelt von der orthogonalen Äquivalenz der quadratischen Formen von unendlich vielen Veränderlichen.

§ 1.

Nr. 1. Wie üblich, bezeichnen wir eine im Intervall (v_0, v_1) definierte Funktion $u(v)$ als monoton wachsend in diesem Intervall, wenn daselbst aus $\bar{\bar{v}} > \bar{v}$ folgt: $u(\bar{\bar{v}}) \geqq u(\bar{v})$. Eine Funktion $f(v)$ heißt in (v_0, v_1) von beschränkter Schwankung, wenn sie als Differenz zweier monotoner Funktionen dargestellt werden kann.

Bekanntlich[1]) besitzt jede stetige Funktion von beschränkter Schwankung $f(v)$ (mithin speziell auch jede stetige monotone Funktion $u(v)$), überall in (v_0, v_1) eine endliche Ableitung $f'(v)$, ausgenommen höchstens eine Punktmenge E_0 vom Inhalt Null (eine „Nullmenge"), in deren Punkten $f'(v)$ entweder unendlich oder gar nicht vorhanden ist.

Versteht man unter $f'(v)$ in allen Punkten von E_0 den Wert 0 (oder einen beliebigen anderen endlichen Wert), so ist $f'(v)$ eine im Sinne von Lebesgue integrierbare[2]) Funktion (fonction sommable).

Man schließe alle Punkte von E_0 in eine abzählbare Menge sich nicht überdeckender Intervalle $(\bar{v}_\alpha, \bar{\bar{v}}_\alpha)$ $(\alpha = 1, 2 \ldots)$ ein und bilde den Ausdruck:

$$\sum_\alpha \left(f(\bar{\bar{v}}_\alpha) - f(\bar{v}_\alpha)\right). \tag{1}$$

Läßt man nun die Gesamtlänge $\sum_\alpha (\bar{\bar{v}}_\alpha - \bar{v}_\alpha)$ dieser Intervalle gegen Null gehen, was möglich ist, da E_0 eine Nullmenge ist, so nähert sich der Ausdruck (1) einem Grenzwert, der von der Wahl der Intervalle $(\bar{v}_\alpha, \bar{\bar{v}}_\alpha)$ völlig unabhängig ist, und als die Variation von $f(v)$ auf der Menge E_0 bezeichnet wird. Sei v ein Punkt von (v_0, v_1) und $V(v)$ die Variation von $f(v)$ auf dem ins Intervall (v_0, v) fallenden Teile von E_0. Dann gilt die Beziehung:

$$f(v) - f(v_0) = \int_{v_0}^{v} f'(v)\, dv + V(v). \tag{2}$$

---

[1]) Vgl. etwa Ch. J. de la Vallée Poussin, Cours d'Analyse infinitésimale, II (2. éd.), S. 268.

[2]) Wird im folgenden eine Funktion als integrabel bezeichnet, so ist dies im Sinne von Lebesgue zu verstehen.

Damit also $f(v)$ unbestimmtes Integral von $f'(v)$ sei, ist notwendig und hinreichend, daß $V(v)$ identisch verschwindet.[1])

Nr. 2. Wir wollen speziell für monotone Funktionen $u(v)$ diesen Satz ein wenig anders aussprechen: Damit für eine stetige monotone Funktion $u(v)$ die Beziehung bestehe:

$$u(v) - u(v_0) = \int_{v_0}^{v} u'(v)\,dv, \tag{3}$$

ist notwendig und hinreichend, daß durch die Abbildung $u = u(v)$ jeder Nullmenge der v-Achse eine Nullmenge der u-Achse zugeordnet wird. In der Tat:

Die Bedingung ist notwendig. Denn ist M eine Nullmenge der v-Achse, so schließe man M in eine Menge sich nicht überdeckender Intervalle $(\bar{v}_a, \bar{\bar{v}}_a)$ ein. Die der Menge M durch $u = u(v)$ zugeordnete Menge der u-Achse heiße N. Sehen wir ab von den höchstens abzählbar unendlich vielen Punkten von N, die aus Punkten von M hervorgehen, welche einem Konstanzintervall von $u(v)$ angehören, und die also sicher höchstens eine Menge vom Inhalt Null bilden. Gehört dann der Punkt v von M dem Intervall $(\bar{v}_a, \bar{\bar{v}}_a)$ an, das nun sicher also kein Konstanzintervall ist, so gehört der entsprechende Punkt u von N dem Intervall $\left(u(\bar{v}_a), u(\bar{\bar{v}}_a)\right)$ an. Ist aber (3) erfüllt, so wird die Gesamtlänge dieser Intervalle gegeben durch:

$$\sum_a \left(u(\bar{\bar{v}}_a) - u(\bar{v}_a)\right) = \sum_a \int_{\bar{v}_a}^{\bar{\bar{v}}_a} u'(v)\,dv.$$

Nach einer bekannten Eigenschaft der Lebesgueschen Integrale geht daher diese Summe gegen Null, wenn die Summe $\sum_a (\bar{\bar{v}}_a - \bar{v}_a)$ gegen Null geht. Also kann N in Intervalle von beliebig kleiner Gesamtlänge eingeschlossen werden und hat somit den Inhalt Null.

Die Bedingung ist aber auch hinreichend. Denn ist sie erfüllt, so entspricht auch der Menge E_0, auf der $u'(v)$ nicht existiert oder nicht endlich ist, auf der u-Achse eine Menge N des Inhaltes Null. Man kann also N in eine Intervallmenge $(\bar{u}_a, \bar{\bar{u}}_a)$ der u-Achse einschließen, deren Gesamtlänge beliebig klein ist. Nun ist es aber möglich, eine Intervallmenge $(\bar{v}_a, \bar{\bar{v}}_a)$ der v-Achse aufzufinden, so daß $\bar{u}_a = u(\bar{v}_a)$, $\bar{\bar{u}}_a = u(\bar{\bar{v}}_a)$ wird und daß jeder Punkt von E_0 einem der Intervalle $(\bar{v}_a, \bar{\bar{v}}_a)$ angehört. Bildet man für die Intervallmenge $(\bar{v}_a, \bar{\bar{v}}_a)$ die Summe (1), so wird sie:

[1]) De la Vallée Poussin, l. c. 269.

$$\sum_{\alpha}\left(u(\overline{\overline{v}}_\alpha)-u(\overline{v}_\alpha)\right)=\sum_{\alpha}(\overline{\overline{u}}_\alpha-\overline{u}_\alpha),$$

also gleich der Gesamtlänge der Intervalle $(\overline{\overline{u}}_\alpha, \overline{u}_\alpha)$. Da aber diese Gesamtlänge beliebig klein angenommen werden kann, ist also sicherlich die Variation von $u(v)$ auf E_0 gleich Null. Da $u(v)$ monoton ist, gilt dies erst recht für jede Teilmenge von E_0, es ist also hier $V(v)=0$, so daß tatsächlich (2) in (3) übergeht.

Nr. 3. Als Ergänzung hiezu sei folgende Bemerkung gemacht: Will man nachweisen, daß jeder Nullmenge der v-Achse durch $u=u(v)$ eine Nullmenge der u-Achse zugeordnet wird, genügt es nachzuweisen, daß keiner Nullmenge der v-Achse eine meßbare Menge mit von Null verschiedenem Inhalte auf der u-Achse zugeordnet wird.

Nehmen wir in der Tat an, es entspreche nicht jeder Nullmenge der v-Achse eine Nullmenge der u-Achse; wie wir eben bewiesen haben, kann dann in (2) $V(v)$ nicht identisch in (v_0, v_1) verschwinden. Speziell ist also $V(v_1)\neq 0$. Sei nun für jeden festen Wert des Index i:

$$\Delta_1^{(i)}, \Delta_2^{(i)}, \ldots, \Delta_n^{(i)} \ldots \quad (i=1,2,\ldots)$$

eine Folge sich nicht überdeckender Intervalle der v-Achse, die sämtliche Punkte der in Nr. 1 eingeführten Menge E_0 enthalten, und deren Gesamtlänge $\sum_{n=1}^{\infty}\Delta_n^{(i)}$ mit s_i bezeichnet werde. Die von den Punkten der sämtlichen Intervalle $\Delta_n^{(i)}$ gebildete Menge heiße M_i. Man kann dann, da E_0 eine Nullmenge ist, annehmen: $\lim_{i=\infty} s_i=0$. Ferner kann man immer annehmen, daß jedes der Intervalle $\Delta_n^{(i+1)}$ ganz in einem der Intervalle $\Delta_n^{(i)}$ enthalten ist. Sei nun M die Durchschnittsmenge der Mengen $M_1, M_2, \ldots, M_i, \ldots$. Dann hat M den Inhalt 0. Jeder der Mengen M_i entspricht durch $u=u(v)$ eine Menge N_i der u-Achse, die (abgesehen von einer abzählbaren Teilmenge) aus den Punkten einer abzählbaren Menge sich nicht überdeckender Intervalle besteht und somit sicher meßbar ist. Zufolge der Definition der Funktion $V(v)$ kann der Inhalt von N_i nicht kleiner als $V(v_1)$ sein. Der Menge M wird offenbar durch $u=u(v)$ der Durchschnitt N der Mengen N_i zugeordnet, so daß auch N meßbar ist. Da aber offenbar stets N_{i+1} in N_i enthalten ist, so ist der Inhalt von N Grenzwert der Inhalte der Mengen N_i und somit sicher nicht 0, da er $\geqq V(v_1)$ sein muß. Der Nullmenge M der v-Achse ist also die meßbare Menge N der u-Achse mit von Null verschiedenem Inhalte zugeordnet. Aus der bloßen Annahme, daß nicht jeder Nullmenge der v-Achse durch $u=u(v)$ eine Nullmenge der u-Achse zugeordnet wird, folgt also schon die Existenz einer Nullmenge der v-Achse, der eine meßbare

Menge mit von Null verschiedenem Inhalte der u-Achse zugeordnet wird, wodurch unsere Behauptung erwiesen ist.

Nr. 4. Wird durch die monotone stetige Funktion $u(v)$ jeder Nullmenge des Intervalls (v_0, v_1) eine Nullmenge der u-Achse zugeordnet, so wird der beliebigen meßbaren Menge M des Intervalls (v_0, v_1) eine gleichfalls meßbare Menge N der u-Achse zugeordnet, deren Inhalt gegeben ist durch $\int\limits_{(M)} u'(v)\,dv$.

Sei i_M der Inhalt von M, J_N der äußere Inhalt von N. Wir wählen auf der v-Achse eine Folge sich nicht überdeckender Intervalle $(\overline{v}_\alpha, \overline{\overline{v}}_\alpha)$, die die Menge M einschließen. Wir können erreichen, daß ihre Gesamtlänge von i_M sich beliebig wenig unterscheidet, so daß, wenn ε eine beliebige positive Zahl, auch immer das Bestehen der Ungleichung erreichbar ist:

$$\int\limits_{(M)} u'(v)\,dv \leqq \sum_\alpha \int\limits_{\overline{v}_\alpha}^{\overline{\overline{v}}_\alpha} u'(v)\,dv < \int\limits_{(M)} u'(v)\,dv + \varepsilon. \tag{4}$$

Nun schließen die Intervalle $\left(u(\overline{v}_\alpha), u(\overline{\overline{v}}_\alpha)\right)$ der u-Achse, abgesehen von einer höchstens abzählbaren Teilmenge, die ganze Menge N ein, also:

$$J_N \leqq \sum_\alpha \left(u(\overline{\overline{v}}_\alpha) - u(\overline{v}_\alpha)\right) = \sum_\alpha \int\limits_{\overline{v}_\alpha}^{\overline{\overline{v}}_\alpha} u'(v)\,dv.$$

Durch Vergleichung mit (4), wo ε eine beliebig kleine Zahl bedeutet, folgt:

$$J_N \leqq \int\limits_{(M)} u'(v)\,dv. \tag{5}$$

Anderseits kann man auf der u-Achse eine Menge sich nicht überdeckender Intervalle $(u^*_\alpha, u^{**}_\alpha)$ finden, die die Menge N einschließen und für deren Gesamtlänge die Ungleichung gilt (ε eine beliebige positive Zahl):

$$J_N \leqq \sum_\alpha (u^{**}_\alpha - u^*_\alpha) < J_N + \varepsilon. \tag{6}$$

Ferner kann man auf der v-Achse eine Folge von Intervallen $(v^*_\alpha, v^{**}_\alpha)$ finden, für die $u^*_\alpha = u(v^*_\alpha)$, $u^{**}_\alpha = u(v^{**}_\alpha)$, und die die Menge M einschließen; dann ist sicherlich:

$$\int\limits_{(M)} u'(v)\,dv \leqq \sum_\alpha \int\limits_{v^*_\sigma}^{v^{**}_\alpha} u'(v)\,dv = \sum_\alpha (u^{**}_\alpha - u^*_\alpha). \tag{7}$$

Der Vergleich dieser Ungleichung mit (6) ergibt, da in (6) ε beliebig klein,

$$\int_{(M)} u'(v)\,dv \leqq J_N. \tag{8}$$

Die beiden Ungleichungen (5) und (8) ergeben zusammen die Gleichung:

$$J_N = \int_{(M)} u'(v)\,dv. \tag{9}$$

Nun war M eine ganz beliebige meßbare Menge; genau wie für M, muß daher (9) auch für die Komplementärmenge[1]) CM von M in (v_0, v_1) gelten. Die der Menge CM durch $u = u(v)$ zugeordnete Menge der u-Achse ist aber (abgesehen von den höchstens abzählbar unendlich vielen Werten, die $u(v)$ in seinen Konstanzintervallen annimmt) gerade die Komplementärmenge CN von N im Intervall $\big(u(v_0), u(v_1)\big)$ der u-Achse. Also gilt für den äußeren Inhalt J_{CN} von CN:

$$J_{CN} = \int_{(CM)} u'(v)\,dv.$$

Beachtet man, daß der innere Inhalt von J_N definiert ist als die Differenz: $u(v_1) - u(v_0) - J_{CN}$, beachtet man weiter, daß:

$$\int_{(M)} u'(v)\,dv + \int_{(CM)} u'(v)\,dv = \int_{v_0}^{v_1} u'(v)\,dv = u(v_1) - u(v_0),$$

so findet man für den inneren Inhalt von N ebenfalls den Wert $\int_{(M)} u'(v)\,dv$. Äußerer und innerer Inhalt von N haben also denselben Wert, der somit den Inhalt von N darstellt, womit die Behauptung bewiesen ist.

Läßt man über $u(v)$ die Voraussetzung fallen, daß durch $u = u(v)$ jeder Nullmenge der v-Achse eine Nullmenge der u-Achse zugeordnet wird, so läßt sich noch folgendes Resultat aussprechen:

Durch eine monoton wachsende stetige Funktion $u(v)$ wird jeder meßbaren Menge M des Intervalls (v_0, v_1) eine Menge N der u-Achse zugeordnet, deren äußerer Inhalt nicht kleiner sein kann als $\int_{(M)} u'(v)\,dv$.

---

[1]) Wir halten im folgenden konsequent daran fest, die Komplementärmenge einer Menge M mit CM zu bezeichnen.

In der Tat hat man nach wie vor Ungleichung (6), während (7) zu ersetzen ist durch:

$$\int\limits_{(M)} u'(v)\,dv \leqq \sum_a \int\limits_{v_a^*}^{v_a^{**}} u'(v)\,dv \leqq \sum_a (u_a^{**} - u_a^*),$$

woraus abermals (8) folgt.

Nr. 5. Es werde jeder Nullmenge der v-Achse durch die stetige monoton wachsende Funktion $u = u(v)$ eine Nullmenge der u-Achse zugeordnet; **ist dann die Funktion** $g(u)$ **integrabel im Intervall** $u(v_0) \leqq u \leqq u(v_1)$, **so gilt für jeden Punkt** v **des Intervalls** (v_0, v_1) **die Beziehung:**

$$\int\limits_{u(v_0)}^{u(v)} g(u)\,du = \int\limits_{v_0}^{v} g\bigl(u(v)\bigr)\,u'(v)\,dv. \qquad (10)$$

Da jede Funktion sich als Differenz zweier nicht negativer Funktionen darstellen läßt, können wir ohneweiters annehmen, es sei $g(u) \geqq 0$.

Man setze zunächst:

$$w = G(u) = \int\limits_{u(v_0)}^{u} g(u)\,du; \quad w(v) = G\bigl(u(v)\bigr) = \int\limits_{u(v_0)}^{u(v)} g(u)\,du. \quad (11)$$

Dann ist wegen $g(u) \geqq 0$ sowohl die Funktion $G(u)$, als die Funktion $w(v)$ monoton wachsend.

Nach einem bekannten Satze von Lebesgue[1]) ist abgesehen von einer Nullmenge U_0 der u-Achse:

$$G'(u) = g(u).$$

Man kann nun Intervalle $\delta_k^{(i)}$ der u-Achse so finden, daß bei festem Index i das System der Intervalle:

$$\delta_1^{(i)}, \delta_2^{(i)}, \ldots, \delta_n^{(i)}, \ldots$$

sämtliche Punkte von U_0 enthält, daß keine zwei dieser Intervalle von gleichem oberen Index i sich überdecken, daß jedes Intervall $\delta_n^{(i+1)}$ ganz in einem Intervall $\delta_n^{(i)}$ enthalten ist und daß, wenn $\sum_{n=1}^{\infty} \delta_n^{(i)} = s_i$ gesetzt wird, $\lim_{i=\infty} s_i = 0$ wird. Jedem der Intervalle $\delta_n^{(i)}$ ordne man auf der v-Achse das größtmögliche Intervall zu, das durch $u = u(v)$ auf $\delta_n^{(i)}$ abgebildet wird; es heiße $\Delta_n^{(i)}$. Dann ist

---

[1]) Siehe etwa de la Vallée-Poussin, l. c., S. 267.

jedes $\Delta_n^{(i+1)}$ ganz in einem $\Delta_n^{(i)}$ enthalten. Sei N_i die von den Punkten der Intervalle $\delta_1^{(i)}, \delta_2^{(i)}, \ldots, \delta_n^{(i)}, \ldots$ gebildete Menge der u-Achse; N_0 die Durchschnittsmenge der Mengen N_i; ebenso sei M_i die von den Punkten der Intervalle $\Delta_1^{(i)}, \Delta_2^{(i)}, \ldots, \Delta_n^{(i)}, \ldots$ gebildete Menge der v-Achse, M_0 die Durchschnittsmenge der Mengen M_i. Dann ist M_0 meßbar und es wird durch $u = u(v)$ der Menge M_0 die Menge N_0 zugeordnet; also muß, da der Inhalt von N_0 gleich Null ist, nach Nr. 4:

$$\int_{M_0} u'(v)\, dv = 0$$

sein; d. h.: abgesehen von einer Teilmenge von M_0 des Inhalts 0 gilt in allen Punkten von M_0 die Gleichung $u'(v) = 0$.

Jeder Nullmenge der v-Achse entspricht nach Voraussetzung eine Nullmenge der u-Achse, jeder Nullmenge der u-Achse aber nach (11) eine Nullmenge der w-Achse,[1]) also jeder Nullmenge der v-Achse eine Nullmenge der w-Achse. Also ist nach Nr. 2:

$$w(v) = \int_{v_0}^{v} w'(v)\, dv = \int_{v_0}^{v} \frac{d}{dv} G\big(u(v)\big)\, dv. \tag{12}$$

Gehört v nicht der Menge M_0, also $u = u(v)$, nicht der Menge N_0 an, so ist sicher: $G'(u) = g(u)$, also gilt in allen Punkten von CM_0, abgesehen von einer Teilmenge des Inhalts 0 (wo $u'(v)$ nicht existiert oder nicht endlich ist):

$$w'(v) = \frac{d}{dv} G\big(u(v)\big) = g\big(u(v)\big) \cdot u'(v). \tag{13}$$

Gehört hingegen v der Menge M_0 an, so beachte man, daß der Menge M_0 eine Nullmenge der u-Achse, mithin auch eine Nullmenge der w-Achse entspricht; es ist also nach Nr. 4:

$$\int_{M_0} w'(v)\, dv = 0,$$

also gilt in allen Punkten von M_0, abgesehen von einer Teilmenge des Inhalts 0 die Gleichung: $w'(v) = 0$. Da aber, wie schon bewiesen, in allen Punkten von M_0, abgesehen von einer Teilmenge des Inhalts 0, auch $u'(v) = 0$, mithin auch $g\big(u(v)\big) \cdot u'(v) = 0$ ist, gilt auch in den Punkten von M_0, abgesehen von einer Teilmenge des Inhalts 0, die Gleichung (13), die daher überall in (v_0, v), abgesehen von einer Nullmenge gilt. Aus Gleichung (12) und (11) folgt nun unmittelbar die behauptete Gleichung (10).

---

[1]) Nach Nr. 2; denn jedes unbestimmte Integral ist unbestimmtes Integral seiner Ableitung.

Man kann dies auch so aussprechen: Haben u und v dieselbe Bedeutung wie oben und ist die Funktion $G(u)$ in $\left(u(v_0), u(v_1)\right)$ unbestimmtes Integral einer integrierbaren Funktion, so gilt für alle Punkte von (v_0, v_1), abgesehen von einer Nullmenge:

$$\frac{d\,G\left(u(v)\right)}{dv} = G'\left(u(v)\right) u'(v),$$

wo unter $G'\left(u(v)\right) \cdot u'(v)$ immer die Null zu verstehen ist, wenn $u'(v) = 0$ ist (auch wo $G'\left(u(v)\right)$ nicht existiert oder unendlich ist).

Nr. 6. Wir werden es auch weiterhin mit monoton wachsenden stetigen Funktionen $u = u(v)$ zu tun haben, die jeder Nullmenge des Intervalls (v_0, v_1) der v-Achse eine Nullmenge der u-Achse zuordnen. Es sei noch folgender Satz über solche Funktionen angeführt:

Es habe jede der monoton wachsenden stetigen Funktionen $u_1(v), u_2(v), \ldots, u_n(v), \ldots$ die eben angeführte Eigenschaft. Konvergiert dann die Reihe $u_1(v) + u_2(v) + \cdots + u_n(v) + \cdots$ im ganzen Intervalle (v_0, v_1) gegen eine stetige Funktion $u(v)$ die dann notwendig auch monoton wächst, so wird auch durch $u = u(v)$ jeder Nullmenge des Intervalls (v_0, v_1) eine Nullmenge der u-Achse zugeordnet.

Sei E_0 die Menge jener Punkte von (v_0, v_1), wo die Ableitung von $u(v)$ nicht existiert oder nicht endlich ist. Nach Nr. 1 und 2 genügt es nachzuweisen, daß die Variation von $u(v)$ auf E_0 gleich Null ist. Sei ε eine beliebige positive Zahl. Wir setzen:

$$u(v) = u_1(v) + \cdots + u_n(v) + r_n(v)$$

und wählen n so groß, daß

$$r_n(v_1) - r_n(v_0) < \frac{\varepsilon}{2}$$

wird. Man beachte, daß auch $r_n(v)$ monoton wächst. Bezeichnet daher $(\overline{v}_\alpha, \overline{\overline{v}}_\alpha)$ $(\alpha = 1, 2, \ldots)$ irgend eine Folge sich nicht überdeckender Teilintervalle von (v_0, v_1), so ist auch:

$$\sum_{\alpha=1}^{\infty} \left(r_n(\overline{\overline{v}}_\alpha) - r_n(\overline{v}_\alpha)\right) < \frac{\varepsilon}{2}.$$

Nun kann man aber die Intervalle $(\overline{v}_\alpha, \overline{\overline{v}}_\alpha)$ so wählen, daß ihre Gesamtlänge beliebig klein ist und sie die Menge E_0 einschließen, denn E_0 hat den Inhalt Null. Da anderseits wegen unserer Voraussetzung über die $u_i(x)$ die Gleichung besteht:

$$\sum_{\alpha=1}^{\infty}\left(u_i(\bar{\bar{v}}_\alpha)-u_i(\bar{v}_\alpha)\right)=\sum_{\alpha=1}^{\infty}\int_{\bar{v}_\alpha}^{\bar{\bar{v}}_\alpha}u_i'(v)\,dv,$$

so wird, wenn nur die Gesamtlänge der $(\bar{v}_\alpha, \bar{\bar{v}}_\alpha)$ hinlänglich klein ist:

$$\sum_{\alpha=1}^{\infty}\left(u_i(\bar{\bar{v}}_\alpha)-u_i(\bar{v}_\alpha)\right)<\frac{\varepsilon}{2n}\qquad(i=1,2,\ldots,n)$$

und mithin auch:

$$\sum_{\alpha=1}^{\infty}\left(u(\bar{\bar{v}}_\alpha)-u(\bar{v}_\alpha)\right)<\varepsilon.$$

Da ε beliebig ist, heißt das: Die Variation von $u(v)$ auf E_0 ist Null und unser Beweis ist erbracht.

§ 2.

Nr. 7. In diesem Abschnitt wollen wir uns mit der Zurückführung der von Hellinger[1]) eingeführten Integrale $\int\frac{(d f(x))^2}{d g(x)}$ auf Lebesguesche Integrale beschäftigen. Wir erinnern zunächst an die Definition der Hellingerschen Integrale und an einige der für diese Integrale geltenden Sätze.

Es seien $f(x)$ und $g(x)$ in (a, b) stetig, $g(x)$ sei monoton wachsend und in jedem Teilintervall von (a, b), in dem $g(x)$ konstant ist, sei auch $f(x)$ konstant. Man teile (a, b) durch die Punkte $a=x_0, x_1, x_2, \ldots, x_{n-1}, x_n=b$ $(x_0<x_1<x_2<\cdots<x_{n-1}<x_n)$ in n Teilintervalle und bilde die Summe:

$$\sum_{i=1}^{n}\frac{(f(x_i)-f(x_{i-1}))^2}{g(x_i)-g(x_{i-1})},\tag{14}$$

in der jeder Summand, dessen Nenner verschwindet (nach Voraussetzung verschwindet dann auch der Zähler), durch Null zu ersetzen ist. Man denke sich die Summe (14) für alle möglichen Einteilungen von (a, b) in eine endliche Anzahl von Teilintervallen gebildet; hat die Menge der so gebildeten Zahlen eine endliche obere Grenze, so wird diese obere Grenze bezeichnet mit: $\int_a^b\frac{(d f(x))^2}{d g(x)}$.

[1]) Gött. Diss., 1907, II. Abschnitt; Habil., § 4.

Man zeigt leicht, daß, wenn man von einer Einteilung von (a, b) in Teilintervalle zu einer anderen Einteilung durch Unterteilung der einzelnen Teilintervalle übergeht, der Wert der Summe (14) nicht abnimmt: Es werde etwa das Teilintervall (x_{i-1}, x_i) unterteilt durch die Teilpunkte $x_{i-1} = \xi_0, \xi_1, \xi_2, \ldots, \xi_{\nu-1}, \xi_\nu = x_i$ $(\xi_0 < \xi_1 < \xi_2 \ldots < \xi_{\nu-1} < \xi_\nu)$. Man wende auf:

$$f(x_i) - f(x_{i-1}) = \sum_{k=1}^{\nu} \frac{f(\xi_k) - f(\xi_{k-1})}{\sqrt{g(\xi_k) - g(\xi_{k-1})}} \cdot \sqrt{g(\xi_k) - g(\xi_{k-1})}$$

die Schwarzsche Ungleichung an. Sie ergibt:

$$(f(x_i) - f(x_{i-1}))^2 \leqq \sum_{k=1}^{\nu} \frac{(f(\xi_k) - f(\xi_{k-1}))^2}{g(\xi_k) - g(\xi_{k-1})} \cdot \sum_{k=1}^{\nu} (g(\xi_k) - g(\xi_{k-1})),$$

mithin:

$$\frac{(f(x_i) - f(x_{i-1}))^2}{g(x_i) - g(x_{i-1})} \leqq \sum_{k=1}^{\nu} \frac{(f(\xi_k) - f(\xi_{k-1}))^2}{g(\xi_k) - g(\xi_{k-1})},$$

womit die Behauptung bewiesen ist.

Existiert $\int_a^b \frac{(d f(x))^2}{d g(x)}$ und bedeutet x einen beliebigen Wert aus (a, b), so existiert auch $\int_a^x \frac{(d f(x))^2}{d g(x)}$ und stellt eine in (a, b) monoton wachsende Funktion dar:

$$\int_a^x \frac{(d f(x))^2}{d g(x)} = \chi(x). \tag{15}$$

Nach dem eben bewiesenen gilt für jedes Teilintervall $(\bar{x}, \bar{\bar{x}})$ von (a, b) die Ungleichung:

$$\frac{(f(\bar{\bar{x}}) - f(\bar{x}))^2}{g(\bar{\bar{x}}) - g(\bar{x})} \leqq \chi(\bar{\bar{x}}) - \chi(\bar{x}). \tag{16}$$

Für jede Funktion $\varphi(x)$, die statt $\chi(x)$ in (16) eingesetzt, diese Ungleichung für jedes Intervall $(\bar{x}, \bar{\bar{x}})$ aus (a, b) befriedigt, muß auch die Ungleichung bestehen:

$$\varphi(\bar{\bar{x}}) - \varphi(\bar{x}) \geqq \chi(\bar{\bar{x}}) - \chi(\bar{x}), \tag{17}$$

denn, wäre für $(\bar{x}_0, \bar{\bar{x}}_0)$ diese Ungleichung nicht befriedigt, so könnten die für alle Einteilungen des Intervalls $(\bar{x}_0, \bar{\bar{x}}_0)$ gebildeten Summen (14) höchstens die obere Grenze $\varphi(\bar{\bar{x}}_0) - \varphi(\bar{x}_0)$ und somit nicht die obere Grenze $\chi(\bar{\bar{x}}_0) - \chi(\bar{x}_0)$ haben. Anderseits erkennt man, daß, wenn es eine stetige monoton wachsende Funktion $\varphi(x)$ gibt, derart, daß für jedes Intervall $(\bar{x}, \bar{\bar{x}})$ aus (a, b) die Ungleichung gilt:

$$(f(\bar{\bar{x}}) - f(\bar{x}))^2 \leqq (g(\bar{\bar{x}}) - g(\bar{x}))(\varphi(\bar{\bar{x}}) - \varphi(\bar{x})),$$

sicherlich $\int_a^b \frac{(d f(x))^2}{d g(x)}$ existiert. — Dies sind die Resultate von Hellinger, an die wir erinnern wollten.

Nr. 8. Wir bezeichnen mit $x(g)$ die Umkehrfunktion der monotonen Funktion $g(x)$ in (a, b), die so definiert ist: Sei $g(a) = A$, $g(b) = B$; jedem Werte g aus (A, B) werden als Funktionswerte die sämtlichen Werte x aus (a, b) zugewiesen, für die $g(x) = g$ ist. Die so definierte Funktion $x(g)$ ist im allgemeinen nicht eindeutig; entsprechend den etwaigen Konstanzintervallen von $g(x)$ können einer abzählbaren Menge von Punkten g aus (A, B) unendlich viele (eine ganze Strecke erfüllende) Funktionswerte zugeordnet sein. Ersetzt man hingegen in $f(x)$ das Argument x durch die Funktion $x(g)$, so erhält man eine in (A, B) eindeutige, stetige Funktion von g, die wir mit $F(g)$ bezeichnen wollen:

$$F(g) = f(x(g)); \tag{18}$$

man beachte, um dies einzusehen, nur, daß $f(x)$ nach Voraussetzung in jedem Konstanzintervall von $g(x)$ ebenfalls konstant ist. Da auch die durch (15) eingeführte Funktion $\chi(x)$ in jedem Konstanzintervalle von $g(x)$ konstant ist, so wird auch $\chi(x(g))$ eindeutig. Wir setzen:

$$X(g) = \chi(x(g)). \tag{18a}$$

Wir wollen nun den Satz beweisen: Damit $\int_a^b \frac{(d f(x))^2}{d g(x)}$ existiere, ist notwendig und hinreichend, daß die durch (18) erklärte Funktion $F(g)$ das unbestimmte Integral einer in (A, B) samt ihrem Quadrate integrierbaren Funktion $\Phi(g)$ sei. Abgesehen von einer Nullmenge, hat man daher $F'(g) = \Phi(g)$ und es ist:

$$\int_a^b \frac{(d f(x))^2}{d g(x)} = \int_A^B (F'(g))^2 d g. \tag{19}$$

Nr. 9. Beweisen wir zunächst, daß, wenn

$$F(g) = F(A) + \int_A^g \Phi(g)\,dg$$

ist und $\int_A^B (\Phi(g))^2\,dg$ existiert, sicherlich auch $\int_a^b \frac{(d f(x))^2}{d g(x)}$ existiert. In der Tat, ist $(\overline{g}, \overline{\overline{g}})$ ein beliebiges Intervall von (A, B) und $\overline{g} = g(\overline{x})$, $\overline{\overline{g}} = g(\overline{\overline{x}})$, so hat man:

$$f(\overline{\overline{x}}) - f(\overline{x}) = \int_{\overline{g}}^{\overline{\overline{g}}} \Phi(g)\,dg$$

und nach der Schwarzschen Ungleichung:

$$(f(\overline{\overline{x}}) - f(\overline{x}))^2 \leqq (\overline{\overline{g}} - \overline{g}) \int_{\overline{g}}^{\overline{\overline{g}}} (\Phi(g))^2\,dg,$$

was man, indem man die monoton wachsende stetige Funktion einführt:

$$\varphi(x) = \int_A^{g(x)} (\Phi(g))^2\,dg$$

auch so schreiben kann:

$$(f(\overline{\overline{x}}) - f(\overline{x}))^2 \leqq (g(\overline{\overline{x}}) - g(\overline{x}))\,(\varphi(\overline{\overline{x}}) - \varphi(\overline{x})),$$

woraus, wie oben (Nr. 7) erwähnt, in der Tat die Existenz von $\int_a^b \frac{(d f(x))^2}{d g(x)}$ folgt.

Nun haben wir noch die übrigen in unserem Satze enthaltenen Behauptungen zu beweisen. Wir nehmen also an, es existiere $\int_a^b \frac{(d f(x))^2}{d g(x)}$ und beweisen zu allernächst, daß $F(g)$ in (A, B) von beschränkter Schwankung ist; wir teilen (A, B) durch die Punkte

$$A = g_0, g_1, g_2, \ldots, g_{n-1}, g_n = B \quad (g_0 < g_1 < g_2 < \cdots < g_{n-1} < g_n)$$

in Teilintervalle. Ungleichung (16) kann so geschrieben werden:

$$|F(g_i) - F(g_{i-1})| \leqq \sqrt{(g_i - g_{i-1})\,(X(g_i) - X(g_{i-1}))}\cdot$$

Die Schwarzsche Ungleichung liefert weiter:

$$\sum_{i=1}^{n} |F(g_i) - F(g_{i-1})| \leqq \sqrt{\sum_{i=1}^{n} (g_i - g_{i-1}) \sum_{i=1}^{n} (X(g_i) - X(g_{i-1}))} = \sqrt{(B-A)(X(B) - X(A))}, \tag{20}$$

womit bewiesen ist, daß $F(g)$ von beschränkter Schwankung ist.

Daraus folgt, wie in Nr. 1 erinnert wurde, daß abgesehen von einer Nullmenge die Ableitung $F'(g)$ überall in (A, B) existiert und endlich ist. Wir wollen weiter beweisen, daß $F(g)$ unbestimmtes Integral von $F'(g)$ ist. Dazu genügt es, wie gleichfalls in § 1 erinnert wurde, nachzuweisen, daß die Variation von $F(g)$ auf jeder Nullmenge verschwindet.

Sei also M eine Nullmenge; wir können sie einschließen in eine Menge sich nicht überdeckender Intervalle $(\bar{g}_\alpha, \bar{\bar{g}}_\alpha)$ von beliebig kleiner Gesamtlänge. Dieselbe Schlußweise, die zu Ungleichung (20) führte, liefert:

$$\sum_{\alpha=1}^{\infty} |F(\bar{\bar{g}}_\alpha) - F(\bar{g}_\alpha)| \leqq \sqrt{\sum_{\alpha=1}^{\infty} (\bar{\bar{g}}_\alpha - \bar{g}_\alpha)} \cdot \sqrt{X(B) - X(A)}.$$

Da aber $\sum\limits_{\alpha=1}^{\infty} (\bar{\bar{g}}_\alpha - \bar{g}_\alpha)$ beliebig klein gemacht werden kann, so auch $\sum\limits_{\alpha=1}^{\infty} |F(\bar{\bar{g}}_\alpha) - F(\bar{g}_\alpha)|$ und mithin erst recht $\sum\limits_{\alpha=1}^{\infty} (F(\bar{\bar{g}}_\alpha) - F(\bar{g}_\alpha))$, das aber ist unsere Behauptung. Hiemit ist also für jedes Teilintervall $(\bar{g}, \bar{\bar{g}})$ von (A, B) das Bestehen der Gleichung:

$$F(\bar{\bar{g}}) - F(\bar{g}) = \int_{\bar{g}}^{\bar{\bar{g}}} F'(g)\, dg \tag{21}$$

nachgewiesen.

Nr. 10. Nun beweisen wir weiter die in unserem Satze enthaltene Behauptung, daß $(F'(g))^2$ in (A, B) integrierbar ist und beweisen gleich darüber hinaus das Bestehen der Ungleichung:

$$\int_A^B (F'(g))^2\, dg \leqq \int_a^b \frac{(d f(x))^2}{d g(x)}. \tag{22}$$

Würde das in (22) links stehende Integral nicht existieren oder würde es dieser Ungleichung nicht genügen, so müßten sich $(n+1)$ nicht negative Zahlen $y_0, y_1, y_2, \ldots, y_n$ $(y_0 < y_1 < y_2 < \cdots$ $\cdots < y_n)$ folgender Art auffinden lassen: Bedeutet i_k den Inhalt der Menge M_k aller jener Punkte von (A, B), für welche die Ungleichung gilt:

$$y_{k-1} < (F'(g))^2 \leqq y_k \quad (k = 1, 2, \ldots, n),$$

so ist:

$$\sum_{k=1}^{n} y_{k-1}\, i_k > \int_a^b \frac{(d f(x))^2}{d g(x)}. \tag{23}$$

Wir haben also zu zeigen, daß Ungleichung (23) unmöglich ist.

In jedem Punkte $\overline{g}$ der Menge M_n ist $(F'(g))^2 > y_{n-1}$. Um jeden dieser Punkte läßt sich also ein Intervall $(\overline{g} - h, \overline{g} + h)$ legen, so daß, sobald $\overline{g} - h \leqq g \leqq \overline{g} + h$ ist, die Ungleichung besteht:

$$\left(\frac{F(g) - F(\overline{g})}{g - \overline{g}}\right)^2 > y_{n-1}.$$

Wir wollen die so gewählten Intervalle mit $\varepsilon^{(n)}$ bezeichnen. Nun konstruieren wir auf der Strecke (A, B) ein System von Intervallen, die die Intervalle $\delta^{(n)}$ heißen mögen, durch folgende Vorschrift: Zwei Punkte $\overline{g}$ und $\overline{\overline{g}}$ werden zum selben oder zu verschiedenen Intervallen $\delta^{(n)}$ gerechnet, je nachdem es unter den Intervallen $\varepsilon^{(n)}$ eine endliche Anzahl: $\varepsilon_1^{(n)}, \varepsilon_2^{(n)}, \ldots, \varepsilon_\nu^{(n)}$ gibt oder nicht, von denen je zwei aufeinanderfolgende mindestens einen Punkt gemein haben und deren erstes den Punkt $\overline{g}$, deren letztes den Punkt $\overline{\overline{g}}$ enthält. Offenbar können sich diese Intervalle $\delta^{(n)}$ nicht gegenseitig überdecken und jeder Punkt von M_n ist innerer Punkt eines Intervalls $\delta^{(n)}$.

Aus diesen Intervallen $\delta^{(n)}$ wählen wir nun eine endliche Anzahl so aus, daß die Summe der Längen aller übrigen kleiner bleibt als $\frac{\rho}{2 n y_n}$ (ρ eine beliebig kleine positive Zahl, y_n die größte der in (23) auftretenden y_k) und von jedem der so ausgewählten endlich vielen Intervalle $\delta^{(n)}$ schneiden wir noch am rechten und linken Ende ein kleines Stück ab, so daß die Summe der Längen dieser weggeschnittenen Stücke ebenfalls kleiner bleibt als $\frac{\rho}{2 n y_n}$. Die sodann übrigbleibenden endlich vielen Intervalle, deren jedes also ganz im I n n e r n eines Intervalls $\delta^{(n)}$ liegt, mögen die Intervalle $\zeta^{(n)}$ heißen. Zufolge der Entstehungsweise dieser Intervalle $\zeta^{(n)}$ kann man jedes von ihnen so in endlich viele Teilintervalle zerlegen, — wir wollen diese Teilintervalle die Intervalle $\eta^{(n)}$ nennen — daß für jedes dieser Intervalle $\eta^{(n)}$, wenn seine Endpunkte mit g^*, g^{**} bezeichnet werden, die Ungleichung besteht:

$$\left(\frac{F(g^{**})-F(g^*)}{g^{**}-g^*}\right)^2 > y_{n-1}. \tag{24}$$

Nimmt man aus (A, B) die endlich vielen Teilintervalle $\zeta^{(n)}$ heraus, so bleiben endlich viele Intervalle übrig. Mit jedem derselben gehen wir genau so vor, wie eben mit dem Gesamtintervall (A, B), nur daß wir die Rolle, die im obigen die Menge M_n spielte, nun der Menge M_{n-1} zuweisen. Zunächst erhalten wir um jeden Punkt $\bar{g}$ von M_{n-1}, der nicht einem der Intervalle $\zeta^{(n)}$ angehört, ein Intervall $\varepsilon^{(n-1)}$, für dessen sämtliche Punkte g die Ungleichung besteht:

$$\left(\frac{F(g)-F(\bar{g})}{g-\bar{g}}\right)^2 > y_{n-2}.$$

Aus diesen Intervallen $\varepsilon^{(n-1)}$ leiten wir, wie oben, die sich nicht überdeckenden Intervalle $\delta^{(n-1)}$ her: Jeder Punkt von M_{n-1}, der nicht einem Intervall $\zeta^{(n)}$ angehört, ist dann innerer Punkt eines Intervalls $\delta^{(n-1)}$. Nach Weglassung von Intervallen $\delta^{(n-1)}$, deren Gesamtlänge kleiner als $\frac{\rho}{2ny_n}$ ist und Verkürzung der übrigen um Stücke, deren Gesamtlänge ebenfalls kleiner als $\frac{\rho}{2ny_n}$ ist, bleiben schließlich endlich viele sich nicht überdeckende Intervalle $\zeta^{(n-1)}$ über, die auch mit keinem Intervall $\zeta^{(n)}$ ein Stück gemeinsam haben und deren jedes sich wieder in endlich viele Teilintervalle $\eta^{(n-1)}$ zerlegen läßt derart, daß für jedes der Intervalle $\eta^{(n-1)}$, wenn seine Endpunkte mit g'^*, g'^{**} bezeichnet werden, die Ungleichung besteht:

$$\left(\frac{F(g'^{**})-F(g'^*)}{g'^{**}-g'^*}\right)^2 > y_{n-2}. \tag{24a}$$

So schließen wir fort, indem wir zunächst jedes der endlich vielen Teilintervalle von (A, B) betrachten, die nach Wegnahme der endlich vielen Intervalle $\zeta^{(n)}$ und $\zeta^{(n-1)}$ übrig bleiben und nun die Menge M_{n-2} zu Grunde legen u. s. f. Schließlich erhalten wir ein System endlich vieler Intervalle $\zeta^{(n)}$, endlich vieler Intervalle $\zeta^{(n-1)}$, allgemein endlich vieler Intervalle $\zeta^{(n-i)}$, wo i bis $n-1$ läuft. Von allen diesen Intervallen haben keine zwei einen Punkt gemeinsam und jedes Intervall $\zeta^{(n-i)}$ läßt sich in endlich viele Teilintervalle $\eta^{(n-i)}$ zerlegen, für deren jedes, wenn seine Endpunkte mit g^0, g^{00} bezeichnet werden, die Ungleichung gilt:

$$\left(\frac{F(g^{00})-F(g^0)}{g^{00}-g^0}\right)^2 > y_{n-i-1}. \tag{24b}$$

Bezeichnen wir noch mit $\Sigma\,\zeta^{(n)}, \Sigma\,\zeta^{(n-1)}, \ldots, \Sigma\,\zeta^{(n-i)}, \ldots$ die Gesamtlänge aller Intervalle des betreffenden Systems, so hat man nun die Ungleichung:

$$\begin{aligned} y_0\,\Sigma\,\zeta^{(1)} + y_1\,\Sigma\,\zeta^{(2)} + \cdots + y_{n-2}\,\Sigma\,\zeta^{(n-1)} + y_{n-1}\,\Sigma\,\zeta^{(n)} > \\ y_0\,i_1 + y_1\,i_2 + \cdots + y_{n-2}\,i_{n-1} + y_{n-1}\,i_n - \rho. \end{aligned} \tag{25}$$

In der Tat, die links stehende Summe ist das Integral über (A, B) einer Funktion, die in allen Punkten der Intervalle $\zeta^{(n)}$ den Wert y_{n-1}, in allen Punkten der Intervalle $\zeta^{(n-1)}$ den Wert y_{n-2}, allgemein in allen Punkten der Intervalle $\zeta^{(n-i)}$ den Wert y_{n-i-1} hat, in allen Punkten von (A, B) aber, die keinem der Intervalle $\zeta^{(n)}, \zeta^{(n-1)}, \ldots, \zeta^{(1)}$ angehören, den Wert Null hat. Rechts hingegen steht, abgesehen vom Gliede $-\rho$, das Integral über (A, B) einer Funktion, die in allen Punkten von M_n den Wert y_{n-1}, in allen Punkten von M_{n-1} den Wert y_{n-2}, allgemein in allen Punkten von M_{n-i} den Wert y_{n-i-1} hat, in allen Punkten von (A, B) aber, die zu keiner der Mengen $M_n, M_{n-1}, \ldots, M_1$ gehören, den Wert Null hat. Nun hat die Menge der Punkte von M_n, die keinem Intervall $\zeta^{(n)}$ angehören, höchstens den Inhalt $\frac{\rho}{n\,y_n}$; denn jeder Punkt von M_n gehört einem Intervall $\delta^{(n)}$ an und die Intervalle $\zeta^{(n)}$ entstehen aus den Intervallen $\delta^{(n)}$ durch Weglassung von Intervallen $\delta^{(n)}$ von einer Gesamtlänge $< \frac{\rho}{2\,n\,y_n}$ und Verkürzung der übrig bleibenden Intervalle $\delta^{(n)}$ um Stücke von einer Gesamtlänge $< \frac{\rho}{2\,n\,y_n}$. Daraus nun folgt die Ungleichung:

$$y_{n-1}\,\Sigma\,\zeta^{(n)} > y_{n-1}\,i_n - \frac{\rho}{n}.$$

Ebenso ist der Inhalt der Menge der zu M_{n-1}, aber zu keinem der Intervalle $\zeta^{(n)}$ oder $\zeta^{(n-1)}$ gehörigen Punkte höchstens gleich $\frac{\rho}{n\,y_n}$, woraus folgt:

$$y_{n-1}\,\Sigma\,\zeta^{(n)} + y_{n-2}\,\Sigma\,\zeta^{(n-1)} > y_{n-1}\,i_n + y_{n-2}\,i_{n-1} - \frac{2\rho}{n}$$

und indem man so fort schließt, beweist man Ungleichung (25). Nimmt man aber anderseits für jedes Intervall $\zeta^{(n)}$ die Einteilung in die Intervalle $\eta^{(n)}$ vor, bildet für jedes der Intervalle $\eta^{(n)}$ den Quotienten $\frac{(\Delta F)^2}{\Delta g}$, wo ΔF den Zuwachs von F in diesem Intervalle,

Δg aber die Länge des Intervalls bedeutet und summiert über sämtliche Intervalle $\eta^{(n)}$, so lehrt Ungleichung (24), daß:

$$\sum_{(\eta^{(n)})} \frac{(\Delta F)^2}{\Delta g} > y_{n-1} \sum_{(\eta^{(n)})} \Delta g = y_{n-1} \sum \zeta^{(n)}$$

ist. Genau so findet man auf Grund von (24 a):

$$\sum_{(\eta^{(n-1)})} \frac{(\Delta F)^2}{\Delta g} > y_{n-2} \sum_{(\eta^{(n-1)})} \Delta g = y_{n-2} \sum \zeta^{(n-1)}$$

und allgemein:

$$\sum_{(\eta^{(n-i)})} \frac{(\Delta F)^2}{\Delta g} > y_{n-i-1} \sum \zeta^{(n-i)} \quad (i = 1, 2, \ldots, n-1).$$

Durch Addition aller dieser Ungleichungen erhält man:

$$\sum_{(\eta^{(1)})} \frac{(\Delta F)^2}{\Delta g} + \sum_{(\eta^{(2)})} \frac{(\Delta F)^2}{\Delta g} + \cdots + \sum_{(\eta^{(n)})} \frac{(\Delta F)^2}{\Delta g} > y_0 \sum \zeta^{(1)} + y_1 \sum \zeta^{(2)} + \cdots + y_{n-1} \sum \zeta^{(n)}.$$

Betrachtet man nun eine Einteilung von (A, B) durch Teilpunkte $A = g_0, g_1, g_2, \ldots, g_{\nu-1}, g_\nu = B$, bei der alle die endlich vielen sich nicht überdeckenden Intervalle $\eta^{(1)}, \eta^{(2)}, \ldots, \eta^{(n)}$ als Teilintervalle auftreten und beachtet Ungleichung (25), so hat man:

$$\sum_{k=1}^{\nu} \frac{(F(g_k) - F(g_{k-1}))^2}{g_k - g_{k-1}} > y_0 i_1 + y_1 i_2 + \cdots + y_{n-1} i_n - \rho.$$

Da aber ρ beliebig klein angenommen werden konnte, folgt daraus in Verbindung mit (23):

$$\sum_{k=1}^{\nu} \frac{(F(g_k) - F(g_{k-1}))^2}{g_k - g_{k-1}} > \int_a^b \frac{(d f(x))^2}{d g(x)},$$

was der Definition des rechts stehenden Integrals widerspricht, da dieses Integral ja als die obere Grenze aller Summen von der Art der links stehenden Summe definiert ist. Damit ist die Ungleichung (22) nachgewiesen.

Nr. 11. Um die Kette des Beweises zu schließen, beweisen wir nun auch die entgegengesetzte Ungleichung:

$$\int_a^b \frac{(d f(x))^2}{d g} \leqq \int_A^B (F'(g))^2 d g. \tag{26}$$

Sie folgt aus einer schon oben (Nr. 9) angestellten Überlegung: Zunächst liefert die Schwarzsche Ungleichung für jedes Intervall $(\overline{g}, \overline{\overline{g}})$ von (A, B):

$$\left(\int_{\overline{g}}^{\overline{\overline{g}}} F'(g)\, d g\right)^2 \leqq (\overline{\overline{g}} - \overline{g}) \int_{\overline{g}}^{\overline{\overline{g}}} (F'(g))^2 d g,$$

also bei Berücksichtigung von (21):

$$\frac{(F(\overline{\overline{g}}) - F(\overline{g}))^2}{\overline{\overline{g}} - \overline{g}} \leqq \int_{\overline{g}}^{\overline{\overline{g}}} (F'(g))^2 d g$$

oder bei Wiedereinführung der Veränderlichen x und Beibehaltung der in Nr. 9 verwendeten Bezeichnungsweise:

$$\frac{(f(\overline{\overline{x}}) - f(\overline{x}))^2}{g(\overline{\overline{x}}) - g(\overline{x})} \leqq \varphi(\overline{\overline{x}}) - \varphi(\overline{x}).$$

Nach (17) und (15) aber folgt daraus, wenn man (17) auf das Intervall (a, b) anwendet, tatsächlich Ungleichung (26).

Aus den beiden Ungleichungen (22) und (26) aber folgt die Gleichung:

$$\int_a^b \frac{(d f(x))^2}{d g(x)} = \int_A^B (F'(g))^2 d g \tag{27}$$

und unser Satz ist in allen Teilen bewiesen. Und ebenso gilt natürlich, wenn x irgend ein Wert aus (a, b) ist:

$$\chi(x) = \int_0^x \frac{(d f(x))^2}{d g(x)} = \int_A^{g(x)} (F'(g))^2 d g. \tag{27a}$$

Daraus entnimmt man zunächst unmittelbar, daß $\chi(x)$ eine stetige Funktion von x ist. Da aber $\chi(x)$ stetig ist, kann man aus (16) weiter schließen, daß $\int_a^b \frac{(d f(x))^2}{d g(x)}$ nicht bloß obere Grenze der Summen (14) ist, sondern deren Grenzwert, wenn in (14) n ins Unendliche wächst und dabei die größte der Differenzen $x_i - x_{i-1}$ $(i = 1, 2, \ldots, n)$ gegen Null geht.[1])

[1]) Vgl. Hellinger, Diss., S. 26.

Nr. 12. Auch einige andere, von Hellinger eingeführte Ausdrücke können nun ohneweiters auf Lebesguesche Integrale reduziert werden. Sei $g(x)$ wie bisher eine in (a, b) monoton wachsende stetige Funktion. Die beiden stetigen Funktionen $f(x)$ und $f_1(x)$ mögen der Bedingung des Satzes von Nr. 8 genügen, d. h. es sei in dem durch $g = g(x)$ dem Intervalle (a, b) zugeordneten Intervalle (A, B) sowohl $F(g) = f(g(x))$, als auch $F_1(g) = f_1(g(x))$ unbestimmtes Integral einer samt ihrem Quadrate integrierbaren Funktion. Man hat dann also:

$$\int_a^b \frac{(d f(x))^2}{d g(x)} = \int_A^B (F'(g))^2 dg; \quad \int_a^b \frac{(d f_1(x))^2}{d g(x)} = \int_A^B (F_1'(g))^2 dg \tag{28}$$

und offenbar auch:

$$\int_a^b \frac{\left(d\,(f(x) + f_1(x))\right)^2}{d g(x)} = \int_A^B (F'(g) + F_1'(g))^2 dg. \tag{29}$$

Teilt man (a, b) durch $a = x_0, x_1, x_2, \ldots, x_{n-1}, x_n = b$ in n Teilintervalle $(x_0 < x_1 < x_2 \ldots < x_{n-1} < x_n)$ und bildet die Summe:

$$\sum_{k=1}^{n} \frac{\left(f(x_k) - f(x_{k-1})\right)\left(f_1(x_k) - f_1(x_{k-1})\right)}{g(x_k) - g(x_{k-1})}, \tag{30}$$

läßt sodann n ins Unendliche wachsen, und zwar so, daß die größte der Differenzen $x_k - x_{k-1}$ $(k = 1, 2, \ldots, n)$ gegen Null geht, so nähert sich die Summe (30) stets einem und demselben Grenzwerte, der mit $\int_a^b \frac{d f(x)\, d f_1(x)}{d g(x)}$ bezeichnet wird und nichts anderes ist als:

$$\int_a^b \frac{d f(x)\, d f_1(x)}{d g(x)} = \frac{1}{2}\left\{\int_a^b \frac{\left(d\,(f(x) + f_1(x))\right)^2}{d g(x)} - \int_a^b \frac{(d f(x))^2}{d g(x)} - \int_a^b \frac{(d f_1(x))^2}{d g(x)}\right\}.$$

Aus (28), (29) und (30) entnimmt man daher:

$$\int_a^b \frac{d f(x)\, d f_1(x)}{d g(x)} = \int_A^B F'(g)\, F_1'(g)\, dg. \tag{31}$$

Nr. 13. Sei ferner $u(x)$ eine beliebige, in (a, b) stetige Funktion. Führt man in ihr durch $g = g(x)$ die Variable g ein, so gehe sie über in[1]) $U(g)$. Wie oben, teile man (a, b) durch

$$a = x_0, x_1, x_2, \ldots, x_{n-1}, x_n = b$$

[1]) An höchstens abzählbar unendlich vielen Stellen, an denen die Umkehrfunktion $x(g)$ von $g(x)$ nicht eindeutig ist, ist dann $U(g)$ nicht definiert, was aber für die Integration gleichgültig ist.

in Teilintervalle, bezeichne mit ξ_k einen beliebigen Punkt aus (x_{k-1}, x_k) und bilde die Summe:

$$\sum_{k=1}^{n} u(\xi_k) \frac{\big(f(x_k) - f(x_{k-1})\big)^2}{g(x_k) - g(x_{k-1})}. \tag{32}$$

Läßt man wieder n so ins Unendliche wachsen, daß die größte der Differenzen $x_k - x_{k-1}$ gegen Null geht, so nähert sich, wie wir zeigen wollen, die Summe (32) einem Grenzwerte, der mit $\int_a^b u(x) \frac{\big(df(x)\big)^2}{dg(x)}$ bezeichnet wird und gegeben ist durch:

$$\int_a^b u(x) \frac{\big(df(x)\big)^2}{dg(x)} = \int_A^B U(g) \big(F'(g)\big)^2 dg. \tag{33}$$

Sei ε eine beliebige positive Zahl. Sobald sämtliche Differenzen $x_k - x_{k-1}$ hinlänglich klein sind, gilt für irgend zwei Punkte $\bar{x}, \bar{\bar{x}}$ eines Intervalls (x_{k-1}, x_k) $(k = 1, 2, \ldots, n)$ die Ungleichung:

$$|u(\bar{\bar{x}}) - u(\bar{x})| < \varepsilon.$$

Bezeichnet man die den Werten $x_0, x_1, \ldots, x_n$ durch $g = g(x)$ zugeordneten Werte von g mit $g_0, g_1, \ldots, g_n$, so gilt also, wenn $g_k > g_{k-1}$, für jeden Wert g des Intervalls (g_{k-1}, g_k) $(k = 1, 2, .., n)$:

$$|U(g) - u(\xi_k)| < \varepsilon$$

und somit:

$$\left| \sum_{k=1}^{n} u(\xi_k) \int_{g_{k-1}}^{g_k} \big(F'(g)\big)^2 dg - \int_A^B U(g) \big(F'(g)\big)^2 dg \right| < \varepsilon \int_A^B \big(F'(g)\big)^2 dg.$$

Ferner gilt, wie wir gezeigt haben, wenn sämtliche Differenzen $x_k - x_{k-1}$ hinlänglich klein sind, die Ungleichung:

$$\sum_{k=1}^{n} \left\{ \int_{g_{k-1}}^{g_k} \big(F'(g)\big)^2 dg - \frac{\big(f(x_k) - f(x_{k-1})\big)^2}{g(x_k) - g(x_{k-1})} \right\} < \varepsilon.$$

Beachtet man, daß in dieser letzteren Summe jeder der n Summanden positiv ist, so hat man, wenn noch u_0 das Maximum von $|u(x)|$ in (a, b) bedeutet:

$$\left| \sum_{k=1}^{n} \left\{ u(\xi_k) \int_{g_{k-1}}^{g_k} \big(F'(g)\big)^2 dg - u(\xi_k) \frac{\big(f(x_k) - f(x_{k-1})\big)^2}{g(x_k) - g(x_{k-1})} \right\} \right| < \varepsilon u_0,$$

also:

$$\left|\sum_{k=1}^{n}\left\{u(\xi_k)\frac{\left(f(x_k)-f(x_{k-1})\right)^2}{g(x_k)-g(x_{k-1})}-\right.\right.$$

$$\left.\left.-\int_A^B U(g)\left(F'(g)\right)^2 dg\right\}\right| < \varepsilon\left[u_0+\int_A^B \left(F'(g)\right)^2 dg\right],$$

womit sowohl die Existenz eines Grenzwertes der Summen (32), als auch die Gültigkeit der Gleichung (33) bewiesen ist.

Daraus leitet man ohneweiters her, daß bei Gültigkeit der Gleichungen (28) der mit $\int_a^b u(x)\frac{df(x)\,df_1(x)}{dg(x)}$ bezeichnete Grenzwert der Summen:

$$\sum_{k=1}^{n} u(\xi_k)\frac{\left(f(x_k)-f(x_{k-1})\right)\left(f_1(x_k)-f_1(x_{k-1})\right)}{g(x_k)-g(x_{k-1})} \tag{34}$$

existiert und den Wert hat:

$$\int_a^b u(x)\frac{df(x)\,df_1(x)}{dg(x)}=\int_A^B U(g)\,F'(g)\,F_1'(g)\,dg. \tag{35}$$

Nr. 14. Zum Schluß wollen wir noch zeigen, wie leicht sich mit den im obigen entwickelten Hilfsmitteln die von Hellinger behandelte Frage erledigen läßt, unter welchen Bedingungen sich eine gegebene stetige monotone Funktion $\chi(x)$, bei gegebenem monotonen $g(x)$ in der Form darstellen läßt:

$$\chi(x)=\int_a^x \frac{\left(df(x)\right)^2}{dg(x)}. \tag{36}$$

Wir werden zeigen: Damit (36) im Intervall (a, b) möglich sei, ist notwendig und hinreichend, daß durch $u=X(g)$ (wo $X(g)$ die durch (18a) definierte Funktion bedeutet) jeder Nullmenge des Intervalls (A, B) der g-Achse eine Nullmenge der u-Achse zugeordnet sei, oder was dasselbe heißt (Nr. 2), daß die Variation von $X(g)$ auf jeder Nullmenge von (A, B) gleich 0 sei.

Die Bedingung ist notwendig; denn (36) ist ja gleichbedeutend mit:

$$X(g)=\int_A^g \left(F'(g)\right)^2 dg, \tag{37}$$

also ist $X(g)$, wenn (36) möglich ist, unbestimmtes Integral der integrierbaren Funktion $(F'(g))^2$, besitzt also (Nr. 1) sicher die in unserer Behauptung formulierte Eigenschaft.

Die Bedingung ist hinreichend. Denn, ist sie erfüllt, so ist (Nr. 2) $X(g)$ unbestimmtes Integral seiner Ableitung:

$$X(g) = \int_A^g X'(g)\, dg.$$

Setzen wir demnach:

$$F(g) = \int_A^g \sqrt{X'(g)}\, dg,$$

so ist, von einer Nullmenge abgesehen, überall in (A, B):

$$F'(g) = \sqrt{X'(g)}$$

und mithin Gleichung (37) sicherlich erfüllt. Gleichung (36) wird also gelöst durch:

$$f(x) = \int_A^{g(x)} \sqrt{X'(g)}\, dg. \tag{38}$$

§ 3.

Nr. 15. Wir benützen die Resultate von § 2 zunächst zu einem sehr einfachen und durchsichtigen Beweis des Riesz-Fischerschen Satzes über die Fourierkonstanten quadratisch integrierbarer Funktionen.[1])

Sei $\varphi_1(u), \varphi_2(u), \ldots, \varphi_n(u), \ldots$ eine Folge von Funktionen, die in (a, b) samt ihrem Quadrate integrierbar sind. Wir bilden:

$$\rho_1(u) = \int_a^u \varphi_1(u)\, du, \quad \rho_2(u) = \int_a^u \varphi_2(u)\, du, \ldots,$$

$$\rho_p(u) = \int_a^u \varphi_p(u)\, du, \ldots$$

und wollen voraussetzen, es sei $\sum\limits_{p=1}^{\infty} (\rho_p(u))^2$ in (a, b) konvergent und stetig. Dann ist:

$$F(x, u) = \sum_{p=1}^{\infty} \rho_p(u)\, x_p \tag{39}$$

---

[1]) Vgl. Hellinger, Diss., S. 80 (Anhang).

eine beschränkte Linearform und für jedes System der x von konvergenter Quadratsumme eine in (a, b) stetige Funktion von u. Wir wollen darüber hinaus annehmen, es sei $F(x, u)$ unbestimmtes Integral einer in (a, b) samt ihrem Quadrate integrierbaren Funktion $h(x, u)$. Dann gilt für jede in (a, b) samt ihrem Quadrat integrierbare Funktion $\psi(u)$ die Gleichung:

$$\int_a^b h(x, u)\,\psi(u)\,du = \sum_{p=1}^{\infty} x_p \int_a^b \psi(u)\,\varphi_p(u)\,du. \tag{40}$$

Um dies einzusehen, hat man nur folgendes zu beachten: Es werde gesetzt:

$$\Psi(u) = \int_a^u \psi(u)\,du.$$

und $a = u_0, u_1, u_2, \ldots, u_{n-1}, u_n = b$ sei eine Einteilung von (a, b) in Teilintervalle.

Nach § 2 (Nr. 12) ist: [1])

$$\lim \sum_{k=1}^{n} \frac{\big(F(x, u_k) - F(x, u_{k-1})\big)\big(\Psi(u_k) - \Psi(u_{k-1})\big)}{u_k - u_{k-1}} = \int_a^b h(x, u)\,\psi(u)\,du, \tag{41}$$

$$\lim \sum_{k=1}^{n} \frac{\big(\Psi(u_k) - \Psi(u_{k-1})\big)\big(\rho_p(u_k) - \rho_p(u_{k-1})\big)}{u_k - u_{k-1}} = \int_a^b \psi(u)\,\varphi_p(u)\,du. \tag{42}$$

Aus (39) folgt:

$$\sum_{k=1}^{n} \frac{\big(F(x, u_k) - F(x, u_{k-1})\big)\big(\Psi(u_k) - \Psi(u_{k-1})\big)}{u_k - u_{k-1}} = \sum_{p=1}^{\infty} x_p \sum_{k=1}^{n} \frac{\big(\Psi(u_k) - \Psi(u_{k-1})\big)\big(\rho_p(u_k) - \rho_p(u_{k-1})\big)}{u_k - u_{k-1}}. \tag{43}$$

Da jede beschränkte Linearform bei Festhaltung ihrer Variablen eine vollstetige Funktion ihrer Koeffizienten ist, folgt [2]) aus (41), (42), (43) in der Tat (40).

[1]) Das Zeichen lim bedeutet den in § 2 erläuterten Grenzübergang: n wächst über alle Grenzen, alle $u_k - u_{k-1}$ gehen gegen Null.

[2]) Näher ausgeführt bei Hellinger, Habil., S. 30.

Nr. 16. Wir wählen nun speziell für $\varphi_1(u), \varphi_2(u), \ldots, \varphi_p(u), \ldots$ ein vollständiges normiertes Orthogonalsystem [1]) des Intervalls (a, b). Da dann bekanntlich

$$\sum_{p=1}^{\infty} (\rho_p(u))^2 = \sum_{p=1}^{\infty} \left(\int_a^u \varphi_p(u)\, du \right)^2 = u - a$$

ist,[2]) so ist unsere über die $\rho_p(u)$ gemachte Voraussetzung erfüllt. Man erkennt aber leicht, daß dann für jedes System der x von konvergenter Quadratsumme der Ausdruck (39) die oben gemachte Voraussetzung erfüllt. In der Tat lehrt die Vollständigkeitsrelation für das Orthogonalsystem der $\varphi_p(u)$ das Stattfinden der Gleichungen:

$$\sum_{p=1}^{\infty} \left(\rho_p(u_k) - \rho_p(u_{k-1})\right)\left(\rho_p(u_i) - \rho_p(u_{i-1})\right) =$$

$$\sum_{p=1}^{\infty} \int_{u_{k-1}}^{u_k} \varphi_p(u)\, du \int_{u_{i-1}}^{u_i} \varphi_p(u)\, du = \begin{cases} u_k - u_{k-1}, & \text{wenn } i = k \\ 0, & \text{wenn } i \neq k. \end{cases}$$

Die n Linearformen:

$$\frac{F(x, u_k) - F(x, u_{k-1})}{\sqrt{u_k - u_{k-1}}}$$

sind also normiert und zu je zweien orthogonal, woraus bekanntlich folgt:

$$\sum_{k=1}^{n} \frac{\left(F(x, u_k) - F(x, u_{k-1})\right)^2}{u_k - u_{k-1}} \leqq \sum_{p=1}^{\infty} x_p^2.$$

Also existiert (Nr. 7) das Integral $\int_a^u \frac{(dF(x, u))^2}{du}$, woraus nach § 2 (Nr. 8) in der Tat folgt, daß $F(x, u)$ unbestimmtes Integral einer samt ihrem Quadrate integrierbaren Funktion ist.

Wir wählen nun in der als gültig nachgewiesenen Formel (40) für $\psi(u)$ die Funktion $\varphi_q(u)$ unseres Orthogonalsystems und erhalten:

$$\int_a^b h(x, u)\, \varphi_q(u)\, du = x_q,$$

[1]) Dabei ist hier, wie im folgenden, Integrierbarkeit der $\varphi_p(u)$ und ihrer Quadrate stillschweigend mitverstanden.

[2]) Es ist dies nichts anderes, als die Vollständigkeitsrelation, angewendet auf die Funktion, die von a bis u gleich 1, von u bis b gleich 0 ist.

d. h. die samt ihrem Quadrate integrierbare Funktion $h(x, u)$ hat die x_q zu Fourierkonstanten in bezug auf unser Orthogonalsystem, Da aber die x_q ein beliebiges System von konvergenter Quadratsumme waren, so ist der Riesz-Fischersche Satz bewiesen.

§ 4.

Nr. 17. Mit Hellinger sagen wir, eine Linearform:

$$\rho(x, u) = \sum_{p=1}^{\infty} \rho_p(u)\, x_p \tag{44}$$

stellt in (a, b) ein System orthogonaler Differentialformen von der Basis $\rho_0(u)$ dar, wenn $\rho(x, u)$ folgenden Bedingungen genügt:

Es ist $\sum_{p=1}^{\infty} \left(\rho_p(u)\right)^2$ in (a, b) konvergent und eine stetige Funktion von u. Für jedes Intervall $(\overline{u}, \overline{\overline{u}})$ in (a, b) gilt:

$$\sum_{p=1}^{\infty} \left(\rho_p(\overline{\overline{u}}) - \rho_p(\overline{u})\right)^2 = \rho_0(\overline{\overline{u}}) - \rho_0(\overline{u}). \tag{45}$$

Für zwei sich nicht überdeckende Intervalle $(\overline{u}_1, \overline{\overline{u}}_1)$ und $(\overline{u}_2, \overline{\overline{u}}_2)$ von (a, b) gilt:

$$\sum_{p=1}^{\infty} \left(\rho_p(\overline{\overline{u}}_1) - \rho_p(\overline{u}_1)\right)\left(\rho_p(\overline{\overline{u}}_2) - \rho_p(\overline{u}_2)\right) = 0. \tag{46}$$

Die beiden Formeln (45), (46) kann man so zusammenfassen: Es seien Δ_1, Δ_2 zwei Intervalle von (a, b), $\Delta_1\rho(x, u)$, $\Delta_2\rho(x, u)$, $\Delta_1\rho_p(u)$, $\Delta_2\rho_p(u)$ seien die Zuwächse von $\rho(x, u)$ und $\rho_p(u)$ in diesen Intervallen; $\Delta_{1,2}\rho(x, u)$, $\Delta_{1,2}\rho_p(u)$ bedeute die Zuwächse von $\rho(x, u)$, $\rho_p(u)$ in dem den Intervallen Δ_1, Δ_2 gemeinsamen Stücke, wenn diese Intervalle sich überdecken oder die Null, wenn sich diese Intervalle nicht überdecken. Dann kann man statt (45) und (46) schreiben:

$$\sum_{p=1}^{\infty} \Delta_1\rho_p(u)\, \Delta_2\rho_p(u) = \Delta_{1,2}\rho_0(u). \tag{47}$$

Da es bei allen unseren Betrachtungen nur auf die Zuwächse der $\rho_p(u)$ ankommt, können wir die $\rho_p(u)$ durch additive Konstante so normieren, daß sie alle für $u = a$ verschwinden; dasselbe gilt von $\rho_0(u)$. Dann folgt aus (45) für alle u in (a, b):

$$\sum_{p=1}^{\infty} \left(\rho_p(u)\right)^2 = \rho_0(u).$$

Ferner folgt aus (45), daß $\rho_0(u)$ in (a, b) monoton wächst.

Nr. 18. Wir stellen uns die Aufgabe, das allgemeinste System orthogonaler Differentialformen für das Intervall (a, b) aufzustellen. Wir erinnern zu dem Zweck an folgende, von Hellinger in einfacher Weise bewiesenen Resultate: [1])

Stellt $\rho(x, u)$ ein System orthogonaler Differentialformen in (a, b) von der Basis $\rho_0(u)$ dar, so existiert das Integral $\int_a^b \frac{\left(d\rho(x, u)\right)^2}{d\rho_0(u)}$ für alle Systeme der x_p von konvergenter Quadratsumme. Mithin existieren auch alle Integrale $\int_a^b \frac{d\rho_p(u)\, d\rho_q(u)}{d\rho_0(u)}$ und es gilt die Gleichung:

$$\int_a^b \frac{\left(d\rho(x, u)\right)^2}{d\rho_0(u)} = \sum_{p, q=1}^{\infty} x_p x_q \int_a^b \frac{d\rho_p(u)\, d\rho_q(u)}{d\rho_0(u)}. \tag{48}$$

Für irgend zwei Funktionen, für die $\int_a^b \frac{\left(d f(u)\right)^2}{d\rho_0(u)}$, $\int_a^b \frac{\left(d \overline{f}(u)\right)^2}{d\rho_0(u)}$ existieren, gilt die Gleichung:

$$\sum_{p=1}^{\infty} \int_a^b \frac{d f(u)\, d\rho_p(u)}{d\rho_0(u)} \cdot \int_a^b \frac{d \overline{f}(u)\, d\rho_p(u)}{d\rho_0(u)} = \int_a^b \frac{d f(u)\, d\overline{f}(u)}{d\rho_0(u)}. \tag{49}$$

Wir führen durch $g = \rho_0(u)$ eine neue Veränderliche g ein, wobei $\rho(x, u)$, $\rho_p(u)$, $f(u)$, $\overline{f}(u)$ übergehen mögen in $P(x, g)$, $P_p(g)$ $F(g)$, $\overline{F}(g)$. Die eben angeführten Resultate sprechen sich dann auf Grund von § 2 so aus:

Es gibt ein System von Funktionen $\psi_1(g), \psi_2(g), \ldots, \psi_n(g), \ldots$, die in (A, B) quadratisch integrierbar sind und durch die sich $\rho(x, u)$ so ausdrückt:

$$P(x, g) = \rho(x, u) = \sum_{p=1}^{\infty} x_p \int_0^{\rho_0(u)} \psi_p(g)\, dg. \tag{50}$$

---

[1]) Habil., S. 30, 38.

$P(x, g)$ besitzt in (A, B) überall, abgesehen von einer Nullmenge, eine Derivierte $P'(x, g)$ nach g, deren unbestimmtes Integral sie ist, und es ist:[1])

$$\int_0^{\varrho_0(b)} \left(P'(x, g)\right)^2 dg = \sum_{p, q=1}^{\infty} x_p x_q \int_0^{\varrho_0(b)} \psi_p(g)\, \psi_q(g)\, dg. \tag{51}$$

Für beliebige, samt ihrem Quadrate in $(0, \rho_0(b))$ integrierbare Funktionen $h(g), \overline{h}(g)$ gilt:

$$\sum_{p=1}^{\infty} \int_0^{\varrho_0(b)} h(g)\, \psi_p(g)\, dg \int_0^{\varrho_0(b)} \overline{h}(g)\, \psi_p(g)\, dg = \int_0^{\varrho_0(b)} h(g)\, \overline{h}(g)\, dg. \tag{52}$$

Nr. 19. Wir wollen nun folgenden Satz beweisen: Damit

$$\rho(x, u) = \sum_{p=1}^{\infty} \rho_p(u)\, x_p$$

in (a, b) ein System orthogonaler Differentialformen von der Basis $\rho_0(u)$ darstelle, ist notwendig und hinreichend, daß die Koeffizienten $\rho_p(u)$ in (a, b) die Gestalt haben:

$$\rho_p(u) = \sum_{q=1}^{\infty} o_q^{(p)} \int_0^{\varrho_0(u)} \varphi_q(g)\, dg, \tag{53}$$

wo die $\varphi_1(g), \varphi_2(g), \ldots, \varphi_q(g), \ldots$ ein vollständiges normiertes Orthogonalsystem des Intervalls $(0, \rho_0(b))$ bedeuten und die $o_q^{(p)}$ Konstante bedeuten für die $\sum_{q=1}^{\infty} (o_q^{(p)})^2$ konvergiert (für $p = 1, 2, \ldots$) und die den Gleichungen genügen:

$$\sum_{p=1}^{\infty} o_q^{(p)}\, o_r^{(p)} = \begin{cases} 0, & \text{wenn } q \neq r \\ 1, & \text{wenn } q = r. \end{cases} \tag{54}$$

Sei also:

$$\varphi_1(g), \varphi_2(g), \ldots, \varphi_q(g), \ldots$$

ein beliebiges vollständiges normiertes Orthogonalsystem des Intervalls $(0, \rho_0(b))$. Wir setzen:

[1]) Vgl. Nr. 29.

$$\int_0^{\varrho_0(b)} \psi_p(g)\,\varphi_q(g)\,dg = o_q^{(p)} \tag{55}$$

$$\int_0^{\varrho_0(b)} h(g)\,\varphi_q(g)\,dg = h_q; \quad \int_0^{\varrho_0(b)} \overline{h}(g)\,\varphi_q(g)\,dg = \overline{h}_q. \tag{56}$$

Die Vollständigkeitsrelation liefert:

$$\int_0^{\varrho_0(b)} h(g)\,\overline{h}(g)\,dg = \sum_{q=1}^{\infty} h_q \overline{h}_q$$

$$\int_0^{\varrho_0(b)} h(g)\,\psi_p(g)\,dg = \sum_{q=1}^{\infty} h_q o_q^{(p)}; \quad \int_0^{\varrho_0(b)} \overline{h}(g)\,\psi_p(g)\,dg = \sum_{q=1}^{\infty} \overline{h}_q o_q^{(p)},$$

so daß (52) nunmehr so geschrieben werden kann:

$$\sum_{p=1}^{\infty} \left(\sum_{q=1}^{\infty} h_q o_q^{(p)} \right) \left(\sum_{q=1}^{\infty} \overline{h}_q o_q^{(p)} \right) = \sum_{q=1}^{\infty} h_q \overline{h}_q,$$

woraus, da die h_q und $\overline{h}_q$ beliebige Systeme von konvergenter Quadratsumme sind, weiter folgt:

$$\sum_{p=1}^{\infty} o_q^{(p)}\, o_r^{(p)} = \begin{cases} 0, & \text{wenn } q \neq r \\ 1, & \text{wenn } q = r. \end{cases}$$

Anderseits folgt aber aus (55) nach einem bekannten Satz über Reihen, die nach den Gliedern eines vollständigen normierten Orthogonalsystems fortschreiten, für alle g von $(0, \rho_0(b))$:

$$P_p(g) = \int_0^g \psi_p(g)\,dg = \sum_{q=1}^{\infty} o_q^{(p)} \int_0^g \varphi_q(g)\,dg,$$

womit die eine Hälfte unseres Satzes bewiesen ist.

Bleibt zu zeigen, daß stets, wenn die $\rho_p(u)$ die Form (53) haben, $\rho(x, u)$ ein System orthogonaler Differentialformen von der Basis $\rho_0(u)$ darstellt. Wir haben also zu beweisen, daß (47) gilt. Durch $g = \rho_0(u)$ gehe das Intervall Δ_1 über in (A_1, B_1), Δ_2 in (A_2, B_2) und falls Δ_1 und Δ_2 sich überdecken, $\Delta_{1,2}$ in $(A_{1,2}, B_{1,2})$.[1]) Mit $h_0(g)$ bezw. $\overline{h}_0(g)$ bezeichnen wir die Funktion, die überall in $(0, \rho_0(b))$ Null ist, außer in (A_1, B_1) bezw. (A_2, B_2) wo sie den Wert 1 hat. Dann lehrt die Vollständigkeitsrelation für das Ortho-

[1]) Sowohl (A_1, B_1), als (A_2, B_2), als $(A_{1,2}, B_{1,2})$ kann sich dabei auf einen Punkt reduzieren.

gonalsystem der $\varphi_q(g)$, angewendet auf $h_0(g)$ und $\overline{h}_0(g)$, im Falle, daß Δ_1 und Δ_2 sich überdecken:

$$\sum_{q=1}^{\infty}\int_{A_1}^{B_1}\varphi_q(g)\,dg\cdot\int_{A_2}^{B_2}\varphi_q(g)\,dg=\int_{A_{1,2}}^{B_{1,2}}dg=\Delta_{1,2}\,\rho_0(u),$$

hingegen im Falle, daß Δ_1 und Δ_2 sich nicht überdecken:

$$\sum_{q=1}^{\infty}\int_{A_1}^{B_1}\varphi_q(g)\,dg\cdot\int_{A_2}^{B_2}\varphi_q(g)\,dg=0\equiv\Delta_{1,2}\,\rho_0(u).$$

Da aber anderseits aus (53) und (54) folgt:

$$\sum_{p=1}^{\infty}\Delta_1\,\rho_p(u)\cdot\Delta_2\,\rho_p(u)=\sum_{p=1}^{\infty}\left(\sum_{q=1}^{\infty}o_q^{(p)}\int_{A_1}^{B_1}\varphi_q(g)\,dg\right)\cdot\left(\sum_{q=1}^{\infty}o_q^{(p)}\int_{A_2}^{B_2}\varphi_q(g)\,dg\right)=$$

$$=\sum_{q,r=1}^{\infty}\int_{A_1}^{B_1}\varphi_q(g)\,dg\int_{A_2}^{B_2}\varphi_r(g)\,dg\sum_{p=1}^{\infty}o_q^{(p)}\,o_r^{(p)}=\sum_{q=1}^{\infty}\int_{A_1}^{B_1}\varphi_q(g)\,dg\,.\int_{A_2}^{B_2}\varphi_q(g)\,dg,$$

so hat man in der Tat Gleichung (47) und unser Beweis ist beendet.

Nr. 20. Das System orthogonaler Differentialformen (44) heißt **vollständig im Intervall** (a, b), wenn die quadratische Form (48), oder was dasselbe ist, die quadratische Form (51) sich auf die Einheitsform reduziert:

$$\sum_{p,q=1}^{\infty}x_p\,x_q\int_0^{\varrho_0(b)}\psi_p(g)\,\psi_q(g)\,dg=\sum_{p=1}^{\infty}x_p^2.$$

In diesem Fall hat man also:

$$\int_0^{\varrho_0(b)}\psi_p(g)\cdot\psi_q(g)\,dg=\begin{cases}0, & \text{wenn } p\neq q\\ 1, & \text{wenn } p=q,\end{cases}$$

d. h. die $\psi_p(g)$ bilden in $(0, \rho_0(b))$ ein normiertes Orthogonalsystem; (52) lehrt, daß dieses Orthogonalsystem ein vollständiges ist. Also haben wir den Satz:

Damit $\rho(x, u)=\sum_{p=1}^{\infty}\rho_p(u)\,x_p$ **in** (a, b) **ein vollständiges System orthogonaler Differentialformen darstelle,**

ist notwendig und hinreichend, daß die Koeffizienten $\rho_p(u)$ in (a, b) die Gestalt haben:

$$\rho_p(u) = \int_0^{\varrho_0(b)} \psi_p(g)\, dg, \tag{57}$$

wo die $\psi_p(g)$ in $(0, \rho_0(b))$ ein vollständiges normiertes Orthogonalsystem bilden.

Übrigens kann man jedes nicht vollständige System orthogonaler Differentialformen in folgender Weise auf ein vollständiges System reduzieren: Nach (53) ist:

$$\sum_{p=1}^{\infty} \rho_p(u)\, x_p = \sum_{p=1}^{\infty} x_p \sum_{q=1}^{\infty} o_q^{(p)} \int_0^{\varrho_0(u)} \varphi_q(g)\, dg = \sum_{q=1}^{\infty} \int_0^{\varrho_0(u)} \varphi_q(g)\, dg \sum_{p=1}^{\infty} o_q^{(p)} x_p.$$

Setzt man also:

$$\bar{x}_q = \sum_{p=1}^{\infty} o_q^{(p)} x_p,$$

so kann man wegen (54) diese Transformation stets durch Hinzufügung weiterer Gleichungen der Form:

$$\bar{\bar{x}}_q = \sum_{p=1}^{\infty} \bar{o}_q^{(p)} x_p$$

zu einer orthogonalen Transformation ergänzen. Es wird:

$$\sum_{p=1}^{\infty} \rho_p(u)\, x_p = \sum_{p=1}^{\infty} \bar{\rho}_p(u)\, \bar{x}_p = \sum_{p=1}^{\infty} \bar{x}_p \int_0^{\varrho_0(u)} \varphi_p(g)\, dg,$$

was, wie vorhin bewiesen, ein vollständiges System orthogonaler Differentialformen in den Variablen $\bar{x}_p$ ist.

Nr. 21. Wir haben schon erwähnt (Nr. 18), daß die aus $\rho(x, u)$ durch $g = \rho_0(u)$ hervorgehende Funktion $P(x, g)$ unbestimmtes Integral ihrer quadratisch integrierbaren Ableitung $P'(x, g)$ ist. Bedeutet $s(g)$ irgend eine samt ihrem Quadrat in $(0, \rho_0(b))$ integrierbare Funktion, so existiert also $\int_0^g s(g)\, P'(x, g)\, dg$, und zwar ist, wie man sich leicht überzeugt:[1])

$$\int_0^{\varrho_0(u)} s(g)\, P'(x, g)\, dg = \sum_{p=1}^{\infty} x_p \int_0^{\varrho_0(u)} s(g)\, \psi_p(g)\, dg \left(= \sum_{p=1}^{\infty} x_p\, \sigma_p(u) \right) \tag{58}$$

[1]) Vgl. § 3, Nr. 15, und Hellinger, Habil. S. 30.

eine beschränkte Linearform, von der wir nun nachweisen wollen, daß sie in (a, b) ein System orthogonaler Differentialformen darstellt, deren Basis gegeben ist durch:

$$\sigma_0(u) = \int_0^{\varrho_0(u)} \big(s(g)\big)^2 dg. \tag{59}$$

Wir haben also die Gleichung nachzuweisen:

$$\sum_{p=1}^{\infty} \Delta_1 \sigma_p(u)\, \Delta_2 \sigma_p(u) = \Delta_{1,2}\, \sigma_0(u). \tag{60}$$

Seien (A_1, B_1) und (A_2, B_2) irgend zwei Intervalle aus (A, B) und, falls sie sich überdecken, sei $(A_{1,2}, B_{1,2})$ das ihnen gemeinsame Stück. Setzt man in Gleichung (52) für $h(g)$ und $\overline{h}(g)$ die Funktionen, die überall Null sind, außer in (A_1, B_1) bezw. (A_2, B_2), wo sie gleich $s(g)$ sind, so geht sie über in:

$$\sum_{p=1}^{\infty} \int_{A_1}^{B_1} s(g)\, \psi_p(g)\, dg \cdot \int_{A_2}^{B_2} s(g)\, \psi_p(g)\, dg = \int_{A_{1,2}}^{B_{1,2}} \big(s(g)\big)^2 dg, \tag{61}$$

wenn (A_1, B_1) und (A_2, B_2) sich überdecken oder in:

$$\sum_{p=1}^{\infty} \int_{A_1}^{B_1} s(g)\, \psi_p(g)\, dg \cdot \int_{A_2}^{B_2} s(g)\, \psi_p(g)\, dg = 0, \tag{61 a}$$

wenn (A_1, B_1) und (A_2, B_2) sich nicht überdecken. Die Gleichungen (61) und (61 a) sagen aber dasselbe aus, wie die zu beweisende Gleichung (60).

Wird anderseits durch $g = \rho_0(u)$, $h = \sigma_0(u)$ jeder Nullmenge der g-Achse eine Nullmenge der h-Achse zugeordnet, so kann man sofort ein in der Form (58) darstellbares System orthogonaler Differentialformen angeben, dessen Basisfunktion $\sigma_0(u)$ ist. In der Tat, gehe durch $g = \rho_0(u)$ die Funktion $\sigma_0(u)$ über in $\tau(g)$, so braucht man nur in (58) zu setzen:

$$s(g) = \sqrt{\tau'(g)}.$$

Denn, da nach § 1 (Nr. 2) $\sigma_0(u) = \int_0^{\varrho_0(u)} \tau'(g)\, dg$, so erhält man nach (59) für die Basisfunktion von $\int_0^{\varrho_0(u)} \sqrt{\tau'(g)}\, P'(x, g)\, dg$ tatsächlich $\sigma_0(u)$.

Nr. 22. Die beiden Systeme orthogonaler Differentialformen:

$$\rho^{(1)}(x,u)=\sum_{p=1}^{\infty}\rho_p^{(1)}(u)\,x_p,\quad \rho^{(2)}(x,u)=\sum_{p=1}^{\infty}\rho_p^{(2)}(u)\,x_p,$$

deren Basisfunktionen mit $\rho_0^{(1)}(u)$ und $\rho_0^{(2)}(u)$ bezeichnet werden mögen, heißen zueinander orthogonal in (a, b), wenn für irgend zwei Intervalle Δ_1 und Δ_2 von (a, b) die Gleichung gilt:

$$\sum_{p=1}^{\infty}\Delta_1\,\rho_p^{(1)}(u)\cdot\Delta_2\,\rho_p^{(2)}(u)=0.$$

Man kann eine orthogonale Transformation[1]) der x_p in neue Variable durchführen, so daß $\rho^{(1)}(x, u)$ nur von einem Teil $\overline{x}_p$ dieser neuen Veränderlichen, $\rho^{(2)}(x, u)$ nur vom andern Teil $\overline{\overline{x}}_p$ der neuen Veränderlichen abhängt. Man braucht zu diesem Zwecke nur in $\rho^{(1)}(x, u)$ neue Veränderliche so einzuführen — was, wie oben (Nr. 20) bemerkt, sicher möglich ist — daß $\overline{\rho}^{(1)}(\overline{x}, u) = \rho^{(1)}(x, u)$ in diesen neuen Veränderlichen ein vollständiges System orthogonaler Differentialformen wird. Von diesen Veränderlichen $\overline{x}_p$ kann dann die transformierte Form von $\rho^{(2)}(x, u)$ nicht abhängen. Um dies einzusehen, nehme man an, es hänge $\rho^{(2)}(x, u)$ nach der Transformation von den $\overline{x}_p$ ab:

$$\rho^{(2)}(x,u)=\overline{\rho}^{(2)}(\overline{x},\overline{\overline{x}},u).$$

Man setze alle $\overline{\overline{x}}_p$ gleich Null und wähle ein System $\overline{x}^0$ der $\overline{x}$, für das $\overline{\rho}^{(2)}(\overline{x}^0, 0, u)$ nicht verschwindet. Die die Vollständigkeit von $\overline{\rho}^{(1)}(\overline{x}, u)$ ausdrückende Gleichung:

$$\int_a^b\frac{(d\,\overline{\rho}^{(1)}(\overline{x},u))^2}{d\,\rho_0^{(1)}(u)}=\int_0^{\rho_0^{(1)}(b)}(\overline{P}'^{(1)}(\overline{x},g))^2dg=\sum_{p=1}^{\infty}\overline{x}_p^2$$

hat nach § 2 (Nr. 11) folgende Konsequenz: Ist ε eine beliebig kleine positive Zahl, so läßt sich immer eine Einteilung von (a, b) durch die Punkte $a = u_0, u_1, u_2 \ldots, u_{n-1}, u_n = b$ so finden, daß:

$$\sum_{p=1}^{\infty}\overline{x}_p^{0\,2}-\sum_{k=1}^{n}\frac{\left(\overline{\rho}^{(1)}(\overline{x}^0,u_k)-\overline{\rho}^{(1)}(\overline{x}^0,u_{k-1})\right)^2}{\rho_0^{(1)}(u_k)-\rho_0^{(1)}(u_{k-1})}<\varepsilon$$

[1]) Man beachte, daß bei orthogonaler Transformation eines Systems orthogonaler Differentialformen die Basisfunktion ungeändert bleibt.

wird. Die Formen

$$\frac{\left(\bar{\rho}^{(2)}(\bar{x},\bar{\bar{x}},u)\right)^2}{\rho_0^{(2)}(u)},\quad \frac{\left(\bar{\rho}^{(1)}(\bar{x},u_k)-\bar{\rho}^{(1)}(\bar{x},u_{k-1})\right)^2}{\rho_0^{(1)}(u_k)-\rho_0^{(1)}(u_{k-1})}\quad (k=1,2,\ldots,n)$$

sind aber die Quadrate normierter, zu je zweien orthogonaler Linearformen. Ihre Summe kann also nicht größer sein als: $\sum_{p=1}^{\infty}\bar{x}_p^2+\sum_{p=1}^{\infty}\bar{\bar{x}}_p^2$. Für das spezielle Wertsystem $\bar{x}_p=\bar{x}_p^0$, $\bar{\bar{x}}_p=0$ würde sich also ergeben:

$$\frac{\left(\bar{\rho}^{(2)}(\bar{x}^0,0,u)\right)^2}{\rho_0^{(2)}(u)}<\varepsilon,$$

was unmöglich, da ε beliebig war.

Nr. 23. Aus dieser Bemerkung fließen unmittelbar folgende Sätze:

Sind $\rho^{(1)}(x,u)$ und $\rho^{(2)}(x,u)$ zwei zu einander orthogonale Systeme orthogonaler Differentialformen des Intervalls (a,b) mit den Basisfunktionen $\rho_0^{(1)}(u)$ und $\rho_0^{(2)}(u)$,[1]) so ist die Summe $\rho^{(1)}(x,u)+\rho^{(2)}(x,u)$ ein System orthogonaler Differentialformen von der Basis $\rho_0^{(1)}(u)+\rho_0^{(2)}(u)$.

Sind $s^{(1)}(g)$ und $s^{(2)}(g)$ samt ihrem Quadrat integrierbar in $\left(0,\rho_0^{(1)}(b)\right)$ bezw. in $\left(0,\rho_0^{(2)}(b)\right)$, so sind die beiden Systeme orthogonaler Differentialformen

$$\int_0^{\rho_0^{(1)}(u)} s^{(1)}(g)\,P^{(1)\prime}(x,g)\,dg \quad\text{und}\quad \int_0^{\rho_0^{(2)}(u)} s^{(2)}(g)\,P^{(2)\prime}(x,g)\,dg$$

ebenfalls zu einander orthogonal.

Sind die abzählbar unendlich vielen Systeme orthogonaler Differentialformen des Intervalls (a,b):

$$\rho^{(1)}(x,u),\ \rho^{(2)}(x,u),\ldots,\rho^{(p)}(x,u),\ldots \tag{62}$$

zu je zweien orthogonal, so können durch orthogonale Transformation neue Variable so eingeführt werden, daß verschiedene Formen aus (62) von verschiedenen Teilen der neuen Variablen abhängen.

Nr. 24. Es sei $\rho_0^{(p)}(u)$ die Basis von $\rho^{(p)}(x,u)$, das durch $g=\rho_0^{(p)}(u)$ übergehe in $P^{(p)}(x,g)$. Ferner sei $s^{(p)}(g)$ samt seinem Quadrat integrierbar im Intervall $\left(0,\rho_0^{(p)}(b)\right)$.

[1]) In Anlehnung an die bisher benützte Bezeichnungsweise bezeichnen wir mit $P^{(1)}(x,g)$ die Form, die aus $\rho^{(1)}(x,u)$ durch $g=\rho_0^{(1)}(u)$ wird, mit $P^{(2)}(x,g)$ die Form, die aus $\rho^{(2)}(x,u)$ durch $g=\rho_0^{(2)}(u)$ wird.

Ist dann

$$\sum_{p=1}^{\infty} \int_0^{\rho_0^{(p)}(b)} \left(s^{(p)}(g)\right)^2 dg \tag{63}$$

konvergent, so ist

$$\Pi(x, u) = \sum_{p=1}^{\infty} x_n \pi_n(u) = \sum_{p=1}^{\infty} \int_0^{\rho_0^{(p)}(u)} s^{(p)}(g) P^{(p)\prime}(x, g)\, dg \tag{64}$$

ein System orthogonaler Differentialformen des Intervalls (a, b), dessen Basisfunktion gegeben ist durch:

$$\pi_0(u) = \sum_{p=1}^{\infty} \int_0^{\rho_0^{(p)}(u)} \left(s^{(p)}(g)\right)^2 dg. \tag{65}$$

In der Tat überzeugt man sich zunächst leicht, daß die in (64) rechts auftretende Reihe eine beschränkte Linearform darstellt. Man kann ja nach dem vorhergehenden Satze annehmen, daß jeder Summand dieser Reihe von anderen Variablen abhängt. Jeder dieser Summanden ist eine Linearform, in der die Quadratsumme der Koeffizienten, wie oben (Nr. 21) bewiesen wurde, den Wert $\int_0^{\rho_0^{(p)}(u)} \left(s^{(p)}(g)\right)^2 dg$ hat; die Konvergenz der Reihe (63) lehrt sodann, daß in der Tat (64) eine beschränkte Linearform ist. In ganz derselben Weise beweist man auch, daß:

$$\sum_{p=1}^{\infty} \Delta_1 \pi_p(u) \Delta_2 \pi_p(u) = \Delta_{1,2} \pi_0(u)$$

und somit die Tatsche, daß $\Pi(x, u)$ ein System orthogonaler Differentialformen von der durch (65) gegebenen Basis $\pi_0(u)$ darstellt.

Nr. 25. Seien n zu je zweien orthogonale Systeme orthogonaler Differentialformen von der Basis $g = \rho_0(u)$ des Intervalls (a, b) gegeben:

$$\rho^{(\alpha)}(x, u) = P^{(\alpha)}(x, g) = \sum_{p=1}^{\infty} x_p \int_0^{\varrho_0(u)} \psi_p^{(\alpha)}(g)\, dg \quad (\alpha = 1, 2, \ldots, n). \tag{66}$$

13*

Sind dann je zwei der Systeme orthogonaler Differentialformen:

$$\pi^{(\beta)}(x, u) = \sum_{\alpha=1}^{n} \int_0^{\varrho_0(u)} s_\alpha^{(\beta)}(g)\, P^{(\alpha)\prime}(x, g)\, dg \quad (\beta = 1, 2, \ldots, n) \tag{67}$$

zu einander orthogonal und hat jedes von ihnen ebenfalls die Basis $\rho_0(u)$, so kann es kein nicht identisch verschwindendes System orthogonaler Differentialformen der Gestalt:

$$\pi(x, u) = \sum_{\alpha=1}^{n} \int_0^{\varrho_0(u)} s_\alpha(g)\, P^{(\alpha)\prime}(x, g)\, dg \tag{68}$$

geben, das zu allen n Systemen (67) orthogonal wäre. Dabei bedeuten die $s_\alpha^{(\beta)}(g)$ und die $s_\alpha(g)$ Funktionen, die im Intervall $\big(0, \rho_0(b)\big)$ samt ihrem Quadrat integrabel sind.

Da nach Voraussetzung die Systeme (66) zu je zweien orthogonal sind, so ist nach Nr. 23 die Basis von $\pi^{(\beta)}(x, u)$ gegeben durch:

$$\sum_{\alpha=1}^{n} \int_0^{\varrho_0(u)} \big(s_\alpha^{(\beta)}(g)\big)^2\, dg.$$

Da aber nach Voraussetzung die Basisfunktion von $\pi^{(\beta)}(x, u)$ gleich $\rho_0(u)$ ist, so muß für alle g des Intervalls $\big(0, \rho_0(b)\big)$ die Gleichung gelten:

$$\sum_{\alpha=1}^{n} \int_0^{g} \big(s_\alpha^{(\beta)}(g)\big)^2\, dg = g;$$

also ist in $\big(0, \rho_0(b)\big)$, abgesehen von einer Nullmenge:

$$\sum_{\alpha=1}^{n} \big(s_\alpha^{(\beta)}(g)\big)^2 = 1. \tag{69}$$

Nach Nr. 23 sind wegen der Orthogonalität je zweier der Systeme (66) auch je zwei der Systeme orthogonaler Differentialformen:

$$\int_0^{\varrho_0(u)} s_\alpha^{(\beta)}(g)\, P^{(\alpha)\prime}(x, g)\, dg = \sum_{p=1}^{\infty} x_p \int_0^{\varrho_0(u)} s_\alpha^{(\beta)}(g)\, \psi_p^{(\alpha)}(g)\, dg$$

mit verschiedenem Index α zu einander orthogonal. Daher erhält man aus der Orthogonalität der zwei Systeme $\pi^{(\beta)}(x, u)$ und $\pi^{(\bar\beta)}(x, u)$ $(\beta \neq \bar\beta)$ unmittelbar:

$$\sum_{\alpha=1}^{n}\sum_{p=1}^{\infty}\int_{0}^{\varrho_0(u)} s_\alpha^{(\beta)}(g)\,\psi_p^{(\alpha)}(g)\,dg\cdot\int_{0}^{\varrho_0(u)} s_\alpha^{(\bar\beta)}(g)\,\psi_p^{(\alpha)}(g)\,dg=0$$

$$(\beta,\bar\beta=1,2,\ldots,n;\ \beta\neq\bar\beta).$$

Nach Formel (52) ist dies gleichbedeutend mit:

$$\sum_{\alpha=1}^{n}\int_{0}^{\varrho_0(u)} s_\alpha^{(\beta)}(g)\,s_\alpha^{(\bar\beta)}(g)\,dg=0\qquad(\beta,\bar\beta=1,2,\ldots,n;\ \beta\neq\bar\beta),$$

woraus weiter folgt: Für alle g des Intervalls $(0,\rho_0(b))$, abgesehen von einer Nullmenge, ist:

$$\sum_{\alpha=1}^{n} s_\alpha^{(\beta)}(g)\,s_\alpha^{(\bar\beta)}(g)=0\qquad(\beta,\bar\beta=1,2,\ldots,n;\ \beta\neq\bar\beta).\tag{70}$$

Die Gleichungen (69) und (70) besagen: Abgesehen von einer Nullmenge, bilden in jedem Punkte g des Intervalls $(0,\rho_0(b))$ die Funktionswerte $s_\alpha^{(\beta)}(g)$ $(\alpha,\beta=1,2,\ldots,n)$ eine orthogonale Matrix.

Wäre nun auch noch das System orthogonaler Differentialformen (68) orthogonal zu jedem der Systeme (67), so könnte man ebenso, wie wir gerade die Gleichungen (70) hergeleitet haben, nun die n Gleichungen herleiten:

$$\sum_{\alpha=1}^{n} s_\alpha^{(\beta)}(g)\,s_\alpha(g)=0\qquad(\beta=1,2,\ldots,n).$$

Wegen der eben bewiesenen Eigenschaft der Matrix $s_\alpha^{(\beta)}(g)$ würde aber daraus folgen, daß, abgesehen von einer Nullmenge, die Funktionen $s_\alpha(g)$ überall in $(0,\rho_0(b))$ verschwinden. Damit ist unsere Behauptung bewiesen.

Nr. 26. Zum Schlusse beweisen wir noch einen Satz über die Zerspaltung des Systems orthogonaler Differentialformen $\rho(x,u)$ von der Basis $\rho_0(u)$ in eine Summe zueinander orthogonaler Summanden.

Sei im Intervall $(0,\rho_0(b))$ der g-Achse eine meßbare Menge M gegeben und CM sei ihre Komplementärmenge in $(0,\rho_0(b))$. Mit $s_M(g)$ bezeichnen wir[1]) die Funktion, die den Wert 1 hat in allen Punkten von M und den Wert 0 in allen Punkten von CM, mit $s_{CM}(g)$ diejenige Funktion, die den Wert 0 hat in allen Punkten

[1]) An dieser Bezeichnungsweise halten wir konsequent fest, so daß im folgenden mit $s_N(v)$ eine Funktion bezeichnet wird, die in allen Punkten einer Menge N der v-Achse gleich 1, sonst überall gleich 0 ist.

von M und den Wert 1 in allen Punkten von CM. Nach Nr. 21 sind dann:

$$\rho^{(1)}(x, u) = \int_0^{\varrho_0(u)} s_M(g) P'(x, g)\, dg; \quad \rho^{(2)}(x, u) = \int_0^{\varrho_0(u)} s_{CM}(g) P'(x, g)\, dg \tag{71}$$

zwei Systeme orthogonaler Differentialformen, deren Basisfunktionen wegen $\left(s_M(g)\right)^2 = s_M(g)$; $\left(s_{CM}(g)\right)^2 = s_{CM}(g)$ nach (59) lauten:

$$\rho_0^{(1)}(u) = \int_0^{\varrho_0(u)} s_M(g)\, dg; \quad \rho_0^{(2)}(u) = \int_0^{\varrho_0(u)} s_{CM}(g)\, dg \tag{72}$$

und nichts anderes sind, als der Inhalt des zwischen $g = 0$ und $g = \rho_0(u)$ fallenden Teiles der Menge M bezw. der Menge CM. Offenbar ist ferner wegen $s_1(g) + s_2(g) = 1$:

$$\rho(x, u) = \rho^{(1)}(x, u) + \rho^{(2)}(x, u). \tag{73}$$

Wir wollen noch beweisen, daß die beiden Systeme orthogonaler Differentialformen $\rho^{(1)}(x, u)$ und $\rho^{(2)}(x, u)$ zu einander orthogonal sind. Seien (A_1, B_1), (A_2, B_2) irgend zwei Teilintervalle von $\left(0, \rho_0(b)\right)$; unter $h(g)$ verstehe man die Funktion, die in (A_1, B_1) mit $s_M(g)$ zusammenfällt, sonst Null ist, unter $\bar{h}(g)$ die Funktion, die in (A_2, B_2) mit $s_{CM}(g)$ zusammenfällt, sonst Null ist; da dann überall $h(g)\,\bar{h}(g) = 0$ ist, so folgt aus (52):

$$\sum_{p=1}^{\infty} \int_{A_1}^{B_1} s_M(g)\, \psi_p(g)\, dg \int_{A_2}^{B_2} s_{CM}(g)\, \psi_p(g)\, dg = 0;$$

das aber ist die behauptete Orthogonalität.

Nr. 27. Ebenso beweist man: Seien $M_1, M_2, \ldots, M_p, \ldots$ irgend welche meßbaren Mengen, von denen keine zwei ein Element gemein haben und deren Summenmenge das Intervall $\left(0, \rho_0(b)\right)$ ist. Wir setzen:

$$\rho^{(p)}(x, u) = \int_0^{\varrho_0(u)} s_{M_p}(g) P'(x, g)\, dg.$$

Dann ist $\rho^{(p)}(x, u)$ ein System orthogonaler Differentialformen, dessen Basis $\rho_0^{(p)}(u)$ der Inhalt des zwischen $g = 0$ und $g = \rho_0(u)$ liegenden Teiles von M_p ist. Irgend zwei der Systeme orthogonaler Differentialformen $\rho^{(p)}(x, u)$ sind zu einander orthogonal und es ist:

$$\rho(x, u) = \sum_{p=1}^{\infty} \rho^{(p)}(x, u). \tag{74}$$

Zum Beweis dieser letzten Formel berufe man sich auf Nr. 24, wo in Formel (64) nun alle $P^{(p)}(x, g)$ gleich $P(x, g)$ und mithin alle $\rho_0^{(p)}(u)$ gleich $\rho_0(u)$ zu setzen sind. Da $\left(s_{M_p}(g)\right)^2 = s_{M_p}(g)$ ist, so geht die Reihe (63) über in:

$$\sum_{p=1}^{\infty} \int_0^{\varrho_0(b)} \left(s_{M_p}(g)\right)^2 dg = \sum_{p=1}^{\infty} \int_0^{\varrho_0(b)} s_{M_p}(g)\, dg = \rho_0(b),$$

ist also sicherlich konvergent. Nachdem so die Konvergenz der Reihe (74) dargetan ist, überzeugt man sich leicht, daß ihre Summe gleich $\rho(x, u)$ ist; man bezeichne zu dem Zwecke mit R_n die Menge, die die Summenmenge $M_1 + M_2 + \cdots + M_n$ zum Intervall $\left(0, \rho_0(b)\right)$ ergänzt. Nach dem in Nr. 26 Bewiesenen ist:

$$\rho(x, u) = \rho^{(1)}(x, u) + \rho^{(2)}(x, u) + \cdots + \rho^{(n)}(x, u) + \\ + \int_0^{\varrho_0(b)} s_{R_n}(g)\, P'(x, g)\, dg$$

und da der Inhalt der Menge R_n mit wachsendem n gegen Null geht, erkennt man augenblicklich, daß auch das rechts auftretende Integral gegen Null geht, womit (74) bewiesen ist.

§ 5.

Nr. 28. Sei eine beschränkte quadratische Form:

$$K(x) = \sum_{p, q=1}^{\infty} k_{pq}\, x_p\, x_q$$

gegeben. Bekanntlich versteht man unter einer Eigenform dieser quadratischen Form eine beschränkte Linearform:

$$L_\alpha(x) = \sum_{p=1}^{\infty} l_p^{(\alpha)}\, x_p,$$

deren Koeffizienten der Gleichungen genügen:

$$\sum_{q=1}^{\infty} k_{pq}\, l_q^{(\alpha)} = \lambda_\alpha\, l_p^{(\alpha)} \quad (p = 1, 2, \ldots);$$

dabei heißt die Zahl λ_α der zu $L_\alpha(x)$ gehörige Eigenwert von $K(x)$. Bekanntlich kann man ein höchstens abzählbar unendliches System von Eigenformen so finden, daß

$$K(x) - \sum_{\alpha} \lambda_\alpha \left(L_\alpha(x)\right)^2$$

eine quadratische Form darstellt, die keine Eigenform mehr besitzt.

Eine quadratische Form kann außer Eigenformen auch noch Eigendifferentialformen besitzen.[1]) Man sagt, die Form:

$$\rho(x,\lambda) = \sum_{p=1}^{\infty} \rho_p(\lambda)\, x_p, \tag{75}$$

in der die Koeffizienten $\rho_p(\lambda)$ samt ihrer Quadratsumme $\sum_{p=1}^{\infty} \left(\rho_p(\lambda)\right)^2 = \rho_0(\lambda)$ stetig seien, stellt ein System von Eigendifferentialformen von $K(x)$ dar, wenn für jedes Intervall $(\bar{\lambda}, \bar{\bar{\lambda}})$ die Gleichungen erfüllt sind:

$$\sum_{q=1}^{\infty} k_{pq}\left(\rho_q(\bar{\bar{\lambda}}) - \rho_q(\bar{\lambda})\right) = \int_{\bar{\lambda}}^{\bar{\bar{\lambda}}} \lambda\, d\rho_p(\lambda). \tag{76}$$

Es gilt der Satz: Jedes System von Eigendifferentialformen einer quadratischen Form ist ein System orthogonaler Differentialformen. Ist a das Minimum, b das Maximum von $K(x)$ unter der Nebenbedingung $\sum_{p=1}^{\infty} x_p^2 = 1$, so kann es außerhalb des Intervalls (a, b) keine Eigendifferentialformen von $K(x)$ geben, d. h. in (75) sind außerhalb (a, b) alle Koeffizienten konstant.

Nr. 29. Sei $\rho(x,\lambda)$ ein beliebiges System orthogonaler Differentialformen des Intervalls (a, b); die Basisfunktion sei $\rho_0(\lambda)$. Teilt man das Intervall (a, b) in Teilintervalle durch $a = \lambda_0, \lambda_1, \lambda_2, \ldots, \lambda_{n-1}, \lambda_n = b$, so ist immer:

$$\sum_{k=1} \frac{\left(\rho(x,\lambda_k) - \rho(x,\lambda_{k-1})\right)^2}{\rho_0(\lambda_k) - \rho_0(\lambda_{k-1})} \leqq \sum_{p=1}^{\infty} x_p^2,$$

da die Linearformen:

$$\frac{\rho(x,\lambda_k) - \rho(x,\lambda_{k-1})}{\sqrt{\rho_0(\lambda_k) - \rho_0(\lambda_{k-1})}}$$

normiert und zu je zweien orthogonal sind; also existiert das Hellingersche Integral $\int_a^b \frac{\left(d\rho(x,\lambda)\right)^2}{d\rho_0(\lambda)}$ und ist nach § 2 gleich

[1]) Über die Eigendifferentialformen siehe Hellinger, Habil., Kap. II.

dem Lebesgueschen Integral[1]) $\int_0^{\varrho_0(b)} \left(\frac{d\rho(x)}{d\rho_0}\right)^2 d\rho_0$. Indem man nur einer endlichen Anzahl der Variablen x von Null verschiedene Werte erteilt und Nr. 19 beachtet, sieht man, daß es die beschränkte quadratische Form darstellt:

$$\int_0^{\varrho_0(b)} \left(\frac{d\rho(x)}{d\rho_0}\right)^2 d\rho_0 = \sum_{p,q=1}^{\infty} x_p x_q \int_0^{\varrho_0(b)} \psi_p \cdot \psi_q d\rho_0.$$

Daraus entnimmt man leicht, daß auch:

$$\int_a^b \lambda \frac{(d\rho(x,\lambda))^2}{d\rho_0(\lambda)} = \int_0^{\varrho_0(b)} \lambda \left(\frac{d\rho(x)}{d\rho_0}\right)^2 d\rho_0 = \sum_{p,q=1}^{\infty} x_p x_q \int_0^{\varrho_0(b)} \lambda \psi_p \psi_q d\rho_0 \qquad (77)$$

gilt und daß es sich auch hier um eine beschränkte quadratische Form handelt. Setzen wir in (52) für h die Funktion $\lambda \cdot \psi_q$, für $\overline{h}$ die Funktion, die gleich 1 ist im Intervall: $\rho_0(\overline{\lambda}) \leqq \rho_0 \leqq \rho_0(\overline{\overline{\lambda}})$, sonst aber überall gleich Null ist, so erhalten wir:

$$\sum_{p=1}^{\infty} \int_0^{\varrho_0(b)} \lambda \psi_p \psi_q d\rho_0 \left(\rho_p(\overline{\overline{\lambda}}) - \rho_p(\overline{\lambda})\right) = \int_{\varrho_0(\overline{\lambda})}^{\varrho_0(\overline{\overline{\lambda}})} \lambda \frac{d\rho_q}{d\rho_0} d\rho_0.$$

Das aber heißt nach (76): Das System orthogonaler Differentialformen $\rho(x, \lambda)$ ist ein System von Eigendifferentialformen der quadratischen Form (77).

Nr. 30. Leiten wir nach Nr. 21 aus $\rho(x, \lambda)$ ein System orthogonaler Differentialformen:

$$\pi(x, \lambda) = \int_0^{\varrho_0(\lambda)} s \cdot \frac{d\rho(x)}{d\rho_0} d\rho_0 \qquad (78)$$

her, so ist auch $\pi(x, \lambda)$ ein System von Eigendifferentialformen von (77), wie man genau nach der eben angeführten Methode erkennt, wobei nur jetzt für $\overline{h}$ jene Funktion zu wählen ist, die für $\rho_0(\overline{\lambda}) < \rho_0 < \rho_0(\overline{\overline{\lambda}})$ mit s zusammenfällt und sonst 0 ist.

Bedeutet $\pi_0(\lambda)$ eine beliebige Funktion, die so beschaffen ist, daß durch $\rho_0 = \rho_0(\lambda)$, $\pi_0 = \pi_0(\lambda)$ jeder Nullmenge der ρ_0-Achse eine Nullmenge der π_0-Achse zugeordnet ist, so können wir, wie

---

[1]) Wir schreiben im folgenden im Integranden die Integrationsvariable nicht mehr an. Bisher haben wir nach Einführung der Integrationsvariablen $g = \rho_0(\lambda)$ dieses Integral so geschrieben: $\int_0^{\varrho_0(b)} \left(\frac{dP(x,g)}{dg}\right)^2 dg$.

wir in Nr. 21 gesehen haben, in (78) die Funktion s so wählen, daß die Basisfunktion von $\pi(x, \lambda)$ gerade $\pi_0(\lambda)$ wird. Wir haben zu dem Zwecke nur zu setzen: $s = \sqrt{\frac{d\pi_0}{d\rho_0}}$.

Ist $\pi_0(\lambda)$ obendrein noch so beschaffen, daß durch $\rho_0 = \rho_0(\lambda)$, $\pi_0 = \pi_0(\lambda)$ auch jeder Nullmenge der π_0-Achse eine Nullmenge der ρ_0-Achse zugeordnet ist, so fällt die zu $\pi(x, \lambda)$ gehörige Form (77) identisch mit der zu $\rho(x, \lambda)$ gehörigen aus:

$$\int_0^{\varrho_0(b)} \lambda \left(\frac{d\rho(x)}{d\rho_0}\right)^2 d\rho_0 = \int_0^{\pi_0(b)} \lambda \left(\frac{d\pi(x)}{d\pi_0}\right)^2 d\pi_0.$$

Denn dann kann man nach Nr. 5 statt ρ_0 auch π_0 als Integrationsveränderliche einführen und aus (78) wird nach (10):

$$\pi(x) = \int_0^{\varrho_0(\lambda)} \sqrt{\frac{d\pi_0}{d\rho_0}} \frac{d\rho(x)}{d\rho_0} d\rho_0 = \int_0^{\pi_0(\lambda)} \frac{d\rho(x)}{d\rho_0} \sqrt{\frac{d\rho_0}{d\pi_0}} d\pi_0,$$

also ist bis auf eine Nullmenge der π_0-Achse:

$$\frac{d\pi(x)}{d\pi_0} = \frac{d\rho(x)}{d\rho_0} \cdot \sqrt{\frac{d\rho_0}{d\pi_0}}.$$

Nach (10) ist aber weiter:

$$\int_0^{\varrho_0(b)} \lambda \left(\frac{d\rho(x)}{d\rho_0}\right)^2 d\rho_0 = \int_0^{\pi_0(b)} \lambda \left(\frac{d\rho(x)}{d\rho_0}\right)^2 \frac{d\rho_0}{d\pi_0} d\pi_0 = \int_0^{\pi_0(b)} \lambda \left(\frac{d\pi(x)}{d\pi_0}\right)^2 d\pi_0$$

und das ist die Behauptung.

Nr. 31. Sind die beiden Systeme orthogonaler Differentialformen $\rho^{(1)}(x, \lambda)$ und $\rho^{(2)}(x, \lambda)$ orthogonal, so sind auch die ihnen nach (77) zugehörigen quadratischen Formen orthogonal. In der Tat kann man (Nr. 22) statt der x neue Variable so einführen, daß $\rho^{(1)}$ und $\rho^{(2)}$ von verschiedenen Variablen abhängen; dasselbe gilt dann von den nach (77) zugehörigen quadratischen Formen, womit die Behauptung bewiesen ist.

Zerlegt man $\rho(x, \lambda)$ nach Nr. 26 in die zwei Formen:

$$\rho^{(1)}(x, \lambda) = \int_0^{\varrho_0(\lambda)} s_M \frac{d\rho(x)}{d\rho_0} d\rho_0; \quad \rho^{(2)}(x, \lambda) = \int_0^{\varrho_0(\lambda)} s_{CM} \frac{d\rho(x)}{d\rho_0} d\rho_0, \qquad (71)$$

deren Basisfunktionen wieder mit $\rho_0^{(1)}(\lambda)$ und $\rho_0^{(2)}(\lambda)$ bezeichnet werden mögen, so gilt für die nach (77) zugeordneten quadratischen Formen:

$$\int_0^{\rho_0(b)} \lambda \left(\frac{d\,\rho(x)}{d\,\rho_0}\right)^2 d\,\rho_0 = \int_0^{\rho_0^{(1)}(b)} \lambda \left(\frac{d\,\rho^{(1)}(x)}{d\,\rho_0^{(1)}}\right)^2 d\,\rho_0^{(1)} + \int_0^{\rho_0^{(2)}(b)} \lambda \left(\frac{d\,\rho^{(2)}(x)}{d\,\rho_0^{(2)}}\right)^2 d\,\rho_0^{(2)}. \quad (79)$$

Um dies zu beweisen, beachte man, daß nach (59) der Zusammenhang zwischen $\rho_0^{(1)}$ und ρ_0 gegeben ist durch:

$$\rho_0^{(1)} = \int_0^{\varrho_0} (s_M)^2\, d\,\rho_0 = \int_0^{\varrho_0} s_M\, d\,\rho_0; \quad (80)$$

also ist sicherlich jeder Nullmenge der ρ_0-Achse eine Nullmenge der $\rho_0^{(1)}$-Achse zugeordnet (analog für $\rho_0^{(2)}$); also kann man in beiden Integralen auf der rechten Seite von (79) ρ_0 als Integrationsveränderliche einführen. Man erhält so:

$$\int_0^{\rho_0^{(1)}(b)} \lambda \left(\frac{d\,\rho^{(1)}(x)}{d\,\rho_0^{(1)}}\right)^2 d\,\rho_0^{(1)} = \int_0^{\rho_0(b)} \lambda \left(\frac{d\,\rho^{(1)}(x)}{a\,\rho_0^{(1)}}\right)^2 \frac{d\,\rho_0^{(1)}}{d\,\rho_0}\, d\,\rho_0$$

und da nach (80) bis auf eine Nullmenge der ρ_0-Achse

$$\frac{d\,\rho_0^{(1)}}{d\,\rho_0} = s_M = (s_M)^2 = \left(\frac{d\,\rho_0^1}{d\,\rho_0}\right)^2$$

ist, so hat man weiter:

$$\int_0^{\rho_0^{(1)}(b)} \lambda \left(\frac{d\,\rho^{(1)}(x)}{d\,\rho_0^{(1)}}\right)^2 d\,\rho_0^{(1)} = \int_0^{\rho_0(b)} \lambda \left(\frac{d\,\rho^{(1)}(x)}{d\,\rho_0^{(1)}} \cdot \frac{d\,\rho_0^{(1)}}{d\,\rho_0}\right)^2 d\,\rho_0 = \int_0^{\rho_0(b)} \lambda \left(\frac{d\,\rho^{(1)}(x)}{d\,\rho_0}\right)^2 d\,\rho_0 \quad (81)$$

und ebenso gilt:

$$\int_0^{\rho_0^{(2)}(b)} \lambda \left(\frac{d\,\rho^{(2)}(x)}{d\,\rho_0^{(2)}}\right)^2 d\,\rho_0^{(2)} = \int_0^{\rho_0(b)} \lambda \left(\frac{d\,\rho^{(2)}(x)}{d\,\rho_0}\right)^2 d\,\rho_0. \quad (81\,a)$$

Nun ist weiter nach (71), abgesehen von Nullmengen der ρ_0-Achse:

$$\frac{d\,\rho^{(1)}(x)}{d\,\rho_0} = s_M \frac{d\,\rho(x)}{d\,\rho_0}; \quad \frac{d\,\rho^{(2)}(x)}{d\,\rho_0} = s_{CM} \frac{d\,\rho(x)}{d\,\rho_0},$$

also wegen $s_M\, s_{CM} = 0$:

$$\int_0^{\varrho_0(b)} \lambda \frac{d\,\rho^{(1)}(x)}{d\,\rho_0} \cdot \frac{d\,\rho^{(2)}(x)}{d\,\rho_0}\, d\,\rho_0 = 0. \quad (82)$$

Nach (81), (81 *a*) und (82) ist also die rechte Seite von (79) nichts anderes als:

$$\int_0^{\varrho_0(b)} \lambda \left(\frac{d\,\rho^{(1)}(x)}{d\,\rho_0} + \frac{d\,\rho^{(2)}(x)}{d\,\rho_0} \right)^2 d\,\rho_0$$

und da nach (73): $\rho^{(1)}(x) + \rho^{(2)}(x) = \rho(x)$ ist, so ist (79) bewiesen.

Nr. 32. Ganz analog beweist man, daß auch bei der in Nr. 27 gezeigten Zerfällung von $\rho(x, \lambda)$ in die abzählbar unendlich vielen Summanden (74) die Formel gilt (die Bezeichnungsweise ist die von Nr. 27):

$$\int_0^{\rho_0(b)} \lambda \left(\frac{d\,\rho(x)}{d\,\rho_0} \right)^2 d\,\rho_0 = \sum_{p=1}^{\infty} \int_0^{\rho_0^{(p)}(b)} \lambda \left(\frac{d\,\rho^{(p)}(x)}{d\,\rho_0^{(p)}} \right)^2 d\,\rho_0^{(p)}. \tag{83}$$

Um dies einzusehen, führe man wieder die in Nr. 27 benützte Menge R_n ein und setze:

$$\pi^{(n)}(x, \lambda) = \int_0^{\varrho_0(\lambda)} s_{R_n} \frac{d\,\rho(x)}{d\,\rho_0} d\,\rho_0. \tag{84}$$

Nach dem in Nr. 31 bewiesenen ist dann, wenn mit $\pi_0^{(n)}(\lambda)$ die Basisfunktion von $\pi^{(n)}(x, \lambda)$ bezeichnet wird:

$$\int_0^{\varrho_0(b)} \lambda \left(\frac{d\,\rho(x)}{d\,\rho_0} \right)^2 d\,\rho_0 = \sum_{p=1}^{n} \int_0^{\varrho_0^{(p)}(b)} \lambda \left(\frac{d\,\rho^{(p)}(x)}{d\,\rho_0^{(p)}} \right)^2 d\,\rho_0^{(p)} + \int_0^{\pi_0^{(n)}(b)} \lambda \left(\frac{d\,\pi^{(n)}(x)}{d\,\pi_0^{(n)}} \right) d\,\pi_0^{(n)}.$$

Nun findet man (vgl. Nr. 31) ohne Schwierigkeit, da nach (84), abgesehen von einer Nullmenge der ρ_0-Achse:

$$\frac{d\,\pi^{(n)}(x)}{d\,\rho_0} = s_{R_n} \frac{d\,\rho(x)}{d\,\rho_0}$$

ist:

$$\int_0^{\pi_0^{(n)}(b)} \lambda \left(\frac{d\,\pi^{(n)}(x)}{d\,\pi_0^{(n)}} \right)^2 d\,\pi_0^{(n)} = \int_0^{\varrho_0(b)} \lambda \left(\frac{d\,\pi^{(n)}(x)}{d\,\rho_0} \right)^2 d\,\rho_0 = \int_0^{\varrho_0(b)} \lambda \left(\frac{d\,\rho(x)}{d\,\rho_0} \right)^2 . \, s_{R_n}^2 \, d\,\rho_0.$$

Nun konvergiert der Inhalt der Menge R_n (d. i. die Menge, in der s_{R_n} nicht Null ist) mit wachsendem n gegen 0, woraus unmittelbar folgt, daß auch das Integral $\int_0^{\varrho_0(b)} \lambda \left(\frac{d\,\rho(x)}{d\,\rho_0} \right)^2 s_{R_n}^2 \, d\,\rho_0$ mit wachsendem n gegen Null geht. Und damit ist die Behauptung bewiesen.

Nr. 33. Wir erinnern nun an folgende Resultate von Hellinger,[1]) die wir gleich in der im bisherigen festgehaltenen Bezeichnungsweise anschreiben: Es gibt Systeme von höchstens abzählbar unendlich vielen Eigendifferentialformen der quadratischen Form $K(x)$:

$$\rho^{(1)}(x, \lambda),\ \rho^{(2)}(x, \lambda), \ldots, \rho^{(\alpha)}(x, \lambda), \ldots \tag{85}$$

(ihre Basisfunktionen seien $\rho_0^{(1)}(\lambda), \rho_0^{(2)}(\lambda), \ldots, \rho_0^{(\alpha)}(\lambda), \ldots$), die zu je zweien orthogonal sind und durch die sich die Form $K(x)$ in der Gestalt schreiben läßt:[2])

$$K(x) = \sum_\alpha \lambda_\alpha \left(L_\alpha(x)\right)^2 + \sum_\alpha \int_0^{\rho_0^{(\alpha)}(b)} \lambda \left(\frac{d\,\rho^{(\alpha)}(x)}{d\,\rho_0^{(\alpha)}}\right)^2 d\,\rho_0^{(\alpha)}. \tag{86}$$

Ein System von Eigendifferentialformen von $K(x)$, die *zu je zweien orthogonal sind* und durch die $K(x)$ in der Gestalt (86) dargestellt werden kann, heiße ein *vollständiges* System von Eigendifferentialformen von $K(x)$.

Bedeuten $s_1, s_2, \ldots, s_\alpha, \ldots$ irgend welche Funktionen, für die

$$\sum_\alpha \int_0^{\rho_0^{(\alpha)}(b)} (s_\alpha)^2\, d\,\rho_0^{(\alpha)} \tag{87}$$

konvergiert, so stellt der Ausdruck:

$$\sum_\alpha \int_0^{\rho_0^{(\alpha)}(\lambda)} s_\alpha \frac{d\,\rho^{(\alpha)}(x)}{d\,\rho_0^{(\alpha)}}\, d\,\rho_0^{(\alpha)} \tag{88}$$

ein System von Eigendifferentialformen von $K(x)$ dar und umgekehrt kann, wenn das System (85) ein vollständiges System von Eigendifferentialformen von $K(x)$ ist, jede Eigendifferentialform von $K(x)$ in dieser Weise dargestellt werden.

Nr. 34. Aus dem in Nr. 30—32 bewiesenen entnehmen wir nun folgende Tatsachen: Bedeutet $\pi_0^{(\alpha)}(\lambda)$ irgend eine Funktion, die so beschaffen ist, daß durch $\pi_0^{(\alpha)} = \pi_0^{(\alpha)}(\lambda)$, $\rho_0^{(\alpha)} = \rho_0^{(\alpha)}(\lambda)$ jeder Nullmenge der $\pi_0^{(\alpha)}$-Achse eine Nullmenge der $\rho_0^{(\alpha)}$-Achse zugeordnet wird und umgekehrt, so kann in (85) $\rho^{(\alpha)}(x, \lambda)$ durch ein System $\pi^{(\alpha)}(x, \lambda)$ von Eigendifferentialformen von $K(x)$ ersetzt werden, das die Basisfunktion $\pi_0^{(\alpha)}(\lambda)$ hat, ohne daß das System aufhört, vollständig zu sein.

---

[1]) Habil., S. 43 ff., wo aber alles unter Verwendung der Hellingerschen Integrale geschrieben ist.

[2]) Wegen der Bedeutung von λ_α und $L_\alpha(x)$ siehe Nr. 28.

Insbesondere kann man jede der Funktionen $\rho^{(\alpha)}(x, \lambda)$ mit einer beliebigen Konstanten multiplizieren; dadurch kann man es aber erreichen, daß die Reihe $\sum_\alpha \rho_0^{(\alpha)}(\lambda)$ der Basisfunktionen konvergent wird. Wir denken uns im folgenden das System (85) so gewählt.

Zerlegt man eines der $\rho^{(\alpha)}(x, \lambda)$ nach Nr. 26 oder Nr. 27 in endlich oder abzählbar unendlich viele zueinander orthogonale Summanden:

$$\rho^{(\alpha)}(x, \lambda) = \sum_\beta \rho^{(\alpha, \beta)}(x, \lambda),$$

so kann man in (85) $\rho^{(\alpha)}(x, \lambda)$ ersetzen durch die endlich oder abzählbar unendlich vielen Systeme von Differentialformen $\rho^{(\alpha, \beta)}(x, \lambda)$ und erhält wieder ein vollständiges System von Eigendifferentialformen von $K(x)$.

Nr. 35. Nun wollen wir den Satz beweisen: Es läßt sich stets ein vollständiges System von Eigendifferentialformen von $K(x)$:

$$\pi^{(1)}(x, \lambda), \pi^{(2)}(x, \lambda), \ldots, \pi^{(\alpha)}(x, \lambda), \ldots \tag{89}$$

finden, deren Basisfunktionen $\pi_0^{(1)}(\lambda), \pi_0^{(2)}(\lambda), \ldots, \pi_0^{(\alpha)}(\lambda), \ldots$ folgende Eigenschaft haben: Ist $\bar{\alpha} > \alpha$, so ist in jedem Konstanzintervall von $\pi_0^{(\alpha)}(\lambda)$ auch $\pi_0^{(\bar{\alpha})}(\lambda)$ konstant und durch $\pi_0^{(\alpha)} = \pi_0^{(\alpha)}(\lambda)$, $\pi_0^{(\bar{\alpha})} = \pi_0^{(\bar{\alpha})}(\lambda)$ wird jeder Nullmenge der $\pi_0^{(\alpha)}$-Achse eine Nullmenge der $\pi_0^{(\bar{\alpha})}$-Achse zugeordnet.[1]) Ein solches System von Eigendifferentialformen von $K(x)$ werden wir ein geordnetes nennen.

Wir wollen zunächst (85) durch ein System ersetzen, in dem diese Bedingung für $\alpha = 1$, $\bar{\alpha} = 2$ erfüllt ist.

Wir führen eine neue Veränderliche v ein durch:

$$v = \rho_0^{(1)}(\lambda) + \rho_0^{(2)}(\lambda).$$

Offenbar entspricht dann jeder Nullmenge der v-Achse eine Nullmenge der $\rho_0^{(1)}$-Achse und eine Nullmenge der $\rho_0^{(2)}$-Achse. Es kann also (Nr. 5) statt der Integrationsvariablen $\rho_0^{(1)}$ und $\rho_0^{(2)}$ die Integrationsvariable v eingeführt werden.

[1]) Diese Abbildung der $\pi_0^{(\alpha)}$-Achse auf die $\pi_0^{(\bar{\alpha})}$-Achse ist eindeutig und stetig wegen der vorstehenden, die Konstanzintervalle von $\pi_0^{(\alpha)}(\lambda)$ und $\pi_0^{(\bar{\alpha})}(\lambda)$ betreffenden Bedingung.

Sei M_v diejenige Menge der v-Achse, wo $\frac{d\,\rho_0^{(1)}}{d\,v}$ den Wert 0 hat und M diejenige Menge, die der Menge M_v auf der $\rho_0^{(2)}$-Achse entspricht. Wir zerspalten nach Nr. 26 unter Zugrundelegung dieser Menge M die Form $\rho^{(2)}(x, \lambda)$ in die zwei Summanden:

$$\overline{\rho}(x, \lambda) = \int_0^{\rho_0^{(2)}(\lambda)} s_M \frac{d\,\rho^{(2)}(x)}{d\,\rho_0^{(2)}}\, d\,\rho_0^{(2)}; \quad \overline{\overline{\rho}}(x, \lambda) = \int_0^{\rho_0^{(2)}(\lambda)} s_{CM} \frac{d\,\rho^{(2)}(x)}{d\,\rho_0^{(2)}}\, d\,\rho_0^{(2)} \tag{91}$$

und behaupten, daß, wenn wir in (85) $\rho^{(1)}(x, \lambda)$, $\rho^{(2)}(x, \lambda)$ ersetzen durch $\rho^{(1)}(x, \lambda) + \overline{\rho}(x, \lambda)$, $\overline{\overline{\rho}}(x, \lambda)$, wir ein vollständiges System von Eigendifferentialformen von $K(x)$ erhalten, in dem die beiden ersten Formen unserer Bedingung genügen.

Nr. 36. Beweisen wir also zunächst, daß

$$\pi(x, \lambda) = \rho^{(1)}(x, \lambda) + \overline{\rho}(x, \lambda),\ \overline{\overline{\rho}}(x, \lambda),\ \rho^{(3)}(x, \lambda), \ldots, \rho^{(\alpha)}(x, \lambda), \ldots$$

ein vollständiges System von Eigendifferentialformen von $K(x)$ darstellt. Zunächst ist wegen der Orthogonalität von $\overline{\rho}(x, \lambda)$ und $\overline{\overline{\rho}}(x, \lambda)$ (Nr. 26) klar, daß je zwei dieser Differentialsysteme zueinander orthogonal sind. Bleibt zu beweisen, daß durch sie $K(x)$ in der zu (86) analogen Gestalt dargestellt werden kann. Diese Behauptung aber ist offenbar gleichbedeutend mit folgender:[1])

$$\begin{gathered}\int_0^{\pi_0(\lambda)} \lambda \left(\frac{d\,\pi(x)}{d\,\pi_0}\right)^2 d\,\pi_0 + \int_0^{\overline{\overline{\rho}}_0(\lambda)} \lambda \left(\frac{d\,\overline{\overline{\rho}}(x)}{d\,\overline{\overline{\rho}}_0}\right)^2 d\,\overline{\overline{\rho}}_0 = \\ \int_0^{\rho_0^{(1)}(\lambda)} \lambda \left(\frac{d\,\rho_0^{(1)}(x)}{d\,\rho_0^{(1)}}\right)^2 d\,\rho_0^{(1)} + \int_0^{\rho_0^{(2)}(\lambda)} \lambda \left(\frac{d\,\rho_0^{(2)}(x)}{d\,\rho_0^{(2)}}\right)^2 d\,\rho_0^{(2)}.\end{gathered} \tag{92}$$

Da aber nach Nr. 31:

$$\int_0^{\rho_0^{(2)}(\lambda)} \lambda \left(\frac{d\,\rho_0^{(2)}(x)}{d\,\rho_0^{(2)}}\right)^2 d\,\rho_0^{(2)} = \int_0^{\overline{\rho}_0(\lambda)} \lambda \left(\frac{d\,\overline{\rho}(x)}{d\,\overline{\rho}_0}\right)^2 d\,\overline{\rho}_0 + \int_0^{\overline{\overline{\rho}}_0(\lambda)} \lambda \left(\frac{d\,\overline{\overline{\rho}}(x)}{d\,\overline{\overline{\rho}}_0}\right)^2 d\,\overline{\overline{\rho}}_0$$

ist, so haben wir zu beweisen:

$$\int_0^{\pi_0(\lambda)} \lambda \left(\frac{d\,\pi(x)}{d\,\pi_0}\right)^2 d\,\pi_0 = \int_0^{\rho_0^{(1)}(\lambda)} \lambda \left(\frac{d\,\rho_0^{(1)}(x)}{d\,\rho_0^{(1)}}\right)^2 d\,\rho_0^{(1)} + \int_0^{\overline{\rho}_0(\lambda)} \lambda \left(\frac{d\,\overline{\rho}_0(x)}{d\,\overline{\rho}_0}\right)^2 d\,\overline{\rho}_0. \tag{93}$$

---

[1]) Entsprechend unserer bisherigen Bezeichnungsweise bedeutet im folgenden $\pi_0(\lambda)$, $\overline{\rho}_0(\lambda)$, $\overline{\overline{\rho}}_0(\lambda)$ die Basisfunktionen von $\pi(x, \lambda)$, $\overline{\rho}(x, \lambda)$, $\overline{\overline{\rho}}(x, \lambda)$.

Diese Formel aber wird bewiesen sein (Nr. 31), wenn wir beweisen, daß die Zerlegung

$$\pi(x, \lambda) = \rho^{(1)}(x, \lambda) + \bar{\rho}(x, \lambda) \qquad (94)$$

auch eine Zerlegung der in Nr. 26 behandelten Art ist. Und zwar werden wir folgendes zeigen:

Es bezeichne M_{π_0} diejenige Menge der π-Achse, die aus der in Nr. 35 eingeführten Menge M_v der v-Achse durch $\pi_0 = \pi_0(\lambda)$; $v = \rho_0^{(1)}(\lambda) + \rho_0^{(2)}(\lambda)$ hervorgeht. Zerlegt man $\pi(x, \lambda)$ nach Nr. 26 unter Zugrundelegung der Menge M_{π_0} in die beiden Summanden:

$$\bar{\pi}(x, \lambda) = \int_0^{\pi_0(\lambda)} s_{M_{\pi_0}} \frac{d\pi(x)}{d\pi_0} d\pi_0 ; \quad \bar{\bar{\pi}}(x, \lambda) = \int_0^{\pi_0(\lambda)} s_{CM_{\pi_0}} \frac{d\pi(x)}{d\pi_0} d\pi_0,$$

so wird gerade:

$$\bar{\pi}(x, \lambda) = \bar{\rho}(x, \lambda); \quad \bar{\bar{\pi}}(x, \lambda) = \rho^{(1)}(x, \lambda). \qquad (95)$$

Haben wir das bewiesen, so ist nach Nr. 31 auch (93) und mithin (92) bewiesen.

Da offenbar jeder Nullmenge der v-Achse eine Nullmenge der π_0-Achse entspricht,[1]) so hat man nach (10), wenn man beachtet, daß bei Einführung der Veränderlichen v die Funktion $s_{CM_{\pi_0}}$ in s_{CM_v} übergeht (vgl. Nr. 5):

$$\bar{\bar{\pi}}(x, \lambda) = \int_0^{\rho_0^{(1)}(\lambda) + \rho_0^{(2)}(\lambda)} s_{CM_v} \frac{d\pi(x)}{d\pi_0} \cdot \frac{d\pi_0}{dv} dv = \int_0^{\rho_0^{(1)}(\lambda) + \rho_0^{(2)}(\lambda)} s_{CM_v} \frac{d\pi(x)}{dv} dv.$$

Daher nach (94) und (91) (man berücksichtige, daß bei Einführung von v die Funktion s_M in s_{M_v} übergeht):

$$\bar{\bar{\pi}}(x, \lambda) = \int_0^{\rho_0^{(1)}(\lambda) + \rho_0^{(2)}(\lambda)} s_{CM_v} \left(\frac{d\rho^{(1)}(x)}{dv} + \frac{d\bar{\rho}(x)}{dv} \right) dv =$$

$$= \int_0^{\rho_0^{(1)}(\lambda) + \rho_0^{(2)}(\lambda)} s_{CM_v} \left(\frac{d\rho^{(1)}(x)}{dv} + s_{M_v} \frac{d\rho^{(2)}(x)}{dv} \right) dv$$

und wegen $s_{M_v} s_{CM_v} = 0$:

$$\bar{\bar{\pi}}(x, \lambda) = \int_0^{\rho_0^{(1)}(\lambda) + \rho_0^{(2)}(\lambda)} s_{CM_v} \frac{d\rho^{(1)}(x)}{dv} dv.$$

---

[1]) **Das ist klar, wenn man beachtet, daß $\pi_0(\lambda) = \rho_0^{(1)}(\lambda) + \bar{\bar{\rho}}_0(\lambda)$ und $\rho_0^{(2)}(\lambda) = \bar{\rho}_0(\lambda) + \bar{\bar{\rho}}_0(\lambda)$ ist.**

Beachtet man aber, daß s_{CM_v} überall dort verschwindet, wo auch $\frac{d\rho^{(1)}(x)}{dv}$ verschwindet, sonst aber den Wert 1 hat, so kann man schreiben:

$$\rho^{(1)}(x, \lambda) = \int_0^{\rho_0^{(1)}(\lambda)+\rho_0^{(2)}(\lambda)} s_{CM_v} \frac{d\rho^{(1)}(x)}{dv}\, dv$$

und die zweite Gleichung (95) ist bewiesen.

Analog beweist man die erste Gleichung (95): Es ist:

$$\overline{\pi}(x, \lambda) = \int_0^{\rho_0^{(1)}(\lambda)+\rho_0^{(2)}(\lambda)} s_{M_v} \frac{d\pi(x)}{dv}\, dv = \int_0^{\rho_0^{(1)}(\lambda)+\rho_0^{(2)}(\lambda)} s_{M_v} \left(\frac{d\rho^{(1)}(x)}{dv} + \frac{d\overline{\rho}(x)}{dv}\right) dv$$

und da $s_{M_v} \frac{d\rho^{(1)}(x)}{dv} = 0$ und $(s_{M_v})^2 = s_{M_v}$, folgt nach (91):

$$\overline{\pi}(x, \lambda) = \int_0^{\rho_0^{(1)}(\lambda)+\rho_0^{(2)}(\lambda)} s_{M_v} \frac{d\overline{\rho}(x)}{dv}\, dv = \int_0^{\rho_0^{(1)}(\lambda)+\rho_0^{(2)}(\lambda)} s_{M_v} \frac{d\rho^{(2)}(x)}{dv}\, dv = \overline{\rho}(x, \lambda).$$

Hiemit ist (93) und also auch (92) bewiesen.

Nr. 37. Bleibt von unserer Behauptung noch zu beweisen, daß jedes Konstanzintervall von $\pi_0(\lambda)$ auch Konstanzintervall von $\overline{\overline{\rho}}_0(\lambda)$ ist und durch $\pi_0 = \pi_0(\lambda)$, $\overline{\overline{\rho}}_0 = \overline{\overline{\rho}}_0(\lambda)$ jeder Nullmenge der π_0-Achse eine Nullmenge der $\overline{\overline{\rho}}_0$-Achse entspricht.

Der auf die Konstanzintervalle bezügliche Teil ist evident; denn ein Konstanzintervall von $\pi_0(\lambda)$ ist zufolge der Definition von $\pi_0(\lambda)$ Konstanzintervall sowohl von $\rho_0^{(1)}(\lambda)$, als auch von $\rho_0^{(2)}(\lambda)$, mithin sicher auch von $\overline{\overline{\rho}}_0(\lambda)$.

Was den anderen Teil der Behauptung anlangt, so sei N_{π_0} eine Nullmenge der π_0-Achse. Setzen wir wieder $v = \rho_0^{(1)}(\lambda) + \rho_0^{(2)}(\lambda)$, so entspricht der Menge N_{π_0} eine Nullmenge N_v der v-Achse. In der Tat, wir haben schon hervorgehoben, daß jeder Nullmenge der v-Achse eine Nullmenge, sowohl der $\rho_0^{(1)}$-Achse, als auch der $\rho_0^{(2)}$-Achse entspricht. Offenbar entspricht daher erst recht jeder Nullmenge der v-Achse auch eine Nullmenge sowohl der $\overline{\rho}_0$-Achse, als auch der $\overline{\overline{\rho}}_0$-Achse. Da nach Nr. 23: $\pi_0(\lambda) = \rho_0^{(1)}(\lambda) + \overline{\rho}_0(\lambda)$ ist, so entspricht auch jeder Nullmenge der v-Achse eine Nullmenge der π_0-Achse; also kann statt π_0 als neue Integrationsvariable v eingeführt werden. Nun ist der Inhalt von N_{π_0} gegeben durch $\int\limits_0^{\pi_0(b)} s_{N_{\pi_0}} d\pi_0$. Da durch Einführung von v die Funktion $s_{N_{\pi_0}}$ übergeht in s_{N_v} und da der Inhalt von N_{π_0} gleich 0 ist, hat man also:

$$0 = \int\limits_0^{\pi_0(b)} s_{N_{\pi_0}} d\pi_0 = \int\limits_0^{\rho_0^{(1)}(b)+\rho_0^{(2)}(b)} s_{N_v} \frac{d\pi_0}{dv} dv.$$

Nun ist nach Nr. 23 und Nr. 21, Gleichung (59):

$$\pi_0(\lambda) = \rho_0^{(1)}(\lambda) + \overline{\rho}_0(\lambda); \quad \overline{\rho}_0(\lambda) = \int\limits_0^{\rho_0^{(2)}(\lambda)} (s_M)^2 \, d\rho_0^{(2)} = \int\limits_0^{\rho_0^{(2)}(\lambda)} s_M \, d\rho_0^{(2)}.$$

Also weiter:

$$0 = \int\limits_0^{\rho_0^{(1)}(b)+\rho_0^{(2)}(b)} s_{N_v} \left(\frac{d\rho_0^{(1)}}{dv} + \frac{d\overline{\rho}_0}{dv}\right) dv = \int\limits_0^{\rho_0^{(1)}(b)+\rho_0^{(2)}(b)} s_{N_v} \left(\frac{d\rho_0^{(1)}}{dv} + s_{M_v} \frac{d\rho_0^{(2)}}{dv}\right) dv.$$

In diesem letzteren Integral muß also, abgesehen von einer Nullmenge der v-Achse, der Integrand verschwinden. Nun ist, abgesehen von einer Nullmenge der v-Achse, $\frac{d\rho_0^{(1)}}{dv} + s_{M_v} \frac{d\rho_0^{(2)}}{dv} \neq 0$, denn es ist, abgesehen von einer Nullmenge, $\frac{d\rho_0^{(1)}}{dv} + \frac{d\rho_0^{(2)}}{dv} = 1$ und wo $\frac{d\rho_0^{(1)}}{dv} = 0$ ist, ist $s_{M_v} = 1$. Also muß, abgesehen von einer Nullmenge der v-Achse, s_{N_v} verschwinden, das aber heißt, N_v hat den Inhalt 0. Es entspricht also in der Tat jeder Nullmenge der π_0-Achse eine Nullmenge der v-Achse; da aber, wie schon erwähnt, jeder Nullmenge der v-Achse eine Nullmenge der $\overline{\overline{\rho}}_0$-Achse entspricht, so ist die Behauptung erwiesen.

Nr. 38. Wir werden nun, um im folgenden eine konsequente Bezeichnungsweise zu haben, die im vorigen mit $\pi(x, \lambda)$, $\overline{\rho}(x, \lambda)$, $\overline{\overline{\rho}}(x, \lambda)$ bezeichneten Formen mit: $\pi^{(1,2)}(x, \lambda)$, $\overline{\rho}^{(2)}(x, \lambda)$, $\overline{\overline{\rho}}^{(2)}(x, \lambda)$ bezeichnen. Ferner wird im folgenden, wie bisher immer, die Basisfunktion eines Systems von Differentialformen mit demselben kleinen griechischen Buchstaben und demselben oberen Index, wie das System selbst bezeichnet, nur daß unten der Index 0 angehängt wird.

Wir haben nun das vollständige System von Eigendifferentialformen von $K(x)$:

$$\pi^{(1,2)}(x,\lambda),\ \bar{\bar{\rho}}^{(2)}(x,\lambda),\ \rho^{(3)}(x,\lambda),\ldots,\rho^{(\alpha)}(x,\lambda),\ldots,$$

in dem die beiden ersten Formen der in Nr. 35 geforderten Bedingung genügen. Indem wir in den Überlegungen von Nr. 36 und 37 an die Stelle von $\rho^{(1)}(x,\lambda)$ und $\rho^{(2)}(x,\lambda)$ nun $\pi^{(1,2)}(x,\lambda)$ $\rho^{(3)}(x,\lambda)$ treten lassen, können wir $\rho^{(3)}(x,\lambda)$ in zwei Summanden spalten: $\rho^{(3)}(x,\lambda) = \bar{\rho}^{(3)}(x,\lambda) + \bar{\bar{\rho}}^{(3)}(x,\lambda)$ derart, daß, wenn $\pi^{(1,3)}(x,\lambda) = \pi^{(1,2)}(x,\lambda) + \bar{\rho}^{(3)}(x,\lambda)$ gesetzt wird, nun auch:

$$\pi^{(1,3)}(x,\lambda),\ \bar{\bar{\rho}}^{(2)}(x,\lambda),\ \bar{\bar{\rho}}^{(3)}(x,\lambda),\ \rho^{(4)}(x,\lambda),\ldots,\rho^{(\alpha)}(x,\lambda),\ldots$$

ein vollständiges System von Eigendifferentialformen von $K(x)$ darstellt, in dem die erste und dritte, offenbar aber auch die erste und zweite Form der in Nr. 35 formulierten Bedingung genügen.

Indem man so fort schließt, kommt man zu vollständigen Systemen von Eigendifferentialformen von $K(x)$:

$$\pi^{(1,n)}(x,\lambda),\ \bar{\bar{\rho}}^{(2)}(x,\lambda),\ldots,\bar{\bar{\rho}}^{(n)}(x,\lambda),\ \rho^{(n+1)}(x,\lambda),\ldots,$$

bei denen die erste und zweite, die erste und dritte, ..., die erste und n^{te} Form der Bedingung von Nr. 35 genügen. Dabei ist:

$$\pi^{(1,n)}(x,\lambda) = \rho^{(1)}(x,\lambda) + \bar{\rho}^{(2)}(x,\lambda) + \cdots + \bar{\rho}^{(n)}(x,\lambda)$$

$$\rho^{(\alpha)}(x,\lambda) = \bar{\rho}^{(\alpha)}(x,\lambda) + \bar{\bar{\rho}}^{(\alpha)}(x,\lambda) \quad (\alpha = 1, 2, \ldots, n).$$

Bezeichnen wir noch die nach (77) einem System orthogonaler Differentialformen zugeordnete quadratische Form mit demselben (aber großen) griechischen Buchstaben wie das System und denselben (aber unten angehängten) Indizes, so gilt für diese quadratischen Formen, wenn obendrein

$$K(x) - \sum_{(\alpha)} \lambda_\alpha \big(L_\alpha(x)\big)^2 = K_0(x)$$

gesetzt wird:

$$\Pi_{1,n}(x) + \sum_{\alpha=2}^{n} \bar{P}_\alpha(x) + \sum_{\alpha=n+1}^{\infty} P_\alpha(x) = K_0(x) \tag{96}$$

$$\Pi_{1,n}(x) = P_1(x) + \sum_{\alpha=2}^{n} \bar{P}_\alpha(x);\quad \bar{P}_\alpha(x) + \bar{\bar{P}}_\alpha(x) = P_\alpha(x)$$
$$(\alpha = 1, 2, \ldots, n). \tag{97}$$

14*

Nr. 39. Offenbar stellt nun — für den Fall, daß das System (85) aus unendlich vielen Gliedern besteht — der Ausdruck:

$$\pi^{(1)}(x, \lambda) = \rho^{(1)}(x, \lambda) + \overline{\rho}^{(2)}(x, \lambda) + \cdots + \overline{\rho}^{(n)}(x, \lambda) + \cdots \tag{98}$$

ein System von Eigendifferentialformen von $K(x)$ dar. In der Tat hat ja der Summand $\overline{\rho}^{(n)}(x, \lambda)$ die Form:

$$\overline{\rho}^{(n)}(x, \lambda) = \int_0^{\rho_0^{(n)}(\lambda)} s_{M_n} \frac{d\rho^{(n)}(x)}{d\rho_0^{(n)}} d\rho_0^{(n)},$$

wo s_{M_n} die Funktion bedeutet, die in einer gewissen Punktmenge M_n des Intervalls $\left(0, \rho_0^{(n)}(b)\right)$ den Wert 1, sonst den Wert 0 hat. Wollen wir nachweisen, daß $\pi^{(1)}(x, \lambda)$ ein System von Eigendifferentialformen von $K(x)$ darstellt, haben wir nach Nr. 33 nur zu zeigen, daß die Reihe:

$$\sum_n \int_0^{\rho_0^{(n)}(b)} (s_{M_n})^2 \, d\rho_0^{(n)} = \sum_n \int_0^{\rho_0^{(n)}(b)} s_{M_n} \, d\rho_0^{(n)}$$

konvergiert; das ist aber sicher der Fall, da in ihr kein Glied größer ist als in der Reihe:

$$\sum_n \int_0^{\rho_0^{(n)}(b)} d\rho_0^{(n)} = \sum_n \rho_0^{(n)}(b),$$

die wir als konvergent voraussetzen konnten (Nr. 34).

Ferner erkennt man leicht, daß für die nach (77) zu $\pi^{(1)}(x, \lambda)$ gehörige quadratische Form die Beziehung besteht:

$$\Pi_1(x) = P_1(x) + \overline{P}_2(x) + \cdots + \overline{P}_n(x) + \cdots. \tag{99}$$

Um dies einzusehen, beachte man, daß man erreichen kann, daß in (85) je zwei Systeme $\rho^{(\alpha)}(x, \lambda)$, $\rho^{(\overline{\alpha})}(x, \lambda)$ von verschiedenen Variablen abhängen (Nr. 23). Dasselbe gilt dann von je zwei Summanden in (99). Bildet man nun in (99) rechts und links einen Abschnitt, so reduziert sich in (99) die Summe auf eine endliche Anzahl (etwa p) Glieder, und auf ebenso viele Glieder reduziert sich die Summe in (98). Dann aber reduziert sich (99) auf die Gleichung (97) (nämlich für $n = p$). Da also Gleichung (99) für jeden Abschnitt gilt, gilt sie allgemein.

Wir entnehmen nun sehr leicht, daß:

$$\pi^{(1)}(x, \lambda), \ \overline{\overline{\rho}}^{(2)}(x, \lambda), \ldots, \overline{\overline{\rho}}^{(\alpha)}(x, \lambda), \ldots \tag{100}$$

ein vollständiges System von Eigendifferentialformen von $K(x)$ bildet. Wir brauchen nur in (96) mit n zur Grenze ∞ überzugehen und erhalten (da (99) gleichbedeutend ist mit $\lim_{n=\infty} \Pi_{1,n}(x) = \Pi_1(x)$):

$$\Pi_1(x) + \sum_{\alpha=2}^{\infty} \overline{\overline{P}}_\alpha(x) = K_0(x),$$

das aber ist die Behauptung.

Endlich ist klar, daß im System (100) zwischen $\pi^{(1)}(x, \lambda)$ und jedem $\overline{\overline{\rho}}^{(\alpha)}(x, \lambda)$ die Bedingung von Nr. 35 erfüllt ist.

Nr. 40. Wir wollen nun $\overline{\overline{\rho}}^{(\alpha,1)}(x, \lambda)$ statt $\overline{\overline{\rho}}^{(\alpha)}(x, \lambda)$ schreiben. Dann können wir das System (100):

$$\pi^{(1)}(x, \lambda),\ \overline{\overline{\rho}}^{(2,1)}(x, \lambda), \ldots, \overline{\overline{\rho}}^{(\alpha,1)}(x, \lambda), \ldots \tag{100a}$$

weiter transformieren, indem wir das System $\overline{\overline{\rho}}^{(2,1)}(x, \lambda), \ldots, \overline{\overline{\rho}}^{(\alpha,1)}(x, \lambda), \ldots$ nun so behandeln, wie oben das System $\rho^{(1)}(x, \lambda), \ldots, \rho^{(\alpha)}(x, \lambda), \ldots$. Es wird dadurch jede Form $\overline{\overline{\rho}}^{(\alpha,1)}(x, \lambda)$ $(\alpha > 2)$ zerspalten in zwei Summanden:

$$\overline{\overline{\rho}}^{(\alpha,1)}(x, \lambda) = \overline{\rho}^{(\alpha,2)}(x, \lambda) + \overline{\overline{\rho}}^{(\alpha,2)}(x, \lambda);$$

man setze:

$$\pi^{(2)}(x, \lambda) = \overline{\overline{\rho}}^{(2,1)}(x, \lambda) + \sum_{\alpha=3}^{\infty} \overline{\rho}^{(\alpha,2)}(x, \lambda). \tag{101}$$

Wie oben, sieht man, daß die Gleichung besteht:

$$\Pi_2(x) = \overline{\overline{P}}_{2,1}(x) + \sum_{\alpha=3}^{\infty} \overline{P}_{\alpha,2}(x),$$

woraus wieder folgt, daß:

$$\pi^{(1)}(x, \lambda),\ \pi^{(2)}(x, \lambda),\ \overline{\overline{\rho}}^{(3,2)}(x, \lambda), \ldots, \overline{\overline{\rho}}^{(\alpha,2)}(x, \lambda), \ldots$$

ein vollständiges System von Eigendifferentialformen von $K(x)$ darstellt. Hier gilt nun zwischen $\pi^{(1)}(x, \lambda)$ und jedem $\overline{\overline{\rho}}^{(\alpha,2)}(x, \lambda)$ sowie zwischen $\pi^{(2)}(x, \lambda)$ und jedem $\overline{\overline{\rho}}^{(\alpha,2)}(x, \lambda)$ die Bedingung von Nr. 35, wie unmittelbar ersichtlich ist.

Sie gilt aber auch zwischen $\pi^{(1)}(x, \lambda)$ und $\pi^{(2)}(x, \lambda)$. In der Tat gilt sie zwischen $\pi^{(1)}(x, \lambda)$ und jedem Summanden von (101): Sie galt ja zwischen $\pi^{(1)}(x, \lambda)$ und jedem $\overline{\overline{\rho}}^{(\alpha,1)}(x, \lambda)$, daher a fortiori zwischen $\pi^{(1)}(x, \lambda)$ und jedem $\overline{\rho}^{(\alpha,2)}(x, \lambda)$. Daraus aber folgt, daß sie auch zwischen $\pi^{(1)}(x, \lambda)$ und $\pi^{(2)}(x, \lambda)$ gilt. Denn, da jedes

Konstanzintervall von $\pi_0^{(1)}(\lambda)$, wie eben bemerkt, Konstanzintervall für die Basisfunktionen $\overline{\overline{\rho}}_0^{(2,1)}(\lambda)$ und $\overline{\rho}_0^{(\alpha,2)}(\lambda)$ jedes einzelnen Summanden in (101) ist, so ist es auch Konstanzintervall für die Summe:

$$\overline{\overline{\rho}}_0^{(2,1)}(\lambda)+\sum_{\alpha=3}^{\infty}\overline{\rho}_0^{(\alpha,2)}(\lambda). \tag{102}$$

Nach Nr. 24, Gleichung (65), ist diese Summe aber nichts anderes,[1]) als die Basis $\pi_0^{(2)}(\lambda)$ von $\pi^{(2)}(x,\lambda)$, womit die erste Hälfte unserer Bedingung erwiesen ist. Ebenso beweist man die zweite Hälfte: Wie schon erwähnt, entspricht jeder Nullmenge der $\pi_0^{(1)}$-Achse eine Nullmenge sowohl der $\overline{\overline{\rho}}_0^{(2,1)}$-Achse, als auch jeder $\overline{\overline{\rho}}_0^{(\alpha,2)}$-Achse, also nach Nr. 6 auch eine Nullmenge der $\pi_0^{(2)}$-Achse, da $\pi_0^{(2)}(\lambda)$ durch die Summe (101) dargestellt wird.

Nr. 41. Indem man so fortfährt, kommt man zu vollständigen Systemen von Eigendifferentialformen von $K(x)$:

$$\begin{gathered}\pi^{(1)}(x,\lambda),\ \pi^{(2)}(x,\lambda),\ \ldots,\ \pi^{(n)}(x,\lambda),\ \overline{\overline{\rho}}^{(n+1,n)}(x,\lambda),\ \ldots,\\ \overline{\overline{\rho}}^{(\alpha,n)}(x,\lambda),\ \ldots,\end{gathered} \tag{103}$$

in denen zwischen $\pi^{(1)}(x,\lambda)$ und jedem der folgenden Systeme, zwischen $\pi^{(2)}(x,\lambda)$ und jedem der folgenden Systeme, ..., zwischen $\pi^{(n)}(x,\lambda)$ und jedem der folgenden Systeme die Bedingung von Nr. 35 erfüllt ist. Die Vollständigkeit des Systems (103) wird ausgedrückt durch:

$$\sum_{\alpha=1}^{n}\Pi_\alpha(x)+\sum_{\alpha=n+1}^{\infty}\overline{\overline{P}}_{\alpha,n}(x)=K_0(x). \tag{104}$$

Betrachten wir nun das System:

$$\pi^{(1)}(x,\lambda),\ \pi^{(2)}(x,\lambda),\ \ldots,\ \pi^{(\alpha)}(x,\lambda),\ \ldots \tag{105}$$

zwischen jedem $\pi^{(\alpha)}(x,\lambda)$ und allen darauf in (105) folgenden $\pi^{(\overline{\alpha})}(x,\lambda)$ gilt nun die Bedingung von Nr. 35. Anderseits ist auch (105) ein vollständiges System von Eigendifferentialformen von $K(x)$, denn aus (104) wird durch den Grenzübergang $n=\infty$:

$$\sum_{\alpha=1}^{\infty}\Pi_\alpha(x)=K_0(x).$$

Die Behauptung von Nr. 35 ist also in allen ihren Teilen bewiesen, und das System (105) ist ein geordnetes.

[1]) Dabei ist in (65) jedes $s_\alpha(g)$ durch 1 zu ersetzen.

Bezeichnet wie bisher $\pi_0^{(1)}(\lambda)$, $\pi_0^{(2)}(\lambda), \ldots, \pi_0^{(\alpha)}(\lambda), \ldots$ die Basisfunktionen von (105), so entspricht nach Nr. 4, wenn $\bar{\alpha} > \alpha$ durch $\pi_0^{(\alpha)} = \pi_0^{(\alpha)}(\lambda)$; $\pi_0^{(\bar{\alpha})} = \pi_0^{(\bar{\alpha})}(\lambda)$ jeder meßbaren Menge M_α der $\pi_0^{(\alpha)}$-Achse eine meßbare Menge $M_{\bar{\alpha}}$ der $\pi_0^{(\bar{\alpha})}$-Achse. Wir wollen noch zeigen, daß wir das System (105) durch ein gleichfalls vollständiges und geordnetes ersetzen können, bei dem, wenn $\bar{\alpha} > \alpha$, der Inhalt von $M_{\bar{\alpha}}$ sicher nicht größer als der Inhalt von M_α ist.

Sei E_0 diejenige Menge der $\pi_0^{(\alpha)}$-Achse, wo $\frac{d\,\pi_0^{(\alpha+1)}}{d\,\pi_0^{(\alpha)}} \neq 0$ ausfällt. Setzt man dann

$$\bar{\pi}_0^{(\alpha+1)}(\lambda) = \int_0^{\pi_0^{(\alpha)}(\lambda)} s_{E_0}\, d\,\pi_0^{(\alpha)},$$

so entspricht jeder Nullmenge der $\bar{\pi}_0^{(\alpha+1)}$-Achse eine Nullmenge der $\pi_0^{(\alpha+1)}$-Achse und umgekehrt. In der Tat sei N eine Nullmenge des Intervalls $\left(0, \pi_0^{(\alpha+1)}(b)\right)$ der $\pi_0^{(\alpha+1)}$-Achse. Nach Nr. 3 genügt es nachzuweisen, daß, falls die ihr auf der $\bar{\pi}_0^{(\alpha+1)}$-Achse entsprechende Menge $\bar{N}$ meßbar ist, sie nicht einen von Null verschiedenen Inhalt haben kann. Der Inhalt von N ist gegeben durch:

$$J_N = \int_0^{\pi_0^{(\alpha+1)}(b)} s_N\, d\,\pi_0^{(\alpha+1)} = \int_0^{\pi_0^{(\alpha)}(b)} s_N \frac{d\,\pi_0^{(\alpha+1)}}{d\,\pi_0^{(\alpha)}}\, d\,\pi_0^{(\alpha)}.$$

Abgesehen von einer Nullmenge der $\pi_0^{(\alpha)}$-Achse, muß also $s_N \frac{d\,\pi_0^{(\alpha+1)}}{d\,\pi_0^{(\alpha)}}$ gleich 0 sein. Nach der Definition der Menge E_0 gilt dann dasselbe von $s_N . s_{E_0}$. Dann aber ist auch:

$$\int_0^{\pi_0^{(\alpha)}(b)} s_N . s_{E_0}\, d\,\pi_0^{(\alpha)} = \int_0^{\pi_0^{(\alpha)}(b)} s_N \frac{d\,\bar{\pi}_0^{(\alpha+1)}}{d\,\pi_0^{(\alpha)}} \cdot d\,\pi_0^{(\alpha)} = 0.$$

Ist aber die Menge $\bar{N}$ meßbar, so ist ihr Inhalt gegeben durch:

$$\int_0^{\bar{\pi}_0^{(\alpha+1)}(b)} s_{\bar{N}}\, d\,\bar{\pi}_0^{(\alpha+1)} = \int_0^{\pi_0^{(\alpha)}(b)} s_N \frac{d\,\bar{\pi}_0^{(\alpha+1)}}{d\,\pi_0^{(\alpha)}}\, d\,\pi_0^{(\alpha)}$$

und hat also in der Tat den Wert 0. Und genau so schließt man umgekehrt.

Nach Nr. 30 kann man also in (105) $\pi^{(\alpha+1)}(x,\lambda)$ ersetzen durch ein System von Eigendifferentialformen von $K(x)$ von der Basis $\bar{\pi}_0^{(\alpha+1)}(\lambda)$, ohne daß (105) aufhören würde vollständig und offenbar auch geordnet zu sein.

Nun ist der Inhalt von M_α gegeben durch:

$$J_{M_\alpha} = \int_0^{\pi_0^{(\alpha)}(b)} s_{M_\alpha}\, d\,\pi_0^{(\alpha)},$$

der Inhalt der entsprechenden Menge $\overline{M}_{\alpha+1}$ auf der $\bar{\pi}_0^{(\alpha+1)}$-Achse durch:

$$J_{\overline{M}_{\alpha+1}} = \int_0^{\bar{\pi}_0^{(\alpha+1)}(b)} s_{\overline{M}_{\alpha+1}}\, d\,\bar{\pi}_0^{(\alpha+1)} = \int_0^{\pi_0^{(\alpha)}(b)} s_{M_\alpha} \frac{d\,\bar{\pi}_0^{(\alpha+1)}}{d\,\pi_0^{(\alpha)}}\, d\,\pi_0^{(\alpha)}$$

und da $\dfrac{d\,\bar{\pi}_0^{(\alpha+1)}}{d\,\pi_0^{(\alpha)}}$ nur der Werte 0 und 1 fähig ist, so ist offenbar $J_{\overline{M}_{\alpha+1}} \leqq J_{M_\alpha}$. Indem man von $\alpha = 1$ angefangen sukzessive das System (105) in der angegebenen Weise transformiert, erhält man ein System von der verlangten Eigenschaft.

Nr. 42. Damit die beiden beschränkten quadratischen Formen von unendlich vielen Veränderlichen $K(x)$ und $K^*(x)$ ineinander durch orthogonale Transformation überführbar seien, ist notwendig und hinreichend:

1. daß die Eigenwerte von $K(x)$ und $K^*(x)$ übereinstimmen einschließlich der Vielfachheit,

2. daß, wenn

$$\rho^{(1)}(x,\lambda),\ \rho^{(2)}(x,\lambda), \ldots,\ \rho^{(\alpha)}(x,\lambda), \ldots \tag{106}$$

ein vollständiges geordnetes System von Eigendifferentialformen von $K(x)$, und ebenso:

$$\rho^{*(1)}(x,\lambda),\ \rho^{*(2)}(x,\lambda), \ldots,\ \rho^{*(\alpha)}(x,\lambda), \ldots \tag{106*}$$

ein vollständiges geordnetes System von Eigendifferentialformen von $K^*(x)$ bedeutet, zwischen den zugehörigen Basisfunktionen folgende Beziehung besteht: In jedem Konstanzintervall von $\rho_0^{(\alpha)}(\lambda)$ ist auch $\rho_0^{*(\alpha)}(\lambda)$ konstant (für $\alpha = 1, 2, \ldots$) und umgekehrt; durch $\rho_0^{(\alpha)} = \rho_0^{(\alpha)}(\lambda)$, $\rho_0^{*(\alpha)} = \rho_0^{*(\alpha)}(\lambda)$ wird jeder Nullmenge der $\rho_0^{(\alpha)}$-Achse eine Nullmenge der $\rho_0^{*(\alpha)}$-Achse zugeordnet (für $\alpha = 1, 2, \ldots$) und umgekehrt.

Nr. 43. Wir beweisen zunächst, daß die Bedingung notwendig ist und nehmen zu dem Zwecke an, es seien $K(x)$ und $K^*(x)$ durch orthogonale Transformation ineinander überführbar. Der die Eigenwerte betreffende Teil der Bedingung ist bekannt. Wir brauchen also nur die zweite Hälfte zu beweisen und die beweisen wir zuerst für $\alpha = 1$. Zeigen wir also zuerst, daß in jedem Konstanzintervall von $\rho_0^{(1)}(\lambda)$ auch $\rho_0^{*(1)}(\lambda)$ konstant sein muß. In der Tat, in jedem Konstanzintervall von $\rho_0^{(1)}(\lambda)$ sind alle $\rho_0^{(\alpha)}(\lambda)$ konstant, da (106) geordnet ist. Also besitzt in einem solchen Intervall $K(x)$ keine (nicht identisch verschwindende) Eigendifferentiallösungen; also muß dasselbe von $K^*(x)$ gelten, denn aus jeder Eigendifferentiallösung von $K^*(x)$ erhält man eine von $K(x)$ mit gleicher Basis; und genau so umgekehrt.

Nun haben wir noch zu zeigen, daß jeder Nullmenge der $\rho_0^{(1)}$-Achse eine Nullmenge der $\rho_0^{*(1)}$-Achse entspricht und umgekehrt. Sei $\pi(x, \lambda)$ irgend ein System von Eigendifferentiallösungen von $K(x)$; seine Basisfunktion hat die Form (vgl. Nr. 33 und Nr. 24):

$$\pi_0(\lambda) = \int_0^{\rho_0^{(1)}(\lambda)} s_1^2\, d\rho_0^{(1)} + \int_0^{\rho_0^{(2)}(\lambda)} s_2^2\, d\rho_0^{(2)} + \cdots + \int_0^{\rho_0^{(\alpha)}(\lambda)} s_\alpha^2\, d\rho_0^{(\alpha)} + \cdots$$

Da (106) geordnet ist, kann man nach Nr. 5 in allen diesen Integralen als Integrationsvariable $\rho_0^{(1)}$ einführen:

$$\pi_0(\lambda) = \int_0^{\rho_0^{(1)}(\lambda)} s_1^2\, d\rho_0^{(1)} + \int_0^{\rho_0^{(1)}(\lambda)} s_2^2 \frac{d\rho_0^{(2)}}{d\rho_0^{(1)}}\, d\rho_0^{(1)} + \cdots + \int_0^{\rho_0^{(1)}(\lambda)} s_\alpha^2 \frac{d\rho_0^{(\alpha)}}{d\rho_0^{(1)}}\, d\rho_0^{(1)} + \cdots$$

Jeder Summand rechts ist eine monotone Funktion $u_\alpha(\rho_0^{(1)})$ von $\rho_0^{(1)}$, die jeder Nullmenge der $\rho_0^{(1)}$-Achse eine Nullmenge der u_α-Achse zuordnet; daher wird auch durch die Summe $\pi_0(\lambda)$ nach Nr. 10 jeder Nullmenge der $\rho_0^{(1)}$-Achse eine Nullmenge der π_0-Achse zugeordnet. Also: Ist $\pi_0(\lambda)$ Basisfunktion irgend eines Systems von Eigendifferentialformen von $K(x)$, so wird durch $\pi_0 = \pi_0(\lambda)$, $\rho_0^{(1)} = \rho_0^{(1)}$ jeder Nullmenge der $\rho_0^{(1)}$-Achse eine Nullmenge der π_0-Achse zugeordnet. Nun hat $K^*(x)$ ein System von Eigendifferentiallösungen von der Basis $\rho_0^{*(1)}(\lambda)$; daraus erhält man sofort ein System von Eigendifferentialformen von $K(x)$ von derselben Basis; also wird durch $\rho_0^{*(1)} = \rho_0^{*(1)}(\lambda)$, $\rho_0^{(1)} = \rho_0^{(1)}(\lambda)$ jeder Nullmenge der $\rho_0^{(1)}$-Achse eine Nullmenge der $\rho_0^{*(1)}$-Achse zugeordnet. Und genau so schließt man umgekehrt.

Damit ist die Bedingung von Nr. 42 für $\alpha = 1$ nachgewiesen.

Nr. 44. Nun nehmen wir an, die Bedingung von Nr. 42 sei erfüllt für $\alpha = 1, 2, \ldots, n$ und zeigen, daß sie auch für $\alpha = n + 1$ erfüllt ist. Dabei werden wir die auf die Konstanzintervalle und die auf die Nullmengen bezügliche Aussage nicht mehr gesondert behandeln; durch unseren Beweis werden beide Fragen gleichzeitig erledigt, wenn man beachtet, daß der Fall, daß $\rho_0^{*(n+1)}(\lambda)$ in einem Konstanzintervall von $\rho_0^{(n+1)}(\lambda)$ nicht konstant ist, so aufgefaßt werden kann, daß dann einem Punkte der $\rho_0^{(n+1)}$-Achse ein Intervall der $\rho_0^{*(n+1)}$-Achse zugeordnet ist.

Nach Nr. 34 können wir unter unseren Voraussetzungen annehmen, es sei:

$$\rho_0^{(1)}(\lambda) = \rho_0^{*(1)}(\lambda);\ \rho_0^{(2)}(\lambda) = \rho_0^{*(2)}(\lambda); \ldots,\ \rho_0^{(n)}(\lambda) = \rho_0^{*(n)}(\lambda). \tag{107}$$

Da sowohl (106) als (106*) geordnet sind, entspricht nun jeder Nullmenge der $\rho_0^{(1)}$-Achse eine Nullmenge jeder $\rho_0^{(\alpha)}$-Achse und jeder $\rho_0^{*(\alpha)}$-Achse, so daß wir für jedes $\rho_0^{(\alpha)}$ und jedes $\rho_0^{*(\alpha)}$ nach Nr. 5 als neue Integrationsveränderliche $\rho_0^{(1)}$ einführen können.

Nehmen wir nun an, es entspräche nicht jeder Nullmenge der $\rho_0^{(n+1)}$-Achse eine Nullmenge der $\rho_0^{*(n+1)}$-Achse. Nach Nr. 3 gäbe es dann eine Nullmenge N der $\rho_0^{(n+1)}$-Achse, der auf der $\rho_0^{*(n+1)}$-Achse eine meßbare Menge N^* mit von Null verschiedenem Inhalt entspricht, und zwar ist dieser Inhalt gegeben durch (vgl. Nr. 4):

$$\int_0^{\rho_0^{*(n+1)}(b)} s_{N^*}\, d\,\rho_0^{*(n+1)} = \int_0^{\rho_0^{(1)}(b)} s_{N^*} \frac{d\,\rho_0^{*(n+1)}}{d\,\rho_0^{(1)}}\, d\,\rho_0^{(1)}. \tag{108}$$

Wir bezeichnen nun mit M_1 diejenige Menge, in der der Integrand des zuletzt angeschriebenen Integrals, d. i. $s_{N^*} \dfrac{d\,\rho_0^{*(n+1)}}{d\,\rho_0^{(1)}}$ nicht Null ist. Dann ist M_1 meßbar und mithin ist auch (Nr. 4) jede Menge M_α und jede Menge M_α^* meßbar, die der Menge M_1 auf der $\rho_0^{(\alpha)}$-Achse und der $\rho_0^{*(\alpha)}$-Achse entspricht.

Nach Nr. 41 können wir nun aber sowohl (106) als (106*) so gewählt denken, daß für alle α sowohl $\dfrac{d\,\rho_0^{(\alpha+1)}}{d\,\rho_0^{(\alpha)}}$ als auch $\dfrac{d\,\rho_0^{*(\alpha+1)}}{d\,\rho_0^{*(\alpha)}}$ (abgesehen von Nullmengen der $\rho_0^{(\alpha)}$-Achse bezw. der $\rho_0^{*(\alpha)}$-Achse) nur die Werte 0 und 1 haben. Dann aber hat (vgl. Nr. 5) auch $\dfrac{d\,\rho_0^{*(\alpha+1)}}{d\,\rho_0^{(1)}}$ $\left(\text{was ja wegen (107) dasselbe ist wie } \dfrac{d\,\rho_0^{*(\alpha+1)}}{d\,\rho_0^{*(1)}}\right)$ abgesehen von einer Nullmenge der $\rho_0^{(1)}$-Achse, nur die Werte 0 und 1, so daß durch (108) nicht nur der Inhalt von N^*, sondern auch der von M_1 gegeben ist. Es haben dann also M_1 und N^* gleichen Inhalt. Ferner haben dann auch, wie man unmittelbar erkennt,[1]) M_1 und M^*_{n+1} gleichen Inhalt. Und da (Nr. 41) bei dieser Wahl von (106) und (106*) mit wachsendem α der Inhalt von M^*_α niemals abnehmen kann und für $\alpha \leqq n$ die Mengen M_α und M^*_α identisch sind, so sieht man: Die sämtlichen Mengen $M_1, M_2, \ldots, M_n, M^*_1, M^*_2, \ldots, M^*_n, M^*_{n+1}, N^*$ haben gleichen Inhalt. Da ferner N den Inhalt 0 hat und M_{n+1} eine Teilmenge von N ist, so hat M_{n+1} und da (106) geordnet ist, jedes M_α für $\alpha \geqq n+1$ den Inhalt 0.

Wir zerspalten nach Nr. 26 ($\alpha = 1, 2, \ldots$):

$$\rho^{(\alpha)}(x, \lambda) = \int_0^{\rho_0^{(\alpha)}(\lambda)} s_{M_\alpha} \frac{d\rho^{(\alpha)}(x)}{d\rho_0^{(\alpha)}} d\rho_0^{(\alpha)} + \int_0^{\rho_0^{(\alpha)}(\lambda)} s_{CM_\alpha} \frac{d\rho^{(\alpha)}(x)}{d\rho_0^{(\alpha)}} d\rho_0^{(\alpha)} =$$

$$= \overline{\rho}^{(\alpha)}(x, \lambda) + \overline{\overline{\rho}}^{(\alpha)}(x, \lambda)$$

$$\rho^{*(\alpha)}(x, \lambda) = \int_0^{\rho_0^{*(\alpha)}(\lambda)} s_{M^*_\alpha} \frac{d\rho^{*(\alpha)}(x)}{d\rho_0^{*(\alpha)}} d\rho_0^{*(\alpha)} + \int_0^{\rho_0^{*(\alpha)}(\lambda)} s_{CM^*_\alpha} \frac{d\rho^{*(\alpha)}(x)}{d\rho_0^{*(\alpha)}} d\rho_0^{*(\alpha)} =$$

$$= \overline{\rho}^{*(\alpha)}(x, \lambda) + \overline{\overline{\rho}}^{*(\alpha)}(x, \lambda).$$

Dann sind alle Formen:

$$\overline{\rho}^{(\alpha)}(x, \lambda) \quad (\alpha \geqq n+1)$$

identisch Null, da die Mengen M_α für $\alpha \geqq n+1$ Nullmengen sind. Hingegen haben die sämtlichen Formen:

$$\overline{\rho}^{(1)}(x, \lambda), \ldots, \overline{\rho}^{(n)}(x, \lambda); \; \overline{\rho}^{*(1)}(x, \lambda), \ldots, \overline{\rho}^{*(n)}(x, \lambda), \; \overline{\rho}^{*(n+1)}(x, \lambda)$$

dieselbe[2]) Basis:

$$\rho_0(\lambda) = \int_0^{\rho_0^{(1)}(\lambda)} s_{M_1} \, d\rho_0^{(1)}. \tag{109}$$

---

[1]) Es ist ja $s_{N^*} \dfrac{d\rho_0^{*(n+1)}}{d\rho_0^{(1)}} = s_{M_1} \dfrac{d\rho_0^{*(n+1)}}{d\rho_0^{(1)}}$ und der Inhalt von M^*_{n+1} ist gegeben durch:

$$\int_0^{\rho_0^{*(n+1)}(b)} s_{M^*_{n+1}} d\rho_0^{*(n+1)} = \int_0^{\rho_0^{(1)}(b)} s_{M_1} \frac{d\rho_0^{*(n+1)}}{d\rho_0^{(1)}} d\rho_0^{(1)} = \int_0^{\rho_0^{(1)}(b)} s_{M_1} \, d\rho_0^{(1)}.$$

[2]) Man beweist dies, so wie wir oben gezeigt haben, daß die Mengen $M_1, \ldots, M_n, M^*_1, \ldots, M^*_{n+1}$ gleichen Inhalt haben. In der Tat sind ja die in Rede stehenden Basisfunktionen nichts anderes, als der Inhalt gewisser einander entsprechender Teilmengen der eben genannten Mengen.

Es hat also $K^*(x)$ mindestens $n+1$ zu je zweien orthogonale Systeme von Eigendifferentialformen der Basis (109). Da $K(x)$ aus $K^*(x)$ durch orthogonale Transformation hervorgeht, muß also auch $K(x)$ mindestens $n+1$ zu je zweien orthogonale Systeme von Eigendifferentialformen der Basis (109) haben.

Sei $\pi(x, \lambda)$ ein solches System von Eigendifferentialformen von $K(x)$. Da nach Nr. 34 das System (106) ersetzt werden kann durch:

$$\overline{\rho}^{(1)}(x,\lambda),\ \overline{\overline{\rho}}^{(1)}(x,\lambda),\ldots,\ \overline{\rho}^{(n)}(x,\lambda),\ \overline{\overline{\rho}}^{(n)}(x,\lambda),\ \overline{\overline{\rho}}^{(n+1)}(x,\lambda),\ldots,\ \overline{\overline{\rho}}^{(\alpha)}(x,\lambda),\ldots$$

so muß sich (Nr. 33) $\pi(x, \lambda)$ in der Gestalt darstellen lassen:

$$\pi(x,\lambda)=\sum_{\alpha=1}^{n}\int_0^{\overline{\rho}_0(\lambda)} \overline{s}_\alpha \frac{d\,\overline{\rho}^{(\alpha)}(x)}{d\,\overline{\rho}_0}\,d\,\overline{\rho}_0+\sum_{\alpha=1}^{\infty}\int_0^{\overline{\overline{\rho}}_0^{(\alpha)}(\lambda)} \overline{\overline{s}}_\alpha \frac{d\,\overline{\overline{\rho}}^{(\alpha)}(x)}{d\,\overline{\overline{\rho}}_0^{(\alpha)}}\,d\,\overline{\overline{\rho}}_0^{(\alpha)}$$

oder bei Einführung von $\rho_0^{(1)}$ als Integrationsvariable:

$$\pi(x,\lambda)=\sum_{\alpha=1}^{n}\int_0^{\rho_0^{(1)}(\lambda)} \overline{s}_\alpha s_{M_1} \frac{d\,\overline{\rho}^{(\alpha)}(x)}{d\,\rho_0^{(1)}}\,d\,\rho_0^{(1)}+\sum_{\alpha=1}^{\infty}\int_0^{\rho_0^{(1)}(\lambda)} \overline{\overline{s}}_\alpha s_{CM_1} \frac{d\,\overline{\overline{\rho}}^{(\alpha)}(x)}{d\,\rho_0^{(1)}}\,d\,\rho_0^{(1)}. \quad (110)$$

Da aber $\pi(x, \lambda)$ die Basis (109) hat, so ist anderseits:

$$\pi(x,\lambda)=\int_0^{\rho_0^{(1)}(\lambda)} \frac{d\,\pi(x)}{d\,\rho_0^{(1)}}\,d\,\rho_0^{(1)}=\int_0^{\rho_0^{(1)}(\lambda)} s_{M_1} \frac{d\,\pi(x)}{d\,\rho_0^{(1)}}\,d\,\rho_0^{(1)},$$

woraus in Verbindung mit (110) leicht folgt[1]) (vgl. die Argumentation von Nr. 15):

$$\pi(x,\lambda)=\sum_{\alpha=1}^{n}\int_0^{\rho_0^{(1)}(\lambda)} \overline{s}_\alpha s_{M_1}^2 \frac{d\,\overline{\rho}^{(\alpha)}(x)}{d\,\rho_0^{(1)}}\,d\,\rho_0^{(1)}+\sum_{\alpha=1}^{\infty}\int_0^{\rho_0^{(1)}(\lambda)} \overline{\overline{s}}_\alpha s_{CM_1} s_{M_1} \frac{d\,\overline{\overline{\rho}}^{(\alpha)}(x)}{d\,\rho_0^{(1)}}\,d\,\rho_0^{(1)};$$

da aber $s_{CM_1} s_{M_1} = 0$ ist, fällt rechts die zweite Summe weg, so daß man sieht, daß $\pi(x, \lambda)$ sich nur aus den n Systemen $\rho^{(1)}(x, \lambda), \ldots$ $\ldots, \rho^{(n)}(x, \lambda)$ zusammensetzen kann. Nach Nr. 25 können aber aus $\rho^{(1)}(x, \lambda), \ldots, \rho^{(n)}(x, \lambda)$ höchstens n und nicht $n+1$ Systeme orthogonaler Differentialformen von der Basis $\rho_0(\lambda)$ zusammengesetzt werden. Damit ist in der Tat die Annahme, der Nullmenge N der

[1]) Am einfachsten gestaltet sich der Beweis, wenn man beachtet, daß man nach Nr. 23 je zwei auf der rechten Seite von (110) stehende Summanden als von verschiedenen Variablen abhängig annehmen kann.

$\rho_0^{(n+1)}$-Achse entspreche eine Menge mit von 0 verschiedenem Inhalt auf der $\rho_0^{*(n+1)}$-Achse, ad absurdum geführt. Auch jeder Nullmenge der $\rho_0^{(n+1)}$-Achse entspricht also eine Nullmenge der $\rho_0^{*(n+1)}$-Achse und unsere Bedingung von Nr. 42 ist durch vollständige Induktion als notwendig erwiesen.

Nr. 45. Nun haben wir noch nachzuweisen, daß die Bedingung von Nr. 42 auch hinreichend ist. Erinnern wir zunächst daran, daß in der Darstellung (86) von $K(x)$ sowie in der analogen Darstellung von $K^*(x)$ der von den Eigenformen herrührende Teil und der von den Eigendifferentialformen herrührende Teil zueinander orthogonal sind und daher als von verschiedenen Variablen abhängig angenommen werden können. Da nun der die Eigenwerte betreffende Teil der Bedingung von Nr. 42 bekanntlich dafür hinreichend ist, daß die von den Eigenformen herrührenden Teile von $K(x)$ und $K^*(x)$ durch orthogonale Transformation ineinander übergeführt werden können, haben wir nur noch nachzuweisen, daß der die Eigendifferentialformen betreffende Teil dafür hinreicht, daß die beiden Formen:

$$K_0(x) = \sum_{\alpha} \int_0^{\rho_0^{(\alpha)}(\lambda)} \lambda \left(\frac{d\,\rho^{(\alpha)}(x)}{d\,\rho_0^{(\alpha)}}\right)^2 d\,\rho_0^{(\alpha)}; \quad K_0^*(x) = \sum_{\alpha} \int_0^{\rho_0^{*(\alpha)}(\lambda)} \lambda \left(\frac{d\,\rho^{*(\alpha)}(x)}{d\,\rho_0^{*(\alpha)}}\right)^2 d\,\rho_0^{*(\alpha)}$$

durch orthogonale Transformation ineinander übergeführt werden können. Da aber weiter nach Nr. 23 sämtliche Summanden von $K_0(x)$ sowie sämtliche Summanden von $K_0^*(x)$ als von verschiedenen Variablen abhängig angenommen werden können, so genügt es offenbar, folgendes nachzuweisen:

Wenn jedes Konstanzintervall von $\rho_0^{(\alpha)}(\lambda)$ auch Konstanzintervall von $\rho_0^{*(\alpha)}(\lambda)$ ist und umgekehrt; wenn ferner durch $\rho_0^{(\alpha)} = \rho_0^{(\alpha)}(\lambda)$, $\rho_0^{*(\alpha)} = \rho_0^{*(\alpha)}(\lambda)$ jeder Nullmenge der $\rho_0^{(\alpha)}$-Achse eine Nullmenge der $\rho_0^{*(\alpha)}$-Achse zugeordnet ist und umgekehrt, dann können die beiden Formen:

$$\int_0^{\rho_0^{(\alpha)}(\lambda)} \lambda \left(\frac{d\,\rho^{(\alpha)}(x)}{d\,\rho_0^{(\alpha)}}\right)^2 d\,\rho_0^{(\alpha)}; \quad \int_0^{\rho_0^{*(\alpha)}(\lambda)} \lambda \left(\frac{d\,\rho^{*(\alpha)}(x)}{d\,\rho_0^{*(\alpha)}}\right)^2 d\,\rho_0^{*(\alpha)}$$

durch orthogonale Transformation ineinander übergeführt werden. Nach Nr. 34 können wir in dem Falle die Form $\rho^{*(\alpha)}(x, \lambda)$ ersetzen durch eine andere, deren Basisfunktion mit $\rho_0^{(\alpha)}(\lambda)$ identisch ist. Wir können also von vornherein annehmen, es sei $\rho_0^{*(\alpha)} = \rho_0^{(\alpha)}$ und haben folgenden Nachweis zu führen:

Haben die beiden Systeme orthogonaler Differentialformen $\rho(x, \lambda)$ und $\rho^*(x, \lambda)$ dieselbe Basisfunktion $\rho_0(\lambda)$, so können die quadratischen Formen:

$$\int_0^{\varrho_0(\lambda)} \lambda \left(\frac{d\,\rho(x)}{d\,\rho_0}\right)^2 d\,\rho_0; \quad \int_0^{\varrho_0(\lambda)} \lambda \left(\frac{d\,\rho^*(x)}{d\,\rho_0}\right)^2 d\,\rho_0$$

durch orthogonale Transformation ineinander übergeführt werden.

Nach Nr. 20 können wir annehmen, es sei:

$$\rho(x, \lambda) = \sum_{p=1}^{\infty} x_p \int_0^{\varrho_0(\lambda)} \varphi_p(\rho_0)\, d\,\rho_0; \quad \rho^*(x, \lambda) = \sum_{p=1}^{\infty} x_p \int_0^{\varrho_0(\lambda)} \varphi_p^*(\rho_0)\, d\,\rho_0, \tag{111}$$

wo sowohl die $\varphi_p(\rho_0)$ als auch die $\varphi_p^*(\rho_0)$ ein vollständiges normiertes Orthogonalsystem des Intervalls $\big(0, \rho_0(b)\big)$ bilden. Sind nun $o_q^{(p)}$ die Fourierkonstanten von $\varphi_p^*(\rho_0)$ in bezug auf die $\varphi_q(\rho_0)$, so stellt bekanntlich:

$$x_p^* = \sum_{q=1}^{\infty} o_p^{(q)} x_q \quad (p = 1, 2, \ldots)$$

eine orthogonale Transformation dar; ferner ist bekanntlich:

$$\int_0^{\varrho_0(\lambda)} \varphi_p^*(\rho_0)\, d\,\rho_0 = \sum_{q=1}^{\infty} o_q^{(p)} \int_0^{\varrho_0(\lambda)} \varphi_q(\rho_0)\, d\,\rho_0.$$

Setzt man dies in die zweite Gleichung (111) ein, so hat man:

$$\rho^*(x, \lambda) = \sum_{p=1}^{\infty} x_p \sum_{q=1}^{\infty} o_q^{(p)} \int_0^{\varrho_0(\lambda)} \varphi_q(\rho_0)\, d\,\rho_0 = \sum_{p=1}^{\infty} x_p \int_0^{\varrho_0(\lambda)} \varphi_p^*(\rho_0)\, d\,\rho_0 = \rho(x^*, \lambda),$$

also ist auch:

$$\int_0^{\varrho_0(b)} \lambda \left(\frac{d\,\rho^*(x)}{d\,\rho_0}\right)^2 d\,\rho_0 = \int_0^{\varrho_0(b)} \lambda \left(\frac{d\,\rho(x^*)}{d\,\rho_0}\right)^2 d\,\rho_0,$$

womit die Behauptung erwiesen ist. Der Satz von Nr. 42 ist also vollständig bewiesen.

Nr. 46. Zum Schluß wollen wir diesen Satz noch ein wenig anders formulieren. Bekanntlich heißt die von den Eigenwerten von $K(x)$ gebildete Punktmenge das Punktspektrum von $K(x)$ und ein Eigenwert heißt k-facher Punkt des Punktspektrums, wenn zu ihm k zu je zweien orthogonale Eigenformen gehören. Als Streckenspektrum einer Form $\int\limits_0^{\rho_0(b)} \lambda\left(\frac{d\,\rho(x)}{d\,\rho_0}\right)^2 d\,\rho_0$ wird die Komplementärmenge der Konstanzintervalle von $\rho_0(\lambda)$ auf der λ-Achse bezeichnet (wobei diese Konstanzintervalle ohne ihre Endpunkte zu nehmen sind).

Ist $\rho^{(1)}(x,\lambda)$, $\rho^{(2)}(x,\lambda), \ldots, \rho^{(\alpha)}(x,\lambda), \ldots$ ein geordnetes vollständiges System von Eigendifferentialformen von $K(x)$, so ist für $\bar{\alpha} > \alpha$ das Streckenspektrum von $\int\limits_0^{\rho_0^{(\bar{\alpha})}(\lambda)} \lambda\left(\frac{d\,\rho^{(\bar{\alpha})}(x)}{d\,\rho_0^{(\bar{\alpha})}}\right)^2 d\,\rho_0^{(\bar{\alpha})}$ ganz in dem von $\int\limits_0^{\rho_0^{(\alpha)}(\lambda)} \lambda\left(\frac{d\,\rho^{(\alpha)}(x)}{d\,\rho_0^{(\alpha)}}\right)^2 d\,\rho_0^{(\alpha)}$ enthalten. Das Streckenspektrum von $\rho^{(1)}(x,\lambda)$ wird dann gleichzeitig als das Streckenspektrum von $K(x)$ bezeichnet und es heiße ein Punkt der λ-Achse k-facher Punkt des Streckenspektrums, wenn er für $\alpha = 1, 2, \ldots, k$, aber nicht mehr für $\alpha = k+1$ dem Streckenspektrum von $\int\limits_0^{\rho_0^{(\alpha)}(b)} \lambda\left(\frac{d\,\rho_0^{(\alpha)}(x)}{d\,\rho_0^{(\alpha)}}\right)^2 d\,\rho_0^{(\alpha)}$ angehört.

Unser Satz von Nr. 42 lehrt dann, daß so wie die Punkte des Punktspektrums, so auch die Punkte des Streckenspektrums einschließlich ihrer Vielfachheit Orthogonalinvarianten sind. Doch reicht die Übereinstimmung des Punkt- und Streckenspektrums (einschließlich der Vielfachheit) zweier Formen $K(x)$ und $K^*(x)$ noch nicht aus, damit diese Formen durch orthogonale Transformation ineinander überführbar seien, es tritt vielmehr noch eine Bedingung hinzu, die wir gleich formulieren werden.

Sind $\rho^{(1)}(x,\lambda), \rho^{(2)}(x,\lambda), \ldots, \rho^{(\alpha)}(x,\lambda), \ldots$ und $\rho^{*(1)}(x,\lambda)$, $\rho^{*(2)}(x,\lambda), \ldots, \rho^{*(\alpha)}(x,\lambda), \ldots$ ein geordnetes vollständiges System von Eigendifferentialformen von $K(x)$ bezw. von $K^*(x)$, so folgt aus der Übereinstimmung der Streckenspektra von $K(x)$ und $K^*(x)$ einschließlich der Vielfachheit für die Basisfunktionen dieser Differentialformen, daß (für jedes α): $\rho_0^{(\alpha)}$ eine monoton wachsende stetige Funktion von $\rho_0^{*(\alpha)}$ ist und umgekehrt. Unser Satz von Nr. 42 besagt nun, daß, wenn $K(x)$ und $K^*(x)$ durch orthogonale Transformation ineinander überführbar sein sollen, jeder Nullmenge der $\rho_0^{(\alpha)}$-Achse eine Nullmenge der $\rho_0^{*(\alpha)}$-Achse entsprechen muß und umgekehrt. Nach Nr. 1 und 2 kann das aber auch durch die zwei Gleichungen ausgedrückt werden:

$$\rho^{*(\alpha)}(b) = \int\limits_0^{\rho_0^{(\alpha)}(b)} \frac{d\,\rho_0^{*(\alpha)}}{d\,\rho_0^{(\alpha)}}\, d\,\rho_0^{(\alpha)}; \qquad \rho_0^{(\alpha)}(b) = \int\limits_0^{\rho_0^{*(\alpha)}(b)} \frac{d\,\rho_0^{(\alpha)}}{d\,\rho_0^{*(\alpha)}}\, d\,\rho_0^{*(\alpha)}. \tag{112}$$

Wir können also unsern Satz von Nr. 42 auch so formulieren:

Seien $\rho_0^{(1)}(\lambda), \rho_0^{(2)}(\lambda), \ldots, \rho_0^{(\alpha)}(\lambda), \ldots$ die Basisfunktionen eines geordneten vollständigen Systems von Eigendifferentialformen von $K(x)$; ebenso $\rho_0^{*(1)}(\lambda), \rho_0^{*(2)}(\lambda), \ldots, \rho_0^{*(\alpha)}(\lambda), \ldots$ die Basisfunktionen eines geordneten vollständigen Systems von Eigendifferentialformen von $K^*(x)$; damit die beiden beschränkten quadratischen Formen $K(x)$ und $K^*(x)$ durch orthogonale Transformation ineinander überführbar seien, ist notwendig und hinreichend, daß:

1. die Punktspektra (einschließlich der Vielfachheit) übereinstimmen,

2. die Streckenspektra (einschließlich der Vielfachheit) übereinstimmen,

3. die Gleichungen (112) für jedes α erfüllt sind.

Über Folgen linearer Operationen.

Von **Hans Hahn** in Wien.

Anläßlich eines Referats über die Darstellung willkürlicher Funktionen durch Grenzwerte bestimmter Integrale (sog. singuläre Integrale), das ich auf der Versammlung der Deutschen Mathematikervereinigung in Jena hielt, machte mich Herr J. Schur aufmerksam, daß die Theorie der singulären Integrale offenbar in enger Beziehung stehe zu seinen Untersuchungen über lineare Transformationen in der Theorie der unendlichen Reihen[1]). Ich habe nun versucht, eine allgemeine Theorie aufzustellen, in der sowohl die Theorie der singulären Integrale, als auch die Untersuchungen von J. Schur als Spezialfälle enthalten sind. Diese Theorie möchte ich im folgenden kurz darstellen.

§ 1. Die fundamentale Ungleichung.

Unter einem linearen Raume verstehen wir eine Menge $\mathfrak{A}$ von Elementen a (den Punkten des Raumes) mit folgenden Eigenschaften:

1. Ist λ eine reelle Zahl und a ein Punkt von $\mathfrak{A}$, so gibt es in $\mathfrak{A}$ auch einen Punkt λa. Diese Multiplikation mit einer reellen Zahl genügt dem assoziativen Gesetz:

$$\lambda(\mu a) = (\lambda\mu) a.$$

Für $\lambda = 0$ sind alle Punkte $0a$ identisch. Dieser Punkt heißt der Nullpunkt des Raumes und wird bezeichnet mit 0. Es ist $1a = a$, und $(-1)a$ setzen wir $= -a$.

2. Sind a und a' Punkte von $\mathfrak{A}$, so gibt es in $\mathfrak{A}$ auch einen Punkt $a + a'$. Diese Addition der Punkte ist assoziativ, kommutativ und zur Multiplikation mit reellen Zahlen distributiv:

$$\lambda a + \mu a = (\lambda + \mu) a; \quad \lambda(a + a') = \lambda a + \lambda a'.$$

Jedem Punkte a von $\mathfrak{A}$ sei eine Zahl $D(a)$ zugeordnet mit folgenden Eigenschaften:

1. Es ist $D(a) \geqq 0$, und zwar $D(a) = 0$ dann und nur dann, wenn $a = 0$.

2. $$D(\lambda a) = |\lambda| D(a).$$

3. $$D(a + a') \leqq D(a) + D(a').$$

---

[1]) J. Schur, Journ. f. Math. 151 (1920), 79.

Mit Hilfe dieser Funktion $D(a)$ können wir den Raum $\mathfrak{A}$ zu einem metrischen Raume[2]) machen durch die Abstandsdefinition:

$$r(a, a') = D(a - a').$$

Damit ist im Raume $\mathfrak{A}$ auch der Grenzbegriff festgelegt vermöge der Definition[3]):

$$\underset{\nu=\infty}{\mathrm{L}}\, a_\nu = a, \quad \text{wenn} \quad \lim_{\nu=\infty} D(a_\nu - a) = 0.$$

Da $D(a) = r(a, 0)$ ist und $r(a, b)$ stetig von a abhängt[4]), ist $D(a)$ eine in $\mathfrak{A}$ stetige Funktion von a. Aus $\underset{\nu=\infty}{\mathrm{L}}\, a_\nu = a$ und $\underset{\nu=\infty}{\mathrm{L}}\, a'_\nu = a'$ folgt $\underset{\nu=\infty}{\mathrm{L}}\, (a_\nu + a'_\nu) = a + a'$, weil ja:

$$D(a + a' - a_\nu - a'_\nu) \leqq D(a - a_\nu) + D(a' - a'_\nu).$$

Eine Punktfolge $\{a_\nu\}$ aus $\mathfrak{A}$ heißt eine Cauchysche Folge, wenn es zu jedem $\varepsilon > 0$ ein ν_0 gibt, so daß:

$$D(a_\nu - a'_\nu) < \varepsilon \quad \text{für} \quad \nu \geqq \nu_0, \nu' \geqq \nu_0.$$

Gibt es in $\mathfrak{A}$ zu jeder Cauchyschen Folge $\{a_\nu\}$ einen Grenzpunkt, d. h. einen Punkt a, für den:

$$\underset{\nu=\infty}{\mathrm{L}}\, a_\nu = a,$$

so heißt der Raum $\mathfrak{A}$ vollständig. Wir nehmen im folgenden den Raum $\mathfrak{A}$ als vollständig an.

Sei nun ein zweiter Raum $\mathfrak{C}$ gegeben, dessen Punkte wir mit c bezeichnen. Jedem Paare a, c, wo a zu $\mathfrak{A}$ und c zu $\mathfrak{C}$ gehört, sei eine reelle Zahl $U(a, c)$ zugeordnet, und zwar sei die Operation U linear in a, d. h. es sei:

$$U(\lambda a, c) = \lambda U(a, c); \quad U(a + a', c) = U(a, c) + U(a', c);$$

wir bezeichnen sie im folgenden als die Fundamentaloperation.

Nun führen wir im Raume $\mathfrak{C}$ eine Maßfunktion $\Delta(c)$ ein durch die Definition[5]): bei gegebenem c sei $\Delta(c)$ die obere Schranke von $|U(a, c)|$ für alle der Bedingung $D(a) = 1$ genügenden a von $\mathfrak{A}$. Da $U(-a, c) = -U(a, c)$ und $D(-a) = D(a)$, sieht man, daß in dieser Definition auch $|U(a, c)|$ durch $U(a, c)$ ersetzt werden kann. Wir nennen $\Delta(c)$ die (bezüglich der Fundamentaloperation U) zu $D(a)$ polare Maßfunktion.

---

2) Vgl. H. Hahn, Theorie der reellen Funktionen I, S. 52.

3) Für den Grenzbegriff in $\mathfrak{A}$ verwenden wir das Zeichen $\underset{\nu=\infty}{\mathrm{L}}$, für Grenzwerte reeller Zahlenfolgen das Zeichen $\lim_{\nu=\infty}$.

4) Vgl. l. c. 2), S. 127, Satz I.

5) Die folgenden Überlegungen stammen im wesentlichen von E. Helly, Monatsh. f. Math. u. Phys. 31 (1921), 61 ff.

Es kann auch $\Delta(c) = +\infty$ ausfallen. Wir wollen annehmen, dies sei nicht für alle c von $\mathfrak{C}$ der Fall und lassen sodann aus $\mathfrak{C}$ alle Punkte mit unendlichem $\Delta(c)$ weg. Die übrigbleibenden Punkte von $\mathfrak{C}$ bezeichnen wir mit b, die Menge aller dieser Punkte mit $\mathfrak{B}$ und nennen sie einen (bezüglich der Fundamentaloperation U) zu $\mathfrak{A}$ polaren Raum.

Sei $a (\neq 0)$ ein Punkt von $\mathfrak{A}$. Dann genügt der Punkt $a' = \frac{1}{D(a)} a$ der Bedingung $D(a') = 1$. Nach Definition von $\Delta(b)$ ist also:

$$|U(a', b)| \leqq \Delta(b).$$

Da aber:

$$U(a', b) = \frac{1}{D(a)} U(a, b),$$

so ist:

$$|U(a, b)| \leqq D(a) . \Delta(b). \tag{1}$$

Da diese Ungleichung offenbar auch für $a = 0$ gilt, so gilt sie für alle a von $\mathfrak{A}$ und alle b von $\mathfrak{B}$. Wir nennen sie die fundamentale Ungleichung.

Sei $\Delta(b)$ eine in einem Raume $\mathfrak{B}$ definierte und endliche Funktion; für alle a von $\mathfrak{A}$ und alle b von $\mathfrak{B}$ gelte Ungleichung (1); zu jedem b von $\mathfrak{B}$ und jedem $\varepsilon > 0$ gebe es ein a von $\mathfrak{A}$, so daß:

$$D(a) = 1; \quad |U(a, b)| > \Delta(b) - \varepsilon;$$

dann ist $\mathfrak{B}$ ein zu $\mathfrak{A}$ polarer Raum, und $\Delta(b)$ die zu $D(a)$ polare Maßfunktion.

Für jedes b von $\mathfrak{B}$ ist $U(a, b)$ eine in $\mathfrak{A}$ stetige Operation, d. h. aus $\underset{\nu=\infty}{\mathrm{L}} a_\nu = a$ folgt

$$\lim_{\nu=\infty} U(a_\nu, b) = U(a, b).$$

In der Tat, nach (1) ist:

$$|U(a_\nu, b) - U(a, b)| = |U(a_\nu - a, b)| \leqq D(a_\nu - a) . \Delta(b).$$

Wegen $\underset{\nu=\infty}{\mathrm{L}} a_\nu = a$ aber ist $\lim_{\nu=\infty} D(a_\nu - a) = 0$.

§ 2. Beschränkte Operationsfolgen.

Sei $U(a, b)$ die Fundamentaloperation und $\{b_n\}$ eine Punktfolge des polaren Raumes $\mathfrak{B}$. Wir nennen die Operationsfolge $U(a, b_n)$ $(n = 1, 2, \ldots)$ eine in $\mathfrak{A}$ beschränkte Operationsfolge, wenn für jedes einzelne a aus $\mathfrak{A}$ die Folge der Zahlen $U(a, b_n)$ $(n = 1, 2, \ldots)$ beschränkt ist. Es gilt der Satz:

I. **Damit die Operationsfolge** $U(a, b_n)$ $(n = 1, 2, \ldots)$ **beschränkt sei in** $\mathfrak{A}$, **ist notwendig und hinreichend, daß die Folge** $\Delta(b_n)$ $(n = 1, 2, \ldots)$ **beschränkt sei.**

Die Bedingung ist hinreichend; in der Tat, ist:

$$\Delta(b_n) \leqq M \text{ für alle } n,$$

so folgt aus (1):

$$|U(a, b_n)| \leqq M . D(a).$$

Die Bedingung ist notwendig, wir haben zu zeigen: ist sie nicht erfüllt, so gibt es in $\mathfrak{A}$ ein a, für das die Folge $U(a, b_n)$ $(n = 1, 2, \ldots)$ nicht beschränkt ist.[6]

Sei also die Folge der $\Delta(b_\nu)$ $(\nu = 1, 2, \ldots)$ nicht beschränkt, d. h. es sei:

$$\overline{\lim_{\nu=\infty}} \Delta(b_\nu) = +\infty.$$

Indem wir nötigenfalls von $\{b_\nu\}$ zu einer Teilfolge übergehen, können wir ohne weiteres annehmen, es sei geradezu:

$$\lim_{\nu=\infty} \Delta(b_\nu) = +\infty. \tag{2}$$

Infolge der Definition von $\Delta(b)$ gibt es dann in $\mathfrak{A}$ eine Punktfolge $\{a_\nu\}$, so daß:

$$\lim_{\nu=\infty} U(a_\nu, b_\nu) = +\infty; \quad D(a_\nu) = 1. \tag{3}$$

Dabei können wir annehmen, für jedes einzelne a_ν sei die Folge $U(a_\nu, b_n)$ $(n = 1, 2, \ldots)$ beschränkt:

$$|U(a_\nu, b_n)| < M_\nu \text{ für alle } n, \tag{4}$$

da andernfalls die Behauptung schon bewiesen wäre. Wir setzen zur Abkürzung

$$\Delta(b_\nu) = \Delta_\nu.$$

Dann gibt es immer eine mit einem beliebigen Index ν_1 beginnende,[7] wachsende Indizesfolge $\{\nu_i\}$, die den beiden Forderungen genügt:

1. $$\Delta_{\nu_{i+1}} \geqq \Delta_{\nu_i}.$$

2. Ist N_i so gewählt, daß:

$$\left| U\left(a_{\nu_1} + \frac{1}{2\Delta_1} a_{\nu_2} + \ldots + \frac{1}{2^{i-1}\Delta_{\nu_{i-1}}} a_{\nu_i}, b_n\right)\right| < N_i \text{ für alle } n, \tag{5}$$

[6] Der Grundgedanke des folgenden Beweises stammt von H. Lebesgue, Ann. Toul. (3) 1 (1909), 61.

[7] Dieser Index ν_1 werde so gewählt, daß $\Delta_{\nu_1} \neq 0$, was wegen (2) sicher möglich ist.

so ist:

$$U(a_{\nu_{i+1}}, b_{\nu_{i+1}}) > (N_i + i + 1)\, 2^i \Delta_{\nu_i}. \tag{6}$$

In der Tat, wegen (2) ist Forderung 1 befriedigt, sobald nur ν_{i+1} ($> \nu_i$) hinlänglich groß gewählt wird; aus (4) folgt, daß N_i so gewählt werden kann, daß (5) gilt; aus (3) folgt, daß dann, wenn ν_{i+1} hinlänglich groß gewählt wird, auch (6) gilt.

Wir setzen nun:

$$a_{\nu_1} + \frac{1}{2\Delta_1} a_{\nu_2} + \cdots + \frac{1}{2^{i-1}\Delta_{\nu_{i-1}}} a_{\nu_i} = h_i$$

und behaupten: $\{h_i\}$ ist eine Cauchysche Punktfolge. In der Tat, bei Berücksichtigung der zweiten Gleichung (3) und von Forderung 1 findet man:

$$D(h_{i+k} - h_i) \leqq \frac{1}{2^i \Delta_{\nu_i}} D(a_{\nu_{i+1}}) + \cdots + \frac{1}{2^{i+k-1}\Delta_{\nu_{i+k-1}}} D(a_{\nu_{i+k}})$$

$$\leqq \frac{1}{\Delta_{\nu_i}}\left(\frac{1}{2^i} + \cdots + \frac{1}{2^{i+k-1}}\right) \leqq \frac{1}{2^{i-1}\Delta_{\nu_i}} \leqq \frac{1}{2^{i-1}\Delta_{\nu_1}}, \tag{7}$$

also ist $\{h_i\}$ eine Cauchysche Punktfolge.

Da nun der Raum $\mathfrak{A}$ vollständig, gibt es in ihm einen Punkt h, so daß:

$$\underset{i=\infty}{\mathrm{L}}\, h_i = h.$$

Wir setzen:

$$h = h_{i-1} + \frac{1}{2^{i-1}\Delta_{\nu_{i-1}}} a_{\nu_i} + r_i.$$

Dann ist:

$$U(h, b_{\nu_i}) \geqq \frac{1}{2^{i-1}\Delta_{\nu_{i-1}}} U(a_{\nu_i}, b_{\nu_i}) - |U(h_{i-1}, b_{\nu_i})| - |U(r_i, b_{\nu_i})|. \tag{8}$$

Hierin ist wegen (6):

$$\frac{1}{2^{i-1}\Delta_{\nu_{i-1}}} U(a_{\nu_i}, b_{\nu_i}) > N_{i-1} + i, \tag{9}$$

und wegen (5):

$$|U(h_{i-1}, b_{\nu_i})| < N_{i-1}, \tag{10}$$

endlich wegen (1):

$$|U(r_i, b_{\nu_i})| \leqq D(r_i)\, \Delta_{\nu_i}. \tag{11}$$

Aus:

$$r_i = h - h_i = \underset{k=\infty}{\mathrm{L}}\,(h_{i+k} - h_i)$$

und der Stetigkeit von D folgt:

$$D(r_i) = \lim_{k=\infty} D(h_{i+k} - h_i),$$

und somit wegen (7)

$$D(r_i) \leqq \frac{1}{2^{i-1}\Delta_{\nu_i}}.$$

Zufolge (11) ist also:

$$|U(r_i, b_{\nu_i})| \leqq \frac{1}{2^{i-1}} \leqq 1. \tag{12}$$

Nun ergeben (8), (9), (10), (12):

$$U(h, b_{\nu_i}) > i - 1,$$

also ist die Folge $U(h, b_n)$ $(n = 1, 2, \ldots)$ nicht beschränkt, und die Behauptung ist bewiesen.

§ 3. Konvergente Operationsfolgen.

Sei wieder $U(a, b)$ die Fundamentaloperation und $\{b_n\}$ eine Punktfolge des polaren Raumes. Wir nennen die Operationsfolge $U(a; b_n)$ eine in $\mathfrak{A}$ konvergente Operationsfolge, wenn für jedes a von $\mathfrak{A}$ ein endlicher Grenzwert $\lim\limits_{n=\infty} U(a, b_n)$ existiert. Es gilt der Satz:

II. Ist $U(a, b_n)$ $(n = 1, 2, \ldots)$ eine in $\mathfrak{A}$ konvergente Operationsfolge, so ist

$$V(a) = \lim_{n=\infty} U(a, b_n)$$

eine in $\mathfrak{A}$ gleichmäßig stetige lineare Operation.

In der Tat, daß $V(a)$ linear ist, liegt auf der Hand.

Als konvergente Operationsfolge ist $U(a, b_n)$ gewiß auch beschränkt, nach Satz I gibt es also ein M, so daß

$$\Delta(b_n) \leqq M \quad \text{für alle } n. \tag{13}$$

Sei sodann $\varepsilon > 0$ beliebig gegeben, und seien a' und a'' zwei Punkte von $\mathfrak{A}$, für die:

$$D(a' - a'') < \frac{\varepsilon}{M}. \tag{14}$$

Es ist:

$$V(a') - V(a'') = \lim_{n=\infty} \big(U(a', b_n) - U(a'', b_n)\big) = \lim_{n=\infty} U(a' - a'', b_n).$$

Zufolge der fundamentalen Ungleichung (1) aber ist hierin wegen (13) und (14):

$$|U(a' - a'', b_n)| \leqq D(a' - a'') \cdot \Delta(b_n) < \varepsilon.$$

Also ist auch:

$$| V(a') - V(a'') | \leqq \varepsilon,$$

womit Satz II bewiesen ist.

Wir nennen einen Teil $\mathfrak{G}$ von $\mathfrak{A}$ eine Grundmenge aus $\mathfrak{A}$, wenn die Menge $\mathfrak{G}'$ aller Punkte von $\mathfrak{A}$, die Linearkombinationen endlich vieler Punkte von $\mathfrak{G}$ sind (d. h. die Gestalt haben:

$$a = \lambda_1 g_1 + \lambda_2 g_2 + \ldots + \lambda_i g_i,$$

wo $g_1, g_2, \ldots, g_i$ zu $\mathfrak{G}$ gehören), in $\mathfrak{A}$ dicht ist.[8]) Dann gilt der Satz:

III. Damit die in $\mathfrak{A}$ beschränkte Operationsfolge $U(a, b_n)$ $(n = 1, 2, \ldots)$ auch konvergent sei in $\mathfrak{A}$, ist notwendig und hinreichend, daß sie in allen Punkten g einer Grundmenge $\mathfrak{G}$ aus $\mathfrak{A}$ konvergent sei.

Die Bedingung ist notwendig: dies ist trivial. Die Bedingung ist hinreichend. In der Tat, ist die Operationsfolge $U(a, b_n)$ konvergent in $\mathfrak{G}$, so auch in der vorhin mit $\mathfrak{G}'$ bezeichneten Menge. In allen Punkten von $\mathfrak{G}'$ existiert also:

$$V(a) = \lim_{n=\infty} U(a, b_n) \tag{15}$$

und ist nach Satz II eine auf $\mathfrak{G}'$ gleichmäßig stetige Funktion. Da $\mathfrak{G}'$ dicht in $\mathfrak{A}$, kann sie in eindeutiger Weise zu einer auf ganz $\mathfrak{A}$ endlichen und stetigen Funktion $V(a)$ erweitert werden.[9])

Wir beweisen, daß dann (15) auf ganz $\mathfrak{A}$ gilt.

Sei in der Tat $\varepsilon > 0$ beliebig gegeben. Es ist, wenn a' ein beliebiger Punkt von $\mathfrak{A}$:

$$\begin{aligned} | U(a, b_n) - V(a) | \leqq | U(a, b_n) - U(a', b_n) | + \\ + | U(a', b_n) - V(a') | + | V(a') - V(a) |. \end{aligned} \tag{16}$$

Da $\mathfrak{G}'$ dicht in $\mathfrak{A}$ und da V stetig auf $\mathfrak{A}$, kann für a' ein Punkt von $\mathfrak{G}'$ gewählt werden, für den:

$$D(a' - a) < \varepsilon; \quad | V(a') - V(a) | < \varepsilon. \tag{17}$$

Weil auf $\mathfrak{G}'$ die Beziehung (15) gilt, ist:

$$| U(a', b_n) - V(a') | < \varepsilon \quad \text{für fast alle } n. \tag{18}$$

Weil $U(a, b_n)$ nach Voraussetzung beschränkt ist, gibt es ein M, so daß (13) gilt. Wegen der fundamentalen Ungleichung (1) ist sodann:

$$| U(a, b_n) - U(a', b_n) | \leqq D(a - a'). \Delta(b_n) < \varepsilon. M \text{ für alle } n. \tag{19}$$

[8]) Vgl. l. c. [2]), S. 77.

[9]) l. c. [2]), S. 133.

Wegen (17), (18), (19) ergibt (16):

$$|U(a, b_n) - V(a)| < \varepsilon (M + 2) \quad \text{für fast alle } n.$$

Also gilt (15) auf ganz $\mathfrak{A}$, und Satz III ist bewiesen.

IV. Sei $U(a, b_n)$ eine auf $\mathfrak{A}$ konvergente Operationsfolge und $F(a)$ eine auf $\mathfrak{A}$ lineare und stetige Funktion. Damit auf ganz $\mathfrak{A}$ die Beziehung gelte:

$$\lim_{n=\infty} U(a, b_n) = F(a),$$

ist notwendig und hinreichend, daß sie in allen Punkten einer Grundmenge $\mathfrak{G}$ von $\mathfrak{A}$ gelte.

Die Bedingung ist notwendig; dies ist trivial.

Die Bedingung ist hinreichend; in der Tat, nach Satz II ist $V(a) = \lim\limits_{n=\infty} U(a, b_n)$ linear und stetig auf $\mathfrak{A}$. Wegen der Linearität folgt aus der Übereinstimmung von F und V auf $\mathfrak{G}$ ihre Übereinstimmung auf der oben mit $\mathfrak{G}'$ bezeichneten Menge, und weil $\mathfrak{G}'$ dicht in $\mathfrak{A}$, folgt aus der Stetigkeit weiter die Übereinstimmung von F und V auf ganz $\mathfrak{A}$.

§ 4. Lineare Transformationen beschränkter Zahlenfolgen.

In den §§ 4—7 bedeuten sowohl die Punkte des Raumes $\mathfrak{A}$, als auch die Punkte des Raumes $\mathfrak{B}$ Folgen reeller Zahlen:

$$a = \{u_k\}; \quad b = \{v_k\};$$

und es ist:

$$\lambda a = \{\lambda u_k\}; \quad a + a' = \{u_k + u'_k\};$$

die Fundamentaloperation ist:

$$U(a, b) = \sum_{k=1}^{\infty} u_k v_k. \tag{20}$$

1. Der Raum $\mathfrak{A}_1$. Zunächst bestehe der Raum $\mathfrak{A}$ aus allen beschränkten Folgen reeller Zahlen, und die Maßfunktion sei gegeben durch:

$$D(a) = \text{obere Schranke von } |u_k| \; (k = 1, 2, \ldots);$$

den so entstehenden metrischen Raum nennen wir $\mathfrak{A}_1$. Ist $a_\nu = \{u_{\nu,k}\}$ eine Punktfolge aus $\mathfrak{A}_1$, so bedeutet:

$$\mathop{\mathrm{L}}_{\nu=\infty} a_\nu = a$$

soviel wie: zu jedem $\varepsilon > 0$ gibt es ein ν_0, so daß:

$$|u_{\nu,k} - u_k| < \varepsilon \text{ für } \nu \geqq \nu_0 \text{ und alle } k;$$

d. h. es gelten die Beziehungen:

$$\lim_{\nu=\infty} u_{\nu,k} = u_k$$

gleichmäßig für alle k. Offenbar ist dieser Raum vollständig.

Als polaren Raum $\mathfrak{B}_1$ nehmen wir die Menge aller Folgen $\{v_k\}$ für die $\sum_{k=1}^{\infty} |v_k|$ endlich ist. Für jedes a aus $\mathfrak{A}_1$ und jedes b aus $\mathfrak{B}_1$ hat dann die Fundamentaloperation (20) einen Sinn, und es ist:

$$|U(a, b)| \leqq D(a) \sum_{k=1}^{\infty} |v_k|.$$

Wir führen nun, wenn z irgend eine reelle Zahl bedeutet, in üblicher Weise die Bezeichnung ein:

$$\operatorname{sgn} z = 1, \text{ wenn } z \geqq 0, \operatorname{sgn} z = -1, \text{ wenn } z < 0.$$

Setzen wir:

$$u_k = \operatorname{sgn} v_k,$$

so gehört $\{u_k\} = a$ zu $\mathfrak{A}_1$, und es wird:

$$D(a) = 1; \quad U(a, b) = \sum_{k=1}^{\infty} |v_k|.$$

Zufolge der Schlußbemerkung von § 1 haben wir daher für die polare Maßbestimmung:

$$\Delta(b) = \sum_{k=1}^{\infty} |v_k|.$$

Aus Satz I entnehmen wir daher:

V a. Sei $b_n = \{v_{n,k}\}$ eine Punktfolge aus $\mathfrak{B}_1$. Damit die Operationsfolge

$$U(a, b_n) = \sum_{k=1}^{\infty} v_{n,k} u_k \quad (n = 1, 2, \ldots)$$

beschränkt sei in $\mathfrak{A}_1$, ist notwendig und hinreichend, daß es eine Zahl M gebe, so daß:

$$\sum_{k=1}^{\infty} |v_{n,k}| \leqq M \quad \text{für alle } n.$$

Eine Grundmenge $\mathfrak{G}$ aus $\mathfrak{A}_1$ wird gebildet durch die Menge aller Folgen $\{u_k\}$, die nur die Zahlen 0 und 1 enthalten. In der Tat, die Menge $\mathfrak{G}'$ aller Linearkombinationen

$$a = \lambda_1 g_1 + \cdots + \lambda_i g_i$$

der Punkte von $\mathfrak{G}$ ist nichts anderes, als die Menge aller Folgen $\{u_k\}$, in denen nur endlich viele verschiedene Zahlen vorkommen; ist sodann $a = \{u_k\}$ ein beliebiger Punkt von $\mathfrak{A}_1$ und $\varepsilon > 0$ beliebig vorgegeben, so schalte man zwischen $-D(a)$ und $D(a)$ endlich viele Zahlen.

$$-D(a) = r_0 < r_1 < \cdots < r_{j-1} < r_j = D(a)$$

ein, so daß

$$r_h - r_{h-1} < \varepsilon \qquad (h = 1, 2, \ldots, j)$$

und verstehe unter u'_k die dem u_k unmittelbar vorangehende Zahl r_h. Für $a' = \{u'_k\}$ ist dann:

$$D(a - a') < \varepsilon,$$

also ist $\mathfrak{G}'$ dicht in $\mathfrak{A}_1$.

Wir führen noch folgende Bezeichnung ein: ist $\mathfrak{M}$ irgend eine Menge natürlicher Zahlen, bestehend aus den Zahlen $k_1, k_2, \ldots, k_l, \ldots$, so setzen wir:

$$\sum_{\mathfrak{M}} v_k = v_{k_1} + v_{k_2} + \cdots + v_{k_l} + \cdots$$

Aus Satz III erhalten wir nun unmittelbar:

V *b*. Sei $b_n = \{v_{n,k}\}$ eine Punktfolge aus $\mathfrak{B}_1$. Damit die in $\mathfrak{A}_1$ beschränkte Operationsfolge

$$U(a, b_n) = \sum_{k=1}^{\infty} v_{n,k} u_k \tag{21}$$

auch konvergent sei in $\mathfrak{A}_1$, ist notwendig und hinreichend, daß für jede Menge $\mathfrak{M}$ natürlicher Zahlen ein endlicher Grenzwert existiere:

$$\lim_{n=\infty} \sum_{\mathfrak{M}} v_{nk}. \tag{22}$$

Wie wir schon in § 1 sahen, ist für jedes b aus $\mathfrak{B}_1$:

$$U(a, b) = \sum_{k=1}^{\infty} v_k u_k \tag{23}$$

stetig in $\mathfrak{A}_1$. Also ergibt Satz IV:

V *c*. Seien $b_n = \{v_{n,k}\}$ und $b = \{v_k\}$ Punkte aus $\mathfrak{A}_1$. Damit für die in $\mathfrak{A}_1$ konvergente Operationsfolge (21) in ganz $\mathfrak{A}_1$ gelte:

$$\lim_{n=\infty} \sum_{k=1}^{\infty} v_{n,k} u_k = \sum_{k=1}^{\infty} v_k u_k, \tag{24}$$

ist notwendig und hinreichend, daß für jede Menge $\mathfrak{M}$ natürlicher Zahlen:

$$\lim_{n=\infty} \sum_{\mathfrak{M}} v_{n\,k} = \sum_{\mathfrak{M}} v_k. \tag{25}$$

Satz V*b* und V*c* können umgeformt werden vermöge des Satzes:

VI. Sei $b_n = \{v_{n,k}\}$ eine Punktfolge aus $\mathfrak{B}_1$. Damit für jede Menge $\mathfrak{M}$ natürlicher Zahlen ein endlicher Grenzwert (22) existiere, ist notwendig und hinreichend, daß die beiden Bedingungen erfüllt seien:

1. für jedes k existiert ein endlicher Grenzwert $\lim\limits_{n=\infty} v_{n,k}$;

2. zu jedem $\varepsilon > 0$ gibt es ein k_0, so daß:

$$\sum_{k=k_0}^{\infty} |v_{n,k}| \leqq \varepsilon \quad \text{für alle } n. \tag{26}$$

Die Bedingungen sind hinreichend: sei in der Tat $\mathfrak{M}$ eine Menge natürlicher Zahlen und sei $\mathfrak{M}'$ die Menge derjenigen Zahlen aus $\mathfrak{M}$ die $< k_0$ sind, $\mathfrak{M}''$ die Menge der übrigen Zahlen von $\mathfrak{M}$. Wegen 1. existiert dann ein endlicher Grenzwert $\lim\limits_{n=\infty} \sum\limits_{\mathfrak{M}'} v_{n\,k}$, und es gibt somit ein n_0, so daß:

$$\Big| \sum_{\mathfrak{M}'} v_{n,k} - \sum_{\mathfrak{M}'} v_{n',k} \Big| < \varepsilon \text{ für } n \geqq n_0, \quad n' \geqq n_0.$$

Wegen 2. ist

$$\Big| \sum_{\mathfrak{M}''} v_{n,k} \Big| \leqq \varepsilon \text{ für alle } n.$$

Also ist:

$$\Big| \sum_{\mathfrak{M}} v_{n,k} - \sum_{\mathfrak{M}} v_{n',k} \Big| < 3\,\varepsilon \text{ für } n \geqq n_0, \; n' \geqq n_0,$$

das heißt: es existiert ein endlicher Grenzwert $\lim\limits_{n=\infty} \sum\limits_{\mathfrak{M}} v_{n,k}$.

Die Bedingungen sind notwendig. Für 1. ersieht man es, indem man unter $\mathfrak{M}$ die Menge natürlicher Zahlen versteht, die nur aus der Zahl k besteht. Den Beweis, daß auch 2. notwendig ist, führen wir indirekt, indem wir annehmen, es sei 1. erfüllt, 2. aber nicht, und zeigen, daß es dann eine Menge $\mathfrak{M}$ natürlicher Zahlen gibt, für die kein endlicher Grenzwert (22) existiert.

Ist 2. nicht erfüllt, so gibt es ein $\varepsilon > 0$ von folgender Eigenschaft: wie groß N und K auch gewählt seien, es gibt ein $n_0 > N$ und ein l, so daß:

$$\sum_{k=K}^{K+l} |v_{n_0,k}| > \varepsilon. \tag{27}$$

In der Tat, andernfalls gäbe es zu jedem ε ein N und ein K, so daß:

$$\sum_{k=K}^{K+l} |v_{n,k}| \leqq \varepsilon \quad \text{für alle } n > N \text{ und alle } l.$$

Durch den Grenzübergang $l \to \infty$ folgt daraus:

$$\sum_{k=K}^{\infty} |v_{n,k}| \leqq \varepsilon \quad \text{für alle } n > N. \tag{28}$$

Da jede Folge $\{v_{n,k}\}$ zu $\mathfrak{B}_1$ gehört, sind alle Summen $\sum_{k=1}^{\infty} |v_{n,k}|$ endlich; es gibt also ein K', so daß:

$$\sum_{k=K'}^{\infty} |v_{n,k}| \leqq \varepsilon \quad \text{für } n = 1, 2, \ldots, N. \tag{29}$$

Bezeichnet k_0 die größere der beiden Zahlen K und K', so wäre also, wegen (28) und (29) auch (26) erfüllt, d. h. es würde Bedingung 2. gelten, gegen die Annahme.

Daraus schließen wir weiter: wie groß N und K auch gewählt seien, es gibt ein $n_0 > N$ und eine endliche Menge $\mathfrak{M}$ von Zahlen, $\geqq K$, so daß:

$$\Big|\sum_{\mathfrak{M}} v_{n_0,k}\Big| > \frac{\varepsilon}{2}. \tag{30}$$

In der Tat, wegen (27) muß, sei es für die Menge jener k, die in (27) positive Summanden $v_{n_0 k}$ liefern, sei es für die, welche negative $v_{n_0,k}$ liefern, auch (30) erfüllt sein.

Wir gehen aus von einem beliebigen Index n_1 und einer beliebigen Menge $\mathfrak{M}_1$ natürlicher Zahlen, für die wir — wegen der Gleichförmigkeit mit dem Folgenden — auch die Bezeichnung $\mathfrak{S}_1$ einführen. Weil $\sum_{k=1}^{\infty} |v_{n_1,k}|$ endlich, gibt es ein k_1, größer als alle Zahlen von $\mathfrak{S}_1$ und so groß, daß

$$\sum_{k=k_1}^{\infty} |v_{n_1,k}| < \frac{\varepsilon}{12}.$$

Ferner gibt es wegen Bedingung 1. ein $N_1 > n_1$, so daß:

$$\Big|\sum_{\mathfrak{S}_1} v_{n,k} - \sum_{\mathfrak{S}_1} v_{n',k}\Big| < \frac{\varepsilon}{12} \quad \text{für } n \geqq N_1,\ n' \geqq N_1.$$

Und wieder gibt es ein $K_1 > k_1$, so daß:

$$\sum_{k=K_1}^{\infty} |v_{N_1,k}| < \frac{\varepsilon}{12}.$$

Wie wir gesehen haben, gibt es ein $n_2 > N_1$ und eine endliche Menge $\mathfrak{M}_2$ natürlicher Zahlen, die sämtlich $\geqq K_1$ sind (mithin auch größer als alle Zahlen von $\mathfrak{M}_1$), so daß:

$$\left|\sum_{\mathfrak{M}_2} v_{n_2,k}\right| > \frac{\varepsilon}{2}.$$

Wir setzen:

$$\mathfrak{M}_1 + \mathfrak{M}_2 = \mathfrak{S}_2.$$

Zu diesem n_2 gibt es wieder ein $k_2 > K_2$ und größer als alle Zahlen von $\mathfrak{S}_2$, so daß

$$\sum_{k=k_2}^{\infty} |v_{n_2,k}| < \frac{\varepsilon}{12}.$$

Ferner ein $N_2 > n_2$, so daß

$$\left|\sum_{\mathfrak{S}_2} v_{n,k} - \sum_{\mathfrak{S}_2} v_{n',k}\right| < \frac{\varepsilon}{12} \quad \text{für } n \geqq N_2,\ n' \geqq N_2,$$

und sodann ein $K_2 > k_2$, so daß

$$\sum_{k=K_2}^{\infty} |v_{N_2,k}| < \frac{\varepsilon}{12}.$$

Indem wir so weiter schließen, sehen wir: es gibt zwei Folgen von Indizes:

$$n_1 < N_1 < n_2 < N_2 < \ldots < n_i < N_i < \ldots$$
$$k_1 < K_1 < k_2 < K_2 < \ldots < k_i < K_i < \ldots$$

und eine Folge von endlichen Mengen natürlicher Zahlen $\{\mathfrak{M}_i\}$, von folgenden Eigenschaften: Setzt man:

$$\mathfrak{S}_i = \mathfrak{M}_1 + \mathfrak{M}_2 + \ldots + \mathfrak{M}_i,$$

so ist $\mathfrak{M}_{i+1}$ fremd zu $\mathfrak{S}_i$. Für $j > i$ enthält $\mathfrak{M}_j$ nur Zahlen $\geqq K_i$. Es ist:

$$\sum_{k=k_i}^{\infty} |v_{n_i,k}| < \frac{\varepsilon}{12}; \quad \sum_{k=K_i}^{\infty} |v_{N_i,k}| < \frac{\varepsilon}{12}. \tag{31}$$

$$\left|\sum_{\mathfrak{S}_i} v_{n,k} - \sum_{\mathfrak{S}_i} v_{n',k}\right| < \frac{\varepsilon}{12} \quad \text{für } n \geqq N_i,\ n' \geqq N_i. \tag{32}$$

$$\left|\sum_{\mathfrak{M}_i} v_{n_i,k}\right| > \frac{\varepsilon}{2}. \tag{33}$$

Nun bilden wir die Menge:

$$\mathfrak{M} = \mathfrak{M}_1 + \mathfrak{M}_2 + \ldots + \mathfrak{M}_j + \ldots.$$

und setzen:

$$\mathfrak{M} - \mathfrak{S}_i = \mathfrak{R}_i.$$

Dann ist:

$$\begin{aligned} \Big|\sum_{\mathfrak{M}} v_{N_{i-1},k} - \sum_{\mathfrak{M}} v_{n_i,k}\Big| \geqq \Big|\sum_{\mathfrak{M}_i} v_{n_i,k}\Big| - \\ -\Big|\sum_{\mathfrak{S}_{i-1}} v_{N_{i-1},k} - \sum_{\mathfrak{S}_{i-1}} v_{n_i,k}\Big| - \Big|\sum_{\mathfrak{R}_{i-1}} v_{N_{i-1},k}\Big| - \Big|\sum_{\mathfrak{R}_i} v_{n_i,k}\Big|. \end{aligned} \tag{34}$$

Hierin ist nach (32):

$$\Big|\sum_{\mathfrak{S}_{i-1}} v_{N_{i-1},k} - \sum_{\mathfrak{S}_{i-1}} v_{n_i,k}\Big| < \frac{\varepsilon}{12};$$

und da $\mathfrak{R}_{i-1}$ nur Zahlen $\geqq K_{i-1}$, und $\mathfrak{R}_i$ nur Zahlen $\geqq K_i > k_i$ enthält, ist nach (31):

$$\Big|\sum_{\mathfrak{R}_{i-1}} v_{N_{i-1},k}\Big| < \frac{\varepsilon}{12}; \quad \Big|\sum_{\mathfrak{R}_i} v_{n_i,k}\Big| < \frac{\varepsilon}{12}.$$

Zusammen mit (33) also ergibt (34):

$$\Big|\sum_{\mathfrak{M}} v_{N_{i-1},k} - \sum_{\mathfrak{M}} v_{n_i,k}\Big| > \frac{\varepsilon}{4}.$$

Also kann kein endlicher Grenzwert $\lim\limits_{n=\infty} \sum\limits_{\mathfrak{M}} v_{n,k}$ vorhanden sein. Damit ist der Beweis von Satz VI beendet.

Bemerken wir noch, daß, wenn die $v_{n,k}$ den beiden Bedingungen von Satz VI genügen, die Folge der Zahlen

$$\Delta(b_n) = \sum_{k=1}^{\infty} |v_{n,k}|$$

beschränkt ist, und somit nach Satz Va die Operationsfolge $U(a, b_n)$ in $\mathfrak{A}$ beschränkt ist. In der Tat, wegen der Existenz endlicher Grenzwerte $\lim\limits_{n=\infty} v_{n,k}$ für $k = 1, 2, \ldots, k_0 - 1$ gibt es ein A, so daß:

$$|v_{n,k}| < A \quad \text{für } k = 1, 2, \ldots, k_0 - 1 \text{ und alle } n.$$

Wegen Bedingung 2. von Satz VI ist also:

$$\Delta(b_n) = \sum_{k=1}^{\infty} |v_{n,k}| < (k_0 - 1) A + \varepsilon \quad \text{für alle } n.$$

Wir können nun statt Satz V*b* den Satz aussprechen: [10])

VII*b*. Sei $\mathfrak{b}_n = \{v_{n,k}\}$ eine Punktfolge aus $\mathfrak{B}_1$. Damit die Folge der Operationen (21) konvergent sei in $\mathfrak{A}_1$, ist notwendig und hinreichend, daß die $v_{n,k}$ den Bedingungen von Satz VI genügen.

Nun können wir Satz V*c* noch ersetzen durch:

VII*c*. Seien $\mathfrak{b}_n = \{v_{n,k}\}$ und $\mathfrak{b} = \{v_k\}$ Punkte aus $\mathfrak{B}_1$. Damit für die in $\mathfrak{A}_1$ konvergente Operationsfolge (21) in ganz $\mathfrak{A}_1$ gelte:

$$\lim_{n=\infty} \sum_{k=1}^{\infty} v_{n,k}\, u_k = \sum_{k=1}^{\infty} v_k\, u_k,$$

ist notwendig und hinreichend, daß:

$$\lim_{n=\infty} v_{n,k} = v_k \text{ für alle } k. \tag{35}$$

Die Bedingung ist notwendig; dies ist trivial.

Die Bedingung ist hinreichend; es genügt nachzuweisen, daß Bedingung (25) von Satz V*c* erfüllt ist. Sei zu dem Zwecke $\mathfrak{M}'$ die Menge aller Zahlen von $\mathfrak{M}$ die $< k_0$ sind, $\mathfrak{M}''$ die aller übrigen Zahlen von $\mathfrak{M}$. Wegen Bedingung 2. von Satz VI und wegen der Konvergenz von $\sum_{k=1}^{\infty} |v_k|$ kann k_0 so gewählt werden, daß:

$$\Big|\sum_{\mathfrak{M}''} v_k\Big| < \frac{\varepsilon}{3}; \quad \Big|\sum_{\mathfrak{M}''} v_{n,k}\Big| < \frac{\varepsilon}{3} \text{ für alle } n.$$

Ferner ist wegen (35):

$$\Big|\sum_{\mathfrak{M}'} v_{n,k} - \sum_{\mathfrak{M}'} v_k\Big| < \frac{\varepsilon}{3} \text{ für fast alle } n.$$

Wegen:

$$\Big|\sum_{\mathfrak{M}} v_{n,k} - \sum_{\mathfrak{M}} v_k\Big| \leqq \Big|\sum_{\mathfrak{M}'} v_{n,k} - \sum_{\mathfrak{M}'} v_k\Big| + \Big|\sum_{\mathfrak{M}''} v_{n,k}\Big| + \Big|\sum_{\mathfrak{M}''} v_k\Big|$$

ist also:

$$\Big|\sum_{\mathfrak{M}} v_{n,k} - \sum_{\mathfrak{M}} v_k\Big| < \varepsilon \text{ für fast alle } n,$$

womit (25) bewiesen ist.

[10]) J. Schur l. c. [1]), S. 82, Satz III.

§ 5. Lineare Transformationen konvergenter Zahlenfolgen.

2. Der Raum $\mathfrak{A}_2$. Es bestehe nunmehr der Raum $\mathfrak{A}$ aus allen Folgen reeller Zahlen $\{u_k\}$, die einen endlichen Grenzwert besitzen:

$$\lim_{k=\infty} u_k = u.$$

Wie in § 4 sei die Maßfunktion gegeben durch:

$$D(a) = \text{obere Schranke von } |u_k| \ (k = 1, 2, \ldots).$$

Den so entstehenden metrischen Raum nennen wir $\mathfrak{A}_2$.

Sei $a_\nu = \{u_{\nu,k}\}$ eine Punktfolge aus $\mathfrak{A}_2$, und sei:

$$\lim_{k=\infty} u_{\nu,k} = u^{(\nu)}.$$

Ist $\{a_\nu\}$ eine Cauchysche Punktfolge, so existieren, wie wir in § 4 sahen, endliche Grenzwerte:

$$\lim_{\nu=\infty} u_{\nu,k} = u_k,$$

und hiebei ist die Konvergenz gleichmäßig in k. Daraus folgt bekanntlich die Existenz eines endlichen Grenzwertes:

$$\lim_{\nu=\infty} u^{(\nu)} = u$$

und das Bestehen von:

$$\lim_{k=\infty} u_k = u.$$

Setzen wir also $\{u_k\} = a$, so ist auch a Punkt von $\mathfrak{A}_2$, und es ist $\underset{\nu=\infty}{\mathrm{L}}\, a_\nu = a$. Also ist $\mathfrak{A}_2$ vollständig.

Als polaren Raum $\mathfrak{B}_2$ nehmen wir auch hier die Menge aller Folgen $\{v_k\}$, für die $\sum_{k=1}^{\infty} |v_k|$ endlich ist.

Setzen wir:

$$u_k = \operatorname{sgn} v_k \ \text{ für } k \leqq k_0; \quad u_k = 0 \ \text{ für } k > k_0,$$

so gehört $\{u_k\} = a$ zu $\mathfrak{A}_2$, und es wird:

$$D(a) = 1; \quad U(a, b) = \sum_{k=1}^{k_0} |v_k|.$$

Ist $\varepsilon > 0$ beliebig gegeben und k_0 hinlänglich groß, so ist also:

$$U(a, b) > \sum_{k=1}^{\infty} |v_k| - \varepsilon.$$

Also ist auch hier die polare Maßbestimmung gegeben durch:

$$\Delta(b) = \sum_{k=1}^{\infty} |v_k|.$$

Aus Satz I entnehmen wir daher:

VIII *a*. Sei $b_n = \{v_{n,k}\}$ eine Punktfolge aus $\mathfrak{B}_2$. Damit die Operationsfolge:

$$U(a, b_n) = \sum_{k=1}^{\infty} v_{n,k} u_k \quad (n = 1, 2, \ldots) \tag{36}$$

beschränkt sei in $\mathfrak{A}_2$, ist notwendig und hinreichend, daß es eine Zahl M gebe, so daß:

$$\sum_{k=1}^{\infty} |v_{n,k}| \leq M \quad \text{für alle } n.$$

Eine Grundmenge $\mathfrak{G}$ aus $\mathfrak{A}_2$ wird gebildet durch die Menge aller Folgen $\{u_k\}$, in denen für irgend ein $k_0 (= 1, 2, \ldots)$:

$$u_k = 0 \quad \text{für } k < k_0$$
$$u_k = 1 \quad \text{für } k \geqq k_0.$$

In der Tat, die Menge $\mathfrak{G}'$ aller Linearkombinationen der Punkte von $\mathfrak{G}$ ist nichts anderes, als die Menge aller Folgen $\{u_k\}$, in denen fast alle u_k gleich sind; ist sodann $a = \{u_k\}$ ein beliebiger Punkt von $\mathfrak{A}_2$, und ist $\lim\limits_{k=\infty} u_k = u$, so schalte man zwischen $-D(a) - \varepsilon$ und $D(a) + \varepsilon$ endlich viele Zahlen

$$-D(a) - \varepsilon = z_0 < z_1 < \cdots < z_{j-1} < z_j = D(a) + \varepsilon;$$
$$z_h - z_{h-1} < \varepsilon \quad (h = 1, 2, \ldots, j); \qquad z_h \neq u \quad (h = 0, 1, 2, \ldots, j)$$

ein und verstehe unter u'_k die dem u_k unmittelbar vorangehende Zahl z_h. Dann sind fast alle u'_k einander gleich und für $a' = \{u'_k\}$ wird $D(a - a') < \varepsilon$. Aus Satz III entnehmen wir daher[11]):

VIII *b*. Sei $b_n = \{v_{n,k}\}$ eine Punktfolge aus $\mathfrak{B}_2$. Damit die in $\mathfrak{A}_2$ beschränkte Operationsfolge (36) auch konvergent sei in $\mathfrak{A}_2$, ist notwendig und hinreichend, daß für jedes $k_0 (= 1, 2, \ldots)$ ein endlicher Grenzwert existiere:

$$\lim_{n=\infty} \sum_{k=k_0}^{\infty} v_{n,k}.$$

---

[11]) J. Schur l. c. [1]), S. 82, Satz I; T. Kojima, Tohaku Journ. 12 (1917), S. 297, Theorem I.

Bedeutet $b=\{v_k\}$ einen Punkt aus $\mathfrak{B}_2$, so ist, wie wir wissen, der Ausdruck $U(a, b)$ stetig in $\mathfrak{A}_2$; sind $a=\{u_k\}$ und $a'=\{u'_k\}$ zwei Punkte von $\mathfrak{A}_2$, für die $D(a-a')\leqq\varepsilon$, so ist auch

$$|\lim_{k=\infty} u_k - \lim_{k=\infty} u'_k| \leqq \varepsilon,$$

d. h. es ist auch $\lim\limits_{k=\infty} u_k$ eine in $\mathfrak{A}_2$ stetige Funktion von a. Wir entnehmen daher aus Satz IV:

VIII*c*. Seien $b_n=\{v_{n,k}\}$ und $b=\{v_k\}$ Punkte aus $\mathfrak{B}_2$, und sei v eine beliebige Zahl. Damit für die in $\mathfrak{A}_2$ konvergente Operationsfolge (36) in ganz $\mathfrak{A}_2$ gelte:

$$\lim_{n=\infty} \sum_{k=1}^{\infty} v_{n,k} u_k = \sum_{k=1}^{\infty} v_k u_k + v \,.\, \lim_{k=\infty} u_k,$$

ist notwendig und hinreichend, daß für jedes $k_0 (=1, 2, \ldots)$:

$$\lim_{n=\infty} \sum_{k=k_0}^{\infty} v_{n,k} = v + \sum_{k=k_0}^{\infty} v_k.$$

In diesem Satze sind eine Reihe bekannter Resultate als Spezialfälle enthalten[12]).

3. Der Raum $\mathfrak{A}_3$. Es bestehe nunmehr der Raum $\mathfrak{A}$ aus allen Folgen reeller Zahlen $\{u_k\}$ mit $\lim\limits_{k=\infty} u_k=0$. Die Definition von $D(a)$ bleibe dieselbe, wie in $\mathfrak{A}_2$. Dann ist auch $\mathfrak{A}_3$ vollständig. Als polaren Raum nehmen wir wieder die Menge aller Folgen $\{v_n\}$, für die $\sum\limits_{k=1}^{\infty} |v_k|$ endlich ist. Die polare Maßbestimmung ist dann auch hier gegeben durch:

$$\Delta(b) = \sum_{k=1}^{\infty} |v_k|.$$

Aus Satz I entnehmen wir daher:

IX*a*. Sei $b_n=\{v_{n,k}\}$ eine Punktfolge aus $\mathfrak{B}_3$. Damit die Operationsfolge

$$U(a, b_n) = \sum_{k=1}^{\infty} v_{n,k} u_k \quad (n=1, 2, \ldots) \tag{37}$$

---

[12]) J. Schur l. c. [1]), S. 82, Satz I, Gleichung (5); sind alle $v_k=0$, so erhält man Theorem IV von T. Kojima l. c. [11]), S. 299; ist außerdem $v=1$, so erhält man den Satz von O. Toeplitz, Prace mat.-fiz. 22 (1911), S. 113.

beschränkt sei in $\mathfrak{A}_3$, ist notwendig und hinreichend, daß es eine Zahl M gebe, so daß:

$$\sum_{k=1}^{\infty} |v_{n,k}| \leqq M \quad \text{für alle } n.$$

Eine Grundmenge $\mathfrak{G}$ aus $\mathfrak{A}_3$ wird gebildet durch die Menge aller Folgen $\{u_k\}$, in denen ein Glied $= 1$, alle übrigen $= 0$ sind. In der Tat, die Menge $\mathfrak{G}'$ aller Linearkombinationen der Punkte von $\mathfrak{G}$ besteht dann aus allen Folgen $\{u_k\}$, in denen fast alle $u_k = 0$ sind. Sei $a = \{u_k\}$ ein beliebiger Punkt aus $\mathfrak{A}_3$. Ist $\varepsilon > 0$ beliebig gegeben, so gibt es ein k_0, so daß $|u_k| < \varepsilon$ für $k > k_0$. Ist $u'_k = u_k$ für $k \leqq k_0$ und $u'_k = 0$ für $k > k_0$, so gehört $a' = \{u'_k\}$ zu $\mathfrak{G}'$ und es ist $D(a - a') < \varepsilon$. Also ist $\mathfrak{G}'$ dicht in $\mathfrak{A}_3$. Aus Satz III entnehmen wir daher[13]):

IX*b*. Sei $b_n = \{v_{n,k}\}$ eine Punktfolge aus $\mathfrak{B}_3$. Damit die in $\mathfrak{A}_3$ beschränkte Operationsfolge (37) konvergent sei in $\mathfrak{A}_3$, ist notwendig und hinreichend, daß für jedes k ein endlicher Grenzwert $\lim\limits_{n=\infty} v_{n,k}$ existiere.

Und aus Satz IV ergibt sich:

IX*c*. Seien $b_n = \{v_{n,k}\}$ und $b = \{v_k\}$ Punkte aus $\mathfrak{B}_3$. Damit für die in $\mathfrak{A}_3$ konvergente Operationsfolge (37) in ganz $\mathfrak{A}_3$ gelte:

$$\lim_{n=\infty} \sum_{k=1}^{\infty} v_{n,k} u_k = \sum_{k=1}^{\infty} v_k u_k,$$

ist notwendig und hinreichend, daß:

$$\lim_{n=\infty} v_{n,k} = v_k \quad (k = 1, 2, \ldots).$$

§ 6. Lineare Transformationen von Zahlenfolgen endlicher Variation.

Wir bezeichnen als Variation einer Zahlenfolge $a = \{u_k\}$ den Ausdruck:

$$V(a) = \sum_{k=1}^{\infty} |u_k - u_{k+1}|, \tag{38}$$

und sagen, die Folge ist von endlicher Variation, wenn $V(a)$ endlich ist. Offenbar gilt:

$$V(\lambda a) = |\lambda| \cdot V(a); \quad V(a + a') \leqq V(a) + V(a').$$

Ist also a von endlicher Variation, so auch λa, sind a und a' von endlicher Variation, so auch $a + a'$.

---

[13]) T. Kojima l. c. [11]), Theorem II, S. 298.

Jede Folge $\{u_k\}$ endlicher Variation hat einen endlichen Grenzwert. Denn aus der Konvergenz der unendlichen Reihe in (38) folgt die Konvergenz von $\sum_{k=1}^{\infty}(u_k - u_{k+1})$, d. h. die Existenz eines endlichen Grenzwertes $\lim_{k=\infty}(u_1 - u_k)$ mithin auch die Existenz eines endlichen Grenzwertes $\lim_{k=\infty} u_k$.

4. Der Raum $\mathfrak{A}_4$. Es bestehe der Raum $\mathfrak{A}$ aus allen Folgen $\{u_k\}$ endlicher Variation, und die Maßbestimmung sei, wenn $\lim_{k=\infty} u_k = u$ gesetzt wird, gegeben durch:

$$D(a) = V(a) + |u|.$$

Den so entstehenden metrischen Raum nennen wir $\mathfrak{A}_4$.

Sei $a_\nu = \{u_{\nu,k}\}$ eine Punktfolge aus $\mathfrak{A}_4$ mit

$$\operatorname*{L}_{\nu=\infty} a_\nu = a = \{u_k\}. \tag{39}$$

Setzen wir noch:

$$\lim_{k=\infty} u_{\nu,k} = u^{(\nu)}, \quad \lim_{k=\infty} u_k = u,$$

so besagt (39) so viel, wie die folgenden Relationen:

$$\lim_{\nu=\infty} V(a_\nu - a) = 0; \quad \lim_{\nu=\infty} u^{(\nu)} = u; \tag{40}$$

und da:

$$|u_{\nu,k} - u_k| \leqq |(u_{\nu,k} - u_k) - (u^{(\nu)} - u)| + |u^{(\nu)} - u| \tag{41}$$

und:

$$|(u_{\nu,k} - u_k) - (u^{(\nu)} - u)| = \left|\sum_{\lambda=k}^{\infty}\{(u_{\nu,\lambda} - u_\lambda) - (u_{\nu,\lambda+1} - u_{\lambda+1})\}\right|$$

$$\leqq V(a_\nu - a),$$

folgt aus (40) und (41):

$$\lim_{\nu=\infty} u_{\nu,k} = u_k.$$

Sei sodann $\{a_\nu\}$ eine Cauchysche Punktfolge aus $\mathfrak{A}_4$. Zu jedem $\varepsilon > 0$ gibt es somit ein ν_0, so daß

$$D(a_\nu - a_{\nu'}) < \varepsilon \quad \text{für } \nu \geqq \nu_0, \nu' \geqq \nu_0.$$

Daraus folgt:

$$V(a_\nu - a_{\nu'}) < \varepsilon; \quad |u^{(\nu)} - u^{(\nu')}| < \varepsilon \quad \text{für } \nu \geqq \nu_0, \nu' \geqq \nu_0. \tag{42}$$

Und da:

$$|u_{\nu,k} - u_{\nu',k}| \leqq |(u_{\nu,k} - u_{\nu',k}) - (u^{(\nu)} - u^{(\nu')})| + |u^{(\nu)} - u^{(\nu')}|$$

und wie vorhin:

$$|(u_{\nu,k} - u_{\nu',k}) - (u^{(\nu)} - u^{(\nu')})| \leqq V(a_\nu - a_{\nu'}),$$

folgt sofort:

$$|u_{\nu,k} - u_{\nu',k}| < 2\varepsilon \quad \text{für } \nu \geqq \nu_0,\ \nu' \geqq \nu_0 .$$

Also existiert für jedes k ein endlicher Grenzwert

$$\lim_{\nu=\infty} u_{\nu,k} = u_k. \tag{43}$$

Wir setzen $\{u_k\} = a$. Aus der ersten Ungleichung (42) folgt:

$$\sum_{k=1}^{K} |(u_{\nu,k} - u_{\nu',k}) - (u_{\nu,k+1} - u_{\nu',k+1})| < \varepsilon \quad \text{für } \nu \geqq \nu_0,\ \nu' \geqq \nu_0;$$

daraus durch den Grenzübergang $\nu' \to \infty$:

$$\sum_{k=1}^{K} |(u_{\nu,k} - u_k) - (u_{\nu,k+1} - u_{k+1})| \leqq \varepsilon \quad \text{für } \nu \geqq \nu_0,$$

daraus durch den Grenzübergang $K \to \infty$:

$$V(a_\nu - a) \leqq \varepsilon \quad \text{für } \nu \geqq \nu_0, \tag{44}$$

und da:

$$V(a) \leq V(a_\nu) + V(a - a_\nu),$$

gehört a zu $\mathfrak{A}_4$. Sei

$$u = \lim_{k=\infty} u_k.$$

Aus (44) folgt:

$$\left|\sum_{k=1}^{\infty} (u_{\nu,k} - u_k) - (u_{\nu,k+1} - u_{k+1})\right| = |(u_{\nu,1} - u_1) - (u^{(\nu)} - u)| \leqq \varepsilon.$$

Da hierin wegen (43):

$$|u_{\nu,1} - u_1| < \varepsilon \quad \text{für fast alle } \nu,$$

so ist auch:

$$|u^{(\nu)} - u| < 2\varepsilon \quad \text{für fast alle } \nu. \tag{45}$$

Aus (44) und (45) aber folgt:

$$D(a_\nu - a) < 3\varepsilon \quad \text{für fast alle } \nu;$$

d. h. es ist $\underset{\nu=\infty}{\mathrm{L}}\, a_\nu = a$, und der Raum $\mathfrak{A}_4$ ist somit vollständig.

Als polaren Raum $\mathfrak{B}_4$ können wir nehmen die Menge aller Folgen $b = \{v_k\}$, für die die unendliche Reihe $\sum_{k=1}^{\infty} v_k$ konvergent ist. In der Tat ist bekanntlich, wenn $a = \{u_k\}$ zu $\mathfrak{A}_4$ und $b = \{v_k\}$ zu $\mathfrak{B}_4$ gehört, die Reihe

$$U(a, b) = \sum_{k=1}^{\infty} v_k u_k$$

konvergent. Setzen wir:

$$s_k = v_1 + v_2 + \cdot \;\; \cdot + v_k,$$

so ist die Folge $\{s_k\}$ beschränkt. Aus der bekannten Umformung:

$$\sum_{k=1}^{K} u_k v_k = \sum_{k=1}^{K-1} s^k (u_k - u_{k+1}) + s_K u_K$$

folgern wir durch den Grenzübergang $K \rightarrow \infty$, wenn mit S die obere Schranke der $|s_k|$ bezeichnet und $\lim_{k=\infty} u_k = u$ gesetzt wird, die Ungleichung

$$|U(a, b)| \leqq S\Big(\sum_{k=1}^{\infty} |u_k - u_{k+1}| + |u|\Big) = S \,.\, D(a).$$

Setzen wir:

$$u_k = 1 \text{ für } k \leqq K, \quad u_k = 0 \text{ für } k > K,$$

so ist:

$$D(a) = 1; \quad U(a, b) = s_K.$$

Zufolge der Schlußbemerkung von § 1 ist also die polare Maßbestimmung gegeben durch:

$$\Delta(b) = \text{obere Schranke der } |v_1 + v_2 + \cdots + v_k|.$$

Aus Satz I entnehmen wir daher:

X*a*. Sei $b_n = \{v_{n,k}\}$ eine Punktfolge aus $\mathfrak{B}_4$. Damit die Operationsfolge:

$$U(a, b_n) = \sum_{k=1}^{\infty} v_{n,k} u_k \quad (n = 1, 2, \ldots) \tag{46}$$

beschränkt sei in $\mathfrak{A}_4$, ist notwendig und hinreichend, daß es eine Zahl M gebe, so daß:

$$|v_{n,1}+v_{n,2}+\cdots+v_{n,k}|\leqq M \quad \text{für alle } n \text{ und alle } k. \tag{47}$$

Eine Grundmenge $\mathfrak{G}$ aus $\mathfrak{A}_4$ wird gebildet durch die Menge aller Folgen $\{u_k\}$, in denen für irgend ein k_0 $(=1, 2, \ldots)$:

$$u_k=0 \quad \text{für} \quad k<k_0; \quad u_k=1 \quad \text{für} \quad k\geqq k_0.$$

Denn die Menge $\mathfrak{G}'$ aller Linearkombinationen der Punkte von $\mathfrak{G}$ ist dann die Menge aller Folgen $\{u_k\}$, in denen fast alle u_k gleich sind; ist sodann $a=\{u_k\}$ ein beliebiger Punkt von $\mathfrak{A}_4$, so wähle man zunächst k_0 so groß, daß (wenn $\lim\limits_{k=\infty} u_k=u$):

$$\sum_{k=k_0}^{\infty}|u_k-u_{k+1}|<\frac{\varepsilon}{3} \quad \text{und} \quad |u_{k_0}-u|<\frac{\varepsilon}{3};$$

sodann u'_k für $k\leqq k_0$ so, daß:

$$\sum_{k=1}^{k_0-1}|(u_k-u'_k)-(u_{k+1}-u'_{k+1})|<\frac{\varepsilon}{3} \quad \text{und} \quad |u'_{k_0}-u|<\frac{\varepsilon}{3}.$$

Setzt man dann $u'_k=u'_{k_0}$ für $k>k_0$, so gehört $a'=\{u'_k\}$ zu $\mathfrak{G}'$, und es ist

$$D(a-a')=\sum_{k=1}^{k_0-1}|(u_k-u'_k)-(u_{k+1}-u'_{k+1})|+\sum_{k=k_0}^{\infty}|u_k-u_{k+1}|+ \\ +|u-u'_{k_0}|<\varepsilon.$$

Also ist $\mathfrak{G}'$ dicht in $\mathfrak{A}_4$. Aus Satz III entnehmen wir daher:

X*b*. Sei $b_n=\{v_{n,k}\}$ eine Punktfolge aus $\mathfrak{B}_4$. Damit die in $\mathfrak{A}_4$ beschränkte Operationsfolge (46) auch konvergent sei in $\mathfrak{A}_4$, ist notwendig und hinreichend, daß für jedes k_0 $(=1, 2, \ldots)$ ein endlicher Grenzwert existiere:

$$\lim_{n=\infty}\sum_{k=k_0}^{\infty} v_{n,k}.$$

Sei $b=\{v_k\}$ ein Punkt aus $\mathfrak{B}_4$ und v eine beliebige Zahl. Dann ist

$$V(a,b)=\sum_{k=1}^{\infty} v_k u_k+v \,.\lim_{k=\infty} u_k$$

eine in $\mathfrak{A}_4$ stetige Funktion von a. Also entnehmen wir aus Satz IV den Satz[14]):

X*c*. Seien $b_n' = \{v_{n,k}\}$ und $b = \{v_k\}$ Punkte aus $\mathfrak{B}_4$, und sei v eine beliebige Zahl. Damit für die in $\mathfrak{A}_4$ konvergente Operationsfolge (46) in ganz $\mathfrak{A}_4$ gelte:

$$\lim_{n=\infty} \sum_{k=1}^{\infty} v_{n,k} u_k = \sum_{k=1}^{\infty} v_k u_k + v \cdot \lim_{k=\infty} u_k,$$

ist notwendig und hinreichend, daß für jedes $k_0 (= 1, 2, \ldots)$:

$$\lim_{n=\infty} \sum_{k=k_0}^{\infty} v_{n,k} = v + \sum_{k=k_0}^{\infty} v_k.$$

5. Der Raum $\mathfrak{A}_5$. Es bestehe nunmehr der Raum $\mathfrak{A}$ aus allen Folgen $\{u_k\}$ endlicher Variation mit $\lim\limits_{k=\infty} u_k = 0$. Die Maßbestimmung sei gegeben durch:

$$D(a) = V(a).$$

Den so entstehenden metrischen Raum nennen wir $\mathfrak{A}_5$. Die beim Raume $\mathfrak{A}_4$ angestellten Betrachtungen zeigen, daß auch $\mathfrak{A}_5$ vollständig ist.

Als polaren Raum $\mathfrak{B}_5$ können wir hier nehmen die Menge aller Folgen $\{v_k\}$, für die die Folge der Teilsummen:

$$s_k = v_1 + v_2 + \cdots + v_k$$

beschränkt ist. In der Tat ist dann bekanntlich für jedes $\{u_k\}$ aus $\mathfrak{A}_5$ und jedes $\{v_k\}$ aus $\mathfrak{B}_5$ die Reihe $\sum\limits_{k=1}^{\infty} u_k v_k$ konvergent. Wie in $\mathfrak{B}_4$ erhalten wir als polare Maßbestimmung

$$\Delta(b) = \text{obere Schranke der } |s_k|.$$

Aus Satz I entnehmen wir daher:

XI*a*. Sei $b_n = \{v_{n,k}\}$ eine Punktfolge aus $\mathfrak{B}_5$. Damit die Operationsfolge (46) beschränkt sei in $\mathfrak{A}_5$, ist notwendig und hinreichend die Existenz einer Zahl M, für die (47) gilt.

Eine Grundmenge $\mathfrak{G}$ aus $\mathfrak{A}_5$ wird gebildet durch die Menge aller Folgen $\{u_k\}$, in denen ein Glied $= 1$, alle übrigen $= 0$ sind.

---

[14]) Für $v_k = 0$ $(k = 1, 2, \ldots)$ und $v = 1$ ist er das Seitenstück zum Satze von Toeplitz (l. c. [12]) bei Beschränkung auf Folgen endlicher Variation.

Die Menge $\mathfrak{S}'$ aller Linearkombinationen der Punkte von $\mathfrak{S}$ besteht dann aus allen Folgen $\{u_k\}$, in denen fast alle $u_k = 0$ sind, und wie bei $\mathfrak{A}_4$ erkennt man, daß $\mathfrak{S}'$ dicht in $\mathfrak{A}_5$ ist. Aus Satz III entnehmen wir daher:

XI*b*. Sei $b_n \doteq \{v_{n,k}\}$ eine Punktfolge aus $\mathfrak{B}_5$. Damit die in $\mathfrak{A}_5$ beschränkte Operationsfolge (46) auch konvergent sei in $\mathfrak{A}_5$, ist notwendig und hinreichend, daß für jedes k ein endlicher Grenzwert $\lim\limits_{n=\infty} v_{n,k}$ existiere.

Sei $b = \{v_k\}$ ein Punkt aus $\mathfrak{B}_5$, dann ist $\sum\limits_{k=1}^{\infty} v_k u_k$ stetig in $\mathfrak{A}_5$, also folgt aus Satz IV:

XI*c*. Seien $b_n = \{v_{n,k}\}$ und $b = \{v_k\}$ Punkte aus $\mathfrak{B}_5$. Damit für die in $\mathfrak{A}_5$ beschränkte Operationsfolge (46) in ganz $\mathfrak{A}_5$ gelte:

$$\lim_{n=\infty} \sum_{k=1}^{\infty} v_{n,k} u_k = \sum_{k=1}^{\infty} v_k u_k,$$

ist notwendig und hinreichend, daß für jedes k:

$$\lim_{n=\infty} v_{n,k} = v_k.$$

§ 7. Lineare Transformationen unendlicher Reihen.

6. Der Raum $\mathfrak{A}_6$. Nunmehr bestehe der Raum $\mathfrak{A}$ aus allen Folgen reeller Zahlen $a = \{u_k\}$, für die:

$$D(a) = \sum_{k=1}^{\infty} |u_k| \tag{48}$$

endlich ist, d. h. aus allen absolut-konvergenten unendlichen Reihen. Die Maßbestimmung sei gegeben durch (48). Den so entstehenden metrischen Raum nennen wir $\mathfrak{A}_6$.

Ist $a_\nu = \{u_{\nu,k}\}$ eine Punktfolge aus $\mathfrak{A}_6$, so bedeutet

$$\mathop{\mathrm{L}}_{\nu=\infty} a_\nu = a$$

soviel wie:

$$\lim_{\nu=\infty} \sum_{k=1}^{\infty} |u_{\nu,k} - u_k| = 0. \tag{49}$$

Sei nun $\{a_\nu\}$ eine Cauchysche Punktfolge aus $\mathfrak{A}_6$. Zu jedem $\varepsilon > 0$ gibt es dann ein ν_0, so daß:

$$\sum_{k=1}^{\infty} |u_{\nu,k} - u_{\nu',k}| < \varepsilon \quad \text{für } \nu \geqq \nu_0,\ \nu' \geqq \nu_0, \tag{50}$$

mithin erst recht:

$$|u_{\nu,k} - u_{\nu',k}| < \varepsilon \quad \text{für } \nu \geqq \nu_0,\ \nu' \geqq \nu_0.$$

Also existieren endliche Grenzwerte:

$$\lim_{\nu=\infty} u_{\nu,k} = u_k.$$

Aus (50) folgt zunächst für jedes K:

$$\sum_{k=1}^{K} |u_{\nu,k} - u'_{\nu,k}| \leqq \varepsilon \quad \text{für } \nu \geqq \nu_0,\ \nu' \geqq \nu_0.$$

Daraus durch den Grenzübergang $\nu' \longrightarrow \infty$:

$$\sum_{k=1}^{K} |u_{\nu,k} - u_k| \leqq \varepsilon \quad \text{für } \nu \geqq \nu_0,$$

daraus durch den Grenzübergang $K \longrightarrow \infty$ die Gleichung (49). Aus dieser folgt nun wegen:

$$\sum_{k=1}^{\infty} |u_k| \leqq \sum_{k=1}^{\infty} |u_{\nu,k}| + \sum_{k=1}^{\infty} |u_{\nu,k} - u_k|$$

zunächst, daß $\{u_k\}$ zu $\mathfrak{A}_6$ gehört, sodann daß $\underset{\nu=\infty}{\mathrm{L}}\, a_\nu = a$. Also ist $\mathfrak{A}_6$ vollständig.

Als polaren Raum $\mathfrak{B}_6$ können wir die Menge aller beschränkten Folgen $b = \{v_k\}$ nehmen. Für jedes a aus $\mathfrak{A}_6$ und jedes b aus $\mathfrak{B}_6$ hat dann die Fundamentaloperation $U(a, b)$ einen Sinn, und es ist:

$$U(a, b) \leqq V \cdot \sum_{k=1}^{\infty} |u_k|,$$

wenn V die obere Schranke der $|v_k|$ bedeutet. Zu jedem $\varepsilon > 0$ gibt es ein v_{k_0}, so daß:

$$|v_{k_0}| > V - \varepsilon.$$

Setzen wir nun:

$$u_{k_0} = 1, \quad u_k = 0 \quad \text{für } k \neq k_0,$$

so ist für diese Folge $a = \{u_k\}$:

$$D(a) = 1; \quad |U(a, b)| > V - \varepsilon$$

also ist durch V die polare Maßbestimmung gegeben, d. h.:

$$\Delta(b) = \text{obere Schranke der } |v_k|.$$

Aus Satz I entnehmen wir daher:

XIIa. Sei $b_n = \{v_{n,k}\}$ eine Punktfolge aus $\mathfrak{B}_6$. Damit die Operationsfolge:

$$U(a, b_n) = \sum_{k=1}^{\infty} v_{n,k}\, u_k \tag{51}$$

beschränkt sei in $\mathfrak{A}_6$, ist notwendig und hinreichend, daß es eine Zahl M gibt, so daß:

$$|v_{n,k}| \leqq M \quad \text{für alle } n \text{ und } k.$$

Eine Grundmenge $\mathfrak{G}$ aus $\mathfrak{A}_6$ wird gebildet durch diejenigen Folgen $\{u_k\}$, in denen nur ein Glied $= 1$, alle anderen $= 0$ sind. Das zugehörige $\mathfrak{G}'$ ist die Menge aller Folgen, in denen fast alle Glieder $= 0$ sind. Bezeichnen wir mit a_ν diejenige Folge $\{u'_k\}$, in der

$$u'_k = u_k \quad \text{für } k < \nu; \quad u'_k = 0 \quad \text{für } k \geqq \nu,$$

so ist:

$$D(a - a_\nu) = \sum_{k=\nu}^{\infty} |u_k|,$$

also ist $\lim\limits_{\nu=\infty} D(a - a_\nu) = 0$, d. h. $\mathfrak{G}'$ ist dicht in $\mathfrak{A}_6$. Aus Satz III entnehmen wir daher:

XIIb. Sei $b_n = \{v_{n,k}\}$ eine Punktfolge aus $\mathfrak{B}_6$. Damit die in $\mathfrak{A}_6$ beschränkte Operationsfolge (51) auch konvergent sei in $\mathfrak{A}_6$, ist notwendig und hinreichend, daß für jedes k ein endlicher Grenzwert $\lim\limits_{n=\infty} v_{n,k}$ vorhanden sei.

Da endlich für jedes b aus $\mathfrak{B}_6$ die Operation $U(a, b)$ stetig in $\mathfrak{A}_6$ ist, folgt aus Satz IV:

XIIc. Seien $b_n = \{v_{n,k}\}$ und $b = \{v_k\}$ Punkte aus $\mathfrak{B}_6$. Damit für die in $\mathfrak{A}_6$ konvergente Operationsfolge (51) in ganz $\mathfrak{A}_6$ gelte:

$$\lim_{n=\infty} \sum_{k=1}^{\infty} v_{n,k}\, u_k = \sum_{k=1}^{\infty} v_k\, u_k,$$

ist notwendig und hinreichend, daß:

$$\lim_{n=\infty} v_{n,k} = v_k \quad \text{für alle } k.$$

7. Der Raum $\mathfrak{A}_7$. Nunmehr bestehe der Raum $\mathfrak{A}$ aus allen Folgen reeller Zahlen $a = \{u_k\}$, für die:

$$D(a) = \left(\sum_{k=1}^{\infty} |u_k|^p\right)^{\frac{1}{p}} \quad (p > 1) \tag{52}$$

endlich ist. Die Maßbestimmung sei gegeben durch (52). Den so entstehenden metrischen Raum nennen wir $\mathfrak{A}_7$. Ist $a_\nu = \{u_{\nu,k}\}$, so bedeutet $\underset{\nu=\infty}{\mathrm{L}}\, a_\nu = a$ soviel wie:

$$\lim_{\nu=\infty} \sum_{k=1}^{\infty} |u_{\nu,k} - u_k|^p = 0.$$

Analog wie bei $\mathfrak{A}_6$ wird nachgewiesen, daß $\mathfrak{A}_7$ vollständig ist.

Als polaren Raum $\mathfrak{B}_7$ können wir die Menge aller Folgen $b = \{v_k\}$ wählen, für die:

$$\Delta(b) = \left(\sum_{k=1}^{\infty} |v_k|^{\frac{p}{p-1}}\right)^{\frac{p-1}{p}} \tag{53}$$

endlich ausfällt. Wegen der bekannten Ungleichung:

$$\left|\sum_{k=1}^{\infty} u_k v_k\right| \leqq D(a) \,.\, \Delta(b)$$

hat dann für jedes a aus $\mathfrak{A}_7$ und jedes b aus $\mathfrak{B}_7$ die Fundamentaloperation $U(a, b)$ einen Sinn. Setzen wir:

$$u_k = \operatorname{sgn} v_k \frac{|v_k|^{\frac{1}{p-1}}}{\left(\sum_{i=1}^{\infty} |v_i|^{\frac{p}{p-1}}\right)^{\frac{1}{p}}} \quad (k = 1, 2, \ldots),$$

so wird:

$$D(a) = 1; \quad U(a, b) = \Delta(b);$$

also ist durch (53) die polare Maßbestimmung gegeben. Aus Satz I entnehmen wir daher:

XIII *a*. Sei $b_n = \{v_{n,k}\}$ eine Punktfolge aus $\mathfrak{B}_7$. Damit die Operationsfolge (51) beschränkt sei in $\mathfrak{A}_7$, ist notwendig und hinreichend, daß es eine Zahl M gibt, so daß:

$$\sum_{k=1}^{\infty} |v_{n,k}|^{\frac{p}{p-1}} \leqq M \quad \text{für alle } n.$$

Eine Grundmenge $\mathfrak{G}$ aus $\mathfrak{A}_7$ wird auch hier gebildet durch die Folgen $\{u_k\}$, in denen ein Glied $= 1$, alle übrigen $= 0$ sind; man erkennt das analog wie bei $\mathfrak{A}_6$. Also:

XIII*b*. Sei $b_n = \{v_{n,k}\}$ eine Punktfolge aus $\mathfrak{B}_7$. Damit die in $\mathfrak{A}_7$ beschränkte Operationsfolge (51) auch konvergent sei in $\mathfrak{B}_7$, ist notwendig und hinreichend, daß für jedes k ein endlicher Grenzwert $\lim\limits_{n=\infty} v_{n,k}$ existiert.

Wie wir wissen, ist für jedes b aus $\mathfrak{B}_7$ die Operation $U(a, b)$ stetig in $\mathfrak{A}_7$. Also:

XIII*c*. Seien $b_n = \{v_{n,k}\}$ und $b = \{v_k\}$ Punkte von $\mathfrak{B}_7$. Damit für die in $\mathfrak{A}_7$ konvergente Operationsfolge (51) in ganz $\mathfrak{A}_7$ gelte:

$$\lim_{n=\infty} \sum_{k=1}^{\infty} v_{n,k}\, u_k = \sum_{k=1}^{\infty} v_k\, u_k,$$

ist notwendig und hinreichend, daß:

$$\lim_{n=\infty} v_{n,k} = v_k \quad \text{für alle } n.$$

8. Der Raum $\mathfrak{A}_8$. Nunmehr bestehe der Raum $\mathfrak{A}$ aus allen Folgen reeller Zahlen $u = \{u_k\}$, für die die Reihe

$$\sum_{k=1}^{\infty} u_k$$

konvergent ist. Die Teilsummen dieser unendlichen Reihe bezeichnen wir mit:

$$s_k = \sum_{\lambda=1}^{k} u_\lambda$$

und führen die Maßbestimmung ein:

$$D(a) = \text{obere Schranke der } |s_k|. \tag{54}$$

Den so entstehenden metrischen Raum nennen wir $\mathfrak{A}_8$.

Ist $a_\nu = \{u_{\nu,k}\}$, so bedeutet $\underset{\nu=\infty}{\mathrm{L}}\, a_\nu = a$ soviel wie: zu jedem $\varepsilon > 0$ gibt es ein ν_0, so daß

$$\left|\sum_{\lambda=1}^{k} (u_{\nu,\lambda} - u_\lambda)\right| < \varepsilon \quad \text{für } \nu \geqq \nu_0 \text{ und alle } k.$$

Sei $\{u_\nu\}$ eine Cauchysche Punktfolge aus $\mathfrak{A}_8$. Wir setzen:

$$s_{\nu,k} = \sum_{\lambda=1}^{k} u_{\nu,\lambda}; \quad s^{(\nu)} = \sum_{k=1}^{\infty} u_{\nu,k}.$$

Zu jedem $\varepsilon > 0$ gibt es ein ν_0, so daß:

$$|s_{\nu,k} - s_{\nu',k}| < \varepsilon \quad \text{für } \nu \geqq \nu_0,\ \nu' \geqq \nu_0 \text{ und alle } k. \tag{55}$$

Für jedes k existiert daher ein endlicher Grenzwert:

$$s_k = \lim_{\nu=\infty} s_{\nu, k}.$$

Wir setzen:

$$u_1 = s_1 = \lim_{\nu=\infty} u_{\nu, 1}; \quad u_k = s_k - s_{k-1} = \lim_{\nu=\infty} u_{\nu, k} \; (k > 1).$$

Aus (55) folgt durch den Grenzübergang $\nu' \to \infty$:

$$|s_{\nu, k} - s_k| \leqq \varepsilon \quad \text{für } \nu \geqq \nu_0 \text{ und alle } k, \tag{56}$$

d. h. die Konvergenz der $s_{\nu, k}$ gegen die s_k ist gleichmäßig in k. Es folgt daher die Existenz eines endlichen Grenzwertes:

$$s = \lim_{\nu=\infty} s^{(\nu)}$$

und das Bestehen von:

$$\sum_{k=1}^{\infty} u_k = \lim_{k=\infty} s_k = s.$$

Die Folge $a = \{u_k\}$ gehört daher zu $\mathfrak{A}_8$, und (56) besagt das Bestehen von $\mathop{\mathrm{L}}_{\nu=\infty} a_\nu = a$. Also ist $\mathfrak{A}_8$ vollständig.

Als polaren Raum $\mathfrak{B}_8$ wählen wir die Menge aller Folgen $b = \{v_k\}$ endlicher Variation (§ 6). Für jedes a aus $\mathfrak{A}_8$ und jedes b aus $\mathfrak{B}_8$ hat dann $U(a, b)$ einen Sinn, und es ist, wenn $v = \lim_{k=\infty} v_k$ und

$$\Delta(b) = \sum_{k=1}^{\infty} |v_k - v_{k+1}| + |v| = V(b) + |v|$$

gesetzt wird:

$$|U(a, b)| \leqq D(a) \cdot \Delta(b). \tag{57}$$

Wir wählen ferner, wenn $\varepsilon > 0$ beliebig gegeben ist, k_0 so groß, daß:

$$\sum_{k=1}^{k_0-1} |v_k - v_{k+1}| > V(b) - \frac{\varepsilon}{2}; \quad |v_{k_0}| > |v| - \frac{\varepsilon}{2},$$

und setzen:

$$\operatorname{sgn}(v_k - v_{k+1}) = \delta_k; \quad \operatorname{sgn} v_k = \varepsilon_k;$$

$$u_1 = \delta_1; \quad u_k = \delta_k - \delta_{k-1} \; (k = 2, 3, \ldots, k_0 - 1);$$

$$u_{k_0} = \varepsilon_{k_0} - \delta_{k_0-1}; \quad u_k = 0 \; (k > k_0).$$

Dann ist für $a = \{u_k\}$ offenbar $D(a) = 1$ und

$$U(a, b) = \delta_1 v_1 + \sum_{k=1}^{k_0 - 1} (\delta_k - \delta_{k-1}) v_k + (\varepsilon_{k_0} - \delta_{k_0 - 1}) v_{k_0} =$$

$$= \sum_{k=1}^{k_0 - 1} | v_k - v_{k+1} | + | v_{k_0} | > \Delta(b) - \varepsilon.$$

Also ist durch $\Delta(b)$ die polare Maßbestimmung gegeben, und wir haben:

XIV*a*. Sei $b_n = \{v_{n,k}\}$ eine Punktfolge aus $\mathfrak{B}_8$. Damit die Operationsfolge (51) beschränkt sei in $\mathfrak{A}_8$, ist notwendig und hinreichend, daß es eine Zahl M gibt, so daß:

$$\sum_{k=1}^{\infty} | v_{n,k} - v_{n,k+1} | + | \lim_{k=\infty} v_{n,k} | \leq M \text{ für alle } n.$$

Eine Grundmenge $\mathfrak{G}$ aus $\mathfrak{A}_8$ wird gebildet durch die Menge aller Folgen $\{u_k\}$, in denen nur ein $u_k = 1$, alle übrigen $= 0$ sind. In der Tat, die zugehörige Menge $\mathfrak{G}'$ besteht dann aus denjenigen Folgen $\{u'_k\}$, in denen fast alle Glieder $= 0$ sind; in der Folge der Teilsummen $\{s'_k\}$ aber haben dann fast alle Glieder denselben Wert; sei nun $a = \{u_k\}$ ein Punkt aus $\mathfrak{A}_8$ und $\{s_k\}$ die Folge der Teilsummen der u_k; wie wir bei Betrachtung des Raumes $\mathfrak{A}_2$ gesehen haben, gibt es dann eine Folge $\{s'_k\}$, in der fast alle Glieder gleich sind, und für die:

$$| s_k - s'_k | < \varepsilon \quad \text{für alle } k.$$

Ist $a' = \{u'_k\}$ die Folge, deren Teilsummen die s'_k sind, so gehört $\{u'_k\}$ zu $\mathfrak{G}'$, und es ist $D(a - a') \leq \varepsilon$, also ist $\mathfrak{G}'$ dicht in $\mathfrak{A}_8$. Wir haben daher den Satz [15]):

XIV*b*. Sei $b_n = \{v_{n,k}\}$ eine Punktfolge aus $\mathfrak{B}_8$. Damit die in $\mathfrak{A}_8$ beschränkte Operationsfolge (51) auch konvergent sei in $\mathfrak{A}_8$, ist notwendig und hinreichend, daß für jedes k ein endlicher Grenzwert $\lim_{n=\infty} v_{n,k}$ existiert.

---

[15]) Er enthält als Spezialfall einen von J. Hadamard bewiesenen Satz: Acta Math. 27 (1913), S. 177. Vgl. hiezu J. Schur l. c. [1]), S. 104. Man hat zu setzen:

$$v_{n,k} = \gamma_k \quad \text{für } k \leq n$$
$$v_{n,k} = 0 \quad \text{für } k > n.$$

Gehört $b = \{v_k\}$ zu $\mathfrak{B}_8$, so ist $U(a, b)$ stetig in $\mathfrak{A}_8$, also gilt:

XIV *c*. Seien $b_n = \{v_{n,k}\}$ und $b = \{v_k\}$ Punkte aus $\mathfrak{B}_8$. Damit für die in $\mathfrak{A}_8$ konvergente Operationsfolge (51) in ganz $\mathfrak{A}_8$ gelte:

$$\lim_{n=\infty} \sum_{k=1}^{\infty} v_{n,k} u_k = \sum_{k=1}^{\infty} v_k u_k,$$

ist notwendig und hinreichend, daß:

$$\lim_{n=\infty} v_{n,k} = v_k \quad \text{für alle } k.$$

9. Der Raum $\mathfrak{A}_9$. Nunmehr bestehe der Raum $\mathfrak{A}$ aus allen Folgen reeller Zahlen $a = \{u_k\}$, für die die Folge der Teilsummen $\{s_k\}$ beschränkt ist. Die Maßbestimmung sei wieder gegeben durch (54). Den so entstehenden metrischen Raum nennen wir $\mathfrak{A}_9$. Die für $\mathfrak{A}_8$ durchgeführte Argumentation, die zu (56) führt, zeigt, daß auch $\mathfrak{A}_9$ vollständig ist.

Als polaren Raum $\mathfrak{B}_9$ wählen wir die Menge $b = \{v_k\}$ aller Folgen endlicher Variation mit

$$\lim_{k=\infty} v_k = 0.$$

Für jedes a aus $\mathfrak{A}_9$ und jedes b aus $\mathfrak{B}_9$ hat dann $U(a, b)$ einen Sinn, und es gilt, wenn

$$\Delta(b) = \sum_{k=1}^{\infty} |v_k - v_{k+1}| = V(b) \tag{58}$$

gesetzt wird, wieder (57). Setzen wir:

$$\operatorname{sgn}(v_k - v_{k+1}) = \delta_k;$$

$$u_1 = \delta_1; \quad u_k = \delta_k - \delta_{k-1} \quad (k > 1),$$

so ist für $a = \{u_k\}$:

$$D(a) = 1; \quad U(a, b) = \delta_1 v_1 + \sum_{k=2}^{\infty} (\delta_k - \delta_{k-1}) v_k = \sum_{k=1}^{\infty} |v_k - v_{k+1}| = \Delta(b);$$

also ist durch (58) die polare Maßbestimmung gegeben. Wir haben daher den Satz:

XV *a*. Sei $b_n = \{v_{n,k}\}$ eine Punktfolge aus $\mathfrak{B}_9$. Damit die Operationsfolge (51) beschränkt sei in $\mathfrak{A}_9$, ist notwendig und hinreichend, daß es eine Zahl M gibt, so daß:

$$\sum_{k=1}^{\infty} |v_{n,k} - v_{n,k+1}| \leq M \quad \text{für alle } n.$$

Eine **Grundmenge** $\mathfrak{G}$ aus $\mathfrak{A}_9$ wird gebildet durch die Menge aller Folgen $\{u_k\}$, in denen die Glieder, die $\neq 0$ sind, abwechselnd die Werte 1 und -1 haben. In der Tat, bildet man zu jeder solchen Folge $\{u_k\}$ die Folge der Teilsummen $\{s_k\}$, so erhält man die sämtlichen Folgen, in denen nur die Zahlen 0 und 1 vorkommen. Die Menge aller Linearkombinationen endlich vieler $\{s_k\}$ ist also die Menge aller jener Folgen $\{s'_k\}$, in denen nur endlich viele verschiedene Zahlen vorkommen; die zu $\mathfrak{G}$ gehörige Menge $\mathfrak{G}'$ ist also die Menge aller jener Folgen $\{u'_k\}$, deren Teilsummen s'_k nur endlich viele verschiedene Werte annehmen. Sei nun $a = \{u_k\}$ ein Punkt aus $\mathfrak{A}_9$ und $\{s_k\}$ die Folge der Teilsummen der u_k; wie wir bei Betrachtung des Raumes $\mathfrak{A}_1$ gesehen haben, gibt es dann eine Folge $\{s'_k\}$, in der es nur endlich viele verschiedene Zahlen gibt, und für die

$$|s_k - s'_k| < \varepsilon \quad \text{für alle } k.$$

Für die zugehörige Folge $a' = \{u'_k\}$ aus $\mathfrak{G}'$ ist daher $D(a - a') \leqq \varepsilon$, also ist $\mathfrak{G}'$ dicht in $\mathfrak{A}_9$, und wir haben:

XV*b*. **Sei $b_n = \{v_{n,k}\}$ eine Punktfolge aus $\mathfrak{B}_9$. Damit die in $\mathfrak{A}_9$ beschränkte Operationsfolge (51) auch konvergent sei in $\mathfrak{A}_9$, ist notwendig und hinreichend, daß für jede (endliche oder unendliche) Folge wachsender Indizes k_i ein endlicher Grenzwert**

$$\lim_{n=\infty} \sum_i (-1)^{i-1} v_{n,k_i} \tag{59}$$

vorhanden sei.

Gehört $b = \{v_k\}$ zu $\mathfrak{B}_9$, so ist $U(a, b)$ stetig in $\mathfrak{A}_9$; also gilt:

XV*c*. **Seien $b_n = \{v_{n,k}\}$ und $b = \{v_k\}$ Punkte aus $\mathfrak{B}_9$. Damit für die in $\mathfrak{A}_9$ konvergente Operationsfolge (51) in ganz $\mathfrak{A}_9$ gelte:**

$$\lim_{n=\infty} \sum_{k=1}^{\infty} v_{n,k} u_k = \sum_{k=1}^{\infty} v_k u_k, \tag{60}$$

ist notwendig und hinreichend, daß für jede (endliche oder unendliche) Folge wachsender Indizes n_i:

$$\lim_{n=\infty} \sum_i (-1)^{i-1} v_{n,k_i} = \sum_i (-1)^{i-1} v_{k_i}. \tag{61}$$

Sei $\mathfrak{M}$ die Menge aller Indizes, die einer der Ungleichungen genügen:

$$k_{2i-1} \leqq k < k_{2i},$$

zu denen, wenn die Folge der k_i endlich ist und mit einem k von ungeradem Index, etwa k_{2j-1} endet, noch hinzukommt:

$$k \geqq k_{2j-1}.$$

Dann kann in (59) auch geschrieben werden:

$$\sum_i (-1)^{i-1} v_{n,k_i} = \sum_{\mathfrak{M}} (v_{n,k} - v_{n,k+1}). \tag{62}$$

Da $\{v_{n,k}\}$ zu $\mathfrak{B}_9$ gehört, ist $\sum_{k=1}^{\infty} |v_{n,k} - v_{n,k+1}|$ endlich, d. h. $\{v_{n,k} - v_{n,k+1}\}$ gehört zu $\mathfrak{B}_1$. Aus Satz VI können wir nun folgern:

XVI. Damit die Bedingung von Satz XV *b* erfüllt sei, ist notwendig und hinreichend, daß die beiden Bedingungen erfüllt seien:

1. Für jedes k existiert ein endlicher Grenzwert $\lim\limits_{n=\infty} v_{n,k}$.

2. Zu jedem $\varepsilon > 0$ gibt es ein k_0, so daß:

$$\sum_{k=k_0}^{\infty} |v_{n,k} - v_{n,k+1}| \leqq \varepsilon \quad \text{für alle } n.$$

Bedingung 2. ergibt sich unmittelbar aus Satz VI. An Stelle von 1. ergibt sich aus Satz VI zunächst die Existenz eines endlichen Grenzwertes: $\lim\limits_{n=\infty} (v_{n,k} - v_{n,k+1})$, und somit auch: $\lim\limits_{n=\infty} (v_{n,k} - v_{n,k'})$ für jedes $k' > k$. Nun folgt aber aus 2. für jedes $k' \geqq k_0$ und jedes $K > k'$:

$$\sum_{n=k'}^{K} |v_{n,k} - v_{n,k+1}| \leqq \varepsilon \quad \text{für alle } n;$$

hieraus durch den Grenzübergang $K \to \infty$, wenn man beachtet, daß $\{v_{n,k}\}$ zu $\mathfrak{B}_9$ gehört, also $\lim\limits_{k=\infty} v_{n,k} = 0$ ist:

$$|v_{n,k'}| \leqq \varepsilon \quad \text{für } k' \geqq k_0 \text{ und alle } n. \tag{63}$$

Existiert nun ein endlicher Grenzwert $\lim\limits_{n=\infty} (v_{n,k} - v_{n,k'})$, so gibt es ein n_0, so daß:

$$|(v_{n,k} - v_{n,k'}) - (v_{n',k} - v_{n',k'})| < \varepsilon \quad \text{für } n \geqq n_0,\ n' \geqq n_0.$$

Wegen (63) folgt daraus:

$$|v_{n,k} - v_{n',k}| < 3\varepsilon \quad \text{für } n \geqq n_0,\ n' \geqq n_0,$$

d. h. die Existenz eines endlichen Grenzwertes $\lim_{n=\infty} v_{n,k}$. Damit ist Satz XVI bewiesen.

Wie beim Beweise von Satz VII*b* sehen wir, daß wenn die $\{v_{n,k}\}$ den beiden Bedingungen von Satz XVI genügen, die Folge der Zahlen:

$$\Delta(b_n) = \sum_{k=1}^{\infty} |v_{n,k} - v_{n,k+1}|$$

beschränkt ist, und somit nach Satz XV*a* die Operationsfolge (51) beschränkt ist in $\mathfrak{A}_9$.

An Stelle von XV*b* erhalten wir daher den Satz:[16])

XVII*b*. Sei $b_n = \{v_{n,k}\}$ eine Punktfolge aus $\mathfrak{B}_9$. Damit die Operationsfolge (51) konvergent sei in $\mathfrak{A}_9$, ist notwendig und hinreichend, daß die Bedingungen von Satz XVI erfüllt seien.

An Stelle von XV*c* erhalten wir:

XVII*c*. Seien $b_n = \{v_{n,k}\}$ und $b = \{v_n\}$ Punkte aus $\mathfrak{B}_9$. Damit für die in $\mathfrak{A}_9$ konvergente Operationsfolge (51) in ganz $\mathfrak{A}_9$ (60) gelte, ist notwendig und hinreichend, daß

$$\lim_{n=\infty} v_{n,k} = v_k \quad \text{für alle } k. \tag{64}$$

In der Tat, es ist nur zu zeigen, daß (61) aus (64) gefolgert werden kann. Sei zu dem Zwecke $\mathfrak{M}$ die Menge aus (62), $\mathfrak{M}'$ die Menge aller Zahlen aus $\mathfrak{M}$, die $< k_0$ sind, $\mathfrak{M}''$ die Menge der übrigen Zahlen von $\mathfrak{M}$. Wegen 2. von Satz XVI kann k_0 so groß gewählt werden, daß:

$$\Big|\sum_{\mathfrak{M}''} (v_{n,k} - v_{n,k+1})\Big| < \frac{\varepsilon}{3}; \quad \Big|\sum_{\mathfrak{M}''} (v_k - v_{k+1})\Big| < \frac{\varepsilon}{3}.$$

Wegen (64) ist

$$\Big|\sum_{\mathfrak{M}'} (v_{n,k} - v_{n,k+1}) - \sum_{\mathfrak{M}'} (v_k - v_{k+1})\Big| < \frac{\varepsilon}{3} \quad \text{für fast alle } n.$$

Daraus folgern wir sofort:

$$\Big|\sum_{\mathfrak{M}} (v_{n,k} - v_{n,k+1}) - \sum_{\mathfrak{M}} (v_k - v_{k+1})\Big| < \varepsilon \quad \text{für fast alle } n.$$

---

[16]) Vgl. Fußnote [15]).

Also ist:

$$\lim_{n=\infty} \sum_i (-1)^{i-1} v_{n,k_i} = \lim_{n=\infty} \sum_{\mathfrak{M}} (v_{n,k} - v_{n,k+1}) =$$

$$= \sum_{\mathfrak{M}} (v_k - v_{k+1}) = \sum_i (-1)^i v_{k_i},$$

womit (61) bewiesen ist.

§ 8. Folgen linearer Integraloperationen.

In diesem Paragraphen bedeuten sowohl die Punkte von $\mathfrak{A}$ als auch die Punkte von $\mathfrak{B}$ Funktionen einer reellen Veränderlichen x, die in einem gegebenen Intervalle $[\alpha, \beta]$ definiert sind abgesehen von Nullmengen, wobei zwei Funktionen, die sich nur in einer Nullmenge unterscheiden, als identisch betrachtet, d. h. durch denselben Punkt von $\mathfrak{A}$ (bzw. von $\mathfrak{B}$) repräsentiert werden.

Ist $a = f(x)$, $a_1 = f_1(x)$, so ist zu verstehen:

$$\lambda a = \lambda f(x), \quad a + a_1 = f(x) + f_1(x).$$

Ist $a = f(x)$, $b = \varphi(x)$, so soll die Fundamentaloperation sein:

$$U(a, b) = \int_\alpha^\beta f(x)\, \varphi(x)\, dx.$$

10. Der Raum $\mathfrak{A}_{10}$. Es bestehe $\mathfrak{A}$ aus allen Funktionen, die in $[\alpha, \beta]$ integrierbar sind (d. h. ein endliches Lebesguesches Integral besitzen). Die Maßfunktion sei für $a = f(x)$ gegeben durch:

$$D(a) = \int_\alpha^\beta |f(x)|\, dx;$$

den so entstehenden metrischen Raum nennen wir $\mathfrak{A}_{10}$.

Sei $a_\nu = f_\nu(x)$ eine Punktfolge aus $\mathfrak{A}_{10}$; dann heißt $\mathop{\mathrm{L}}_{\nu=\infty} a_\nu = a$ soviel wie:

$$\lim_{\nu=\infty} \int_\alpha^\beta |f_\nu - f|\, dx = 0.$$

Sei nun $a_\nu = f_\nu(x)$ eine Cauchysche Punktfolge aus $\mathfrak{A}_{10}$; es gibt dann zu jedem $\varepsilon > 0$ ein ν_0, so daß:

$$\int_\alpha^\beta |f_\nu - f_{\nu'}|\, dx < \varepsilon \quad \text{für } \nu \geqq \nu_0,\ \nu' \geqq \nu_0; \tag{65}$$

für jedes $k > 0$ ist dann der Inhalt der Menge aller Punkte von $[\alpha, \beta]$, in denen $|f_\nu - f_{\nu'}| \geqq k$ ist, $< \frac{\varepsilon}{k}$. Also konvergiert $\{f_\nu\}$ in $[\alpha, \beta]$ asymptotisch[17]) gegen eine meßbare Funktion f. Es gibt ferner in $\{f_\nu\}$ eine Teilfolge $\{f_{\nu_i}\}$ die in $[\alpha, \beta]$ wesentlich-gleichmäßig gegen f konvergiert[18]); dann konvergiert $|f_\nu - f_{\nu_i}|$ wesentlich gleichmäßig gegen $|f_\nu - f|$. Es gibt daher eine monoton-wachsende Mengenfolge $\{\mathfrak{M}_j\}$, deren Vereinigung $[\alpha, \beta]$ ist (abgesehen von einer Nullmenge), und auf deren jeder $|f_\nu - f_{\nu_i}|$ gleichmäßig gegen $|f_\nu - f|$ konvergiert; dann aber ist, bei Berücksichtigung von (65):

$$\int_{\mathfrak{M}_j} |f_\nu - f|\, dx = \lim_{i=\infty} \int_{\mathfrak{M}_j} |f_\nu - f_{\nu_i}|\, dx \leqq \varepsilon \quad \text{für } \nu \geqq \nu_0.$$

Daraus aber folgt:

$$\int_\alpha^\beta |f_\nu - f|\, dx \leqq \varepsilon \quad \text{für } \nu \geqq \nu_0. \tag{66}$$

Wegen:

$$\int_\alpha^\beta |f|\, dx \leqq \int_\alpha^\beta |f_\nu|\, dx + \int_\alpha^\beta |f_\nu - f|\, dx$$

folgt daraus weiter, daß $\int_\alpha^\beta |f|\, dx$ endlich ist, d. h. $f(x)$ gehört zu $\mathfrak{A}_{10}$. Ist $a = f(x)$, so besagt (66):

$$\operatorname*{L}_{\nu=\infty} a_\nu = a;$$

damit ist gezeigt, daß $\mathfrak{A}_{10}$ **vollständig** ist.

Als **polaren Raum** $\mathfrak{B}_{10}$ nehmen wir die Menge aller in $[\alpha, \beta]$ meßbaren Funktionen $\varphi(x)$, die in $[\alpha, \beta]$ bei Vernachlässigung von Nullmengen[19]) beschränkt sind. Für jedes $a = f(x)$ aus $\mathfrak{A}_{10}$ und jedes $b = \varphi(x)$ aus $\mathfrak{B}_{10}$ hat dann die Fundamentaloperation $U(a, b)$ einen Sinn, und setzt man:

$$\Delta(b) = \text{obere Schranke von } |\varphi| \text{ in } [\alpha, \beta] \text{ bei Vernachlässigung von Nullmengen,} \tag{67}$$

so ist:

$$U(a, b) \leqq D(a) \cdot \Delta(b).$$

---

[17]) H. Hahn, Theorie der reellen Funktionen I, S. 570 ff., insbesondere S. 573, Satz VI.

[18]) l. c. [17]), S. 572, Satz V.

[19]) Vgl. l. c. [17]), S. 173.

Ist $\varepsilon > 0$ beliebig gegeben, und $\mathfrak{M}$ die Menge aller Punkte von $[\alpha, \beta]$, in denen $|\varphi| \geqq \Delta(b) - \varepsilon$, so ist der Inhalt $\mu(\mathfrak{M}) > 0$. Setzen wir:

$$f(x) = \frac{\operatorname{sgn} \varphi}{\mu(\mathfrak{M})} \text{ auf } \mathfrak{M}; \quad f(x) = 0 \text{ außerhalb } \mathfrak{M},$$

so wird für $a = f(x)$:

$$D(a) = 1; \quad U(a, b) \geqq \Delta(b) - \varepsilon.$$

Damit ist gezeigt, daß durch (67) die polare Maßbestimmung gegeben ist.

Aus Satz I folgern wir daher:

XVIII *a*. Sei $b_n = \varphi_n(x)$ eine Funktionenfolge aus $\mathfrak{B}_{10}$. Damit die Operationsfolge:

$$U(a, b_n) = \int_\alpha^\beta f(x)\, \varphi_n(x)\, dx \tag{68}$$

beschränkt sei in $\mathfrak{A}_{10}$, ist notwendig und hinreichend, daß es eine Zahl M gebe, so daß überall in $[\alpha, \beta]$, abgesehen von Nullmengen:

$$|\varphi_n(x)| \leqq M \quad \text{für alle } n.$$

Eine Grundmenge $\mathfrak{G}$ aus $\mathfrak{A}_{10}$ wird gebildet durch die Menge aller Funktionen $f(x)$, die $= 1$ sind in einem Teilintervall $[\xi, \beta]$ von $[\alpha, \beta]$, sonst $= 0$. In der Tat, die die zugehörige Menge $\mathfrak{G}'$ bildenden Funktionen $f^*(x)$ haben dann folgende Gestalt: es gibt eine Zerlegung $\alpha = x_0 < x_1 < \cdots < x_{k-1} < x_k = \beta$, so daß $f^*(x)$ konstant ist in $[x_0, x_1), [x_1, x_2), \cdots [x_{k-2}, x_{k-1}), [x_{k-1}, x_k]$. Sei nun $f(x)$ eine beliebige Funktion aus $\mathfrak{A}_{10}$. Wählen wir n hinlänglich groß und bezeichnen mit f_1 die Funktion, die $= f$ ist, wo $|f| < n$, und $= 0$, wo $|f| \geqq n$, so ist:

$$\int_\alpha^\beta |f - f_1|\, dx \leqq \varepsilon. \tag{69$_1$}$$

Sodann können wir zwischen $-n$ und n endlich viele Zahlen $-n = z_0 < z_1 < \cdots < z_{l-1} < z_l = n$ einschalten, so daß, wenn $\mathfrak{M}_i$ die Menge aller Punkte von $[\alpha, \beta]$ bedeutet, in denen $z_{i-1} < f_1 \leqq z_i$ und f_2 die Funktion, die $= z_i$ ist auf $\mathfrak{M}_i$ $(i = 1, 2, \ldots, l)$:

$$\int_\alpha^\beta |f_1 - f_2|\, dx \leqq \varepsilon. \tag{69$_2$}$$

Sodann gibt es in jeder der Mengen $\mathfrak{M}_i$ einen abgeschlossenen Teil, so daß, wenn $f_3 = z_i^*$ auf $\mathfrak{A}_i$ $(i = 1, 2, \ldots, l)$ und $= 0$ außerhalb aller $\mathfrak{A}_i$:

$$\int_\alpha^\beta |f_2 - f_3| \, dx \leqq \varepsilon. \tag{69$_3$}$$

Da die abgeschlossenen Mengen $\mathfrak{A}_i$ zu je zweien fremd sind und daher zu je zweien positiven Abstand haben, gibt es endliche Intervallsysteme $\mathfrak{S}_i \succ \mathfrak{A}_i$, so daß je zwei $\mathfrak{S}_i$ fremd, und so daß wenn $f_4 = z_i$ auf $\mathfrak{S}_i$ $(i = 1, 2, \ldots, l)$ und $= 0$ außerhalb aller $\mathfrak{S}_i$:

$$\int_\alpha^\beta |f_3 - f_4| \, dx \leqq \varepsilon. \tag{69$_4$}$$

Aus den Ungleichungen (69) aber folgt:

$$\int_\alpha^\beta |f - f_4| \, dx \leqq 4\,\varepsilon.$$

Diese Funktion f_4 aber ist (abgesehen von der endlichen Menge ihrer Unstetigkeitspunkte) eine Funktion f^* aus $\mathfrak{G}'$. Für $a = f(x)$, $a' = f^*(x)$ ist also:

$$D(a - a') \leqq 4\,\varepsilon,$$

somit ist $\mathfrak{G}'$ dicht in $\mathfrak{A}_{10}$.

Dies ergibt:

XVIII *b*. Sei $b_n = \varphi_n(x)$ eine Punktfolge aus $\mathfrak{B}_{10}$. Damit die in $\mathfrak{A}_{10}$ beschränkte Operationsfolge (68) auch konvergent sei in $\mathfrak{A}_{10}$, ist notwendig und hinreichend, daß für jedes ξ aus $[\alpha, \beta)$ ein endlicher Grenzwert $\lim\limits_{n=\infty} \int_\xi^\beta \varphi_n \, dx$ vorhanden sei.

Und da für jedes b aus $\mathfrak{B}_{10}$ die Operation $U(a, b)$ stetig ist in $\mathfrak{A}_{10}$, so haben wir den Satz[20]):

XVIII *c*. Seien $b_n = \varphi_n(x)$ und $b = \varphi(x)$ Punkte aus $\mathfrak{B}_{10}$. Damit für die in $\mathfrak{A}_{10}$ konvergente Operationsfolge (68) in ganz $\mathfrak{A}_{10}$ gelte:

$$\lim_{n=\infty} \int_\alpha^\beta f \varphi_n \, dx = \int_\alpha^\beta f \varphi \, dx, \tag{70}$$

---

[20]) H. Lebesgue, Ann. Toul. (3), 1 (1909), S. 52.

ist notwendig und hinreichend, daß:

$$\lim_{n=\infty} \int_{\xi}^{\beta} \varphi_n \, dx = \int_{\xi}^{\beta} \varphi \, dx \quad \text{für alle } \xi \text{ aus } [\alpha, \beta). \tag{71}$$

11. Der Raum $\mathfrak{A}_{11}$. Es sei p eine Zahl > 1, und es bestehe $\mathfrak{A}$ aus den in $[\alpha, \beta]$ meßbaren Funktionen $a = f(x)$, für die das Integral $\int_{\alpha}^{\beta} |f|^p \, dx$ endlich ist. Wir setzen:

$$D(a) = \left(\int_{\alpha}^{\beta} |f|^p \, dx \right)^{\frac{1}{p}}$$

und nennen den so entstehenden metrischen Raum $\mathfrak{A}_{11}$. Hier bedeutet $\underset{\nu=\infty}{\mathrm{L}}\, a_\nu = a$ soviel wie:

$$\lim_{\nu=\infty} \int_{\alpha}^{\beta} |f_\nu - f|^p \, dx = 0.$$

Ganz analog wie bei $\mathfrak{A}_{10}$ weist man nach, daß auch $\mathfrak{A}_{11}$ vollständig ist.

Als polaren Raum $\mathfrak{B}_{11}$ wählen wir die Menge aller in $[\alpha, \beta]$ meßbaren Funktionen $b = \varphi(x)$, für die $\int_{\alpha}^{\beta} |\varphi|^{\frac{p}{p-1}} dx$ endlich ist. Bekanntlich hat dann für jedes a aus $\mathfrak{A}_{11}$ und jedes b aus $\mathfrak{B}_{11}$ die Fundamentaloperation $U(a, b)$ einen Sinn, und zwar ist, wenn man setzt

$$\Delta(b) = \left(\int_{\alpha}^{\beta} |\varphi|^{\frac{p}{p-1}} dx \right)^{\frac{p-1}{p}} \tag{72}$$

nach der Cesàro-Hölderschen Ungleichung:

$$|U(a, b)| = \left| \int_{\alpha}^{\beta} f \varphi \, dx \right| \leqq D(a) . \Delta(b).$$

Setzt man noch:

$$f = \frac{\operatorname{sgn.} \varphi . |\varphi|^{\frac{1}{p-1}}}{\left(\int_{\alpha}^{\beta} |\varphi|^{\frac{p}{p-1}} dx \right)^{\frac{1}{p}}},$$

so wird:

$$D(a) = 1; \quad \Delta(b) = \int_{\alpha}^{\beta} f\varphi\, dx,$$

womit gezeigt ist, daß durch (72) die polare Maßbestimmung gegeben ist. Damit haben wir:

XIX*a*. Sei $b_n = \varphi_n(x)$ eine Punktfolge aus $\mathfrak{B}_{11}$. Damit die Operationsfolge (68) beschränkt sei in $\mathfrak{B}_{11}$, ist notwendig und hinreichend, daß es ein M gibt, so daß:

$$\int_{\alpha}^{\beta} |\varphi_n|^{\frac{p}{p-1}}\, dx \leqq M \quad \text{für alle } n.$$

Analog wie bei $\mathfrak{A}_{10}$ weist man nach, daß auch in $\mathfrak{A}_{11}$ die Menge aller Funktionen die $= 1$ sind in $[\xi, \beta]$, sonst $= 0$, eine Grundmenge bilden. Damit haben wir:

XIX*b*. Sei $b_n = \varphi_n(x)$ eine Punktfolge aus $\mathfrak{B}_{11}$. Damit die in $\mathfrak{A}_{11}$ beschränkte Operationsfolge (68) auch konvergent sei in $\mathfrak{A}_{11}$, ist notwendig und hinreichend, daß für jedes ξ aus $[\alpha, \beta]$ ein endlicher Grenzwert $\lim\limits_{n=\infty} \int_{\xi}^{\beta} \varphi_n\, dx$ vorhanden sei.

Und da auch hier $U(a, b)$ für jedes b aus $\mathfrak{B}_{11}$ stetig ist in $\mathfrak{A}_{11}$, haben wir den Satz[21]):

XIX*c*. Seien $b_n = \varphi_n(x)$ und $b = \varphi(x)$ Punkte aus $\mathfrak{B}_{11}$. Damit für die in $\mathfrak{A}_{11}$ konvergente Operationsfolge (68) in ganz $\mathfrak{A}_{11}$ (70) gelte, ist notwendig und hinreichend das Bestehen von (71).

12. Der Raum $\mathfrak{A}_{12}$. Es bestehe der Raum $\mathfrak{A}$ aus allen in $[\alpha, \beta]$ meßbaren Funktionen $a = f(x)$, die bei Vernachlässigung von Nullmengen beschränkt sind in $[\alpha, \beta]$. Die Maßfunktion sei gegeben durch:

$$D(a) = \text{obere Schranke von } |f| \text{ in } [\alpha, \beta]$$
$$\text{bei Vernachlässigung von Nullmengen.}$$

Den so entstehenden metrischen Raum nennen wir $\mathfrak{A}_{12}$. Es ist in ihm, wenn $a_\nu = f_\nu(x)$ und $a = f(x)$ ist, $\mathop{\mathrm{L}}\limits_{\nu=\infty} a_\nu = a$ gleichbedeutend mit: Die Funktionenfolge $\{f_\nu(x)\}$ konvergiert, abgesehen von einer Nullmenge, gleichmäßig in $[\alpha, \beta]$ gegen $f(x)$.

---

[21]) H. Lebesgue l. c. [20]), S. 55 (für $p = 2$).

Ist $\{a_\nu\}$ eine Cauchysche Folge aus $\mathfrak{A}_{12}$, so gibt es zu jedem $\varepsilon > 0$ ein ν_0, so daß, abgesehen von Nullmengen, in ganz $[\alpha, \beta]$:

$$|f_\nu - f_{\nu'}| \leqq \varepsilon \quad \text{für } \nu \geqq \nu_0,\ \nu' \geqq \nu_0.$$

Also gibt es eine in $[\alpha, \beta]$ beschränkte Funktion $a = f(x)$, so daß, abgesehen von Nullmengen:

$$|f_\nu - f| \leqq \varepsilon \quad \text{für } \nu \geqq \nu_0.$$

Dann aber gehört f zu $\mathfrak{A}_{12}$ und es ist $\underset{\nu=\infty}{\mathrm{L}}\, a_\nu = a$. Also ist $\mathfrak{A}_{12}$ vollständig.

Als polaren Raum $\mathfrak{B}_{12}$ nehmen wir die Menge aller in $[\alpha, \beta]$ meßbaren Funktionen $b = \varphi(x)$, die daselbst ein endliches (Lebesguesches) Integral besitzen. Für jedes a aus $\mathfrak{A}_{12}$ und jedes b aus $\mathfrak{B}_{12}$ hat dann die Fundamentaloperation $U(a, b)$ einen Sinn. Die polare Maßbestimmung ist hier gegeben durch:

$$\Delta(b) = \int_\alpha^\beta |\varphi|\, dx;$$

denn einerseits ist dann:

$$|U(a, b)| \leqq D(a) \cdot \Delta(b),$$

anderseits wird für $f = \operatorname{sgn} \varphi$:

$$D(a) = 1; \quad \int_\alpha^\beta f\varphi\, dx = \Delta(b).$$

Wir haben nun den Satz:

XX*a*. Sei $b_n = \varphi_n(x)$ eine Punktfolge aus $\mathfrak{B}_{12}$. Damit die Operationsfolge (68) beschränkt sei in $\mathfrak{A}_{12}$, ist notwendig und hinreichend, daß es eine Zahl M gebe, so daß:

$$\int_\alpha^\beta |\varphi_n|\, dx \leqq M \quad \text{für alle } n.$$

Eine Grundmenge $\mathfrak{G}$ wird hier gebildet durch die Menge aller in $[\alpha, \beta]$ meßbaren Funktionen, die nur die Werte 0 und 1 annehmen. In der Tat besteht die zugehörige Menge $\mathfrak{G}'$ aus allen jenen in $[\alpha, \beta]$ meßbaren Funktionen, die nur endlich viele verschiedene Werte annehmen. Sei nun $a = f(x)$ eine beliebige Funktion aus $\mathfrak{A}_{12}$. Es gibt ein A, so daß, abgesehen von Nullmengen:

$$-A < f(x) < A \quad \text{in } [\alpha, \beta].$$

Wir schalten zwischen $-A$ und A Zahlen z_i ein:

$$-A = z_0 < z_1 < \cdots < z_{l-1} < z_l = A,$$

so daß $z_i - z_{i-1} < \varepsilon$ $(i = 1, 2, \ldots, l)$. Wir bezeichnen mit f^* eine Funktion, die $= z_i$ ist, wo $z_{i-1} < f \leqq z_i$. Dann ist, abgesehen von Nullmengen:

$$|f(x) - f^*(x)| < \varepsilon \quad \text{in } [\alpha, \beta],$$

d. h. es ist für $a = f(x)$, $a' = f^*(x)$:

$$D(a - a') < \varepsilon,$$

und somit ist $\mathfrak{S}'$ dicht in $\mathfrak{A}_{12}$. Also haben wir:

XX*b*. Sei $b_n = \varphi_n(x)$ eine Punktfolge aus $\mathfrak{B}_{12}$. Damit die in $\mathfrak{A}_{12}$ beschränkte Operationsfolge (68) auch konvergent sei in $\mathfrak{A}_{12}$, ist notwendig und hinreichend, daß für jede meßbare Menge $\mathfrak{M}$ aus $[\alpha, \beta]$ ein endlicher Grenzwert $\lim\limits_{n=\infty} \int\limits_{\mathfrak{M}} \varphi_n \, dx$ vorhanden sei.

Da wieder $U(a, b)$ für jedes b aus $\mathfrak{B}_{12}$ stetig ist in $\mathfrak{A}_{12}$, haben wir den Satz [22]):

XX*c*. Seien $b_n = \varphi_n(x)$ und $b = \varphi(x)$ Punkte aus $\mathfrak{B}_{12}$. Damit für die in $\mathfrak{A}_{12}$ konvergente Operationsfolge (68) in ganz $\mathfrak{A}_{12}$ (70) gelte, ist notwendig und hinreichend, daß für jede meßbare Menge $\mathfrak{M}$ aus $[\alpha, \beta]$:

$$\lim_{n=\infty} \int\limits_{\mathfrak{M}} \varphi_n \mathfrak{M} = \int\limits_{\mathfrak{M}} \varphi \, dx.$$

Diese Sätze können noch umgeformt werden auf Grund des Satzes:

XXI. Sei $b_n = \varphi_n(x)$ eine Punktfolge aus $\mathfrak{B}_{12}$. Damit für jede meßbare Menge $\mathfrak{M}$ aus $[\alpha, \beta]$ ein endlicher Grenzwert $\lim\limits_{n=\infty} \int\limits_{\mathfrak{M}} \varphi_n \, dx$ existiert, ist notwendig und hinreichend, daß die beiden Bedingungen erfüllt seien:

1. Für jedes ξ aus $[\alpha, \beta)$ existiert ein endlicher Grenzwert $\lim\limits_{n=\infty} \int\limits_{\xi}^{\beta} \varphi_n \, dx$.

2. Zu jedem $\varepsilon > 0$ gibt es ein $\rho > 0$, so daß für jede meßbare Menge $\mathfrak{M}$ aus $[\alpha, \beta]$, deren Inhalt $\mu(\mathfrak{M}) < \rho$ ist, die Ungleichung gilt:

$$\int\limits_{\mathfrak{M}} |\varphi_n| \, dx \leqq \varepsilon \quad \text{für alle } n.$$

[22]) B. H. Camp, Am. Trans. 14 (1913), S. 44.

Die Bedingungen sind hinreichend. In der Tat folgt aus 1., daß auch für jedes endliche Intervallsystem $\mathfrak{S}$ aus $[\alpha, \beta]$ ein endlicher Grenzwert $\lim_{n=\infty} \int_{\mathfrak{S}} \varphi_n \, dx$ existiert. Sei nun $\mathfrak{M}$ eine beliebige meßbare Menge aus $[\alpha, \beta]$. Es gibt einen abgeschlossenen Teil $\mathfrak{A}$ von $\mathfrak{M}$, so daß:

$$\mu(\mathfrak{M} - \mathfrak{A}) < \rho, \text{ mithin } \left| \int_{\mathfrak{M}} \varphi_n \, dx - \int_{\mathfrak{A}} \varphi_n \, dx \right| \leqq \varepsilon \quad \text{für alle } n. \tag{73}$$

Es gibt sodann ein endliches Intervallsystem $\mathfrak{S} \succ \mathfrak{A}$, so daß:

$$\mu(\mathfrak{S} - \mathfrak{A}) < \rho, \quad \text{mithin} \left| \int_{\mathfrak{S}} \varphi_n \, dx - \int_{\mathfrak{A}} \varphi_n \, dx \right| \leqq \varepsilon \quad \text{für alle } n. \tag{74}$$

Weil ein endlicher Grenzwert $\lim_{n=\infty} \int_{\mathfrak{S}} \varphi_n \, dx$ existiert, gibt es ein n_0, so daß:

$$\left| \int_{\mathfrak{S}} \varphi_n \, dx - \int_{\mathfrak{S}} \varphi_{n'} \, dx \right| < \varepsilon \quad \text{für } n \geqq n_0, \; n' \geqq n_0. \tag{75}$$

Aus (73), (74). (75) folgt:

$$\left| \int_{\mathfrak{M}} \varphi_n \, dx - \int_{\mathfrak{M}} \varphi_{n'} \, dx \right| < 5\varepsilon \quad \text{für } n \geqq n_0, \; n' \geqq n_0,$$

d. h. es existiert ein endlicher Grenzwert $\lim_{n=\infty} \int_{\mathfrak{M}} \varphi_n \, dx$.

Die Bedingungen sind notwendig. Für 1. ersieht man es, indem man für $\mathfrak{M}$ das Intervall $[\xi, \beta]$ wählt. Den Beweis, daß auch 2. notwendig ist, führen wir indirekt, indem wir annehmen, es sei 2. nicht erfüllt, und zeigen, daß es dann in $[\alpha, \beta]$ eine meßbare Menge $\mathfrak{M}$ gibt, für die kein endlicher Grenzwert $\lim_{n=\infty} \int_{\mathfrak{M}} \varphi_n \, dx$ vorhanden ist.

Ist 2. nicht erfüllt, so gibt es ein $\varepsilon > 0$ von folgender Eigenschaft: Zu jedem Index N und zu jedem $\sigma > 0$ gibt es in $[\alpha, \beta]$ eine meßbare Menge $\mathfrak{N}$, deren Inhalt:

$$\mu(\mathfrak{N}) < \sigma$$

ist, und einen Index $n_0 > N$, so daß:

$$\int_{\mathfrak{N}} |\varphi_{n_0}| \, dx > \varepsilon. \tag{76}$$

In der Tat, andernfalls gäbe es zu jedem ε ein N und ein $\sigma > 0$, so daß für jedes meßbare $\mathfrak{M}$ aus $[\alpha, \beta]$:

$$\int |\varphi_n| \, dx \leqq \varepsilon \quad \text{wenn } n > N \quad \text{und } \mu(\mathfrak{M}) < \sigma.$$

Nach einer bekannten Eigenschaft der Lebesgueschen Integrale gibt es aber zu jedem n ein σ_n, so daß

$$\int_{\mathfrak{M}} |\varphi_n|\, dx \leqq \varepsilon \quad \text{wenn } \mu(\mathfrak{M}) < \sigma_n.$$

Bezeichnet ρ die kleinste der Zahlen $\sigma, \sigma_1, \sigma_2, \ldots, \sigma_N$, so wäre also Bedingung 2. erfüllt, entgegen der Annahme.

Daraus schließen wir weiter: Zu jedem Index N und jedem $\sigma > 0$ gibt es in $[\alpha, \beta]$ ein $n_0 > N$ und eine meßbare Menge $\mathfrak{M}$, so daß:

$$\mu(\mathfrak{M}) < \sigma; \quad \left| \int_{\mathfrak{M}} \varphi_{n_0}\, dx \right| > \frac{\varepsilon}{2}.$$

In der Tat, ist $\mathfrak{N}'$ die Menge aller Punkte der Menge $\mathfrak{N}$ in (76), in denen $\varphi_{n_0} \geqq 0$, und $\mathfrak{N}'' = \mathfrak{N} - \mathfrak{N}'$, so ist

$$\int_{\mathfrak{N}} |\varphi_{n_0}|\, dx = \left| \int_{\mathfrak{N}'} \varphi_{n_0}\, dx \right| + \left| \int_{\mathfrak{N}''} \varphi_{n_0}\, dx \right|.$$

Aus (76) folgt also, daß mindestens einer der beiden Summanden auf der rechten Seite der letzten Ungleichung $> \frac{\varepsilon}{2}$ sein muß, womit die Behauptung bewiesen ist.

Wir zeigen nun: es gibt in $[\alpha, \beta]$ eine Folge zu je zweien fremder, meßbarer Mengen $\mathfrak{M}_\nu$, und dazu eine Folge wachsender Indizes n_ν, so daß:

$$\left| \int_{\mathfrak{M}_\nu} \varphi_{n_\nu}\, dx \right| \geqq \frac{\varepsilon}{2} \quad \text{für alle } \nu. \tag{77}$$

Zum Beweise gehen wir aus von einer meßbaren Menge $\mathfrak{N}_1$ aus $[\alpha, \beta]$ und einem Index n_1, so daß:

$$\left| \int_{\mathfrak{N}_1} \varphi_{n_1}\, dx \right| > \frac{\varepsilon}{2}.$$

Wählen wir $\sigma > 0$ hinlänglich klein, so ist auch noch für jeden Teil $\mathfrak{N}'$ von $\mathfrak{N}_1$, für den $\mu(\mathfrak{N}_1 - \mathfrak{N}') < \sigma$ ist:

$$\left| \int_{\mathfrak{N}'} \varphi_{n_1}\, dx \right| > \frac{\varepsilon}{2}.$$

Wie bewiesen, gibt es aber einen Index $n_2 > n_1$ und eine Menge $\mathfrak{N}_2$, so daß:

$$\mu(\mathfrak{N}_2) < \sigma; \quad \left| \int_{\mathfrak{N}_2} \varphi_{n_2}\, dx \right| > \frac{\varepsilon}{2}.$$

Es ist also:

$$\left|\int_{\mathfrak{N}_1-\mathfrak{N}_1\mathfrak{N}_2}\varphi_{n_1}\,dx\right|>\frac{\varepsilon}{2};\quad\left|\int_{\mathfrak{N}_2}\varphi_{n_2}\,dx\right|>\frac{\varepsilon}{2}.$$

Ebenso gibt es ein $n_3 > n_2$ und eine Menge $\mathfrak{N}_3$, so daß:

$$\left|\int_{\mathfrak{N}_1-\mathfrak{N}_1(\mathfrak{N}_2\dot{+}\mathfrak{N}_3)}\varphi_{n_1}\,dx\right|>\frac{\varepsilon}{2};\quad\left|\int_{\mathfrak{N}_2-\mathfrak{N}_2\mathfrak{N}_3}\varphi_{n_2}\,dx\right|>\frac{\varepsilon}{2};\quad\left|\int_{\mathfrak{N}_3}\varphi_{n_3}\,dx\right|>\frac{\varepsilon}{2}.$$

Wir erhalten so eine wachsende Indizesfolge n_ν und eine Mengenfolge $\mathfrak{N}_\nu$, so daß:

$$\left|\int_{\mathfrak{N}_1-\mathfrak{N}_1(\mathfrak{N}_2\dot{+}\ldots\dot{+}\mathfrak{N}_\nu)}\varphi_{n_1}\,dx\right|>\frac{\varepsilon}{2};\quad\left|\int_{\mathfrak{N}_2-\mathfrak{N}_2(\mathfrak{N}_3\dot{+}\ldots\dot{+}\mathfrak{N}_\nu)}\varphi_{n_2}\,dx\right|>\frac{\varepsilon}{2}\Big|,\ldots$$

Setzen wir:

$$\mathfrak{M}_1=\mathfrak{N}_1-\mathfrak{N}_1(\mathfrak{N}_2\dot{+}\mathfrak{N}_3\dot{+}\cdots);$$
$$\mathfrak{M}_2=\mathfrak{N}_2-\mathfrak{N}_2(\mathfrak{N}_3\dot{+}\mathfrak{N}_4\dot{+}\cdots);\ldots;$$
$$\mathfrak{M}_\nu=\mathfrak{N}_\nu-\mathfrak{N}_\nu(\mathfrak{N}_{\nu+1}\dot{+}\mathfrak{N}_{\nu+2}\dot{+}\cdots);\ldots,$$

so sind die Mengen $\mathfrak{M}_\nu$ zu je zweien fremd und (77) ist erfüllt. Damit ist die Behauptung bewiesen.

Wir können nun annehmen, für jede dieser Mengen $\mathfrak{M}_\nu$ existiere ein endlicher Grenzwert $\lim\limits_{n=\infty}\int_{\mathfrak{M}_\nu}\varphi_n\,dx$; denn würde für eine von ihnen ein solcher Grenzwert nicht existieren, so wäre schon hiedurch Bedingung 2. von Satz XXI als notwendig erwiesen.

Wir gehen aus von der Menge $\mathfrak{M}_1$ (die wir wegen der Gleichförmigkeit mit dem Folgenden auch $\mathfrak{S}_1$ nennen) und vom Index n_1 (den wir wegen der Gleichförmigkeit mit dem Folgenden auch n_{ν_1} nennen).

Es gibt ein ρ_1, so daß:

$$\left|\int_{\mathfrak{N}}\varphi_{n_1}\,dx\right|<\frac{\varepsilon}{12}\quad\text{wenn }\mu(\mathfrak{N})<\rho_1.$$

Ferner gibt es, da nach Annahme ein endlicher Grenzwert $\lim\limits_{n=\infty}\int_{\mathfrak{M}_{n_1}}\varphi_n\,dx$ existiert, ein $N_1>n_{\nu_1}$, so daß:

$$\left|\int_{\mathfrak{S}_1}\varphi_n\,dx-\int_{\mathfrak{S}_1}\varphi_{n'}\,dx\right|<\frac{\varepsilon}{12}\quad\text{für } n\geqq N_1,\ n'\geqq N_1.$$

Nun gibt es wieder ein $\sigma_1 < \rho_1$, so daß:

$$\left|\int_{\mathfrak{N}} \varphi_{x_1}\, dx\right| < \frac{\varepsilon}{12} \quad \text{wenn } \mu(\mathfrak{N}) < \sigma_1 .$$

Da die Mengen $\mathfrak{M}_\nu$ zu je zweien fremd und in $[\alpha, \beta]$ enthalten sind, ist die Summe $\sum_{\nu=1}^{\infty} \mu(\mathfrak{M}_\nu)$ endlich; wir können daher den Index ν so groß, etwa $= \nu_2$ wählen, daß

$$n_{\nu_2} > N_1 \text{ und } \sum_{\nu=\nu_2}^{\infty} \mu(\mathfrak{M}_\nu) < \sigma_1 .$$

Wir setzen:

$$\mathfrak{M}_{n_{\nu_1}} + \mathfrak{M}_{n_{\nu_2}} = \mathfrak{S}_2 .$$

Es gibt nun wieder ein $\rho_2 < \sigma_1$, so daß:

$$\left|\int_{\mathfrak{N}} \varphi_{n_{\nu_2}}\, dx\right| < \frac{\varepsilon}{12} \quad \text{wenn } \mu(\mathfrak{N}) < \rho_2,$$

und ein $N_2 > n_{\nu_2}$, so daß:

$$\left|\int_{\mathfrak{S}_2} \varphi_n\, dx - \int_{\mathfrak{S}_2} \varphi_{n'}\, dx\right| < \frac{\varepsilon}{12}, \quad \text{wenn } n \geqq N_2,\ n' \geqq N_2,$$

und sodann ein $\sigma_2 < \rho_2$, so daß:

$$\left|\int_{\mathfrak{N}} \varphi_{x_2}\, dx\right| < \frac{\varepsilon}{12}, \quad \text{wenn } \mu(\mathfrak{N}) < \sigma_2 .$$

Indem wir so weiter schließen, erhalten wir eine Folge von Indizes:

$$n_{\nu_1} < N_1 < n_{\nu_2}' < N_2 < \ldots < n_{\nu_i} < N_i < \ldots$$

und eine Folge von positiven Zahlen

$$\rho_1 > \sigma_1 > \rho_2 > \sigma_2 > \ldots > \rho_i > \sigma_i > \ldots$$

von folgenden Eigenschaften: Es ist

$$\sum_{\nu=\nu_{i+1}}^{\infty} \mu(\mathfrak{M}_\nu) < \sigma_i < \rho_i; \tag{78}$$

$$\left|\int_{\mathfrak{N}} \varphi_{n_{\nu_i}}\, dx\right| < \frac{\varepsilon}{12}, \quad \text{wenn } \mu(\mathfrak{N}) < \rho_i;$$

$$\left|\int_{\mathfrak{N}} \mathfrak{S}_{x_i}\, dx\right| < \frac{\varepsilon}{12}, \quad \text{wenn } \mu(\mathfrak{N}) < \sigma_i; \tag{79}$$

Setzt man:
$$\mathfrak{S}_i = \mathfrak{M}_{\nu_1} + \mathfrak{M}_{\nu_2} + \cdots + \mathfrak{M}_{\nu_i},$$
so ist:
$$\int_{\mathfrak{S}_i} \varphi_n \, dx - \int_{\mathfrak{S}_i} \varphi_{n'} \, dx < \frac{\varepsilon}{12} \quad \text{für } n \geqq N_i, \; n' \geqq N_i. \quad (80)$$

Ferner waren zufolge (77) die Mengen $\mathfrak{M}_\nu$ so gewählt, daß:
$$\left| \int_{\mathfrak{M}_{\nu_i}} \varphi_{n_{\nu_i}} \, dx \right| \geqq \frac{\varepsilon}{2}. \quad (81)$$

Nun bilden wir die Menge:
$$\mathfrak{M} = \mathfrak{M}_{\nu_1} + \mathfrak{M}_{\nu_2} + \cdots + \mathfrak{M}_{\nu_i} + \cdots$$
und setzen:
$$\mathfrak{M} - \mathfrak{S}_i = \mathfrak{R}_i.$$
Dann ist:
$$\left| \int_{\mathfrak{M}} \varphi_{N_{i-1}} \, dx - \int_{\mathfrak{M}} \varphi_{n_{\nu_i}} \, dx \right| \geqq \left| \int_{\mathfrak{M}_{\nu_i}} \varphi_{n_{\nu_i}} \, dx \right| -$$
$$\qquad (82)$$
$$- \left| \int_{\mathfrak{S}_{i-1}} \varphi_{N_{i-1}} \, dx - \int_{\mathfrak{S}_{i-1}} \varphi_{n_{\nu_i}} \, dx \right| - \left| \int_{\mathfrak{R}_{i-1}} \varphi_{N_{i-1}} \, dx \right| - \left| \int_{\mathfrak{R}_i} \varphi_{n_{\nu_i}} \, dx \right|.$$

Hierin ist nach (80):
$$\left| \int_{\mathfrak{S}_{i-1}} \varphi_{N_{i-1}} \, dx - \int_{\mathfrak{S}_{i-1}} \varphi_{n_{\nu_i}} \, dx \right| < \frac{\varepsilon}{12}. \quad (83)$$

Ferner ist wegen (78):
$$\mu(\mathfrak{R}_{i-1}) < \sigma_{i-1}; \quad \mu(\mathfrak{R}_i) < \rho_i,$$
also nach (79):
$$\left| \int_{\mathfrak{R}_{i-1}} \varphi_{N_{i-1}} \, dx \right| < \frac{\varepsilon}{12}; \quad \left| \int_{\mathfrak{R}_i} \varphi_{n_{\nu_i}} \, dx \right| < \frac{\varepsilon}{12}. \quad (84)$$

Aus (81), (82), (83), (84) aber folgt:
$$\left| \int_{\mathfrak{M}} \varphi_{N_{i-1}} \, dx - \int_{\mathfrak{M}} \varphi_{n_{\nu_i}} \, dx \right| > \frac{\varepsilon}{4}.$$

Also kann kein endlicher Grenzwert $\lim\limits_{n=\infty} \int\limits_{\mathfrak{M}} \varphi_n \, dx$ vorhanden sein, und der Beweis von Satz XXI ist beendet.

Bemerken wir noch, daß, wenn die Funktionenfolge $\varphi_n(x)$ der Bedingung 2. von Satz XXI genügt, die Folge der Zahlen:

$$\Delta(b_n) = \int_\alpha^\beta |\varphi_n| \, dx$$

beschränkt ist, und somit nach Satz XX*a* die Operationsfolge $U(a, b_n)$ in $\mathfrak{A}_{12}$ beschränkt ist. In der Tat, es gibt dann ein $\rho > 0$, so daß aus $\mu(\mathfrak{N}) < \rho$ folgt:

$$\int_{\mathfrak{N}} |\varphi_n| \, dx \leqq 1 \quad \text{für alle } n. \tag{85}$$

Wählen wir k so groß, daß $\frac{1}{k}(\beta - \alpha) < \rho$, und teilen $[\alpha, \beta]$ in k gleiche Teilintervalle, so hat jedes einen Inhalt $< \rho$, und daher ist nach (85):

$$\int_\alpha^\beta |\varphi_n| \, dx \leqq k \quad \text{für alle } n.$$

Wir können daher statt XX*b* den Satz aussprechen:

XXII*b*. Sei $b_n = \varphi_n(x)$ eine Punktfolge aus $\mathfrak{B}_{12}$. Damit die Operationsfolge (68) konvergent sei in $\mathfrak{A}_{12}$, ist notwendig und hinreichend, daß die $\varphi_n(x)$ den Bedingungen von Satz XXI genügen.

Nun können wir noch XX*c* ersetzen durch den Satz[23]):

XXII*c*. Seien $b_n = \varphi_n(x)$ und $b = \varphi(x)$ Punkte aus $\mathfrak{B}_{12}$. Damit für die in $\mathfrak{A}_{12}$ konvergente Operationsfolge (68) in ganz $\mathfrak{A}_{12}$ (70) gelte, ist notwendig und hinreichend, daß für jedes ξ aus $[\alpha, \beta)$:

$$\lim_{n=\infty} \int_\xi^\beta \varphi_n \, dx = \int_\xi^\beta \varphi \, dx. \tag{86}$$

Die Bedingung ist notwendig; dies ist trivial. Die Bedingung ist hinreichend. Sei $\mathfrak{M}$ eine meßbare Menge aus $[\alpha, \beta]$. Wie zu Beginn des Beweises von Satz XXI zeigen wir: es gibt in $[\alpha, \beta]$ ein endliches Intervallsystem $\mathfrak{S}$, so daß:

$$\left| \int_{\mathfrak{S}} \varphi_n \, dx - \int_{\mathfrak{M}} \varphi_n \, dx \right| < 2\varepsilon \quad \text{für alle } n; \quad \left| \int_{\mathfrak{S}} \varphi \, dx - \int_{\mathfrak{M}} \varphi \, dx \right| < 2\varepsilon. \tag{87}$$

Aus (86) folgt sofort:

$$\lim_{n=\infty} \int_{\mathfrak{S}} \varphi_n \, dx = \int_{\mathfrak{S}} \varphi \, dx,$$

---

[23]) H. Lebesgue l. c. [20]), S. 57.

und mithin:

$$\left|\int_{\mathfrak{E}} \varphi_n\, dx - \int_{\mathfrak{E}} \varphi\, dx\right| < \varepsilon \quad \text{für fast alle } n. \tag{88}$$

Aus (87) und (88) aber folgt:

$$\left|\int_{\mathfrak{M}} \varphi_n\, dx - \int_{\mathfrak{M}} \varphi\, dx\right| < 5\varepsilon \quad \text{für fast alle } n,$$

d. h. es ist:

$$\lim_{n=\infty} \int_{\mathfrak{M}} \varphi_n\, dx = \int_{\mathfrak{M}} \varphi\, dx.$$

Also ist die Bedingung von Satz XXc erfüllt, und Satz XXIIc ist bewiesen.

§ 9. Singuläre Integrale.

Sei $\Phi(x)$ von endlicher Variation in $[\alpha, \beta]$ und außerhalb $[\alpha, \beta]$ sei:

$$\Phi(x) = \Phi(\alpha) \quad \text{für } x < \alpha; \qquad \Phi(x) = \Phi(\beta) \quad \text{für } x > \beta.$$

Dann gehört zu $\Phi(x)$ eine (zumindest im σ-Körper aller Borelschen Mengen definierte) absolut-additive Mengenfunktion $\delta(\mathfrak{M}, \Phi)$, der Zuwachs von Φ auf $\mathfrak{M}$ [24]). Ersetzt man in der Lebesgueschen Theorie der Integration den Inhalt durch die Mengenfunktion $\delta(\mathfrak{M}, \Phi)$, so erhält man den Begriff der Stieltjesschen Integrale $\int_{\mathfrak{M}} f\, d\Phi$. Ist $\mathfrak{M}$ das abgeschlossene Intervall $[\alpha', \beta']$ und ist

$$\Phi(\alpha' - 0) = \Phi(\alpha'); \qquad \Phi(\beta' + 0) = \Phi(\beta'),$$

so schreiben wir:

$$\int_{[\alpha', \beta']} f\, d\Phi = \int_{\alpha'}^{\beta'} f\, d\Phi.$$

Ist $\mathfrak{M}$ die aus dem einzigen Punkte x bestehende Menge $\mathfrak{E}_x$, so wird:

$$\int_{\mathfrak{E}_x} f\, d\Phi = f(x)\, \delta(\mathfrak{E}_x, \Phi) = f(x)\big(\Phi(x+0) - \Phi(x-0)\big).$$

24) H. Hahn, Theorie der reellen Funktionen I, Kap. VII.

In den §§ 9—12 bedeuten sowohl die Punkte von $\mathfrak{A}$, wie die von $\mathfrak{B}$ Funktionen, die in $[\alpha, \beta]$ definiert sind. Als Fundamentaloperation gilt in § 9 die Operation:

$$U(a, b) = \int_\alpha^\beta f \varphi \, dx.$$

13. Der Raum $\mathfrak{A}_{13}$. Es bestehe der Raum $\mathfrak{A}$ aus allen in $[\alpha, \beta]$ definierten Funktionen $a = f(x)$, die überall in $[\alpha, \beta]$ endliche einseitige Grenzwerte besitzen, und für die insbesondere:

$$\begin{gathered} f(\alpha + 0) = f(\alpha); \quad f(\beta - 0) = f(\beta); \\ f(x) = \lambda f(x - 0) + (1 - \lambda) f(x + 0) \quad \text{für alle } x \text{ von } (\alpha, \beta), \end{gathered} \tag{89}$$

wo λ eine von x unabhängige Zahl bedeutet.

Die Maßfunktion in $\mathfrak{A}$ sei:

$D(a)$ = obere Schranke von $|f|$ in $[\alpha, \beta]$ bei Vernachlässigung abzählbarer Mengen.

Den so entstehenden metrischen Raum nennen wir $\mathfrak{A}_{13}$. Es ist in ihm, wenn $a_\nu = f_\nu(x)$ und $a = f(x)$ ist, die Relation $\mathop{L}\limits_{\nu=\infty} a_\nu = a$ gleichbedeutend mit: die Funktionenfolge $f_\nu(x)$ konvergiert in $[\alpha, \beta]$ gleichmäßig gegen $f(x)$. Ist $\{a_\nu\}$ eine Cauchysche Folge aus $\mathfrak{A}_{13}$, so konvergieren die Funktionen $f_\nu(x)$ gleichmäßig in $[\alpha, \beta]$ gegen eine Funktion $f(x)$, die somit auch überall einseitige Grenzwerte besitzt und den Gleichungen (89) genügt, somit zu $\mathfrak{A}_{13}$ gehört; also ist $\mathfrak{A}_{13}$ vollständig.

Als polaren Raum $\mathfrak{B}_{13}$ nehmen wir die Menge aller in $[\alpha, \beta]$ meßbaren Funktionen $b = \varphi(x)$, die in $[\alpha, \beta]$ ein endliches (Lebesguesches) Integral besitzen. Für jedes a aus $\mathfrak{A}_{13}$ und jedes b aus $\mathfrak{B}_{13}$ hat dann die Fundamentaloperation $U(a, b)$ einen Sinn. Die polare Maßbestimmung ist gegeben durch:

$$\Delta(b) = \int_\alpha^\beta |\varphi| \, dx; \tag{90}$$

denn einerseits ist dann:

$$|U(a, b)| \leqq D(a) \,.\, \Delta(b);$$

sei anderseits $\varepsilon > 0$ beliebig gegeben und φ eine Funktion aus $\mathfrak{B}_{13}$. Es gibt ein $\rho > 0$, so daß:

$$\int_{\mathfrak{M}} |\varphi| \, dx < \varepsilon \text{ wenn } \mu(\mathfrak{M}) < \rho.$$

Ist $\mathfrak{M}$ die (meßbare) Menge aller Punkte von $[\alpha, \beta]$, in denen $\varphi(x) \geqq 0$, so gibt es einen abgeschlossenen Teil $\mathfrak{A}$ von $\mathfrak{M}$, so daß $\mu(\mathfrak{M} - \mathfrak{A}) < \rho$. Ist $g(x) = 1$ auf $\mathfrak{A}$, sonst $= -1$, so ist:

$$\left| \int_\alpha^\beta |\varphi| \, dx - \int_\alpha^\beta g \cdot \varphi \, dx \right| < 2\varepsilon.$$

Es gibt sodann ein endliches Intervallsystem $\mathfrak{S} > \mathfrak{A}$, so daß $\mu(\mathfrak{S} - \mathfrak{A}) < \rho$. Ist $g^* = 1$ auf $\mathfrak{S}$, sonst $= -1$, so ist:

$$\left| \int_\alpha^\beta g \varphi \, dx - \int_\alpha^\beta g^* \varphi \, dx \right| < 2\varepsilon.$$

Durch Abänderung der Werte der Funktion g^* in ihren endlich vielen Unstetigkeitspunkten können wir daraus eine Funktion f aus $\mathfrak{A}_{13}$ machen. Dann ist für $a = f$:

$$\left| U(a, b) - \int_\alpha^\beta |\varphi| \, dx \right| < 4\varepsilon.$$

Ferner ist $D(a) = 1$, da es bei Bildung von $D(a)$ auf die Werte von f in seinen abzählbar vielen Unstetigkeitspunkten nicht ankommt. Damit ist gezeigt, daß durch (90) wirklich die polare Maßbestimmung gegeben ist.

Wir haben also den Satz:

XXIII*a*. Sei $b_n = \varphi_n(x)$ eine Punktfolge aus $\mathfrak{B}_{13}$. Damit die Operationsfolge

$$U(a, b_n) = \int_\alpha^\beta f \varphi_n \, dx \tag{91}$$

beschränkt sei in $\mathfrak{A}_{13}$, ist notwendig und hinreichend, daß es eine Zahl M gibt, so daß:

$$\int_\alpha^\beta |\varphi_n| \, dx \leqq M \quad \text{für alle } n.$$

Eine Grundmenge $\mathfrak{G}$ aus $\mathfrak{A}_{13}$ wird gebildet durch die Funktionen, die, wenn ξ zu (α, β) gehört, gegeben sind durch:

$$f(x) = \begin{cases} 0 \text{ für } x < \xi \\ 1 \text{ für } x > \xi \end{cases} \quad f(\xi) = 1 - \lambda, \tag{92}$$

zusammen mit der Konstanten 1.

In der Tat, die zugehörige Menge $\mathfrak{G}'$ wird dann gebildet durch alle streckenweise konstanten Funktionen[25]), die die Bedingungen (89) erfüllen. Nach einem bekannten Satze[26]) gibt es nun zu jeder Funktion f aus $\mathfrak{A}_{13}$ eine Zerlegung

$$\alpha = x_0 < x_1 < \cdots < x_{n-1} < x_n = \beta \tag{93}$$

des Intervalls $[\alpha, \beta]$ und zu jedem Teilintervall (x_{i-1}, x_i) eine konstante c_i, so daß

$$|f - c_i| < \varepsilon \quad \text{in } (x_{i-1}, x_i).$$

Setzt man nun:

$$f^*(x) = c_i \text{ in } (x_{i-1},\ x_i)\ (i = 1, 2, \ldots, n); \quad f^*(\alpha) = c_0,\ f^*(\beta) = c_n$$

und bestimmt die Funktionswerte $f^*(x_i)$ aus (89), so gehört f^* zu $\mathfrak{G}'$ und es ist, wie aus (89) folgt:

$$|f(x_i) - f^*(x_i)| \leqq (|\lambda| + |1 - \lambda|)\varepsilon.$$

Für $a = f$, $a' = f^*$ ist also:

$$D(a - a') \leqq (|\lambda| + |1 - \lambda|)\varepsilon,$$

und somit ist $\mathfrak{G}'$ dicht in $\mathfrak{A}_{13}$.

Damit haben wir:

XXIII*b*. Sei $b_n = \varphi_n(x)$ eine Punktfolge aus $\mathfrak{B}_{13}$. Damit die in $\mathfrak{A}_{13}$ beschränkte Operationsfolge (91) konvergent sei in $\mathfrak{A}_{13}$, ist notwendig und hinreichend, daß für jedes ξ aus $[\alpha, \beta)$ ein endlicher Grenzwert $\lim\limits_{n=\infty} \int\limits_{\xi}^{\beta} \varphi_n\, dx$ vorhanden sei.

Ist Φ von endlicher Variation, so gilt für je zwei Funktionen f_1 und f_2 aus $\mathfrak{A}_{13}$, die in $[\alpha, \beta]$ der Ungleichung $|f_1 - f_2| \leqq \varepsilon$ genügen:

$$\left| \int_{\alpha}^{\beta} f_1\, d\Phi - \int_{\alpha}^{\beta} f_2\, d\Phi \right| \leqq \varepsilon\, V_{\alpha}^{\beta}(\Phi),$$

---

25) Eine Funktion f hat eine Eigenschaft „streckenweise" im Intervall $[\alpha^*, \beta^*]$, wenn es eine Zerlegung

$$\alpha^* = x_0 < x_1 < \ldots < x_{n-1} < x_n = \beta^*$$

dieses Intervalls gibt, so daß f die fragliche Eigenschaft in jedem Intervall (x_{i-1}, x_i) hat.

26) l. c. [24]), S. 217, Satz V.

wo $V_\alpha^\beta(\Phi)$ die Variation von Φ in $[\alpha, \beta]$ bedeutet. Also ist auch $\int_\alpha^\beta f\,d\Phi$ stetig in $\mathfrak{A}_{13}$. Das ergibt, wenn man beachtet, daß für die Funktion (92):

$$\int_\alpha^\beta f\,d\Phi = \Phi(\beta) - \Phi(\xi+0) + (1-\lambda)\big(\Phi(\xi+0) - \Phi(\xi-0)\big) =$$

$$= \Phi(\beta) - \lambda\,\Phi(\xi+0) - (1-\lambda)\,\Phi(\xi-0)$$

ist, den Satz:

XXIII *c*. Sei $b_n = \varphi_n(x)$ eine Punktfolge aus $\mathfrak{B}_{13}$, und sei $\Phi(x)$ von endlicher Variation in $[\alpha, \beta]$. Damit für die in $\mathfrak{A}_{13}$ konvergente Operationsfolge (91) in ganz $\mathfrak{A}_{13}$ gelte:

$$\lim_{n=\infty} \int_\alpha^\beta f\,\varphi_n\,dx = \int_\alpha^\beta f\,d\Phi, \tag{94}$$

ist notwendig und hinreichend, daß:

$$\lim_{n=\infty} \int_\xi^\beta \varphi_n\,dx = \Phi(\beta) - \lambda\,\Phi(\xi+0) - (1-\lambda)\,\Phi(\xi-0)$$

$$\text{für alle } \xi \text{ aus } (\alpha, \beta); \tag{95}$$

$$\lim_{n=\infty} \int_\alpha^\beta \varphi_n\,dx = \Phi(\beta) - \Phi(\alpha).$$

Am wichtigsten ist der Spezialfall, daß Φ gegeben ist durch:

$$\Phi(x) = 0 \quad \text{für } x < x_0; \quad \Phi(x) = 1 \quad \text{für } x > x_0 \quad (\alpha < x_0 < \beta);$$

dann wird aus (94):

$$\lim_{n=\infty} \int_\alpha^\beta f\,\varphi_n\,dx = f(x_0), \tag{96}$$

und die Bedingungen (95) reduzieren sich dann auf:

$$\lim_{n=\infty} \int_\xi^\beta \varphi_n\,dx = \begin{cases} 1 & \text{wenn } \xi < x_0 \\ 0 & \text{wenn } \xi > x_0 \end{cases}$$

$$\lim_{n=\infty} \int_{x_0}^\beta \varphi_n\,dx = 1 - \lambda;$$

es ist also $\int\limits_{\alpha}^{\beta} f \varphi_n \, dx$ ein sogenanntes „singulares Integral", das für jedes $f(x)$ aus $\mathfrak{A}_{13}$ gegen $f(x_0)$ konvergiert.[27])

Ein anderer wichtiger Spezialfall[28]) ist der, daß $\Phi = 0$.

14. Der Raum $\mathfrak{A}_{14}$. Es bestehe der Raum $\mathfrak{A}$ aus allen jenen in $[\alpha, \beta]$ definierten Funktionen $a = f(x)$, die in jedem Punkte von $[\alpha, \beta]$ endliche einseitige Grenzwerte besitzen und in allen Punkten einer Menge $\mathfrak{M}$, deren Komplement in $[\alpha, \beta]$ dicht ist, stetig sind. Die Maßbestimmung in $\mathfrak{A}$ sei gegeben durch:

$$D(a) = \text{ obere Schranke von } |f| \text{ in } [\alpha, \beta].$$

Den so entstehenden metrischen Raum nennen wir $\mathfrak{A}_{14}$. Wie bei $\mathfrak{A}_{13}$ sehen wir, daß er vollständig ist.

Die Wahl des polaren Raumes $\mathfrak{B}_{14}$ bleibt dieselbe wie bei $\mathfrak{A}_{13}$ und als polare Maßbestimmung ergibt sich auch hier wieder (90); man erkennt dies, wie bei $\mathfrak{A}_{13}$, wenn man beachtet, daß man das dort mit $\mathfrak{S}$ bezeichnete Intervallsystem auch so wählen kann, daß die Endpunkte seiner Intervalle nicht zu $\mathfrak{M}$ gehören: die dort mit g^* bezeichnete Funktion gehört dann zu $\mathfrak{A}_{14}$. Damit haben wir den Satz:

XXIV*a*. Sei $b_n = \varphi_n(x)$ eine Punktfolge aus $\mathfrak{B}_{14}$. Damit die Operationsfolge (91) beschränkt sei in $\mathfrak{A}_{14}$, ist notwendig und hinreichend, daß es eine Zahl M gibt, so daß:

$$\int\limits_{\alpha}^{\beta} |\varphi_n| \, dx \leqq M \text{ für alle } n.$$

Eine Grundmenge $\mathfrak{G}$ aus $\mathfrak{A}_{14}$ wird gebildet durch die Funktionen $f(x)$, die gegeben sind durch:

$$f(x) = \begin{cases} 0 \text{ für } x < \xi \\ 1 \text{ für } x > \xi \end{cases}; \; f(\xi) \text{ beliebig,} \tag{97}$$

wo ξ ein beliebiger, nicht zu $\mathfrak{M}$ gehöriger Punkt von $[\alpha, \beta]$ ist, wozu, falls α zu $\mathfrak{M}$ gehört, noch die Konstante 1 kommt.

In der Tat, die zugehörige Menge $\mathfrak{G}'$ wird dann gebildet durch alle streckenweise konstanten Funktionen, die in allen Punkten von $\mathfrak{M}$ stetig sind. Sei nun $f(x)$ eine beliebige Funktion aus $\mathfrak{A}_{14}$. Wir bilden zu ihr die Zerlegung (93), wobei wir offenbar annehmen können, daß die Punkte $x_1, x_2, \ldots, x_{n-1}$ nicht zu $\mathfrak{M}$ gehören. Zu jedem Teilintervall (x_{i-1}, x_i) gibt es eine Konstante c_i, so daß:

$$|f - c_i| < \varepsilon \quad \text{in } (x_{i-1}, x_i).$$

---

[27]) Vgl. H. Lebesgue l. c. [20]), S. 78.

[28]) H. Lebesgue l. c. [20]), S. 60.

Wir setzen:

$$f^*(x) = c_i \text{ in } (x_{i-1}, x_i) \quad (i = 1, 2, \ldots, n)$$

$$f^*(x_i) = f(x_i) \quad (i = 1, 2, \ldots, n-1)$$

$$f^*(\alpha) = \begin{cases} c_0 & \text{wenn } \alpha \text{ zu } \mathfrak{M} \text{ gehört} \\ f(\alpha) & \text{wenn } \alpha \text{ nicht zu } \mathfrak{M} \text{ gehört} \end{cases}$$

$$f^*(\beta) = \begin{cases} c_n & \text{wenn } \beta \text{ zu } \mathfrak{M} \text{ gehört} \\ f(\beta) & \text{wenn } \beta \text{ nicht zu } \mathfrak{M} \text{ gehört.} \end{cases}$$

Dann gehört f^* zu $\mathfrak{G}'$ und es ist $|f(x) - f^*(x)| \leqq \varepsilon$ in $[\alpha, \beta]$, d. h. wenn $a = f(x)$, $a' = f^*(x)$:

$$D(a - a') \leqq \varepsilon.$$

Also ist $\mathfrak{G}'$ dicht in $\mathfrak{A}_{14}$. Damit haben wir:

XXIV*b*. Sei $b_n = \varphi_n(x)$ eine Punktfolge aus $\mathfrak{B}_{14}$. Damit die in $\mathfrak{A}_{14}$ beschränkte Operationsfolge (91) konvergent sei in $\mathfrak{A}_{14}$, ist notwendig und hinreichend, daß für jedes nicht zu $\mathfrak{M}$ gehörige ξ aus (α, β) und für $\xi = \alpha$ ein endlicher Grenzwert $\lim\limits_{n=\infty} \int_\xi^\beta \varphi_n \, dx$ vorhanden sei.

Bedeutet $\Phi(x)$ eine Funktion endlicher Variation, die stetig ist in allen nicht zu $\mathfrak{M}$ gehörigen Punkten, so gilt für alle Funktionen (97):

$$\int_\xi^\beta f \, d\Phi = \Phi(\beta) - \Phi(\xi).$$

Wir haben also hier den Satz:

XXIV*c*. Sei $b_n = \varphi_n(x)$ eine Punktfolge aus $\mathfrak{B}_{14}$, und sei $\Phi(x)$ eine Funktion endlicher Variation, die stetig ist in allen nicht zu $\mathfrak{M}$ gehörigen Punkten. Damit für die in $\mathfrak{A}_{14}$ konvergente Operationsfolge (91) in ganz $\mathfrak{A}_{14}$ (94) gelte, ist notwendig und hinreichend, daß für alle nicht zu $\mathfrak{M}$ gehörigen ξ aus (α, β) und für $\xi = \alpha$ gelte:

$$\lim_{n=\infty} \int_\xi^\beta \varphi_n \, dx = \Phi(\beta) - \Phi(\xi). \tag{98}$$

Der wichtigste Spezialfall[29]) ist hier der, daß $\mathfrak{M}$ aus einem einzigen Punkte x_0 aus (α, β) besteht und Φ gegeben ist durch:

$$\Phi(x) = 0 \quad \text{für } x < x_0; \quad \Phi(x) = 1 \quad \text{für } x > x_0.$$

---

[29]) H. Lebesgue l. c. [20]), S. 69.

Aus (94) wird dann wieder (96) und die Bedingung (98) reduziert sich dann auf:

$$\lim_{n=\infty} \int_{\xi}^{\beta} \varphi_n \, dx = \begin{cases} 1 \text{ wenn } \xi < x_0 \\ 0 \text{ wenn } \xi > x_0 \end{cases}.$$

Also ist $\int_{\alpha}^{\beta} f \varphi_n \, dx$ ein singuläres Integral, daß für jedes $f(x)$ aus $\mathfrak{A}_{14}$ gegen $f(x_0)$ konvergiert.

15. Der Raum $\mathfrak{A}_{15}$. Es bestehe der Raum $\mathfrak{A}$ aus allen in $[\alpha, \beta]$ stetigen Funktionen $a = f(x)$ und die Maßbestimmung sei gegeben durch:

$$D(a) = \text{ Maximum von } |f| \text{ in } [\alpha, \beta]. \tag{99}$$

Den so entstehenden metrischen Raum nennen wir $\mathfrak{A}_{15}$. Wie bei $\mathfrak{A}_{13}$ sehen wir, daß er vollständig ist.

Die Wahl des polaren Raumes $\mathfrak{B}_{15}$ bleibt dieselbe wie bei $\mathfrak{A}_{13}$, und auch hier wieder ist die polare Maßbestimmung gegeben durch (90). Denn gehen wir wieder aus von der bei $\mathfrak{A}_{13}$ verwendeten Funktion g^*. Sei $\mathfrak{S}$ das bei Definition von g^* auftretende endliche Intervallsystem. Indem wir seine Intervalle ein wenig vergrößern, entstehe daraus das Intervallsystem $\mathfrak{S}'$. Es sei

$$\mu(\mathfrak{S}' - \mathfrak{S}) < \rho,$$

wobei ρ dieselbe Bedeutung hat, wie bei Definition von g^*. Nun gibt es eine stetige Funktion f, für die $|f| \leqq 1$, und die in $\mathfrak{S}$ und außerhalb $\mathfrak{S}'$ mit g^* übereinstimmt. Für sie ist:

$$D(a) = 1; \quad \left| \int_{\alpha}^{\beta} f \varphi \, dx - \int_{\alpha}^{\beta} g^* \varphi \, dx \right| \leqq 2 \int_{\mathfrak{S}' - \mathfrak{S}} |\varphi| \, dx < 2\varepsilon,$$

mithin:

$$D(a) = 1: \quad \left| U(a, b) - \int_{\alpha}^{\beta} |\varphi| \, dx \right| < 6\varepsilon,$$

also ist wirklich $\Delta(\varphi)$ die polare Maßbestimmung.

Wir haben also den Satz:

XXV*a*. Sei $b_n = \varphi_n(x)$ eine Punktfolge aus $\mathfrak{B}_{15}$. Damit die Operationsfolge (91) beschränkt sei in $\mathfrak{A}_{15}$, ist notwendig und hinreichend, daß es eine Zahl M gibt, so daß:

$$\int_{\alpha}^{\beta} |\varphi| \, dx \leqq M \quad \text{für alle } n.$$

Eine Grundmenge $\mathfrak{G}$ aus $\mathfrak{A}_{15}$ wird gebildet durch die Funktionen $f(x)$, die gegeben sind durch:

$$f(x)=\begin{cases}0 & \text{für } x<\xi \\ x-\xi & \text{für } x \geqq \xi\end{cases} \quad (\alpha \leqq \xi < \beta),$$

zusammen mit der Konstanten 1[30]). In der Tat, die zugehörige Menge $\mathfrak{G}'$ besteht dann aus allen in $[\alpha, \beta]$ stetigen, streckenweise linearen Funktionen $f^*(x)$, und zu jeder Funktion $a=f(x)$ aus $\mathfrak{A}_{15}$ gibt es daher eine Funktion $a'=f^*(x)$ aus $\mathfrak{G}'$, so daß:

$$|f-f^*|<\varepsilon \quad \text{in} \quad [\alpha, \beta], \quad \text{d. h.} \quad D(a-a')<\varepsilon.$$

Also ist $\mathfrak{G}'$ dicht in $\mathfrak{A}_{15}$. Damit haben wir:

XXV*b*. Sei $b_n=\varphi_n(x)$ eine Punktfolge aus $\mathfrak{B}_{15}$. Damit die in $\mathfrak{A}_{15}$ beschränkte Operationsfolge (91) konvergent sei in $\mathfrak{A}_{15}$, ist notwendig und hinreichend, daß ein endlicher Grenzwert $\lim\limits_{n=\infty}\int\limits_\alpha^\beta \varphi_n\,dx$ und für jedes ξ aus $[\alpha, \beta)$ ein endlicher Grenzwert $\lim\limits_{n=\infty}\int\limits_\xi^\beta (x-\xi)\varphi_n\,dx$ vorhanden sei.

XXV*c*. Sei $b_n=\varphi_n(x)$ eine Punktfolge aus $\mathfrak{B}_{15}$ und sei $\Phi(x)$ von endlicher Variation in $[\alpha, \beta]$. Damit für die in $\mathfrak{A}_{15}$ konvergente Operationsfolge (91) in ganz $\mathfrak{A}_{15}$ (94) gelte, ist notwendig und hinreichend, daß:

$$\lim_{n=\infty}\int_\alpha^\beta \varphi_n\,dx=\Phi(\beta)-\Phi(\alpha);$$

$$\lim_{n=\infty}\int_\xi^\beta (x-\xi)\varphi_n\,dx=\int_{[\xi,\beta]}(x-\xi)\,d\,\Phi \quad \text{für } \alpha \leqq \xi < \beta.$$

16. Der Raum $\mathfrak{A}_{16}$. Es bestehe der Raum $\mathfrak{A}$ aus allen in $[\alpha, \beta]$ stetigen Funktionen $a=f(x)$, die in einer gegebenen abgeschlossenen Punktmenge $\mathfrak{M}$ aus $[\alpha, \beta]$ verschwinden.[31]) Die Maßbestimmung sei auch hier gegeben durch (99). Den so entstehenden metrischen Raum nennen wir $\mathfrak{A}_{16}$.

Sei $\mathfrak{M}'$ das Komplement von $\mathfrak{M}$ zu $[\alpha, \beta]$. Als polaren Raum $\mathfrak{B}_{16}$ wählen wir die Menge aller auf $\mathfrak{M}'$ meßbaren Funktionen $b=\varphi(x)$, die auf $\mathfrak{M}'$ ein endliches (Lebesguesches) Integral besitzen. Die polare Maßbestimmung ist gegeben durch:

$$\Delta(b)=\int_{\mathfrak{M}'}|\varphi|\,dx. \tag{100}$$

30) Eine andere Grundmenge liefern die Potenzen $1, x, x^2, \ldots, x^n, \ldots$.

31) Natürlich muß $\mathfrak{M}$ echter Teil von $[\alpha, \beta]$ sein.

In der Tat gilt jedenfalls:

$$|U(a, b)| = \left|\int_a^\beta f\varphi\, dx\right| = \left|\int_{\mathfrak{M}'} f\varphi\, dx\right| \leqq D(a)\cdot\Delta(b).$$

Sei sodann $b = \varphi(x)$ irgend eine Funktion aus $\mathfrak{B}_{16}$. Zu jedem $\varepsilon > 0$ gibt es ein $\rho > 0$, so daß, wenn $\mathfrak{N} \prec \mathfrak{M}'$:

$$\int_{\mathfrak{N}} |\varphi|\, dx < \varepsilon \quad \text{für } \mu(\mathfrak{N}) < \rho.$$

Wir definieren eine (meßbare) Funktion $g(x)$ durch folgende Festsetzungen: Ist $\mathfrak{M}_1$ der Teil von $\mathfrak{M}'$, wo $\varphi(x) \geqq 0$, so sei:

$$g(x) = 1 \text{ auf } \mathfrak{M}_1; \quad g(x) = -1 \text{ auf } \mathfrak{M}' - \mathfrak{M}_1; \quad g(x) = 0 \text{ auf } \mathfrak{M}.$$

Es gibt einen abgeschlossenen Teil $\mathfrak{A}_1$ von $\mathfrak{M}_1$ und einen abgeschlossenen Teil $\mathfrak{A}_2$ von $\mathfrak{M}' - \mathfrak{M}_1$, so daß:

$$\mu(\mathfrak{M}_1 - \mathfrak{A}_1) < \rho; \quad \mu(\mathfrak{M}' - \mathfrak{M}_1 - \mathfrak{A}_2) < \rho.$$

Die drei abgeschlossenen Mengen $\mathfrak{A}_1$, $\mathfrak{A}_2$, $\mathfrak{M}$ sind zu je zweien fremd, haben daher zu je zweien positiven Abstand. Es gibt daher ein endliches Intervallsystem $\mathfrak{S}_1 > \mathfrak{A}_1$ und ein endliches Intervallsystem $\mathfrak{S}_2 > \mathfrak{A}_2$, die untereinander und zu $\mathfrak{M}$ fremd sind, und für die

$$\mu(\mathfrak{S}_1 - \mathfrak{A}_1) < \rho$$
$$\mu(\mathfrak{S}_2 - \mathfrak{A}_2) < \rho.$$

Dann gibt es weiter eine stetige, der Ungleichung $|f| \leqq 1$ genügende Funktion, die $= 1$ ist auf $\mathfrak{S}_1$, $= -1$ auf $\mathfrak{S}_2$ und $= 0$ auf $\mathfrak{M}$. Sie gehört zu $\mathfrak{A}_{16}$, und es ist $D(a) = 1$. Ferner ist:

$$\left|\int_{\mathfrak{M}'} |\varphi|\, dx - \int_a^\beta f.\varphi\, dx\right| = \left|\int_a^\beta (g - f)\varphi\, dx\right| \leqq 2\left\{\int_{\mathfrak{M}_1 - \mathfrak{A}_1} |\varphi|\, dx + \right.$$
$$\left. + \int_{\mathfrak{S}_1 - \mathfrak{A}_1} |\varphi|\, dx + \int_{\mathfrak{M}' - \mathfrak{M}_1 - \mathfrak{A}_2} |\varphi|\, dx + \int_{\mathfrak{S}_2 - \mathfrak{A}_2} |\varphi|\, dx\right\} < 8\,\varepsilon.$$

Wir haben also:

$$D(a) = 1; \quad |\Delta(b) - U(a, b)| < 8\,\varepsilon;$$

damit ist gezeigt, daß tatsächlich durch (99) die polare Maßbestimmung gegeben ist.

Wir haben also den Satz:

XXVI*a*. Sei $b_n = \varphi_n(x)$ eine Punktfolge aus $\mathfrak{B}_{16}$. Damit die Operationsfolge (91) beschränkt sei in $\mathfrak{A}_{16}$, ist notwendig und hinreichend, daß es eine Zahl M gibt, so daß:

$$\int_{\mathfrak{M}'} |\varphi_n|\, dx \leqq \mu \quad \text{für alle } n.$$

Eine Grundmenge $\mathfrak{G}$ aus $\mathfrak{A}_{16}$ wird gebildet durch folgende Funktionen f: sei ξ ein beliebiger Punkt von $\mathfrak{M}'$, und es gebe in $\mathfrak{M}$ sowohl Punkte $< \xi$ wie Punkte $> \xi$; für jedes $h > 0$, das so klein ist, daß in $(\xi - h, \xi + h)$ kein Punkt von $\mathfrak{M}$ liegt, bilden wir die Funktion:

$$= \begin{cases} 0 \text{ für } x \leqq \xi - h \text{ und } x \geqq \xi + h \\ x - \xi + h \text{ in } [\xi - h, \xi] \\ \xi + h - x \text{ in } [\xi, \xi + h]. \end{cases} \tag{101}$$

Sei sodann ξ ein Punkt von $\mathfrak{M}'$, und es gebe in $\mathfrak{M}$ keinen Punkt $< \xi$; dann bilden wir die Funktion:

$$f(x) = \begin{cases} \xi - x & \text{für } x \leqq \xi \\ 0 & \text{für } x \geqq \xi \end{cases}. \tag{102}$$

Sei endlich ξ ein Punkt von $\mathfrak{M}'$, und es gebe in $\mathfrak{M}$ keinen Punkt $> \xi$; dann bilden wir die Funktion:

$$f(x) = \begin{cases} 0 & \text{für } x \leqq \xi \\ x - \xi & \text{für } x \geqq \xi \end{cases}. \tag{103}$$

Die Gesamtheit aller Funktionen (101), (102), (103)[32]) bildet eine Grundmenge $\mathfrak{G}$.

In der Tat, seien α^* und β^* zwei Punkte von $\mathfrak{M}$, die das zu $\mathfrak{M}$ komplementäre Intervall (α^*, β^*) begrenzen. Es werde durch die Zerlegung:

$$\alpha^* = x_0 < x_1 < \ldots . < x_{l-1} < x_l = \beta^*$$

in l gleiche Teile zerlegt. Jede für $x \leqq \alpha^*$ und $x \geqq \beta^*$ verschwindende, stetige Funktion f^*, die in jedem Teilintervall $[x_{i-1}, x_i]$ $(i = 1, 2, \ldots, l)$ linear ist, ist dann Linearkombination endlich vieler Funktionen (101), gehört somit zu $\mathfrak{G}'$. Gehört α nicht zu $\mathfrak{M}$ und ist α' der erste Punkt von $\mathfrak{M}$, so ist jede in $[\alpha, \alpha']$ stetige, streckenweise lineare, für $x \geqq \alpha'$ verschwindende Funktion f^{**} Linearkombination von endlich vielen Funktionen (102), gehört somit zu $\mathfrak{G}'$. Gehört endlich β nicht zu $\mathfrak{M}$ und ist β' der letzte Punkt von $\mathfrak{M}$,

32) Gehört α zu $\mathfrak{M}$, so gibt es keine Funktionen (102), gehört β zu $\mathfrak{M}$, so gibt es keine Funktionen (103).

so ist jede in $[\beta', \beta]$ stetige, streckenweise lineare, für $x \leq \beta'$ verschwindende Funktion f^{***} Linearkombination endlich vieler Funktionen (103) und gehört somit zu $\mathfrak{G}'$.

Sei nun α' der erste, β' der letzte Punkt von $\mathfrak{M}$, und seien (α_ν, β_ν) $(\nu = 1, 2, \ldots)$ die sämtlichen bezüglich $[\alpha', \beta']$ zu $\mathfrak{M}$ komplementären Intervalle[33]), zu denen noch, wenn $\alpha < \alpha'$, das Intervall $[\alpha, \alpha')$ und wenn $\beta' < \beta$, das Intervall $(\beta', \beta]$ hinzukommen. Ist f eine Funktion aus $\mathfrak{A}_{16}$ und $\varepsilon > 0$ beliebig gegeben, so ist:

$$|f| < \varepsilon \quad \text{in fast allen } [\alpha_\nu, \beta_\nu]. \tag{104}$$

Seien $[\alpha_\nu, \beta_\nu]$ $(\nu = 1, 2, \ldots, n)$ die endlich vielen $[\alpha_\nu, \beta_\nu]$, in denen nicht (104) gilt. Zu jedem von ihnen gibt es unter den oben beschriebenen Funktionen f^* eine, etwa f_ν^* $(\nu = 1, 2, \ldots, n)$, so daß:

$$|f - f_\nu^*| < \varepsilon \quad \text{in } [\alpha_\nu, \beta_\nu] \quad (\nu = 1, 2, \ldots, n).$$

Ist $\alpha < \alpha'$ bzw. $\beta' < \beta$, so gibt es unter den oben beschriebenen Funktionen f^{**} bzw. f^{***}, eine solche für die:

$$|f - f^{**}| < \varepsilon \quad \text{in } [\alpha, \alpha'] \quad \text{bzw.} \quad |f - f^{***}| < \varepsilon \quad \text{in } [\beta', \beta].$$

Dann ist:[34])

$$\bar{f} = f_1 + f_2 \cdots + f_\nu + f^{**} + f^{***}$$

eine Funktion aus $\mathfrak{G}'$, für die

$$|f - \bar{f}| < \varepsilon \quad \text{in } [\alpha, \beta].$$

Für $a = f(x)$, $a' = \bar{f}(x)$ ist also $D(a - a') < \varepsilon$, und somit ist $\mathfrak{G}'$ dicht in $\mathfrak{A}_{16}$. Also ist in der Tat $\mathfrak{G}$ eine Grundmenge, und wir haben die Sätze:

XXVI*b*. Sei $b_n = \varphi_n(x)$ eine Punktfolge aus $\mathfrak{B}_{16}$. Damit die in $\mathfrak{A}_{16}$ beschränkte Operationsfolge (91) konvergent sei in $\mathfrak{A}_{16}$, ist notwendig und hinreichend, daß (wenn α' und β' den ersten bzw. letzten Punkt von $\mathfrak{M}$ bezeichnen) für jedes Intervall $(\xi - h, \xi + h)$ aus $[\alpha', \beta']$, das keinen Punkt von $\mathfrak{M}$ enthält, ein endlicher Grenzwert:

$$\lim_{n=\infty} \left\{ \int_{\xi-h}^{\xi} (x - \xi + h)\, \varphi_n\, dx + \int_{\xi}^{\xi+h} (\xi + h - x)\, \varphi_n\, dx \right\} \tag{105}$$

existiere, ferner[35]) für jedes ξ aus $(\alpha, \alpha']$ ein endlicher Grenzwert

$$\lim_{n=\infty} \int_{\alpha}^{\xi} (\xi - x)\, \varphi_n\, dx, \tag{106}$$

[33]) Vgl. H. Hahn, Theorie der reellen Funktionen I, S. 109.

[34]) In der folgenden Summe fehlt f^{**} bzw. f^{***}, wenn $\alpha = \alpha'$ bzw. $\beta' = \beta$.

[35]) Die den Grenzwert (106) bzw. (107) betreffende Bedingung entfällt, wenn $\alpha' = \alpha$ bzw. $\beta' = \beta$.

für jedes ξ aus $[\beta', \beta)$ ein endlicher Grenzwert:

$$\lim_{n=\infty} \int_{\xi}^{\beta} (x - \xi)\, \varphi_n\, dx. \tag{107}$$

XXVI*c*. Sei $b_n = \varphi_n(x)$ eine Punktfolge aus $\mathfrak{B}_{16}$ und sei $\Phi(x)$ von endlicher Variation. Damit für die in $\mathfrak{A}_{16}$ konvergente Operationsfolge (91) insbesondere (94) gelte, ist notwendig und hinreichend, daß die Grenzwerte[35]) (105), (106), (107) gleich seien:

$$\int_{(\xi - h,\, \xi)} (x - \xi + h)\, d\Phi + \int_{(\xi,\, \xi + h)} (\xi + h - x)\, d\Phi +$$

$$+ h\big(\Phi(\xi + 0) - \Phi(\xi - 0)\big); \quad \int_{[\alpha,\, \xi)} (\xi - x)\, d\Phi; \quad \int_{(\xi,\, \beta]} (x - \xi)\, d\Phi.$$

§ 10. Singuläre Stieltjessche Integrale.

Die Sätze von § 9 sind einer Erweiterung fähig, die zu stande kommt, indem man die Fundamentaloperation und die polaren Räume anders wählt. Als Fundamentaloperation $U(a, b)$ wählen wir hier, wenn $a = f(x)$, $b = \Phi(x)$, das Stieltjessche Integral:

$$U(a, b) = \int_{\alpha}^{\beta} f(x)\, d\Phi(x).$$

Wir kehren zurück zur Betrachtung des Raumes $\mathfrak{A}_{13}$.

17. Der Raum $\mathfrak{A}_{13}$. Für $\mathfrak{A}$ wählen wir wieder den metrischen Raum $\mathfrak{A}_{13}$, wobei wir nur annehmen wollen, daß in (89) $0 \leqq \lambda \leqq 1$ sei. Als polaren Raum $\mathfrak{B}'_{13}$ wählen wir diesmal die Menge aller Funktionen $b = \Phi(x)$, die in $[\alpha, \beta]$ von endlicher Variation sind, außerhalb $[\alpha, \beta]$ gegeben sind durch:

$$\Phi(x) = \Phi(\alpha) \quad \text{für } x \leqq \alpha; \qquad \Phi(x) = \Phi(\beta) \quad \text{für } x \geqq \beta, \tag{108}$$

und in ihren Unstetigkeitspunkten (mit Ausnahme von β) die Bedingung erfüllen[36]):

$$\Phi(x) = \Phi(x - 0). \tag{109}$$

---

[35]) Die den Grenzwert (106) bzw. (107) betreffende Bedingung entfällt, wenn $\alpha' = \alpha$ bzw. $\beta' = \beta$.

[36]) Dies wird nur der Einfachheit halber festgesetzt und bedeutet keinerlei Einschränkung; denn bei der zu Beginn von § 9 gegebenen Definition der Integrale $\int f\, d\Phi$ hängen diese in keiner Weise von den Werten ab, die die Funktion $\Phi(x)$ in ihren Unstetigkeitspunkten annimmt, da die Mengenfunktion $\delta(\Phi)$ von diesen Werten gänzlich unabhängig ist. Vgl. H. Hahn, Theorie der reellen Funktionen I, S. 495, Satz XIV, aus dem sofort folgt:

$$\delta(\Phi, \mathfrak{E}_c) = \Phi(c + 0) - \Phi(c - 0).$$

Als polare Maßbestimmung erhalten wir hier:

$$\Delta(b) = V_\alpha^\beta(\Phi), \tag{110}$$

wo $V_\alpha^\beta(\Phi)$ die Variation von Φ in $[\alpha, \beta]$ bedeutet. In der Tat, zunächst ist:

$$|U(a, b)| = \left|\int_\alpha^\beta f\, d\Phi\right| \leqq D(a) \,.\, \Delta(b).$$

Sei sodann $\varepsilon > 0$ beliebig gegeben. Es gibt wegen (109) eine Zerlegung

$$\alpha = x_0 < x_1 < \cdots < x_{n-1} < x_n = \beta \tag{111}$$

des Intervalls $[\alpha, \beta]$, in der $x_1, x_2, \cdots, x_{n-1}$ Stetigkeitspunkte von $\Phi(x)$ sind, und für die[37]):

$$\sum_{i=1}^{n} |\Phi(x_i) - \Phi(x_{i-1})| > V_\alpha^\beta(\Phi) - \varepsilon. \tag{112}$$

Wir definieren nun eine Funktion $f(x)$ durch:

$$f(x) = \operatorname{sgn}.\left(\Phi(x_i) - \Phi(x_{i-1})\right) \quad \text{in} \quad (x_{i-1}, x_i) \ (i = 1, 2, \cdots, n).$$

Setzen wir noch die Werte von $f(x)$ in den Punkten x_i $(i = 0, 1, \cdots, n)$ geeignet fest, so gehört $a = f(x)$ zu $\mathfrak{A}_{13}$, es ist $D(a) = 1$ und es ist bei Beachtung von (108) und (112) sowie der Stetigkeit von Φ in allen Punkten $x_1, x_2, \ldots, x_{n-1}$:

$$\int_\alpha^\beta f\, d\Phi = \sum_{i=1}^{n-1} \int_{[x_{i-1}, x_i)} f\, d\Phi + \int_{[x_{n-1}, x_n]} f\, d\Phi =$$

$$= \sum_{i=1}^{n} |\Phi(x_i) - \Phi(x_{i-1})| > V_\alpha^\beta(\Phi) - \varepsilon.$$

Damit ist gezeigt, daß durch (110) die polare Maßbestimmung gegeben ist. Und wir haben die Sätze:

XXVII*a*. Sei $b_n = \Phi_n(x)$ eine Punktfolge aus $\mathfrak{B}'_{13}$. Damit die Operationsfolge:

$$U(a, b_n) = \int_\alpha^\beta f\, d\Phi_n \tag{113}$$

beschränkt sei in $\mathfrak{A}_{13}$, ist notwendig und hinreichend, daß es ein M gibt, so daß:

$$|V_\alpha^\beta(\Phi_n)| \leqq M \quad \text{für alle } n. \tag{114}$$

[37]) H. Hahn, Theorie der reellen Funktionen I, S. 501, Satz VII.

XXVII*b*. Sei $b_n = \Phi_n(x)$ eine Punktfolge aus $\mathfrak{B}'_{13}$. Damit die in $\mathfrak{A}_{13}$ beschränkte Operationsfolge (113) konvergent sei in $\mathfrak{A}_{13}$, ist notwendig und hinreichend. daß ein endlicher Grenzwert

$$\lim_{n=\infty}\left(\Phi_n(\beta) - \Phi_n(\alpha)\right)$$

und für jedes ξ aus (α, β) ein endlicher Grenzwert[38]):

$$\lim_{n=\infty}\left\{\Phi_n(\beta) - \lambda\Phi_n(\xi+0) - (1-\lambda)\Phi_n(\xi)\right\}$$

vorhanden sei.

XXVII*c*. Seien $b_n = \Phi_n(x)$ und $b = \Phi(x)$ Punkte aus $\mathfrak{B}_{13}$. Damit für die in $\mathfrak{A}_{13}$ konvergente Operationsfolge (113) in ganz $\mathfrak{A}_{13}$ gelte:

$$\lim_{n=\infty}\int_\alpha^\beta f\,d\Phi_n = \int_\alpha^\beta f\,d\Phi. \tag{115}$$

ist notwendig und hinreichend, daß

$$\lim_{n=\infty}\left(\Phi_n(\beta) - \Phi_n(\alpha)\right) = \Phi(\beta) - \Phi(\alpha),$$

und für jedes ξ aus (α, β):

$$\lim_{n=\infty}\left\{\Phi_n(\beta) - \lambda\Phi_n(\xi+0) - (1-\lambda)\Phi_n(\xi)\right\} =$$
$$= \Phi(\beta) - \lambda\Phi(\xi+0) - (1-\lambda)\Phi(\xi).$$

In den Sätzen XXVII sind die Sätze XXIII als Spezialfälle enthalten: man hat nur zu setzen:

$$\int_\alpha^x \varphi_n(x)\,dx = \Phi_n(x). \tag{116}$$

18. Der Raum $\mathfrak{A}_{14}$. Sei $\mathfrak{A}$ wieder der Raum $\mathfrak{A}_{14}$. Der polare Raum $\mathfrak{B}'_{14}$ sei identisch mit dem eben verwendeten Raume $\mathfrak{B}'_{13}$. Als polare Maßbestimmung ergibt sich auch hier wieder (110). Man erkennt dies wie in 17., indem man beachtet, daß die Punkte $x_1, x_2, \ldots, x_{n-1}$ der Zerlegung (111) so gewählt werden können[39]), daß sie nicht zur Menge $\mathfrak{M}$ der für alle Funktionen von $\mathfrak{A}_{14}$ vorgeschriebenen Stetigkeitspunkte gehören.

---

[38]) Für die durch (92) definierte Funktion $f(x)$ ist:

$$\int_\alpha^\beta f\,d\Phi = \Phi(\beta) - \Phi(\xi+0) + (1-\lambda)\left(\Phi(\xi+0) - \Phi(\xi-0)\right).$$

[39]) Vgl. l. c. [37]).

Wir haben daher den Satz:

XXVIII*a*. Sei $b_n = \Phi_n(x)$ eine Punktfolge aus $\mathfrak{B}'_{14}$. Damit die Operationsfolge (113) beschränkt sei in $\mathfrak{A}_{14}$, ist notwendig und hinreichend, daß es eine Zahl M gibt, so daß (114) gilt.

Beachtet man weiter, daß für jede Funktion (97) gilt:

$$\int_\alpha^\beta f\, d\Phi_n = \Phi_n(\beta) - \Phi_n(\xi+0) + f(\xi)\{\Phi_n(\xi+0) - \Phi_n(\xi-0)\}, \quad (117)$$

beachten wir ferner, daß hierin $f(\xi)$ ganz beliebig ist, und daß wegen (109): $\Phi(\xi-0) = \Phi(\xi)$, so sehen wir, daß aus dem Bestehen eines endlichen Grenzwertes von (117) auch das Bestehen endlicher Grenzwerte von $\Phi_n(\beta) - \Phi_n(\xi+0)$ und von $\Phi_n(\xi+0) - \Phi_n(\xi)$, somit auch von $\Phi_n(\beta) - \Phi_n(\xi)$ folgt, und erhalten den Satz:

XXVIII*b*. Sei $b_n = \Phi_n(x)$ eine Punktfolge aus $\mathfrak{B}'_{14}$. Damit die in $\mathfrak{A}_{14}$ beschränkte Operationsfolge (113) konvergent sei in $\mathfrak{A}_{14}$, ist notwendig und hinreichend, daß für jedes nicht zu $\mathfrak{M}$ gehörige ξ aus $[\alpha, \beta]$ endliche Grenzwerte:

$$\lim_{n=\infty} \{\Phi_n(\beta) - \Phi_n(\xi+0)\} \quad \text{und} \quad \lim_{n=\infty} \{\Phi_n(\beta) - \Phi_n(\xi)\},$$

und falls α zu $\mathfrak{M}$ gehört, auch ein endlicher Grenzwert:

$$\lim_{n=\infty} (\Phi_n(\beta) - \Phi_n(\alpha))$$

vorhanden seien.

XXVIII*c*. Seien $b_n = \Phi_n(x)$ und $b = \Phi(x)$ Punkte aus $\mathfrak{B}'_{14}$. Damit für die in $\mathfrak{A}_{14}$ konvergente Operationsfolge (113) in ganz $\mathfrak{A}_{14}$ (115) gelte, ist notwendig und hinreichend, daß für jedes nicht zu $\mathfrak{M}$ gehörige ξ von $[\alpha, \beta]$:

$$\left.\begin{aligned} \lim_{n=\infty} \{\Phi_n(\beta) - \Phi_n(\xi+0)\} &= \Phi(\beta) - \Phi(\xi+0); \\ \lim_{n=\infty} \{\Phi_n(\beta) - \Phi_n(\xi)\} &= \Phi(\beta) - \Phi(\xi), \end{aligned}\right\} \quad (118)$$

und falls α zu $\mathfrak{M}$ gehört:

$$\lim_{n=\infty} \{\Phi_n(\beta) - \Phi_n(\alpha)\} = \Phi(\beta) - \Phi(\alpha). \quad (118a)$$

Vermöge (116) sind wieder die Sätze XXIV in den Sätzen XXVIII als Spezialfälle enthalten.

Von besonderem Interesse ist auch hier wieder der Fall, daß $\mathfrak{M}$ nur aus dem Punkte x_0 von (α, β) besteht und:

$$\Phi(x) = 0 \quad \text{für } x \leqq x_0; \quad \Phi(x) = 1 \quad \text{für } x > x_0. \tag{119}$$

Dann reduziert sich (118) auf:

$$\lim_{n=\infty} \{\Phi_n(\beta) - \Phi_n(\xi + 0)\} = \begin{cases} 1 \text{ wenn } \xi < x_0 \\ 0 \text{ wenn } \xi > x_0 \end{cases}$$

$$\lim_{n=\infty} \{\Phi_n(\xi + 0) - \Phi_n(\xi)\} = 0 \quad \text{für } \xi \neq x_0.$$

Wir können hier aber auch den Fall betrachten, daß $\mathfrak{M}$ gänzlich leer ist, und $\Phi(x)$ wieder gegeben durch (119). Dann reduziert sich (118) auf:

$$\lim_{n=\infty} \{\Phi_n(\beta) - \Phi_n(\xi + 0)\} = \begin{cases} 1 \text{ wenn } \xi < x_0 \\ 0 \text{ wenn } \xi \geqq x_0 \end{cases}$$

$$\lim_{n=\infty} \{\Phi_n(\xi + 0) - \Phi_n(\xi)\} = \begin{cases} 0 \text{ wenn } \xi \neq x_0 \\ 1 \text{ wenn } \xi = x_0. \end{cases}$$

Treffen wir noch insbesondere für $\Phi_n(x)$ folgende Wahl: Seien $x_1^{(n)} < x_2^{(n)} < \cdots < x_{k_n}^{(n)}$ Punkte aus (α, β), sei $\Phi_n(x)$ konstant in jedem der Intervalle $[\alpha, x_1^{(n)})$, $(x_1^{(n)}, x_2^{(n)})$, $\ldots$, $(x_{k_n-1}^{(n)}, x_{k_n}^{(n)})$, $(x_{k_n}^{(n)}, \beta]$ und sei

$$\Phi_n(x_i^{(n)} + 0) - \Phi_n(x_i^{(n)} - 0) = \Phi_n(x_i^{(n)} + 0) - \Phi_n(x_i^{(n)}) =$$
$$= \varphi_i^{(n)} \; (i = 1, 2, \cdots, k_n),$$

wo die $\varphi_i^{(n)}$ gegebene Konstante bedeuten. Dann wird:

$$V_\alpha^\beta(\Phi_n) = \sum_{i=1}^{k_n} |\varphi_i^{(n)}|;$$

$$\Phi_n(\beta) - \Phi_n(\xi + 0) = \sum_{(\xi, \beta)} \varphi_i^{(n)};$$

$$\Phi_n(\xi + 0) - \Phi_n(\xi) = \begin{cases} 0 \text{ wenn } \xi \neq x_i^{(n)} \; (i = 1, 2, \cdots, k_n) \\ \varphi_i^{(n)} \text{ wenn } \xi = x_i^{(n)}, \end{cases}$$

und man erhält Sätze, die ich in einer früheren Arbeit[40]) „Über das Interpolationsproblem" entwickelt habe.

Auf das Studium von Folgen Stieltjesscher Integrale $\int_\alpha^\beta f \, d\Phi_n$, in denen f zu umfassenderen Räumen $\mathfrak{A}$ gehört, sei für diesmal nicht eingegangen.

---

[40]) H. Hahn, Math. Zeitschr. 1 (1918), S. 119 ff.

§ 11. Folgen verallgemeinerter Stieltjesscher Integrale $\int\limits_{\alpha}^{\beta} f\,d\Phi_n$.

Die sich an die Lebesguesche Integraldefinition anschließende Definition Stieltjesscher Integrale $\int f\,d\Phi$, an die wir zu Beginn von § 9 erinnert haben, ist nur anwendbar, wenn $\Phi(x)$ von endlicher Variation ist, denn nur dann kann von der als „Zuwachs von Φ" bezeichneten Mengenfunktion $\delta(\mathfrak{M}, \Phi)$ gesprochen werden. Knüpfen wir aber an die Riemannsche Integraldefinition an, so können Integrale $\int f\,d\Phi$ auch definiert werden, wenn $\Phi(x)$ nicht von endlicher Variation ist.

Wir setzen im folgenden voraus, es habe $\Phi(x)$ überall in $[\alpha, \beta]$ einseitige Grenzwerte; für $x \leq \alpha$ sei $\Phi(x) = \Phi(\alpha)$, für $x \geqq \beta$ sei $\Phi(x) = \Phi(\beta)$. Mit $\omega(x)$ bezeichnen wir die Schwankung[41]) von $\Phi(x)$ im Punkte x. Es gibt dann bei gegebenen $\varepsilon > 0$ in $[\alpha, \beta]$ nur endlich viele Punkte, in denen $\omega(x) \geqq \varepsilon$ ist. In der Tat, gäbe es ihrer unendlich viele, so müßten sie einen Häufungspunkt besitzen, was der vorausgesetzten Existenz einseitiger Grenzwerte von $\Phi(x)$ widerspricht. Ferner beweisen wir folgenden Hilfssatz:

Zu jedem $\varepsilon > 0$ gibt es ein $\delta > 0$ von folgender Eigenschaft: ist im Teilintervall $[x', x'']$ von $[\alpha, \beta]$ durchweg:

$$\omega(x) < \varepsilon, \tag{120}$$

und ist $x'' - x' < \delta$, so gilt auch für die Schwankung $\Lambda_{x'}^{x''}$ von $\Phi(x)$ in $[x', x'']$:

$$\Lambda_{x'}^{x''} < \varepsilon.$$

In der Tat, andernfalls gäbe es in $[\alpha, \beta]$ zu jedem ν ein Teilintervall $[x'_\nu, x''_\nu]$, in dem durchweg (120) gilt, und für das:

$$x''_\nu - x'_\nu < \frac{1}{\nu}, \quad \Lambda_{x'_\nu}^{x''_\nu} \geqq \varepsilon. \tag{121}$$

Aus $\{x'_\nu\}$ könnte eine konvergente Teilfolge $\{x'_{\nu_i}\}$ herausgegriffen werden:

$$\lim_{i=\infty} x'_{\nu_i} = \xi;$$

wegen der ersten Ungleichung (121) ist dann auch:

$$\lim_{i=\infty} x''_{\nu_i} = \xi.$$

Der Punkt ξ kann nur endlich vielen dieser Intervalle $\{x'_{\nu_i}, x''_{\nu_i}\}$ angehören, da sonst wegen der zweiten Ungleichung (121):

$$\omega(\xi) \geqq \varepsilon$$

---

41) Vgl. H. Hahn, Theorie der reellen Funktionen I. Kap. III, § 2.

wäre; mindestens eine der beiden Ungleichungen:

$$x'_{\nu_i} < x''_{\nu_i} < \xi \quad \text{oder} \quad \xi < x'_{\nu_i} < x''_{\nu_i}$$

muß also für unendlich viele i erfüllt sein. Wegen der zweiten Ungleichung (121) steht das aber in Widerspruch mit der Voraussetzung, daß $\Phi(x)$ im Punkte ξ einseitige Grenzwerte besitzt. Damit ist der Hilfssatz bewiesen.

Sei nun $f(x)$ von endlicher Variation in $[\alpha, \beta]$. Sei Z die Zerlegung.

$$\alpha = x_0 < x_1 < \cdots < x_{n-1} < x_n = \beta$$

des Intervalls $[\alpha, \beta]$ und ξ_i ein Punkt aus (x_{i-1}, x_i). Wir bilden die Summe:

$$S(Z) = \sum_{i=1}^{n} f(\xi_i)\left(\Phi(x_i - 0) - \Phi(x_{i-1} + 0)\right) +$$
$$+ \sum_{i=0}^{n} f(x_i)\left(\Phi(x_i + 0) - \Phi(x_i - 0)\right).$$

Wir werden zeigen: ist $\{Z_\nu\}$ eine ausgezeichnete Zerlegungsfolge von $[\alpha, \beta]$ und kommt jeder Unstetigkeitspunkt von $\Phi(x)$ in fast allen Z_ν als Zerlegungspunkt vor — wir wollen dann sagen: $\{Z_\nu\}$ ist eine zu $\Phi(x)$ gehörige ausgezeichnete Zerlegungsfolge —, so existiert, wie immer ξ_i in (x_{i-1}, x_i) gewählt sein mag, ein endlicher Grenzwert $\lim\limits_{\nu=\infty} S(Z_\nu)$. In bekannter Weise kann dann gezeigt werden, daß dieser Grenzwert für alle zu $\Phi(x)$ gehörigen ausgezeichneten Zerlegungsfolgen und alle Wahlen der Punkte ξ_i derselbe ist, und wir definieren dann:

$$\int_\alpha^\beta f(x)\, d\,\Phi(x) = \lim_{\nu=\infty} S(Z_\nu).$$

An Stelle von $S(Z)$ bilden wir zunächst:

$$S_0(Z) = \sum_{i=1}^{n} f(x_i - 0)\left(\Phi(x_i - 0) - \Phi(x_{i-1} + 0)\right) +$$
$$+ \sum_{i=0}^{n} f(x_i)\left(\Phi(x_i + 0) - \Phi(x_i - 0)\right),$$

und zeigen: für jede zu $\Phi(x)$ gehörige ausgezeichnete Zerlegungsfolge $\{Z_\nu\}$ ist:

$$\lim_{\nu=\infty}\left(S_0(Z_\nu) - S(Z_\nu)\right) = 0. \tag{122}$$

Es ist:

$$S_0(Z) - S(Z) = \\ = \sum_{i=1}^{n} \big(f(\xi_i) - f(x_i - 0)\big)\big(\Phi(x_i - 0) - \Phi(x_{i-1} + 0)\big). \tag{123}$$

Sei $\varepsilon > 0$ beliebig gegeben; sei k die Anzahl der Unstetigkeitspunkte $\bar{\xi}_1, \bar{\xi}_2, \cdots, \bar{\xi}_k$ von $\Phi(x)$, in denen $\omega(x) \geqq \varepsilon$. Es gibt ein ν_0, so daß für $\nu \geqq \nu_0$ die Punkte $\bar{\xi}_j\ (j = 1, 2, \cdots, k)$ unter den Zerlegungspunkten von Z_ν vorkommen. Sei Z eine solche Zerlegung $Z^\nu\ (\nu \geqq \nu_0)$. Es gibt dann ein $\delta > 0$, so daß

$$\left.\begin{array}{ll} |\Phi(\bar{\xi}_j - 0) - \Phi(x)| \leqq \dfrac{\varepsilon}{k} & \text{für } \bar{\xi}_j - \delta < x < \bar{\xi}_j \\ |\Phi(x) - \Phi(\bar{\xi}_j + 0)| \leqq \dfrac{\varepsilon}{k} & \text{für } \bar{\xi}_j < x < \bar{\xi}_j + \delta \end{array}\right| (j = 1, 2, \cdots, k).$$

Ist ν_0 hinlänglich groß, so hat für $\nu \geqq \nu_0$ die Zerlegung Z_ν eine Norm $< \delta$. Ist Σ' die Summe derjenigen (höchstens $2k$) Summanden in (123), die von einem Teilintervall $[x_{i-1}, x_i]$ herrühren, das einen der k Punkte $\bar{\xi}_j$ enthält, und ist M so groß, daß:

$$|f(x)| \leqq M \quad \text{in } [\alpha, \beta],$$

so ist:

$$|\Sigma'| \leqq 4M\varepsilon. \tag{124}$$

Sei Σ'' die Summe der übrigen Summanden in (123), die also von Teilintervallen $[x_{i-1}, x_i]$ herrühren, die keinen der Punkte $\bar{\xi}_j$ enthalten. In einem solchen Teilintervall $[x_{i-1}, x_i]$ ist durchwegs $\omega(x) < \varepsilon$. Ist ν_0 hinlänglich groß, so ist für $\nu \geqq \nu_0$ die Norm von Z_ν auch kleiner als die Zahl δ des oben bewiesenen Hilfssatzes. Für jedes in Σ'' auftretende Intervall $[x_{i-1}, x_i]$ ist dann zufolge des Hilfssatzes:

$$|\Phi(x_i + 0) - \Phi(x_{i-1} - 0)| \leqq \varepsilon,$$

und somit ist:

$$\left|\sum{}''\right| \leqq \varepsilon \sum_{i=1}^{n} |f(\xi_i) - f(x_i - 0)| \leqq \varepsilon\, V_\alpha^\beta(f). \tag{125}$$

Aus (124) und (125) aber haben wir:

$$|S_0(Z_\nu) - S(Z_\nu)| \leqq \varepsilon\big(4M + V_\alpha^\beta(f)\big) \quad \text{für } \nu \geqq \nu_0.$$

Damit ist (122) bewiesen.

Es wird also genügen, zu zeigen, daß für jede zu $\Phi(x)$ gehörige ausgezeichnete Zerlegungsfolge $\{Z_\nu\}$ ein endlicher Grenzwert $\lim\limits_{\nu=\infty} S_0(Z_\nu)$ existiert.

Sei nun $Z^{(i)}$ eine Unterzerlegung von Z, die aus Z entsteht, indem in ein einziges Teilintervall $[x_{i-1}, x_i]$ von Z endlich viele Zerlegungspunkte

$$x_{i-1} = z_0 < z_1 < \cdots < z_{l-1} < z_l = x_i$$

eingeschaltet werden. Es ist:

$$\begin{aligned}
S_0(Z^{(i)}) - S_0(Z) = \Big\{ & f(z_1 - 0)\big(\Phi(z_1 - 0) - \Phi(z_0 + 0)\big) + \\
& + f(z_1)\big(\Phi(z_1 + 0) - \Phi(z_1 - 0)\big) + f(z_2 - 0)\big(\Phi(z_2 - 0) - \\
& - \Phi(z_1 + 0)\big) + f(z_2)\big(\Phi(z_2 + 0) - \Phi(z_2 - 0)\big) + \cdots + \\
& + f(z_l - 0)\big(\Phi(z_l - 0) - \Phi(z_{l-1} + 0)\big)\Big\} - f(x_i - 0)\big(\Phi(x_i - 0) - \\
& - \Phi(x_{i-1} + 0)\big) = \big(f(z_1 - 0) - f(x_i - 0)\big)\big(\Phi(z_1 - 0) - \\
& - \Phi(z_0 + 0)\big) + \big(f(z_1) - f(x_i - 0)\big)\big(\Phi(z_1 + 0) - \Phi(z_1 - 0)\big) + \\
& + \cdots + \big(f(z_{l-1}) - f(x_i - 0)\big)\big(\Phi(z_{l-1} + 0) - \Phi(z_{l-1} - 0)\big) + \\
& + \big(f(z_l - 0) - f(x_i - 0)\big)\big(\Phi(z_l - 0) - \Phi(z_{l-1} + 0)\big).
\end{aligned}$$

Wenden wir hierauf die bekannte Ungleichung an:

$$\left|\sum_{\mu=1}^{m} u_\mu v_\mu\right| \leqq \sigma\left\{\sum_{\mu=1}^{m-1} |u_\mu - u_{\mu+1}| + |u_m|\right\}, \tag{126}$$

wo σ die größte unter den Zahlen $|v_1|, |v_1 + v_2|, \cdots, |v_1 + v_2 + + \cdots + v_m|$ bedeutet, so erhalten wir, wenn M_i so gewählt wird, daß:

$$|\Phi(x) - \Phi(x_{i-1} + 0)| \leqq M_i \quad \text{in} \quad (x_{i-1}, x_i);$$

die Ungleichung:

$$\begin{aligned}
|S_0(Z^{(i)}) - S_0(Z)| \leqq M_i \{ & |f(z_1) - f(z_1 - 0)| + \\
+ |f(z_2 - 0) - f(z_1)| + \cdots + & |f(z_{l-1}) - f(z_{l-1} - 0)| + \\
+ |f(z_l - 0) - & f(z_{l-1})| \leqq M_i V_{x_{i-1}}^{x_i}(f).
\end{aligned} \tag{127}$$

Sei wieder $\varepsilon > 0$ beliebig gegeben, k die Anzahl der Unstetigkeitspunkte $\overline{\xi}_j$ von $\Phi(x)$, in denen $\omega(x) \geqq \varepsilon$, und ν_0 so groß gewählt, daß für $\nu \geqq \nu_0$ die $\overline{\xi}_j$ unter den Zerlegungspunkten von Z_ν

vorkommen. Sei wieder Z eine solche Zerlegung Z_ν. Es gibt dann ein $\delta > 0$, so daß für je zwei Punkte x' und x'' aus $(\overline{\xi}_j - \delta, \overline{\xi}_j)$ gilt:

$$|\Phi(x') - \Phi(x'')| \leqq \varepsilon .$$

Ist ν_0 so groß, daß für $\nu \geqq \nu_0$ die Zerlegung Z_ν eine Norm $< \delta$ hat, so ist in (127), wenn x_i einer der Punkte $\overline{\xi}_j$ ist, $M_i \leqq \varepsilon$, und mithin:

$$|S_0(Z^{(i)}) - S_0(Z)| \leqq \varepsilon \, V_{x_{i-1}}^{x_i}(f). \qquad (128)$$

Sei ν_0 auch so groß, daß für $\nu \geqq \nu_0$ die Norm der Zerlegung Z_ν kleiner als das δ des Hilfssatzes ist. Ist x_i keiner der Punkte $\overline{\xi}_j$, so ist für jedes (hinlänglich kleine) $h > 0$ in $[x_{i-1} + h, x_i]$ durchweg $\omega(x) < \varepsilon$, daher nach dem Hilfssatze $\Lambda_{x_{i-1}+h}^{x_i} < \varepsilon$, daher:

$$|\Phi(x) - \Phi(x_{i-1} + 0)| \leqq \varepsilon \quad \text{in} \quad (x_{i-1}, x_i).$$

Also folgt aus (127):

$$|S_0(Z^{(i)}) - S_0(Z)| \leqq \varepsilon \, V_{x_{i-1}}^{x_i}(f). \qquad (129)$$

Sei ν_0 hinlänglich groß, und Z_ν eine aus der zu $\Phi(x)$ gehörigen ausgezeichneten Zerlegungsfolge $\{Z_\nu\}$ herausgegriffene Zerlegung mit $\nu \geqq \nu_0$; sei ferner Z' eine beliebige Unterzerlegung von Z. Mit $Z^{(i)}$ bezeichnen wir diejenige Unterzerlegung von Z, die aus Z entsteht, indem man zu Z die nach (x_{i-1}, x_i) fallenden Zerlegungspunkte von Z' hinzufügt. Dann ist:

$$S_0(Z') - S_0(Z) = \sum_{i=1}^{n} \left(S_0(Z^{(i)}) - S_0(Z) \right).$$

Für höchstens k Summanden gilt dann (128), für die übrigen (129), so daß wir haben:

$$|S_0(Z') - S_0(Z)| \leqq \varepsilon \, V_a^\beta(f). \qquad (130)$$

Seien nun $\nu \geqq \nu_0$ und $\nu' \geqq \nu_0$. Die Produktzerlegung $Z_\nu Z_{\nu'}$ ist sowohl Unterzerlegung von Z_ν als von $Z_{\nu'}$. Also ist nach (130):

$$|S_0(Z_\nu Z_{\nu'}) - S_0(Z_\nu)| < \varepsilon \, V_a^\beta(f);$$

$$|S_0(Z_\nu Z_{\nu'}) - S_0(Z_{\nu'})| < \varepsilon \, V_a^\beta(f),$$

und somit auch:

$$|S_0(Z_\nu) - S_0(Z_{\nu'})| < 2\varepsilon \, V_a^\beta(f) \quad \text{für} \quad \nu \geqq \nu_0, \; \nu' \geqq \nu_0 .$$

Damit ist die Existenz eines endlichen Grenzwertes $\lim\limits_{\nu = \infty} S_0(Z_\nu)$ und also auch die Existenz des Integrals $\int\limits_a^\beta f(x)\, d\Phi(x)$ nachgewiesen.

Offenkundig ändert sich der Wert dieses Integrals nicht, wenn man zu $\Phi(x)$ eine additive Konstante hinzufügt; wir beschränken also die Allgemeinheit nicht, wenn wir ein- für allemal festsetzen:

$$\Phi(\alpha) = 0.$$

Wählen wir sodann M so, daß:

$$|\Phi(x)| \leqq M \text{ in } [\alpha, \beta],$$

so erhalten wir unter Benützung von (126):

$$|S_0(Z)| \leqq M \sum_{i=1}^{n} \{|f(x_i - 0) - f(x_{i-1})| + |f(x_i) - f(x_i - 0)|\} +$$
$$+ M |f(\beta)|,$$

und daraus durch Grenzübergang:

$$\left| \int_\alpha^\beta f(x)\, d\Phi(x) \right| \leqq M \{ V_\alpha^\beta(f) + |f(\beta)| \}. \qquad (131)$$

In diesem Paragraphen wählen wir als Fundamentaloperation für $a = f(x)$, $b = \Phi(x)$:

$$U(a, b) = \int_a^\beta f(x)\, d\Phi(x).$$

19. Der Raum $\mathfrak{A}_{17}$. Es bestehe der Raum $\mathfrak{A}$ aus allen Funktionen $f(x)$ endlicher Variation, und die Maßbestimmung sei gegeben durch:

$$D(a) = V_\alpha^\beta(f) + |f(\beta)| \qquad (132)$$

Den so entstehenden metrischen Raum nennen wir $\mathfrak{A}_{17}$. Es ist in ihm die Relation $\underset{\nu=\infty}{\mathrm{L}}\, a_\nu = a$ $\big($wo $a = f(x)$, $a_\nu = f_\nu(x)\big)$ gleichbedeutend mit dem gleichzeitigen Bestehen von:

$$\lim_{\nu=\infty} V_\alpha^\beta(f - f_\nu) = 0; \quad \lim_{\nu=\infty} f_\nu(\beta) = f(\beta).$$

Sei $\varepsilon > 0$ beliebig gegeben; es ist dann:

$$V_\alpha^\beta(f - f_\nu) < \frac{\varepsilon}{2}; \quad |f_\nu(\beta) - f(\beta)| < \frac{\varepsilon}{2} \quad \text{für fast alle } \nu. \qquad (133)$$

Aus der ersten dieser Ungleichungen folgt weiter:

$$\left| f(x) - f_\nu(x) - \big(f(\beta) - f_\nu(\beta)\big) \right| < \frac{\varepsilon}{2} \quad \text{in } [\alpha, \beta],$$

und daraus zusammen mit der zweiten Ungleichung (133):

$$|f_\nu(x) - f(x)| \leqq \varepsilon \quad \text{in } [\alpha, \beta] \quad \text{für fast alle } \nu.$$

Aus $\underset{\nu=\infty}{\mathrm{L}}\ a_\nu = a$ folgt also, daß die $f_\nu(x)$ gleichmäßig in $[\alpha, \beta]$ gegen $f(x)$ konvergieren.

Sei nun $\{a_\nu\}$ eine Cauchysche Folge aus $\mathfrak{A}_{1\overline{\cdot}}$. Zu jedem $\varepsilon > 0$ gibt es dann ein ν_0, so daß:

$$D(a_\nu - a_{\nu'}) < \frac{\varepsilon}{2}, \quad \text{d. h.} \quad V_\alpha^\beta(f_\nu - f_{\nu'}) < \frac{\varepsilon}{2};$$

$$|f_\nu(\beta) - f_{\nu'}(\beta)| < \frac{\varepsilon}{2} \quad \text{für } \nu \geqq \nu_0, \quad \nu' \geqq \nu_0.$$

Wie soeben folgt daraus:

$$|f_\nu - f_{\nu'}| < \varepsilon \quad \text{für } \nu \geqq \nu_0, \quad \nu' \geqq \nu_0 \text{ in } [\alpha, \beta];$$

es gibt mithin eine Funktion $f(x)$, gegen die die $f_\nu(x)$ gleichmäßig in $[\alpha, \beta]$ konvergieren. Da $\{a_\nu\}$ eine Cauchysche Folge, gibt es zu jedem $\varepsilon > 0$ und jedem i ein ν_i, so daß:

$$D(a_{\nu_i} - a_\nu) < \frac{\varepsilon}{2^i} \quad \text{für } \nu > \nu_i, \tag{134}$$

wobei noch ohne weiteres die Folge $\{\nu_i\}$ als wachsend angenommen werden kann. Aus (134) folgt:

$$V_\alpha^\beta(f_{\nu_i} - f_\nu) < \frac{\varepsilon}{2^i}; \quad |f_{\nu_i}(\beta) - f_\nu(\beta)| < \frac{\varepsilon}{2^i} \quad \text{für } \nu > \nu_i.$$

Nun ist:

$$f(x) - f_{\nu_1}(x) = \sum_{i=1}^{\infty} (f_{\nu_{i+1}}(x) - f_{\nu_i}(x)),$$

und somit [42]):

$$V_\alpha^\beta(f - f_{\nu_1}) \leqq \sum_{i=1}^{\infty} V_\alpha^\beta(f_{\nu_{i+1}} - f_{\nu_i}) < \varepsilon$$

$$|f(\beta) - f_{\nu_1}(\beta)| \leqq \sum_{i=1}^{\infty} |f_{\nu_{i+1}}(\beta) - f_{\nu_i}(\beta)| < \varepsilon.$$

und daher auch, wenn $a = f(x)$ gesetzt wird:

$$D(a - a_{\nu_1}) < 2\varepsilon. \tag{135}$$

Für $\nu > \nu_1$ ist aber wegen (134)

$$D(a_\nu - a_{\nu_1}) < \frac{\varepsilon}{2},$$

---

[42]) Vgl. H. Hahn, Theorie der reellen Funktionen I, S. 490, Satz VI.

was zusammen mit (135) ergibt:

$$D(a - a_\nu) < 3\,\varepsilon \quad \text{für } \nu \geqq \nu_1;$$

also ist $\underset{\nu=\infty}{\mathrm{L}}\, a_\nu = a$, d. h. der Raum $\mathfrak{A}_{17}$ ist **vollständig**.

Als **polaren Raum** $\mathfrak{B}_{17}$ wählen wir die Menge aller Funktionen $\Phi(x)$, die überall in $[\alpha, \beta]$ endliche einseitige Grenzwerte besitzen, außerhalb $[\alpha, \beta]$ gegeben sind durch

$$\Phi(x) = 0 \text{ für } x \leqq \alpha,$$
$$\Phi(x) = \Phi(\beta) \text{ für } x > \beta,$$

und in ihren Unstetigkeitspunkten (mit Ausnahme von β) der Bedingung genügen

$$\Phi(x) = \Phi(x - 0).$$

Das Hinzufügen dieser Bedingung bedeutet keinerlei Einschränkung, da der Wert des Integrals $\int_\alpha^\beta f\,d\,\Phi$ ganz unabhängig ist von den Werten, die die Funktion Φ in ihren Unstetigkeitspunkten annimmt.

Setzen wir:

$$\Delta(b) = \text{obere Schranke von } |\Phi(x)| \text{ in } [\alpha, \beta], \tag{136}$$

so ist wegen (131) für jedes a aus $\mathfrak{A}_{17}$ und jedes b aus $\mathfrak{B}_{17}$:

$$|U(a, b)| \leqq D(a)\,\Delta(b).$$

Sei sodann $b = \Phi(x)$ irgend ein Punkt aus $\mathfrak{B}_{17}$, und sei ξ ein Wert aus $[\alpha, \beta]$, für den:

$$|\Phi(\xi)| > \Delta(b) - \varepsilon.$$

Ist $\xi < \beta$, so wählen für $a = f(x)$ folgende Funktion:

$$f(x) = 1 \quad \text{für } x < \xi; \quad f(x) = 0 \quad \text{für } x \geqq \xi. \tag{137}$$

Dann gehört a zu $\mathfrak{A}_{17}$, und es ist:

$$D(a) = 1; \quad |U(a, b)| = |\Phi(\xi - 0)| = |\Phi(\xi)| > \Delta(b) - \varepsilon.$$

Ist $\xi = \beta$, so wählen wir $f(x) = 1$ in $[\alpha, \beta]$ und erhalten wieder:

$$D(a) = 1; \quad |U(a, b)| = |\Phi(\beta)| > \Delta(b) - \varepsilon.$$

Damit ist gezeigt, daß durch (136) die **polare Maßbestimmung gegeben** ist.

Wir haben also den Satz:

XXIX*a*. Sei $b_n = \Phi_n(x)$ eine Punktfolge aus $\mathfrak{B}_{17}$. Damit die Operationsfolge:

$$U(a, b_n) = \int_\alpha^\beta f(x)\, d\, \Phi_n(x) \tag{138}$$

beschränkt sei in $\mathfrak{A}_{17}$, ist notwendig und hinreichend, daß es eine Zahl M gebe, so daß:

$$|\Phi_n(x)| \leq M \quad \text{für alle } x \text{ von } [\alpha, \beta] \text{ und alle } n. \tag{139}$$

Eine Grundmenge $\mathfrak{G}$ aus $\mathfrak{A}_{17}$ wird gebildet von allen stetigen Funktionen endlicher Variation zusammen mit den Funktionen:

$$f(x) = \begin{cases} 0 \text{ für } x < \xi \\ 1 \text{ für } x > \xi \end{cases}; \quad f(\xi) \text{ beliebig} \quad (\alpha \leq \xi \leq \beta). \tag{140}$$

Denn sei nun $f(x)$ eine beliebige Funktion aus $\mathfrak{A}_{17}$. Sie kann zerlegt werden in:[43])

$$f(x) = f_1(x) + f_2(x),$$

wo $f_1(x)$ stetig und $f_2(x)$ die Funktion der Sprünge. Sowohl f_1 als f_2 sind von endlicher Variation. Also gehört f_1 zu $\mathfrak{G}$, und um zu zeigen, daß $\mathfrak{G}$ eine Grundmenge ist, genügt es zu zeigen: Es gibt, wenn $\varepsilon > 0$ beliebig gegeben ist, eine Linearkombination f^* endlich vieler Funktionen (140), so daß für $a = f_2$, $a' = f^*$:

$$D(a - a') < \varepsilon. \tag{141}$$

Nun hat f_2 folgende Gestalt:[44])

$$f_2(x) = f(\alpha + 0) - f(\alpha) + \sum_{(\alpha, x)} \{f(x_\nu + 0) - f(x_\nu - 0)\} + \\ + f(x) - f(x - 0), \tag{142}$$

wobei mit x_ν die Unstetigkeitspunkte von f bezeichnet sind, und das Zeichen $\sum\limits_{(\alpha, x)}$ andeutet, daß über alle nach (α, x) fallenden Unstetigkeitspunkte zu summieren ist. Da die über alle Unstetigkeitspunkte x_ν von (α, β) erstreckte Reihe:

$$\sum_\nu \{|f(x_\nu + 0) - f(x_\nu)| + |f(x_\nu) - f(x_\nu - 0)|\}$$

---

[43]) Vgl. l. c. [42]), S. 507, Satz III.
[44]) Vgl. l. c. [42]), S. 507.

konvergent ist[45]), kann ν_0 so bestimmt werden, daß:

$$\sum_{\nu>\nu_0} \{|f(x_\nu+0)-f(x_\nu)|+|f(x_\nu)-f(x_\nu-0)|\}<\frac{\varepsilon}{2}. \quad (143)$$

Lassen wir in (142) unter dem Summenzeichen alle Glieder mit einem Index $> \nu_0$ weg, so entstehe die Summe:

$$\sum_{(a,x)}' \{f(x_\nu+0)-f(x_\nu-0)\}.$$

Wir setzen:

$$f^*(x)=f(\alpha+0)-f(\alpha)+\sum_{(a,x)}' \{f(x_\nu+0)-f(x_\nu-0)\}+$$
$$+\vartheta\big(f(x)-f(x-0)\big);$$

wo $\vartheta=1$ für $x=x_1, x_2, \cdots, x_{\nu_0}, \beta$, sonst $=0$. Dann ist f^* konstant in jedem Intervall, das keinen der Punkte $x_1, x_2, \cdots, x_{\nu_0}$ enthält, und mithin Linearkombination endlich vieler Funktionen (140). Ferner ist:

$$f_2(x)-f^*(x)=\sum_{(a,x)}'' \{f(x_\nu+0)-f(x_\nu-0)\}+$$
$$+(1-\vartheta)\big(f(x)-f(x-0)\big),$$

wo in Σ'' nur die x_ν mit $\nu>\nu_0$ aufzunehmen sind. Daraus folgt sofort bei Beachtung von (143)[46]):

$$V_\alpha^\beta(f_2-f^*)=\sum_{\nu>\nu_0} \{|f(x_\nu+0)-f(x_\nu)|+|f(x_\nu)-f(x_\nu-0)|\}<\frac{\varepsilon}{2}$$

$$|f_2(x)-f^*(x)|<\frac{\varepsilon}{2} \quad \text{in } [\alpha, \beta].$$

Damit aber ist (141) nachgewiesen.

Für die Funktion (140) ist:[47])

$$\int_\alpha^\beta f(x)\,d\,\Phi_n(x)=\Phi_n(\beta)-\Phi_n(\xi+0)+f(\xi)\big(\Phi_n(\xi+0)-\Phi_n(\xi)\big).$$

Soll also für jede Funktion (140) ein endlicher Grenzwert $\lim\limits_{n=\infty}\int_\alpha^\beta f(x)\,d\,\Phi_n(x)$ existieren, so muß, da $f(\xi)$ beliebig ist, sowohl ein endlicher Grenzwert $\lim\limits_{n=\infty}\big(\Phi_n(\beta)-\Phi_n(\xi+0)\big)$ als auch ein

[45]) l. c. [42]), S. 505. Satz I.

[46]) Vgl. l. c. [42]), S. 509, Satz V und V *a*.

[47]) Wenn $\xi<\beta$. Für $\xi=\beta$ tritt an Stelle des letzten Gliedes:
$$f(\beta)\big(\Phi_n(\beta)-\Phi_n(\beta-0)\big).$$

endlicher Grenzwert $\lim\limits_{n=\infty}\bigl(\Phi_n(\xi+0)-\Phi_n(\xi)\bigr)$, mithin auch ein endlicher Grenzwert $\lim\limits_{n=\infty}\bigl(\Phi_n(\beta)-\Phi_n(\xi)\bigr)$ existieren. Setzen wir hierin insbesondere $\xi=\alpha$ und beachten, daß $\Phi_n(\alpha)=0$, so sehen wir, daß ein endlicher Grenzwert $\lim\limits_{n=\infty}\Phi_n(\beta)$, mithin auch endliche Grenzwerte $\lim\limits_{n=\infty}\Phi_n(\xi+0)$ und $\lim\limits_{n=\infty}\Phi_n(\xi)$ existieren müssen. Bei Beachtung von [47]) sehen wir ebenso, daß ein endlicher Grenzwert $\lim\limits_{n=\infty}\Phi_n(\beta-0)$ existieren muß.

Sei nun f eine beliebige stetige Funktion endlicher Variation. Nach Definition ist:

$$\int_\alpha^\beta f(x)\,d\,\Phi_n(x)=\lim_{\nu=\infty}S_0(Z_\nu),\tag{144}$$

wo Z_ν eine zu Φ_n gehörige ausgezeichnete Zerlegungsfolge durchläuft. Wegen der Stetigkeit von $f(x)$ kann geschrieben werden:

$$S_0(Z)=f(x_0)\bigl(\Phi_n(x_0+0)-\Phi_n(x_0)\bigr)+$$
$$+\sum_{i=1}^{n}f(x_i)\bigl(\Phi_n(x_i+0)-\Phi_n(x_{i-1}+0)\bigr),$$

oder unter Benützung einer bekannten Umformung unter Beachtung von $\Phi_n(x_0)=\Phi_n(\alpha)=0$:

$$S_0(Z)=-\sum_{i=1}^{n}\Phi_n(x_{i-1}+0)\bigl(f(x_i)-f(x_{i-1})\bigr)+\Phi_n(\beta)f(\beta).$$

Läßt man wieder Z die ausgezeichnete Zerlegungsfolge Z_ν durchlaufen, so ergibt also (144):

$$\int_\alpha^\beta f(x)\,d\,\Phi_n(x)=\Phi_n(\beta)f(\beta)-\int_\alpha^\beta\Phi_n(x)\,d\,f(x),$$

wo nun das rechts auftretende Integral ein gewöhnliches Stieltjessches Integral ist.

Setzen wir:

$$x+V_\alpha^x(f)=t(x)=t,$$

und bezeichnen die sich daraus ergebende Umkehrfunktion mit $x=x(t)$. Sei $t(\alpha)=\sigma$, $t(\beta)=\tau$, und $[t', t'']$ ein beliebiges Teilintervall von $[\sigma,\tau]$, und $[x',x'']$ das vermöge $x=x(t)$ entsprechende Teilintervall von $[\alpha,\beta]$. Dann ist:

$$|f(x(t''))-f(x(t'))|=|f(x'')-f(x')|\leqq V_{x'}^{x''}(f)\leqq t''-t'|;$$

also ist die Funktion $f(x(t))$ eine in $[\sigma, \tau]$ **totalstetige** Funktion t. Also kann geschrieben werden:

$$\int_\alpha^\beta \Phi_n(x)\, d f(x) = \int_\sigma^\tau \Phi_n(x(t))\, d f(x(t)) = \int_\sigma^\tau \Phi_n(x(t)) \frac{d}{dt} f(x(t))\, dt,$$

wo das rechtsstehende Integral ein Lebesguesches Integral ist. Da nun, wie wir sahen, überall in $[\alpha, \beta]$ ein endlicher Grenzwert:

$$\lim_{n=\infty} \Phi_n(x) = \Phi(x),$$

also überall in $[\sigma, \tau]$ ein endlicher Grenzwert:

$$\lim_{n=\infty} \Phi_n(x(t)) = \Phi(x(t))$$

existiert, so folgt nach einem bekannten Satze über Lebesguesche Integrale aus (139):

$$\lim_{n=\infty} \int_\sigma^\tau \Phi_n(x(t)) \frac{d}{dt} f(x(t))\, dt = \int_\sigma^\tau \Phi(x(t)) \frac{d}{dt} f(x(t))\, dt =$$

$$= \int_\alpha^\beta \Phi(x)\, d f(x).$$

Wir können daher die Sätze aussprechen:

XXIX b. Sei $b_n = \Phi_n(x)$ eine Punktfolge aus $\mathfrak{B}_{17}$. Damit die in $\mathfrak{A}_{17}$ beschränkte Operationsfolge (138) konvergent sei in $\mathfrak{A}_{17}$, ist notwendig und hinreichend, daß für jedes x aus $[\alpha, \beta)$ endliche Grenzwerte $\lim\limits_{n=\infty} \Phi_n(x)$, $\lim\limits_{n=\infty} \Phi_n(x+0)$, sowie endliche Grenzwerte $\lim\limits_{n=\infty} \Phi_n(\beta)$, $\lim\limits_{n=\infty} \Phi_n(\beta-0)$ existieren.

XXIX c. Seien $b_n = \Phi_n(x)$ und $b = \Phi(x)$ Punkte aus $\mathfrak{B}_{17}$. Damit für die in $\mathfrak{A}_{17}$ konvergente Operationsfolge (138) in ganz $\mathfrak{A}_{17}$ gelte:

$$\lim_{n=\infty} \int_\alpha^\beta f(x)\, d\Phi_n(x) = \int_\alpha^\beta f(x)\, d\Phi(x), \tag{145}$$

ist notwendig und hinreichend, daß in $[\alpha, \beta)$:

$$\lim_{n=\infty} \Phi_n(x) = \Phi(x); \quad \lim_{n=\infty} \Phi_n(x+0) = \Phi(x+0); \tag{146}$$

$$\lim_{n=\infty} \Phi_n(\beta) = \Phi(\beta); \quad \lim_{n=\infty} \Phi_n(\beta-0) = \Phi(\beta-0).$$

Ein besonders wichtiger Spezialfall [48]) ist der, daß

$$\Phi_n(x) = \int_a^x \varphi_n(x)\, dx; \quad \Phi(x) = 0, \tag{147}$$

wo die $\varphi_n(x)$ integrierbare Funktionen bedeuten; dann wird:

$$\int_a^\beta f(x)\, d\,\Phi_n(x) = \int_a^\beta f(x)\, \varphi_n(x)\, dx$$

und es reduziert sich Bedingung (139) von Satz XXIX *a* auf:

$$\left| \int_a^x \varphi_n(x)\, dx \right| \leqq M \text{ für alle } x \text{ aus } [\alpha, \beta] \text{ und alle } n; \tag{148}$$

aus (145) von Satz XXIX *c* wird:

$$\lim_{n=\infty} \int_a^\beta f \varphi_n\, dx = 0,$$

und aus (146):

$$\lim_{n=\infty} \int_a^x \varphi_n(x)\, dx = 0, \quad \text{für } \alpha < x \leqq \beta.$$

Einen anderen Spezialfall [49]) erhält man, indem man $\Phi_n(x)$ und $\Phi(x)$ wählt wie am Schlusse von § 10.

20. Der Raum $\mathfrak{A}_{18}$. Es bestehe der Raum $\mathfrak{A}$ aus allen jenen Funktionen endlicher Variation $a = f(x)$, die in allen Punkten einer Menge $\mathfrak{M}$, deren Komplement in $[\alpha, \beta]$ dicht ist, stetig sind. Die Maßbestimmung in $\mathfrak{A}$ sei wieder gegeben durch (132). Den so entstehenden metrischen Raum nennen wir $\mathfrak{A}_{18}$. Wie bei $\mathfrak{A}_{17}$ erkennen wir, daß er vollständig ist, indem wir noch beachten, daß, wenn $a_\nu = f_\nu(x)$ eine Cauchysche Folge aus $\mathfrak{A}_{18}$ ist, die $f_\nu(x)$ gleichmäßig gegen ihre Grenzfunktion konvergieren, die somit — ebenso wie die $f_\nu(x)$ — in allen Punkten von $\mathfrak{M}$ stetig ist. Der polare Raum $\mathfrak{B}_{18}$ kann identisch mit $\mathfrak{B}_{17}$ gewählt werden. Als polare Maßbestimmung ergibt sich dann wieder (136), wenn man beachtet, daß in (137) für ξ ein nicht zu $\mathfrak{M}$ gehöriger Punkt gewählt werden kann. Wir haben also den Satz:

XXX *a*. Sei $b_n = \Phi_n(x)$ eine Punktfolge aus $\mathfrak{B}_{18}$. Damit die Operationsfolge (138) beschränkt sei in $\mathfrak{A}_{18}$, ist notwendig und hinreichend, daß es eine Zahl M gebe, für die (139) gilt.

[48]) H. Lebesgue l. c. [20]), S. 65.
[49]) H. Hahn l. c. [40]), S. 137.

Eine Grundmenge $\mathfrak{G}$ aus $\mathfrak{A}_{18}$ wird gebildet durch die stetigen Funktionen endlicher Variation zusammen mit denjenigen Funktionen (140), für die ξ nicht zu $\mathfrak{M}$ gehört. Das gibt die Sätze:

XXX*b*. Sei $b_n = \Phi_n(x)$ eine Punktfolge aus $\mathfrak{B}_{18}$. Damit die in $\mathfrak{A}_{18}$ beschränkte Operationsfolge (138) konvergent sei in $\mathfrak{A}_{18}$, ist notwendig und hinreichend, daß für jedes nicht zu $\mathfrak{M}$ gehörige x aus (α, β) endliche Grenzwerte $\lim\limits_{n=\infty} \Phi_n(x)$ und $\lim\limits_{n=\infty} \Phi_n(x+0)$, sowie ein endlicher Grenzwert $\lim\limits_{n=\infty} \Phi_n(\beta)$ und, falls β nicht zu $\mathfrak{M}$ gehört, $\lim\limits_{n=\infty} \Phi_n(\beta-0)$ existiere.

XXX*c*. Seien $b_n = \Phi_n(x)$ und $b = \Phi(x)$ Punkte aus $\mathfrak{B}_{18}$. Damit für die in $\mathfrak{A}_{18}$ konvergente Operationsfolge (138) in ganz $\mathfrak{A}_{18}$ (145) gelte, ist notwendig und hinreichend, daß für alle nicht zu $\mathfrak{M}$ gehörigen x aus (α, β) die Gleichungen (146) gelten, ferner: $\lim\limits_{n=\infty} \Phi_n(\beta) = \Phi(\beta)$, und falls β nicht zu $\mathfrak{M}$ gehört: $\lim\limits_{n=\infty} \Phi_n(\beta - 0) = \Phi(\beta - 0)$.

Als besonders wichtigen Spezialfall [50]) heben wir den hervor, wo $\mathfrak{M}$ aus einem einzigen Punkte ξ von (α, β) besteht, die $\Phi_n(x)$ gegeben sind durch (147) und $\Phi(x)$ durch:

$$\Phi(x) = \begin{cases} 0 \text{ für } x \leqq \xi \\ 1 \text{ für } x > \xi. \end{cases}$$

Aus (145) wird dann:

$$\lim_{n=\infty} \int_\alpha^\beta f \varphi_n \, dx = f(\xi),$$

aus (139) wird (148), und aus (146):

$$\lim_{n=\infty} \int_\alpha^x \varphi_n \, dx = \begin{cases} 0 \text{ für } x < \xi \\ 1 \text{ für } x > \xi. \end{cases}$$

§ 12. Folgen verallgemeinerter Stieltjesscher Integrale $\int_\alpha^\beta \varphi_n \, dF$.

In diesem Paragraphen wählen wir als Fundamentaloperation für $a = F(x)$, $b = \varphi(x)$:

$$U(a, b) = \int_\alpha^\beta \varphi(x) \, dF(x).$$

---

[50]) H. Lebesgue l. c. [20]), S. 50.

21. Der Raum $\mathfrak{A}_{19}$. Es bestehe der Raum $\mathfrak{A}$ aus allen Funktionen $a = F(x)$, die überall in $[\alpha, \beta]$ endliche einseitige Grenzwerte besitzen, außerhalb $[\alpha, \beta]$ gegeben sind durch:

$$F(x) = 0 \text{ für } x \leqq \alpha; \quad F(x) = F(\beta) \text{ für } x > \beta,$$

und in ihren Unstetigkeitspunkten (mit Ausnahme von β) der Bedingung genügen:

$$F(x) = F(x - 0).$$

Die Maßbestimmung sei gegeben durch:

$$D(a) = \text{obere Schranke von } |F| \text{ in } [\alpha, \beta]. \tag{149}$$

Den so entstehenden metrischen Raum nennen wir $\mathfrak{A}_{19}$. Wie bei $\mathfrak{A}_{13}$ sehen wir, daß er vollständig ist.

Als polaren Raum $\mathfrak{B}_{19}$ wählen wir die Menge aller Funktionen endlicher Variation $b = \varphi(x)$. Setzen wir:

$$\Delta(b) = V_\alpha^\beta(\varphi) + |\varphi(\beta)|, \tag{150}$$

so ist zufolge (131) für jedes a aus $\mathfrak{A}_{19}$ und jedes b aus $\mathfrak{B}_{19}$:

$$|U(a, b)| \leqq D(a) \,.\, \Delta(b). \tag{151}$$

Sei nun $b = \varphi(x)$ eine beliebige Funktion aus $\mathfrak{B}_{19}$. Es gibt eine Zerlegung von $[\alpha, \beta]$, so daß:

$$\sum_{i=1}^{n} |\varphi(x_i) - \varphi(x_{i-1})| > V_\alpha^\beta(\varphi) - \varepsilon. \tag{152}$$

Dabei kann ohne weiteres angenommen werden, daß in je zwei aufeinanderfolgenden Teilintervallen $[x_{i-1}, x_i]$ die Differenzen $\varphi(x_i) - \varphi(x_{i-1})$ entgegengesetztes Zeichen haben, da aufeinanderfolgende Teilintervalle, in denen dies nicht zutrifft, in eines zusammengezogen werden können, ohne daß dadurch die Summe auf der linken Seite von (152) geändert wird. Dann aber ist:

$$\sum_{i=1}^{n} |\varphi(x_i) - \varphi(x_{i-1})| = |\varphi(\alpha) + 2 \sum_{i=1}^{n-1} (-1)^i \varphi(x_i) + (-1)^n \varphi(\beta)|,$$

und somit:

$$\begin{aligned} \sum_{i=1}^{n} |\varphi(x_i) - \varphi(x_{i-1})| + |\varphi(\beta)| &= \\ = |\varphi(\alpha) + 2 \sum_{i=1}^{n-1} (-1)^i \varphi(x_i) + \lambda(-1)^n \varphi(\beta)|&, \end{aligned} \tag{153}$$

wo λ den Wert 0 oder 2 hat. Wir setzen nun:

$$\begin{aligned} &F(\alpha)=0;\ F(x)=(-1)^{i-1} \text{ in } (x_{i-1}, x_i]\ (i=1,2,\ldots,n-1);\\ &F(x)=(-1)^{n-1} \text{ in } (x_{n-1}, x_n);\quad F(\beta)=(-1)^{n-1}(1-\lambda). \end{aligned} \tag{154}$$

Dann gehört $F(x)$ zu $\mathfrak{A}_{19}$, für $a=F(x)$ ist $D(a)=1$, und es wird:

$$\int_\alpha^\beta \varphi\, dF = \varphi(\alpha) + 2\sum_{i=1}^{n-1}(-1)^i\varphi(x_i) + \lambda(-1)^n\varphi(\beta),$$

und somit wegen (153) und (152) für $a=F(x)$, $b=\varphi(x)$:

$$|U(a,b)| > \Delta(b) - \varepsilon.$$

Damit ist gezeigt, daß durch (150) die polare Maßbestimmung gegeben ist.

Wir haben also den Satz:

XXXI*a*. Sei $b_n = \varphi_n(x)$ eine Punktfolge aus $\mathfrak{B}_{19}$. Damit die Operationsfolge:

$$U(a, b_n) = \int_\alpha^\beta \varphi_n\, dF \tag{155}$$

beschränkt sei in $\mathfrak{A}_{19}$, ist notwendig und hinreichend, daß es ein M gibt, so daß:

$$V_\alpha^\beta(\varphi_n) + |\varphi_n(\beta)| \leqq M \quad \text{für alle } n. \tag{156}$$

Wie bei $\mathfrak{A}_{13}$ sehen wir, daß eine Grundmenge $\mathfrak{G}$ aus $\mathfrak{A}_{19}$ gegeben ist durch die Funktionen:

$$F(x) = \begin{cases} 0 & \text{für } x \leqq \xi \\ 1 & \text{für } x > \xi \end{cases} \quad \alpha \leqq \xi < \beta, \tag{157}$$

und die Funktion:

$$F(x) = \begin{cases} 0 & \text{für } x < \beta \\ 1 & \text{für } x \geqq \beta. \end{cases} \tag{158}$$

Für diese Funktionen ist:

$$\int_\alpha^\beta \varphi\, dF = \varphi(\xi) \quad (\alpha \leqq \xi \leqq \beta).$$

Somit haben wir:

XXXI*b*. Sei $b_n = \varphi_n(x)$ eine Punktfolge aus $\mathfrak{B}_{19}$. Damit die in $\mathfrak{A}_{19}$ beschränkte Operationsfolge (155) konvergent sei in $\mathfrak{A}_{19}$, ist notwendig und hinreichend, daß für jedes x aus $[\alpha, \beta]$ ein endlicher Grenzwert $\lim_{n=\infty} \varphi_n(x)$ vorhanden sei.

XXXI*c*. Seien $b_n = \varphi_n(x)$ und $b = \varphi(x)$ Punkte aus $\mathfrak{B}_{19}$. Damit für die in $\mathfrak{A}_{19}$ konvergente Operationsfolge (155) in ganz $\mathfrak{A}_{19}$ gelte:

$$\lim_{n=\infty} \int_{\alpha}^{\beta} \varphi_n \, dF = \int_{\alpha}^{\beta} \varphi \, dF \tag{159}$$

ist notwendig und hinreichend, daß:

$$\lim_{n=\infty} \varphi_n(x) = \bar{\varphi}(x) \qquad (\alpha \leqq x \leqq \beta). \tag{160}$$

Von besonderem Interesse ist hier der Fall:

$$\varphi(x) = \begin{cases} 1 \text{ für } x < x_0 \\ 0 \text{ für } x \geqq x_0 \end{cases} \qquad (\alpha < x_0 < \beta).$$

Dann geht (159) über in:

$$\lim_{n=\infty} \int_{\alpha}^{\beta} \varphi_n \, dF = F(x_0); \tag{161}$$

und aus (160) wird:

$$\lim_{n=\infty} \varphi_n(x) = \begin{cases} 1 \text{ für } x < x_0 \\ 0 \text{ für } x \geqq x_0. \end{cases}$$

22. Der Raum $\mathfrak{A}_{20}$. Es bestehe der Raum $\mathfrak{A}$ aus allen denjenigen Funktionen $a = F(x)$ von $\mathfrak{A}_{19}$, die in einer gegebenen Punktmenge $\mathfrak{M}$ von (α, β), deren Komplement in $[\alpha, \beta]$ dicht ist, stetig sind. Die Maßbestimmung sei wieder gegeben durch (149). Den so entstehenden metrischen Raum bezeichnen wir mit $\mathfrak{A}_{20}$. Er ist vollständig.

Als polaren Raum $\mathfrak{B}_{20}$ nehmen wir die Menge aller derjenigen Funktionen endlicher Variation $b = \varphi(x)$, die in keinem Punkte von $\mathfrak{M}$ eine äußere Sprungstelle[51]) besitzen. Hat $\Delta(b)$ wieder die Bedeutung (150), so gilt wieder (151).

Sei nun $b = \varphi(x)$ eine beliebige Funktion aus $\mathfrak{B}_{20}$. Es gibt dann eine Zerlegung von $[\alpha, \beta]$, in der kein Zerlegungspunkt zu $\mathfrak{M}$ gehört, und für die (152) gilt[52]). Wie bei $\mathfrak{A}_{19}$ erkennen wir sodann, daß die polare Maßbestimmung durch (150) gegeben ist, und können den Satz aussprechen:

---

[51]) Vgl. H. Hahn, Theorie der reellen Funktionen I, S. 499.
[52]) Vgl. l. c. [51]), S. 500, Satz V.

XXXII *a*. Sei $b_n = \varphi_n(x)$ eine Punktfolge aus $\mathfrak{B}_{20}$. Damit die Operationsfolge (155) beschränkt sei in $\mathfrak{A}_{20}$, ist notwendig und hinreichend, daß es ein M gibt, so daß (156) gilt.

Eine Grundmenge $\mathfrak{G}$ ist hier gegeben durch diejenigen Funktionen (157), für die ξ nicht zu $\mathfrak{M}$ gehört, zusammen mit der Funktion (158). Somit haben wir:

XXXII *b*. Sei $b_n = \varphi_n(x)$ eine Punktfolge aus $\mathfrak{B}_{20}$. Damit die in $\mathfrak{A}_{20}$ beschränkte Operationsfolge (155) konvergent sei in $\mathfrak{A}_{20}$, ist notwendig und hinreichend, daß für jedes nicht zu $\mathfrak{M}$ gehörige x aus $[\alpha, \beta]$ ein endlicher Grenzwert $\lim_{n=\infty} \varphi_n(x)$ vorhanden sei.

XXXII *c*. Seien $b_n = \varphi_n(x)$ und $b = \varphi(x)$ Punkte aus $\mathfrak{B}_{20}$. Damit für die in $\mathfrak{A}_{20}$ konvergente Operationsfolge (155) in ganz $\mathfrak{A}_{20}$ (159) gelte, ist notwendig und hinreichend, daß für jedes nicht zu $\mathfrak{M}$ gehörige x aus $[\alpha, \beta]$:

$$\lim_{n=\infty} \varphi_n(x) = \varphi(x).$$

23. Der Raum $\mathfrak{A}_{21}$. Es bestehe nun der Raum $\mathfrak{A}$ aus allen in $[\alpha, \beta]$ stetigen, in α verschwindenden Funktionen $a = F(x)$. Für $x < \alpha$ setzen wir wieder $F(x) = 0$, für $x > \beta$ setzen wir $F(x) = F(\beta)$. Die Maßbestimmung sei wieder gegeben durch (149). Den so entstehenden metrischen Raum nennen wir $\mathfrak{A}_{21}$. Er ist vollständig.

Als polaren Raum $\mathfrak{B}_{21}$ nehmen wir die Menge aller in α und β stetigen Funktionen endlicher Variation $b = \varphi(x)$, die in $[\alpha, \beta]$ keine äußere Sprungstelle besitzen. Hat $\Delta(b)$ die Bedeutung (150), so gilt wieder (151).

Sei nun $b = \varphi(x)$ eine beliebige Funktion aus $\mathfrak{B}_{21}$. Es gibt dann eine Zerlegung von $[\alpha, \beta]$, in der sämtliche Zerlegungspunkte Stetigkeitspunkte von φ sind, und für die (152) gilt. Dann haben wir wieder (153). Nun wählen wir ein $h > 0$ so klein, daß:

$$\alpha = x_0 < x_0 + h < x_1 < x_1 + h < x_2 < \cdots$$
$$< x_{n-1} + h < x_n - h < x_n = \beta,$$

und definieren eine Funktion $a = F_h(x)$ durch:

$$F_h(x) = \frac{1}{h}(x - \alpha) \text{ in } [\alpha, \alpha + h],$$

$$F_h(x) = (-1)^{i-1} \text{ in } [x_{i-1} + h, x_i] \quad (i = 1, 2, \ldots, n-1),$$

$$F_h(x) = (-1)^{i-1}\left(1 - \frac{2}{h}(x - x_i)\right) \text{ in } [x_i, x_i + h] \quad (i = 1, 2, \ldots, n-1),$$

$$F_h(x) = (-1)^{n-1} \text{ in } [x_{n-1} + h, \beta - h],$$

$$F_h(x) = (-1)^{n-1}\left(1 - \lambda - \frac{\lambda}{h}(x - \beta)\right) \text{ in } [\beta - h, \beta].$$

Dann gehört $F_h(x)$ zu $\mathfrak{A}_{21}$, und es ist $D(a) = 1$. Ferner ist, weil $F(x)$ stetig ist:

$$\int_{\alpha}^{\beta} \varphi\, dF_h = \int_{\alpha}^{\alpha+h} \varphi\, dF_h + \sum_{i=1}^{n-1} \int_{x_{i-1}+h}^{x_i} \varphi\, dF_h + \sum_{i=1}^{n-1} \int_{x_i}^{x_i+h} \varphi\, dF_h +$$

$$+ \int_{x_{n-1}+h}^{\beta-h} \varphi\, dF_h + \int_{\beta-h}^{\beta} \varphi\, dF_h.$$

Hierin ist, da φ in allen Punkten x_i $(i = 0, 1, \ldots, n)$ stetig ist:

$$\lim_{h=0} \int_{\alpha}^{\alpha+h} \varphi\, dF_h = \lim_{h=0} \frac{1}{h} \int_{\alpha}^{\alpha+h} \varphi\, dx = \varphi(\alpha),$$

$$\int_{x_{i-1}+h}^{x_i} \varphi\, dF_h = 0; \quad \lim_{h=0} \int_{x_i}^{x_i+h} \varphi\, dF_h = \lim_{h=0} (-1)^i \frac{2}{h} \int_{x_i}^{x_i+h} \varphi\, dx = 2.(-1)^i \varphi(x_i);$$

$$\int_{n-\ +h}^{\beta-h} \varphi\, dF_h = 0; \quad \lim_{h=0} \int_{\beta-h}^{\beta} \varphi\, dF_h = \lim_{h=0} (-1)^n \frac{\lambda}{h} \int_{\beta-h}^{\beta} \varphi\, dx = \lambda.(-1)^n \varphi(\beta).$$

Also auch:

$$\lim_{h=0} \int_{\alpha}^{\beta} \varphi\, dF_h = \varphi(\alpha) + 2 \sum_{i=1}^{n-1} (-1)^i \varphi(x_i) + \lambda(-1)^n \varphi(\beta).$$

Aus (153) und (152) folgt daher auch hier, daß durch (150) die polare Maßbestimmung gegeben ist und wir haben den Satz:

XXXIII *a*. Sei $b_n = \varphi_n(x)$ eine Punktfolge aus $\mathfrak{B}_{21}$. Damit die Operationsfolge (155) beschränkt sei in $\mathfrak{A}_{21}$, ist notwendig und hinreichend, daß es ein M gibt, so daß Ungleichung (156) gilt.

Eine Grundmenge $\mathfrak{G}$ aus $\mathfrak{A}_{21}$ ist gegeben durch die Funktionen:

$$F(x) = \begin{cases} 0 & \text{für} \quad x \leqq \xi \\ x - \xi & \text{für} \quad x > \xi \end{cases} \qquad x \leqq \xi < \beta.$$

Bedenkt man, daß für diese Funktionen:

$$\int_{\alpha}^{\beta} \varphi\, dF = \int_{\xi}^{\beta} \varphi\, dx$$

ist, so erhalten wir die Sätze:

XXXIII*b*. Sei $b_n = \varphi_n(x)$ eine Punktfolge aus $\mathfrak{B}_{21}$. Damit die in $\mathfrak{A}_{21}$ beschränkte Operationsfolge (155) konvergent sei in $\mathfrak{A}_{21}$, ist notwendig und hinreichend, daß für jedes ξ aus $[\alpha, \beta)$ ein endlicher Grenzwert $\lim_{n=\infty} \int_\xi^\beta \varphi_n \, dx$ vorhanden sei.

XXXIII*c*. Seien $b_n = \varphi_n(x)$ und $b = \varphi(x)$ Punkte aus $\mathfrak{B}_{21}$. Damit für die in $\mathfrak{A}_{21}$ konvergente Operationsfolge (155) in ganz $\mathfrak{A}_{21}$ (159) gelte, ist notwendig und hinreichend, daß für jedes ξ aus $[\alpha, \beta)$:

$$\lim_{n=\infty} \int_\xi^\beta \varphi_n \, dx = \int_\xi^\beta \varphi \, dx. \qquad (162)$$

Von besonderem Interesse ist wieder der Fall:

$$\varphi(x) = \begin{cases} 1 & \text{für } x < x_0 \\ 0 & \text{für } x \geqq x_0. \end{cases}$$

Dann wird aus (159) wieder (161), und da (162) gleichbedeutend ist mit:

$$\lim_{n=\infty} \int_\alpha^\xi \varphi_n \, dx = \int_\alpha^\xi \varphi \, dx,$$

erhalten wir:

$$\lim_{n=\infty} \int_\alpha^\xi \varphi_n \, dx = \begin{cases} \xi - \alpha & \text{für } \xi < x_0 \\ x_0 - \alpha & \text{für } \xi \geqq x_0. \end{cases}$$

Über lineare Gleichungssysteme in linearen Räumen.

Von *Hans Hahn* in Wien.

Bekanntlich sind die Integralgleichungen zweiter Art:

$$\varphi(s) + \int_a^b K(s, t)\,\varphi(t)\,dt = f(s)$$

der Untersuchung erheblich leichter zugänglich, als die Integralgleichungen erster Art:

$$\int_a^b K(s, t)\,\varphi(t)\,dt = f(s).$$

Es liegt das offenbar daran, daß wir die Auflösung der Gleichung $\varphi(s) = f(s)$ vollständig beherrschen, und durch Hinzutreten des Zusatzgliedes $\int_a^b K(s, t)\,\varphi(t)\,dt$ die für die Gleichung $\varphi(s) = f(s)$ herrschenden durchsichtigen Verhältnisse nicht allzusehr gestört werden. Es liegt also die Frage nahe: sei in irgendeinem linearen Raume, dessen Punkte wir mit x bezeichnen, ein lineares Gleichungssystem gegeben:

$$u_y(x) = c_y,$$

von dem wir wissen, daß es auflösbar ist; unter welchen Umständen wird man daraus auf die Auflösbarkeit des linearen Gleichungssystemes:

$$u_y(x) + v_y(x) = c_y$$

schließen können [1])? Mit dieser Frage sollen sich die folgenden Zeilen beschäftigen. Als ausschlaggebend erweist sich dabei der in § 3 auseinandergesetzte Begriff der *Vollstetigkeit* des Systems der Linearformen $v_y(x)$ in bezug auf das System der Linearformen $u_y(x)$, der eine direkte Verallgemeinerung des von *Fr. Riesz* [2]) eingeführten Begriffes der Vollstetigkeit einer linearen Transformation darstellt.

§ 1.

Sei $\mathfrak{R}$ ein linearer Raum [3]); seine Punkte bezeichnen wir mit x. Ist dann λ eine reelle Zahl, so kommt neben x auch der Punkt λx in $\mathfrak{R}$ vor; sind x_1 und x_2 Punkte von $\mathfrak{R}$, so kommt auch der Punkt $x_1 + x_2$ in $\mathfrak{R}$ vor.

---

[1]) Im Falle der Integralgleichungen bedeutet x die Funktion $\varphi(s)$ und y durchläuft alle Werte des Intervalles $[a, b]$.

[2]) *Fr. Riesz*, Über lineare Funktionalgleichungen. Acta Math. 41, S. 71.

[3]) Näheres über lineare Räume: *H. Hahn*, Monatsh. f. Math. u. Phys. 32, S. 3 und insbes. *St. Banach*, Fund. math. 3, 131.

Sei in $\mathfrak{R}$ eine konvexe Maßbestimmung gegeben; d. h. es sei in $\mathfrak{R}$ eine Funktion $D(x)$ definiert mit folgenden Eigenschaften:

1. Es ist $D(x) \geqq 0$, und zwar $= 0$ dann und nur dann, wenn $x = 0$.
2. $$D(\lambda x) = |\lambda| D(x).$$
3. $$D(x_1 + x_2) \leqq D(x_1) + D(x_2).$$

Die Zahl $D(x_1 - x_2)$ gilt dann als der Abstand der Punkte x_1 und x_2. Auf Grund dieser Maßbestimmung ist $\mathfrak{R}$ ein *metrischer* Raum. Der Begriff des Grenzpunktes:

$$\underset{\nu \to \infty}{L} x_\nu = x$$

ist gegeben durch:

$$\lim_{\nu \to \infty} D(x_\nu - x) = 0.$$

Eine Punktfolge $\{x_n\}$ heißt eine *Cauchysche Folge*, wenn es zu jedem $\varepsilon > 0$ ein ν_0 gibt, so daß:

$$D(x_\nu - x_{\nu'}) < \varepsilon \quad \text{für} \quad \nu \geqq \nu_0, \ \nu' \geqq \nu_0.$$

Besitzt jede *Cauchy*sche Folge einen Grenzpunkt, so heißt der Raum $\mathfrak{R}$ *vollständig*. Wir setzen im folgenden den linearen Raum $\mathfrak{R}$ als vollständig voraus.

Sei $\mathfrak{A}$ eine Punktmenge aus $\mathfrak{R}$. Es gibt dann einen kleinsten vollständigen linearen Teilraum von $\mathfrak{R}$, der $\mathfrak{A}$ enthält; er heiße: *der von $\mathfrak{A}$ aufgespannte lineare Raum*; seine Punkte bezeichnen wir als *Linearkombinationen der Punkte von* $\mathfrak{A}$; sie haben entweder die Gestalt $\lambda_1 x_1 + \lambda_2 x_2 + \cdots + \lambda_n x_n$, wo $x_1, x_2, \ldots, x_n$ Punkte von $\mathfrak{A}$ und $\lambda_1, \lambda_2, \ldots, \lambda_n$ reelle Zahlen bedeuten — dann heißen sie *endliche Linearkombinationen* — oder sie sind Grenzpunkte *Cauchy*scher Folgen solcher endlicher Linearkombinationen.

Satz I. *Ist $\mathfrak{R}_0$ ein vollständiger linearer Teilraum von $\mathfrak{R}$, so gibt es eine mit $\mathfrak{R}_0$ beginnende wohlgeordnete Menge linearer Räume $\{\mathfrak{R}_\xi\}$ ($\xi \leqq \alpha$), die mit $\mathfrak{R}_\alpha = \mathfrak{R}$ endigt, und in der stets $\mathfrak{R}_\xi$ echter Teil aller folgenden $\mathfrak{R}_{\xi'}$ ($\xi' > \xi$) ist.*

Um dies einzusehen, nehmen wir an, die $\mathfrak{R}_\xi$ seien für $\xi < \xi_0$ schon bekannt (und echte Teile von $\mathfrak{R}$). Wir unterscheiden zwei Fälle: 1. Fall, ξ_0 sei keine Grenzzahl. Dann sei a ein beliebiger nicht zu $\mathfrak{R}_{\xi_0 - 1}$ gehöriger Punkt, und unter $\mathfrak{R}_{\xi_0}$ werde der lineare Raum verstanden, der von der Vereinigung von $\mathfrak{R}_{\xi_0}$ mit dem Punkte a aufgespannt wird. 2. Fall, ξ_0 sei eine Grenzzahl. Dann werde unter $\mathfrak{R}_{\xi_0}$ der von der Vereinigung aller $\mathfrak{R}_\xi$ ($\xi < \xi_0$) aufgespannte lineare Raum verstanden. Dieses Verfahren muß abbrechen (d. h. $\mathfrak{R}_{\xi_0}$ muß mit $\mathfrak{R}$ zusammenfallen), bevor die Mächtigkeit der wohlgeordneten Menge $\{\mathfrak{R}_\xi\}$ die Mächtigkeit von $\mathfrak{R}$ übersteigt. Damit ist Satz I bewiesen.

Eine in einem linearen Raume $\mathfrak{R}$ definierte Funktion $f(x)$ heiße eine Linearform in $\mathfrak{R}$, wenn sie folgende Eigenschaften hat:

1. Für jeden Punkt x von $\mathfrak{R}$ und jedes reelle λ ist:

$$f(\lambda x) = \lambda f(x).$$

2. Für je zwei Punkte x_1 und x_2 von $\mathfrak{R}$ ist:

$$f(x_1 + x_2) = f(x_1) + f(x_2).$$

3. Es gibt eine Zahl M, so daß für alle x von $\mathfrak{R}$:

$$(1) \qquad |f(x)| \leqq M D(x).$$

Man erkennt sofort, daß es unter allen diese Ungleichung erfüllenden Zahlen M eine kleinste gibt. Sie werde als die *Steigung* der Linearform $f(x)$ bezeichnet.

Da ferner aus den Eigenschaften 1., 2., 3. von $f(x)$ folgt:

$$|f(x_1) - f(x_2)| \leqq M \cdot D(x_1 - x_2),$$

so sieht man, daß jede Linearform in $\mathfrak{R}$ *gleichmäßig stetig* ist. Wir werden uns nun überzeugen, daß es in $\mathfrak{R}$ Linearformen gibt, die nicht identisch verschwinden [1]).

Satz II. *Sei $\mathfrak{A}$ eine Punktmenge des linearen Raumes $\mathfrak{R}$, und sei $\mathfrak{R}_0$ der von $\mathfrak{A}$ aufgespannte lineare Raum. Damit es zu der auf $\mathfrak{A}$ definierten Funktion $f_0(x)$ eine Linearform $f(x)$ in $\mathfrak{R}_0$ gebe, die auf $\mathfrak{A}$ mit $f_0(x)$ übereinstimmt und deren Steigung $\leqq M$ ist, ist notwendig und hinreichend, daß für jede endliche Linearkombination $\lambda_1 x_1 + \lambda_2 x_2 + \cdots + \lambda_n x_n$ aus Punkten von $\mathfrak{A}$ die Ungleichung bestehe:*

$$(2) \qquad |\lambda_1 f_0(x_1) + \lambda_2 f_0(x_2) + \cdots + \lambda_n f_0(x_n)| \leqq M D(\lambda_1 x_1 + \lambda_2 x_2 + \cdots + \lambda_n x_n).$$

Daß die Bedingung *notwendig* ist, leuchtet ein; es ist nur zu zeigen, daß sie auch *hinreichend* ist. Zunächst ergibt sich aus (2): ist $\lambda_1 x_1 + \lambda_2 x_2 + \cdots + \lambda_n x_n = 0$, so ist auch $\lambda_1 f_0(x_1) + \lambda_2 f_0(x_2) + \cdots + \lambda_n f_0(x_n) = 0$. Daraus schließt man weiter: ist $\lambda_1 x_1 + \lambda_2 x_2 + \cdots + \lambda_n x_n = \lambda'_1 x'_1 + \lambda'_2 x'_2 + \cdots + \lambda'_{n'} x'_{n'}$, so ist auch $\lambda_1 f_0(x_1) + \lambda_2 f_0(x_2) + \cdots + \lambda_n f_0(x_n) = \lambda'_1 f_0(x'_1) + \lambda'_2 f_0(x'_2) + \cdots + \lambda'_{n'} f_0(x'_{n'})$. Wir sehen also: setzen wir $f(\lambda_1 x_1 + \lambda_2 x_2 + \cdots + \lambda_n x_n) = \lambda_1 f_0(x_1) + \lambda_2 f_0(x_2) + \cdots + \lambda_n f_0(x_n)$, so ist dadurch $f(x)$ in allen Punkten von $\mathfrak{R}_0$, die endliche Linearkombinationen aus Punkten von $\mathfrak{A}$ sind, eindeutig definiert. Sei nun x_0 ein beliebiger Punkt von $\mathfrak{R}_0$. Es gibt dann eine gegen x_0 konvergierende Folge $\{x_\nu\}$ endlicher Linearkombinationen aus Punkten von $\mathfrak{A}$. Aus (2) folgt:

$$|f(x_\nu) - f(x_{\nu'})| \leqq M D(x_\nu - x_{\nu'}).$$

Da wegen $x_\nu \to x_0$ die x_ν eine *Cauchy*sche Punktfolge bilden, so bilden also die $f(x_\nu)$ eine *Cauchy*sche Folge reeller Zahlen. Wir sehen also: für jede gegen x_0 konvergierende Folge $\{x_\nu\}$ von endlichen Linearkombinationen aus Punkten von $\mathfrak{A}$ existiert $\lim\limits_{\nu\to\infty} f(x_\nu)$, und ein bekannter Schluß zeigt, daß dieser Grenzwert für alle solchen Folgen derselbe ist. Wir können also setzen: $f(x_0) = \lim\limits_{\nu\to\infty} f(x_\nu)$, und haben dadurch $f(x)$ auf ganz $\mathfrak{R}_0$ definiert.

Es ist noch zu zeigen, daß die so definierte Funktion eine Linearform in $\mathfrak{R}_0$ ist, und daß ihre Steigung $\leqq M$ ist. Daß die Eigenschaften 1. und 2. einer Linearform erfüllt sind, leuchtet ein. Sei ferner x ein beliebiger Punkt von $\mathfrak{R}_0$ und $\{x_\nu\}$ eine gegen ihn konvergierende Folge endlicher Linearkombinationen aus Punkten von $\mathfrak{A}$. Wegen (2) ist:

---

[1]) Vgl. zum folgenden *E. Helly*, Monatsh. f. Math. u. Phys. 31, S. 75ff.

$$|f(x_\nu)| \leqq M D(x_\nu).$$

Durch den Grenzübergang $\nu \to \infty$ folgt aber daraus:

$$|f(x)| \leqq M D(x),$$

also hat $f(x)$ auch die Eigenschaft 3. einer Linearform und ihre Steigung ist $\leqq M$. Damit ist Satz II bewiesen.

Satz III. *Sei $\mathfrak{R}_0$ ein vollständiger linerarer Teilraum von $\mathfrak{R}$ und $f_0(x)$ eine Linearform in $\mathfrak{R}_0$ der Steigung M. Dann gibt es eine Linearform $f(x)$ in $\mathfrak{R}$ der Steigung M, die auf $\mathfrak{R}_0$ mit $f_0(x)$ übereinstimmt.*

Sei $\mathfrak{R}_\xi (\xi \leqq \alpha)$ die mit $\mathfrak{R}_0$ beginnende, mit $\mathfrak{R}$ endende wohlgeordnete Menge linearer Räume von Satz I. Wir nehmen an, auf allen $\mathfrak{R}_\xi (\xi < \xi_0)$ sei $f(x)$ schon definiert, und haben $f(x)$ auf $\mathfrak{R}_{\xi_0}$ zu bilden.

1. Fall, ξ_0 sei keine Grenzzahl. In diesem Fall war $\mathfrak{R}_{\xi_0}$ der von $\mathfrak{R}_{\xi_0-1}$ und einem nicht zu $\mathfrak{R}_{\xi_0-1}$ gehörenden Punkte a aufgespannte Raum. Wir bezeichnen mit U die obere Schranke von $f(x) - MD(x-a)$ auf $\mathfrak{R}_{\xi_0-1}$, mit V die untere Schranke von $f(x) + MD(x-a)$ auf $\mathfrak{R}_{\xi_0-1}$. Dann ist $U \leqq V$; wäre in der Tat $U > V$, so gäbe es in $\mathfrak{R}_{\xi_0-1}$ Punkte x' und x'', so daß:

$$f(x') - MD(x'-a) > f(x'') + MD(x''-a);$$

es wäre also:

$$f(x') - f(x'') > M((D(x'-a) + D(x''-a)) \geqq MD(x'-x''),$$

entgegen der Annahme, daß $f(x)$ auf $\mathfrak{R}_{\xi_0-1}$ eine Linearform der Steigung M ist. Wegen $U \leqq V$ kann nun der Funktionswert $f(a)$ so gewählt werden, daß:

$$U \leqq f(a) \leqq V. \tag{3}$$

Bezeichnen wir mit $\mathfrak{A}$ die aus den Punkten von $\mathfrak{R}_{\xi_0-1}$ und dem Punkte a bestehende Menge, so erfüllt $f(x)$ auf $\mathfrak{A}$ die Voraussetzung (2) von Satz II. Denn jede endliche Linearkombination aus Punkten von $\mathfrak{A}$ hat die Gestalt $x_0 + \lambda a$, wo x_0 einen Punkt von $\mathfrak{A}$ bedeutet. Für $\lambda = 0$ ist gewiß $|f(x_0)| \leqq MD(x_0)$, da nach Annahme $f(x)$ auf $\mathfrak{R}_{\xi_0-1}$ die Steigung M hat. Sei also $\lambda \neq 0$. Dann ist $-\frac{x_0}{\lambda}$ ein Punkt von $\mathfrak{A}$ und somit wegen (3):

$$-f\left(\frac{x_0}{\lambda}\right) - MD\left(\frac{x_0}{\lambda} + a\right) \leqq f(a) \leqq -f\left(\frac{x_0}{\lambda}\right) + MD\left(\frac{x_0}{\lambda} + a\right),$$

woraus sofort folgt:

$$|f(x_0) + \lambda f(a)| \leqq MD(x_0 + \lambda a);$$

das aber ist Voraussetzung (2) von Satz II. Nach Satz II kann also $f(x)$ zu einer Linearform in $\mathfrak{R}_{\xi_0}$ der Steigung M erweitert werden.

2. Fall, ξ_0 sei eine Grenzzahl. In diesem Falle war $\mathfrak{R}_{\xi_0}$ der von der Vereinigung $\mathfrak{A}$ aller $\mathfrak{R}_\xi (\xi < \xi_0)$ aufgespannte Raum. Da nach Annahme $f(x)$ auf jedem $\mathfrak{R}_\xi (\xi < \xi_0)$ gegeben ist, so ist $f(x)$ auf $\mathfrak{A}$ gegeben. Und zwar genügt $f(x)$ auf $\mathfrak{A}$ der Voraussetzung (2) von Satz II; denn sei $\lambda_1 x_1 + \lambda_2 x_2 + \cdots + \lambda_n x_n$ eine endliche Linearkombination aus Punkten von $\mathfrak{A}$; es gehöre etwa x_i zu $\mathfrak{R}_{\xi_i} (\xi_i < \xi_0)$;

29*

ist $\bar{\xi}$ die größte unter den Ordinalzahlen $\xi_1, \xi_2, \ldots, \xi_n$, so gehören $x_1, x_2, \ldots, x_n$ sämtlich zu $\mathfrak{R}_{\bar{\xi}}$, und da auf $\mathfrak{R}_{\bar{\xi}}$ $f(x)$ eine Linearform der Steigung M ist, so ist:

$$|\lambda_1 f(x_1) + \lambda_2 f(x_2) + \cdots + \lambda_n f(x_n)|$$
$$= |f(\lambda_1 x_1 + \lambda_2 x_2 + \cdots + \lambda_n x_n)| \leqq M \cdot D(\lambda_1 x_1 + \lambda_2 x_2 + \cdots + \lambda_n x_n),$$

womit (2) nachgewiesen ist. Satz II lehrt also, daß $f(x)$ zu einer Linearform in $\mathfrak{R}_{\xi_0}$ der Steigung M erweitert werden kann. — Damit ist Satz III bewiesen.

Aus Satz II und III folgt nun:

Satz IV. *Sei $\mathfrak{A}$ eine Punktmenge des linearen Raumes $\mathfrak{R}$. Damit es zu der auf $\mathfrak{A}$ definierten Funktion $f_0(x)$ eine Linearform $f(x)$ in $\mathfrak{R}$ gebe, die auf $\mathfrak{A}$ mit $f_0(x)$ übereinstimmt, und deren Steigung $\leqq M$ ist, ist notwendig und hinreichend, daß für jede endliche Linearkombination aus Punkten von $\mathfrak{A}$ Ungleichung* (2) *gelte.*

In Satz IV ist als Spezialfall enthalten:

Satz IV a. *Ist der vollständige lineare Raum $\mathfrak{R}_0$ echter Teil von $\mathfrak{R}$, so gibt es eine nicht identisch verschwindende Linearform in $\mathfrak{R}$, die in allen Punkten von $\mathfrak{R}_0$ den Wert* 0 *hat.*

In der Tat, man hat nur in Satz IV für $\mathfrak{A}$ die Menge zu wählen, die aus $\mathfrak{R}_0$ durch Hinzufügen eines nicht zu $\mathfrak{R}_0$ gehörigen Punktes a entsteht; man kann dann noch den Funktionswert $f(a)$ $(\neq 0)$ ganz beliebig vorschreiben. Ungleichung (2) ist dann erfüllt, wenn man unter d den Abstand des Punktes a von $\mathfrak{R}_0$ versteht, und $M = \frac{|f(a)|}{d}$ setzt.

Damit ist auch die Existenz nicht identisch verschwindender Linearformen in $\mathfrak{R}$ nachgewiesen. Besteht insbesondere $\mathfrak{R}_0$ nur aus dem Punkte 0 und setzt man $f(a) = D(a)$, so erhält man:

Satz V. *Zu jedem Punkte a $(\neq 0)$ von $\mathfrak{R}$ gibt es eine Linearform der Steigung* 1, *die im Punkte a den Wert $D(a)$ annimmt.*

Diese Linearform $f(x)$ hat folgende Eigenschaft: in jedem Punkte der konvexen Menge $D(x) \leqq D(a)$ ist $f(x) \leqq D(a)$, im Punkte a dieser Menge aber ist $f(a) = D(a)$. Man könnte also die Mannigfaltigkeit $f(x) = D(a)$ als Stützmannigfaltigkeit der konvexen Menge $D(x) \leqq D(a)$ im Punkte a bezeichnen.

§ 2.

Wir betrachten nun die Menge $\mathfrak{S}$ aller Linearformen $u = f(x)$ im Raume $\mathfrak{R}$. Speziell sei $u = 0$ die identisch verschwindende Linearform. Verstehen wir unter $\Delta(u)$ die Steigung der Linearform $u = f(x)$, so hat $\Delta(u)$ offenbar folgende Eigenschaften:

1. Es ist $\Delta(u) \geqq 0$, und zwar $\Delta(u) = 0$ dann und nur dann, wenn $u = 0$.
2. $\Delta(\lambda u) = |\lambda| \, \Delta(u)$.
3. $\Delta(u_1 + u_2) \leqq \Delta(u_1) + \Delta(u_2)$.

Durch $\Delta(u)$ ist also eine konvexe Maßbestimmung im Raume $\mathfrak{S}$ gegeben. Jeder Punkt u von $\mathfrak{S}$ bedeutet eine Linearform von x in $\mathfrak{R}$. Bezeichnen wir den Wert der Linearform u im Punkte x mit $B(u, x)$, so gilt die Ungleichung:

$$(3) \qquad |B(u, x)| \leqq \varDelta(u) \cdot D(x).$$

Der Raum $\mathfrak{S}$ der u ist ein *vollständiger* linearer Raum. Denn sei $\{u_\nu\}$ eine *Cauchysche* Folge aus $\mathfrak{S}$, d. h. zu jedem $\varepsilon > 0$ gebe es ein ν_0, so daß

$$\varDelta(u_\nu - u_{\nu'}) < \varepsilon \quad \text{für} \quad \nu \geqq \nu_0, \; \nu' \geqq \nu_0.$$

Wegen (3) ist dann

$$|B(u_\nu, x) - B(u_{\nu'}, x)| < D(x) \cdot \varepsilon \quad \text{für} \quad \nu \geqq \nu_0, \; \nu' \geqq \nu_0.$$

Für jedes x von $\mathfrak{R}$ existiert also ein endlicher Grenzwert:

$$(4) \qquad f(x) = \lim_{\nu \to \infty} B(u_\nu, x).$$

Offenbar ist $f(x)$ eine Linearform in $\mathfrak{R}$; denn das Bestehen von $f(\lambda x) = \lambda f(x)$ und $f(x_1 + x_2) = f(x_1) + f(x_2)$ leuchtet ein, und um das Bestehen einer Ungleichung (1) einzusehen, beachte man nur, daß — weil die $\{u_\nu\}$ eine *Cauchysche* Folge bilden — gewiß die Folge der $\varDelta(u_\nu)$ beschränkt bleibt:

$$\varDelta(u_\nu) \leqq M \quad \text{für alle} \quad \nu;$$

aus (3) aber folgt:

$$|B(u_\nu, x)| \leqq \varDelta(u_\nu) \cdot D(x),$$

und somit aus (4):

$$|f(x)| \leqq M \cdot D(x).$$

Es ist also $u^* = f(x)$ ein Punkt von $\mathfrak{S}$, und offenbar gilt:

$$\underset{\nu \to \infty}{L} u_\nu = u^*.$$

Also ist $\mathfrak{S}$ vollständig.

Wir bezeichnen[1]) $\mathfrak{S}$ als den zu $\mathfrak{R}$ *polaren* Raum, $\varDelta(u)$ als die zu $D(x)$ *polare* Maßbestimmung.

Setzt man in $B(u, x)$ für x einen festen Punkt $\bar{x}$ von $\mathfrak{R}$ ein, so wird $B(u, \bar{x})$ eine Linearform in $\mathfrak{S}$ (im allgemeinen ist aber nicht jede Linearform in $\mathfrak{S}$ in dieser Gestalt darstellbar).

Satz VI. *Die Linearform $B(u, \bar{x})$ in $\mathfrak{S}$ hat die Steigung $D(\bar{x})$.*

In der Tat, aus (3) folgt, daß diese Steigung $\leqq D(\bar{x})$ ist. Andrerseits gibt es nach Satz V in $\mathfrak{R}$ eine Linearform $\bar{u}$ der Steigung 1, die im Punkte $\bar{x}$ den Wert $D(\bar{x})$ annimmt:

$$(4\text{a}) \qquad B(\bar{u}, \bar{x}) = D(\bar{x}).$$

Da die Linearform $\bar{u}$ in $\mathfrak{R}$ die Steigung 1 hat, ist $\varDelta(\bar{u}) = 1$, und wegen (4a) ist also die Steigung von $B(u, \bar{x})$ in $\mathfrak{S}$ mindestens gleich $D(\bar{x})$. Sie ist also genau gleich $D(\bar{x})$, wie behauptet.

Sei nun $\mathfrak{B}$ eine Punktmenge im Raume $\mathfrak{S}$ (d. h. eine Menge von Linearformen in $\mathfrak{R}$). Die zu $\mathfrak{B}$ gehörigen Linearformen bezeichnen wir ausführlicher mit $u_y(x)$, wobei der Index y eine zu $\mathfrak{B}$ äquivalente Menge $\mathfrak{Y}$ durchläuft. Bedeuten dann die c_y reelle Zahlen, so ist:

$$(5) \qquad u_y(x) = c_y \quad (\text{für alle } y \text{ von } \mathfrak{Y})$$

[1]) *E. Helly*, a. a. O. S. 62.

ein lineares Gleichungssystem in $\mathfrak{R}$. Sei $\mathfrak{S}_0$ der von $\mathfrak{B}$ aufgespannte lineare Teilraum von $\mathfrak{S}$. Wir werden uns insbesondere mit dem Falle befassen, daß jede Linearform $g(u)$ in $\mathfrak{S}_0$ die Gestalt hat: $g(u) = B(u, \bar{x})$, wo $\bar{x}$ einen Punkt von $\mathfrak{R}$ bedeutet. In diesem Falle heiße das Gleichungssystem (5) *regulär*. Hat insbesondere jede Linearform in $\mathfrak{S}$ die Gestalt $B(u, \bar{x})$, so ist jedes Gleichungssystem (5) regulär. Wir nennen dann den Raum $\mathfrak{R}$ *regulär*.

Satz VII[1]). *Damit es einen dem regulären Gleichungssysteme* (5) *genügenden Punkt x von $\mathfrak{R}$ gebe, ist notwendig und hinreichend die Existenz einer Zahl M, so daß für jede endliche Linearkombination $\lambda_1 u_{y_1} + \lambda_2 u_{y_2} + \cdots + \lambda_n u_{y_n}$ aus den u_y des Systems* (5) *die Ungleichung gelte*:

$$(6) \quad |\lambda_1 c_{y_1} + \lambda_2 c_{y_2} + \cdots + \lambda_n c_{y_n}| \leqq M\,\Delta(\lambda_1 u_{y_1} + \lambda_2 u_{y_2} + \cdots \lambda_n u_{y_n}).$$

Die Bedingung ist *notwendig*: sei in der Tat $\bar{x}$ eine Lösung von (5). Dann ist:

$$\lambda_1 u_{y_1}(\bar{x}) + \cdots + \lambda_n u_{y_n}(\bar{x}) = \lambda_1 c_{y_1} + \cdots + \lambda_n c_{y_n},$$

und somit nach (3):

$$|\lambda_1 c_{y_1} + \cdots + \lambda_n c_{y_n}| \leqq D(\bar{x}) \cdot \Delta(\lambda_1 u_{y_1} + \cdots + \lambda_n u_{y_n}).$$

Die Bedingung ist *hinreichend*. Denn ist sie erfüllt, so gibt es nach Satz II in $\mathfrak{S}_0$ eine Linearform $g(u)$ deren Steigung $\leqq M$ ist, und für die $g(u_y) = c_y$ ist. Da das Gleichungssystem (5) regulär ist, gibt es in $\mathfrak{R}$ einen Punkt $\bar{x}$, so daß $g(u) = B(u, \bar{x})$ ist. Für alle Punkte u_y von $\mathfrak{B}$ gilt also:

$$u_y(\bar{x}) = B(u_y, \bar{x}) = g(u_y) = c_y,$$

d. h. der Punkt $\bar{x}$ genügt dem Gleichungssystem (5).

Wir nennen $\bar{x}$ eine Minimallösung von (5), wenn für jede andre Lösung x von (5) die Ungleichung gilt:

$$D(x) \geqq D(\bar{x}).$$

Satz VIII. *Ist der Raum $\mathfrak{R}$ regulär und genügt das Gleichungssystem* (5) *der Bedingung* (6) *von Satz* VII, *so besitzt es eine Minimallösung.*

In der Tat, unter den Zahlen M, für die Ungleichung (6) besteht, gibt es eine kleinste $\overline{M}$. Jede Linearform in $\mathfrak{S}$, die für u_y den Wert c_y annimmt, hat dann mindestens die Steigung $\overline{M}$. Ist x' eine Lösung von (5), so ist $B(u, x')$ eine Linearform in $\mathfrak{S}$, die für u_y den Wert c_y annimmt. Ihre Steigung ist zufolge Satz VI gleich $D(x')$, und es ist somit:

$$(7) \qquad D(x') \geqq \overline{M}.$$

Andererseits gibt es nach Satz IV in $\mathfrak{S}$ eine Linearform der Steigung $\overline{M}$, die für u_y den Wert c_y annimmt; nach Annahme hat sie die Gestalt $B(u, \bar{x})$, nach Satz VI ist also:

$$(8) \qquad D(\bar{x}) = \overline{M}.$$

Aus (7) und (8) folgt, daß $\bar{x}$ eine Minimallösung ist. Zugleich sehen wir, daß für jede Minimallösung $D(x)$ gleich ist dem kleinsten Werte von M, für den (6) gilt.

Es sei noch bemerkt, daß es stets möglich ist, den Raum $\mathfrak{R}$ durch Hinzufügung neuer Punkte so zu erweitern, daß jedes in $\mathfrak{R}$ gegebene Gleichungssystem

[1]) *E. Helly*, a. a. O. S. 81.

(5) im erweiterten Raume regulär ist [1]). Zu dem Zwecke betrachten wir den zu $\mathfrak{S}$ polaren Raum, der geliefert wird durch die Gesamtheit der Linearformen $\xi = f(u)$ in $\mathfrak{S}$, sowie die zu $\Delta(u)$ polare Maßbestimmung $D^*(\xi)$, die nichts anderes ist, als die Steigung der Linearform $\xi = f(u)$.

Unter diesen Linearformen befinden sich insbesondere auch diejenigen, die aus $B(u, x)$ durch Festhalten von x entstehen. Ihre Steigung ist nach Satz VI gleich $D(x)$. Ist $\xi = f(u)$ eine solche Linearform, so können wir also ohne weiteres ξ mit dem Punkte x von $\mathfrak{R}$ identifizieren. Alle übrigen Linearformen $\xi = f(u)$ fügen wir als neue Punkte zu $\mathfrak{R}$ hinzu. Den so erweiterten Raum nennen wir $\mathfrak{R}^*$. Die durch $D^*(\xi)$ in $\mathfrak{R}^*$ gegebene Metrik reduziert sich für die zu $\mathfrak{R}$ gehörigen Punkte von $\mathfrak{R}^*$ auf die durch $D(x)$ gegebene Metrik von $\mathfrak{R}$.

Sei $u(x)$ eine Linearform in $\mathfrak{R}$. Wir erweitern sie zu einer Linearform $u(\xi)$ in $\mathfrak{R}^*$ durch die Festsetzung: der Wert von $u(\xi)$ im Punkte ξ von $\mathfrak{R}^*$ sei der Wert, den die Linearform $\xi = f(u)$ im Punkte $u = u(x)$ von $\mathfrak{S}$ annimmt. Wir erkennen sofort, daß die Steigung M^* der Linearform $u(\xi)$ in $\mathfrak{R}^*$ übereinstimmt mit der Steigung M der Linearform $u(x)$ in $\mathfrak{R}$. Jedenfalls ist $M^* \geqq M$. Andrerseits ist nach Definition:

$$u(\xi) = f(u(x));$$

die Steigung von $f(u)$ ist $D^*(\xi)$, also ist:

$$|u(\xi)| \leqq D^*(\xi) \cdot \Delta(u(x)).$$

Also gilt für die Steigung M^* von $u(\xi)$ in $\mathfrak{R}^*$:

$$M^* \leqq \Delta(u(x)).$$

Nun ist aber $\Delta(u(x))$ nichts andres als die Steigung M von $u(x)$ in $\mathfrak{R}$. Wir haben also auch $M^* \leqq M$, und somit $M^* = M$, wie behauptet.

Sei $u(\xi)$ eine in diesem Sinne von $\mathfrak{R}$ auf $\mathfrak{R}^*$ erweiterte Linearform. Wir bezeichnen wieder mit $B(u, \xi)$ den Wert, den sie im Punkte ξ von $\mathfrak{R}^*$ annimmt. Wir erkennen nun sofort, daß jede Linearform $f(u)$ in $\mathfrak{S}$ aus $B(u, \xi)$ entsteht, indem man für ξ einen geeigneten festen Punkt von $\mathfrak{R}^*$ einsetzt. In der Tat $f(u)$ definiert ja einen Punkt $\bar{\xi}$ von $\mathfrak{R}^*$, und offenbar ist $f(u) = B(u, \bar{\xi})$. Jedes Gleichungssystem (5) in $\mathfrak{R}$ ist also in $\mathfrak{R}^*$ regulär.

Der Beweis von Satz VIII zeigt ferner, daß das Gleichungssystem (5), wenn es die Bedingung (6) erfüllt, in $\mathfrak{R}^*$ eine Minimallösung besitzt.

§ 3.

Nach diesem Exkurse über eine Erweiterung des Raumes $\mathfrak{R}$ beschränken wir uns wieder auf $\mathfrak{R}$ selbst.

Sei jeder in (5) auftretenden Linearform u_y eine zweite Linearform v_y in $\mathfrak{R}$ zugeordnet. Wir ordnen auch jeder endlichen Linearkombination $u_s = \lambda_1 u_{y_1} + \cdots + \lambda_n u_{y_n}$ die entsprechende Linearkombination $v_s = \lambda_1 v_{y_1} + \cdots + \lambda_n v_{y_n}$ zu. Sowohl die u_s als die v_s sind dann Punkte des zu $\mathfrak{R}$ polaren metrischen Raumes $\mathfrak{S}$. Das System der v_y heiße *vollstetig* in bezug auf das System der u_y, wenn jeder *beschränkten* Folge der u_s eine *kompakte* Folge der v_s entspricht.

---

[1]) Vgl. hierzu *E. Helly*, a. a. O. S. 74.

Satz IX. *Ist das System der v_y vollstetig in bezug auf das System der u_y, so gibt es eine Zahl M, so daß für alle endlichen Linearkombinationen $u_s \neq 0$ der u_y und die entsprechenden Linearkombinationen v_s der v_y die Ungleichung gilt*

$$\Delta(v_s) \leqq M \Delta(u_s).$$

In der Tat, andernfalls gäbe es zu jeder natürlichen Zahl n ein $u_{s_n} \neq 0$, so daß:

$$\Delta(v_{s_n}) > n \Delta(u_{s_n}).$$

Setzen wir:

$$u'_{s_n} = \frac{1}{\Delta(u_{s_n})} u_{s_n}, \qquad v'_{s_n} = \frac{1}{\Delta(u_{s_n})} v_{s_n},$$

so ist:

$$\Delta(v'_{s_n}) > n, \qquad \Delta(u'_{s_n}) = 1.$$

Die u'_{s_n} $(n = 1, 2, \ldots)$ bilden also eine beschränkte Punktmenge in $\mathfrak{S}$, die Menge der zugehörigen v'_{s_n} aber wäre nicht kompakt, entgegen der Voraussetzung.

Satz X. *Ist das System der v_y vollstetig in bezug auf das System der u_y, so folgt aus $u_s = 0$ auch $v_s = 0$.*

Sei in der Tat $u_s = 0$; wir bezeichnen mit u_{s^*} irgendeine endliche Linearkombination der u_y, für die $\Delta(u_{s^*}) = 1$ ist. Für alle λ ist $u_s + \lambda u_{s^*} = \lambda u_{s^*}$, mithin:

$$\Delta\left(\frac{1}{\lambda} u_s + u_{s^*}\right) = \Delta(u_{s^*}) = 1. \tag{9}$$

Ferner ist:

$$\Delta\left(\frac{1}{\lambda} v_s + v_{s^*}\right) \geqq \frac{1}{|\lambda|} \Delta(v_s) - \Delta(v_{s^*}). \tag{10}$$

Angenommen nun, es wäre $v_s \neq 0$, mithin auch $\Delta(v_s) \neq 0$. Lassen wir λ die Folge $\frac{1}{n}$ durchlaufen, so zeigen (9) und (10), daß die Menge der $\frac{1}{\lambda} u_s + u_{s^*}$ beschränkt, die Menge der $\frac{1}{\lambda} v_s + v_{s^*}$ nicht kompakt ist, im Widerspruche gegen die Voraussetzung. Also muß $v_s = 0$ sein.

Satz XI. *Ist das System der v_y vollstetig in bezug auf das System der u_y, so entspricht jeder Cauchyschen Folge $\{u_{s_n}\}$ eine Cauchysche Folge $\{v_{s_n}\}$.*

In der Tat, nach Satz IX folgt aus

$$\Delta(u_{s_n} - u_{s_{n'}}) < \varepsilon$$

die Ungleichung $\Delta(v_{s_n} - v_{s_{n'}}) < M\varepsilon$, und daraus folgt die Behauptung.

Wir betrachten nun den vom Systeme der u_y aufgespannten linearen Teilraum $\mathfrak{S}_0$ von $\mathfrak{S}$, und den vom Systeme der v_y aufgespannten linearen Teilraum $\mathfrak{T}_0$ von $\mathfrak{S}$. Wir haben die Punkte von $\mathfrak{S}_0$ als Linearkombinationen der u_y bezeichnet. Wir wollen nun diejenigen Punkte von $\mathfrak{S}_0$, die *endliche* Linearkombinationen der u_y sind, also die Gestalt

$$u_s = \lambda_1 u_{y_1} + \cdots + \lambda_n u_{y_n} \tag{11}$$

haben, als Punkte *erster Art* von $\mathfrak{S}_0$, die übrigen als Punkte *zweiter Art* bezeichnen. Jeder Punkt zweiter Art ist Grenzpunkt einer Folge von Punkten erster Art. Sei

u ein Punkt *erster Art* von $\mathfrak{S}_0$, etwa der Punkt (11). Er kann noch auf eine zweite Art linear durch endlich viele u_y darstellbar sein:

$$(12) \qquad u_s = u_{s'} = \lambda'_1 u_{y_1} + \cdots + \lambda'_n u_{y_n}$$

(indem wir für die Koeffizienten λ und λ' auch den Wert 0 zulassen, können wir annehmen, daß in (11) und (12) dieselben u_y auftreten). Dann ist

$$(\lambda_1 - \lambda'_1) u_{y_1} + \cdots + (\lambda_n - \lambda'_n) u_{y_n} = 0,$$

und mithin nach Satz X auch:

$$(\lambda_1 - \lambda'_1) v_{y_1} + \cdots + (\lambda_n - \lambda'_n) v_{y_n} = 0,$$

d. h. aus $u_s = u_{s'}$ folgt auch $v_s = v_{s'}$. Wir sehen also: ordnet man jeder endlichen Linearkombination u_s der u_y die entsprechende Linearkombination v_s der v_y zu, so wird jeder Punkt erster Art von $\mathfrak{S}_0$ abgebildet auf einen ganz bestimmten Punkt von $\mathfrak{T}_0$.

Sei nun u ein Punkt *zweiter Art* von $\mathfrak{S}_0$. Es gibt dann in $\mathfrak{S}_0$ eine gegen u konvergierende Folge $\{u_n\}$ von Punkten erster Art. Da sie eine *Cauchy*sche Folge ist entspricht ihr nach Satz XI auch eine *Cauchy*sche Folge $\{v_n\}$; sei v ihr Grenzpunkt. Eine bekannte Schlußweise ergibt, daß, wenn $\{u'_n\}$ eine zweite gegen u konvergierende Folge von Punkten erster Art in $\mathfrak{S}_0$ ist, die entsprechende Punktfolge $\{v'_n\}$ in $\mathfrak{T}_0$ gegen denselben Grenzpunkt v konvergiert, wie $\{v_n\}$. Diesen Punkt v ordnen wir dem Punkte zweiter Art u von $\mathfrak{S}_0$ zu. Es entspricht somit eindeutig jeder Linearkombination der u_y auch eine Linearkombination der v_y.

Wir haben nun $\mathfrak{S}_0$ eindeutig abgebildet auf einen Teil von $\mathfrak{T}_0$, und wir erkennen sofort, daß diese Abbildung *linear* ist, d. h.

1. Ist v das Bild von u, so ist λv das Bild von λu.
2. Sind v', v'' die Bilder von u', u'', so ist $v' + v''$ das Bild von $u' + u''$.
3. Es gibt eine Zahl M, so daß, wenn v das Bild von u ist:

$$\Delta(v) \leqq M \Delta(u).$$

(Eigenschaft 3. folgt unmittelbar aus Satz IX und der Stetigkeit von $\Delta(u)$). Aus 3. ergibt sich ohne weiteres die Stetigkeit dieser Abbildung.

Satz XII. *Bei dieser Abbildung entspricht jeder beschränkten Punktfolge* $\{u_\nu\}$ *aus* $\mathfrak{S}_0$ *eine kompakte Punktfolge* $\{v_\nu\}$ *aus* $\mathfrak{T}_0$.

In der Tat, es gibt in $\mathfrak{S}_0$ eine aus Punkten erster Art bestehende Folge $\{u'_\nu\}$, so daß

$$(13) \qquad \Delta(u_\nu - u'_\nu) < \frac{1}{\nu}.$$

Wegen Satz IX gilt für die entsprechende Punktfolge $\{v'_\nu\}$ aus $\mathfrak{T}_0$:

$$(14) \qquad \Delta(v_\nu - v'_\nu) \to 0.$$

Wegen (13) ist die Folge $\{u'_\nu\}$ ebenso wie die Folge $\{u_\nu\}$ beschränkt. Wegen der Vollstetigkeit der v_y in bezug auf die u_y folgt daraus, daß die Folge $\{v'_\nu\}$ kompakt ist, und wegen (14) ist also auch die Folge $\{v_\nu\}$ kompakt, wie behauptet.

Die lineare Abbildung von $\mathfrak{S}_0$ auf einen Teil von $\mathfrak{T}_0$ vermittelt nun auch eine lineare Abbildung von $\mathfrak{S}_0$ auf einen Teil des von dem Systeme $u_y + v_y$ aufgespannten linearen Raumes $\mathfrak{W}_0$ (d. h. es entspricht auch jeder Linearkombination der u_y eine bestimmte Linearkombination der $u_y + v_y$). Für diese Abbildung gilt:

Satz XIII. *Die Menge $\mathfrak{S}_{00}$ aller Punkte u von $\mathfrak{S}_0$, die in $\mathfrak{W}_0$ auf den Nullpunkt abgebildet werden*[1]*), ist ein vollständiger linearer Teilraum endlicher Dimensionszahl von $\mathfrak{S}_0$.*

Daß $\mathfrak{S}_{00}$ ein vollständiger linearer Teilraum von $\mathfrak{S}_0$ ist, ist evident. Wäre nun $\mathfrak{S}_{00}$ nicht von endlicher Dimensionszahl, so gäbe es [2]) in $\mathfrak{S}_{00}$ eine beschränkte Punktfolge $\{u_\nu\}$, in der für je zwei Punkte $u_{\nu'}$, $u_{\nu''}$ gilt:

$$(15) \qquad \Delta(u_{\nu'} - u_{\nu''}) \geqq \frac{1}{2}.$$

Wegen Satz XII ist die entsprechende Folge $\{v_\nu\}$ kompakt. Indem wir erforderlichenfalls zu einer Teilfolge übergehen, können wir also annehmen, die v_ν konvergieren gegen einen Grenzpunkt $\bar{v}$. Da u_ν zu $\mathfrak{S}_{00}$ gehört, ist aber $u_\nu + v_\nu = 0$, d. h. $u_\nu = -v_\nu$. Es müßte also u_ν gegen $-\bar{v}$ konvergieren, im Widerspruche zu (15).

Wird der Punkt u von $\mathfrak{S}_0$ auf den Punkt $u + v$ von $\mathfrak{W}_0$ abgebildet, so erhält man die Menge aller Punkte von $\mathfrak{S}_0$, die auf $u + v$ abgebildet werden, indem man zu u alle möglichen Punkte von $\mathfrak{S}_{00}$ addiert. Wegen der endlichen Dimensionszahl von $\mathfrak{S}_{00}$ gibt es also unter allen auf $u + v$ abgebildeten Punkten von $\mathfrak{S}_0$ einen, dessen Abstand vom Nullpunkt am kleinsten ist; wir wollen ihn als *Hauptbild* von $u + v$ bezeichnen. Dann gilt:

Satz XIV. *Ist u_n Hauptbild von $u_n + v_n$, so folgt aus $u_n + v_n \to 0$ auch $u_n \to 0$.*

Angenommen nämlich, es wäre nicht $u_n \to 0$. Dann gäbe es ein $\varrho > 0$, so daß für unendlich viele n gilt:

$$(16) \qquad \Delta(u_n) \geqq \varrho.$$

Indem wir nötigenfalls zu einer Teilfolge übergehen, können wir annehmen, dies gelte für alle n. Wir setzen:

$$u_n' = \frac{1}{\Delta(u_n)}\, u_n, \qquad v_n' = \frac{1}{\Delta(u_n)}\, v_n.$$

Wegen (16) gilt auch $u_n' + v_n' \to 0$, und es ist:

$$\Delta(u_n') = 1.$$

Offenbar ist auch u_n' Hauptbild von $u_n' + v_n'$.

Die Folge u_n' ist *kompakt*. Denn andernfalls gäbe es in ihr eine Teilfolge $\{u_{n_\nu}'\}$ und ein $\sigma > 0$, so daß je zwei u_{n_ν}' einen Abstand $\geqq \sigma$ haben. Da wegen der Vollstetigkeit die zugehörige Folge $\{v_{n_\nu}'\}$ kompakt ist, gibt es in ihr eine Teilfolge $\{v_{n_{\nu_i}}'\}$, die gegen einen Grenzpunkt v' konvergiert. Wegen $u_n' + v_n' \to 0$ müßte $u_{n_{\nu_i}}'$ gegen $-v'$ konvergieren, was unmöglich ist, da je zwei $u_{n_{\nu_i}}'$ einen Abstand $\geqq \sigma$ haben. Da $\{u_n'\}$ kompakt ist, können wir, indem wir nötigenfalls zu einer Teil-

[1]) D. i. die Menge aller Linearkombinationen der u_y, denen die Linearkombination 0 der $u_y + v_y$ entspricht.

[2]) *Fr. Riesz*, Acta math. 41, S. 78 (Hilfssatz 5).

folge übergehen, annehmen, $\{u'_n\}$ konvergiere gegen einen Grenzpunkt u'. Wegen $u'_n + v'_n \to 0$, und wegen der Stetigkeit unserer Abbildung wird u' auf den Nullpunkt abgebildet, gehört also zu $\mathfrak{S}_{00}$. Also wird auch der Punkt $u'_n - u'$ auf den Punkt $u'_n + v'_n$ abgebildet. Wegen $\Delta(u'_n - u') \to 0$ und $\Delta(u'_n) = 1$ widerspricht dies aber der Tatsache, daß u'_n Hauptbild von $u'_n + v'_n$ war. Damit ist Satz XIV bewiesen.

Satz XV. *Es gibt eine Zahl N, so daß, wenn u Hauptbild von $u + v$ ist, stets die Ungleichung gilt:*

$$\Delta(u) \leqq N \cdot \Delta(u + v).$$

Andernfalls gäbe es zu jeder natürlichen Zahl ein u_n und v_n, so daß:

$$\Delta(u_n) > n \cdot \Delta(u_n + v_n).$$

Setzen wir:

$$u'_n = \frac{1}{n\,\Delta(u_n + v_n)} \cdot u_n \quad v'_n = \frac{1}{n\,\Delta(u_n + v_n)} \cdot v_n,$$

so wäre u'_n Hauptbild von $u'_n + v'_n$ und

$$u'_n + v'_n \to 0, \quad \Delta(u'_n) > 1,$$

im Widerspruche zu Satz XIV.

Satz XVI. *Ist $\{u_n + v_n\}$ eine Cauchysche Folge aus $\mathfrak{W}_0$ und u_n Hauptbild von $u_n + v_n$, so ist $\{u_n\}$ eine kompakte Folge.*

Denn nach Satz XV ist $\{u^n\}$ beschränkt; die beim Beweise von Satz XIV verwendete Schlußweise ergibt sodann die Behauptung.

Satz XVII. *Durchläuft u den ganzen Raum $\mathfrak{S}_0$, so durchläuft sein Bild $u + v$ den ganzen Raum $\mathfrak{W}_0$* [1]).

Bezeichnen wir die Punkte von $\mathfrak{W}_0$, die endliche Linearkombinationen der $u_\nu + v_\nu$ sind, als Punkte erster Art, die übrigen als Punkte zweiter Art, so ist zunächst ersichtlich, daß wenn u alle Punkte erster Art von $\mathfrak{S}_0$ durchläuft, das Bild $u + v$ alle Punkte erster Art von $\mathfrak{W}_0$ durchläuft. Sei nun w ein Punkt zweiter Art von $\mathfrak{W}_0$; er ist Grenzpunkt einer Punktfolge erster Art $\{w_n\}$; sei u_n Hauptbild von w_n; nach Satz XVI ist $\{u_n\}$ eine kompakte Folge in $\mathfrak{S}_0$; sie besitzt also einen Häufungspunkt u. Wegen der Stetigkeit unserer Abbildung ist dann w das Bild von u, und Satz XVII ist bewiesen.

Ganz ebenso zeigt man:

Satz XVII a. *Durchläuft u einen vollständigen linearen Teilraum von $\mathfrak{S}_0$, so durchläuft auch das Bild $u + v$ von u einen vollständigen linearen Raum.*

§ 4.

Wir kehren zurück zur Betrachtung des regulären Gleichungssystemes (5), und nehmen an, Bedingung (6) von Satz VII sei erfüllt. Ist wieder $\mathfrak{S}_0$ der von der Menge der u_ν aufgespannte lineare Raum, so gibt es dann eine Linearform $g(u)$ in $\mathfrak{S}_0$, die im Punkte u_ν den Wert c_ν annimmt.

---

[1]) D. h. durchläuft u alle Linearkombinationen der u_ν, so durchläuft die entsprechende Linearkombination $u + v$ alle Linearkombinationen der $u_\nu + v_\nu$.

30*

Die Punkte von $\mathfrak{S}_0$ sind die Linearkombinationen der u_y. Sei zunächst

$$u = \lambda_1 u_{y_1} + \lambda_2 u_{y_2} + \cdots + \lambda_n u_{y_n}$$

eine *endliche* Linearkombination der u_y. Wir bilden die *entsprechende* Linearkombination der c_y, nämlich: $\lambda_1 c_{y_1} + \lambda_2 c_{y_2} + \cdots + \lambda_n c_{y_n}$. Offenbar ist:

$$\lambda_1 c_{y_1} + \lambda_2 c_{y_2} + \cdots + \lambda_n c_{y_n} = g(u).$$

Also: aus $\lambda_1 u_{y_1} + \cdots + \lambda_n u_{y_n} = 0$ folgt: $\lambda_1 c_{y_1} + \cdots + \lambda_n c_{y_n} = 0$; aus:

$$\lambda_1 u_{y_1} + \cdots + \lambda_n u_{y_n} = \mu_1 u_{y'_1} + \cdots + \mu_m u_{y'_m}$$

folgt:

$$\lambda_1 c_{y_1} + \cdots + \lambda_n c_{y_n} = \mu_1 c_{y_1'} + \cdots + \mu_m c_{y'_m}.$$

Sei sodann u eine *beliebige* Linearkombination der u_y (ein beliebiger Punkt von $\mathfrak{S}_0$); wir bezeichnen wieder den Funktionswert $g(u)$ als *die entsprechende Linearkombination der* c_y. Aus der Stetigkeit von $g(u)$ folgt: sind u_n und u^* Linearkombinationen der u_y, und c_n bzw. c^* die entsprechenden Linearkombinationen der c_y, so gilt:

(17) $$\textit{Aus } u_n \to u^* \textit{ folgt } c_n \to c^*;$$

insbesondere:

(18) $$\textit{Aus } u_n \to 0 \textit{ folgt } c_n \to 0.$$

Sei nun das System der v_y vollstetig in bezug auf das System der u_y. Wie wir in § 3 sahen, entspricht jeder Linearkombination der u_y eine bestimmte Linearkombination der $u_y + v_y$. Insbesondere entspricht der Linearkombination 0 der u_y auch die Linearkombination 0 der $u_y + v_y$; doch kann es auch noch andere Linearkombinationen der u_y geben, denen die Linearkombination 0 der $u_y + v_y$ entspricht; nach Satz XIII bilden sie einen linearen Raum $\mathfrak{S}_{00}$ endlicher Dimensionszahl.

Wir betrachten nun neben dem regulären Gleichungssystem (5) auch das Gleichungssystem:

(19) $$u_y(x) + v_y(x) = c_y,$$

das wir gleichfalls als regulär voraussetzen.

Satz XVIII. *Seien die Gleichungssysteme* (5) *und* (19) *regulär, und es sei das System der* v_y *vollstetig in bezug auf das System der* u_y. *Besitzt das System* (5) *eine Auflösung in* $\mathfrak{R}$, *so ist, damit auch das System* (19) *eine Auflösung in* $\mathfrak{R}$ *besitze, notwendig und hinreichend, daß jeder Linearkombination der* u_y, *der die Linearkombination* 0 *der* $u_y + v_y$ *entspricht, auch die Linearkombination* 0 *der* c_y *entspricht.*

Die Bedingung ist *notwendig*; denn besitzt (19) eine Auflösung, so gibt es nach Satz VII eine Zahl N, so daß für jede endliche Linearkombination der $u_y + v_y$ gilt:

(20) $$|\lambda_1 c_{y_1} + \cdots + \lambda_n c_{y_n}| \leqq N\Delta(\lambda_1(u_{y_1} + v_{y_1}) + \cdots + \lambda_n(u_{y_n} + v_{y_n})).$$

Sei nun u^* eine Linearkombination der u_y, der die Linearkombination 0 der $u_y + v_y$ entspricht; es gibt eine Folge $\{u_\nu\}$ endlicher Linearkombinationen der u_y, so daß $u_\nu \to u^*$. Für die entsprechende Folge $\{u_\nu + v_\nu\}$ gilt dann: $u_\nu + v_\nu \to 0$. Seien c_ν und c^* die u_ν bzw. u^* entsprechenden Linearkombinationen der c_y, so gilt nach (17): $c_\nu \to c^*$. Wegen (20) folgt aber aus $u_\nu + v_\nu \to 0$ auch $c_\nu \to 0$, also ist $c^* = 0$, wie behauptet.

Die Bedingung ist *hinreichend.* In der Tat, ist sie erfüllt, und sind u', u'' zwei Linearkombinationen der u_y, denen dieselbe Linearkombination der $u_y + v_y$ entspricht, so entspricht der Differenz $u' - u''$ die Linearkombination 0 der $u_y + v_y$; es entspricht also $u' - u''$ auch die Linearkombination 0 der c_y, und es entspricht somit u' und u'' dieselbe Linearkombination der c_y. D. h. allen Linearkombinationen der u_y, denen dieselbe Linearkombination der $u_y + v_y$ entspricht, entspricht auch dieselbe Linearkombination der c_y. Jeder Linearkombination der $u_y + v_y$ ist also eine ganz bestimmte Linearkombination der c_y, d. h. ein ganz bestimmter Wert c zugeordnet.

Wir erkennen nun leicht, daß Bedingung (20) erfüllt ist. Wäre sie nämlich nicht erfüllt, so gäbe es eine Folge $\{u_\nu + v_\nu\}$ endlicher Linearkombinationen der $u_y + v_y$, so daß für die entsprechenden Linearkombinationen c_ν der c_y gilt:

$$(21) \qquad |c_\nu| \geqq \nu \Delta(u_\nu + v_\nu).$$

Nach dem eben Gesagten können wir, ohne den Wert von c_ν zu ändern, annehmen, u_ν sei Hauptbild von $u_\nu + v_\nu$. Wir setzen:

$$(22) \quad u'_\nu = \frac{1}{\nu \cdot \Delta(u_\nu + v_\nu)} \cdot u_\nu, \quad v'_\nu = \frac{1}{\nu \cdot \Delta(u_\nu + v_\nu)} \cdot v_\nu, \quad c'_\nu = \frac{1}{\nu \cdot \Delta(u_\nu + v_\nu)} \cdot c_\nu.$$

Dann ist u'_ν Hauptbild von $u'_\nu + v'_\nu$ und c'_ν der $u'_\nu + v'_\nu$ entsprechende Wert von c, und es gilt wegen (21) und (22):

$$(23) \qquad u'_\nu + v'_\nu \to 0, \quad |c'_\nu| \geqq 1.$$

Nach Satz XIV gilt dann aber auch: $u'_\nu \to 0$, und somit wegen (18) auch: $c'_\nu \to 0$, im Widerspruche mit (23).

Die Annahme, (20) gelte nicht, führt also auf einen Widerspruch; demnach gilt (20), und somit besitzt nach Satz VII das Gleichungssystem (19) eine Auflösung in $\mathfrak{R}$.

Wir wollen uns zum Schlusse noch mit dem Falle befassen, daß das zum Systeme (5) gehörige *homogene* System

$$(24) \qquad u_y(x) = 0$$

nur die triviale Lösung $x = 0$ besitzt, und fragen, unter welchen Umständen dann auch das homogene Gleichungssystem:

$$(25) \qquad u_y(x) + v_y(x) = 0$$

nur die triviale Auflösung besitzt.

Satz XIX. *Es sei der Raum $\mathfrak{R}$ regulär und es besitze das Gleichungssystem $u_y(x) = 0$ nur die triviale Auflösung, ferner sei das System der v_y vollstetig in bezug auf das System der u_y. Damit auch das System $u_y(x) + v_y(x) = 0$ nur die triviale Auflösung besitze, ist notwendig und hinreichend, daß jeder von 0 verschiedenen Linearkombination der u_y auch eine von 0 verschiedene Linearkombination der $u_y + v_y$ entspreche.*

Die Bedingung ist *notwendig.* Denn besitzt das Gleichungssystem (25) nur die triviale Auflösung, so muß der von den $u_y + v_y$ aufgespannte Raum $\mathfrak{W}_0$ der gesamte Raum $\mathfrak{S}$ sein. Wäre nämlich $\mathfrak{W}_0$ echter Teil von $\mathfrak{S}$, so gäbe es nach Satz IV a eine nicht identisch verschwindende Linearform $g(u)$ in $\mathfrak{S}$, die auf $\mathfrak{W}_0$ verschwindet. Da der Raum $\mathfrak{R}$ regulär ist, gibt es in $\mathfrak{R}$ einen Punkt $\bar{x}$, so daß:

$$g(u) = B(u, \bar{x});$$

da $g(u)$ nicht identisch verschwindet, ist $\bar{x} \neq 0$, und da $g(u)$ auf $\mathfrak{W}_0$ verschwindet, ist

$$g(u_y + v_y) = B(u_y + v_y, \bar{x}) = u_y(\bar{x}) + v_y(\bar{x}) = 0,$$

d. h. $\bar{x}$ ist eine nicht triviale Auflösung von (25).

Genau so folgt, daß auch der von den u_y aufgespannte Raum $\mathfrak{S}_0$ der ganze Raum $\mathfrak{S}$ ist. Ordnen wir also wie in § 3 jeder Linearkombination der u_y die entsprechende Linearkombination der $u_y + v_y$ zu, so haben wir eine lineare Abbildung A von $\mathfrak{S}$ auf sich selbst.

Wir bezeichnen, wie in § 3, den linearen Teilraum von $\mathfrak{S}$, der durch A auf den Punkt 0 abgebildet wird, mit $\mathfrak{S}_{00}$. Was wir zu beweisen haben ist, daß $\mathfrak{S}_{00}$ nur aus dem Punkte 0 besteht.

Wir bezeichnen mit $\mathfrak{S}_{0n}$ die Menge aller Punkte von $\mathfrak{S}$, die durch die Abbildung A^{n+1} auf den Punkt 0 abgebildet werden. Man erkennt sofort, daß $\mathfrak{S}_{0n}$ ein vollständiger linearer Raum ist. Offenbar ist $\mathfrak{S}_{0n-1}$ Teil von $\mathfrak{S}_{0n}$; denn da A den Punkt 0 auf sich selbst abbildet, folgt aus $A^n(u) = 0$ auch

$$A^{n+1}(u) = A\,A^n(u) = A(0) = 0.$$

Enthielte nun $\mathfrak{S}_{00}$ einen Punkt $\neq 0$, so müßte (für jedes n), $\mathfrak{S}_{0n-1}$ *echter* Teil von $\mathfrak{S}_{0n}$ sein. Denn A führt $\mathfrak{S}_{0n}$ in $\mathfrak{S}_{0n-1}$ über. Wäre also $\mathfrak{S}_{0n^*} = \mathfrak{S}_{0n^*-1}$, so auch $\mathfrak{S}_{0n^*} = \mathfrak{S}_{0n^*-2} = \cdots = \mathfrak{S}_{00}$, und A müßte auch $\mathfrak{S}_{00}$ in sich überführen, und da $\mathfrak{S}_{00}$ durch A auf den Punkt 0 abgebildet wird, könnte $\mathfrak{S}_{00}$ nur den Punkt 0 enthalten.

Ist nun $\mathfrak{S}_{0n-1}$ echter Teil von $\mathfrak{S}_{0n}$, so gibt es[1]) in $\mathfrak{S}_{0n} - \mathfrak{S}_{0n-1}$ einen Punkt u_n, so daß:

$$\Delta(u_n) = 1, \tag{26}$$

während für jeden Punkt u von $\mathfrak{S}_{0n-1}$ gilt:

$$\Delta(u_n - u) \geqq \frac{1}{2}. \tag{27}$$

Sei nun v_n die u_n entsprechende Linearkombination der v_y, also:

$$A(u_n) = u_n + v_n.$$

Dann ist

$$v_n - v_i = A(u_n) - A(u_i) - u_n + u_i.$$

Für $i < n$ gehört aber der Punkt:

$$u' = A(u_n) - A(u_i) + u_i$$

zu $\mathfrak{S}_{0n-1}$, da:

$$A^n(A(u_n)) = A^{n+1}(u_n) = 0; \quad A^n(A(u_i)) = A^{n-i}(A^{i+1}(u_i)) = 0; \quad A^n(u_i) = 0.$$

---

[1]) *Fr. Riesz*, a. a. O. S. 75, Hilfssatz 2. Vgl. zum folgenden Beweise auch S. 81.

Wegen (27) ist also:

$$\text{(28)} \qquad \Delta(v_n - v_i) \geqq \frac{1}{2} \qquad (i = 1, 2, \ldots, n-1).$$

Wegen (26) ist aber die Punktfolge $\{u_n\}$ beschränkt, während wegen (28) die entsprechende Punktfolge $\{v_n\}$ nicht kompakt sein kann — im Widerspruche zur Voraussetzung, das System der v_y sei vollstetig in bezug auf das der u_y.

Die Annahme, $\mathfrak{S}_{00}$ enthalte einen Punkt $\neq 0$, führt also auf einen Widerspruch, d. h. $\mathfrak{S}_{00}$ enthält nur den Punkt 0, d. h. einer von 0 verschiedenen Linearkombination der u_y kann nicht die Linearkombination 0 der $u_y + v_y$ entsprechen, wie behauptet.

Die Bedingung ist *hinreichend.* In der Tat, wie wir sahen, folgt aus der Voraussetzung, das Gleichungssystem (24) habe nur die triviale Auflösung, daß der vom Systeme der u_y aufgespannte Raum $\mathfrak{S}_0$ der ganze Raum $\mathfrak{S}$ ist. Die Bedingung, daß jeder von 0 verschiedenen Linearkombination der u_y eine von 0 verschiedene Linearkombination der $u_y + v_y$ entspricht, besagt, daß $\mathfrak{S}_{00}$ nur aus dem Punkte 0 besteht. Dann aber ist die Abbildung A, die jeder Linearkombination der u_y (d. h. jedem Punkte von $\mathfrak{S}_0 = \mathfrak{S}$) die entsprechende Linearkombination der $u_y + v_y$ (d. h. den entsprechenden Punkt von $\mathfrak{W}_0$) zuordnet, *eineindeutig.*

Daraus nun können wir weiter schließen, daß auch $\mathfrak{W}_0 = \mathfrak{S}$ ist. Angenommen in der Tat, es wäre $\mathfrak{W}_0$ echter Teil von $\mathfrak{S}$. Bezeichnen mir mit $\mathfrak{W}_{n-1}$ die Punktmenge, auf die $\mathfrak{S}$ durch A^n abgebildet wird, so folgt aus der Eineindeutigkeit der Abbildung A von $\mathfrak{S}$ auf $\mathfrak{W}_0$, daß auch $\mathfrak{W}_n$ echter Teil von $\mathfrak{W}_{n-1}$ ist. Nach Satz XVII a ist $\mathfrak{W}_n$ ein vollständiger linearer Raum. Wir wählen u_n in $\mathfrak{W}_n - \mathfrak{W}_{n+1}$ so, daß

$$\text{(29)} \qquad \Delta(u_n) = 1,$$

und daß für jeden Punkt u von $\mathfrak{W}_{n+1}$ gilt:

$$\text{(30)} \qquad \Delta(u_n - u) \geqq \frac{1}{2}.$$

Ist v_n die u_n entsprechende Linearkombination der v_y, so ist wieder:

$$v_n - v_i = A(u_n) - A(u_i) + u_i - u_n.$$

Für $i > n$ gehört offenbar der Punkt $A(u_n) - A(u_i) + u_i$ zu $\mathfrak{W}_{n+1}$, so daß nach (30):

$$\Delta(v_n - v_i) \geqq \frac{1}{2} \quad \text{für} \quad i > n;$$

also kann die Folge $\{v_n\}$ nicht kompakt sein; da aber nach (29) die Folge $\{u_n\}$ beschränkt ist, ist das ein Widerspruch gegen die Voraussetzung, das System der v_y sei vollstetig in bezug auf das System der u_y. Die Annahme, $\mathfrak{W}_0$ sei echter Teil von $\mathfrak{S}$, führt also auf einen Widerspruch, somit ist $\mathfrak{W}_0 = \mathfrak{S}$.

Das aber heißt: das System der $u_y + v_y$ spannt den ganzen Raum $\mathfrak{S}$ auf. Daraus aber folgt sofort, daß das Gleichungssystem (25) nur die triviale Auflösung besitzt. Denn wäre

$$u_y(\bar{x}) + v_y(\bar{x}) = 0, \qquad \bar{x} \neq 0,$$

so wäre für jede Linearform $u(\bar{x}) = 0$, was unmöglich ist, da es nach Satz V zu jedem $\bar{x} \neq 0$ Linearformen gibt, für die $u(\bar{x}) \neq 0$ ist.

Commentary on Hans Hahn's Contributions to the Theory of Curves

Hans Sagan

Department of Mathematics, North Carolina State University

In 1887, *Camille Jordan* defined a curve in his *Cours d'Analyse*, reflecting the usage at that time, as the continuous image of a line segment (see (8), p. 90). He proceeded to formulate what has become known as the *Jordan Curve Theorem: A closed curve without multiple points partitions the plane into an inside and an outside* (see (8), p. 92). In (32), *O. Veblen* had this to say about Jordan's proof: "It assumes the theorem without proof in the important special case of a simple polygon and of the argument from that point on, one must admit at least that all details are not given." Based on a system of axioms for geometry, which are equivalent to Hilbert's axioms of order and connection (see (5)), that he published in an earlier paper (31), Veblen proved in (32) that Jordan's theorem is true for simple closed polygons. Hahn, in turn, did not find Veblen's proof binding ("leider erscheint mir aber der Beweis gerade dieses Satzes bei Veblen nicht bindend" – [14], "*On the Order Theorems of Geometry*", p. 289) and proceeds with his own proof which is also based on Veblen's system of axioms. The proof is lengthy and tedious but this is unavoidable, considering that the theorem has to be developed from eight axioms with "point" and "between" as the only undefined concepts and with appropriate definitions interjected whenever required. No use whatever is made of continuity. It takes 26 theorems to get finally to theorem 27, which states that *every point that does not lie on a simple (closed) polygon can be joined to every point on the polygon by a polygonal path that does not contain any point from the polygon.* From that evolves theorem 28 that *a plane is partitioned by a simple (closed) polygon into two disjoint regions,* and, finally, theorem 30 that *there are straight lines which lie entirely outside the simple (closed) polygon.* Hahn's wife Eleonore (Lilly), following Hahn's line of reasoning, generalized the theorem in her (unpublished) 1909 Vienna dissertation to three dimensions for polyhedra that do not intersect themselves, and later generalized it to n dimensions in (3).

A most remarkable development started with *Georg Cantor* when he demonstrated in 1878 that one can establish a 1–1 correspondence between any two smooth finite dimensional manifolds of different dimensions (see (2)). This implies, in particular, that the closed unit interval $\mathcal{J} = [0,1]$ and the closed unit square $\mathcal{Q} = [0,1]^2$ can be brought into 1–1 correspondence. The question arose: Can such a mapping be continuous? *Eugen Netto* put an end to such speculation when he showed in 1879 that a 1–1 map between two manifolds of different dimensions is necessarily discontinuous (see (17)). Is it then possible, it was asked, to have a continuous map from $\mathcal{J}$ onto $\mathcal{Q}$ if one drops the requirement that the mapping be bijective? It was *Giuseppe Peano* who, in 1890, gave an affirmative answer by constructing just such a mapping (see (18)). Such mappings are now known as *space-filling-curves* or *Peano-curves*. While it was Peano who discovered the first space-filling curve, it was *David Hilbert* who, in the words of *Eliakim Hastings Moore* "made this phenomenon luminous to the geometric imagination" (see (15)). In Hilbert's example (6), the 2^{2n} ($n = 1, 2, 3, \ldots$) congruent subintervals of $\mathcal{J}$ are mapped onto the 2^{2n} congruent subsquares of $\mathcal{Q}$ in such a manner that adjacent subintervals are mapped onto adjacent subsquares with an edge in common so that the n-th mapping preserves $(n-1)$-th mapping. In Fig. 1, which is a facsimile of the illustration that appeared in Hilbert's paper (6), the bold polygonal lines indicate the order in which the squares have to be arranged for $n = 1, 2, 3$. In Peano's example, the 3^{2n} congruent subintervals of $\mathcal{J}$ are mapped onto the 3^{2n} congruent subsquares of $\mathcal{Q}$ in the same man-

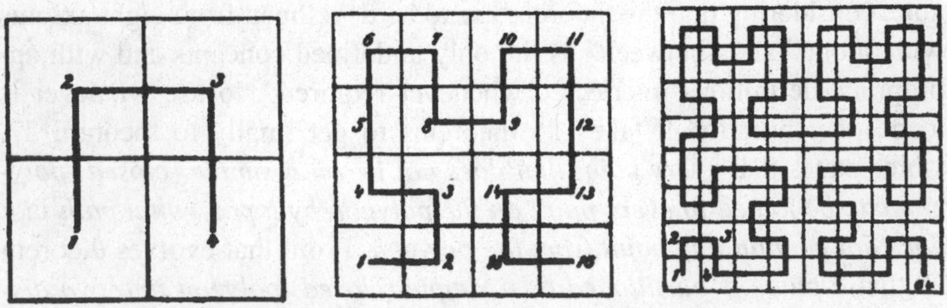

Fig. 1. Generation of Hilbert's Space-Filling Curve

ner, as Moore has pointed out in (15). (In Peano's paper (18), there is no hint to any underlying geometric generating process.) The coordinate functions of Peano's as well as Hilbert's space-filling curve are nowhere differentiable as is pointed out by the authors without elaboration. (Proofs may be found in (20) and (23).) In 1904, *Henri Lebesgue* showed in (9), (10) that this latter feature is not typical of space-filling curves by constructing one that is differentiable almost everywhere. (A differentiable curve, incidentally, cannot be space-filling as we know now. See (16).) Lebesgue's example is of stunning simplicity: The Cantor set Γ is mapped continuously onto $\mathcal{Q}$ by

$$0_3(2b_1)\,(2b_2)\,(2b_3)\,(2b_4)\ldots \to (0_2 b_1 b_3 b_5\ldots,\ 0_2 b_2 b_4 b_6\ldots)$$

where $b_j = 0$ or 1 and where $_2$ denotes the binary point and $_3$ the ternary point. The map is then extended continuously into $\mathcal{J}$ by linear interpolation on the open intervals that make up the complement to the Cantor set. Lebesgue notes in (10), p. 210 that an analogous process yields a continuous map from $\mathcal{J}$ onto the n-dimensional, and even the $\aleph_0$-dimensional unit cube with the consequence that $\mathfrak{c}^{\aleph_0} = \mathfrak{c}$. In 1912, *Waclaw Sierpiński* came up with still another space-filling curve (28) which essentially amounts to a mapping from the 2^n congruent subintervals of $\mathcal{J}$ onto the 2^n congruent right isosceles subtriangles of a right isosceles triangle following the same geometric generating principle that was promulgated by Hilbert. (See also (21)).

Sierpiński's curve is nowhere differentiable ((22), (24)).

The space-filling curves of Peano, Hilbert, and Sierpiński all have quadruple points, i.e., points with four pre-images in $\mathcal{J}$. Hilbert mentioned in (6) that a slight modification of his construction will produce a space-filling curve with no quadruple points but did not elaborate. *Georg Pólya,* in 1913, has shown in (19) how this can be done by modifying Sierpiński's construction. The same year, unaware of Pólya's effort, *Hans Hahn* has done the same in [26] *("On the mapping of a line segment onto a square")* with Peano's curve. In the same paper he has shown that points on a space-filling curve with at least two pre-images form a set of cardinality $\mathfrak{c}$, and that the points with at least three pre-images are dense in $\mathcal{Q}$ (or whatever the target set might be). The obvious consequence: A curve without triple points or points of higher multiplicity cannot be space-filling. Quite independently of Hahn, *Stefan Mazurkiewicz* has also shown (a year later) that the points with at least three pre-images are dense in the target set (12). As a final item in [26], Hahn generalizes

Lebesgue's construction by demonstrating that the Cantor set may be replaced by any perfect set, as long as it contains the endpoints of $\mathcal{J}$ and is nowhere dense in $\mathcal{J}$.
With square and triangle and all their continuous images revealed as continuous images of a line segment, the question arose as to the general structure of such images. In 1908, *A. Schoenflies* has given a necessary and sufficient condition (27) which, however, only applies to mappings into the plane and, in view of its nature, cannot be generalized to higher dimensional spaces. It never entered the mathematical mainstream but it most likely inspired Hahn's later work. It was not until 1913 that a fresh look at this problem produced a new and important result. For motivation, we return to Lebesgue's space-filling curve and interpret Lebesgue's mapping geometrically. If $\mathcal{Q}$ is partitioned into four congruent subsquares, then, the interval [0, 1/9] is mapped into the subsquare in the lower left corner, call it $\mathcal{Q}_{00}$, [2/9, 1/3] is mapped into the left upper subsquare $\mathcal{Q}_{01}$, [2/3, 7/9] into the right lower subsquare $\mathcal{Q}_{10}$, and [8/9, 1] into the right upper one $\mathcal{Q}_{11}$. The beginning points of these intervals go into the left lower corner of the subsquare and the endpoints into the corner that is diagonally across. The linear interpolation on the remaining open intervals (1/9, 2/9), (1/3, 2/3), (7/9, 8/9) is represented by straight lines that join the exit point from one subsquare to the entry point into the next following one. (See also (25).) The same happens to the intervals [0, 1/81], [2/81, 1/27], [2/27, 7/81], [8/81, 1] and the four congruent subsquares $\mathcal{Q}_{0000}$, $\mathcal{Q}_{0001}$, $\mathcal{Q}_{0010}$, $\mathcal{Q}_{0011}$ of $\mathcal{Q}_{00}$, the intervals [18/81, 19/81], [20/81, 21/81], [24/81, 25/81], [26/81, 1/3], and the subsquares $\mathcal{Q}_{0100}$, $\mathcal{Q}_{0101}$, $\mathcal{Q}_{0110}$, $\mathcal{Q}_{0111}$ of $\mathcal{Q}_{01}$, etc. ... (See Fig. 2.) The continuity of Lebesgue's curve on the complement of Γ follows from the construction itself. All that is left to show is that it is continuous at all points of Γ. Each point of Γ is an accumulation point (Γ is perfect). In each neighborhood of such a point t are points of Γ as well as its complement. The points from the complement of Γ lie in open intervals that have been removed from $\mathcal{J}$ in the generation of Γ. The two endpoints of such intervals are in Γ and the continuity at t follows from the continuity of Lebesgue's map on Γ and the fact that the interpolating line between two such endpoints stays close to either endpoint, provided the two endpoints are sufficiently close to begin with. This is the key: That it has to be possible to join two points in the image of $\mathcal{J}$ by a continuous curve that remains in the image of $\mathcal{J}$ and stays close to either point, provided the two points are sufficiently close to begin with, was essentially what *Stefan Mazurkiewicz* established 1913

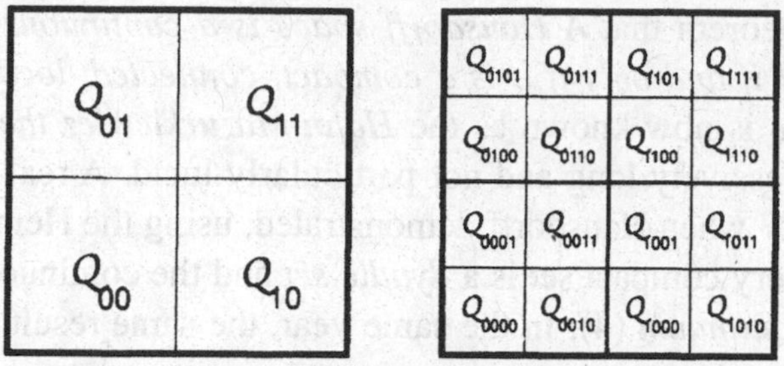

Fig. 2. Geometric Generation of Lebesgue's Space-Filling Curve

in (11) as a necessary and sufficient condition for a compact connected set to be the continuous image of a line segment. The same year, quite independently from Mazurkiewicz, Hahn came to the same conclusion except that he clothed his condition in more basic terms ([28] *"On the most general pointset that is the continuous image of a line segment"*, [30] *"Set theoretic characterization of a continuous curve")*. According to Olga Taussky-Todd, who was his assistant during the last year of his life, this is the work for which he wanted to be remembered. He introduced the new topological concept of *local connectedness (Zusammenhang im Kleinen): A* set $\mathcal{M}$ is locally connected at a point $p \in \mathcal{M}$ if, for any ε-neighborhood of p, there is an $\eta > 0$ such that for any point $p' \in \mathcal{M}$ that lies in the η-neighborhood of p, there is a compact connected subset $\mathcal{M}'$ of $\mathcal{M}$ in the ε-neighborhood of p which contains p and p'. $\mathcal{M}$ is called locally connected if it is locally connected at every one of its points. (In fact, unbeknownst to either Mazurkiewicz or Hahn, the concept of local connectedness was introduced three years earlier by *Pia Nalli* in some other context – see (34)). In [28], Hahn has shown that this condition, in conjunction with compactness and connectedness is necessary. The sufficiency is proved in [30] where he demonstrated first that a compact connected set that is locally connected is *pathwise connected,* and then, that it is, in fact *uniformly pathwise connected* which is, essentially, Mazurkiewicz' condition. (Incidentally, a compact connected set that is pathwise connected need not be locally connected.) At this juncture, Hahn notes somewhat pointedly, that he could have saved himself a lot of work, had he defined local connectedness in these terms at the outset ([30], pp. 2440–2441). He then proceeds to construct on this basis a continuous map from J onto a compact connected and locally connected set, first for sets in the plane, then for sets in the three-dimensional space and, finally, for sets in the n-dimensional space and, quite generally, for sets in Fréchet spaces. We know now that it is true in Hausdorff spaces

(33). The theorem that *A Hausdorff space is a continuous image of the unit interval if and only if it is a compact, connected, locally connected metric space* is now known as the *Hahn-Mazurkiewicz theorem.* Hahn's proof is excessively long and not particularly lucid. A real breakthrough came in 1927 when Hausdorff demonstrated, using the Heine-Borel theorem, that every compact set is a *dyadic set* and the continuous image of a *dyadic discontinuum* (4). In the same year, the same result appeared in a paper by *P. Alexandroff* (1). $\bigcup(\bigcap_{k=1}^{\infty} \mathcal{S}_{b_1 b_2 b_3 \cdots b_k})$ is called a dyadic set if the union is extended over all dyadic sequences $b_1, b_2, b_3, \ldots$, with $b_j = 0$ or 1, and if $\mathcal{S}_{b_1} \supseteq \mathcal{S}_{b_1 b_2} \supseteq \mathcal{S}_{b_1 b_2 b_3} \supseteq \cdots$ are non-empty compact sets whose diameters shrink to zero. A dyadic set is called a dyadic discontinuum if $\mathcal{S}_0$, $\mathcal{S}_1$ are disjoint, $\mathcal{S}_{b_1 0}$, $\mathcal{S}_{b_1 1}$ are disjoint, $\mathcal{S}_{b_1 b_2 0}$, $\mathcal{S}_{b_1 b_2 1}$ are disjoint, etc. ... This is a direct generalization of Lebesgue's mapping where $\mathcal{Q}$ is the compact set, with $\mathcal{S}_0 = \mathcal{Q}_{00} \cup \mathcal{Q}_{01}$, $\mathcal{S}_1 = \mathcal{Q}_{10} \cup \mathcal{Q}_{11}$, $\mathcal{S}_{00} = \mathcal{Q}_{00}$, $\mathcal{S}_{01} = \mathcal{Q}_{01}$, $\mathcal{S}_{10} = \mathcal{Q}_{10}$, $\mathcal{S}_{11} = \mathcal{Q}_{11}$, $\mathcal{S}_{000} = \mathcal{Q}_{0000} \cup \mathcal{Q}_{0001}$, $\mathcal{S}_{001} = \mathcal{Q}_{0010} \cup \mathcal{Q}_{0011}$, $\mathcal{S}_{010} = \mathcal{Q}_{0100} \cup \mathcal{Q}_{0101}$, $\mathcal{S}_{011} = \mathcal{Q}_{0110} \cup \mathcal{Q}_{0111}$, etc. ... and where the Cantor set Γ is the dyadic discontinuum. Based on this result, Hahn gave in 1928 in [66] *("On continuous images of line segments")* a short, elegant, and lucid proof of the Hahn-Mazurkiewicz theorem by generalizing Lebesgue's construction. (A brief preliminary announcement of this result is to be found in [65]). An account in English of somewhat modified and amplified versions of Hahn's proofs may be found in (26), pp. 97–107.

Schoenflies' condition and the Hahn-Mazurkiewicz theorem, when applied to the plane, both being necessary and sufficient conditions for a set to be the continuous image of a line segment, are equivalent. Hahn has shown this directly in [46] *("Continuous plane curves")*. His demonstration is based on a paper by one of his students in Bonn, *Marie Torhorst*, who has shown in (30) that the boundary of a simply connected planar domain is a continuous curve if and only if it is locally connected which, in turn, is equivalent to all boundary points being reachable from all sides *(allseitig erreichbar)* which is a key ingredient in Schoenflies' condition.

To reach a full understanding of the novel concept of local connectedness, it was subjected to scrutiny from a variety of viewpoints. In 1921, Hahn gave a characterization of local connectedness in terms of the components of open sets ([43], *"On the Components of Open Sets"*): For every component of an open subset $\mathcal{M}$ of a metric space S to be open, it is necessary and sufficient that S be locally connected. (If p is a point of $\mathcal{M}$, the union of all connected subsets of $\mathcal{M}$ that contain p is called a component of $\mathcal{M}$.) *Z. Janiszewski* introduced in the year 1912 the concept of points of the first kind and the second kind: A point p in a compact connected set $\mathcal{K}$ is of the first kind if there is for every $\varepsilon > 0$ a compact connected subset $\mathcal{K}_1$ of $\mathcal{K}$ of diameter less than ε and a $\delta > 0$ so that every point of $\mathcal{K}$ within δ of p is contained in $\mathcal{K}_1$ (see (7)). Mazurkiewicz has shown 1916 in (13) that for a compact connected set to be the continuous image of a line segment, it is necessary and sufficient that all its points be of the first kind. In 1921, Hahn arrived at the same result in [47] *("On irreducible Continua")* where he showed that an irreducible continuum is locally connected at a point p if and only if p is of the first kind.

Even though Hahn had to share credit with Mazurkiewicz for the most important results in this field, his tenacity in [30] and his ingenuity in [66] assure him of a permanent place in the mathematical pantheon.

References

1. Alexandroff, P., "Über stetige Abbildungen kompakter Räume", *Mathem. Ann. 96 (1927)* 555–571.
2. Cantor, G., "Ein Beitrag zur Mannigfaltigkeitslehre", *Crelle J., 84 (1878)* 242–258.
3. Hahn, L., "Über Zerlegung des n-dimensionalen Raumes", *Monatsh. f. Math. Phys., XXV (1914)* 303–320.
4. Hausdorff, F., Set Theory, *Chelsea, New York 1962,* pp. 154, 226.
5. Hilbert, D., Grundlagen der Geometrie, *B. G. Teubner, Stuttgart 1968.*
6. Hilbert, D., "Über die stetige Abbildung einer Linie auf ein Flächenstück", *Math. Ann. 38 (1891)* 459–460.
7. Janiszewski, Z., "Sur les continus irréductibles entre deux points", *Journ. Éc. Polyt. (2), 16 (1912)* 1–78.
8. Jordan, C., Cours d'Analyse de l'Ecole Polytechnique, Tome Premier, Troisième Edition, *Gauthier-Villars. Paris 1959.*
9. Lebesgue, H., Leçons sur l'Intégration et la Recherche des Fonctions Primitives, *Gauthier-Villars, Paris 1904,* 44–45.
10. Lebesgue, H., "Sur les fonctions représentables analytiquement", *J. de Math., (6), 1 (1905)* 139–216, p. 210.
11. Mazurkiewicz, St., "O arytmetyzacji kontinuow", *C. R. Soc. Sc. Varsovie, VI (1913)* 305–311. (Also in (14), 37–41, under the title "Sur l'arithmetisation des continus"), "O arytmetyzacji kontinuow II", *C. R. Soc. Sc. Varsovie, VI (1913)* 941–945. (Also in (14), 42–45, under the title "Sur l'arithmetisation des continus II").
12. Mazurkiewicz, St., "O punktach wielokrotnych krzywych wypelniajacych obszar plaski" ("Sur les points multiples des courbes qui remplissent une aire plane") *Prace Matematyczno-Fizyczne XXV (1914)* 113–120.
13. Mazurkiewicz, St., "Sur une classification des points situés sur un continue arbitraire" *C. R. Soc. Sc. Varsovie, IX (1916)* 442.

14. Mazurkiewicz, St., Travaux de Topologie et ses applications, *PWN-Polish Scientific Publishers, Warszawa 1969.*
15. Moore, E. H., "On certain crinkly curves", *Trans. Amer. Math. Soc., 1 (1900)* 72–90.
16. Morayne, M., "On Differentiability of Peano Type Functions", *Colloquium Mathematicum, Vol. LIII (1987)* 129–132.
17. Netto, E., "Beitrag zur Mannigfaltigkeitslehre", *Crelle J., 86 (1879)* 263–268.
18. Peano, G., "Sur une courbe qui remplit toute une aire plane", *Math. Ann., 36 (1890)* 157–160.
19. Pólya, G., "Über eine Peanosche Kurve", *Bull. Acad. Sci. Cracovie (Sci. math. et nat. Série A) (1913)* 305–313.
20. Sagan, H., "Some Reflections on the Emergence of Space-filling Curves: The Way it could have happened and should have happend, but did not happen", *Franklin J., 328 (1991)* 419–430.
21. Sagan, H., "Approximating Polygons for the Sierpiński-Knopp Curve", *Bull. Acad. Sci. Polonaise 40, No. 1 (1992)* 19–29.
22. Sagan, H., "Nowhere Differentiability of Sierpiński's Space-filling Curve", *Bull. Acad. Sci. Polonaise 40, No. 3 (1992)* 217–220.
23. Sagan, H., "An analytic Proof of the Nowhere Differentiability of Hilbert's Space-filling Curve", *Franklin J. 330 (1993)* 763–766.
24. Sagan, H.,"The Coordinate Functions of Sierpiński's Space-filling Curve are nowhere differentiable", *Bull. Acad. Sci. Polonaise 41, No. 1 (1993)* 73–75.
25. Sagan, H., "A Geometrization of Lebesgue's Space-filling Curve", *Math. Intelligencer 15, No. 4 (1993)* 37–43.
26. Sagan, H., Space-filling Curves, Universitexts, *Springer-Verlag, New York 1994.*
27. Schoenflies, A., Die Entwicklung der Lehre von den Punktmannigfaltigkeiten, 2. Teil, *B. G. Teubner, Leipzig 1908.*
28. Sierpiński, W., "Sur une nouvelle courbe continue qui remplit toute une aire plane", *Bull. Acad. Sci. de Cracovie (Sci. math. et nat., Série A) (1912)* 462–478 (also in (29), pp. 52–66).
29. Sierpiński, W., Oeuvres Choisies, *Éditions Scientifiques de Pologne, Warszawa 1975.*
30. Torhorst, M., "Über den Rand der einfach zusammenhängenden ebenen Gebiete", *Mathem. Zeitschrift 9 (1921)* 45–65.
31. Veblen, O., "A system of axioms for geometry", *Trans. Am. Math. Soc., 5 (1904)* 343–384.
32. Veblen, O., "Theory of plane curves in non-metric analysis situs", *Trans. Am. Math. Soc., 6 (1905)* 83–98.
33. Willard, St., General Topology, *Addison-Wesley, Reading, Mass. 1970,* 219–222.
34. Zoretti, L., Rosenthal, A., Die Punktmengen, *Encyk. d. Mathem. Wiss. II C 9a, Teubner, Leipzig 1924,* 947 ff.

Hahn's Work on Curve Theory
Hahns Arbeiten zur Kurventheorie

Über die Anordnungssätze der Geometrie.

Von **Hans Hahn** in Wien.

C. Jordan ging bei seinem bekannten Beweise des Satzes, daß eine doppelpunktlose geschlossene Kurve die Ebene in zwei getrennte Gebiete zerlegt,[1]) von der als evident angesehenen Annahme aus, daß für einfache Polygone der Satz zutreffe. Spätere Beweise des Jordanschen Satzes[2]) sind von dieser Annahme frei, der die Polygone betreffende Satz ist in ihnen als Spezialfall enthalten. Wie es bei Untersuchungen über Kurven in der Natur der Sache liegt, benützen alle diese Beweise wesentlich Stetigkeitseigenschaften. Bei Beschränkung auf Polygone aber liegt es nahe, zu vermuten, daß der Beweis sich lediglich auf Grund der Verknüpfungs- und Anordnungsaxiome muß führen lassen. In der Tat findet man diese Behauptung wiederholt ausgesprochen. Eine Durchführung des Beweises fand ich nur in einer ausgezeichneten Abhandlung von O. Veblen „A system of axioms for geometry"[3]); leider erscheint mir aber der Beweis gerade dieses Satzes bei Veblen nicht bindend. In einer im Wintersemester 1907/08 gehaltenen Vorlesung habe ich mich nun eingehend mit dieser Frage beschäftigt und einen nur Verknüpfungs- und Anordnungsaxiome benützenden Beweis des Satzes vorgetragen, der im folgenden wiedergegeben sei. Der Beweis stützt sich auf eine Reihe einfacher Anordnungssätze, die im folgenden ebenfalls bewiesen werden. Für einige dieser Sätze finden sich Beweise in der genannten Abhandlung von Veblen. Ich habe trotzdem auch hier Beweise für diese Sätze durchgeführt, um das Lesen der folgenden Überlegungen nicht zu umständlich zu machen. Endlich sei noch bemerkt, daß der hier befolgte Gedankengang auch den Beweis des Satzes ermöglicht, daß ein sich nicht selbst durchsetzendes Polyeder den Raum in zwei getrennte Gebiete zerlegt, wie von anderer Seite gezeigt werden wird.

§ 1.

Wir werden die folgenden Überlegungen auf das Axiomensystem basieren, das O. Veblen in der oben genannten Abhandlung aufgestellt hat. Die in ihm auftretenden undefinierten Begriffe sind lediglich „Punkt" und „zwischen". Wir zählen zunächst die zur

[1]) Cours d'analyse, 2. éd.; Bd. 1, 90.

[2]) Man findet sie aufgezählt in Osgoods Funktionentheorie, Bd. 1, 131.

[3]) Am. Trans. 5 (1904).

Verwendung gelangenden Axiome auf und bemerken, daß sie inhaltlich völlig mit Hilberts ebenen Axiomen der Verknüpfung und der Anordnung äquivalent sind.

Axiom I. Es existieren mindestens zwei verschiedene Punkte.

Axiom II. Liegen die Punkte A, B, C in der Ordnung (A, B, C), so liegen sie auch in der Ordnung (C, B, A).

Statt zu sagen, unsere Punkte liegen in der Ordnung (A, B, C), sagen wir auch: B liegt zwischen A und C.

Axiom III. Liegen die Punkte A, B, C in der Ordnung (A, B, C), so liegen sie nicht in der Ordnung (B, C, A).

Axiom IV. Liegen die Punkte A, B, C in der Ordnung (A, B, C), dann ist der Punkt A nicht identisch mit dem Punkte C.

Aus den bisherigen Axiomen kann gefolgert werden, daß, wenn die Punkte A, B, C in der Ordnung (A, B, C) liegen, keine zwei von ihnen identisch sind.

Axiom V. Sind die Punkte A und B verschieden, so gibt es einen Punkt C, derart, daß die Ordnung (A, B, C) besteht.

Definition der Geraden: Unter der Geraden AB verstehen wir die Punktmenge, die aus den Punkten A, B und allen jenen Punkten X besteht, die in der Ordnung (X, A, B) oder (A, X, B) oder (A, B, X) liegen.

Zwei Gerade heißen identisch, wenn sie aus denselben Punkten bestehen.

Definition der Strecke[1]): Unter der Strecke AB verstehen wir die Punktmenge, die aus den Punkten A, B und den in der Ordnung (A, X, B) liegenden Punkten besteht. Die Punkte A, B heißen die Endpunkte der Strecke, die übrigen Punkte der Strecke heißen innere Punkte.

Die von den in der Anordnung (X, A, B) liegenden Punkten gebildete Punktmenge heißt die Verlängerung der Strecke AB über A.

Axiom VI. Liegen die (voneinander verschiedenen) Punkte C und D auf der Geraden AB, dann liegt der Punkt A auf der Geraden CD.

Hieraus folgt: Satz 1. Zwei voneinander verschiedene Punkte gehören nur einer einzigen Geraden an.

Axiom VII. Wenn es drei verschiedene Punkte gibt, so gibt es drei Punkte A, B, C, die in keiner der drei Anordnungen (A, B, C), (B, C, A), (C, A, B) liegen.

Von drei nicht derselben Geraden angehörenden Punkten A, B, C sagen wir sie bilden ein Dreick. Die Punkte A, B, C heißen die Ecken, die Strecken AB, BC und CA heißen die Seiten des Dreieckes. Die Punkte, die den Seiten des Dreieckes angehören, heißen auch kurz: Punkte des Dreieckes.

Axiom VIII. Bilden die drei Punkte A, B, C ein Dreieck, liegt der Punkt D in der Ordnung (B, C, D), der Punkt E in der

[1]) Dieser Begriff der Strecke ist insofern verschieden von dem bei Veblen benützten, als dort die Endpunkte nicht zur Strecke gerechnet werden.

Ordnung (C, E, A); so gibt es einen in der Ordnung (A, F, B) liegenden Punkt F, der mit E und D auf einer Geraden liegt.

Es gilt dann der Satz, daß die Punkte E, D, F voneinander verschieden sind und in der Ordnung (D, E, F) liegen. Weiter beweist man:

Satz 2. Es gibt keine Gerade, die mit allen drei Seiten eines Dreieckes innere Punkte gemein hat.

Wir wollen von den Punkten $A_1, A_2, \ldots, A_n$ sagen: Sie liegen in der Ordnung $(A_1, A_2, \ldots, A_n)$, wenn aus $i < j < k$ die Ordnung (A_i, A_j, A_k) folgt. Wegen Satz 1 liegen dann die Punkte $A_1, A_2, \ldots, A_n$ auf einer Geraden. Es gilt:

Satz 3. Sind n verschiedene Punkte einer Geraden gegeben, so kann man sie so mit $A_1, A_2, \ldots, A_n$ bezeichnen, daß sie in der Ordnung $(A_1, A_2, \ldots, A_n)$ liegen. Es gilt dann auch die Ordnung $(A_n, A_{n-1}, \ldots, A_1)$, aber keine andere durch Vertauschung der A_i entstehende Ordnung.

Satz 4. Jede Strecke sowie jede Verlängerung einer Strecke enthält unendlich viele Punkte.

Definition der Ebene. Bilden die Punkte A, B, C ein Dreieck, so verstehen wir unter der Ebene ABC die Punktmenge, die aus den Punkten der Strecken AB, BC, CA besteht, sowie aus allen jenen Punkten, die mit irgend zwei Punkten dieser Strecken auf einer Geraden liegen.

Zwei Ebenen heißen identisch, wenn sie aus denselben Punkten bestehen. Es folgen die Sätze:

Satz 5. Drei nicht in einer Geraden liegende Punkte gehören einer einzigen Ebene an.

Satz 6. Gehören zwei Punkte einer Geraden einer Ebene an, so gehören alle Punkte der Geraden dieser Ebene an.

Satz 7. Durch einen Punkt einer Ebene gehen unendlich viele verschiedene, ganz in dieser Ebene liegende Gerade.

Der Beweis dieses Satzes ergibt sich unmittelbar aus Satz 4.

Ferner läßt sich nun die von Pasch als Axiom angenommene Aussage (bei Hilbert Axiom II, 4) beweisen (von der Axiom VIII ein Spezialfall ist):

Satz 8. Bilden die Punkte A, B, C ein Dreieck, so enthält jede in der Ebene ABC liegende, durch einen inneren Punkt der Strecke AB gehende Gerade noch einen zweiten Punkt des Dreieckes ABC.

Im folgenden Paragraphen werden wir nun eine Reihe ebener Anordnungssätze beweisen.

§ 2.

Wir sagen von einer endlichen Anzahl n von Strecken: sie bilden einen Streckenzug, wenn ein Endpunkt der ersten Strecke identisch ist mit einem Endpunkte der zweiten, der andere Endpunkt der zweiten Strecke identisch ist mit einem Endpunkte der dritten, schließlich ein Endpunkt der n-ten Strecke identisch ist mit einem Endpunkte der (n—1)ten Strecke. Eine einzelne Strecke betrachten wir als Spezialfall eines Streckenzuges.

Seien $A_0 A_1, A_1 A_2, \ldots, A_{n-1} A_n$ die Strecken eines Streckenzuges, die Punkte $A_1, A_2, \ldots, A_{n-1}$ heißen die Ecken des Streckenzuges, die Punkte A_0 und A_n die Endpunkte des Streckenzuges; wir sagen auch: Der Streckenzug verbindet seine beiden Endpunkte.

Definition des zusammenhängenden Gebietes: Wir nennen eine Punktmenge G dann ein zusammenhängendes Gebiet, wenn irgendzwei Punkte von G sich durch einen Streckenzug verbinden lassen, dessen sämtliche Punkte ebenfalls zu G gehören.

Jede Gerade, jede Ebene bildet ein zusammenhängendes Gebiet.

Definition der Zerlegung in getrennte Teilgebiete. Sei G ein zusammenhängendes Gebiet, R eine in G enthaltene Punktmenge; $G_1, G_2, \ldots, G_n$ zusammenhängende Gebiete, die ganz in G enthalten sind. Wir sagen: das Gebiet G wird durch R in die getrennten Teilgebiete $G_1, G_2, \ldots, G_n$ zerlegt, wenn:

1. jeder Punkt von G entweder zu R oder zu einem der Gebiete $G_1, G_2, \ldots, G_n$ gehört;
2. die Punktmenge R mit keiner der Punktmengen G_1, $G_2, \ldots, G_n$ einen Punkt gemein hat;
3. jeder Streckenzug, der zwei Punkte aus verschiedenen Gebieten G_i, G_k verbindet und ganz in G liegt, einen Punkt von R enthält.

Satz 9. Eine Gerade wird durch einen auf ihr liegenden Punkt in zwei getrennte Teilgebiete zerlegt, deren jedes wir eine Halbgerade nennen.

Die in § 1 eingeführten Verlängerungen einer Strecke sind Halbgerade.

Satz 10. Eine Gerade wird durch n auf ihr in der Anordnung $(A_1, A_2, \ldots, A_n)$ liegende Punkte in $n+1$ getrennte Teilgebiete zerlegt, von denen $n-1$ Gebiete aus den inneren Punkten der Strecken $A_i A_{i+1}$ $(i = 1, 2, \ldots, n-1)$ bestehen, die zwei anderen aber die Verlängerungen der Strecke $A_1 A_n$ über A_1 beziehungsweise über A_n sind.

Die Beweise dieser beiden Sätze ergeben sich leicht aus Satz 3.

Satz 11. Eine Ebene wird durch eine in ihr liegende Gerade in zwei getrennte Teilgebiete zerlegt, deren jedes wir eine Halbebene nennen.

Beweis: Sei α die Ebene, a die Gerade, A ein nicht auf a liegender Punkt von α, O ein Punkt von a. Wir ziehen die Gerade AO und wählen auf ihr A', so daß $(A O A')$ gilt (Axiom V.). A' liegt in α (Satz 6). Es genügt offenbar, nachzuweisen, daß jeder nicht auf a liegende Punkt von α entweder mit A oder A' durch einen in α liegenden und a nicht treffenden Streckenzug verbunden werden kann, während A mit A' nicht durch einen solchen Streckenzug verbunden werden kann. Sei also B ein beliebiger nicht auf a liegender Punkt von α. Liegt B auf der Geraden AA', so besteht (Satz 3) eine der Anordnungen (B, A, O, A'), (A, B, O, A'), (A, O, B, A'), (A, O, A', B), so daß in jedem Falle entweder die Strecke AB oder die Strecke $A'B$ den Punkt O nicht enthält, und mithin keinen Punkt von a enthält. Bilden aber die Punkte $AA'B$ ein Dreieck, so folgt, da a durch den inneren Punkt O der Strecke AA' geht, daß a mit einer der beiden Strecken AB, $A'B$ keinen Punkt gemein haben kann (Satz 2), womit der erste Teil unserer Behauptung erwiesen ist. Sei nun $AA_1A_2\ldots A_nA'$ ein die Punkte A und A' verbindender, in α liegender Streckenzug. Enthält die Strecke AA_1 keinen Punkt von a, so muß die Strecke A_1A' einen Punkt von a enthalten. Denn liegen A, A_1, A' auf einer Geraden, so kann nur eine der Anordnungen (A_1, A, O, A'), (A, A_1, O, A') bestehen, woraus die Behauptung folgt; bilden aber A, A_1, A' ein Dreieck, so folgt die Behauptung aus Satz 8. Wendet man dieselbe Schlußweise auf die drei Punkte A_1, A_2, A' an, so folgt, daß, wenn auch die Strecke A_1A_2 keinen Punkt von a enthält, die Strecke A_2A' einen solchen Punkt enthält, und indem man so weiter schließt, sieht man, daß, wenn keine der Strecken $AA_1, A_1A_2, \ldots, A_{n-1}A_n$ einen Punkt von a enthält, notwendig die Strecke A_nA' einen Punkt von a enthalten muß, womit Satz 11 bewiesen ist. Aus dem geführten Beweise folgt unmittelbar:

Satz 12. Zwei nicht auf a liegende Punkte der Ebene α liegen in derselben Halbebene bezüglich a dann und nur dann, wenn ihre Verbindungsstrecke keinen Punkt von a enthält.

Um die gegenseitige Lage der Punkte der Ebene α in bezug auf eine in α liegende Gerade a zu charakteriesieren, führen wir „Signaturen" ein. Wir wählen einen beliebigen nicht auf a liegenden Punkt A der Ebene α und erteilen ihm die Signatur $+$ oder (um anzudeuten, daß es sich um eine Einteilung der Punkte in bezug auf die Gerade a handelt) die Signatur a_+, und dieselbe Signatur erhalten alle in derselben Halbebene wie A liegenden Punkte; die in der anderen Halbebene liegenden Punkte erhalten die Signatur $-$ oder a_- und endlich die auf a selbst liegenden Punkte die Signatur O oder a_0.

Satz 13. Durch zwei sich schneidende Gerade einer Ebene wird diese Ebene in vier getrennte Teilgebiete zerlegt.

Beweis: Sei O der Schnittpunkt der beiden Geraden a und b; wir wählen auf b die Punkte A und A' so, daß (A, O, A') gilt, auf a die Punkte B und B' so, daß (B, O, B') gilt. Derjenigen Halbebene in bezug auf a, in der A liegt, geben wir die Signatur a_+, derjenigen Halbebene in bezug auf b in der B liegt, die Signatur b_+; alle inneren Punkte der Strecke AB haben dann die Signaturen $a_+ b_+$; die der Strecke BA' haben die Signaturen a_- b_+, die der Strecke $A'B'$ die Signaturen $a_- b_-$, endlich die der

Strecke $B'A$ die Signaturen $a_+ b_-$. Wir bezeichnen nun mit G_1, G_2, G_3, G_4 beziehungsweise die Gesamtheit der Punkte mit den Signaturen $a_+ b_+$, $a_- b_+$, $a_- b_-$, $a_+ b_-$ und erkennen, daß die zu Beginn dieses Paragraphen aufgestellten Bedingungen erfüllt sind.

Definition des Winkels. Sei O ein beliebiger Punkt und h und k zwei beliebige von ihm ausgehende Halbgerade, die nicht derselben Geraden angehören; die Punktmenge, die aus dem Punkte O und den Punkten der beiden Halbgeraden h und k besteht, nennen wir den Winkel (h, k) oder, wenn A einen Punkt von k, B einen Punkt von h bedeutet, den Winkel $A\,O\,B$. Der Punkt O heißt Scheitel des Winkels, die beiden Halbgeraden h und k Schenkel des Winkels.

Satz 14. Eine Ebene wird durch einen in ihr liegenden Winkel in zwei getrennte Teilgebiete zerlegt.

Beweis: Wir ergänzen die Halbgeraden h und k durch Hinzufügung der Halbgeraden h_1 und k_1 zu Geraden a und b, wählen auf h den Punkt B, auf k den Punkt A und führen die Signaturen ein wie oben. Der Winkel (h, k) besteht dann aus den Punkten mit den Signaturen $a_o b_o$, $a_+ b_o$, $a_o b_+$. Die Punkte mit den Signaturen $a_- b_+$, $a_- b_o$, $a_- b_-$, $a_o b_-$, $a_+ b_-$ bilden nur mehr ein Gebiet; denn sind C_1, C_2, C_3, C_4, C_5 je ein Punkt mit den angeführten Signaturen, so trifft der Streckenzug $C_1 C_2 C_3 C_4 C_5$ unseren Winkel nicht, da seine Schnittpunkte mit a und b die Signaturen b_- und a_- haben. Dieses Gebiet heiße G_2. Das Gebiet $a_+ b_+$ hingegen, das wir G_1 nennen, ist von diesem getrennt; dann sei $D_1 D_2 \ldots D_n$ ein Streckenzug, der einen Punkt von G_1 mit einem Punkte von G_2 verbindet und D_i der letzte Eckpunkt dieses Streckenzuges, der zu G_1 gehört. Dann enthält die Strecke $D_i D_{i+1}$ notwendig einen Punkt von a oder von b. Sei F ein solcher Punkt, und zwar so gewählt, daß die Strecke $D_i F$ keinen anderen Punkt von a oder b enthält.[1]) Dann kann offenbar F weder die Signatur a_- noch die Signatur b_- haben, gehört also unserem Winkel an.

Wir bezeichnen nun das Gebiet G_1 (das bei unserer Wahl der Signaturen das Gebiet $a_+ b_+$ ist) als das Innere unseres Winkels, das Gebiet G_2 als das Äußere und erkennen die Richtigkeit des Satzes:

Satz 15. Bedeuten A und B beliebige Punkte auf je einem Schenkel eines Winkels, so liegen alle inneren Punkte der Strecke AB im Innern des Winkels. Die Verbindungsstrecke zweier Punkte im Inneren des Winkels liegt ganz im Innern des Winkels.

Bedeuten wieder h_1 und k_1 die Halbgeraden, durch die h und k zu Geraden ergänzt werden, so nennen wir die Winkel $(h k_1)$ und $(h_1 k)$ Nebenwinkel des Winkels $(h k)$, den Winkel $(h_1 k_1)$ Scheitelwinkel des Winkels $(h k)$. Von den vier Gebieten des Satzes 13 ist G_1 das Innere des Winkels $(h k)$, G_2 und

---

[1]) Die Möglichkeit einer solchen Wahl von F folgt leicht aus Satz 3.

G_4 das Innere seiner Nebenwinkel, G_3 das Innere seines Scheitelwinkels. Man erkennt leicht:

Satz 16. Legt man durch den Scheitel O eines Winkels und einen inneren Punt C eines der beiden Nebenwinkel eine Gerade, so liegen alle Punkte dieser Geraden (abgesehen vom Punkte O) im Äußern des Winkels.

Liegt in der Tat C etwa im Nebenwinkel $a_- b_+$, und sei c die Gerade OC. Diejenige ihrer zwei Halbgeraden, auf der C liegt, liegt dann ganz in $a_- b_+$ und da c in O sowohl a als b schneidet, liegt die andere Halbgerade ganz in $a_+ b_-$.

Satz 17. Die Verbindungsstrecke zweier Punkte im Äußern eines Winkels trifft, falls sie nicht durch den Scheitel geht, den Winkel gar nicht oder in zwei Punkten.

Beweis: Schneide die Strecke CD den Winkel nur in einem etwa dem Schenkel h angehörenden Punkte B, der dann notwendig die Signatur $a_o b_+$ hat. Auf der Strecke CD kann man nun die Punkte E und F so wählen, daß die Anordnung $(CEBFD)$ gilt und die Strecke EF keinen der Geraden b angehörenden Punkt enthält (Satz 3 und 4). Von den beiden Punkten E und F hat dann einer etwa E, die Signatur $a_+ b_+$ (Satz 12), liegt daher im Innern des Winkels, und da die Strecke CE keinen Punkt des Winkels enthält, läge auch C im Innern, während nach Voraussetzung C und D äußere Punkte sein sollen.

Satz 18. Bilden die drei Punkte A, B, C ein Dreieck, so wird ihre Ebene durch die drei Geraden BC, CA, AB in sieben getrennte Gebiete zerlegt.

Beweis: Wir bezeichnen die drei Geraden der Reihe nach mit a, b, c und geben den Punkten A, B, C die Signaturen a_+, b_+, c_+. Die Punkte der Geraden a haben dann die Signaturen $a_o b_+ c_+$ (auf der Strecke BC), $a_o b_- c_+$ (auf der Verlängerung dieser Strecke über C), $a_o b_+ c_-$ (auf der Verlängerung über B). Wir überzeugen uns von der Existenz von Punkten mit den Signaturen $a_+ b_+ c_+$, $a_- b_+ c_+$, $a_+ b_- c_-$, indem wir durch den Punkt A und einen inneren Punkt E der Strecke BC eine Gerade legen; die inneren Punkte der Strecke AE, beziehungsweise die Punkte ihrer Verlängerungen über E und A haben die gewünschten Signaturen; legt man durch B und einen inneren Punkt der Strecke AC, beziehungsweise durch C und einen inneren Punkt der Strecke AB Gerade, so erhält man ebenso Punkte mit den Signaturen $a_+ b_- c_+$, $a_- b_+ c_-$, beziehungsweise $a_+ b_+ c_-$, $a_- b_- c_+$. Punkte mit der Signatur $a_- b_- c_-$ hingegen gibt es nicht. Denn gäbe es einen solchen Punkt, so müßte seine Verbindungsstrecke mit einem Punkte der Signatur $a_+ b_- c_-$ die Gerade a in einem Punkte der Signatur $a_o b_- c_-$ schneiden, den es — wie oben gezeigt — nicht gibt. — Satz 18 ist damit bewiesen.

Satz 19. Eine Ebene wird durch ein in ihr liegendes Dreieck in zwei getrennte Gebiete zerlegt.

Beweis: Seien die Bezeichnungen und Signaturen so gewählt wie oben. Wie bei der Betrachtung der Winkel erkennt man, daß alle Punkte, die nicht dem Dreieck angehören und nicht die Signatur $a_+ b_+ c_+$ haben, nunmehr ein einziges Gebiet G_2 bilden; das von den Punkten der Signatur $a_+ b_+ c_+$ gebildete Gebiet heiße G_1. Es ist zu zeigen, daß jeder einen Punkt von G_1 mit einem Punkte von G_2 verbindende Streckenzug das Dreieck trifft. Sei $D_1 D_2 \ldots D_n$ ein solcher Streckenzug, D_i sein letzter in G_1 enthaltener Eckpunkt; die Strecke $D_i D_{i+1}$ trifft dann sicher eine der Geraden a, b, c. Es gibt dann auf ihr einen Punkt F, der einer dieser Geraden angehört, derart, daß die Strecke $D_i F$ außer F keinen einer dieser Geraden angehörenden Punkt enthält (Satz 3). Gehöre F etwa der Geraden a an. Da D_i die Signatur $a_+ b_+ c_+$ hat, kann F weder die Signatur b_- noch die Signatur c_- haben, hat daher eine der drei Signaturen $a_0 b_0 c_+$, $a_0 b_+ c_0$, $a_0 b_+ c_+$, ist daher entweder der Punkt C oder der Punkt B oder innerer Punkt der Strecke BC und gehört mithin dem Dreieck an.

Das Gebiet G_1 heißt das Innere, G_2 daß Äußere des Dreieckes. Aus dem Bisherigen geht unmittelbar hervor:

Satz 20. Gehören die Punkte D und E verschiedenen Seiten eines Dreieckes an, so liegen alle inneren Punkte der Strecke DE im Innern des Dreieckes. Die Verbindungsstrecke zweier im Innern des Dreieckes liegender Punkte liegt ganz im Innern des Dreieckes.

Ganz analog wie Satz 17 beweist man:

Satz 21. Die Verbindungstrecke zweier im Äußern eines Dreieckes gelegener Punkte trifft, falls sie durch keine Ecke des Dreieckes geht, das Dreieck gar nicht oder in zwei Punkten.

Satz 22. Jede von einem inneren Punkte O eines Dreieckes ausgehende Halbgerade trifft das Dreieck in einem und nur einem Punkte.

Beweis: Zunächst ist klar, daß eine solche Halbgerade das Dreieck höchstens in einem Punkte treffen kann. Sei nun h eine von O ausgehende Halbgerade, die das Dreieck nicht trifft, und sei D ein innerer Punkt der Strecke AB. Wir ziehen von O aus die D enthaltende Halbgerade k; dann liegt von den beiden Punkten A und B der eine im Äußern, der andere im Innern des Winkels (h, k) (Satz 15 und 16); somit müßte der Streckenzug ACB diesen Winkel treffen und da k mit diesem Streckenzuge keinen Punkt gemeinsam hat, müßte dies mit h der Fall sein, entgegen der Voraussetzung. Eine unmittelbare Folge von Satz 22 ist:

Satz 23. Jede Gerade, die einen inneren Punkt eines Dreieckes enthält, enthält zwei Punkte der Dreieckes.

Satz 24. **Seien A und B Punkte auf je einem Schenkel eines Winkels. Jede vom Scheitel des Winkels ausgehende Halbgerade, die einen inneren Punkt des Winkels enthält, enthält auch einen inneren Punkt der Strecke AB.**

Beweis: Sei C der Scheitel des Winkels und die Signaturen so gewählt wie bisher. Die betrachtete Halbgerade sei l. Ihre sämtlichen Punkte sind innere Punkte des Winkels und haben somit die Signatur $a_+ b_+$; wählt man auf ihr den Punkt D so, daß die Strecke CD keinen Punkt der Geraden AB enthält, so liegt D im Innern des Dreieckes ABC, da ja dann D die Signatur c_+ hat. Nach Satz 23 muß die Gerade d, der l angehört, die Strecke AB in einem Punkte E schneiden; dieser Schnittpunkt ist innerer Punkt des Winkels ACB (Satz 15), er gehört daher der Halbgeraden l an; denn bezeichnet l_1 die Halbgerade, die l zur Geraden d ergänzt, so haben alle Punkte von l_1 die Signatur $a_- b_-$, weil ja d in C sowohl a als b schneidet; l_1 enthält daher keinen inneren Punkt des Winkels und also auch nicht den Schnittpunkt von d und AB, der somit zu l gehört.

Daraus folgt unmittelbar:

Satz 25. **Sind h, k, l drei vom selben Punkte O ausgehende Halbgerade einer Ebene und enthält l einen inneren Punkt des Winkels (h, k), so sind sämtliche Punkte von k äußere Punkte des Winkels (h, l).**

Satz 26. **Sind in einer Ebene n Punkte gegeben, so gibt es in dieser Ebene eine Gerade, derart, daß die n Punkte sämtlich in derselben Halbebene bezüglich dieser Geraden liegen.**

Beweis: Seien $A_1, A_2, \ldots, A_n$ diese Punkte und b eine Gerade der Ebene die durch keinen dieser Punkte geht[1]); wir nehmen an, daß nicht alle Punkte A_i in derselben Halbebene bezüglich b liegen. Dann enthält b mindestens einen Punkt einer der Strecken $A_i A_k$ $(i, k = 1, 2, \ldots, n)$. Jedenfalls kann man auf b den Punkt O so wählen, daß eine der beiden entstehenden Halbgeraden von b (sie heiße l) keinen Punkt einer Strecke $A_i A_k$ enthält (Satz 3, Axiom V). Sei B ein auf dieser Halbgeraden von b liegender Punkt, B' ein Punkt der anderen Halbgeraden, so daß $(B\,O\,B')$ gilt. Von O ziehen wir die sämtlichen Halbgeraden, die einen der Punkte A_i enthalten; seien $h_1, h_2, \ldots, h_m$ diese Halbgeraden. Durch B' ziehen wir eine beliebige (nicht mit b identische) Gerade und wählen auf ihr die Punkte C und C' so, daß $(C\,B'\,C')$ gilt und die Strecke CC' von keiner der Halbgeraden h_i geschnitten wird (Satz 3 und 4). Jede der Halbgeraden h_i hat, da O innerer Punkt des Dreieckes BCC' ist, (Satz 20), mit diesem Dreieck einen Punkt gemein (Satz 22); diese Schnittpunkte liegen teils auf der Strecke BC, teils auf der Strecke BC' und zwar enthält jede

[1]) Die Existenz einer solchen Geraden folgt unmittelbar aus Satz 7.

dieser beiden Strecken mindestens einen Schnittpunkt, denn andernfalls lägen ja alle Halbgeraden h_i und somit auch alle Punkte A_i in derselben Halbebene bezüglich b, entgegen der Voraussetzung. Seien $E_1, E_2, \ldots, E_\nu$ die auf die Strecke BC fallenden Schnittpunkte, $E'_1, E'_2, \ldots, E'_{\nu'}$ die auf die Strecke BC' fallenden, und es mögen die Ordnungen $(B, E_1, E_2, \ldots, E_\nu, C)$ und $(B, E'_1, E'_2, \ldots, E'_{\nu'}, C')$ bestehen: Wir bezeichnen mit h und k die durch E_1 und E'_1 gehenden Halbgeraden h_i und behaupten: Keiner der Punkte A_i liegt im Äußeren des Winkels $(h\,k)$.

Offenbar verläuft nämlich die Halbgerade l von b im Äußern dieses Winkels; denn auf h und auf k liegt mindestens je ein Punkt A_i; verliefe nun l im Innern des Winkels (h, k), so müßte die Verbindungsstrecke dieser beiden Punkte A_i einen Punkt von l enthalten (Satz 24), was nicht der Fall ist. Da also B äußerer Punkt des Winkels $(h\,k)$ ist, sind $E_2, \ldots, E_\nu, E'_2, \ldots, E'_{\nu'}$ innere Punkte dieses Winkels (Satz 17) und infolgedessen sind auch die sämtlichen Punkte A_i, soweit sie nicht auf h und k selbst liegen, innere Punkte des Winkels (h, k) und die Strecken $A_i A_k$ enthalten keinen äußeren Punkt dieses Winkels (Satz 15). Ziehen wir nun durch den Scheitel O und einen inneren Punkt eines Nebenwinkels von (h, k) eine Gerade, so enthält sie (abgesehen vom Punkte O) nur äußere Punkte des Winkels (h, k) (Satz 16), kann daher keine der Strecken $A_i A_k$ treffen, und Satz 26 ist bewiesen.

§ 3.

Definition des einfachen Polygons. Unter einem Polygon verstehen wir einen Streckenzug, dessen beide Endpunkte identisch sind. Das Polygon heißt eben, wenn seine sämtlichen Strecken in derselben Ebene liegen[1]). Die Strecken des Polygons heißen auch seine Seiten, die Endpunkte dieser Strecken seine Ecken.

Ein Polygon heißt einfach, wenn:

1. kein innerer Punkt einer Polygonseite einer zweiten Polygonseite angehört (weder als innerer Punkt noch als Endpunkt);
2. jeder Eckpunkt des Polygons nur zwei Seiten angehört.

Offenbar können wir bei einem einfachen Polygon stets annehmen, daß drei aufeinanderfolgende Ecken, wie A_{i-1}, A_i, A_{i+1} nicht auf einer Geraden liegen.

Satz 27. Sei in einer Ebene ein einfaches Polygon gegeben; jeder nicht dem Polygon angehörende Punkt B dieser Ebene läßt sich mit jedem Punkte C des Polygons durch einen in dieser Ebene liegenden Streckenzug verbinden, der (abgesehen von C) keinen Punkt des Polygons enthält.

---

[1]) Wir sprechen in diesem Paragraphen nur von ebenen Polygonen; alle Überlegungen dieses Paragraphen spielen sich in einer und derselben Ebene ab, was hier ein für allemal bemerkt sei.

Um diesen Satz zu beweisen, brauchen wir zwei Hilfssätze.

1. Hilfssatz: Läßt sich ein dem Polygon nicht angehörender Punkt B mit einem inneren Punkte C einer Polygonseite durch einen Streckenzug verbinden, der (abgesehen vom Punkte C)[1]) keinen Punkt des Polygons enthält, so läßt sich B auch mit jedem der Endpunkte dieser Polygonseite durch einen solchen Streckenzug verbinden.

Sei $A_i A_{i+1}$ die den Punkt C enthaltende Polygonseite und $B' C$ die letzte Strecke des von B nach C führenden Streckenzuges. Wir ziehen von A_i die Geraden nach allen übrigen Ecken des Polygons; diese Geraden schneiden die Strecke $B' C$ höchstens in einer endlichen Anzahl von Punkten; seien $E_1, E_2, \ldots, E_\nu$ diese Punkte soweit sie ins Innere dieser Strecke fallen, $(B', E_1, E_2, \ldots, E_\nu, C)$ ihre Anordnung. Mit D bezeichnen wir einen inneren Punkt der Strecke $E_\nu C$; wir werden zeigen, daß die Strecke $D A_i$ von keiner Polygonseite getroffen wird, womit dann unser Hilfssatz offenbar bewiesen ist.

Alle von A_i verschiedenen Eckpunkte des Polygons fallen ins Äußere des Dreieckes $A_i C D$; denn dem Dreiecke selbst kann keiner dieser Eckpunkte angehören: der Strecke $A_i C$ nicht, weil sonst das Polygon nicht einfach wäre; der Strecke $C D$ nicht, weil sie dem von B nach C führenden Streckenzuge angehört, der nach Voraussetzung das Polygon nicht trifft; der Strecke $A_i D$ nicht zufolge unserer Wahl des Punktes D. Ins Innere des Dreieckes $A_i C D$ kann aber ebenfalls ein solcher Eckpunkt A_k nicht fallen, weil sonst (Satz 23) die Gerade $A_i A_k$ die Strecke $C D$ schneiden müßte, entgegen unserer Wahl des Punktes D.

Sei nun $A_k A_{k+1}$ eine nicht in A_i endende Seite unseres Polygons. Sie kann nicht durch eine Ecke unseres Dreieckes hindurchgehen: durch A_i und C nicht, weil sonst das Polygon nicht einfach wäre, durch D nicht, weil D auf dem von B nach C führenden Streckenzuge liegt. Nach Satz 21 hat sie daher mit dem Dreiecke gar keinen oder zwei Punkte gemein; da aber die Strecke $A_k A_{k+1}$ aus den eben genannten Gründen die Strecken $A_i C$ und $C D$ nicht schneiden kann, kann sie auch die Strecke $D A_i$ nicht schneiden. Da ferner die beiden Strecken $A_{i-1} A_i$ und $A_i A_{i+1}$ die Strecke $A_i D$ außer im Punkte A_i nicht treffen, ist unsere Behauptung bewiesen.

2. Hilfssatz. Läßt sich der dem Polygon nicht angehörende Punkt B mit einem Eckpunkte A_i des Polygons durch einen Streckenzug verbinden, der sonst keinen Punkt des Polygons enthält, und bedeutet C einen Punkt einer der beiden in A_i endenden Polygonseiten, so läßt sich auch B mit C durch einen ebensolchen Streckenzug verbinden.

Beim Beweise dieses Hilfssatzes unterscheiden wir zwei Fälle.

---

[1]) Diesen sowie ähnliche Zusätze lassen wir im folgenden als selbstverständlich weg.

1. Fall. Die letzte Strecke $B' A_i$ des B mit A_i verbindenden Streckenzuges liege im Innern des Winkels $A_{i-1} A_i A_{i+1}$. Der Punkt C liege etwa auf der Strecke $A_i A_{i+1}$. Wir ziehen von C aus Gerade nach allen Ecken des Polygones, bezeichnen die Schittpunkte dieser Geraden mit dem Innern der Strecke $B' A_i$ mit $E_1, E_2, \ldots, E_\nu$ und wählen den inneren Punkt D der Strecke $B' A_i$ wieder so, daß die Strecke $D A_i$ keinen dieser Punkte E enthält. Sodann zeigen wir wieder, daß die Strecke $C D$ vom Polygon nicht geschnitten wird: zunächst ist klar, daß die Strecke $A_i A_{i+1}$ mit CD (außer dem Punkte C) keinen Punkt gemein hat; die beiden Strecken $A_{i-1} A_i$ und $C D$ schneiden sich nicht, weil $C D$ im Innern (Satz 15), $A_{i-1} A_i$ aber im Äußern (Satz 25) des Winkels $B' A_i A_{i+1}$ liegen. Sodann zeigen wir wie oben, daß sämtliche von A_i verschiedenen Eckpunkte des Polygons ins Äußere des Dreieckes $C A_i D$ fallen, und daraus, gleichfalls wie oben, daß keine nicht in A_i endende Polygonseite die Strecke $C D$ schneidet, womit der erste Fall erledigt ist.

2. Fall. Die Strecke $B' A_i$ liege im Äußern des Winkels $A_{i-1} A_i A_{i+1}$. Den Punkt C nehmen wir wieder etwa auf $A_i A_{i+1}$ an. Wir verlängern die Strecke $A_{i-1} A_i$ über A_i hinaus und wählen, ähnlich wie oben, auf dieser Verlängerung einen Punkt F so, daß die Strecke $A_i F$ weder von einer Polygonseite, noch von einer der von C nach den Eckpunkten des Polygons gezogenen Geraden geschnitten werde (außer im Punkte A_i). Dann folgt, wie oben, daß von den nicht in A_i endenden Polygonseiten keine die Strecke $C F$ schneiden kann; dasselbe gilt von der Strecke $A_{i-1} A_i$, weil die Geraden $A_{i-1} A_i$ und $C F$ sich in dem außerhalb der Strecke $A_{i-1} A_i$ liegenden Punkte F schneiden; und endlich die Strecke $A_i A_{i+1}$ hat mit $C F$ außer C selbstverständlich keinen Punkt gemein.

Sodann wählen wir auf der Strecke $B' A_i$ den Punkt D so, daß die Strecke $D A_i$ von keiner der von F nach den Polygonecken gezogenen Geraden (außer in A_i) geschnitten wird, und zeigen wie bisher, daß keine der nicht in A_i endenden Polygonseiten die Strecke $D F$ schneidet. Die Polygonseite $A_{i-1} A_i$ kann die Strecke $D F$ nicht schneiden, weil der Schnittpunkt F der Geraden $A_{i-1} A_i$ und $D F$ außerhalb der Strecke $A_{i-1} A_i$ liegt. Ferner bemerken wir, daß dieser Schnittpunkt F im Äußern des Winkels $A_{i-1} A_i A_{i+1}$ liegt (weil er auf der Verlängerung des einen Schenkels gewählt wurde). Da auch D im Äußern dieses Winkels liegt, zeigt Satz 17, daß die Strecke $D F$ den anderen Schenkel und mithin auch die Strecke $A_i A_{i+1}$ nicht schneiden kann.

Die beiden Strecken $D F$ und $F C$ werden also vom Polygon nicht geschnitten, womit offenbar auch Fall 2 erledigt ist.

Sei nun B ein beliebiger, nicht dem Polygon angehörender Punkt. Wir verbinden ihn mit einem beliebigen Punkte des Polygons durch eine Gerade. Unter den Schnittpunkten dieser Geraden mit dem Polygon können wir einen, etwa E so auswählen, daß die Strecke $B E$ keinen der anderen Schnittpunkte enthält. Von diesem Punkte E ausgehend, gelangt man durch wiederholte Anwendung unserer Hilfssätze zum Beweise von Satz 27.

Wir können nun leicht zeigen, daß die Ebene durch unser Polygon in höchstens zwei getrennte Gebiete zerlegt wird: sei C ein beliebiger innerer Punkt der Polygonseite $A_i A_{i+1}$. Wir legen durch C eine von $A_i A_{i+1}$ verschiedene Gerade, und können auf ihr zufolge einer wiederholt angestellten Überlegung in verschiedenen Halbebenen bezüglich der Geraden $A_i A_{i+1}$ die Punkte D und D' so wählen, daß keine der beiden Strecken $C D$ und $C D'$ von einer Polygonseite geschnitten wird. Den beliebigen, nicht dem Polygon angehörenden Punkt B verbinden wir mit C durch einen das Polygon nicht schneidenden Streckenzug (Satz 27); sei $B' C$ die letzte seiner Strecken. B' liegt entweder mit D oder mit D' in derselben Halbebene bezüglich der Geraden $A_i A_{i+1}$, etwa mit D. Auf der Strecke $B' C$ wählen wir F so, daß die Strecke $F C$ von keiner der von D nach den Ecken des Polygons gezogenen Geraden geschnitten wird; wie schon wiederholt, zeigen wir, daß dann sämtliche Eckpunkte des Polygons im Äußern des Dreieckes $C D F$ liegen. Außer der Strecke $A_i A_{i+1}$ geht keine Polygonseite durch eine Ecke des Dreieckes. Nach Satz 21 kann daher keine dieser Polygonseiten die Strecke $D F$ schneiden; aber auch die Strecken $A_i A_{i+1}$ und $D F$ können sich nicht schneiden, weil die Punkte D und F in derselben Halbebene bezüglich der Geraden $A_i A_{i+1}$ liegen (Satz 12). Die Strecke $D F$ wird also von keiner Polygonseite getroffen und B ist mit D durch einen das Polygon nicht treffenden Streckenzug verbunden. Jeder beliebige, nicht dem Polygon angehörende Punkt der Ebene läßt sich also entweder mit D oder mit D' durch einen das Polygon nicht treffenden Streckenzug verbinden und unsere obige Behauptung ist erwiesen.

Nun gehen wir daran, zu zeigen, daß die Ebene wirklich in zwei getrennte Gebiete zerlegt wird. Wir beweisen zunächst folgenden Hilfssatz:

Läßt sich der Punkt B unserer Ebene mit dem Punkte C durch einen in dieser Ebene liegenden Streckenzug verbinden, der das Polygon nicht trifft, so lassen sich diese beiden Punkte auch durch einen Streckenzug verbinden, der gleichfalls das Polygon nicht trifft und dessen Strecken Geraden angehören, die durch keine Ecke des Polygons hindurch gehen.

Sei zum Beweise $B B_1 B_2 \ldots B_n C$ der gegebene Streckenzug. Wir ziehen von B Gerade nach allen Ecken des Polygons, diese Geraden haben mit der Strecke $B_1 B_2$ eine höchstens endliche Anzahl von Schnittpunkten gemein. Wir können dann auf der Strecke $B_1 B_2$ den Punkt C_1 verschieden von allen diesen Schnittpunkten, so wählen, daß auch die Strecke $B_1 C_1$ keinen dieser Schnittpunkte als inneren Punkt enthält, und beweisen, nach einem wiederholt angewendeten Gedankengange, daß die Strecke $B C_1$ das Polygon nicht trifft. Der Streckenzug $B C_1 B_2 \ldots B_n C$

trifft dann das Polygon nicht und seine erste Strecke BC_1 gehört einer Geraden an, die durch keine Ecke des Polygons hindurchgeht. Indem man so weiter schließt, beweist man unseren Hilfssatz.

Sei nun eine Gerade gegeben die durch keine Ecke des Polygons hindurchgeht. Ausgehend davon, daß zwei Eckpunkte A_i und A_{i+1} zu gleicher oder zu verschiedenen Seiten dieser Geraden liegen, je nachdem die Strecke $A_i A_{i+1}$ die Gerade nicht schneidet oder schneidet, erkennt man, daß diese Gerade das Polygon entweder gar nicht oder in einer geraden Anzahl von Punkten trifft.

Sei ein Winkel gegeben, dessen Scheitel nicht auf dem Polygon liegt und dessen Schenkel durch keine Ecke des Polygons gehen. Sind dann die Punkte A_i und A_{i+1} durch den Winkel getrennt so enthält die Strecke $A_i A_{i+1}$ einen Punkt des Winkels, sind sie nicht getrennt, so enthält sie keinen oder zwei Punkte des Winkels (Satz 17); daraus folgt wieder: der Winkel hat mit dem Polygon entweder keinen Punkt oder eine gerade Anzahl von Punkten gemein.

Von einem beliebigen Punkte der Ebene aus ziehen wir nun eine Gerade, die durch keine Ecke des Polygons hindurchgeht, aber das Polygon trifft, was nach Satz 4 sicher möglich ist. Seien $E_1, E_2, \ldots, E_{2\nu}$ ihre Schnittpunkte mit dem Polygon, die etwa in der Anordnung $(E_1, E_2, \ldots, E_{2\nu})$ liegen mögen; wir wählen auf dieser Geraden einen Punkt A so, daß die Anordnung $(A, E_1, E_2, \ldots, E_{2\nu})$ gilt. Eine der beiden Halbgeraden, in die unsere Gerade durch A zerlegt wird, enthält dann keinen Punkt des Polygons.

Sodann wählen wir den Punkt B auf derselben Geraden so, daß auf jeder der beiden so entstehenden Halbgeraden eine ungerade Anzahl der Schnittpunkte E liegt. Sei C ein Punkt, der sich mit B durch einen das Polygon nicht treffenden Streckenzug verbinden läßt; wir behaupten: Jede von C ausgehende Halbgerade muß daß Polygon treffen.

Beweis: Wir können uns den B mit C verbindenden Streckenzug nach obigem Hilfssatze so gewählt denken, daß die Verlängerungen seiner Strecken durch keine Ecke des Polygons gehen. Sei $B C_1 C_2 \ldots C_n C$ ein solcher Streckenzug. Wir betrachten den Winkel[1]) $\hat{A} B C_1$; sein Scheitel liegt nicht auf dem Polygon, seine Schenkel gehen durch keine Ecke des Polygons; sein einer Schenkel enthält eine ungerade Anzahl von Schnittpunkten mit dem Polygon, sein zweiter Schenkel muß daher ebenfalls eine ungerade Anzahl solcher Schnittpunkte enthalten; und da die Strecke $B C_1$ keinen Schnittpunkt enthält, enthält die übrigbleibende Halbgerade, d. i. die Verlängerung der Strecke $B C_1$ über C_1 hinaus eine ungerade Anzahl von Schnittpunkten; auf den Winkel, den diese Halbgerade mit der Strecke $C_1 C_2$ (und der Verlängerung

[1]) Der Fall, daß A, B, C_1 auf einer Geraden liegen, erledigt sich von selbst.

dieser Strecke über C_2 hinaus) bildet, läßt sich derselbe Schluß anwenden u. s. w. Wir kommen so schließlich zum Resultate, daß die Verlängerung der Strecke $C_n C$ über C hinaus eine ungerade Anzahl von Schnittpunkten mit dem Polygon hat.

Ziehen wir nun von C aus eine beliebige Halbgerade; geht sie durch eine Ecke des Polygons, so hat sie einen Punkt mit dem Polygon gemein; geht sie durch keine Ecke, so läßt sich auf den Winkel, den sie mit der Verlängerung von $C_n C$ über C hinaus bildet[1]), wieder unser Schluß anwenden, der ergibt, daß sie Schnittpunkte mit dem Polygon (und zwar in ungerader Anzahl) enthält. Unsere Behauptung ist bewiesen. Dadurch ist gezeigt, daß der Punkt A sich mit B nicht durch einen das Polygon nicht treffenden Streckenzug verbinden läßt, da ja von A sicher eine Halbgerade ausgeht, die das Polygon nicht trifft. Es gibt also mindestens zwei getrennte Gebiete, und da es nach dem obigen höchstens zwei getrennte Gebiete geben kann, haben wir:

Satz 28. Eine Ebene wird durch ein in ihr liegendes einfaches Polygon in zwei getrennte Gebiete zerlegt.

Wie aus unserem Beweise hervorgeht, ist das eine dieser beiden Gebiete so beschaffen, daß jede von einem seiner Punkte ausgehende Halbgerade das Polygon trifft. Dieses Gebiet heißt das Innere des Polygones. Es gilt demnach der Satz:

Satz 29. Jede Gerade, die einen Punkt aus dem Jnnern des Polygons enthält, trifft das Polygon in mindestens zwei Punkten.

Daraus ergibt sich unmittelbar, daß keine Gerade, auch keine Halbgerade, ganz im Innern des Polygons liegen kann.

Das andere Gebiet heißt daß Äußere des Polygons. Wie unmittelbar aus Satz 26 folgt, gilt der Satz:

Satz 30. Es gibt Gerade, die ganz im Äußern des Polygons liegen.

In der Tat, eine Gerade, die die Ebene so zerteilt, daß sämtliche Ecken des Polygons in derselben Halbebene liegen, trifft das Polygon nicht und enthält daher keinen Punkt aus seinem Innern.

---

[1]) Der Fall, daß diese beiden Halbgeraden keinen Winkel bilden, erledigt sich von selbst: dann sind sie entweder identisch; unsere Halbgerade enthält dann sicher Schnittpunkte (in ungerader Anzahl); oder sie bilden zusammen eine Gerade; da diese eine gerade Anzahl von Schnittpunkten haben muß, die eine der Halbgeraden aber eine ungerade Anzahl enthält, muß auch die andere eine ungerade Anzahl enthalten.

Über die Abbildung einer Strecke auf ein Quadrat.

(*Von* Hans Hahn, *in Czernowitz.*)

Im Folgenden soll die Abbildung einer Strecke auf ein Quadrat näher studiert werden. Dass eine solche Abbildung, und zwar umkehrbar eindeutig, möglich sei, war eines der ersten Resultate von Cantors Mengenlehre. Es wurde bald dahin ergänzt, dass eine solche eineindeutige Abbildung der Strecke aufs Quadrat nicht stetig sein kann. Wir konstruieren hier in sehr allgemeiner Weise solche Abbildungen, bei denen die Abscisse des Quadratpunktes stetig mit dem Punkte der Strecke variiert. — G. Peano gelang es eine stetige Abbildung der Strecke aufs Quadrat anzugeben; wie schon erwähnt, kann ihre Umkehrung nicht eindeutig sein. Wir präzisieren hier diese Tatsache dahin, dass bei jeder stetigen Abbildung einer Strecke auf ein Quadrat diejenigen Punkte des Quadrates, denen mindestens zwei Punkte der Strecke entsprechen, eine Menge von der Mächtigkeit des Kontinuums bilden, und dass es eine im Quadrate überall dichtliegende Menge von Punkten gibt, denen mindestens drei Punkte der Strecke entsprechen. — Wir zeigen endlich, wie durch geringfügige Modifikation die Peano'sche Abbildung so abgeändert werden kann, dass einem Punkte des Quadrates niemals mehr als drei Punkte der Strecke entsprechen, und wie im engsten Anschluss an ein Verfahren, das nach Cantor zur Herstellung einer eineindeutigen Zuordnung von Strecke und Quadrat verwendet werden kann, sich auch eine *stetige* Abbildung der Strecke aufs Quadrat gewinnen lässt — eine Abbildung, von der H. Lebesgue einen Spezialfall angegeben hat.

§ 1.

Seit G. Cantor weiss man, dass eine eineindeutige Zuordnung zwischen den Punkten einer Strecke und den Punkten eines Quadrates möglich ist. Bezeichnet, wie üblich, c die Mächtigkeit des Linearkontinuums (d. i. die Mächtigkeit der Menge, die aus allen Punkten einer Strecke besteht), so drückt sich die angeführte Tatsache in Cantors Mächtigkeitskalkül durch die Gleichung aus:

$$c^2 = c.$$

Diese Gleichung kann man, von einem Gedanken Cantors Gebrauch machend bekanntlich folgendermassen beweisen. Sei e irgend eine natürliche Zahl $\geqq 2$. Die Menge aller systematischen Brüche von der Grundzahl e:

$$\sum_{i=1}^{\infty} \frac{e_i}{e^i} \quad (e_i \text{ eine der Zahlen } 0, 1, 2, \ldots, e-1) \tag{1}$$

hat die Mächtigkeit c, da ihre Elemente, abgesehen von einer abzählbaren Teilmenge, eineindeutig den reellen Zahlen von 0 bis 1 entsprechen. Daher hat die durch Multiplikation dieser Menge mit sich selbst entstehende Menge, das ist die Menge aller Paare unsrer systematischen Brüche, die Mächtigkeit c^2. Die Zuordnung, die entsteht, indem man dem systematischen Bruche (1) das Paar:

$$\left(\sum_{i=1}^{\infty} \frac{e_{2i-1}}{e^i}, \quad \sum_{i=1}^{\infty} \frac{e_{2i}}{e^i} \right)$$

zuordnet, ist eineindeutig. Damit ist der Beweis erbracht.

Wählt man für die Strecke speziell die Strecke $0 \leqq t \leqq 1$ einer t-Achse, für das Quadrat speziell das Quadrat $0 \leqq x \leqq 1$, $0 \leqq y \leqq 1$ einer x-y-Ebene, so kann die bewiesene Tatsache auch so ausgesprochen werden: Es gibt zwei für $0 \leqq t \leqq 1$ eindeutig definierte Funktionen $\varphi(t)$ und $\psi(t)$, sodass, wenn

$$x = \varphi(t), \quad y = \psi(t) \tag{2}$$

gesetzt wird, und t die Werte $0 \leqq t \leqq 1$ durchläuft, der Punkt (x, y) jede Lage in unserem Quadrate ein und nur einmal annimmt.

Es ist nun eine wohlbekannte Tatsache, *dass die Funktionen* $\varphi(t)$ *und* $\psi(t)$

nicht beide stetig sein können. Ein besonders einfacher Beweis dieser Tatsache scheint mir der folgende zu sein.

Wären sowohl $\varphi(t)$ als $\psi(t)$ stetig, so müsste bekanntlich durch die Abbildung (2) jeder abgeschlossenen Punktmenge der t-Achse eine abgeschlossene Punktmenge im Quadrate zugeordnet sein; es würde also sowohl der Strecke (*) $<0, \frac{1}{2}>$ als auch der Strecke $<\frac{1}{2}, 1>$ eine abgeschlossene Punktmenge des Quadrates entsprechen, und diese beiden abgeschlossenen Mengen hätten nur einen Punkt (den dem Werte $t=\frac{1}{2}$ entsprechenden) gemeinsam. Es wäre also das Quadrat zerlegt in zwei abgeschlossene Mengen, deren jede aus unendlich vielen Punkten besteht, und die nur einen Punkt gemeinsam haben. Es genügt also folgenden Satz zu beweisen:

Es ist unmöglich, das Quadrat in zwei abgeschlossene Mengen zu zerlegen, deren jede mehr als einen Punkt enthält, und die nur einen Punkt gemeinsam haben.

In der Tat, seien M_1 und M_2 diese beiden abgeschlossenen Mengen, P_0 ihr gemeinsamer Punkt. Da sowohl M_1 als M_2 noch andere Punkte als P_0 enthalten, kann stets ein Punkt P_1 in M_1 und ein Punkt P_2 in M_2 so gefunden werden, dass die Strecke $P_1 P_2$ den Punkt P_0 nicht enthält. Man teile nun die Punkte der Strecke $P_1 P_2$ durch folgenden Schnitt in zwei Klassen: in die erste Klasse nehme man alle Punkte P auf derart, dass die Strecke $P_1 P$ nur aus Punkten von M_1 besteht; es gehören ihr alle hinreichend nahe von P_1 gelegenen Punkte an, da andernfalls P_1 Häufungspunkt von M_2 wäre und mithin auch zu M_2 gehörte, entgegen der Annahme; in die zweite Klasse hat man aufzunehmen alle Punkte Q der Strecke $P_1 P_2$ derart, dass die Strecke $P_1 Q$ mindestens einen Punkt von M_2 enthält; da alle hinlänglich nahe an P_2 gelegenen Punkte zu M_2 gehören, so gehören sie zur zweiten Klasse. Sei nun P_3 der Punkt der Strecke $P_1 P_2$ der diesen Schnitt hervorruft. Er ist Häufungspunkt von M_1 und M_2, gehört daher, da diese Mengen abgeschlossen sind, sowohl zu M_1 als zu M_2, was der Voraussetzung widerspricht, dass P_0 der einzige gemeinsame Punkt von M_1 und M_2 ist. Damit ist der Beweis erbracht.

(*) Im Anschluss an G. Kowalewski (*Grundzüge der Differential- und Integralrechnung*, S. 11) wird im Folgenden eine Strecke mit $<a, b>$ bezeichnet, wenn ihre Endpunkte dazugehören, mit (a, b), bzw. $<a, b)$ oder $(a, b>$, wenn keiner bzw. nur einer ihrer Endpunkte dazu gehört.

Ist so die bekannte Tatsache erwiesen, dass $\varphi(t)$ und $\psi(t)$ nicht beide stetig sein können, so entsteht die Frage, ob nicht wenigstens eine dieser beiden Funktionen stetig sein kann. Wir wollen zeigen, dass diese Frage mit ja zu beantworten ist, ***indem wir eine eineindeutige Beziehung*** (2) ***zwischen der Strecke*** $<0, 1>$ ***der t-Axe und dem Einheitsquadrat der x-y-Ebene herstellen, bei der*** $\varphi(t)$ ***stetig ist*** d. h. bei der die Abscisse des Quadratpunktes stetige Funktion von t ist; die Ordinate ist dann notwendig unstetig (*).

Gehen wir aus von der Bemerkung, dass der in unserem Quadrate enthaltenen Strecke einer Geraden $x = \text{const}$ bei einer solchen Abbildung auf der t-Axe stets eine abgeschlossene Menge, natürlich von der Mächtigkeit des Kontinuums entspricht; in der Tat ist dies die Menge aller Punkte, in denen die Funktion $\varphi(t)$ einen vorgeschriebenen Wert hat, und da $\varphi(t)$ stetig sein soll, so ist diese Menge abgeschlossen.

Wir können nun offenbar unsere Aufgabe durch die folgende ersetzen: eine Funktion $\varphi(t)$ von t anzugeben, die im Intervalle $<0, 1>$ der t-Axe stetig ist, nur Werte annimmt, die der Ungleichung $0 \leqq x \leqq 1$ genügen, und zwar jeden dieser Ungleichung genügenden Wert in einer Punktmenge von der Mächtigkeit des Kontinuums annimmt. In der Tat brauchen wir nur den im Quadrate enthaltenen Punkten der Geraden $x = c$ eineindeutig die Punkte der x-Axe zuzuordnen, wo $\varphi(t) = c$, deren Menge ja nach Voraussetzung die Mächtigkeit des Kontinuums hat, und haben damit die gewünschte Abbildung der Strecke auf das Quadrat.

Wir gehen also daran, die Funktion $\varphi(t)$ anzugeben: In einer beliebigen nirgends dichten perfekten Menge P erteilen wir ihr den Wert $\frac{1}{2}$. Die punktfreien Intervalle von P teilen wir in zwei Klassen, die Intervalle der einen Klasse bezeichnen wir mit d_0, die der andern Klasse mit d_1.

Wir nehmen nun nach Belieben eine ganz im Innern der Intervalle d_0 gelegene nirgends dichte perfekte Menge P_0, so wie eine ganz im Innern der Intervalle d_1 gelegene nirgends dichte perfekte Menge P_1 an, so dass also P_0 und P_1 unter einander sowie mit P keinen Punkt gemein haben; daraus folgt sofort, dass nur endlich viele Intervalle d_0 bzw. d_1 Punkte von P_0 bzw. P_1 enthalten können. In den Punkten von P_0 erteilen wir $\varphi(t)$ den Wert $\frac{1}{4}$, in den Punkten von P_1 den Wert $\frac{3}{4}$.

(*) Eine solche Beziehung kann auch in einfacher Weise durch Modifikation der bekannten PEANO'schen Abbildung gewonnen werden.

Sodann teilen wir die Teilintervalle, in die die Intervalle d_0 durch die Punkte von P_0 zerlegt werden, in zwei Klassen, in die Intervalle d_{00} und die Intervalle d_{01} (*), und zwar so, dass alle an einen Punkt von P grenzenden Teilintervalle zu den Intervallen d_{01} gehören. In ähnlicher Weise werden die Teilintervalle, in die die Intervalle d_1 durch die Punkte von P_1 zerlegt werden, in die Intervalle d_{10} und d_{11} geschieden, wobei speziell die an einen Punkt von P grenzenden Teilintervalle sämmtlich zu den Intervallen d_{10} gehören sollen.

Wir gehen gleich allgemein vor: Seien schon die Intervalle $d_{i_1 i_2 \dots i_n}$ mit n Indizes 0 und 1 definiert, ebenso die Mengen $P_{i_1 i_2 \dots i_{n-1}}$ mit $n-1$ solchen Indizes, und zwar gemäss den folgenden Regeln:

1. Es liegt jedes Intervall $d_{i_1 i_2 \dots i_{k-1} i_k}$ $(k \leqq n)$ in einem Intervall $d_{i_1 i_2 \dots i_{k-1}}$ (mit denselben $k-1$ ersten Indizes).

2. Es liegt immer die Menge $P_{i_1 i_2 \dots i_k}$ $(k < n)$ im Innern der Intervalle $d_{i_1 i_2 \dots i_k}$ und es werden durch sie diese Intervalle in die Intervalle $d_{i_1 i_2 \dots i_k 0}$ und $d_{i_1 i_2 \dots i_k 1}$ zerlegt.

3. Jede Menge $P_{i_1 i_2 \dots i_k}$ $(k < n)$ ist perfekt, nirgends dicht, keine zwei dieser Mengen haben einen Punkt gemein.

4. Stösst ein Intervall $d_{i_1 i_2 \dots i_k}$ $(k \leqq n)$ an einen Punkt einer Menge $P_{j_1 j_2 \dots j_l}$ $(l < k)$, so stimmen die Indizes $i_1\, i_2 \dots i_k$ mit den k ersten Stellen einer der beiden Dualbruchentwicklungen von

$$\frac{j_1}{2} + \frac{j_2}{2^2} + \cdots + \frac{j_l}{2^l} + \frac{1}{2^{l+1}}$$

überein. — Hieraus folgert man leicht, dass für ein Intervall $d_{i_1 i_2 \dots i_k}$ $(k \leqq n)$ nur folgende zwei Möglichkeiten bestehen: (α) seine beiden Endpunkte gehören zur selben Menge $P_{j_1 j_2 \dots j_l}$ $(l < k)$; (β) einer seiner Endpunkte gehört zur Menge $P_{i_1 i_2 \dots i_{k-1}}$, der andere zu einer Menge $P_{j_1 j_2 \dots j_l}$ $(l < k-1)$. — Wir nehmen nun weiter an:

5. Es gibt für jedes $k \leqq n$ nur endlich viele Intervalle $d_{i_1 i_2 \dots i_k}$ der Art (β).

Wir definieren sodann, was unter den Mengen $P_{i_1 i_2 \dots i_n}$ mit n Indizes, und sodann was unter den Intervallen $d_{i_1 i_2 \dots i_n i_{n+1}}$ mit $n+1$ Indizes zu verstehen ist.

Die Menge $P_{i_1 i_2 \dots i_n}$ ist irgend eine nirgends dichte perfekte Menge, die ganz im Inneren der Intervalle $d_{i_1 i_2 \dots i_n}$ liegt (mithin mit keiner anderen Menge P

(*) Auch jedes Intervall d_0, das keinen Punkt von P_0 enthält, ist entweder unter die Intervalle d_{00} oder unter die Intervalle d_{01} aufzunehmen.

mit n oder weniger Indizes einen Punkt gemein hat und daher auch nur in endlich vielen Intervallen $d_{i_1 i_2 \dots i_n}$ Punkte haben kann) und nur der Bedingung zu genügen hat, dass jedes Intervall $d_{i_1 i_2 \dots i_n}$ der Art (β) in seinem Innern wirklich einen Punkt (und mithin unendlich viele) dieser Menge enthält. *In allen Punkten der Menge $P_{i_1 i_2 \dots i_n}$ erteilen wir der Funktion $\varphi(t)$ den Wert:*

$$\frac{i_1}{2} + \frac{i_2}{2^2} + \cdots + \frac{i_n}{2^n} + \frac{1}{2^{n+1}}.$$

Die Menge der Teilintervalle, in die die Intervalle $d_{i_1 i_2 \dots i_n}$ durch die Punkte der Menge $P_{i_1 i_2 \dots i_n}$ zerlegt werden, teilen wir nun in zwei Teilmengen: die Intervalle $d_{i_1 i_2 \dots i_n 0}$ und $d_{i_1 i_2 \dots i_n 1}$ gemäss folgender Regel (*):

Stösst eines dieser Teilintervalle, etwa $d_{i_1 i_2 \dots i_n i_{n+1}}$ an einen Punkt einer Menge $P_{j_1 j_2 \dots j_l}$ $(l \leqq n)$, so stimmen die Indizes $i_1 i_2 \dots i_n i_{n+1}$ mit den $n+1$ ersten Stellen einer der beiden Dualbruchentwicklungen von

$$\frac{j_1}{2} + \frac{j_2}{2^2} + \cdots + \frac{j_l}{2^l} + \frac{1}{2^{l+1}} \tag{3}$$

überein. — Es sei bemerkt, dass sich diese Forderung erfüllen lässt. In der Tat kann wegen der Bedingungen 4 und 5 für ein Intervall $d_{i_1 i_2 \dots i_n i_{n+1}}$ wieder nur eine der zwei Möglichkeiten bestehen: (α) seine beiden Endpunkte gehören zur selben Menge $P_{j_1 j_2 \dots j_l}$ $(l \leqq n)$; (β) einer seiner Endpunkte gehört zur Menge $P_{i_1 i_2 \dots i_n}$, der andere zu einer Menge $P_{j_1 j_2 \dots j_l} (l < n)$. Jedenfalls müssen nach der oben angeführten Bedingung 4, da ja das Intervall $d_{i_1 i_2 \dots i_n i_{n+1}}$ ganz in einem der Intervalle $d_{i_1 i_2 \dots i_n}$ liegt, im Falle $l < n$ die Indizes $i_1 i_2 \dots i_n$ mit den n ersten Stellen einer der beiden Dualbruchentwicklungen von (3) übereinstimmen. Für i_{n+1} ist dann eben die $(n+1)$-te Stelle der betreffenden Dualbruchentwicklung von (3) zu wählen. Im Falle $l = n$ hingegen kann für i_{n+1} nach Belieben 0 oder 1 gewählt werden.

Endlich erkennt man ohneweiteres, dass es nur endlich viele Intervalle $d_{i_1 i_2 \dots i_n i_{n+1}}$ der Art (β) gibt, so dass alle Eigenschaften, die wir als für die Intervalle $d_{i_1 i_2 \dots i_k}$ $(k \leqq n)$ giltig angenommen haben, auch noch für $k = n+1$ bestehen. Dieses Verfahren kann also beliebig fortgesetzt werden.

Es sind hiemit durch Induktion für irgend ein System von n Indizes 0 oder 1 die Mengen $P_{i_1 i_2 \dots i_n}$ definiert und es gehört mithin zu jedem zwischen

(*) Auch jedes Intervall $d_{i_1 i_2 \dots i_n}$, das keinen Punkt von $P_{i_1 i_2 \dots i_n}$ enthält, ist unter die Intervalle $d_{i_1 i_2 \dots i_n 0}$ oder unter die Intervalle $d_{i_1 i_2 \dots i_n 1}$ aufzunehmen.

0 und 1 gelegenen Wert, der einer endlichen Dualbruchentwicklung

$$\frac{i_1}{2} + \frac{i_2}{2^2} + \cdots + \frac{i_n}{2^n} + \frac{1}{2^{n+1}}$$

fähig ist (einschliesslich des Wertes $\frac{1}{2}$, ausschliesslich der Werte 0 und 1) eine nirgends dichte perfekte Punktmenge, die also die Mächtigkeit des Kontinuums hat, in der $\varphi(t)$ gleich diesem Werte ist.

Alle diese Mengen $P_{i_1 i_2 \ldots i_n}$ zusammen bilden eine Menge erster Kategorie, deren Komplementärmenge also immer noch die Mächtigkeit des Kontinuums hat; in den Punkten dieser Komplementärmenge wird nun $\varphi(t)$ alle Werte, die nicht einer endlichen Dualbruchentwicklung fähig sind, anzunehmen haben. Wir gehen folgendermassen vor:

Jeder zwischen 0 und 1 gelegene Wert, der keiner endlichen Dualbruchentwicklung fähig ist, sowie jeder der Werte 0 und 1 kann auf eine und nur eine Weise in der Form geschrieben werden

$$\frac{i_1}{2} + \frac{i_2}{2^2} + \cdots + \frac{i_n}{2^n} + \cdots \tag{3a}$$

wo die $i_1, i_2, \ldots, i_n, \ldots$ nur 0 oder 1 bedeuten. In allen Punkten, die sowohl einem Intervalle d_{i_1}, als auch einem Intervalle $d_{i_1 i_2}, \ldots$, als auch einem Intervalle $d_{i_1 i_2 \ldots i_n}, \ldots$ angehören, erteilen wir der Funktion $\varphi(t)$ den Wert (3^a).

Und bemerken wir gleich, dass wir unser obiges Verfahren so einrichten können, dass die Menge aller dieser Punkte die Mächtigkeit des Kontinuums hat. In der Tat, wir wählen zwei Intervalle d_0 aus und bezeichnen sie mit $\delta_0^{(0)}$ und $\delta_0^{(1)}$, und ebenso zwei Intervalle d_1, die wir mit $\delta_1^{(0)}$ und $\delta_1^{(1)}$ bezeichnen; wir setzen fest, dass in jedem der beiden Intervalle $\delta_0^{(0)}$ und $\delta_0^{(1)}$ die Menge P_0, in jedem der beiden Intervalle $\delta_1^{(0)}$ und $\delta_1^{(1)}$ die Menge P_1 Punkte enthalten soll. Von den Teilintervallen, in die $\delta_{i_1}^{(k_1)}$ $(k_1, i_1 = 0, 1)$ durch P_{i_1} zerlegt ist, betrachten wir zwei Intervalle $d_{i_1 0}$ und zwei Intervalle $d_{i_1 1}$, die wir mit $\delta_{i_1 0}^{(k_1 0)}$ und $\delta_{i_1 0}^{(k_1 1)}$, bzw. $\delta_{i_1 1}^{(k_1 0)}$ und $\delta_{i_1 1}^{(k_1 1)}$ bezeichnen; wieder setzen wir fest, dass in jedem dieser Intervalle $\delta_{i_1 i_2}^{(k_1 k_2)}$ die Menge $P_{i_1 i_2}$ Punkte enthalte. In dieser Weise fortfahrend gelangen wir zu Intervallen $\delta_{i_1 i_2 \ldots i_n}^{(k_1 k_2 \ldots k_n)}$, derart dass in jedem Intervalle $\delta_{i_1 i_2 \ldots i_n}^{(k_1 k_2 \ldots k_n)}$ die vier Intervalle $\delta_{i_1 i_2 \ldots i_n 0}^{(k_1 k_2 \ldots k_n 0)}$, $\delta_{i_1 i_2 \ldots i_n 0}^{(k_1 k_2 \ldots k_n 1)}$, $\delta_{i_1 i_1 \ldots i_n 1}^{(k_1 k_2 \ldots k_n 0)}$, $\delta_{i_1 i_2 \ldots i_n 1}^{(k_1 k_2 \ldots k_n 1)}$ liegen. Bedeutet nun $k_1, k_2, \ldots, k_n, \ldots$ irgend eine unendliche Folge von Ziffern 0 und 1, so können wir die Folge der Intervalle: $\delta_{i_1}^{(k_1)}, \delta_{i_1 i_2}^{(k_1 k_2)}, \ldots, \delta_{i_1 i_2 \ldots i_n}^{(k_1 k_2 \ldots k_n)}, \ldots$ betrachten. Es gibt einen allen Intervallen dieser Folge gemeinsamen Punkt, der mithin der von uns betrachteten Punktmenge angehört, in deren Punkten $\varphi(t)$ den Wert (3^a) hat. Es ist also jeder Folge $k_1, k_2, \ldots, k_n, \ldots$ ein Punkt unsrer Menge zugeordnet, und zwar verschiedenen Folgen verschiedene Punkte. Da aber die Menge aller Folgen $k_1, k_2, \ldots, k_n, \ldots$, die Mächtigkeit des Kontinuums hat, so hat auch die betrachtete Punktmenge die Mächtigkeit des Kontinuums, wie behauptet.

Die Funktion $\varphi(t)$ ist nun für alle Punkte des Intervalles $<0, 1>$ definiert; denn ein Punkt dieses Intervalles gehört entweder einer Menge $P_{j_1 j_2 \ldots j_l}$ an, und dann ist in ihm der Funktionswert $\varphi(t)$ gegeben durch (3), oder er gehört einem Intervalle d_{i_1}, einem Intervalle $d_{i_1 i_2}, \ldots$, einem Intervalle $d_{i_1 i_2 \ldots i_n}, \ldots$ an, und dann ist in ihm der Funktionswert $\varphi(t)$ gegeben durch (3^a); alle Funktionswerte genügen der Ungleichung $0 \leqq \varphi(t) \leqq 1$ und jeder dieser Ungleichung genügende Wert wird in einer Punktmenge von der Mächtigkeit des Kontinuums angenommen.

Es bleibt nun einzig und allein noch die Stetigkeit der Funktion $\varphi(t)$ zu beweisen.

Sei zunächst t_0 ein Punkt des Intervalles $<0, 1>$, der keiner Menge $P_{i_1 i_2 \ldots i_n}$ angehört. Wie eben erwähnt, liegt er dann in einem Intervalle d_{i_1}, in einem Intervalle $d_{i_1 i_2}$, etc., und es ist:

$$\varphi(t_0) = \frac{i_1}{2} + \frac{i_2}{2^2} + \cdots + \frac{i_n}{2^n} + \cdots \tag{3^b}$$

Betrachten wir nun die Werte von $\varphi(t)$ in sämmtlichen Punkten desjenigen Intervalles $d_{i_1 i_2 \ldots i_n}$, in dem t_0 liegt. Ein solcher Punkt gehört entweder zu einer unserer Mengen P oder zu keiner derselben. Im ersten Falle muss die betreffende Menge P, da sie einen Punkt eines Intervalles $d_{i_1 i_2 \ldots i_n}$ enthält, mindestens n Indizes haben, und zwar müssen ihre ersten n Indizes übereinstimmen mit $i_1, i_2, \ldots, i_n$; also: $P_{i_1 i_2 \ldots i_n j_{n+1} \ldots j_{n+m}}$. Der Funktionswert $\varphi(t)$ in einem solchen Punkte ist also:

$$\varphi(t) = \frac{i_1}{2} + \frac{i_2}{2^2} + \cdots + \frac{i_n}{2^n} + \frac{j_{n+1}}{2^{n+1}} + \cdots + \frac{j_{n+m}}{2^{n+m}} + \frac{1}{2^{n+m+1}}$$

und somit, nach (3^b):

$$|\varphi(t) - \varphi(t_0)| \leqq \frac{1}{2^n}. \tag{4}$$

Im zweiten Falle gehört der Punkt (der als Punkt eines Intervalles $d_{i_1 i_2 \ldots i_n}$ auch einem Intervalle d_{i_1} einem Intervalle $d_{i_1 i_2}, \ldots$, einem Intervalle $d_{i_1 i_2 \ldots i_{n-1}}$ angehört) des weiteren einem Intervalle $d_{i_1 i_2 \ldots i_n j_{n+1}}, \ldots$, einem Intervalle $d_{i_1 i_2 \ldots i_n j_{n+1} \ldots j_{n+m}}, \ldots$ an. Der Funktionswert in einem solchen Punkte ist also:

$$\varphi(t) = \frac{i_1}{2} + \frac{i_2}{2^2} + \cdots + \frac{i_n}{2^n} + \frac{j_{n+1}}{2^{n+1}} + \cdots + \frac{j_{n+m}}{2^{n+m}} + \cdots$$

und aus (3^b) folgt wiederum die Ungleichung (4).

Ferner ist der Punkt t_0, der ja keiner Menge P angehören soll, *innerer* Punkt des Intervalles $d_{i_1 i_2 \ldots i_n}$, da die Endpunkte dieses Intervalles einer Menge P angehören (*). Für jedes n gibt es also ein den Punkt t_0 im Innern enthaltendes Intervall, in dem durchwegs die Ungleichung (4) gilt. Damit ist die Stetigkeit im Punkte t_0 nachgewiesen, falls t_0 keiner der Mengen P angehört.

Gehört nun aber t_0 etwa zur Menge $P_{i_1 i_2 \ldots i_n}$, so haben wir:

$$\varphi(t_0) = \frac{i_1}{2} + \frac{i_2}{2^2} + \cdots + \frac{i_n}{2^n} + \frac{1}{2^{n+1}}. \tag{5}$$

Grenzt dann t_0 auf einer Seite an ein punktfreies Intervall von $P_{i_1 i_2 \ldots i_n}$, so grenzt t_0 auf dieser Seite für jedes m auch an ein Intervall d mit $n+m$ Indizes. Ist $d_{j_1 j_2 \ldots j_{n+m}}$ dieses Intervall, so müssen $j_1, j_2, \ldots, j_{n+m}$, zufolge unsrer Festsetzungen übereinstimmen mit den $n+m$ ersten Stellen einer der beiden Dualbruchentwicklungen des Funktionswertes (5). Für jeden dem Intervalle $d_{j_1 j_2 \ldots j_{n+m}}$ angehörenden Wert t beginnt aber, wie wir eben vorhin sahen, die Dualbruchentwicklung des Funktionswertes $\varphi(t)$ mit den Stellen $j_1, j_2, \ldots, j_{n+m}$. Es ist daher im Ganzen Intervalle $d_{j_1 j_2 \ldots j_{n+m}}$:

$$|\varphi(t) - \varphi(t_0)| \leqq \frac{1}{2^{n+m}}. \tag{4^a}$$

Häufen sich aber auf einer Seite von t_0 Punkte von $P_{i_1 i_2 \ldots i_n}$, so gibt es zu jedem m auf dieser Seite von t_0 eine einseitige Umgebung von t_0, in der kein Punkt einer Menge P mit mehr als n und nicht mehr als $n+m$ Indizes enthalten ist. Alle in diese einseitige Umgebung von t_0 fallenden Intervalle $d_{j_1 j_2 \ldots j_{n+m}}$ grenzen dann an zwei Punkte von $P_{i_1 i_2 \ldots i_n}$; es müssen also

(*) Eine Ausnahme hievon tritt nur ein, wenn $t_0 = 0$ oder $= 1$ ist; in dem Falle ist t_0 auch Endpunkt des Intervalles $d_{i_1 i_2 \ldots i_n}$. In dem Falle ist aber auch nur die rechtsseitige bzw. linksseitige Stetigkeit von $\varphi(t)$ nachzuweisen, was durch unsere Ueberlegungen geleistet ist.

die Indizes $j_1, j_2, \ldots, j_{n+m}$ übereinstimmen mit den $n+m$ ersten Stellen einer der beiden Dualbruchentwicklungen von (5), woraus man wieder entnimmt, dass in dieser einseitigen Umgebung von t_0 die Ungleichung (4^a) gilt. Es liegt also, wenn t_0 zu $P_{i_1 i_2 \ldots i_n}$ gehört, für jedes m auf beiden Seiten von t_0 ein Intervall, in dem (4^a) gilt; damit ist auch in diesem Falle die Stetigkeit von $\varphi(t)$ nachgewiesen.

§ 2.

Von einem gänzlich neuen Gesichtspunkte aus wurde die Abbildung einer Strecke auf ein Quadrat durch Herrn G. PEANO betrachtet. Während, wie wir gesehen haben, eine eineindeutige Zuordnung zwischen den Punkten einer Strecke und eines Quadrates notwending unstetig ist, gelang es Herrn PEANO, unter Verzichtleistung auf die Eindeutigkeit der Umkehrung eine eindeutige und *stetige* Abbildung der Strecke auf das Quadrat anzugeben. Sein Resultat kann so ausgesprochen werden: Es gibt zwei für $0 \leqq t \leqq 1$ eindeutig definierte und stetige Funktionen $\varphi(t)$ und $\psi(t)$, sodass, wenn:

$$x = \varphi(t), \quad y = \psi(t) \tag{6}$$

gesetzt wird, und t die Werte $0 \leqq t \leqq 1$ durchläuft, der Punkt (x, y) jede Lage im Quadrate $0 \leqq x \leqq 1$, $0 \leqq y \leqq 1$ mindestens einmal annimmt.

Dabei ist es, weil, wie erwähnt, die Umkehrung der Abbildung (6) nicht eindeutig sein kann, ganz unmöglich, dass jede Lage nur ein einzigesmal angenommen wird; es muss vielmehr mindestens eine Lage öfters als einmal angenommen werden. Geometrisch gesprochen: die stetige Kurve (6) muss durch mindestens einen Punkt des Quadrates mindestens zweimal hindurch gehen. Diesen Satz nun wollen wir im Folgenden wesentlich präzisieren. Wir wollen nämlich zeigen:

Sind $\varphi(t)$ und $\psi(t)$ im Intervalle $<0, 1>$ stetig, und geht die Kurve (6) *durch jeden Punkt des Quadrates $0 \leqq x \leqq 1$, $0 \leqq y \leqq 1$ hindurch, so gibt es eine in diesem Quadrate überall dicht liegende Menge von Punkten, durch deren jeden die Kurve* (6) *mindestens dreimal hindurch geht.*

Bemerken wir zunächst, dass wegen der Stetigkeit der beiden Funktionen $\varphi(t)$ und $\psi(t)$ jeder abgeschlossenen Menge der Strecke auch eine abgeschlossene Menge des Quadrates entspricht; sucht man umgekehrt zu einer abgeschlossenen Menge M des Quadrates die Gesammtheit aller Punkte der Strecke, die durch (6) auf einen Punkt von M abgebildet werden, so bildet auch diese Gesammtheit eine abgeschlossene Menge.

Betrachten wir auf der Strecke $\langle 0, 1 \rangle$ der t-Axe ein beliebiges Intervall $\langle p, q \rangle$. Die den Punkten von (*) $\langle p, q \rangle$ entsprechende abgeschlossene Punktmenge des Quadrates werde mit M_0 bezeichnet. Die den Punkten von $\langle 0, p \rangle$ und $\langle q, 1 \rangle$ entsprechende abgeschlossene Punktmenge des Quadrates heisse M_1.

Es kann sich zunächst der Fall ereignen, dass sämmtliche am Umfange des Quadrates liegende Punkte ($x = 0$, $0 \leqq y \leqq 1$; $x = 1$, $0 \leqq y \leqq 1$; $0 \leqq x \leqq 1$, $y = 0$; $0 \leqq x \leqq 1$, $y = 1$) sowohl zu M_0 als zu M_1 gehören. Bis auf höchstens zwei Punkte, nämlich die etwa den beiden Punkten p und q der Strecke entsprechenden, sind dies dann durchwegs Punkte, durch deren jeden die Kurve (6) mindestens zweimal hindurchgeht, erstens für einen Wert von t, der der Strecke (p, q) angehört, zweitens für einen Wert von t, der einer der beiden Strecken $\langle 0, p)$ und $(q, 1 \rangle$ angehört.

Wir wählen auf dem Quadratumfange eine Strecke S, die weder den dem Punkte p, noch den dem Punkte q entsprechenden Punkt enthält; sie besteht dann aus lauter Punkten, durch die die Kurve (6) mindestens zweimal hindurchgeht. Suchen wir nun auf der t-Axe die Gesammtheit der Punkte, die durch (6) auf die Punkte von S abgebildet werden, so erhalten wir eine in der Strecke (p, q) enthaltene abgeschlossene Menge N_0 und eine in den beiden Strecken $\langle 0, p)$ und $(q, 1 \rangle$ enthaltene abgeschlossene Menge N_1. Wir behaupten: es kann sich nicht jede der beiden Mengen N_0 und N_1 auf eine Strecke reduzieren. In der Tat, sei p_0 ein Punkt von S. Wir betrachten eine Folge von inneren Punkten des Quadrates: $p_1, p_2, \ldots, p_i, \ldots$ die gegen p_0 konvergieren. Zu jedem Punkt p_i dieser Folge suchen wir auf der t-Axe die Menge aller Punkte, die durch (6) auf p_i abgebildet werden; diese Menge werde mit P_i bezeichnet, die Vereinigungsmengen aller Mengen P_i mit Q. Ein Punkt der t-Axe in dessen Umgebung, möge sie auch noch so klein gewählt sein, Punkte aus unendlich vielen verschiedenen Mengen P_i liegen (solche Punkte sind sicher vorhanden und sind Häufungspunkte von Q), muss wegen der Stetigkeit der Abbildung (6) auf den Punkt p_0 abgebildet werden, und

(*) Ist $p = 0$ bzw. $q = 1$, so ist hier wie im Folgenden $\langle 0, p \rangle$, bzw. $\langle q, 1 \rangle$ wegzulassen.

mithin entweder der Menge N_0 oder der Menge N_1 angehören. Da andrerseits alle Punkte p_i innere Punkte des Quadrates waren, also nicht der Strecke S angehören, so gehören die Punkte von Q weder zu N_0 noch zu N_1. Häufungspunkte von Q, die auch zu N_0 oder N_1 gehören, können also, wenn sowohl N_0 als N_1 sich auf je eine Strecke reduzieren, nur die Endpunkte dieser Strecken sein. Das aber ist ein Widerspruch, da, wie wir eben gesehen haben, dann sämmtliche Punkte von S bei der Abbildung (6) aus einem der vier Endpunkte von N_0 und N_1 entstehen müssten.

Mindestens eine der beiden abgeschlossenen Mengen N_0 und N_1 reduziert sich also nicht auf eine Strecke; sei dies etwa N_0. Dann kann aber N_0 in zwei abgeschlossene Menge N'_0 und N''_0 gespalten werden, die keinen Punkt gemeinsam haben. Die Menge N_0 wird durch die Abbildung (6) in die Strecke S übergeführt; dabei mögen die Teilmengen N'_0 und N''_0 in die — wie wir wissen — abgeschlossenen Menge S' und S'' übergeführt werden, die zusammen die ganze Menge S ergeben müssen. Nun kann aber S, als Strecke, nicht in zwei abgeschlossene Mengen ohne gemeinsamen Punkt zerspalten werden; also müssen S' und S'' einen Punkt gemeinsam haben; er heisse p_0. *Durch diesen Punkt p_0 nun geht die Kurve* (6) *mindestens dreimal hindurch*, nämlich, wie wir eben gesehn haben, für einen der Menge N'_0 und für einen der Menge N''_0 angehörenden Wert von t, und, wie wir von vornherein wussten, für einen der Menge N_1 angehörenden Wert von t.

Falls also alle Punkte des Quadratumfanges sowohl zu M_0 als zu M_1 gehören, enthält die Strecke $<p, q>$ gewiss einen Wert t, der einen mindestens dreifachen Punkt der Kurve (6) *liefert.*

Wir kommen nun zum Falle, dass nicht sämmtliche Punkte des Quadratumfanges sowohl zu M_0 als zu M_1 gehören, und zwar nehmen wir zunächst an, es gebe auf dem Umfange einen nicht zu M_0 gehörigen Punkt.

Wir teilen das Quadrat durch die Geraden $x = \frac{k}{2^n}$ $(k = 1, 2, \ldots, 2^n - 1)$, $y = \frac{k}{2^n}$ $(k = 1, 2, \ldots, 2^n - 1)$ in 2^{2n} Teil-Quadrate von denen wir diejenigen betrachten, die wenigstens einen Punkt von M_0 enthalten (im Innern oder am Rande). Alle diese Quadrate zusammen genommen bedecken eine zusammenhängende Polygonfläche Π_n, von der wir nur das äussere Begrenzungspolygon weiter betrachten wollen. Da wir angenommen haben, dass nicht der gesammte Umfang des Quadrates zu M_0 gehört, und da M_0 abgeschlossen ist, sieht man sofort, dass für hinlänglich grosse n dieses äussere Begrenzungspolygon nicht ganz mit dem Umfange des Quadrates zusammenfallen kann, dass vielmehr einzelne seiner Strecken ins Innere des Quadrates eintreten müssen. Die Gesammtheit der Punkte auf den das Innere des Quadrates durchziehenden Seiten unseres äusseren Begrenzungspolygons wollen wir mit R_n bezeichnen; R_n ist also eine abgeschlossene und zusammenhängende Punktmenge (*).

Nun bezeichnen wir mit R die Grenzmenge aller Mengen R_n, die folgender Massen definiert ist (**): ein Punkt π gehört zu R, wenn bei beliebigem positiven r und beliebigem Index N in dem mit dem Radius r um π beschriebenen Kreise ein Punkt einer Menge R_n liegt, deren Index $\geqq N$ ist. Die Menge R ist dann offenbar abgeschlossen, wir wollen beweisen, dass sie auch zusammenhängend ist.

Zu dem Zwecke berufen wir uns auf folgenden, von L. Zoretti bewiesenen Satz (***): Die Grenzmenge R einer Folge abgeschlossener zusammenhängender Mengen R_n ist, falls sie sich nicht auf einen einzigen Punkt reduziert, selbst zusammenhängend, wenn es einen Punkt π von folgender Eigenschaft gibt: zu jedem positiven r gehört ein Index N, so dass für $n \geqq N$ *sämmtliche* Mengen R_n in dem mit dem Radius r um π beschriebenen Kreise Punkte besitzen.

Wir haben also, um sicher sein zu können, dass R zusammenhängend ist, nur nachzuweisen, dass es einen Punkt π der eben genannten Eigenschaft gibt. Nun war R_n jener Teil des äusseren Begrenzungspolygones von Π_n, der nicht mit dem Umfange unseres Quadrates zusammenfällt, und Π_n setzte sich aus denjenigen, bei Teilung unseres Quadrates in 2^{2n} kongruente Teilquadrate entstehenden Quadraten der Seitenlänge $\frac{1}{2^n}$ zusammen, die mindestens einen Punkt von M_0 enthalten; diejenigen dieser Quadrate, von denen mindestens eine Seite zu R_n gehört, wollen wir die Quadrate q_n nennen. Man erkennt leicht: jedes Quadrat q_n enthält mindestens ein Quadrat q_{n+1}. In der Tat, zunächst ist klar, dass jedes bei der n-ten Teilung (****) auftre-

(*) Bekanntlich heisst eine Punktmenge M zusammenhängend, wenn sie folgender Bedingung genügt: sind π' und π'' zwei beliebige Punkte von M und ε eine beliebige positive Zahl, so lassen sich in M endlich viele Punkte $\pi_0, \pi_1, \pi_2, \ldots, \pi_k$ so auffinden, dass jede der Distanzen $\pi'\pi_0$, $\pi_{i-1}\pi_i (i = 1, 2, \ldots, k)$, $\pi_k\pi''$ kleiner als ε ist.

(**) Vgl. etwa *Encycl. des sc. math.*, Tome II, vol. 1, p. 145.

(***) L. Zoretti, *Journ. de math.*, Serie 6, Bd. I, S. 8.

(****) Als die n-te Teilung bezeichnen wir kurz die Teilung des Quadrates in 2^{2n} kongruente Teilquadrate.

tende Teilquadrat, das nicht zu Π_n gehört, bei der $(n+1)$-ten Teilung in vier Quadrate zerfällt deren keines zu Π_{n+1} gehört, während jedes zu Π_n gehörende Teilquadrat bei der $(n+1)$-ten Teilung in vier Quadrate zerfällt von denen mindestens eines zu Π_{n+1} gehört. Nun sind zwei Fälle möglich: ein Quadrat q_n kann bei der $(n+1)$-ten Teilung in vier Teilquadrate zerfallen, die sämmtlich zu Π_{n+1} gehören; dann gehört jene Seite des Quadrates q_n, die zu R_n gehörte, auch zu R_{n+1}, und q_n enthält also mindestens zwei Quadrate q_{n+1} — oder ein Quadrat q_n zerfällt in Teilquadrate, die teils zu Π_{n+1} gehören, teils nicht zu Π_{n+1} gehören; dann aber durchzieht R_{n+1} das Innere von q_n und grenzt daher an mindestens eines der vier Teilquadrate, das dann wieder ein Quadrat q_{n+1} ist. Jedenfalls sehen wir, dass tatsächlich, wie behauptet, mindestens eines der vier Teilquadrate, in die ein Quadrat q_n bei der $(n+1)$-ten Teilung zerfällt, ein Quadrat q_{n+1} ist. Gehen wir also aus von irgend einem Quadrat q_{n_0}; es enthält ein Quadrat q_{n_0+1}, dieses ein Quadrat q_{n_0+2}, dieses ein Quadrat q_{n_0+3} u. s. f. Der allen diesen Quadraten gemeinsame Punkt π hat nun offenbar die im Satze von Zoretti geforderte Eigenschaft, da jedes Quadrat q_n auf seinem Rande Punkte von R_n enthält.

Nach dem Satze von Zoretti ist also die Menge R zusammenhängend, falls sie sich nicht auf einen einzigen Punkt reduziert. Dass aber die Menge R mindestens zwei Punkte enthält ist offenkundig, da ja für genügend grosses n offenbar sich zwei Quadrate q_n finden lassen, die keinen Punkt gemeinsam haben, und deren jedes noch dem eben Bewiesenen, einen Punkt von R enthält.

Zufolge der Definition der Mengen R_n und der Menge R ist jeder Punkt von R Häufungspunkt sowohl von Punkten der Menge M_0 als auch von Punkten, die nicht zur Menge M_0, mithin sicher zur Menge M_1 gehören. Da aber sowohl M_0 als M_1 abgeschlossen sind, gehört also jeder Punkt von R sowohl zu M_0 als auch zu M_1. Beachten wir weiter, dass M_0 das Abbild der Strecke $<p, q>$, M_1 das Abbild der Strecken $<0, p>$ und $<q, 1>$ der t-Axe war, so sehen wir: Bis auf höchstens zwei Punkte (nämlich die etwa den Punkten p und q der t-Axe entsprechenden Punkte) besteht die abgeschlossene zusammenhängende Menge R aus lauter Punkten, durch die die Kurve (6) mindestens zweimal hindurchgeht, einmal für einen Wert von t, der der Strecke (p, q) angehört, einmal für einen Wert von t, der einer der Strecken $<0, p)$ oder $(q, 1>$ angehört.

Falls der dem Punkte p oder dem Punkte q der t-Axe entsprechende Punkt des Quadrates der Menge R angehören sollte, so schliessen wir ihn durch einen kleinen Kreis aus. Der nicht innerhalb dieses kleinen Kreises liegende Teil von R, den wir mit $\bar{R}$ bezeichnen, enthält dann sicherlich noch eine gleichfalls abgeschlossene und zusammenhängende Teilmenge, wie folgende Ueberlegung zeigt.

Nach ZORETTI heisst eine Menge M *überall unstetig*, wenn für irgend zwei ihrer Punkte π_0 und π_1 folgendes gilt: es gibt nicht zu jedem positiven ε in M eine endliche Folge von Punkten, deren jeder vom vorhergehenden, deren erster von π_0, deren letzter von π_1 einen Abstand $<\varepsilon$ hat. Für abgeschlossene überall unstetige Mengen hat ZORETTI folgenden Satz bewiesen (*): Legt man um einen Punkt π_0 einer solchen Menge M einen beliebig kleinen Kreis, so gibt es in diesem Kreise eine geschlossene, den Punkt π_0 im Innern enthaltende Kurve C, deren kein Punkt zu M gehört.

Nun erkennen wir leicht, dass der Teil $\bar{R}$ von R nicht überall unstetig sein kann. $\bar{R}$ entstand ja aus R durch Weglassen aller Punkte von R, die innerhalb höchstens zweier kleiner Kreise K liegen. Sei π_0 ein ausserhalb dieser Kreise gelegener Punkt von R, der somit auch zu $\bar{R}$ gehört. Um π_0 legen wir einen Kreis K_0 so klein, dass er ganz ausserhalb der Kreise K verbleibt; innerhalb K_0 stimmen dann $\bar{R}$ und R überein. Angenommen nun, es wäre $\bar{R}$ überall unstetig, so legen wir auf Grund des eben angeführten Satzes von ZORETTI innerhalb von K_0 um π_0 eine geschlossene Kurve C, die keinen Punkt von $\bar{R}$, und mithin auch keinen Punkt von R enthält. Durch diese Kurve C wird R in zwei Teile gespalten, den Teil R' ausserhalb C und den Teil R'' innerhalb C. Da R abgeschlossen ist und keinen Punkt von C enthält, bleibt der Abstand der Punkte von R von den Punkten der Kurve C oberhalb einer positiven Zahl ε. Erst recht bleibt dann der Abstand der Punkte der Menge R' von den Punkten der Menge R'' oberhalb ε, so dass R nicht zusammenhängend wäre. Damit ist die Annahme, $\bar{R}$ wäre überall unstetig, *ab absurdum* geführt.

Da nun $\bar{R}$ nicht überall unstetig ist, können in $\bar{R}$ zwei Punkte π_0 und π_1 gefunden werden von folgender Eigenschaft: zu jeder beliebigen natürlichen Zahl n gibt es in $\bar{R}$ eine endliche Folge von Punkten, sie heisse F_n, in der jeder Punkt vom vorhergehenden, der erste von π_0, der letzte von π_1 einen Abstand $<\frac{1}{n}$ hat. Bezeichnen wir mit F die Menge aller Punkte π von folgender Eigenschaft: ein Punkt π gehört zu F, wenn in jedem noch so kleinen

(*) *Journ. de math.*, Serie 6, Bd. 1, S. 10.

um π gelegten Kreise sich Punkte aus Mengen F_n mit beliebig grossem Index n finden.

Die Menge F ist offenbar eine abgeschlossene Teilmenge von $\bar{R}$. Sie ist aber auch zusammenhängend. Um das einzusehen, betrachte man für jedes n den Streckenzug, der in π_0 beginnend und in π_1 endigend die Punkte von F_n zu Eckpunkten hat; er werde mit S_n bezeichnet. Dann kann die Menge F auch so definiert werden: ein Punkt π gehört zu F, wenn in jedem noch so kleinen um π gelegten Kreise sich Punkte von Streckenzügen S_n mit beliebig grossem Index n finden. D. h. die Menge F ist die Grenzmenge der abgeschlossenen zusammenhängenden Mengen S_n. Dass nun F zusammenhängend ist, folgt wieder aus dem schon oben benützten Satze von Zoretti. Es ist nur wieder zu zeigen, dass es einen Punkt π von folgender Beschaffenheit gibt: zu jedem positiven r gehört ein N, sodass für $n \geqq N$ *jedes* S_n in dem mit dem Radius r um π beschriebenen Kreise Punkte besitzt. Hier nun leistet jeder der Punkte π_0 und π_1 das verlangte, da jeder dieser Punkte *allen* S_n angehört. Und da überdies die Grenzmenge F sich nicht auf einen einzigen Punkt reduzieren kann, da sie die zwei Punkte π_0 und π_1 enthält, ist sie als zusammenhängend nachgewiesen.

Wir fassen zusammen: *Es gibt im Quadrate eine abgeschlossene zusammenhängende* (*) *Menge von Punkten, sie heisse* R_0, *durch deren jeden die Kurve* (6) *mindestens zweimal hindurchgeht,* und zwar für einen Wert von t, der der Strecke (p, q) angehört, und für einen Wert von t, der einer der beiden Strecken $\langle 0, p)$ und $(q, 1\rangle$ angehört.

Suchen wir nun auf der t-Axe die Menge aller Punkte, die durch (6) auf einen Punkt von R_0 abgebildet werden, so erhalten wir eine der Strecke (p, q) angehörende abgeschlossene Menge N_0 und eine den beiden Strecken $\langle 0, p)$ und $(q, 1\rangle$ angehörende abgeschlossene Menge N_1.

Die Menge N_1 kann nicht aus einer einzigen Strecke bestehen. Denn jeder Punkt von R, und mithin auch jeder Punkt der Teilmenge R_0 von R, ist, wie schon oben erwähnt, Häufungspunkt von Punkten die nicht zu M_0, mithin auch nicht zu R, aber sicher zu M_1 gehören. Also muss N_1 unendlich viele Punkte enthalten, die Häufungspunkte sind von nicht zu N_1 gehörigen Punkten der t-Axe.

(*) Bekanntlich ist eine abgeschlossene, zusammenhängende Punktmenge stets perfekt, hat also immer die Mächtigkeit des Kontinuums. Wir sehen also, *dass es im Quadrate eine Menge von Punkten von der Mächtigkeit des Kontinuums gibt, durch deren jeden die Kurve* (6) *mindestens zweimal hindurchgeht.*

Da also die abgeschlossene Menge N_1 sich nicht auf eine einzige Strecke reduziert, kann sie zerlegt werden in zwei abgeschlossene Mengen N'_1 und N''_1 ohne gemeinsamen Punkt. Durch die Abbildung (6) werden nun N'_1 und N''_1 abgebildet auf je zwei abgeschlossene Mengen S' und S'' des Quadrates, die zusammen die abgeschlossene, zusammenhängende Menge R_0 ergeben müssen. Nun kann aber bekanntlich eine abgeschlossene zusammenhängende Menge nicht zerlegt werden in zwei abgeschlossene Teilmengen ohne gemeinsamen Punkt, also müssen S' und S'' mindestens einen Punkt gemeinsam haben. Durch diesen Punkt geht aber die Kurve (6) mindestens dreimal hindurch: einmal für einen Wert von t, der der Strecke (p, q) angehört, sodann für zwei Werte von t, die einer der beiden Strecken $< 0, p)$ oder $(q, 1 >$ angehören, und von denen einer zu N'_1, der andere zu N''_1 gehört.

Auch in dem jetzt betrachtetem Falle enthält also die Strecke $< p, q >$ mindestens einen Wert von t, dem ein mindestens dreifacher Punkt der Kurve (6) entspricht.

Nachdem wir hiemit auch den Fall erledigt haben, dass es auf dem Quadratumfange Punkte gibt, die nicht zu M_0 gehören bleibt noch der Fall zu erledigen, dass es auf dem Quadratumfange Punkte gibt, die nicht zu M_1 gehören. Der Beweis wird in diesem Falle genau so geführt, wie in dem eben behandelten Falle, nur dass die beiden Mengen M_0 und M_1 ihre Rollen zu vertauschen haben. Man hat dabei zu beachten, dass, während M_0 sicher zusammenhängend war, M_1 möglicher Weise in zwei Teile zerfallen kann, deren jeder zusammenhängend ist. In dem Falle ist es am einfachsten, statt an M_1 selbst, an einem dieser Teile zu argumentieren.

Wir sind also zum Resultate gelangt: ***Jedes beliebige Intervall*** $< p, q >$ ***der Strecke*** $< 0, 1 >$ ***der t-Axe enthält mindestens einen Wert von t, dem ein mindestens dreifacher Punkt der Kurve*** (6) ***entspricht.***

Damit ist aber der angekündigte Satz bewiesen. In der Tat, die Parameterwerte t, die mindestens dreifache Punkte der Kurve (6) liefern, liegen auf der Strecke $< 0, 1 >$ der t-Axe überall dicht. Aus der Stetigkeit der Abbildung (6) folgt nun sofort, dass die ihnen entsprechenden Punkte des Quadrates — das sind die mindestens dreifachen Punkte der Kurve (6) — gleichfalls überall dicht liegen müssen: denn bliebe etwa eine im Quadrate enthaltene Kreisfläche von ihnen frei, so müsste diese Kreisfläche überhaupt von Punkten der Kurve (6) freibleiben, was unmöglich ist, da die Kurve (6) durch jeden Punkt des Quadrates hindurchgeht.

Damit ist unsere Behauptung ihrem vollen Inhalte nach bewiesen. Aus dem Gange des Beweises konnten wir überdies entnehmen *dass die Menge derjenigen Punkte des Quadrates, durch die die Kurve* (6) *mindestens zweimal hindurchgeht, die Mächtigkeit des Kontinuums hat.*

§ 3.

Wir haben nun gezeigt, dass, wenn durch die stetigen Funktionen (6) die Strecke $< 0, 1 >$ der t-Axe auf das Einheitsquadrat der x-y-Ebene abgebildet wird, es im Quadrate notwendig überall dicht liegende Punkte gibt, auf die mindestens drei verschiedene Punkte der t-Axe abgebildet werden, oder was dasselbe heisst, dass überall dicht mindestens dreifache Punkte der Kurve (6) liegen.

Bekanntlich liefert die von D. Hilbert gegebene stetige Abbildung der Strecke aufs Quadrat ein Beispiel, wo niemals mehr als drei verschiedene Punkte der Strecke auf einen und denselben Punkt des Quadrates abgebildet werden, während bei der Peano'schen Abbildung im Quadrate überall dicht Punkte liegen, denen auf der Strecke vier verschiedene Punkte entsprechen. Es sei zunächst gezeigt, wie auch das Peano'sche Verfahren durch eine ganz geringfügige Abänderung so modifiziert werden kann, dass niemals mehr als drei verschiedene Punkte der Strecke auf denselben Punkt des Quadrates abgebildet werden. An Stelle der Peano'schen Kurve tritt dann eine ihr sehr ähnliche, die aber keinen vierfachen, sondern nur mehr dreifache und zweifache Punkte enthält.

Wir teilen das Quadrat durch zwei horizontale Gerade in drei Teile, jeden dieser drei Teile durch je zwei vertikale Strecken wieder in drei Teile, wobei für zweierlei Sorge getragen werde: 1. sollen sämmtliche entstehenden 9 Teilrechtecke Seitenlängen haben, die kleiner als $\frac{1}{2}$ sind, 2. sollen in einem Punkte nicht mehr als drei Teilrechtecke zusammenstossen. Jedes dieser Teilrechtecke teile man wieder durch zwei Horizontale in drei Teile, jeden dieser drei Teile durch Ziehen von je zwei vertikalen Strecken in drei Teile, wobei man dafür Sorge trage 1. dass sämmtliche entstehenden 81 Teilrechtecke Seitenlängen haben, die kleiner sind als $\frac{1}{2^2}$, 2. dass in einem Punkte nicht mehr als drei Teilrechtecke zusammenstossen. Diese Teilung führe man so fort, dass nach dem n-ten Schritte alle auftretenden Seitenlängen kleiner als $\frac{1}{2^n}$ geworden sind, und bei keinem Schritte mehr als drei Teilrechtecke an einander stossen.

Unter Benützung dieser successiven Teilung des Quadrates in 3^{2n} Teilrechtecke kann man genau so, wie es gewöhnlich durch Teilung in Teilquadrate geschieht (*), eine der PEANO'schen analoge stetige Abbildung der Strecke auf das Quadrat definieren. Aus der Tatsache, dass bei jedem Schritte höchstens drei Teilrechtecke zusammenstossen, ein Punkt des Quadrates also bei jeder einzelnen Teilung höchstens drei verschiedenen Teilrechtecken angehören kann, ergibt sich ohne weiteres, *dass dabei auf einen und denselben Punkt des Quadrates höchstens drei verschiedene Punkte der Strecke abgebildet werden.*

Sei zum Schlusse noch auf die bisher wenig beachtete Tatsache hingewiesen, dass man durch geringe Modifikation des in § 1 im Anschlusse an G. CANTOR vorgebrachten Nachweises der Beziehung $c^2 = c$ eine eindeutige und stetige Abbildung einer Strecke auf ein Quadrat erhalten kann.

Sei die abzubildende Strecke das Intervall $< 0, 1 >$ der u-Axe. Wir wählen auf ihr irgend eine, die beiden Punkte 0 und 1 enthaltende nirgends dichte perfekte Menge P. Bekanntlich lässt sich dann die Strecke $< 0, 1 >$ der u-Axe durch eine stetige Funktion $t = f(u)$ so auf die Strecke $< 0, 1 >$ einer t-Axe abbilden, dass aus $u' > u''$ folgt: $f(u') \geqq f(u'')$, dass verschiedenen Punkten der u-Axe, die nicht einem und demselben punktfreien Intervalle der Menge P angehören (sei es als innere, sei es als Randpunkte) verschiedene Punkte der t-Axe entsprechen, allen Punkten eines punktfreien Intervalles von P hingegen ein und derselbe Punkt der t-Axe, und zwar so, dass die sämmtlichen punktfreien Intervalle von P gerade auf die sämmtlichen von 0 und 1 verschiedenen Punkte der t-Axe abgebildet werden, die einer Darstellung durch einen endlichen systematischen Bruch von der Grundzahl e fähig sind (**).

(*) Vgl. etwa SCHOENFLIES, *Entwicklung der Lehre von den Punktmannigfaltigkeiten*, Bd. 1, S. 121.

(**) Der Vorgang zur Herstellung der Funktion $f(u)$ ist bekanntlich folgender: diejenigen Zahlen des Intervalles (0, 1), die durch einen endlichen systematischen Bruch der Grundzahl e darstellbar sind einerseits, die punktfreien Intervalle der perfekten Menge P andererseits bilden je eine einfachgeordnete abzählbare Menge von dichtem Ordnungstypus, ohne erstes und letztes Element, und können daher nach G. CANTOR auf einander eineindeutig und ähnlich

Sei nun u ein Punkt, der Strecke $<0, 1>$ der u-Axe, der keinem punktfreien Intervalle der Menge P angehört, weder als innerer noch als Randpunkt; durch $t = f(u)$ wird ihm ein Punkt t der Strecke $<0, 1>$ der t-Axe zugeordnet, der nur einer einzigen Darstellung der Form:

$$t = \sum_{i=1}^{\infty} \frac{e_i}{e^i} \quad (e_i \text{ eine der Zahlen } 0, 1, 2, \ldots, e-1)$$

fähig ist. Wir ordnen ihm den Punkt des Quadrates zu, dessen Koordinaten sind:

$$x = \sum_{i=1}^{\infty} \frac{e_{2i-1}}{e^i}, \quad y = \sum_{i=1}^{\infty} \frac{e_{2i}}{e^i}. \tag{7}$$

Sei sodann u linker Endpunkt eines punktfreien Intervalles von P, und sei $\sum_{i=1}^{n} \frac{e_i}{e^i}$ $(e_n \neq 0)$ der diesem punktfreien Intervalle zugeordnete Wert von t (der ja ein von 0 und 1 verschiedener endlicher systematischer Bruch der Grundzahl e sein sollte).

Dann ist:

$$\sum_{i=1}^{n} \frac{e_i}{e^i} = \sum_{i=1}^{n-1} \frac{e_i}{e^i} + \frac{e_n - 1}{e^n} + \sum_{i=n+1}^{\infty} \frac{e-1}{e^i} = \sum_{i=1}^{\infty} \frac{f_i}{e^i} \tag{8}$$

wo also:

$$f_i = e_i \; (i = 1, 2, \ldots, n-1); \quad f_n = e_n - 1; \quad f_i = e - 1 \quad (i = n+1, n+2, \ldots). \tag{9}$$

Wir ordnen nun unsrem Punkte u den Punkt des Quadrates zu, dessen Koordinaten sind:

$$x = \sum_{i=1}^{\infty} \frac{f_{2i-1}}{e^i}, \quad y = \sum_{i=1}^{\infty} \frac{f_{2i}}{e^i}. \tag{10}$$

Sei ferner u rechter Endpunkt des eben betrachteten punktfreien Intervalles, so setzen wir:

$$g_i = e_i \; (i = 1, 2, \ldots, n); \quad g_i = 0 \quad (i = n+1, n+2, \ldots) \tag{11}$$

---

abgebildet werden. Der Funktionswert von $f(u)$ in einem punktfreien Intervalle von P sei der bei der genannten Abbildung diesem punktfreien Intervalle zugeordnete systematische Bruch. Durch die blosse Forderung der Stetigkeit wird dann die Definition von $f(u)$ auf alle Punkte von P ausgedehnt.

und ordnen dem Punkte u den Punkt des Quadrates zu, dessen Koordinaten sind:

$$x = \sum_{i=1}^{\infty} \frac{g_{2i-1}}{e^i}, \quad y = \sum_{i=1}^{\infty} \frac{g_{2i}}{e^i}. \tag{12}$$

Nun ist bereits, jedem Punkte der Menge P ein Punkt des Quadrates zugeordnet, und diese Zuordnung ist für die Punkte von P stetig. Sei zum Beweise u_0 irgend ein Punkt von P. Ist zunächst u_0 nicht Endpunkt eines punktfreien Intervalles, so gilt für den zugeordneten Wert t_0 von t eine Entwicklung:

$$t_0 = f(u_0) = \sum_{i=1}^{\infty} \frac{e_i}{e^i},$$

wo nicht alle e_i von einem bestimmten an sämmtlich 0 oder sämmtlich $e-1$ sind. Sei nun $u_1, u_2, \ldots, u_\nu, \ldots$ irgend eine Folge von Punkten der Menge P mit $\lim\limits_{\nu=\infty} u_\nu = u_0$. Wegen der Stetigkeit der die u-Axe auf die t-Axe abbildenden Funktion $f(u)$ folgt für die entsprechenden Punkte der t-Axe: $\lim\limits_{\nu=\infty} t_\nu = \lim\limits_{\nu=\infty} f(u_\nu) = f(u_0)$; schreiben wir nun t_ν als systematischen Bruch der Grundzahl e:

$$t_\nu = \sum_{i=1}^{\infty} \frac{e_i^{(\nu)}}{e^i}, \tag{13}$$

so folgt nun aus $\lim\limits_{\nu=\infty} t_\nu = t_0$ bekanntlich (*):

$$\lim_{\nu=\infty} e_i^{(\nu)} = e_i. \tag{14}$$

Bildet man nun nach Formel (7) den dem Punkte u_0 zugeordneten Quadratpunkt (x_0, y_0) und nach der jeweils in Betracht kommenden der Formeln (7), (10), (12) den dem Punkte u_ν zugeordneten Quadratpunkt (x_ν, y_ν), so folgt aus (14) sofort:

$$\lim_{\nu=\infty} x_\nu = x_0, \quad \lim_{\nu=\infty} y_\nu = y_0,$$

das aber ist die Stetigkeit der Abbildung im Punkte u_0.

Ist sodann u_0 linker Endpunkt eines punktfreien Intervalles von P, so

(*) Und zwar gilt dies, falls t_ν durch zwei verschiedene systematische Brüche der Grund zahl e darstellbar ist, welcher dieser beiden systematischen Brüche auch der Ausdruck (13) sein mag.

schreiben wir den ihm zugeordneten Wert $t_0 = f(u_0)$ von t in der Form (8), wo die f_i die Bedeutung (9) haben. Nun ist u_0 nur linksseitiger Grenzpunkt von P. Seien also $u_1, u_2, \ldots, u_\nu, \ldots$ Punkte von P mit $\lim\limits_{\nu=\infty} u_\nu = u_0$ und $u_\nu < u_0$. Dann ist auch: $\lim\limits_{\nu=\infty} t_\nu = \lim\limits_{\nu=\infty} f(u_\nu) = f(u_0) = t_0$ und $t_\nu < t_0$. Schreiben wir t_ν wieder in der Form (13), so folgt hieraus bei Berücksichtigung von $t_\nu < t_0$:

$$\lim_{\nu=\infty} e_i^{(\nu)} = f_i$$

und somit wie oben die Stetigkeit der Abbildung im Punkte u_0.

Ganz ähnlich verläuft der Beweis, wenn u_0 rechter Endpunkt eines punktfreien Intervalles und somit nur rechtsseitiger Grenzpunkt von P ist. Wir schreiben in dem Falle $t_0 = f(u_0)$ in der Form $\sum\limits_{\nu=1}^{\infty} \frac{g_i}{e^i}$, wo die g_i die Bedeutung (11) haben. Ist nun $\lim\limits_{\nu=\infty} u_\nu = u_0$, so kann man stets annehmen: $u_\nu > u_0$, daher auch: $t_\nu = f(u_\nu) > f(u_0)$, sodass bei der Schreibweise (13) für t_ν folgt:

$$\lim_{\nu=\infty} e_i^{(\nu)} = g_i,$$

woraus wieder die Stetigkeit der Abbildung im Punkte u_0 folgt.

Die Abbildung ist bisher nur für die Punkte der Menge P definiert und als stetig bezüglich der Menge P nachgewiesen. Es hat keinerlei Schwierigkeit, die Definition dieser Abbildung so auf die ganze Strecke $<0, 1>$ der u-Axe auszudehnen, dass sie überall stetig wird; etwa in folgender Weise: sei $<u', u''>$ ein punktfreies Intervall der Menge P; u' und u'' gehören dann zu P; seien (x', y') und (x'', y'') die — bereits definierten — ihnen entsprechenden Punkte des Quadrates; man braucht nur das Intervall $<u', u''>$ der u-Axe stetig auf die Verbindungsstrecke dieser beiden Punkte des Quadrates so abzubilden, dass u' auf (x', y') und u'' auf (x'', y'') abgebildet wird, und unser Zweck ist erreicht.

So gelingt es also, im Anschlusse an den in § 1 ausgeführten Beweis, dass die Menge der Punkte einer Strecke und eines Quadrates gleiche Mächtigkeit haben, eine stetige Abbildung der Strecke auf das Quadrat herzustellen. Ein Spezialfall dieser Abbildung wurde in etwas anderer Form von H. Lebesgue angegeben (*), der Spezialfall nämlich, den man erhält, indem

(*) *Leçons sur l'intégration*, S. 44.

man für P die Menge aller jener Zahlen des Intervalles $<0, 1>$ wählt, die einer Darstellung durch einen systematischen Bruch von der Grundzahl 3 ohne Verwendung der Ziffer 1 fähig sind, und für die Grundzahl e der in den obigen Ausführungen auftretenden systematischen Brüche die Zahl 2 wählt. LEBESGUE knüpft daran die auch für unsere allgemeineren Ausführungen giltige Bemerkung (*), dass man auf analogem Wege auch ohne weiteres eine Abbildung einer Strecke auf ein Gebiet des Raumes von n Dimensionen, ja sogar des Raumes von abzählbar unendlich vielen Dimensionen erhält.

(*) *Journ. de math.*, Serie 6, Bd. I, S. 210.

Über die allgemeinste ebene Punktmenge, die stetiges Bild einer Strecke ist.[1])

Von HANS HAHN in Czernowitz.

Es soll im folgenden ein System von Bedingungen angegeben werden, die notwendig und hinreichend sind dafür, daß eine ebene Punktmenge M stetiges Bild einer Strecke sei.[2]) Bekanntlich heißt eine Punktmenge M Bild einer anderen Punktmenge N, wenn jedem Punkte von N ein Punkt von M zugeordnet ist, derart daß dabei auch jeder Punkt von M mindestens einem Punkte von N zugeordnet ist; und es heißt weiter M *stetiges* Bild von N, wenn diese Zuordnung noch folgender Bedingung genügt: ist $Q_1, Q_2, \ldots, Q_\nu, \ldots$ eine Folge von Punkten von N, ist $\lim_{\nu=\infty} Q_\nu = Q_0$ und gehört Q_0 gleichfalls zu N, so muß, wenn mit P_ν $(\nu=1,2,\ldots)$ der dem Punkte Q_ν zugeordnete Punkt von M, mit P_0 der dem Punkte Q_0 zugeordnete Punkt von M bezeichnet wird, auch $\lim_{\nu=\infty} P_\nu = P_0$ sein. Wir verstehen nun unter N die Einheitsstrecke $0 \leqq t \leqq 1$ einer t-Achse, unter M eine Punktmenge einer xy-Ebene. Die Menge M wird stetiges Bild der Einheitsstrecke dann und nur dann sein, wenn es zwei stetige Funktionen $x(t)$, $y(t)$ gibt derart, daß, wenn t die Einheitsstrecke durchläuft, der Punkt der xy-Ebene mit den Koordinaten $x = x(t)$, $y = y(t)$ mindestens einmal mit jedem Punkte von M zusammenfällt. Die Frage nach der allgemeinsten ebenen Punktmenge, die stetiges Bild einer Strecke ist, ist also gleichbedeutend mit der Frage nach der allgemeinsten ebenen Punktmenge, die von einem sich stetig bewegenden Punkte in einem Zuge durchlaufen werden kann.

Bekanntlich ist jedes stetige Bild einer geschränkten[3]), abgeschlossenen und zusammenhängenden[4]) Menge wieder geschränkt, abgeschlossen

1) Vortrag, gehalten auf der Versammlung deutscher Naturforscher und Ärzte zu Wien, 1913.

2) Ein anderes solches System von Bedingungen hat A. Schoenflies angegeben: Die Entwicklung der Lehre von den Punktmannigfaltigkeiten, zweiter Teil, S. 237.

3) Eine Menge heißt *geschränkt*, wenn sie ganz in einem hinlänglich großen Kreise liegt.

4) Eine abgeschlossene Menge heißt *zusammenhängend*, wenn sie nicht Vereinigungsmenge zweier abgeschlossener Mengen ohne gemeinsamen Punkt ist.

und zusammenhängend. Damit M stetiges Bild der Einheitsstrecke sei, ist also jedenfalls notwendig, daß M folgende drei Eigenschaften habe:

1. *Die Menge M ist geschränkt;*
2. *die Menge M ist abgeschlossen;*
3. *die Menge M ist zusammenhängend.*

Doch sind diese drei Bedingungen nicht hinreichend, damit die ebene Menge M stetiges Bild der Einheitsstrecke sei. Es läßt sich nämlich noch eine vierte Eigenschaft angeben, die jeder Menge M, die stetiges Bild einer Strecke ist, notwendig zukommen muß; es ist die folgende Eigenschaft:

Sei P ein Punkt von M; zu jeder positiven Zahl ε gehört dann eine positive Zahl η derart, daß es zu jedem in der Umgebung[1] *η von P liegenden Punkt P' von M einen die beiden Punkte P und P' enthaltenden abgeschlossenen und zusammenhängenden Teil von M gibt, der ganz in der Umgebung ε von P liegt.*

Eine Menge, die in jedem ihrer Punkte diese Eigenschaft hat, wollen wir *zusammenhängend im kleinen* nennen. Wir wollen nachweisen, daß dieser Zusammenhang im kleinen tatsächlich eine vierte notwendige Bedingung dafür darstellt, daß M stetiges Bild einer Strecke sei.

Angenommen es wäre M nicht zusammenhängend im kleinen; dann gäbe es mindestens einen Punkt P von M, der die eben eingeführte Eigenschaft nicht hat; d. h. es gäbe ein positives ε von folgender Eigenschaft: in jeder Umgebung von P liegen Punkte P' von M derart, daß *jeder* abgeschlossene zusammenhängende Teil von M, der sowohl P als P' enthält, auch Punkte außerhalb der Umgebung ε von P enthält. Sei also: $P_1', P_2', \ldots, P_\nu', \ldots$ eine Folge verschiedener solcher Punkte P' mit $\lim\limits_{\nu=\infty} P_\nu' = P$. Da M Bild der Strecke $0 \leqq t \leqq 1$ ist, ist jeder Punkt P_ν' Bild mindestens eines Punktes dieser Strecke; sei etwa P_ν' Bild von t_ν'. Wir haben nun auf der Einheitsstrecke unendlich viele verschiedene Punkte $t_1', t_2', \ldots, t_\nu', \ldots$, die somit mindestens einen Häufungspunkt t' besitzen. In der Folge der t_ν' gibt es eine Teilfolge $t'_{\nu_1}, t'_{\nu_2}, \ldots, t'_{\nu_i}, \ldots$ mit $\lim\limits_{i=\infty} t'_{\nu_i} = t'$. Wegen der Stetigkeit der Abbildung wird notwendig t' auf P abgebildet. Die Strecke $< t'_{\nu_i}, t' >$ wird auf einen abgeschlossenen, zusammenhängenden Teil von M abgebildet, der sowohl den Punkt P als den Punkt P'_{ν_i} enthält. Nun sind aber die Koordinaten des dem Punkte t der Strecke entsprechenden Punktes

[1] Unter der *Umgebung* η von P wird das Innere eines mit dem Radius η um P beschriebenen Kreises verstanden.

von M stetige Funktionen $x(t)$, $y(t)$ von t; es gibt also ein positives δ so, daß:

$$(1) \qquad |x(t) - x(t')| < \frac{\varepsilon}{\sqrt{2}}; \quad |y(t) - y(t')| < \frac{\varepsilon}{\sqrt{2}} \text{ für } |t - t'| < \delta.$$

Wegen $\lim\limits_{i=\infty} t'_{\nu_i} = t'$ gibt es nun aber ein i_0 so, daß:

$$(2) \qquad |t'_{\nu_i} - t'| < \delta \quad \text{für} \quad i \geqq i_0.$$

Aus (1) und (2) aber folgt, daß für $i \geqq i_0$ alle Punkte der Strecke $< t'_{\nu_i}, t' >$ in die Umgebung ε des Bildpunktes P' von t' (d. i. des Punktes mit den Koordinaten $x = x(t')$, $y = y(t')$) abgebildet werden. Es gibt also für $i \geqq i_0$ einen in der Umgebung ε von P' liegenden abgeschlossenen und zusammenhängenden Teil von M, der sowohl P' als P'_{ν_i} (den Bildpunkt von t'_{ν_i} mit den Koordinaten $x = x(t'_{\nu_i})$, $y = y(t'_{\nu_i})$) enthält; das ist aber ein Widerspruch gegen die Annahme, von der wir ausgingen, und der Zusammenhang im kleinen ist als notwendige Bedingung nachgewiesen.

Wir fügen also zu den oben angeführten drei Eigenschaften, die jede Menge M, die stetiges Bild einer Strecke ist, haben muß, als vierte hinzu:

4. *Die Menge M ist zusammenhängend im kleinen.*

Ein einfaches Beispiel einer Menge, der die drei ersten, nicht aber die vierte Eigenschaft zukommen, liefert die Menge N, die (für alle $x \neq 0$ des Intervalles $< -1, 1 >$) aus den Punkten der Kurve $y = \sin \frac{1}{x}$, und ferner aus allen Punkten der Strecke $< -1, 1 >$ der y-Achse besteht: in allen Punkten dieser letzteren Strecke ist Zusammenhang im kleinen nicht vorhanden; denn ist P' irgendein Punkt dieser Strecke, so gibt es auf der Kurve $y = \sin \frac{1}{x}$ eine Folge von Punkten P'_ν mit $\lim\limits_{\nu = \infty} P'_\nu = P'$; wie nahe aber P'_ν auch an P' liegen mag, jeder abgeschlossene, zusammenhängende Teil von N, der sowohl P'_ν als P' enthält, muß das zwischen P'_ν und der y-Achse verlaufende Stück der Kurve $y = \sin \frac{1}{x}$ enthalten und verbleibt daher nicht innerhalb eines beliebig kleinen Kreises um P'.

Ein ähnliches Beispiel liefert die Menge, die aus den Punkten der Strecke $< 0, 1 >$ der x-Achse, aus den Punkten der Strecke $< 0, 1 >$ der y-Achse und aus den Punkten der Strecke $0 \leqq y \leqq 1$ auf jeder der Geraden $x = \frac{1}{n}$ $(n = 1, 2, \ldots)$ besteht. Zusammenhang im kleinen findet nicht statt in den Punkten der Strecke $< 0, 1 >$ der y-Achse. Ferner die Menge, die aus den Punkten eines Kreises K und einer sich etwa von außen her unendlich oft um den Kreis K windenden und dabei ihm unbegrenzt nähernden Spirale besteht: in den Punkten von K findet kein Zusammenhang im kleinen statt.

Während offenbar ein gewöhnliches Flächenstück (z. B. ein Quadrat, ein Kreis) unsere vier Bedingungen befriedigt, erhalten wir sofort eine aus einem Flächenstücke bestehende Menge N, die zwar die ersten drei, nicht aber die vierte Bedingung befriedigt, in folgender Weise: man gehe aus vom Quadrate: $-1 \leqq x \leqq 1$, $-1 \leqq y \leqq 1$, und tilge zunächst von seiner Berandung das Stück: $0 < x < 1$ der Geraden $y = 1$, mit Ausnahme der Punkte P_ν von den Abszissen $x = \frac{1}{\nu}$ $(\nu = 1, 2, \ldots)$; über der von P_ν und $P_{\nu+1}$ begrenzten Strecke errichte man nach abwärts das gleichschenklige Dreieck von der Höhe 1 und tilge weiter aus unserem Quadrate das Innere dieser sämtlichen Dreiecke. Die übrigbleibende Punktmenge erfüllt unsere drei ersten Bedingungen, nicht aber die vierte: der Zusammenhang im kleinen ist gestört in allen Punkten der Strecke $0 < y \leqq 1$ der y-Achse.

Das System der angegebenen vier Bedingungen, das notwendig ist, damit die ebene Punktmenge M stetiges Bild einer Strecke sei, *ist nun aber gleichzeitig auch hinreichend.* Den Beweis dafür, der etwas umständlich ist, gedenke ich an anderer Stelle zu veröffentlichen. Hier sei darüber nur folgendes bemerkt.

Sei M eine unseren vier Bedingungen genügende ebene Punktmenge. Wir ordnen jedem ihrer Punkte P und jeder positiven Zahl r durch folgende Definition eine ihrer Teilmengen, die mit $M^*(P, r)$ bezeichnet werde, zu: Zu $M^*(P, r)$ mögen alle diejenigen Punkte Q von M gehören, die im Innern des mit dem Radius r um P beschriebenen Kreises liegen und gleichzeitig mit P einem abgeschlossenen zusammenhängenden ganz im Innern dieses Kreises liegenden Teile von M angehören; ferner alle Häufungspunkte dieser Punkte Q. Es läßt sich beweisen, daß auch jede solche Menge $M^*(P, r)$ unseren vier Bedingungen genügt.

Wir bezeichnen mit $r_1, r_2, \ldots, r_\nu, \ldots$ eine abnehmende Folge positiver Zahlen mit $\lim_{\nu = \infty} r_\nu = 0$. Die Menge M kann aufgefaßt werden als Vereinigungsmenge endlich vieler ihrer Teile $M^*(P, r_1)$, die etwa mit $M_1, M_2, \ldots, M_n$ bezeichnet werden mögen. Da jede dieser Mengen M_i wieder unseren vier Bedingungen genügt, können aus jeder dieser Mengen auf Grund obiger Definition die Teilmengen $M_i^*(P, r_2)$ hergeleitet werden und M_i als Vereinigungsmenge endlich vieler dieser Mengen $M_i^*(P, r_2)$ aufgefaßt werden. Aus diesen letzteren können nun wieder mit Hilfe der Zahl r_3 Teilmengen M^* gebildet werden usw.

Indem man (in geeigneter Weise) diese sukzessive Zerlegung der Menge M in die Teilmengen M_i, der Mengen M_i in neue Teilmengen usw. an Stelle der von Peano behufs Abbildung der Strecke aufs Quadrat benützten Zerlegung des Quadrates in Teilquadrate treten läßt, gelangt man zu einer stetigen Abbildung der Strecke auf die Menge M.

Mengentheoretische Charakterisierung der stetigen Kurve

von

Hans Hahn in Czernowitz.

(Vorgelegt in der Sitzung am 12. November 1914.)

Der Begriff der stetigen Kurve wird hier in seinem allgemeinsten Sinne verstanden: eine Punktmenge wird als stetige Kurve bezeichnet, wenn sie stetiges Abbild einer abgeschlossenen Strecke ist; ausführlicher gesprochen: sei M die gegebene Punktmenge und $a \leqq t \leqq b$ die gegebene Strecke; es muß sich jedem Punkte t dieser Strecke ein Punkt $P(t)$ von M so zuordnen lassen, daß

1. jeder Punkt von M mindestens einem Punkte der Strecke zugeordnet ist und daß

2. aus $\lim\limits_{\nu=\infty} t_\nu = t_0$ folgt: $\lim\limits_{\nu=\infty} P(t_\nu) = P(t_0)$, wenn die t_ν irgendwelche Punkte unserer Strecke bedeuten.

Eine Punktmenge M heißt also eine stetige Kurve, wenn ein sich stetig bewegender Punkt in einem abgeschlossenen Zeitintervall sämtliche Punkte von M durchlaufen kann.

Wir stellen uns nun die Aufgabe, einfache geometrische Eigenschaften anzugeben, durch die unter allen möglichen Punktmengen die stetigen Kurven charakterisiert erscheinen. In einem auf der Wiener Naturforscherversammlung 1913 gehaltenen Vortrage habe ich eine Lösung dieser Aufgabe für ebene Punktmengen angegeben.[1] Sie gelingt durch Einführung eines neuen Begriffes: des Zusammenhanges im

[1] Dieser Vortrag ist erschienen im Jahrgange 1914 der Jahresberichte der Deutschen Mathematikervereinigung.

kleinen einer Punktmenge. Hier nun führe ich den bisher nur angedeuteten Beweis durch, zunächst für den Fall der Ebene, sodann für den Raum, endlich auch für alle jenen abstrakten Mengen, die von M. Fréchet als »Classes (*V*) normales« bezeichnet wurden.[1]

Auf die Beziehungen meiner Untersuchungen zu anderen verwandten, insbesondere zu den von A. Schoenflies über denselben Gegenstand angestellten,[2] gedenke ich demnächst in einer eigenen Abhandlung eingehend zurückzukommen.

§ 1. Der Zusammenhang im kleinen.

Bekanntlich wird eine geschränkte, abgeschlossene Punktmenge als zusammenhängend bezeichnet, wenn sie nicht Vereinigungsmenge zweier abgeschlossener Mengen ohne gemeinsames Element ist. Damit ist vollständig gleichbedeutend folgende Definition: die geschränkte, abgeschlossene Menge M heißt zusammenhängend, wenn es zu jedem $\varepsilon > 0$ und jedem Punktepaare P', P'' von M eine endliche Anzahl Punkte $P_0, P_1, \ldots, P_{n-1}, P_n$ in M gibt ($P_0 = P'$, $P_n = P''$) derart, daß der Abstand $\overline{P_{i-1} P_i}$ $(i = 1, 2, \ldots, n)$ kleiner als ε ist. Diese Punkte P_i $(i = 0, 1, \ldots, n)$ mögen als eine P' und P'' verbindende ε-Kette von M bezeichnet werden.

Eine geschränkte, abgeschlossene und zusammenhängende Menge werde als ein geschränktes Kontinuum bezeichnet. Eine geschränkte, abgeschlossene und zusammenhängende Teilmenge von M, die die Punkte P' und P'' enthält, wird bezeichnet als ein P' mit P'' verbindendes Kontinuum von M.

Eine Menge M heißt zusammenhängend im kleinen im Punkte P, wenn zu jedem $\varepsilon > 0$ ein $\eta > 0$ von folgender

---

[1] Rend. Pal., 22, p. 23. — Auf Grund einer erst nach Abschluß dieser Arbeit erschienenen Abhandlung von W. Groß (diese Sitzungsber., 123, p. 801) könnten die Resultate für $\mathfrak{a}$-kompakte Mengen einer beliebigen Klasse (*V*) ausgesprochen werden.

[2] Die Entwicklung der Lehre von den Punktmannigfaltigkeiten. Zweiter Teil, Kapitel VI.

Eigenschaft gehört: jeder in der Umgebung η [1] von P liegende Punkt von M ist mit P verbunden durch ein ganz in der Umgebung ε von P liegendes Kontinuum von M.

Die Menge M heißt zusammenhängend im kleinen, wenn sie in jedem ihrer Punkte zusammenhängend im kleinen ist.

Wir beschäftigen uns zunächst mit ebenen Punktmengen. Ich habe an anderer Stelle gezeigt: damit die ebene Punktmenge M stetiges Bild einer (abgeschlossenen) Strecke sei, ist notwendig, daß M ein im kleinen zusammenhängendes geschränktes Kontinuum sei. Wir wollen nun beweisen, daß diese Bedingung auch hinreichend ist. Wir zeigen zunächst:

I. Ein im kleinen zusammenhängendes, geschränktes Kontinuum M ist gleichmäßig zusammenhängend im kleinen.

Darunter soll folgendes verstanden werden: Zu jedem $\varepsilon > 0$ gehört ein $\eta > 0$ von folgender Eigenschaft: Je zwei Punkte P' und P'' von M, deren Abstand $< \eta$ ist, sind verbunden durch ein Kontinuum von M, das sowohl in der Nachbarschaft ε von P' als in der Nachbarschaft ε von P'' liegt.

Angenommen, die Behauptung gelte nicht; dann gibt es ein $\varepsilon > 0$ und eine Folge von Punktepaaren P'_ν, P''_ν ($\nu = 1, 2, \ldots$) in M, deren Abstände $\overline{P'_\nu P''_\nu}$ unter alle Grenzen sinken: $\lim_{\nu=\infty} \overline{P'_\nu P''_\nu} = 0$, während jedes P'_ν mit P''_ν verbindende Kontinuum von M Punkte außerhalb der Umgebung ε von P'_ν oder P''_ν enthält. Aus der Folge der Paare P'_ν, P''_ν läßt sich nun, da M geschränkt ist, eine Teilfolge P'_{ν_i}, P''_{ν_i} herausgreifen, so daß sowohl die Punkte P'_{ν_i} als auch die Punkte P''_{ν_i} einen Grenzpunkt haben, die dann, wegen $\lim_{\nu=\infty} \overline{P'_\nu P''_\nu} = 0$ notwendig miteinander übereinstimmen:

$$(1) \qquad \lim_{i=\infty} P'_{\nu_i} = \lim_{i=\infty} P''_{\nu_i} = P.$$

[1] Unter der Umgebung η eines Punktes P wird verstanden die Menge aller Punkte, deren Abstand von P kleiner als η ist.

Da M abgeschlossen ist, gehört P zu M und der Zusammenhang im kleinen ergibt die Existenz eines $\eta > 0$ von folgender Eigenschaft: P ist mit jedem Punkte von M, dessen Abstand von P kleiner als η ist, durch ein in der Umgebung $\frac{\varepsilon}{2}$ von P liegendes Kontinuum von M verbunden. Nun kann wegen (1) i_0 so groß gewählt werden, daß:

$$PP'_{\nu_i} < \eta, \quad PP''_{\nu_i} < \eta \text{ für } i \geqq i_0.$$

Es ist also für $i \geqq i_0$ sowohl P'_{ν_i} als auch P''_{ν_i} mit P verbunden durch ein in der Umgebung $\frac{\varepsilon}{2}$ von P liegendes Kontinuum von M; die Vereinigungsmenge dieser beiden Kontinua stellt nun ein P'_{ν_i} und P''_{ν_i} verbindendes Kontinuum von M dar, das ganz in der Umgebung ε sowohl von P'_{ν_i} als auch von P''_{ν_i} liegt, entgegen der Annahme, daß jedes solche Kontinuum Punkte außerhalb der Umgebung ε, sei es von P'_{ν_i}, sei es von P''_{ν_i} enthalten muß. Damit ist Satz I erwiesen.

Wir beweisen nun weiter:

II. Ist das geschränkte Kontinuum M zusammenhängend im kleinen, so sind je zwei Punkte P' und P'' von M verbunden durch einen stetigen, zu M gehörigen Kurvenbogen.

Darunter ist folgendes zu verstehen: Es gibt zwei im Intervall $<0, 1>$ der Veränderlichen t stetige Funktionen $x(t)$, $y(t)$, so daß für $0 \leqq t \leqq 1$ die Punkte von den Koordinaten

$$x = x(t), \quad y = y(t)$$

sämtlich zu M gehören und die beiden Punkte

$$x = x(0), \quad y = y(0) \quad \text{und} \quad x = x(1), \quad y = y(1)$$

gerade die Punkte P' und P'' sind.

Sei, um Satz II zu beweisen, $\varepsilon_1, \varepsilon_2, \ldots, \varepsilon_k, \ldots$ eine Folge positiver Zahlen, derart, daß die unendliche Reihe:

$$(2) \qquad \sum_{k=1}^{\infty} \varepsilon_k$$

konvergiert. Wegen des Zusammenhanges im kleinen gehört nach Satz I zu jeder dieser Zahlen ε_k ein positives η_k, so daß je zwei Punkte Q' und Q'' von M, deren Abstand $< \eta_k$ ist, durch ein Kontinuum von M verbunden sind, das in der Umgebung ε_k sowohl von Q' als von Q'' liegt.

Da M zusammenhängend ist, gibt es in M eine die beiden gegebenen Punkte P' und P'' verbindende η_1-Kette, von der wir immer annehmen können, sie bestehe aus $2^{\nu_1}+1$ Punkten

$$(3)\qquad P' = P_0^{(1)}, P_1^{(1)}, \ldots, P_{2^{\nu_1}}^{(1)} = P''.$$

Je zwei benachbarte dieser Punkte $P_i^{(1)}$ und $P_{i+1}^{(1)}$ sind nun verbunden durch ein in ihrer Nachbarschaft ε_1 liegendes Kontinuum $M_i^{(1)}$ von M. Es können also die Punkte $P_i^{(1)}$ und $P_{i+1}^{(1)}$ verbunden werden durch eine η_2-Kette von $M_i^{(1)}$; wir können annehmen, daß alle diese η_2-Ketten aus gleichviel, etwa $2^{\nu_2}+1$ Punkten, bestehen, die wir so bezeichnen wollen:

$$P_i^{(1)} = P_{i.2^{\nu_2}}^{(2)}, P_{i.2^{\nu_2}+1}^{(2)}, \ldots, P_{(i+1).2^{\nu_2}}^{(2)} = P_{i+1}^{(1)}.$$

Je zwei benachbarte dieser Punkte sind nun verbunden durch ein in ihrer Nachbarschaft ε_2 liegendes Kontinuum von M. In derselben Weise weiter schließend, erhalten wir für jedes k in M eine die beiden Punkte P' und P'' verbindende η_k-Kette, bestehend aus $2^{\nu_1+\nu_2+\ldots+\nu_k}+1$ Punkten:

$$P' = P_0^{(k)}, P_1^{(k)}, \ldots, P_{2^{\nu_1+\nu_2+\ldots+\nu_k}}^{(k)} = P'',$$

von denen immer zwei benachbarte $P_i^{(k)}$ und $P_{i+1}^{(k)}$ durch ein in ihrer Nachbarschaft ε_k liegendes Kontinuum $M_i^{(k)}$ von M verbunden sind; ferner ist stets:

$$(4)\qquad P_{i.2^{\nu_k}}^{(k)} = P_i^{(k-1)}.$$

Abszisse und Ordinate von $P_i^{(k)}$ mögen mit $x_i^{(k)}$ und $y_i^{(k)}$ bezeichnet werden.

Wir ordnen nun dem Werte

$$t = \frac{i}{2^{\nu_1+\nu_2+\ldots+\nu_k}} \qquad (i = 0, 1, \ldots, 2^{\nu_1+\nu_2+\ldots+\nu_k})$$

der Veränderlichen t den Wert $x_i^{(k)}$ (beziehungsweise $y_i^{(k)}$) zu; wegen (4) ist diese Zuordnung eindeutig. Dadurch ist jedem dyadisch darstellbaren Werte der Strecke $< 0, 1 >$ der t-Achse ein Wert von x (beziehungsweise von y) zugeordnet. Diese Zuordnung ist eine gleichmäßig stetige; d. h. ist ein $\varepsilon > 0$ gegeben, so gibt es ein $\eta > 0$ derart, daß für irgend zwei dyadisch darstellbare Werte t' und t'' des Intervalls $< 0, 1 >$ der t-Achse, für die $|t' - t''| < \eta$ ist, die zugeordneten Werte x' und x'' von x die Ungleichung erfüllen: $|x' - x''| < \varepsilon$ (und analog für y). In der Tat, zunächst folgt aus der Konvergenz der Reihe (2), daß k_0 so groß gewählt werden kann, daß

$$\sum_{k=k_0}^{\infty} \varepsilon_k < \frac{\varepsilon}{2} \tag{5}$$

wird. Nun setze man

$$\eta = \frac{1}{2^{\nu_1 + \nu_2 + \cdots + \nu_{k_0}}}. \tag{6}$$

Genügen nun t' und t'' der Ungleichung:

$$|t' - t''| < \eta,$$

so liegen sie zwischen drei aufeinanderfolgenden Werten:

$$\frac{j-1}{2^{\nu_1+\nu_2+\cdots+\nu_{k_0}}}, \quad \frac{j}{2^{\nu_1+\nu_2+\cdots+\nu_{k_0}}}, \quad \frac{j+1}{2^{\nu_1+\nu_2+\cdots+\nu_{k_0}}}.$$

Es liege etwa t' zwischen den beiden letzteren Werten; man kann schreiben:

$$t' = \frac{j^*}{2^{\nu_1+\cdots+\nu_{k_0+\lambda}}}.$$

Der diesem Werte t' zugeordnete Wert x' von x ist also die Abszisse des Punktes $P_{j^*}^{(k_0+\lambda)}$. Dieser Punkt $P_{j^*}^{(k_0+\lambda)}$ wurde aber folgendermaßen gewonnen. Zwischen die beiden Punkte $P_j^{(k_0)}$ und $P_{j+1}^{(k_0)}$ wurde eingeschaltet die Menge $M_j^{(k_0)}$, die ganz in der Umgebung ε_{k_0} von $P_j^{(k_0)}$ liegt, zwischen gewisse zwei Punkte von $M_j^{(k_0)}$ wurde eingeschaltet die Menge $M_{j_1}^{(k_0+1)}$, die ganz in der Umgebung ε_{k_0+1} dieser zwei Punkte und mithin ganz in der Umgebung $\varepsilon_{k_0} + \varepsilon_{k_0+1}$ von $P_j^{(k_0)}$ liegt. Zwischen gewisse zwei Punkte von $M_{j_1}^{(k_0+1)}$ wurde eingeschaltet die Menge $M_{j_2}^{(k_0+2)}$, die ganz in der Umgebung ε_{k_0+2} dieser zwei Punkte und mithin ganz in der Umgebung $\varepsilon_{k_0}+\varepsilon_{k_0+1}+\varepsilon_{k_0+2}$ von $P_j^{(k_0)}$ liegt usw. Es liegt also $P_j^{(k_0+\lambda)}$ ganz in der Umgebung $\varepsilon_{k_0}+\varepsilon_{k_0+1}+\ldots+\varepsilon_{k_0+\lambda}$ von $P_j^{(k_0)}$ und wegen (5) gilt also für die Abszissen dieser beiden Punkte:

$$|x'-x_j^{(k_0)}|<\frac{\varepsilon}{2} \tag{7}$$

Genau ebenso beweist man aber:

$$|x''-x_j^{(k_0)}|<\frac{\varepsilon}{2}. \tag{7a}$$

Aus (7) und (7a) aber folgt: $|x'-x''|<\varepsilon$. Diese Ungleichung ist also bewiesen, sobald bei der Wahl (6) von η die Ungleichung $|t'-t''|<\eta$ besteht. Damit ist die behauptete gleichmäßige Stetigkeit unserer Zuordnung dargetan.

Es ist nun, in gleichmäßig stetiger Weise, jedem dyadisch darstellbaren Punkte des Intervalls $0\leqq t\leqq 1$ ein bestimmter Wert von x zugeordnet. Es gibt daher nach einem bekannten Satze[1] eine und nur eine in diesem ganzen Intervall definierte und stetige Funktion $x(t)$, deren Werte an den dyadisch darstellbaren Stellen mit den diesen Stellen zugeordneten Werten übereinstimmen. In genau derselben Weise gewinnt man die stetige Funktion $y(t)$ und durch:

$$x=x(t),\quad y=y(t)\qquad 0\leqq t\leqq 1$$

wird nun tatsächlich ein zu M gehöriger stetiger Kurvenbogen geliefert, der P' mit P'' verbindet, wie behauptet wurde. Damit ist Satz II bewiesen.

Wir können diesen Satz noch in folgender Weise präzisieren:

III. Ist das geschränkte Kontinuum M zusammenhängend im kleinen, so gehört zu jedem $\varepsilon>0$ ein $\eta>0$ von folgender Eigenschaft: Je zwei Punkte P'

[1] Vgl. etwa A. Schoenflies, Bericht über die Mengenlehre (1. Aufl.), p. 120.

und P'' von M, deren Abstand $< \eta$ ist, sind verbunden durch einen zu M gehörigen stetigen Kurvenbogen, der ganz in der Umgebung ε jedes der beiden Punkte P' und P'' liegt.

In der Tat, man wähle ζ gemäß:

$$0 < \zeta < \frac{\varepsilon}{2}; \tag{8}$$

sodann kann nach Satz I η so klein gewählt werden, daß P' und P'' durch ein ganz in der Umgebung ζ jedes dieser beiden Punkte liegendes Kontinuum N von M verbunden sind. Für die Zahlen ε_k des Beweises von Satz II wählt man die Zahlen:

$$\varepsilon_k = \frac{\zeta}{2^k}.$$

Die die beiden Punkte P' und P'' verbindende η_1-Kette (3) wähle man in N. Die Menge $M_i^{(1)}$ unseres obigen Beweises liegt nun ganz in der Nachbarschaft $\frac{\zeta}{2}$ des Punktes $P_i^{(1)}$ von N und somit, da $P_i^{(1)}$ in der Nachbarschaft ζ von P' sowohl als von P'' liegt, liegt $M_i^{(1)}$ in der Nachbarschaft $\zeta + \frac{\zeta}{2}$ von P' und von P''. Die Mengen $M_i^{(2)}$ liegen in der Nachbarschaft $\zeta + \frac{\zeta}{2} + \frac{\zeta}{2^2}$ dieser Punkte, allgemein die Mengen $M_i^{(k)}$ in der Nachbarschaft $\zeta + \frac{\zeta}{2} + \frac{\zeta}{2^2} + \ldots + \frac{\zeta}{2^k}$ von P' und von P''. Der im obigen Beweise konstruierte, P' mit P'' verbindende Kurvenbogen bestand nun aber nur aus Punkten der Mengen $M_i^{(k)}$ und Häufungspunkten solcher Punkte. Die Punkte dieses Kurvenbogens haben also von P' und von P'' höchstens den Abstand 2ζ, sie liegen also wegen (8) tatsächlich in der Umgebung ε von P' und P'' und Satz III ist bewiesen.

Wie man sieht, hätte also die Definition des Zusammenhanges im kleinen von vornherein so gegeben werden können:

Ein geschränktes Kontinuum M heißt zusammenhängend im kleinen, wenn zu jedem $\varepsilon > 0$ ein $\eta > 0$ von folgender Eigenschaft gehört: Je zwei Punkte P' und P'' von M, deren

Abstand $<\eta$ ist, sind verbunden durch einen zu M gehörigen stetigen Kurvenbogen, der ganz in der Nachbarschaft ε sowohl von P' als von P'' verbleibt.

§ 2. Durchführung der Abbildung für ebene Punktmengen.

Wir ordnen nun jedem Punkte P des im kleinen zusammenhängenden geschränkten Kontinuums M und jeder positiven Zahl r eine Teilmenge $M^*(P, r)$ von M zu durch folgende Definition. Zu $M^*(P, r)$ mögen alle diejenigen in der Umgebung r von P liegenden Punkte Q von M gehören, die mit P durch ein zu M gehörendes, gleichfalls in der Umgebung r von P liegendes Kontinuum verbunden sind; ferner alle Häufungspunkte solcher Punkte Q.

Aus der Definition von $M^*(P, r)$ folgt sofort:

IV. Es gibt eine Umgebung η von P, so daß alle in diese Umgebung fallenden Punkte von M auch zu $M^*(P, r)$ gehören.

In der Tat kann, wegen des Zusammenhanges im kleinen von M, die positive Zahl η so gewählt werden, daß jeder in der Umgebung η von P liegende Punkt Q von M mit P durch ein in der Umgebung r von P liegendes Kontinuum von M verbunden ist, und somit, zufolge der Definition von $M^*(P, r)$, zu $M^*(P, r)$ gehört. Damit ist Satz IV bewiesen.

Wir wollen die Umgebung r von P kurz mit U bezeichnen. Wir erkennen zunächst leicht, daß alle Häufungspunkte von Punkten Q,[1] die nicht selbst Punkte Q sind, am Rande von U liegen. Anders gesprochen:

V. Häufen sich in dem im Innern von U gelegenen Punkte Q_0 unendlich viele Punkte Q, deren jeder mit P durch ein im Innern von U liegendes Kontinuum von M verbunden ist, so ist auch Q_0 mit P durch ein im Innern von U liegendes Kontinuum verbunden.

[1] Unter einem Punkte Q wird, wie eben gesagt, ein Punkt von M verstanden, der mit P durch ein im Innern von U liegendes Kontinuum von M verbunden ist.

In der Tat, da Q_0 im Innern von U liegt, gilt für den Abstand ρ des Punktes Q_0 von P die Ungleichung: $\rho < r$. Es kann also, wegen des Zusammenhanges im kleinen, η so klein gewählt werden, daß jeder in der Umgebung η von Q_0 gelegene Punkt von M mit Q_0 durch ein in der Umgebung $r-\rho$ von Q_0 und mithin in der Umgebung U von P liegendes Kontinuum N_0 verbunden ist. Da Q_0 Häufungspunkt von Punkten Q ist, gibt es nun aber in der Umgebung η von Q_0 sicher einen Punkt Q, der also mit P durch ein in der Umgebung U von P liegendes Kontinuum N von M verbunden ist. Die Vereinigungsmenge von N_0 und N stellt ein P mit Q_0 verbindendes Kontinuum von M dar und liegt gleichfalls in der Umgebung U von P, womit Satz V erwiesen ist.

Die von uns eingeführte Menge $M^*(P, r)$ ist zufolge ihrer Definition geschränkt und abgeschlossen. Sie ist aber auch zusammenhängend. Es genügt zu dem Zwecke, nachzuweisen, daß bei beliebig gegebenem $\varepsilon > 0$ je zwei ihrer Punkte Q' und Q'' durch eine zu ihr gehörige ε-Kette verbunden werden können. Dies ist trivial, wenn Q' und Q'' beide im Innern von U liegen; denn dann sind diese beiden Punkte mit P und daher diese Punkte untereinander verbunden durch ein in U liegendes Kontinuum von M, dessen sämtliche Punkte offenbar auch zu $M^*(P, r)$ gehören. Doch ist die Behauptung auch noch richtig, wenn Q' oder Q'' oder beide am Rande von U liegen; denn dann sind sie, zufolge der Definition von $M^*(P, r)$, Häufungspunkte von Punkten aus $M^*(P, r)$, die im Innern von U liegen. Und es kann in der Umgebung ε von Q', beziehungsweise Q'' ein im Innern von U liegender Punkt $\bar{Q}$ (beziehungsweise $\bar{\bar{Q}}$) aus $M^*(P, r)$ gefunden werden. Nun können, wie schon erwähnt, $\bar{Q}$ und $\bar{\bar{Q}}$ durch eine ε-Kette verbunden werden und, da die Abstände $\bar{Q}Q'$ und $\bar{\bar{Q}}Q''$ kleiner als ε sind, so sind auch Q' und Q'' durch eine ε-Kette verbunden, wie behauptet. Die Menge $M^*(P, r)$ bildet also ein geschränktes Kontinuum. Unser nächstes Ziel ist der Nachweis, daß auch sie, ebenso wie M, zusammenhängend im kleinen ist. Da wir es bei diesem Beweise immer mit ein und derselben Menge $M^*(P, r)$ zu tun haben, wollen wir sie kurz die Menge M^* nennen.

Der Zusammenhang im kleinen kann nur fraglich sein für die auf den Rand von U fallenden Punkte von M^*; bezüglich der ins Innere von U fallenden Punkte gilt:

VI. Zu jedem positiven $\rho < r$ und jedem positiven ε gehört ein positives η, so daß je zwei Punkte P' und P'' von M^*, deren Abstand von P kleiner als ρ und deren gegenseitiger Abstand kleiner als η ist, durch ein in der Umgebung ε von P' und von P'' liegendes Kontinuum von M^* verbunden sind.

Man hat in der Tat nur, wenn mit δ die kleinere der Zahlen ε und $r-\rho$ bezeichnet wird, η so klein zu wählen, daß zwei Punkte von M, deren Abstand $< \eta$ ist, durch ein in ihrer Umgebung δ liegendes Kontinuum von M verbunden sind. Ist η so gewählt, so sind nun P' und P'' durch ein in der Umgebung r von P, d. h. in U liegendes Kontinuum N von M verbunden, das ganz in ihrer Nachbarschaft ε liegt. Jeder Punkt Q von N gehört nun aber auch zu M^*, denn er ist mit P' verbunden durch ein in U liegendes Kontinuum von M, nämlich durch N, während P' als Punkt von M^* mit P durch ein solches Kontinuum verbunden ist. Also ist auch Q mit P durch ein solches Kontinuum verbunden. Somit ist N Teil von M^* und die Behauptung ist erwiesen. Hieraus folgt nun aber leicht:

VII. Jeder ins Innere von U fallende Punkt Q von M^* ist mit P durch einen stetigen, zu M^* gehörigen Kurvenbogen verbunden.

Zunächst ist Q mit P, zufolge der Definition von M^*, durch ein in U liegendes Kontinuum N von M verbunden und es ist N gleichzeitig auch Teil von M^*. Da N abgeschlossen ist, gibt es ein positives $\rho < r$ so, daß N auch ganz in der Nachbarschaft ρ von P liegt. Wir setzen nun:

$$\frac{r-\rho}{2} = \zeta$$

und wählen im Beweise von Satz II:[1]

$$\varepsilon_k = \frac{\zeta}{2^k}.$$

---

[1] Die Bezeichnungsweise der folgenden Zeilen ist dieselbe wie im Beweise von Satz II.

Die Punkte P und Q sind durch eine η_1-Kette von N verbunden. Jede der Mengen $M_i^{(1)}$ liegt dann ganz in der Nachbarschaft $\varepsilon_1 = \frac{\zeta}{2}$ eines Punktes von N und somit in der Nachbarschaft $\rho + \frac{\zeta}{2}$ von P, ebenso die Mengen $M_i^{(k)}$ in der Nachbarschaft $\rho + \frac{\zeta}{2} + \frac{\zeta}{2^2} + \ldots + \frac{\zeta}{2^k}$ von P. Der P mit Q verbindende Kurvenbogen liegt also ganz im Innern oder am Rande der Nachbarschaft:

$$\rho + \frac{\zeta}{2} + \frac{\zeta}{2^2} + \ldots + \frac{\zeta}{2^k} + \ldots = \rho + \zeta = \frac{r+\rho}{2}$$

von P und somit im Innern von U; und da er offenbar zu M^* gehört, ist die Behauptung erwiesen.

Wir führen nun den Beweis, daß M^* zusammenhängend im kleinen ist, indirekt. Angenommen, M^* sei nicht zusammenhängend im kleinen. Dann gibt es einen Punkt Q_0 von M^* und um ihn als Mittelpunkt einen Kreis K von folgender Eigenschaft: In jeder Umgebung von Q_0 gibt es Punkte Q von M^*, die nicht mit Q_0 durch ein in K liegendes Kontinuum von M^* verbunden sind. Dasselbe gilt natürlich erst recht für jeden kleineren Kreis K' vom Mittelpunkte Q_0. Wegen Satz VI muß Q_0 notwendig am Rande von U liegen.

Sei also K' ein solcher Kreis; wir denken ihn uns so klein gewählt, daß er den Mittelpunkt P von U nicht enthält. Es gibt in K' eine Folge von Punkten $Q_1, Q_2, \ldots Q_\nu, \ldots$ von M^*, mit $\lim\limits_{\nu=\infty} Q_\nu = Q_0$, deren keiner mit Q_0 durch ein in K liegendes Kontinuum von M^* verbunden ist. Wir behaupten:

VIII. Zu jedem dieser Punkte Q_ν gibt es auf der Peripherie des Kreises K' einen Punkt R_ν, der mit Q_ν durch ein in K' liegendes Kontinuum von M^* verbunden ist.

In der Tat, liegt Q_ν im Innern von U, so ist nach Satz VII Q_ν mit P durch einen stetigen, zu M^* gehörigen Kurvenbogen:

$$x = x(t), \quad y = y(t) \qquad 0 \leqq t \leqq 1 \tag{9}$$

verbunden, dessen Anfangspunkt P und dessen Endpunkt Q_ν ist. Da P außerhalb, Q_ν innerhalb von K' liegt, schneidet dieser Kurvenbogen die Peripherie von K' und unter diesen Schnittpunkten gibt es, bei Durchwanderung der Kurve im Sinne wachsender t, einen letzten. Diesen können wir für R_ν wählen; denn entspricht er etwa auf der Kurve (9) dem Parameterwerte $\bar{t}$, so liefert der Bogen $\bar{t} \leqq t \leqq 1$ dieser Kurve ein in K' gelegenes, zu M^* gehöriges Kontinuum, das R_ν mit Q_ν verbindet.

Liegt hingegen Q_ν am Rande von U, so gibt es, zufolge der Definition von M^*, eine Folge im Innern von U gelegener Punkte $Q_1^{(\nu)}, Q_2^{(\nu)}, \ldots, Q_\mu^{(\nu)}, \ldots$ von M^*, mit $\lim\limits_{\mu=\infty} Q_\mu^{(\nu)} = Q_\nu$. Nach dem eben Bewiesenen gehört zu jedem dieser Punkte $Q_\mu^{(\nu)}$ ein Punkt $R_\mu^{(\nu)}$ auf der Peripherie von K', der mit $Q_\mu^{(\nu)}$ durch ein in K' liegendes Kontinuum $M_\mu^{(\nu)}$ von M^* verbunden ist. Bilden wir nun die Grenzmenge[1] der Mengen $M_\mu^{(\nu)}$ $(\mu = 1, 2, \ldots)$; sie ist eine zu M^* gehörige, in K' liegende abgeschlossene Menge $M^{(\nu)}$, die wegen $\lim\limits_{\mu=\infty} Q_\mu^{(\nu)} = Q_\nu$ den Punkt Q_ν enthält und wegen des eben in der Anmerkung zitierten Satzes von Zoretti zusammenhängend ist. Sie enthält aber auch mindestens einen Punkt der Peripherie von K': denn entweder fallen unendlich viele Punkte $R_\mu^{(\nu)}$ $(\mu = 1, 2, \ldots)$ in denselben Punkt, der dann notwendig zu $M^{(\nu)}$ gehört, oder aber es gibt unendlich viele verschiedene Punkte $R_\mu^{(\nu)}$ $(\mu = 1, 2, \ldots)$, die dann mindestens einen Häufungspunkt besitzen; jeder solche Häufungspunkt aber ist ein auf der Peripherie von K' liegender Punkt von $M^{(\nu)}$. Jeder solche Punkt von $M^{(\nu)}$ aber kann für den Punkt R_ν unserer Behauptung gewählt werden. Satz VIII ist damit bewiesen.

[1] Unter der Grenzmenge N abzählbar unendlich vieler Mengen $N_1, N_2, \ldots, N_i, \ldots$ versteht man die Menge aller jener Punkte, in deren jeder Umgebung unendlich viele Mengen N_i mindestens einen Punkt besitzen. Die Grenzmenge N ist stets abgeschlossen; gibt es einen Punkt P und in jeder der Mengen N_i einen Punkt P_i, so daß $\lim\limits_{i=\infty} P_i = P$, so ist die Grenzmenge auch zusammenhängend (Satz von Zoretti, vgl. Encycl. des sc. math., II_2, p. 145).

Es bezeichne nun $M^{(\nu)}$ ein den Punkt Q_ν mit dem Punkte R_ν verbindendes Kontinuum von M^*. Wir bilden die Grenzmenge N der Mengen $M^{(\nu)}$ und bemerken, daß sie Teil von M^* ist und den Punkt Q_0 enthält; denn $M^{(\nu)}$ ist Teil von M^* und enthält den Punkt Q_ν und Q_0 ist Häufungspunkt der Q_ν. Und da geradezu $\lim_{\nu=\infty} Q_\nu = Q_0$ ist, so ist, wieder nach dem Satze von Zoretti, N auch zusammenhängend. Wir erkennen nun leicht:

IX. Die Grenzmenge N kann keinen ins Innere von U fallenden Punkt besitzen.

Angenommen in der Tat, es wäre S ein ins Innere von U fallender Punkt von N. Zufolge der Definition der Grenzmenge gäbe es dann in der Folge der Mengen $M^{(\nu)}$ eine Teilfolge $M^{(\nu_1)}, M^{(\nu_2)}, \ldots, M^{(\nu_i)}, \ldots$ und in jeder dieser Mengen $M^{(\nu_i)}$ einen Punkt S_i, so daß $\lim_{i=\infty} S_i = S$. Da S im Innern von U liegt, kann ε so gewählt werden, daß die Nachbarschaft ε von S ganz in U liegt und da S im Innern oder am Rande des Kreises K' liegt, der seinerseits ganz im Innern des Kreises K liegt, kann ε auch so gewählt werden, daß die Nachbarschaft ε von S auch ganz im Innern von K liegt. Zu diesem ε denken wir uns das vermöge des Zusammenhanges im kleinen von M gehörige η bestimmt. Nun kann i so groß gewählt werden, daß der Abstand $\overline{S S_i} < \eta$ ist. Dann ist S_i mit S verbunden durch ein Kontinuum C von M, das ganz in der Nachbarschaft ε von S und mithin auch ganz in U und ganz in K liegt und offenbar Teil von M^* ist. Nun ist Q_{ν_i} mit S_i verbunden durch $M^{(\nu_i)}$, S_i mit S durch C und S mit Q_0 durch N; die Vereinigung von $M^{(\nu_i)}$, C und N stellt ein zu M^* gehöriges Kontinuum dar, das ganz in K liegt und Q_{ν_i} mit Q_0 verbindet, entgegen der Annahme, daß es kein in K liegendes Kontinuum von M^* gibt, das Q_0 mit Q_{ν_i} verbindet. Damit ist Satz IX bewiesen.

Die Grenzmenge N kann also tatsächlich keinen ins Innere von U fallenden Punkt enthalten. Sie enthält aber einerseits den Punkt Q_0, andrerseits muß sie aber mindestens einen Punkt R auf der Peripherie des Kreises K' enthalten. Denn jede Menge $M^{(\nu)}$ enthält auf dieser Peripherie den

Punkt R_ν, diese Punkte besitzen mindestens einen Häufungspunkt[1] R, der sicherlich zur Grenzmenge N gehört. Nach dem eben Bewiesenen darf dieser Punkt R nicht ins Innere von U fallen. Bezeichnen wir also etwa den den Rand von U bildenden Kreis mit $\mathfrak{K}$, so liegt sowohl Q_0 als R auf der Peripherie von $\mathfrak{K}$. Und da die Menge N ein Q_0 mit R verbindendes Kontinuum ist, andrerseits aber keinen Punkt im Innern von U enthalten darf, so müssen alle Punkte des Bogens $Q_0 R$ von $\mathfrak{K}$ zu N gehören. Und da N Teilmenge von M^* ist, gehören alle diese Punkte auch zu M^*.

Sei nun T irgendein von den beiden Endpunkten Q_0 und R verschiedener Punkt des Bogens $Q_0 R$ des Kreises $\mathfrak{K}$. Als Punkt von N hat T zufolge der Definition der Menge N als Grenzmenge der Mengen $M^{(\nu)}$ folgende Eigenschaft: Es gibt unter den Mengen $M^{(\nu)}$ eine Folge: $M^{(\nu_1)}, M^{(\nu_2)}, \ldots, M^{(\nu_i)} \ldots$ und in jeder Menge $M^{(\nu_i)}$ einen Punkt T_i, so daß $\lim_{i=\infty} T_i = T$. Wir legen nun um den Punkt T einen Kreis vom Radius ε, wobei ε so klein gewählt sei, daß dieser Kreis weder Q_0 noch R enthält. Er wird dann durch den Bogen $Q_0 R$ des Kreises $\mathfrak{K}$ in zwei getrennte Gebiete zerlegt, deren eines G zu U gehört, während das andere außerhalb U liegt. Das Gebiet G liegt ganz im Innern des Kreises K. Wir bestimmen das vermöge Satz III zu diesem ε gehörige η und können nun i so groß wählen, daß der Abstand $\overline{T_i T} < \eta$ ist. Der Punkt T_i kann nicht auf dem Bogen $Q_0 R$ von $\mathfrak{K}$ liegen. Denn dann wäre er mit Q_0 verbunden durch den, wie schon bemerkt, zu M^* gehörigen Bogen $T Q_0$ von $\mathfrak{K}$, mit Q_{ν_i} aber durch die Menge $M^{(\nu_i)}$. Es wäre also Q_{ν_i} mit Q_0 verbunden durch ein in K liegendes Kontinuum von M^*, entgegen der Voraussetzung. Es ist also bewiesen, daß T_i nicht auf $\mathfrak{K}$ liegen kann.

Angenommen nun, T_i liegt im Innern von $\mathfrak{K}$. Zufolge der Wahl von η kann T_i mit T verbunden werden durch einen ganz in der Umgebung ε von T liegenden, zu M gehörigen stetigen Kurvenbogen:

$$(10) \qquad x = x(t) \quad y = y(t) \qquad 0 \leqq t \leqq 1,$$

[1] Als Häufungspunkt der R_ν wird hier auch ein Punkt betrachtet, in den unendlich viele R_ν von verschiedenem Index hineinfallen.

dessen Anfangspunkt der Punkt T_i, dessen Endpunkt der Punkt T ist. Der Punkt T_i liegt im Innern des Gebietes G, das die Nachbarschaft ε von T mit U gemein hat, der Punkt T liegt am Rande von G. Durchläuft man also den Kurvenbogen (10) im Sinne wachsender t, so muß es einen ersten Wert $\bar{t}$ von t geben (möglicherweise ist $\bar{t} = 1$), so daß der Punkt $\bar{t}$ der Kurve (10) — er werde mit $\bar{T}$ bezeichnet — auf dem Rande von G und somit auf dem Bogen $Q_0 R$ von $\mathfrak{K}$ liegt. Der Bogen $0 \leqq t \leqq \bar{t}$ der Kurve (10) gehört nun aber, ebenso wie T_i, notwendig zu M^*, stellt also ein T_i mit $\bar{T}$ verbindendes, ganz in K liegendes Kontinuum C von M^* dar. Nun ist der Punkt Q_{ν_i} von $M^{(\nu_i)}$ verbunden mit T_i durch die Menge $M^{(\nu_i)}$, es ist T_i mit $\bar{T}$ verbunden durch C und es ist $\bar{T}$ verbunden mit Q_0 durch den Bogen $Q_0 R$ von $\mathfrak{K}$; es ist also Q_{ν_i} verbunden mit Q_0 durch ein ganz im Innern von $\mathfrak{K}$ liegendes Kontinuum von M^*, entgegen der Voraussetzung, dies sei nicht möglich. Die Annahme, die Menge M^* sei nicht zusammenhängend im kleinen, führt also auf einen Widerspruch und es ist bewiesen:

X. Jede Menge $M^*(P, r)$ ist zusammenhängend im kleinen.

§ 3. Fortsetzung.

Nunmehr sind wir in der Lage, den Satz nachzuweisen:

XI. Jedes geschränkte, im kleinen zusammenhängende Kontinuum M ist stetiges Bild der Strecke $0 \leqq t \leqq 1$. Und zwar kann dem Punkte 0 sowie dem Punkte 1 je ein beliebiger Punkt von M (die auch zusammenfallen können) zugeordnet werden.

Wir geben eine Folge positiver Zahlen $r_1, r_2, \ldots, r_n, \ldots$ mit $\lim_{n=\infty} r_n = 0$ vor und bilden zunächst zu jedem Punkte P von M die zugehörige Menge $M^*(P, r_1)$. Nach Satz IV gehören alle in eine gewisse Umgebung η_1 von P fallenden Punkte von M zu $M^*(P, r_1)$. Denken wir uns um jeden Punkt P von M den Kreis mit dem Radius η_1 gelegt, so gibt es nach einem bekannten Theorem von Borel unter diesen Kreisen endlich viele, die die ganze Menge M überdecken.

Es gibt daher erst recht unter den Mengen $M^*(P, r_1)$ endlich viele, deren Vereinigungsmenge M ist; ein System endlich vieler solcher Mengen $M^*(P, r_1)$ werde bezeichnet mit:

(11) $$M_1^{(1)}, M_2^{(1)}, \ldots, M_{k_1}^{(1)}.$$

Greifen wir aus diesen Mengen $M_i^{(1)}$ irgend zwei heraus, die mit M' und M'' bezeichnet werden mögen, so folgt aus der Tatsache, daß M ein geschränktes Kontinuum ist, ohne weiteres:

XII. Es können aus den Mengen (11) die Mengen:

(12) $$M' = M_{i_1}^{(1)}, M_{i_2}^{(1)}, \ldots, M_{i_{\nu-1}}^{(1)}, M_{i_\nu}^{(1)} = M''$$

so herausgegriffen werden, daß je zwei in (12) benachbarte Mengen einen Punkt gemein haben.

In der Tat, die Menge M', die wir auch mit $M_{j_1}^{(1)}$ bezeichnen wollen, einerseits, die Vereinigungsmenge aller übrigen Mengen (11) andrerseits bilden je eine abgeschlossene Menge und M ist die Vereinigungsmenge dieser beiden abgeschlossenen Mengen; und da M ein geschränktes Kontinuum ist, müssen diese beiden abgeschlossenen Mengen einen Punkt gemein haben. Dieser Punkt gehört also mindestens einer von $M_{j_1}^{(1)}$ verschiedenen Menge (11) an; eine solche bezeichnen wir mit $M_{j_2}^{(1)}$. Die Vereinigungsmenge von $M_{j_1}^{(1)}$ und $M_{j_2}^{(1)}$ einerseits, die Vereinigungsmenge aller übrigen Mengen (11) andrerseits bilden wieder zwei abgeschlossene Mengen, deren Vereinigung M ergibt und die daher einen Punkt Q gemein haben, der mindestens einer von $M_{j_1}^{(1)}$ und $M_{j_2}^{(1)}$ verschiedenen Menge aus (11) angehört. Gehört dieser Punkt Q zu $M_{j_2}^{(1)}$, so wähle man für $M_{j_3}^{(1)}$ irgendeine von $M_{j_1}^{(1)}$ und $M_{j_2}^{(1)}$ verschiedene Menge (11), die den Punkt Q enthält; gehört hingegen Q zu $M_{j_1}^{(1)}$, so wähle man für $M_{j_3}^{(1)}$ wieder die Menge $M_{j_1}^{(1)}$ und erst für $M_{j_4}^{(1)}$ eine von $M_{j_1}^{(1)}$ und $M_{j_2}^{(1)}$ verschiedene Menge (11), die den Punkt Q enthält. Indem man so weiterschließt, muß man nach einer endlichen Anzahl von Schritten auf die Menge M'' stoßen. In der Reihe

$$M' = M_{j_1}^{(1)}, M_{j_2}^{(1)}, \ldots, M_{j_{\mu-1}}^{(1)}, M_{j_\mu}^{(1)} = M''$$

suche man nun die letzte mit $M' = M_{i_1}^{(1)}$ identische Menge und wähle die auf sie folgende für $M_{i_2}^{(1)}$, sodann suche man wieder die letzte mit $M_{i_2}^{(1)}$ identische Menge und wähle sie für $M_{i_3}^{(1)}$ usw., bis man auf M'' stößt. Man erhält auf diesem Wege die verlangte Reihe (12).

Sei nun P' der Punkt von M, der dem Punkte $t = 0$, und P'' der Punkt von M, der dem Punkte $t = 1$ entsprechen soll; und sei $\mathfrak{M}'$ eine den Punkt P' enthaltende, $\mathfrak{M}''$ eine den Punkt P'' enthaltende Menge (11). Wir behaupten:

XIII. Die Mengen (11) können so in eine Reihenfolge

$$(13) \qquad \mathfrak{M}' = \mathfrak{M}_1^{(1)}, \mathfrak{M}_2^{(1)}, \ldots, \mathfrak{M}_{n_1-1}^{(1)}, \mathfrak{M}_{n_1}^{(1)} = \mathfrak{M}''$$

gebracht werden [wobei eine und dieselbe Menge (11) eventuell mehrmals aufgeschrieben werden muß], daß in (13) je zwei benachbarte Mengen einen Punkt gemeinsam haben und jede Menge (11) mindestens einmal auftritt.

Zu dem Zwecke wähle man für die Menge M' des Satzes XII die Menge $\mathfrak{M}'$ und für M'' die Menge $\mathfrak{M}''$. Treten dann in (12) bereits alle Mengen (11) auf, so ist (13) hergestellt, kommt aber in (12) etwa $M_i^{(1)}$ nicht vor, so verbinde man nach Satz XII M'' mit $M_i^{(1)}$ durch eine Reihe von Mengen $M_i^{(1)}$, von denen je zwei aufeinanderfolgende einen Punkt gemein haben, schreibe diese Reihe einmal hinter (12) und dann noch einmal in umgekehrter Reihenfolge. Man kommt so wieder zu einer Reihe von Mengen $M_i^{(1)}$, die mit $\mathfrak{M}'$ beginnt und mit $\mathfrak{M}''$ endet und in der je zwei benachbarte Mengen $M_i^{(1)}$ einen Punkt gemein haben und die insofern umfassender ist als die frühere, als sie gewiß $M_i^{(1)}$ enthält. Enthält diese Reihe noch nicht alle Mengen $M_i^{(1)}$, so erweitere man sie in genau derselben Weise, indem man, falls in ihr $M_i^{(1)}$ fehlt, an ihrem Ende eine $\mathfrak{M}''$ mit $M_i^{(1)}$ verbindende Reihe von Mengen $M_i^{(1)}$ zweimal in entgegengesetzter Reihenfolge beifügt. Nach einer endlichen Anzahl solcher Schritte gelangt man zur verlangten Reihe (13).

In der Menge $\mathfrak{M}_1^{(1)} = \mathfrak{M}'$ wollen wir den Punkt P' als den ersten, in der Menge $\mathfrak{M}_{n_1}^{(1)} = \mathfrak{M}''$ den Punkt P'' als den letzten bezeichnen; allgemein werde in jeder Menge $\mathfrak{M}_i^{(1)}$ ein Punkt, den sie mit $\mathfrak{M}_{i-1}^{(1)}$ gemein hat, ausgewählt und als erster bezeichnet, ebenso ein Punkt, den sie mit $\mathfrak{M}_{i+1}^{(1)}$ gemein hat, als letzter, und zwar so, daß der letzte Punkt von $\mathfrak{M}_i^{(1)}$ und der erste von $\mathfrak{M}_{i+1}^{(1)}$ übereinstimmen. In jeder der Mengen (13) ist also nun ein erster und ein letzter Punkt festgesetzt. Erster und letzter Punkt einer Menge $\mathfrak{M}_i^{(1)}$ können sehr wohl zusammenfallen.

Nun zerlegen wir die Strecke $0 \leqq t \leqq 1$ in n_1 gleiche Teilstrecken, denen wir der Reihe nach die Mengen (13) zuordnen; dem Anfangs- und dem Endpunkt jeder dieser Teilstrecken ordnen wir den ersten und den letzten Punkt der betreffenden Menge zu.

Nun war jede der Mengen $\mathfrak{M}_i^{(1)}$ eine Menge $M^*(P, r_1)$, also, gemäß Satz X, ebenso wie M, ein geschränktes, im kleinen zusammenhängendes Kontinuum. Nach der Definition von § 2 kann also, indem man $\mathfrak{M}_i^{(1)}$ an die Stelle von M treten läßt, nun, unter Zugrundelegung der positiven Zahl r_2, jedem Punkt P von $\mathfrak{M}_i^{(1)}$ die Teilmenge $\mathfrak{M}_i^{(1)*}(P, r_2)$ zugeordnet werden und es ist $\mathfrak{M}_i^{(1)}$ Vereinigungsmenge endlich vieler dieser Mengen $\mathfrak{M}_i^{(1)*}(P, r_2)$. Indem man überall in den bisherigen Überlegungen von § 3 die Menge $\mathfrak{M}_i^{(1)}$ an Stelle von M treten läßt, erkennt man:

Die Menge $\mathfrak{M}_i^{(1)}$ ist Vereinigungsmenge endlich vieler ihrer Teilmengen $\mathfrak{M}_i^{(1)*}(P, r_2)$, die in eine solche Reihenfolge:

$$(14) \qquad \mathfrak{M}_{i,1}^{(2)}, \mathfrak{M}_{i,2}^{(2)}, \ldots, \mathfrak{M}_{i,n_2}^{(2)}$$

[in der ein und dieselbe Menge $\mathfrak{M}_i^{(1)*}(P, r_2)$ eventuell mehrere Male auftritt] gebracht werden können, daß $\mathfrak{M}_{i,1}^{(2)}$ den ersten, $\mathfrak{M}_{i,n_2}^{(2)}$ den letzten Punkt von $\mathfrak{M}_i^{(1)}$ enthält und je zwei in (14) benachbarte Mengen einen Punkt gemein haben.

Da in der Reihe (14) ein und dieselbe Menge mehrmals auftreten darf, können wir immer annehmen, für alle $\mathfrak{M}_i^{(1)}$ enthalte die zugehörige Reihe (14) gleichviel, nämlich n_2, Mengen $\mathfrak{M}_{i,j}^{(2)}$.

In jeder der Mengen $\mathfrak{M}_{i,j}^{(2)}$ wird, genau wie oben in den Mengen $\mathfrak{M}_i^{(1)}$, ein erster und ein letzter Punkt definiert, wobei als erster Punkt von $\mathfrak{M}^{(2)}_{i,1}$ der erste Punkt von $\mathfrak{M}^{(1)}_{i}$, als letzter Punkt von $\mathfrak{M}^{(2)}_{i,n_2}$ der letzte Punkt von $\mathfrak{M}^{(1)}_{i}$ zu wählen ist.

Nun zerlegen wir jede der oben betrachteten n_1 Teilstrecken der Strecke $0 \leqq t \leqq 1$ weiter in n_2 gleiche Teilstrecken und ordnen den n_2 Teilstrecken, in die die i-te Teilstrecke der ersten Teilung geteilt wurde, der Reihe nach die Mengen (14) zu, den Endpunkten der j-ten dieser n_2 Teilstrecken, aber den ersten und den letzten Punkt von $\mathfrak{M}^{(2)}_{i,j}$.

Man sieht, wie dieses Verfahren fortzusetzen ist. Die Mengen $\mathfrak{M}^{(2)}_{i,j}$ sind wieder im kleinen zusammenhängende geschränkte Kontinua. Es werden, unter Zugrundelegung der positiven Zahl r_3, aus ihnen nach der Definition von § 2 die Mengen $\mathfrak{M}^{(2)*}_{i,j}(P, r_3)$ gebildet, aus denen nach genau denselben Prinzipien wie bisher endlich viele ausgewählt und als Mengen $\mathfrak{M}^{(3)}_{i,j,k}$ verwendet werden. Diese Mengen $\mathfrak{M}^{(3)}_{i,j,k}$ sind auch wieder im kleinen zusammenhängende geschränkte Kontinua. Allgemein werden aus den Mengen $\mathfrak{M}^{(\nu-1)}_{i_1, i_2, \ldots, i_{\nu-1}}$ unter Zugrundelegung der positiven Zahl r_ν die Mengen $\mathfrak{M}^{(\nu-1)*}_{i_1, i_2, \ldots, i_{\nu-1}}(P, r_\nu)$ gebildet und aus diesen endlich viele (und zwar für jede Menge $\mathfrak{M}^{(\nu-1)}_{i_1, i_2, \ldots, i_{\nu-1}}$ gleich viele, etwa n_ν) als Mengen $\mathfrak{M}^{(\nu)}_{i_1, i_2, \ldots, i_\nu}$ ausgewählt. In jeder Menge $\mathfrak{M}^{(\nu)}_{i_1, i_2, \ldots, i_\nu}$ wird ein erster und ein letzter Punkt definiert, so daß der letzte Punkt von $M^{(\nu)}_{i_1, i_2, \ldots, i_{\nu-1}, i_\nu}$ gleichzeitig erster Punkt von $M^{(\nu)}_{i_1, i_2, \ldots, i_{\nu-1}\, i_\nu+1}$ ist, der erste Punkt von $M^{(\nu)}_{i_1, i_2, \ldots, i_{\nu-1}, 1}$ aber mit dem ersten von $M^{(\nu-1)}_{i_1, i_2, \ldots, i_{\nu-1}}$, der letzte Punkt von $M^{(\nu)}_{i_1, i_2, \ldots, i_{\nu-1}, n_\nu}$ mit dem letzten von $M^{(\nu-1)}_{i_1, i_2, \ldots, i_{\nu-1}}$ zusammenfällt. Beim ν-ten Schritt werden die Strecken der $(\nu-1)$-ten Teilung der Strecke $0 \leqq t \leqq 1$ in n_ν gleiche Teilstrecken zerlegt, denen die Mengen $\mathfrak{M}^{(\nu)}_{i_1, i_2, \ldots, i_\nu}$ zugeordnet werden, während den Endpunkten dieser Teilstrecken die ersten und letzten Elemente dieser Mengen zugeordnet werden. Dieses Verfahren wird unbeschränkt fortgesetzt.

Sei nun t ein Punkt der Einheitsstrecke, der bei keiner der fortgesetzten Teilungen der Einheitsstrecke als Teilpunkt auftritt. Er liegt dann in einer bestimmten Strecke der ersten, in einer bestimmten Strecke der zweiten, allgemein in einer bestimmten Strecke der n-ten Teilung. Seien:

(15) $$\mathfrak{M}^{(1)}_{i_1}, \mathfrak{M}^{(2)}_{i_1, i_2}, \ldots, \mathfrak{M}^{(n)}_{i_1, i_2, \ldots, i_n}, \ldots$$

die diesen Strecken zugeordneten Mengen. Jede der Mengen (15) ist Teil der vorhergehenden und immer liegt die n-te in einem Kreise vom Radius r_n. Da $\lim_{n=\infty} r_n = 0$ ist und die Menge M abgeschlossen ist, gibt es einen und nur einen Punkt von M, der allen Mengen (15) gemeinsam ist: ihn ordnen wir dem Punkte t der Einheitsstrecke zu.

Was diejenigen Punkte t der Einheitsstrecke anlangt, die bei einer Teilung (und dann bei jeder folgenden) als Teilpunkte auftreten, so wurden ihnen schon oben Punkte von M zugeordnet; nämlich ein gemeinsamer Punkt derjenigen beiden Mengen $\mathfrak{M}^{(n)}$, die den im Punkte t zusammenstoßenden Teilstrecken der n-ten Teilung entsprechen, und zwar derjenige gemeinsame Punkt, der in einer dieser Mengen als »letzter«, in der anderen als »erster« gewählt worden war. Unser Verfahren ist so eingerichtet, daß bei jeder folgenden Teilung diesem Teilpunkte derselbe Punkt von M zugeordnet wird;[1] ihn ordnen wir endgültig dem betrachteten Punkte zu. Dem Punkte $t = 0$ ist dadurch tatsächlich, wie verlangt, der Punkt P', dem Punkte $t = 1$ der Punkt P'' zugeordnet.

Es ist nun jeder Punkt der Strecke $0 \leqq t \leqq 1$ auf einen bestimmten Punkt von M abgebildet. Und zwar erscheint dabei, wie wir nunmehr zeigen wollen, auch jeder Punkt von M als Bild mindestens eines Punktes der Strecke. Dies braucht nur gezeigt zu werden für diejenigen Punkte von M, die in keiner einzigen unserer Mengen $\mathfrak{M}^{(n)}$ als erster oder letzter Punkt gewählt wurden; denn die ersten oder letzten Punkte der Mengen $\mathfrak{M}^{(n)}$ sind ja bei unserem Verfahren sicherlich Bilder der bei der n-ten Teilung der Strecke verwendeten Teilpunkte.

Sei also P ein Punkt von M, der in keiner der Mengen $\mathfrak{M}^{(n+1)}$ $(n = 1, 2, \ldots)$ erster oder letzter Punkt ist. Er gehört

[1] Denn der erste Punkt von $\mathfrak{M}^{(n)}_{i_1, i_2, \ldots, i_n}$ ist zugleich erster Punkt von $\mathfrak{M}^{(n+1)}_{i_1, i_2, \ldots, i_n, 1}$; und Analoges gilt für den letzten Punkt.

mindestens einer Menge $\mathfrak{M}^{(1)}$, etwa der Menge $\mathfrak{M}_{i_1}^{(1)}$ an, dann mindestens einer der Mengen $\mathfrak{M}^{(2)}$, in die $\mathfrak{M}_{i_1}^{(1)}$ zerlegt wurde, etwa der Menge $\mathfrak{M}_{i_1, i_2}^{(2)}$ usf. Er gehört also einer Folge von Mengen:

$$(16) \qquad \mathfrak{M}_{i_1}^{(1)}, \mathfrak{M}_{i_1, i_2}^{(2)}, \ldots, \mathfrak{M}_{i_1, i_2, \ldots, i_n}^{(n)}, \ldots$$

an. Die erste dieser Mengen ist einer bestimmten Strecke S_1 der ersten Teilung der Strecke $0 \leqq t \leqq 1$ zugeordnet, die zweite einer bestimmten, in S_1 enthaltenen Strecke der zweiten Teilung usf. Wir erhalten so eine bestimmte Folge:

$$(17) \qquad S_1, S_2, \ldots, S_n, \ldots$$

von Teilstrecken der Strecke $0 \leqq t \leqq 1$, deren jede ganz in der vorhergehenden liegt. Der allen Strecken (17) gemeinsame Punkt kann bei keiner der Teilungen als Teilpunkt auftreten. In der Tat, träte er etwa bei der N-ten Teilung als Teilpunkt auf, so müßte für alle $n \geqq N$ in (17) die Strecke S_{n+1} immer die erste oder immer die letzte Teilstrecke von S_n sein, z. B. immer die erste; es hätte dann in der Folge der Mengen (16) für $n > N$ der Index i_n stets den Wert 1. Es enthielte also für $n \geqq N$ immer die $(n+1)$-te Menge in (16) den ersten Punkt der n-ten Menge (16). Da aber immer der erste Punkt von $\mathfrak{M}_{i_1, i_2, \ldots, i_n, 1}^{(n+1)}$ identisch ist mit dem ersten Punkte von $\mathfrak{M}_{i_1, i_2, \ldots, i_n}^{(n)}$, so enthielten für $n \geqq N$ alle Mengen (16) den ersten Punkt von $M_{i_1, i_2, \ldots, i_N}^{(N)}$ und da diese Mengen nur einen einzigen Punkt gemein haben, so wäre der gegebene Punkt P erster Punkt von $M_{i_1, i_2, \ldots, i_N}^{(N)}$ entgegen der Annahme. Der der Folge der Strecken (17) gemeinsame Punkt ist also bei keiner Teilung Teilpunkt. Ordnen wir ihm in der vorgeschriebenen Weise einen Punkt von M zu, so erhalten wir den den Mengen (16) gemeinsamen Punkt, das aber ist der Punkt P; damit aber ist die Behauptung erwiesen.

Es bleibt nur mehr zu zeigen, daß die angegebene Abbildung der Strecke $0 \leqq t \leqq 1$ auf die Menge M stetig ist. Ausführlich gesprochen: Ist t ein Punkt der Strecke $0 \leqq t \leqq 1$ und ε eine positive Zahl, so gibt es ein positives η, derart, daß, wenn t' ein der Ungleichung $|t'-t| < \eta$

genügender Punkt der Strecke $0 \leqq t \leqq 1$ ist und P und P' die den Punkten t und t' zugeordneten Punkte von M sind, der Abstand $\overline{PP'} < \varepsilon$ ausfällt.

Wir beweisen dies zunächst für den Fall, daß t bei keiner Teilung als Teilpunkt auftritt. Wir wählen n so groß, daß $r_n < \varepsilon$ ist, was sicher möglich ist, da wir für die bei Definition der Mengen $\mathfrak{M}^{(n)}_{i_1, i_2, \ldots, i_n}$ auftretenden Zahlen r_n vorausgesetzt haben: $\lim_{n=\infty} r_n = 0$. Der Punkt t ist innerer Punkt einer bestimmten Strecke S_n der n-ten Teilung. Alle Punkte dieser Strecke werden durch unser Verfahren auf Punkte einer und derselben Menge $\mathfrak{M}^{(n)}_{i_1, i_2, \ldots, i_n}$ abgebildet. Jede Menge $\mathfrak{M}^{(n)}_{i_1, i_2, \ldots, i_n}$ aber liegt ganz in einem Kreise vom Radius r_n. Man hat nun nur η so klein zu wählen, daß die Strecke $|t'-t| < \eta$ ganz in S_n liegt, und die Behauptung ist bewiesen.

Nunmehr führen wir den Beweis für den Fall, daß t bei irgendeiner Teilung (und damit auch bei allen folgenden Teilungen) als Teilpunkt auftritt. Wir wählen n so groß, daß wieder $r_n < \varepsilon$ und daß t bei der n-ten Teilung bereits als Teilpunkt auftritt. Es mögen in t die beiden Teilstrecken S_n und S'_n der n-ten Teilung zusammenstoßen und diesen beiden Strecken seien zugeordnet die beiden Mengen $\mathfrak{M}^{(n)}_{i_1, i_2, \ldots, i_n}$ und $\mathfrak{M}^{(n)}_{i'_1, i'_2, \ldots, i'_n}$. Durch unser Verfahren wird dann t abgebildet auf einen gemeinsamen Punkt dieser beiden Mengen, jeder Punkt von S_n aber auf einen Punkt der ersten, jeder Punkt von S'_n auf einen Punkt der zweiten dieser Mengen. Da aber jede dieser Mengen ganz in einem Kreise vom Radius r_n liegt, braucht η nur so klein gewählt zu werden, daß die Strecke $|t-t'| < \eta$ ganz in die beiden Strecken S_n und S hineinfällt, und die Behauptung ist wieder bewiesen.

Damit aber ist auch Satz XI vollständig bewiesen. Wir haben als Schlußresultat dieser Untersuchungen:

XIV. Damit eine ebene Punktmenge M stetiges Bild einer abgeschlossenen Strecke sei, ist notwendig und hinreichend, daß M ein geschränktes, im kleinen zusammenhängendes Kontinuum sei.

§ 4. Der Zusammenhang im kleinen für beliebige Klassen (V).

Es handelt sich nun um Übertragung der bisher auf die Ebene beschränkten Untersuchungen auf Räume beliebig vieler Dimensionen. Um möglichst allgemein vorzugehen, legen wir dem Folgenden eine Klasse von Elementen zugrunde, wie sie von Fréchet als »Classe (V) normale« bezeichnet werden. Es sei zunächst an die Definition dieser Klassen erinnert. Unter einer Klasse (V) wird allgemein verstanden eine Klasse von Elementen, für die folgendes gilt: Für je zwei Elemente P und Q der Klasse ist der Abstand $\overline{PQ}$ definiert als eine nicht negative Zahl, die dann und nur dann $= 0$ ist, wenn $P = Q$ ist. Es gibt eine für positive ε definierte positive Funktion $f(\varepsilon)$, mit $\lim\limits_{\varepsilon=+0} f(\varepsilon) = 0$, derart, daß aus $\overline{PQ} < \varepsilon$ und $\overline{QR} < \varepsilon$ folgt $\overline{PR} < f(\varepsilon)$. Es wird geschrieben: $\lim\limits_{n=\infty} P_n = P$, wenn $\lim\limits_{n=\infty} \overline{P_n P} = 0$ ist.

Eine solche Klasse (V) wird als normal bezeichnet, wenn sie folgende Eigenschaften hat:

1. gibt es in der Elementenfolge $P_1, P_2, \ldots, P_n, \ldots$ der Klasse zu jedem positiven ε ein n, so daß für alle $n' > n$ die Ungleichung $\overline{P_n P_{n'}} < \varepsilon$ besteht, so gibt es in der Klasse ein Element P, so daß $\lim\limits_{n=\infty} P_n = P$;

2. es gibt eine abzählbare Menge von Elementen der Klasse, deren Ableitung[1] alle Elemente der Klasse enthält;

3. es gibt in der Klasse keine isolierten Elemente.[2]

Wir legen eine solche normale Klasse (V) zugrunde und bezeichnen sie kurz als Raum, ihre Elemente als Punkte des Raumes. Alle Mengen, von denen im folgenden die Rede ist, sind Mengen von Punkten dieses Raumes. Unter der

---

[1] Die Definition der Ableitung M' einer Menge M ist die gewöhnliche: ein Element P der Klasse gehört zu M', wenn es in M eine Folge von P verschiedener Elemente P_n mit $\lim\limits_{n=\infty} P_n = P$ gibt. — Eine notwendige und hinreichende Bedingung, damit diese zweite Eigenschaft der normalen Klassen erfüllt sei, bei W. Groß, diese Sitzungsber., 123, p. 805.

[2] Von dieser dritten Bedingung haben wir nicht Gebrauch zu machen.

Umgebung r eines Punktes P wird verstanden die Menge aller jener Punkte P' von P, für deren Abstand von P gilt: $\overline{PP'} < r$. Der Punkt P heißt Häufungspunkt der Menge M, wenn bei beliebigem positiven r in der Umgebung r von P mindestens ein von P verschiedener Punkt von M liegt. Eine Menge, die alle ihre Häufungspunkte enthält, heißt abgeschlossen.

Eine Menge M heißt kompakt, wenn jede unendliche Teilmenge von M mindestens einen Häufungspunkt besitzt.

Eine abgeschlossene Menge M heißt zusammenhängend, wenn sie nicht Vereinigungsmenge zweier abgeschlossener Mengen ohne gemeinsamen Punkt ist. Es gilt der Satz:

Ist die abgeschlossene Menge M zusammenhängend, so können bei beliebigem $\varepsilon > 0$ je zwei Punkte P' und P'' von M durch eine ε-Kette von M verbunden werden. Das heißt: Es gibt in M endlich viele Punkte:

$$P' = P_0, P_1, \ldots, P_{n-1}, \quad P_n = P'',$$

derart, daß $\overline{P_{i-1} P_i} < \varepsilon$ ist $(i = 1, 2, \ldots, n)$.

In der Tat, die Menge M' derjenigen Punkte von M, die sich mit P' durch eine ε-Kette verbinden lassen, ist offenbar abgeschlossen, ebenso die Menge M'' der Punkte, die mit P'' durch eine ε-Kette verbunden werden können. Da M zusammenhängend ist, haben also M' und M'' einen Punkt P gemein, der sowohl mit P' als mit P'' durch eine ε-Kette verbunden ist; also sind auch P' und P'' durch eine ε-Kette verbunden.

Umgekehrt: Lassen sich in der abgeschlossenen und kompakten Menge M bei beliebigem $\varepsilon > 0$ je zwei Punkte durch eine ε-Kette verbinden, so ist M zusammenhängend.

Wäre in der Tat M nicht zusammenhängend, so wäre es Vereinigungsmenge zweier abgeschlossener Mengen M_1 und M_2 ohne gemeinsamen Punkt. Bilden wir dann den Abstand der Mengen M_1 und M_2, das ist die untere Grenze r der Abstände eines beliebigen Punktes P_1 von M_1 von einem beliebigen Punkte P_2 von M_2, so ist notwendig $r > 0$. Denn andernfalls gäbe es in M_1 und M_2 eine Folge von Punktepaaren $P_1^{(\nu)}, P_2^{(\nu)}$, für die $\lim_{\nu=\infty} \overline{P_1^{(\nu)} P_2^{(\nu)}} = 0$ wäre. Gibt es unter den $P_1^{(\nu)}$ unendlich viele in einen und denselben Punkt fallende, so möge dieser Punkt mit P bezeichnet werden; andernfalls gibt es unter den $P_1^{(\nu)}$ unendlich viele verschiedene und, da M_1 als Teil der kompakten Menge M ebenfalls kompakt ist, besitzen die $P_1^{(\nu)}$ mindestens einen Häufungspunkt P und es kann daher aus den $P_1^{(\nu)}$ eine Teilfolge $P_1^{(\nu')}$ herausgegriffen werden, für die $\lim_{\nu'=\infty} P_1^{(\nu')} = P$ und somit $\lim_{\nu'=\infty} \overline{P_1^{(\nu')} P} = 0$ ist. Wir betrachten nun die Folge der Punkte $P_2^{(\nu')}$ mit gleichen Indices. Aus $\lim_{\nu'=\infty} \overline{P_1^{(\nu')} P} = 0$ und $\lim_{\nu'=\infty} \overline{P_1^{(\nu')} P_2^{(\nu')}} = 0$ aber folgt auf Grund der Definition der Klassen (V): $\lim_{\nu'=\infty} \overline{P_2^{(\nu')} P} = 0$. Der Punkt P ist also Häufungspunkt sowohl von M_1 als von M_2 und da M_1 und M_2 abgeschlossen sind, wäre P gemeinsamer Punkt von M_1 und M_2, entgegen der Annahme, daß M_1 und M_2 keinen gemeinsamen Punkt besitzen. Damit ist nachgewiesen, daß der Abstand r von M_1 und M_2 nicht $= 0$ ist. Sobald nun aber $\varepsilon < r$ gewählt wird, ist es unmöglich, einen Punkt von M_1 mit einem Punkt von M_2 durch eine zu M gehörige ε-Kette zu verbinden, entgegen der Annahme, daß dies für irgend zwei Punkte von M möglich ist. Damit ist die Behauptung erwiesen.

Auch hier bezeichnen wir eine abgeschlossene und zusammenhängende Menge als ein Kontinuum.

Auch der Zusammenhang im kleinen wird definiert wie in § 1. Und nun können wir beweisen:

XV. Ist die Menge M stetiges Bild einer (abgeschlossenen) Strecke, so ist sie ein kompaktes, im kleinen zusammenhängendes Kontinuum.

Die Menge M ist kompakt. Wäre sie es nicht, so gäbe es in ihr eine Folge $P_1, P_2, \ldots, P_\nu \ldots$ ohne Häufungspunkt. Sei t_ν ein Punkt der Strecke, dessen Bild P_ν ist. Aus der Folge der Punkte t_ν läßt sich eine konvergente Folge herausgreifen; sei etwa $\lim_{i=\infty} t_{\nu_i} = t_0$ und sei P_0 das Bild von t_0. Wegen der Stetigkeit der Abbildung ist $\lim_{i=\infty} P_{\nu_i} = P_0$ und somit P_0 Häufungspunkt der Folge $P_1, P_2, \ldots, P_\nu, \ldots$ entgegen der Annahme.

Ganz analog zeigt man in bekannter Weise, daß M abgeschlossen ist. M ist zusammenhängend. Andernfalls könnte es in zwei abgeschlossene Teile M_1 und M_2 ohne gemeinsamen Punkt zerspalten werden. Sei N_1 die Menge aller auf M_1 abgebildeten Punkte der Strecke, N_2 die Menge aller auf M_2 abgebildeten Punkte. Sowohl N_1 als N_2 sind bekanntlich abgeschlossen und können keinen gemeinsamen Punkt enthalten. Da es aber unmöglich ist, eine Strecke in zwei abgeschlossene Teile ohne gemeinsamen Punkt zu zerlegen, ist die Behauptung erwiesen.

Die Menge M ist zusammenhängend im kleinen. Wäre sie es nicht, so gäbe es in ihr einen Punkt P, eine Punktfolge $P_1, P_2, \ldots, P_\nu, \ldots$ mit $\lim_{\nu=\infty} P_\nu = P$ und ein positives ε von folgender Eigenschaft: Jedes den Punkt P_ν mit P verbindende Kontinuum von M enthält einen Punkt außerhalb der Umgebung ε von P. Sei nun t_ν ein Punkt der Strecke, dessen Bild P_ν ist; aus der Folge der t_ν kann eine konvergente Teilfolge herausgegriffen werden; sei etwa $\lim_{i=\infty} t_{\nu_i} = t_0$. Dann ist, wegen der Stetigkeit der Abbildung, notwendig P das Bild von t_0. Die von t_0 und t_{ν_i} begrenzte Strecke wird, wie schon bewiesen, auf ein Kontinuum von M abgebildet, das t_0 und t_{ν_i} enthält und mithin nach Annahme einen Punkt P'_{ν_i} außerhalb der Umgebung ε von P enthält. Sei t'_{ν_i} ein Punkt der Strecke $< t_0, t_{\nu_i} >$, dessen Bild P'_{ν_i} ist. Aus $\lim_{i=\infty} t_{\nu_i} = t_0$ folgt nun aber $\lim_{i=\infty} t'_{\nu_i} = t_0$ und somit aus der Stetigkeit der Abbildung: $\lim_{i=\infty} P'_{\nu_i} = P$ im Widerspruche damit, daß alle P'_{ν_i} außerhalb der Umgebung ε von P liegen. Damit ist die Behauptung bewiesen und der Beweis von Satz XV ist beendet.

Es gilt auch hier der Satz:

XVI. Ist das kompakte Kontinuum M zusammenhängend im kleinen, so ist es auch gleichmäßig zusammenhängend im kleinen.[1]

[1] Die Erläuterung dieses Begriffes bleibt dieselbe wie in § 1.

In der Tat, wäre dies nicht der Fall, so gäbe es ein positives ε und eine Folge von Punktepaaren P'_ν, P''_ν in M derart, daß $\lim\limits_{\nu=\infty} \overline{P'_\nu P''_\nu} = 0$, während jedes P'_ν mit P''_ν verbindende Kontinuum von M einen Punkt außerhalb der Umgebung ε von P'_ν oder von P''_ν enthielte. Da M kompakt ist, kann aus der Folge der Punkte P'_ν eine Teilfolge herausgegriffen werden, die einen Grenzpunkt besitzt: $\lim\limits_{\nu=\infty} P'_{\nu_i} = P$. Für die Folge der zugehörigen Punkte P''_{ν_i} folgt nun aus $\lim\limits_{i=\infty} \overline{P'_{\nu_i} P} = 0$ und $\lim\limits_{i=\infty} \overline{P'_{\nu_i} P''_{\nu_i}} = 0$ auf Grund der Definition der Klassen (V): $\lim\limits_{i=\infty} P''_{\nu_i} = P$. Wir schreiben der Kürze halber $P'_{\nu_i} = Q'_i$; $P''_{\nu_i} = Q''_i$ und haben $\lim\limits_{i=\infty} Q'_i = \lim\limits_{i=\infty} Q''_i = P$. Für alle hinlänglich großen i (etwa für $i \geqq i_n$) ist Q'_i mit P verbunden durch ein Kontinuum N'_i von M und Q''_i mit P durch ein Kontinuum N''_i von M, die beide in der Umgebung $\frac{1}{n}$ von P liegen. Die Vereinigungsmenge von N'_{i_n} und N''_{i_n} ist ein Q'_{i_n} mit Q''_{i_n} verbindendes Kontinuum von M und muß daher nach Annahme einen Punkt, er heiße Q_n, enthalten, der außerhalb der Umgebung ε von Q'_{i_n} oder Q''_{i_n} liegt. Da aber Q_n in der Umgebung $\frac{1}{n}$ von P liegt, haben wir: $\lim\limits_{n=\infty} Q_n = P$. Daraus aber und aus $\lim\limits_{n=\infty} Q'_{i_n} = \lim\limits_{n=\infty} Q''_{i_n} = P$ folgt: $\lim\limits_{n=\infty} \overline{Q'_{i_n} Q_n} = \lim\limits_{n=\infty} \overline{Q''_{i_n} Q_n} = 0$, im Widerspruche zur Annahme, daß Q_n nicht in der Umgebung ε von Q'_{i_n} oder Q''_{i_n} liegt. Damit ist der Satz XVI bewiesen.

§ 5. Die für ebene Mengen benutzte Methode kann nicht auf den Raum übertragen werden.

Nachdem wir in § 4 gesehen haben, daß jede Menge M, die stetiges Bild einer (abgeschlossenen) Strecke ist, notwendig ein kompaktes, im kleinen zusammenhängendes Kontinuum sein muß, wollen wir zeigen, daß diese Bedingungen auch umgekehrt hinreichend dafür sind, daß M stetiges Bild einer Strecke sei.

Wir definieren zunächst wörtlich wie in § 2 die Mengen $M^*(P, r)$. Nun war es für die in § 3 durchgeführte Abbildung der Strecke auf die ebene Menge M durchaus wesentlich, das $M^*(P, r)$ ein im kleinen zusammenhängendes Kontinuum ist. Daß nun die Mengen $M^*(P, r)$ auch hier kompakte Kontinua sind, ist evident, doch wollen wir uns an einem Beispiel überzeugen, daß sie nicht notwendig im kleinen zusammenhängend sind.

Wir nehmen in einer Ebene α des dreidimensionalen Raumes einen Punkt O und eine durch ihn gehende Gerade g an; um O als Mittelpunkt ziehen wir in α einen Kreis K_0 vom Radius 1, ferner eine Folge von Kreisen $K_1, K_2, \ldots, K_n, \ldots$, wo K_n den Radius $\frac{n}{n+1}$ habe, und eine Folge von Kreisen K'_n, wo K'_n den Radius $\frac{n+1}{n}$ habe. Wir lassen nun alle diese Kreise K_n $(n = 1, 2, \ldots)$ und K'_n $(n = 1, 2, \ldots)$ um g im selben Sinne rotieren, und zwar immer den Kreis K_n und K'_n um den Winkel $\frac{\pi}{2n}$. Die Menge der Punkte, die dabei die Peripherie des Kreises K_n und des Kreises K'_n durchläuft, werde bezeichnet mit M_n. Durch die genannte Rotation werden K_n und K'_n in zwei andere Kreise einer Ebene übergeführt; das in dieser Ebene zwischen diesen beiden Kreisen liegende ringförmige Gebiet werde mit N_n bezeichnet. Werde noch mit M_0 die Menge aller auf der Peripherie von K_0 liegenden Punkte bezeichnet, mit N_0 die Menge der in der Ebene α zwischen den Kreisen K_0 und K'_1 gelegenen Punkte, endlich mit G die Menge aller Punkte des in die Gerade g fallenden Durchmessers des Kreises K_0. Unter M verstehen wir die Vereinigungsmenge aller Mengen M_n $(n = 0, 1, 2, \ldots)$ und N_n $(n = 0, 1, 2, \ldots)$ und der Menge G.

Die so definierte Menge M ist abgeschlossen. In der Tat, sie ist Vereinigungsmenge abzählbar unendlich vieler abgeschlossener Mengen; es wird also genügen, folgendes zu zeigen: Ist P_n ein beliebiger Punkt von M_n und Q_n ein beliebiger Punkt von N_n, so gehört jeder Häufungspunkt der

Punktfolge $P_1, P_2, \ldots, P_n, \ldots$ und ebenso jeder Häufungspunkt der Punktfolge $Q_1, Q_2, \ldots, Q_n, \ldots$ zu M.

Bezeichnet nun r_n den Abstand $\overline{P_n O}$ und ϑ_n den Winkel, den die durch P_n und die Gerade g gelegte Ebene mit der Ebene α einschließt, so ist $r_n = \frac{n}{n+1}$ oder $r_n = \frac{n+1}{n}$ und $0 \leqq \vartheta_n \leqq \frac{\pi}{2n}$, also

$$\lim_{n=\infty} r_n = 1; \quad \lim_{n=\infty} \vartheta_n = 0,$$

d. h. jeder Häufungspunkt der P_n liegt auf dem Kreise K_0 und gehört mithin zu M. Ebenso haben wir für den Punkt Q_n von N_n:

$$\frac{n}{n+1} \leqq r_n \leqq \frac{n+1}{n}; \quad \vartheta_n = \frac{\pi}{2n},$$

so daß auch jeder Häufungspunkt der Q_n auf K_0 liegt.

Die Menge M ist zusammenhängend. Dies ist evident; es braucht ja nur bewiesen zu werden, daß ein bestimmter Punkt von M, z. B. der Durchschnittspunkt R von g und K_0, mit jedem beliebigen Punkte von M durch ein Kontinuum von M verbunden ist. Nun ist R mit jedem der Kreise K_n $(n = 1, 2, \ldots)$ verbunden durch G und somit auch mit der durch Rotation von K_n erzeugten Hälfte von M_n durch ein Kontinuum von M verbunden; diese eine Hälfte von M_n aber ist mit der anderen durch Rotation von K'_n erzeugten Hälfte von M_n verbunden durch N_n. Damit ist die Behauptung erwiesen.

Die Menge M ist zusammenhängend im kleinen; da dies für jede der abzählbar unendlich vielen Mengen gilt, aus denen wir M zusammengesetzt haben, so kann es nur fraglich sein in denjenigen Punkten von M, wo sich Punkte aus unendlich vielen verschiedenen dieser Teilmengen häufen, d. h. in den Punkten von K_0. Sei also P ein beliebiger Punkt von K_0 und sei $\varepsilon > 0$ beliebig gegeben; wir legen um P eine Kugel vom Radius ε. Für jedes hinlänglich große n, etwa für $n > N$, bilden, wie man sieht, die in diese Kugel fallenden Teile von M_n, N_n, M_0, N_0 eine zusammenhängende Menge; wählt man also η so klein, daß die mit dem Radius η um P

beschriebene Kugel keinen Punkt einer der Mengen M_n, N_n ($n = 1, 2, \ldots, N$) enthält, so gehört nun jeder in die Umgebung η von P fallende Punkt von M einer der Mengen M_0, N_0, M_n, N_n ($n > N$) an und ist somit, der eben gemachten Bemerkung zufolge, mit P verbunden durch ein in die Umgebung ε von P fallendes Kontinuum von M.

Bilden wir nun die zum gemeinsamen Mittelpunkte O der Kreise K_n und zum Werte $r = 1$ gehörige Teilmenge $M^*(O, 1)$ von M, so erkennt man sofort, daß alle jene Punkte von M zu ihr gehören, die im Innern der mit dem Radius 1 um O beschriebenen Kugel liegen; denn jeder solche Punkt ist mit O durch ein ganz im Innern der genannten Kugel liegendes Kontinuum von M verbunden. Insbesondere gehören zu $M^*(O, 1)$ die Punkte aller Kreise K_n ($n = 1, 2, \ldots$); und da die Punkte des Kreises K_0 Häufungspunkte von Punkten der Kreise K_n ($n = 1, 2, \ldots$) sind, so gehören auch alle Punkte von K_0 zu $M^*(O, 1)$. Bezeichnet nun aber P irgendeinen nicht auf der Geraden g liegenden Punkt von K_0, so erkennen wir leicht, daß im Punkte P die Menge $M^*(O, 1)$ nicht zusammenhängend im kleinen ist. Man beschreibe um P eine Kugel $\mathfrak{K}$, die so klein ist, daß sie keinen Punkt der Geraden g enthält. In jeder Nähe von P liegen Punkte eines Kreises K_n. Ein Kontinuum von M, das einen Punkt von K_n mit einem Punkte von K_0 verbindet, muß nun aber notwendig entweder einen Punkt der auf g und mithin außerhalb $\mathfrak{K}$ liegenden Menge G enthalten oder aber Punkte aller drei Mengen M_n, N_n, N_0 enthalten; die Punkte der Menge N_0 aber gehören nicht zu $M^*(O, 1)$, weil sie außerhalb der Umgebung 1 von O liegen. Es gibt also in jeder Nähe von P Punkte von M^*, die mit P nicht durch ein in $\mathfrak{K}$ liegendes Kontinuum verbunden werden können, d. h. die Menge $M^*(O, 1)$ ist nicht zusammenhängend im kleinen.

§ 6. Durchführung der Abbildung für räumliche Punktmengen.

Wir kommen nun zum Nachweise, daß jedes kompakte im kleinen zusammenhängende Kontinuum stetiges Bild einer Strecke ist. Bevor wir aber diesen Beweis für abstrakte

Klassen (V) führen, führen wir ihn, um Komplikationen zu vermeiden, zuerst für den dreidimensionalen Raum. Der Beweis kann ohne weiteres auf den Raum von n Dimensionen übertragen werden.[1] Wir wollen also beweisen:

XVII. **Jedes geschränkte, im kleinen zusammenhängende Kontinuum des dreidimensionalen Raumes ist stetiges Bild einer abgeschlossenen Strecke.**

Anstatt der in § 2 eingeführten Mengen $M^*(P, r)$ benutzen wir dabei andere Mengen $M^{**}(P, r)$, die wir nun definieren wollen.

Sei also P_0 ein beliebiger Punkt von M und $r > 0$ beliebig gegeben. Wir wählen ein positives $r_0 < r$ und bilden nach der Vorschrift von § 2 die Menge $M^*(P_0, r_0)$. Sodann wählen wir ein positives $r_1 < r - r_0$ und bilden zu jedem Punkte P von $M^*(P_0, r_0)$ die Menge $M^*(P, r_1)$. Weil M im kleinen zusammenhängend ist, gibt es nach Satz IV[2] zu jedem Punkte P ein $\rho_1 > 0$, so daß $M^*(P, r_1)$ alle in die Umgebung ρ_1 von P [sie werde kurz mit $U(P, \rho_1)$ bezeichnet] fallenden Punkte von M und mithin auch alle nach $U(P, \rho_1)$ fallenden Punkte von $M^*(P_0, r_0)$ enthält. Von den Umgebungen $U(P, \rho_1)$ reichen nun aber nach dem **Borel'schen** Theorem endlich viele, etwa

$$U(P_1^{(1)}, \rho_1), \ldots, U(P_{n_1}^{(1)}, \rho_1)$$

aus, um ganz $M^*(P_0, r_0)$ zu überdecken. Setzen wir noch:

$$M^*(P_j^{(1)}, \rho_1) = M_j^{(1)},$$

so ist also $M^*(P_0, r_0)$ ganz in der Vereinigungsmenge von $M_1^{(1)}, \ldots, M_{n_1}^{(1)}$ enthalten. Diese Vereinigungsmenge werde mit $M^{(1)}$ bezeichnet. Ihre Punkte haben von P_0 höchstens den Abstand $r_0 + r_1$.

Nun war $r_0 + r_1 < r$; wir können also r_2' so klein wählen, daß auch noch

$$r_0 + r_1 + r_2' < r. \tag{18}$$

---

[1] Überhaupt auf alle jene Klassen von Elementen, die bei **Fréchet** als Klassen (E) bezeichnet sind.

[2] Der in § 2 geführte Beweis dieses Satzes gilt im Raume genau so wie in der Ebene.

Ferner sind die Mengen $M_i^{(1)}$ abgeschlossen. Haben zwei dieser Mengen keinen Punkt gemein, so haben sie also einen positiven Abstand. Bezeichnen wir mit $\Delta_{i,j}$ den Abstand der beiden Mengen $M_i^{(1)}$ und $M_j^{(1)}$, falls diese beiden Mengen keinen Punkt gemein haben, und mit σ_1 die kleinste dieser Zahlen $\Delta_{i,j}$ und wählen eine positive Zahl $r_2'' < \frac{\sigma_1}{4}$. Unter r_2 verstehen wir die kleinere der beiden Zahlen r_2' und r_2''.

Zu jedem Punkte P von $M^{(1)}$ bilden wir nun die Menge $M^*(P, r_2)$. Wegen (18) hat jeder Punkt dieser Menge von P_0 einen Abstand $< r$; gehören P' und P'' zu verschiedenen Mengen $M_j^{(1)}$, etwa $M_i^{(1)}$ und $M_{i'}^{(1)}$, so können $M^*(P', r_2)$ und $M^*(P'', r_2)$ nur dann einen Punkt gemein haben, wenn auch $M_i^{(1)}$ und $M_{i'}^{(1)}$ einen Punkt gemein haben.

Nehmen wir nun eine der Mengen $M_i^{(1)}$ her, so sehen wir genau wie vorhin, daß es unter den Mengen $M^*(P, r_2)$ endlich viele, etwa n_2, gibt:[1]

$$M_{i,1}^{(2)}, \ldots, M_{i,n_2}^{(2)},$$

deren Vereinigungsmenge $M_i^{(2)}$ die ganze Menge $M_i^{(1)}$ umfaßt.

Wie schon erwähnt, haben die Punkte einer dieser Mengen $M_i^{(2)}$ von P_0 höchstens den Abstand $r_0 + r_1 + r_2 < r$; man wähle $r_3' > 0$ so, daß auch noch

$$r_0 + r_1 + r_2 + r_3' < r.$$

Ferner bezeichne man mit σ_2 den kleinsten unter den Abständen je zweier Mengen $M_{i,j}^{(2)}$ $(i = 1, 2, \ldots, n_1; j = 1, 2, \ldots, n_2)$, die keinen Punkt gemeinsam haben,[2] und mit r_3'' eine positive Zahl $< \frac{\sigma_2}{4^2}$. Unter r_3 verstehe man die kleinere der beiden Zahlen r_3' und r_3'' und setze dieses Verfahren fort. Die allgemeine Vorschrift ist also die folgende:

Es seien die abgeschlossenen Teilmengen $M_{i_1, i_2, \ldots, i_\nu}^{(\nu)}$ $(i_1 = 1, 2, \ldots, n_1;\ i_2 = 1, 2, \ldots, n_2, \ldots, i_\nu = 1, 2, \ldots, n_\nu)$ von M

---

[1] Wir können natürlich immer annehmen, diese Anzahl n_2 sei dieselbe für alle Mengen $M_i^{(1)}$.

[2] Offenbar ist $\sigma_2 \leqq \sigma_1$.

schon definiert, und zwar so, daß der Abstand jedes Punktes dieser Mengen von P_0 höchstens gleich $r_0 + r_1 + \ldots + r_\nu < r$ ist. Man wähle $r'_{\nu+1} > 0$ so, daß auch:

$$r_0 + r_1 + \ldots + r_\nu + r'_{\nu+1} < r.$$

Ferner bezeichne man mit σ_ν den kleinsten unter den Abständen je zweier Mengen $M^{(\nu)}_{i_1, i_2, \ldots, i_\nu}$, die keinen Punkt gemeinsam haben, und mit $r''_{\nu+1}$ eine positive Zahl $< \frac{\sigma_\nu}{4^\nu}$. Mit $r_{\nu+1}$ werde die kleinere der beiden Zahlen $r'_{\nu+1}$ und $r''_{\nu+1}$ bezeichnet.

Zu jedem Punkte P der Menge $M^{(\nu)}_{i_1, i_2, \ldots, i_\nu}$ bilde man die Menge $M^*(P, r_{\nu+1})$; in einer gewissen Umgebung U_P von P ist $M^*(P, r_{\nu+1})$ mit M identisch; unter diesen Umgebungen wähle man auf Grund des Borel'schen Theorems endlich viele (und zwar gleich viele für jede Menge $M^{(\nu)}_{i_1, i_2, \ldots, i_\nu}$) aus, etwa die der Punkte:

$$P^{(\nu+1)}_{i_1, i_2, \ldots, i_\nu, 1}, \ldots, P^{(\nu+1)}_{i_1, i_2, \ldots, i_\nu, n_{\nu+1}},$$

und bezeichne die zugehörigen Mengen $M^*(P, r_{\nu+1})$ mit:

$$M^{(\nu+1)}_{i_1, i_2, \ldots, i_\nu, 1}, \ldots, M^{(\nu+1)}_{i_1, i_2, \ldots, i_\nu, n_{\nu+1}}.$$

Die Vereinigungsmenge dieser Mengen umfaßt dann die ganze Menge $M^{(\nu)}_{i_1, i_2, \ldots, i_\nu}$.

Wir heben folgende Eigenschaften dieser Mengen hervor: Jede Menge $M^{(\nu)}_{i_1, i_2, \ldots, i_\nu}$ liegt ganz in der Umgebung r von P_0; sie liegt ferner ganz in einer Kugel vom Radius r_ν und es ist $\lim\limits_{\nu=\infty} r_\nu = 0$. Die zwei Mengen

$$M^{(\nu)}_{i'_1, i'_2, \ldots, i'_{\nu-1}, i'_\nu} \text{ und } M^{(\nu)}_{i''_1, i''_2, \ldots, i''_{\nu-1}, i''_\nu}$$

haben höchstens dann einen Punkt gemein, wenn auch

$$M^{(1)}_{i'_1} \text{ und } M^{(1)}_{i''_1};\ M^{(2)}_{i'_1, i'_2} \text{ und } M^{(2)}_{i''_1, i''_2}, \ldots, M^{(\nu-1)}_{i'_1, i'_2, \ldots, i'_{\nu-1}} \text{ und}$$
$$M^{(\nu-1)}_{i''_1, i''_2, \ldots, i''_{\nu-1}}$$

einen Punkt gemein haben.

Das geschilderte Verfahren werde nun unbegrenzt fortgesetzt.

Die Menge $M^{**}(P_0, r)$ sei die Vereinigungsmenge aller Mengen $M^{(\nu)}_{i_1, i_2, \ldots, i_\nu}$ ($\nu = 1, 2, \ldots;\ i_1 = 1, 2, \ldots, n_1; \ldots;\ i_\nu = 1, 2, \ldots, n_\nu$) samt den Häufungspunkten dieser Vereinigungsmenge.

Die Menge $M^{**}(P_0, r)$ ist also abgeschlossen; ferner liegt sie ganz im Innern oder auf der Oberfläche der mit dem Radius r um P_0 beschriebenen Kugel. Wir behaupten weiter:

XVIII. Die Menge $M^{**}(P_0, r)$ ist zusammenhängend.

Um dies einzusehen, genügt es zu zeigen, daß jeder ihrer Punkte mit P_0 durch ein zu ihr gehöriges Kontinuum oder durch eine zu ihr gehörige ε-Kette verbunden ist. Sei also P ein beliebiger Punkt unserer Menge M^{**}. Es sind zwei Fälle möglich: entweder P gehört zu einer Menge $M^{(\nu)}_{i_1, i_2, \ldots, i_\nu}$ oder P ist Häufungspunkt der Vereinigung aller dieser Mengen, ohne zu einer dieser Mengen zu gehören. Angenommen zunächst, P gehöre zur Menge $M^{(\nu)}_{i_1, i_2, \ldots, i_\nu}$. Jede solche Menge ist eine gewisse Menge M^*; sei etwa:

$$M^{(\nu)}_{i_1, i_2, \ldots, i_\nu} = M^*(P^{(\nu)}_{i_1, i_2, \ldots, i_\nu}, r_\nu).$$

Da die Menge $M^*(P^{(\nu)}_{i_1, i_2, \ldots, i_\nu}, r_\nu)$ ein Kontinuum ist, so ist der Punkt P mit $P^{(\nu)}_{i_1, i_2, \ldots, i_\nu}$ verbunden durch ein zu $M^{(\nu)}_{i_1, i_2, \ldots, i_\nu}$ und mithin auch zu $M^{**}(P_0, r)$ gehöriges Kontinuum. Nach Definition unseres Verfahrens ist aber $P^{(\nu)}_{i_1, i_2, \ldots, i_\nu}$ Punkt von:

$$M^{(\nu-1)}_{i_1, i_2, \ldots, i_{\nu-1}} = M^*(P^{(\nu-1)}_{i_1, i_2, \ldots, i_{\nu-1}}, r_{\nu-1})$$

und daher mit $P^{(\nu-1)}_{i_1, i_2, \ldots, i_{\nu-1}}$ verbunden durch ein zu $M^{(\nu-1)}_{i_1, i_2, \ldots, i_{\nu-1}}$ und mithin auch zu $M^{**}(P_0, r)$ gehöriges Kontinuum. Indem man so weiter schließt, sieht man, daß P mit dem Punkte $P^{(1)}_{i_1}$ von

$$M^{(1)}_{i_1} = M^*(P^{(1)}_{i_1}, r_1)$$

durch ein ganz zu $M^{**}(P_0, r)$ gehöriges Kontinuum verbunden ist. Und endlich ist $P^{(1)}_{i_1}$ als Punkt von $M^*(P_0, r_0)$ mit P_0 durch ein zu $M^*(P_0, r_0)$ und mithin auch zu $M^{**}(P_0, r)$ gehöriges Kontinuum verbunden, womit die Behauptung erwiesen ist.

Betrachten wir den zweiten Fall, daß nämlich P Häufungspunkt der Vereinigungsmenge aller $M^{(\nu)}_{i_1, i_2, \ldots, i_\nu}$ ist, ohne zu einer dieser Mengen zu gehören. Wir geben ein $\varepsilon > 0$ beliebig vor. Dann gibt es einen zu einer Menge $M^{(\nu)}_{i_1, i_2, \ldots, i_\nu}$ gehörigen Punkt P', so daß der Abstand $\overline{PP'} < \varepsilon$ ist.

Wie beim ersten Falle bewiesen wurde, ist aber P' mit P_0 durch ein zu $M^{**}(P_0, r)$ gehöriges Kontinuum und mithin auch durch eine zu $M^{**}(P_0, r)$ gehörige ε-Kette verbunden. Und da $\overline{PP'} < \varepsilon$ ist, so haben wir damit auch eine P mit P_0 verbindende ε-Kette. Und da ε beliebig war, ist auch in diesem Falle die Behauptung bewiesen. Damit ist der Beweis von Satz XVIII beendet. Wir behaupten weiter:

Die Menge $M^{**}(P_0, r)$ ist zusammenhängend im kleinen.

Daß sie in jedem zu einer Menge $M^{(\nu)}_{i_1, i_2, \ldots, i_\nu}$ gehörigen Punkte zusammenhängend im kleinen ist, ist evident. Denn jeder Punkt P von $M^{(\nu)}_{i_1, i_2, \ldots, i_\nu}$ gehört zu einer Menge $M^{(\nu+1)}_{i_1, i_2, \ldots, i_\nu, i_{\nu+1}}$, die in einer gewissen Umgebung von P mit M identisch ist.

Es bleibt also nur noch zu zeigen, daß $M^{**}(P_0, r)$ auch zusammenhängend im kleinen ist in der Umgebung jedes Häufungspunktes der Vereinigung aller Mengen $M^{(\nu)}_{i_1, i_2, \ldots, i_\nu}$ $(\nu = 1, 2, \ldots)$, der aber selbst zu keiner dieser Mengen gehört.

Sei P ein solcher Häufungspunkt; es gibt dann immer eine Folge von Punkten $P^{(\nu)}$, so daß

$$P = \lim_{\nu = \infty} P^{(\nu)}$$

und daß $P^{(\nu)}$ zu einer Menge $M^{(\nu)}_{i_1, i_2, \ldots, i_\nu}$ gehört. Da i_1 nur endlich viele verschiedene Werte hat, gibt es unter den Punkten $P^{(\nu)}$ eine Teilfolge

(19) $$P^{(1,1)}, P^{(1,2)}, P^{(1,3)}, \ldots$$

so daß in den zugehörigen Mengen $M^{(\nu)}_{i_1, i_2, \ldots, i_\nu}$ der erste Index immer denselben Wert i_1 hat. Aus demselben Grunde gibt es in (19) eine Teilfolge

$$P^{(2,1)}, P^{(2,2)}, P^{(2,3)}, \ldots,$$

so daß in den zugehörigen Mengen $M^{(\nu)}_{i_1, i_2, \ldots, i_\nu}$ auch der zweite Index immer denselben Wert i_2 hat, allgemein ebenso eine Teilfolge

$$P^{(k, 1)}, P^{(k, 2)}, P^{(k, 3)}, \ldots,$$

in der die ersten k Indices der zugehörigen Mengen $M^{(\nu)}_{i_1, i_2, \ldots, i_\nu}$ immer dieselben Werte $i_1, i_2, \ldots, i_k$ haben. In der Folge der Punkte

$$P^{(1, 1)}, P^{(2, 2)}, \ldots, P^{(k, k)}, \ldots$$

tritt also für jedes k vom k-ten an als k-ter Index der zugehörigen Mengen $M^{(\nu)}_{i_1, i_2, \ldots, i_\nu}$ immer derselbe Wert i_k auf. Wir sehen also, indem wir die Bezeichnungsweise wieder vereinfachen: der Punkt P kann aufgefaßt werden als Grenzpunkt einer Folge von Punkten $P^{(\nu)}$:

$$\lim_{\nu = \infty} P^{(\nu)} = P,$$

wo $P^{(\nu)}$ der Menge

$$M^{(k_\nu)}_{i_1, i_2, \ldots, i_\nu, j^{(\nu)}_{\nu+1}, \ldots, j^{(\nu)}_{k_\nu}}$$

angehört und wo alle diese Mengen denselben Index i_1, alle von der zweiten an denselben Index i_2, allgemein alle von der ν-ten an denselben Index i_ν haben. Wir wollen die Folge der Indices:

(20) $$i_1, i_2, \ldots, i_\nu, \ldots$$

eine den Punkt P darstellende Indicesfolge nennen.

Betrachten wir statt der Folge der Mengen

$$M^{(k_\nu)}_{i_1, i_2, \ldots, i_\nu, j^{(\nu)}_{\nu+1}, \ldots, j^{(\nu)}_{k_\nu}}$$

die Folge der Mengen $M^{(\nu)}_{i_1, i_2, \ldots, i_\nu}$ und bedeutet $Q^{(\nu)}$ irgendeinen Punkt von $M^{(\nu)}_{i_1, i_2, \ldots, i_\nu}$, so ist nun auch $\lim\limits_{\nu = \infty} Q^{(\nu)} = P$. In der Tat, zufolge der Art, wie die Mengen

$$M^{(k_\nu)}_{i_1, i_2, \ldots, i_\nu, j^{(\nu)}_{\nu+1}, \ldots, j^{(\nu)}_{k_\nu}}$$

aus den Mengen $M^{(\nu)}_{i_1, i_2, \ldots, i_\nu}$ entstehen,[1] hat ein beliebiger Punkt der ersteren von einem beliebigen Punkt der letzteren höchstens den Abstand $2r_\nu + r_{\nu+1} + \ldots + r_{k_\nu}$, so daß also:

$$\overline{P^{(\nu)} Q^{(\nu)}} < 2(r_\nu + r_{\nu+1} + \ldots)$$

ist. Wegen: $r_1 + r_2 + \ldots + r_\nu + \ldots < r$ ist nun aber

$$\lim_{\nu=\infty} (r_\nu + r_{\nu+1} + \ldots) = 0;$$

es ist also auch:

$$\lim_{\nu=\infty} \overline{P^{(\nu)} Q^{(\nu)}} = 0$$

und somit folgt aus $\lim\limits_{\nu=\infty} P^{(\nu)} = P$ auch $\lim\limits_{\nu=\infty} Q^{(\nu)} = P$, wie behauptet. Daraus geht unmittelbar hervor, daß, während es selbstverständlich verschiedene denselben Punkt darstellende Indicesfolgen geben kann, niemals eine und dieselbe Indicesfolge verschiedene Punkte darstellen kann.

Auch jeder einer Menge $M^{(\nu)}_{i_1, i_2, \ldots, i_\nu}$ angehörige Punkt P kann durch eine solche Indicesfolge dargestellt werden. In der Tat liegt er gewiß in einer Menge $M^{(\nu+1)}_{i_1, i_2, \ldots, i_\nu, i_{\nu+1}}$ mit denselben ν ersten Indices, ebenso in einer Menge

$$M^{(\nu+2)}_{i_1, i_2, \ldots, i_\nu, i_{\nu+1}, i_{\nu+2}}$$

mit denselben $\nu+1$ ersten Indices wie die eben genannte usf.

Es kann also jeder Punkt von $M^{**}(P_0, r)$ durch eine Indicesfolge (20) dargestellt werden.

Sei nun eine Folge von Punkten P_n von $M^{**}(P_0, r)$ mit dem Grenzpunkte P gegeben:

$$\lim_{n=\infty} P_n = P;$$

---

1 Die Menge $M^{(\nu)}_{i_1, i_2, \ldots, i_\nu}$ liegt in einer Kugel vom Radius r_ν, die Menge $M^{(\nu+1)}_{i_1, i_2, \ldots, i_\nu, j^{(\nu)}_{\nu+1}}$ in einer um einen Punkt von $M^{(\nu)}_{i_1, i_2, \ldots, i_\nu}$ mit dem Radius $r_{\nu+1}$ beschriebenen Kugel, die Menge $M^{(\nu+2)}_{i_1, i_2, \ldots, i_\nu, j^{(\nu)}_{\nu+1}, j^{(\nu)}_{\nu+2}}$ in einer um einen Punkt von $M^{(\nu+1)}_{i_1, i_2, \ldots, i_\nu, j^{(\nu)}_{\nu+1}}$ mit dem Radius $r_{\nu+2}$ beschriebenen Kugel usw.

sei:

$$i_1, i_2, \ldots, i_\nu, \ldots$$

eine den Punkt P darstellende Indicesfolge und

$$(21) \qquad i_1^{(n)}, i_2^{(n)}, \ldots, i_\nu^{(n)}, \ldots$$

eine den Punkt P_n darstellende Indicesfolge. Wir behaupten:

XIX. Zu jedem gegebenen Werte des Index ν gehört ein Wert $\bar{n}$ des Index n, so daß für $n \geqq \bar{n}$ die Mengen

$$M^{(\nu)}_{i_1, i_2, \ldots, i_\nu} \text{ und } M^{(\nu)}_{i_1^{(n)}, i_2^{(n)}, \ldots, i_\nu^{(n)}}$$

mindestens einen Punkt gemein haben.

Angenommen in der Tat, dies wäre nicht der Fall; es gäbe dann für einen bestimmten Wert ν eine unendlich wachsende Folge von Werten n, derart, daß

$$M^{(\nu)}_{i_1, i_2, \ldots, i_\nu} \text{ und } M^{(\nu)}_{i_1^{(n)}, i_2^{(n)}, \ldots, i_\nu^{(n)}}$$

keinen Punkt gemein haben. Indem wir uns von vornherein auf die diesen Werten von n entsprechende Teilfolge der Punkte P_n beschränken, können wir annehmen, es finde dies für jeden Wert von n statt.

Da nun (für jedes n)

$$M^{(\nu)}_{i_1, i_2, \ldots, i_\nu} \text{ und } M^{(\nu)}_{i_1^{(n)}, i_2^{(n)}, \ldots, i_\nu^{(n)}}$$

keinen Punkt gemein haben, haben sie [zufolge der Definition der bei unserem Verfahren zur Bildung von $M^{**}(P_0, r)$ auftretenden Zahl σ_ν] voneinander einen Abstand $\geqq \sigma_\nu$. Nun lag $M^{(\nu+1)}_{i_1, i_2, \ldots, i_\nu, i_{\nu+1}}$ in einer um einen gewissen Punkt von $M^{(\nu)}_{i_1, i_2, \ldots, i_\nu}$ beschriebenen Kugel vom Radius $r_{\nu+1}$, es lag

$$M^{(\nu+2)}_{i_1, i_2, \ldots, i_\nu, i_{\nu+1}, i_{\nu+2}}$$

in einer um einen gewissen Punkt von $M^{(\nu+1)}_{i_1, i_2, \ldots, i_\nu, i_{\nu+1}}$ beschriebenen Kugel vom Radius $r_{\nu+2}$ usf. und Analoges gilt für die zur Indicesfolge (21) gehörigen Mengen

$$M^{(\nu+k)}_{i_1^{(n)}, i_2^{(n)}, \ldots, i_{\nu+k}^{(n)}}.$$

Nun ist $P = \lim_{k=\infty} P^{(\nu+k)}$, wo $P^{(\nu+k)}$ zur Menge $M^{(\nu+k)}_{i_1, i_2, \ldots, i_{\nu+k}}$ gehört, und es ist $P_n = \lim_{k=\infty} P_n^{(\nu+k)}$, wo $P_n^{(\nu+k)}$ zur Menge

$$M^{(\nu+k)}_{i_1^{(n)}, i_2^{(n)}, \ldots, i_{\nu+k}^{(n)}}$$

gehört. Es folgt daraus leicht für den Abstand von P und P_n:

$$\overline{PP_n} \geqq \sigma_\nu - 2(r_{\nu+1} + r_{\nu+2} + \ldots + r_{\nu+k} + \ldots). \tag{22}$$

Andrerseits aber folgt aus der Definition der Zahlen σ_i ohne weiteres:

$$\sigma_\nu \geqq \sigma_{\nu+1} \geqq \sigma_{\nu+2} \geqq \ldots \geqq \sigma_{\nu+k} \geqq \ldots$$

und es war allgemein:

$$r_{\nu+k+1} \leqq \frac{\sigma_{\nu+k}}{4^{\nu+k}}$$

gewählt. Also ist

$$r_{\nu+1} + r_{\nu+2} + \ldots + r_{\nu+k} + \ldots \leqq \sigma_\nu \left(\frac{1}{4} + \frac{1}{4^2} + \ldots + \frac{1}{4^k} + \ldots\right) = \\ = \frac{\sigma_\nu}{3};$$

also geht (22) über in

$$\overline{PP_n} \geqq \frac{\sigma_\nu}{3} \quad \text{für alle } n,$$

was im Widerspruche steht mit $\lim_{n=\infty} P_n = P$. Damit ist die Behauptung XIX bewiesen.

Wir sind nun endgültig in der Lage, den Satz nachzuweisen:

XX. Ist P ein beliebiger Punkt von $M^{**}(P_0, r)$, so ist $M^{**}(P_0, r)$ im Punkte P zusammenhängend im kleinen.

In der Tat, wäre dies nicht der Fall, so gäbe es ein $\varepsilon > 0$ und eine zu $M^{**}(P_0, r)$ gehörige Punktfolge mit $\lim_{n=\infty} P_n = P$ derart, daß jedes den Punkt P_n mit P verbindende Kontinuum von $M^{**}(P_0, r)$ Punkte außerhalb der mit dem Radius ε um P

beschriebenen Kugel enthält. Wir wollen diese Kugel etwa K nennen. Sei:

$$i_1, i_2, \ldots, i_\nu, \ldots$$

eine den Punkt P darstellende Indicesfolge und:

$$i_1^{(n)}, i_2^{(n)}, \ldots, i_\nu^{(n)}, \ldots$$

eine den Punkt P_n darstellende Indicesfolge.

Erinnern wir uns daran, daß die Größen r_ν so gewählt waren, daß für jedes ν:

$$r_0 + r_1 + \ldots + r_\nu < r$$

war, so sehen wir, daß die unendliche Reihe $\sum_{\nu=1}^{\infty} r_\nu$ konvergiert und wir können mithin $\bar{\nu}$ so groß wählen, daß:

$$r_{\bar{\nu}} + r_{\bar{\nu}+1} + \ldots + r_{\bar{\nu}+k} + \ldots < \frac{\varepsilon}{4} \tag{23}$$

ist. Zu diesem $\bar{\nu}$ gibt es nun nach Satz XIX ein $\bar{n}$ so, daß für $n \geqq \bar{n}$ die Mengen

$$M^{(\bar{\nu})}_{i_1, i_2, \ldots, i_{\bar{\nu}}} \quad \text{und} \quad M^{(\bar{\nu})}_{i_1^{(n)}, i_2^{(n)}, \ldots, i_{\bar{\nu}}^{(n)}}$$

einen Punkt gemein haben. Betrachten wir nun die Vereinigungsmenge aller Mengen:

$$M^{(\bar{\nu}+k)}_{i_1, i_2, \ldots, i_{\bar{\nu}+k}}, \; M^{(\bar{\nu}+k)}_{i_1^{(n)}, i_2^{(n)}, \ldots, i_{\bar{\nu}+k}^{(n)}} \quad (k = 0, 1, \ldots)$$

und fügen ihr noch alle ihre Häufungspunkte hinzu. Die so entstehende Menge heiße C_n. Sie ist offenbar Teil von $M^{**}(P_0, r)$ und enthält sowohl P als P_n und ist abgeschlossen. Für $n \geqq \bar{n}$ ist sie aber auch zusammenhängend.

In der Tat, der Beweis von Satz XVIII zeigt ohne weiteres: Es ist die aus der Vereinigungsmenge der

$$M^{(\bar{\nu}+k)}_{i_1, i_2, \ldots, i_{\bar{\nu}+k}} \quad (k = 0, 1, 2, \ldots)$$

durch Hinzufügung aller Häufungspunkte entstehende Menge N zusammenhängend und ebenso die aus der Vereinigungsmenge der

$$M^{(\bar{\nu}+k)}_{i_1^{(n)}, i_2^{(n)}, \ldots, i_{\bar{\nu}+k}^{(n)}}$$

durch Hinzufügung der Häufungspunkte entstehende Menge N_n. Nun haben aber N und N_n einen Punkt gemein, sobald $n \geqq \bar{n}$, da dann ihre Teile

$$M^{(\bar{\nu})}_{i_1, i_2, \ldots, i_{\bar{\nu}}} \text{ und } M^{(\bar{\nu})}_{i_1^{(n)}, i_2^{(n)}, \ldots, i_{\bar{\nu}}^{(n)}}$$

einen Punkt gemein haben. Also ist für $n \geqq \bar{n}$ auch die Vereinigungsmenge von N und N_n, das aber ist unsere Menge C_n, zusammenhängend. Es ist also (für $n \geqq \bar{n}$) C_n ein die Punkte P und P_n verbindendes Kontinuum von $M^{**}(P_0, r)$.

Nun liegt aber C_n für hinlänglich großes n ganz in der Kugel K. In der Tat, es ist $P = \lim_{k=\infty} P^{(\bar{\nu}+k)}$, wo $P^{(\bar{\nu}+k)}$ zu $M^{(\bar{\nu}+k)}_{i_1, i_2, \ldots, i_{\bar{\nu}+k}}$ gehört. Die Menge $M^{(\bar{\nu}+k)}_{i_1, i_2, \ldots, i_{\bar{\nu}+k}}$ liegt ganz in einer um einen Punkt von $M^{(\bar{\nu}+k-1)}_{i_1, i_2, \ldots, i_{\bar{\nu}+k-1}}$ beschriebenen Kugel vom Radius $r_{\bar{\nu}+k}$. Der Abstand des Punktes P von irgendeinem Punkte der Menge N ist also höchstens gleich:

$$2\, r_{\bar{\nu}} + r_{\bar{\nu}+1} + \ldots + r_{\bar{\nu}+k} + \ldots < 2\,(r_{\bar{\nu}} + r_{\bar{\nu}+1} + \ldots + r_{\bar{\nu}+k} + \ldots)$$

und daher wegen (23) kleiner als $\frac{\varepsilon}{2}$.

Aus genau denselben Gründen aber ist der Abstand des Punktes P_n von irgendeinem Punkte der Menge N_n kleiner als $\frac{\varepsilon}{2}$. Wählen wir endlich n auch noch so groß, daß

$$\overline{P P_n} < \frac{\varepsilon}{2}$$

was wegen $\lim_{n=\infty} P_n = P$ sicher möglich ist, so hat also jeder Punkt der Vereinigungsmenge C_n von N und N_n vom Punkte P höchstens den Abstand ε, wie behauptet.

Es ist also C_n ein die Punkte P und P_n verbindendes, ganz in der Kugel K liegendes Kontinuum von $M^{**}(P_0, r)$, entgegen der Annahme, daß es ein solches Kontinuum nicht gibt. Damit ist der Satz XX erwiesen. Wir sehen also.

XXI. Ist M ein im kleinen zusammenhängendes geschränktes Kontinuum, P ein Punkt von M und r irgendeine positive Zahl, so gibt es in der mit dem Radius r um P beschriebenen Kugel ein im kleinen zusammenhängendes Kontinuum $M^{**}(P, r)$ von M, das in einer gewissen Umgebung von P mit M identisch ist.

Der Beweis, daß M stetiges Bild einer Strecke ist, kann nun genau so geführt werden wie für ebene Punktmengen in § 3, es haben nur überall an Stelle der Mengen M^* die Mengen M^{**} zu treten.

§ 7. Durchführung der Abbildung für Mengen einer normalen Klasse (V).

Im wesentlichen läßt sich der in § 6 geführte Beweis auf alle normalen Klassen (V) übertragen. Da aber bei einigen Punkten Komplikationen entstehen, so sei im folgenden auch dieser Beweis ausführlich dargestellt. Wir beginnen mit einigen Hilfssätzen aus der allgemeinen Theorie der Klassen (V).

Wir bezeichnen mit $U(P, r)$ die Umgebung r des Punktes P, das ist die Menge aller jener Punkte, deren Abstand von P kleiner als r ist. Die aus $U(P, r)$ durch Hinzufügung aller Häufungspunkte entstehende abgeschlossene Menge bezeichnen wir mit $\overline{U}(P, r)$. Das Komplement von $U(P, r)$, das ist die Menge aller Punkte, die von P einen Abstand $\geqq r$ haben, wird mit $V(P, r]$, die daraus durch Hinzufügung aller Häufungspunkte entstehende abgeschlossene Menge wird mit $\overline{V}(P, r)$ bezeichnet.

Hilfssatz 1. Ist der Punkt P und die positive Zahl r gegeben, so gibt es ein $r' < 0$ so, daß die beiden Mengen $\overline{U}(P, r')$ und $\overline{V}(P, r)$ keinen Punkt gemein haben.

Angenommen in der Tat, dies wäre nicht der Fall, so gäbe es eine Folge positiver Zahlen r'_ν mit

$$\lim_{\nu=\infty} r'_\nu = 0, \tag{24}$$

so daß $\overline{U}(P, r'_\nu)$ und $\overline{V}(P, r)$ einen Punkt P_ν gemein haben. Als Punkt von $\overline{U}(P, r'_\nu)$ ist P_ν Punkt oder Häufungspunkt von $U(P, r'_\nu)$, so daß es gewiß einen Punkt Q_ν gibt, der den beiden Bedingungen genügt:

$$(25) \qquad \overline{P_\nu Q_\nu} < \frac{1}{\nu}, \quad \overline{P Q_\nu} < r'_\nu.$$

Ebenso gibt es, weil P_ν zu $\overline{V}(P, r)$ gehört und mithin Punkt oder Häufungspunkt von $V(P, r)$ ist, einen Punkt R_ν, der den beiden Bedingungen genügt:

$$(26) \qquad \overline{P_\nu R_\nu} < \frac{1}{\nu}, \quad \overline{P R_\nu} \geqq r.$$

Die zweite Ungleichung (25) zusammen mit (24) ergibt:

$$\lim_{\nu=\infty} Q_\nu = P.$$

Nach der Grundeigenschaft der Klassen (V) ergibt daher die erste Ungleichung (25):

$$\lim_{\nu=\infty} P_\nu = P$$

und dies, zusammen mit der ersten Ungleichung (26):

$$\lim_{\nu=\infty} R_\nu = P,$$

im Widerspruch mit der zweiten Ungleichung (26). Damit ist Hilfssatz 1 bewiesen.

Es kann noch gezeigt werden, daß die durch Hilfssatz 1 ausgedrückte Eigenschaft auf jeder kompakten Menge M gleichmäßig gilt:

Hilfssatz 2. Ist eine kompakte Menge M und eine positive Zahl r gegeben, so gibt es ein $r' > 0$ so, daß für jeden Punkt P von M die beiden Mengen $\overline{U}(P, r')$ und $\overline{V}(P, r)$ keinen Punkt gemein haben.

Angenommen in der Tat, dies wäre nicht der Fall. Dann gäbe es in M eine Folge von Punkten S_ν und von positiven Zahlen r'_ν, so daß:

$$(27) \qquad \lim_{\nu=\infty} r'_\nu = 0$$

und daß die beiden Mengen $\overline{U}(\dot{S}_\nu, r'_\nu)$ und $\overline{V}(S_\nu, r)$ einen Punkt P_ν gemein haben. Aus der Folge der S_ν läßt sich, da M kompakt ist, eine Teilfolge herausgreifen, die einen Grenzpunkt besitzt; wir können daher von vornherein annehmen, die Folge der S_ν selbst besitze einen Grenzpunkt:

(28) $$\lim_{\nu=\infty} S_\nu = S.$$

Da P_ν zu $\overline{U}(S_\nu, r'_\nu)$ gehört, gibt es einen Punkt Q_ν, der den beiden Beziehungen:

(29) $$\overline{P_\nu Q_\nu} < \frac{1}{\nu}; \quad \overline{Q_\nu S_\nu} < r'_\nu$$

genügt; ebenso, da P_ν zu $\overline{V}(S_\nu, r)$ gehört, einen Punkt R_ν, der den beiden Beziehungen genügt:

(30) $$\overline{P_\nu R_\nu} < \frac{1}{\nu}; \quad \overline{R_\nu S_\nu} \geqq r.$$

Aus (27), (28) und der zweiten Ungleichung (29) folgt nach der Grundeigenschaft der Klassen (V):

$$\lim_{\nu=\infty} Q_\nu = S$$

und die erste Ungleichung (29) liefert sodann:

$$\lim_{\nu=\infty} P_\nu = S;$$

somit die erste Ungleichung (30):

(31) $$\lim_{\nu=\infty} R_\nu = S.$$

Aus den beiden Beziehungen (28) und (31) aber folgt nach der Grundeigenschaft der Klassen (V):

$$\lim_{\nu=\infty} \overline{R_\nu S_\nu} = 0,$$

entgegen der zweiten Ungleichung (30). Damit ist Hilfssatz 2 bewiesen.

Sei nun M eine abgeschlossene und kompakte Menge, r eine positive Zahl. Zu jedem Punkt von M bilden wir die Menge $\overline{U}(P, r)$. Die Vereinigung aller dieser Mengen $\overline{U}(P, r)$, die offenbar M umfaßt, bezeichnen wir als die Erweiterung r von M, in Zeichen: $E(M, r)$.

Hilfssatz 3. Haben die beiden abgeschlossenen und kompakten Mengen M und N keinen Punkt gemein, so gibt es ein $r > 0$ so, daß auch die Erweiterungen $E(M, r)$ und $E(N, r)$ keinen Punkt gemein haben.

Angenommen, dies wäre nicht der Fall. Dann gäbe es eine Folge positiver Zahlen r_ν mit:

$$\lim_{\nu=\infty} r_\nu = 0,$$

so daß $E(M, r_\nu)$ und $E(N, r_\nu)$ einen Punkt P_ν gemein haben.

Zufolge der Definition von $E(M, r_\nu)$ und $E(N, r_\nu)$ gibt es nun in M einen Punkt Q_ν und in N einen Punkt R_ν, so daß P_ν sowohl zu $\overline{U}(Q_\nu, r_\nu)$ als auch zu $\overline{U}(R_\nu, r_\nu)$ gehört; und es gibt daher weitere Punkte S_ν und T_ν, die folgenden Bedingungen genügen:

$$\overline{Q_\nu S_\nu} < r_\nu \qquad \overline{S_\nu P_\nu} < \frac{1}{\nu}$$

$$\overline{R_\nu T_\nu} < r_\nu \qquad \overline{T_\nu P_\nu} < \frac{1}{\nu}.$$

Nach der Grundeigenschaft der Klassen (V) folgt aber aus diesen Beziehungen:

$$\lim_{\nu=\infty} \overline{Q_\nu R_\nu} = 0. \tag{32}$$

Da M kompakt und abgeschlossen ist, gibt es in der Folge der Q_ν eine Teilfolge Q_{ν_i}, die einen Grenzpunkt Q besitzt:

$$\lim_{i=\infty} Q_{\nu_i} = Q,$$

der gewiß zu M gehört. Aus (32) folgt nun aber auch:

$$\lim_{i=\infty} R_{\nu_i} = Q.$$

Es ist Q also auch Häufungspunkt von N und gehört daher, da N abgeschlossen ist, auch zu N. Es wäre also Q gemeinsamer Punkt von M und N, entgegen der Annahme. Damit ist Hilfssatz 3 bewiesen.

Sei nun wieder ein kompaktes, im kleinen zusammenhängendes Kontinuum M gegeben, P_0 sei ein Punkt von M und r eine gegebene positive Zahl. Wie in § 6 wollen wir nun die Menge $M^{**}(P_0, r)$ definieren.

Zu dem Zwecke denken wir uns nach Hilfssatz 1 zu r die Zahl r' so bestimmt, daß $\overline{U}(P_0, r')$ und $\overline{V}(P_0, r)$ keinen Punkt gemein haben. Nach Hilfssatz 3 gibt es ein r_1, so daß auch die Erweiterung r_1 von $\overline{U}(P_0, r')$ mit $\overline{V}(P_0, r)$ keinen Punkt gemein hat. Nach Hilfssatz 2 gehört nun zu r_1 ein $r_1' > 0$, so daß für jeden Punkt P von M die beiden Mengen $\overline{U}(P, r_1')$ und $\overline{V}(P, r_1)$ keinen Punkt gemein haben.

Nun denken wir uns zu jedem Punkte P von $M^*(P_0, r')$ die Menge $M^*(P, r_1')$ gebildet. Wie wir schon wiederholt gesehen haben, folgt aus dem Borel'schen Theorem,[1] daß es unter ihnen endlich viele gibt, etwa:

$$M^*(P_i^{(1)}, r_1') = M_i^{(1)} \quad (i = 1, 2, \ldots, n_1), \tag{33}$$

deren Vereinigung $M^*(P_0, r')$ umfaßt.

Die Menge $M_i^{(1)}$ ist Teil von $\overline{U}(P_i^{(1)}, r_1')$. Da $\overline{U}(P_i^{(1)}, r_1')$ mit $\overline{V}(P_i^{(1)}, r_1)$ keinen Punkt gemein hat, gibt es nach Hilfssatz 3 eine positive Zahl $r_i^{(2)}$, so daß auch die Erweiterung $E(M_i^{(1)}, r_i^{(2)})$ mit $\overline{V}(P_i^{(1)}, r_1)$ keinen Punkt gemein hat. Haben die beiden Mengen $M_i^{(1)}$ und $M_j^{(1)}$ keinen Punkt gemein, so gibt es, wieder nach Hilfssatz 3, eine positive Zahl $r_{i,j}^{(2)}$, so daß auch die beiden Erweiterungen $E(M_i^{(1)}, r_{i,j}^{(2)})$ und $E(M_j^{(1)}, r_{i,j}^{(2)})$ keinen Punkt gemein haben. Eine Zahl, die kleiner ist als alle diese Zahlen $r_i^{(2)}$ und $r_{i,j}^{(2)}$, werde mit r_2 bezeichnet und dazu nach Hilfssatz 2 r_2' so bestimmt, daß für jeden Punkt P von M die Mengen $\overline{U}(P, r_2')$ und $\overline{V}(P, r_2)$ keinen Punkt gemein haben.

Zu jedem Punkt P der Menge $M_i^{(1)}$ wird nun die Menge $M^*(P, r_2')$ gebildet, unter denen es endlich viele,[2] etwa

$$M^*(P_{i,j}^{(2)}, r_2') = M_{i,j}^{(2)} \quad (j = 1, 2, \ldots, n_2) \tag{34}$$

[1] Wegen der Gültigkeit dieses Theorems in Klassen (V) siehe M. Fréchet, Rend. Pal., 22, p. 26; W. Groß, diese Sitzungsber., 123, p. 810.

[2] Wir können immer annehmen: gleich viele, etwa n_2, für jedes i.

gibt, deren Vereinigung $M_i^{(1)}$ umfaßt. Von diesen Mengen $M_{i,j}^{(2)}$ ausgehend, werden in analoger Weise Mengen $M_{i,j,k}^{(3)}$ gebildet usw. Die allgemeine Vorschrift ist die folgende:

Jede der n_ν Mengen $M_{i_1, i_2, \ldots, i_\nu}^{(\nu)}$ ist eine Menge

$$M^*(P_{i_1, i_2, \ldots, i_\nu}^{(\nu)}, r'_\nu),$$

wo r'_ν so gewählt ist, daß

$$\overline{U}(P_{i_1, i_2, \ldots, i_\nu}^{(\nu)}, r'_\nu) \text{ und } \overline{V}(P_{i_1, i_2, \ldots, i_\nu}^{(\nu)}, r_\nu)$$

keinen Punkt gemein haben. Infolgedessen gibt es eine positive Zahl $r_{i_1, i_2, \ldots, i_\nu}^{(\nu+1)}$, so daß auch die Erweiterung

$$E(M_{i_1, i_2, \ldots, i_\nu}^{(\nu)}, r_{i_1, i_2, \ldots, i_\nu}^{(\nu+1)}) \text{ mit } \overline{V}(P_{i_1, i_2, \ldots, i_\nu}^{(\nu)}, r_\nu)$$

keinen Punkt gemein hat. Haben zwei Mengen $M_{i_1, i_2, \ldots, i_\nu}^{(\nu)}$ und $M_{j_1, j_2, \ldots, j_\nu}^{(\nu)}$ keinen Punkt gemein, so gibt es eine positive Zahl

$$r_{i_1, i_2, \ldots, i_\nu;\, j_1, j_2, \ldots, j_\nu}^{(\nu+1)},$$

so daß auch die beiden Erweiterungen

$$E(M_{i_1, i_2, \ldots, i_\nu}^{(\nu)}, r_{i_1, i_2, \ldots, i_\nu;\, j_1, j_2, \ldots, j_\nu}^{(\nu+1)})$$

und

$$E(M_{j_1, j_2, \ldots, j_\nu}^{(\nu)}, r_{i_1, i_2, \ldots, i_\nu;\, j_1, j_2, \ldots, j_\nu}^{(\nu+1)})$$

keinen Punkt gemein haben. Eine Zahl, die kleiner ist als alle die endlich vielen Zahlen

$$r_{i_1, i_2, \ldots, i_\nu}^{(\nu+1)} \text{ und } r_{i_1, i_2, \ldots, i_\nu;\, j_1, j_2, \ldots, j_\nu}^{(\nu+1)},$$

bezeichne man mit $r_{\nu+1}$ und wähle gemäß Hilfssatz 2 die Zahl $r'_{\nu+1}$ so, daß für jeden Punkt P von M die Mengen $\overline{U}(P, r'_{\nu+1})$ und $\overline{V}(P, r_{\nu+1})$ keinen Punkt gemein haben. Zu jedem Punkte P von $M_{i_1, i_2, \ldots, i_\nu}^{(\nu)}$ bilde man nun die Menge $M^*(P, r'_{\nu+1})$. Zufolge dem Borel'schen Theorem gibt es ihrer endlich viele,[1] etwa

$$M^*(P_{i_1, i_2, \ldots, i_{\nu+1}}^{(\nu+1)}, r'_{\nu+1}) = M_{i_1, i_2, \ldots, i_{\nu+1}}^{(\nu+1)},$$

deren Vereinigungsmenge ganz $M_{i_1, i_2, \ldots, i_\nu}^{(\nu)}$ umfaßt.

---

[1] Wir können immer annehmen: gleichviele, etwa $n_{\nu+1}$, für alle Mengen $M_{i_1, i_2, \ldots, i_\nu}^{(\nu)}$.

Die Zahlen r_ν können, was wir im folgenden voraussetzen, so angenommen werden, daß

$$(35) \qquad \lim_{\nu=\infty} r_\nu = 0$$

und·mithin erst recht:

$$\lim_{\nu=\infty} r'_\nu = 0$$

gilt. Die Vereinigungsmenge aller Mengen $M^{(\nu)}_{i_1, i_2, \ldots, i_\nu}$ $(\nu = 1, 2, \ldots;\ i_1 = 1, 2, \ldots, n_1;\ i_2 = 1, 2, \ldots, n_2; \ldots, i_\nu = 1, 2, \ldots, n_\nu)$ samt allen Häufungspunkten dieser Vereinigungsmenge bilde nun die Menge $M^{**}(P_0, r)$.

Wir wenden uns dem Beweise zu, daß diese Menge $M^{**}(P_0, r)$ tatsächlich auch in dem jetzt betrachteten allgemeinen Falle jene Eigenschaften hat, die wir im Falle des dreidimensionalen Raumes in § 6 als bestehend nachgewiesen haben. Wir zeigen zuerst:

XXII. Die Menge $M^{**}(P_0, r)$ liegt ganz in der Umgebung r von P_0.

Zunächst liegt jede Menge $M^{(1)}_i$ ganz in $U(P_0, r)$. In der Tat, nach (33) liegt $M^{(1)}_i$ ganz in $\overline{U}(P^{(1)}_i, r'_1)$, mithin erst recht in $\overline{U}(P^{(1)}_i, r_1)$; nun war $P^{(1)}_i$ Punkt von $M^*(P_0, r')$, somit Punkt von $\overline{U}(P_0, r')$; und da r_1 so gewählt war, daß die Erweiterung r_1 von $\overline{U}(P_0, r')$ und $\overline{V}(P_0, r)$ keinen Punkt gemein haben, so haben auch $M^{(1)}_i$ und $\overline{V}(P_0, r)$ keinen Punkt gemein und $M^{(1)}_i$ liegt in $U(P_0, r)$, wie behauptet. Dieser Beweis hat übrigens auch gezeigt, daß $\overline{U}(P^{(1)}_i, r_1)$ in $U(P_0, r)$ liegt.

Ebenso liegt jede Menge $M^{(2)}_{i,j}$ in $U(P_0, r)$. Denn nach (34) liegt $M^{(2)}_{i,j}$ in $\overline{U}(P^{(2)}_{i,j}, r'_2)$ und mithin in $\overline{U}(P^{(2)}_{i,j}, r_2)$; nun war $P^{(2)}_{i,j}$ Punkt von $M^{(1)}_i$ und da r_2 so gewählt war, daß die Erweiterung $E(M^{(1)}_i, r_2)$ mit $\overline{V}(P^{(1)}_i, r_1)$ keinen Punkt gemein hat, liegt $\overline{U}(P^{(2)}_{i,j}, r_2)$ und somit auch $M^{(2)}_{i,j}$ sicher in $U(P^{(1)}_i, r_1)$ und wir haben eben gesehen, daß $\overline{U}(P^{(1)}_i, r_1)$ in $U(P_0, r)$ liegt, so daß die Behauptung erwiesen ist. Gleichzeitig haben wir gesehen, daß $\overline{U}(P^{(2)}_{i,j}, r_2)$ in $U(P^{(1)}_i, r_1)$ liegt.

Um allgemein zu zeigen, daß $M^{(\nu)}_{i_1, i_2, \ldots, i_\nu}$ in $U(P_0, r)$ liegt, konstatieren wir zunächst folgende Tatsache:

Hilfssatz 4. Es liegt $\overline{U}(P^{(\nu+1)}_{i_1, i_2, \ldots, i_\nu, i_{\nu+1}}, r_{\nu+1})$ ganz in $U(P^{(\nu)}_{i_1, i_2, \ldots, i_\nu}, r_\nu)$.

In der Tat, es war $P^{(\nu+1)}_{i_1, i_2, \ldots, i_{\nu+1}}$ ein Punkt von $M^{(\nu)}_{i_1, i_2, \ldots, i_\nu}$ und es war $r_{\nu+1}$ so gewählt, daß die Erweiterung

$$E(M^{(\nu)}_{i_1, i_2, \ldots, i_\nu}, r_{\nu+1}) \text{ mit } \overline{V}(P^{(\nu)}_{i_1, i_2, \ldots, i_\nu}, r_\nu)$$

keinen Punkt gemein hat. Damit aber ist der Hilfssatz bewiesen.

Aus diesem Hilfssatze folgt ohne weiteres: Es liegt $\overline{U}(P^{(\nu)}_{i_1, i_2, \ldots, i_\nu}, r_\nu)$ in $U(P_0, r)$. In der Tat, es gilt dies, wie wir oben bewiesen haben, für $\overline{U}(P^{(1)}_{i_1}, r_1)$, daher nach dem Hilfssatze für $\overline{U}(P^{(2)}_{i_1, i_2}, r_2)$ usw.

Damit ist aber auch schon gezeigt: Jede Menge $M^{(\nu)}_{i_1, i_2, \ldots, i_\nu}$ ist Teil von $U(P_0, r)$. In der Tat, es ist:

$$M^{(\nu)}_{i_1, i_2, \ldots, i_\nu} = M^*(P^{(\nu)}_{i_1, i_2, \ldots, i_\nu}, r'_\nu),$$

somit ist $M^{(\nu)}_{i_1, i_2, \ldots, i_\nu}$ Teil von $\overline{U}(P^{(\nu)}_{i_1, i_2, \ldots, i_\nu}, r'_\nu)$, somit erst recht Teil von $\overline{U}(P^{(\nu)}_{i_1, i_2, \ldots, i_\nu}; r_\nu)$, und daher, nach dem eben Bewiesenen, Teil von $U(P_0, r)$.

Nachdem so gezeigt ist, daß alle Mengen $M^{(\nu)}_{i_1, i_2, \ldots, i_\nu}$ in $U(P_0, r)$ liegen, muß zum vollständigen Beweise von Satz XXII auch noch gezeigt werden, daß alle Häufungspunkte der Vereinigungsmenge aller $M^{(\nu)}_{i_1, i_2, \ldots, i_\nu}$ in $U(P_0, r)$ liegen. Nun hat aber der eben geführte Beweis nicht nur gezeigt, daß $M^{(\nu)}_{i_1, i_2, \ldots, i_\nu}$ in $U(P_0, r)$ liegt, sondern präziser, daß $M^{(\nu)}_{i_1, i_2, \ldots, i_\nu}$ in $\overline{U}(P^{(1)}_i, r_1)$ liegt. Sämtliche Mengen $M^{(\nu)}_{i_1, i_2, \ldots, i_\nu}$ sind also Teile der Vereinigungsmenge der endlich vielen Mengen

$$\overline{U}(P^{(1)}_i, r_1) \quad (i = 1, 2, \ldots, n_1);$$

und da die Mengen $\overline{U}(P^{(1)}_i, r_1)$ abgeschlossen sind, so gehören auch die Häufungspunkte der Vereinigungsmenge aller $M^{(\nu)}_{i_1, i_2, \ldots, i_\nu}$ zur Vereinigungsmenge der $\overline{U}(P^{(1)}_i, r_1)$. Nun waren die $P^{(1)}_i$ Punkte von $M^*(P_0, r')$ und mithin auch von $\overline{U}(P_0, r')$.

Wir können also sagen: Die Menge $M^{**}(P_0, r)$ ist Teil der Erweiterung r_1 von $\overline{U}(P_0, r')$. Nun war aber r_1 so gewählt, daß diese Erweiterung mit $V(P_0, r)$ keinen Punkt gemein hat, und damit ist XXII bewiesen. Es gilt weiter:

XXIII. Die Menge $M^{**}(P_0, r)$ ist zusammenhängend.

Da dieser Beweis wörtlich so geführt werden kann wie der Beweis von Satz XVIII in § 6, können wir ihn übergehen und wenden uns zum Beweise von:

XXIV. Die Menge $M^{**}(P_0, r)$ ist zusammenhängend im kleinen.

Wir ordnen zunächst, wie in § 6, jedem Punkte P von $M^{**}(P_0, r)$ eine ihn darstellende Indicesfolge:

$$i_1, i_2, \ldots, i_\nu, \ldots \tag{36}$$

zu. Wir wollen sagen: Die Indicesfolge (36) stellt den Punkt P dar, wenn folgendes stattfindet: Ist $Q^{(1)}$ ein beliebiger Punkt von $M^{(1)}_{i_1}$, $Q^{(2)}$ ein beliebiger Punkt von $M^{(2)}_{i_1, i_2}$, allgemein $Q^{(\nu)}$ ein beliebiger Punkt von $M^{(\nu)}_{i_1, i_2, \ldots, i_\nu}$, so ist $\lim_{\nu=\infty} Q^{(\nu)} = P$.

Daß sich zu jedem Punkte eine ihn darstellende Indicesfolge finden läßt, erkennt man ähnlich wie in § 6. Sei zunächst P ein Punkt von $M^{(\nu)}_{i_1, i_2, \ldots, i_\nu}$; er gehört dann zu mindestens einer Menge $M^{(\nu+1)}_{i_1, i_2, \ldots, i_\nu, i_{\nu+1}}$, zu mindestens einer Menge $M^{(\nu+2)}_{i_1, i_2, \ldots, i_\nu, i_{\nu+1}, i_{\nu+2}}$, allgemein zu mindestens einer Menge $M^{(\nu+k)}_{i_1, i_2, \ldots, i_\nu, i_{\nu+1}, \ldots, i_{\nu+k}}$. Nun war:

$$M^{(\nu+k)}_{i_1, \ldots, i_{\nu+k}} = M^*(P^{(\nu+k)}_{i_1, \ldots, i_{\nu+k}}, r'_{\nu+k})$$

und mithin Teil von $\overline{U}(P^{(\nu+k)}_{i_1, \ldots, i_{\nu+k}}, r'_{\nu+k})$. Da aber zufolge der Wahl von $r'_{\nu+k}$ diese letztere Menge mit $V(P^{(\nu+k)}_{i_1, \ldots, i_{\nu+k}}, r_{\nu+k})$ keinen Punkt gemein hat, mithin ganz in $U(P^{(\nu+k)}_{i_1, \ldots, i_{\nu+k}}, r_{\nu+k})$ liegt, gilt für jeden ihrer Punkte $Q^{(\nu+k)}$:

$$\overline{Q^{(\nu+k)} P^{(\nu+k)}_{i_1, \ldots, i_{\nu+k}}} < r_{\nu+k} \tag{37}$$

und speziell auch für den nach Voraussetzung zu ihr gehörigen Punkt P:

$$\overline{P P^{(\nu+k)}_{i_1,\ldots,i_{\nu+k}}} < r_{\nu+k}.$$

Diese letztere Beziehung, zusammen mit (35), ergibt aber:

$$\lim_{k=\infty} P^{(\nu+k)}_{i_1,\ldots,i_{\nu+k}} = P$$

und dies, zusammen mit (37), ergibt:

$$\lim_{k=\infty} Q^{(\nu+k)} = P.$$

Es ist also:

$$i_1, i_2, \ldots, i_\nu, i_{\nu+1}, \ldots, i_{\nu+k}, \ldots$$

eine den Punkt P darstellende Indicesfolge.

Gehört sodann der Punkt P von $M^{**}(P_0, r)$ zu keiner einzigen Menge $M^{(\nu)}_{i_1, i_2, \ldots, i_\nu}$, so ist er Häufungspunkt von Punkten, die zu diesen Mengen gehören:

(38) $$P = \lim_{n=\infty} P^{(n)}.$$

Gehört $P^{(n)}$ zur Menge $M^{(\nu_n)}_{i_1,\ldots,i_{\nu_n}}$, so können wir es, wie in § 6, immer so einrichten, daß alle diese Mengen denselben ersten Index i_1, alle von der zweiten an denselben zweiten Index i_2, allgemein alle von der n-ten an denselben n-ten Index i_n haben. Wir behaupten: Es ist

(39) $$i_1, i_2, \ldots, i_n, \ldots$$

eine den Punkt P darstellende Indicesfolge. In der Tat, sei $P^{(n}$ Punkt von $M^{(\nu_n)}_{i_1,\ldots,i_n, j_{n+1},\ldots j_{\nu_n}}$. Aus Hilfssatz 4 folgt sofort, daß, wenn

$$M^{(n)}_{i_1, i_2,\ldots,i_n} = M^*(P^{(n)}_{i_1, i_2,\ldots,i_n}, r'_n)$$

ist, $M^{(\nu_n)}_{i_1,\ldots,i_n, j_{n+1},\ldots j_{\nu_n}}$ ganz in $U(P^{(n)}_{i_1, i_2,\ldots,i_n}, r_n)$ liegt. Mithin ist:

$$\overline{P^{(n)} P^{(n)}_{i_1,\ldots,i_n}} < r_n$$

und aus (38) zusammen mit (35) folgt:

(40) $$\lim_{n=\infty} P^{(n)}_{i_1,\ldots,i_n} = P.$$

Da andrerseits, zufolge der Wahl von r'_n, die Menge

$$M^{(n)}_{i_1,\ldots,i_n} = M^*(P^{(n)}_{i_1,\ldots,i_n}, r'_n)$$

mit $\overline{V}(P^{(n)}_{i_1,\ldots,i_n}, r_n)$ keinen Punkt gemein hat, also ganz in $U(P^{(n)}_{i_1,\ldots,i_n}, r_n)$ liegt, gilt für jeden ihrer Punkte $Q^{(n)}$:

$$\overline{Q^{(n)} P^{(n)}_{i_1,\ldots,i_n}} < r_n,$$

was zusammen mit (40) ergibt:

$$\lim_{n=\infty} Q^{(n)} = P,$$

d. h. es ist (39) eine den Punkt P darstellende Indicesfolge. Es gibt also tatsächlich zu jedem Punkte von $M^{**}(P_0, r)$ mindestens eine ihn darstellende Indicesfolge.

Auch hier gilt die durch Satz XIX ausgedrückte Tatsache. Sei eine Folge von Punkten P_n von $M^{**}(P_0, r)$ mit dem Grenzpunkte P gegeben; sei:

(41) $$i_1, i_2, \ldots, i_\nu, \ldots$$

eine den Punkt P darstellende Indicesfolge und

$$i_1^{(n)}, i_2^{(n)}, \ldots, i_\nu^{(n)}, \ldots$$

eine den Punkt P_n darstellende Indicesfolge; wir behaupten:

XXV. Zu jedem gegebenen Werte des Index ν gehört ein Wert $\bar{n}$ des Index n, so daß für $n \geqq \bar{n}$ die Mengen

$$M^{(\nu)}_{i_1, i_2, \ldots, i_\nu} \text{ und } M^{(\nu)}_{i_1^{(n)}, i_2^{(n)}, \ldots, i_\nu^{(n)}}$$

mindestens einen Punkt gemein haben.

Andernfalls könnte angenommen werden, daß für einen gewissen Wert von ν und alle n die Mengen

$$M^{(\nu)}_{i_1, i_2, \ldots, i_\nu} \text{ und } M^{(\nu)}_{i_1^{(n)}, i_2^{(n)}, \ldots, i_\nu^{(n)}}$$

keinen Punkt gemein haben. Nun ist P, weil durch die Indicesfolge (41) dargestellt, Häufungspunkt einer Punktfolge

(42) $$P^{(\nu+1)}, P^{(\nu+2)}, \ldots, P^{(\nu+k)}, \ldots$$

wo $P^{(\nu+k)}$ zu $M^{(\nu+k)}_{i_1,\ldots,i_\nu,i_{\nu+1},\ldots,i_{\nu+k}}$ gehört. Da aber, wie wir schon gesehen haben (auf Grund von Hilfssatz 4), die Mengen $M^{(\nu+k)}_{i_1,\ldots,i_{\nu+k}}$ ganz in $U(P^{(\nu+1)}_{i_1,\ldots,i_{\nu+1}}, r_{\nu+1})$ liegen, so gilt dasselbe von jedem Punkte der Folge (42) und der Häufungspunkt P dieser Folge liegt also in $\overline{U}(P^{(\nu+1)}_{i_1,\ldots,i_{\nu+1}}, r_{\nu+1})$; d. h., da $P^{(\nu+1)}_{i_1,\ldots,i_{\nu+1}}$ ein Punkt von $M^{(\nu)}_{i_1,\ldots,i_\nu}$ ist: Es liegt P in der Erweiterung $E(M^{(\nu)}_{i_1,\ldots,i_\nu}, r_{\nu+1})$. Genau so sieht man, daß P_n in der Erweiterung

$$E(M^{(\nu)}_{i_1^{(n)},\ldots,i_\nu^{(n)}}, r_{\nu+1})$$

liegt. Unter den Mengen

$$M^{(\nu)}_{i_1^{(n)},\ldots,i_\nu^{(n)}}$$

gibt es nun nur endlich viele verschiedene. In mindestens einer der Erweiterungen

$$E(M^{(\nu)}_{i_1^{(n)},\ldots,i_\nu^{(n)}}, r_{\nu+1})$$

müßten also unendlich viele P_n und, da sie abgeschlossen ist, auch der Grenzpunkt P aller P_n liegen. Das aber ist unmöglich; denn es war $r_{\nu+1}$ so gewählt, daß, wenn

$$M^{(\nu)}_{i_1,\ldots,i_\nu} \text{ und } M^{(\nu)}_{i_1^{(n)},\ldots,i_\nu^{(n)}}$$

keinen Punkt gemein haben, dasselbe von den Erweiterungen $r_{\nu+1}$ dieser Mengen gilt, während sie hier den Punkt P gemein hätten. Damit ist Satz XXV bewiesen.

Bevor wir nun an den Beweis von Satz XXIV schreiten, müssen wir noch eine Hilfsbetrachtung anstellen. Sei P ein beliebiger Punkt von $M^{**}(P_0, r)$ und

(43) $$i_1, i_2, \ldots, i_\nu, \ldots$$

eine den Punkt P darstellende Indicesfolge. Dann wollen wir die Menge, die aus der Vereinigungsmenge von

(44) $$M^{(\nu)}_{i_1,i_2,\ldots,i_\nu},\ M^{(\nu+1)}_{i_1,i_2,\ldots,i_\nu,i_{\nu+1}}, \ldots,\ M^{(\nu+k)}_{i_1,i_2,\ldots,i_\nu,i_{\nu+1},\ldots,i_{\nu+k}}, \ldots$$

durch Hinzufügung aller ihrer Häufungspunkte entsteht, und von der wir wissen, daß sie zusammenhängend ist,[1] als eine Menge $\mathfrak{M}_\nu(P)$ bezeichnen. Es gilt der Satz:

XXVI. Zu jedem positiven ε gehört ein $\bar{\nu}$, so daß für sämtliche Punkte P von $M^{**}(P_0, r)$ und alle $\nu \geqq \bar{\nu}$ die Mengen $\mathfrak{M}_\nu(P)$ in $U(P, \varepsilon)$ liegen.

Wir geben zunächst eine positive Zahl η vor, über die wir später verfügen werden; nach Hilfssatz 2 gibt es ein $\eta' > 0$, so daß für jeden Punkt Q von $M^{**}(P_0, r)$ die Menge $\overline{U}(Q, \eta')$ ganz in $U(Q, \eta)$ liegt. Nun erinnern wir daran, daß, wenn

$$M^{(\nu)}_{i_1, i_2, \ldots, i_\nu} = M^*(P^{(\nu)}_{i_1, i_2, \ldots, i_\nu}, r'_\nu)$$

war, alle Mengen (44) ganz in $U(P^{(\nu)}_{i_1, i_2, \ldots, i_\nu}, r_\nu)$ liegen, wie aus Hilfssatz 4 folgte. Infolgedessen liegt, wenn P durch die Indicesfolge (43) dargestellt wird, $\mathfrak{M}_\nu(P)$ ganz in $\overline{U}(P^{(\nu)}_{i_1, i_2, \ldots, i_\nu}, r_\nu)$ und sobald $\bar{\nu}$ so gewählt ist, daß

$$r_\nu \leqq \eta' \quad \text{für} \quad \nu \geqq \bar{\nu},$$

was wegen (35) sicher möglich ist, liegt für $\nu \geqq \bar{\nu}$ die Menge $\mathfrak{M}_\nu(P)$ gewiß in $U(P^{(\nu)}_{i_1, i_2, \ldots, i_\nu}, \eta')$ und somit in $U(P^{(\nu)}_{i_1, i_2, \ldots, i_\nu}, \eta)$. Da nun P zu $\mathfrak{M}_\nu(P)$ gehört, haben wir, wenn R einen beliebigen Punkt von $\mathfrak{M}_\nu(P)$ bedeutet:

$$\overline{P P^{(\nu)}_{i_1, i_2, \ldots, i_\nu}} < \eta; \quad \overline{R P^{(\nu)}_{i_1, i_2, \ldots, i_\nu}} < \eta$$

und somit, nach Definition der Klassen (V):

$$\overline{PR} < f(\eta),$$

wo $\lim\limits_{\eta = +0} f(\eta) = 0$. Wir haben also nur η so klein zu wählen, daß $f(\eta) < \varepsilon$ und sehen, daß für $\nu \geqq \bar{\nu}$ für jeden Punkt R von $\mathfrak{M}_\nu(P)$ gilt: $\overline{PR} < \varepsilon$, das aber ist die Behauptung XXVI.

Nun endlich sind wir in der Lage, Satz XXIV zu beweisen. Angenommen, die Menge $M^{**}(P_0, r)$ wäre im Punkte Q

---

[1] Dies folgt ohne weiteres aus den zum Beweise von Satz XVIII (und Satz XXIII) angestellten Betrachtungen.

nicht zusammenhängend im kleinen. Dann gibt es ein $\delta > 0$ und eine zu $M^{**}(P_0, r)$ gehörige Folge von Punkten Q_n mit:

$$\lim_{n=\infty} Q_n = Q, \tag{45}$$

die so beschaffen ist, daß jedes die Punkte Q_n und Q verbindende Kontinuum von $M^{**}(P_0, r)$ Punkte außerhalb $U(Q, \delta)$ enthält.

Sei: $$i_1, i_2, \ldots, i_\nu, \ldots$$

eine den Punkt Q darstellende Indicesfolge und

$$i_1^{(n)}, i_2^{(n)}, \ldots, i_\nu^{(n)}, \ldots$$

eine den Punkt Q_n darstellende Indicesfolge.

Nach Hilfssatz 1 gibt es ein $\delta' > 0$, so daß $\overline{U}(Q, \delta')$ mit $\overline{V}(Q, \delta)$ keinen Punkt gemein hat; und nach Hilfssatz 3 gibt es ein ε, so daß auch die Erweiterung ε von $\overline{U}(Q, \delta')$ mit $\overline{V}(Q, \delta)$ keinen Punkt gemein hat.

Wir denken uns nach Satz XXVI den Index $\bar{\nu}$ so bestimmt, daß die Menge $\mathfrak{M}_{\bar{\nu}}(Q)$ in $\overline{U}(Q, \varepsilon)$, die Menge $\mathfrak{M}_{\bar{\nu}}(Q_n)$ für jedes n in $\overline{U}(Q_n, \varepsilon)$ liegt. Ferner wählen wir $\bar{n}$ so groß, daß für $n \geqq \bar{n}$

1. Q_n in $\overline{U}(Q, \delta')$ liegt, was wegen (45) möglich ist, und
2. $M^{(\bar{\nu})}_{i_1, i_2, \ldots, i_{\bar{\nu}}}$ und $M^{(\bar{\nu})}_{i_1^{(n)}, i_2^{(n)}, \ldots, i_{\bar{\nu}}^{(n)}}$ einen Punkt gemein haben, was nach Satz XXV möglich ist.

Dann haben für $n \geqq \bar{n}$ auch die beiden Mengen $\mathfrak{M}_{\bar{\nu}}(Q)$ und $\mathfrak{M}_{\bar{\nu}}(Q_n)$ einen Punkt gemein. Ferner liegen diese Mengen, wie schon bemerkt, in $\overline{U}(Q, \varepsilon)$, beziehungsweise in $\overline{U}(Q_n, \varepsilon)$, gehören also (für $n \geqq \bar{n}$) zur Erweiterung ε von $\overline{U}(Q, \delta')$, haben also mit $\overline{V}(Q, \delta)$ keinen Punkt gemein und liegen somit in $U(Q, \delta)$. Für $n \geqq \bar{n}$ stellt also die Vereinigung von $\mathfrak{M}_{\bar{\nu}}(Q)$ und $\mathfrak{M}_{\bar{\nu}}(Q_n)$ ein die beiden Punkte Q und Q_n verbindendes Kontinuum von $M^{**}(P_0, r)$ dar, das ganz in $U(Q, \delta)$ liegt, im Widerspruche mit der Annahme, daß es ein solches Kontinuum nicht gibt. Damit aber ist Satz XXIV bewiesen.

Fassen wir zusammen, so haben wir folgendes bewiesen: Ist M ein kompaktes, im kleinen zusammenhängendes Kontinuum und r eine beliebige positive Zahl, so gibt es eine positive Zahl ρ, so daß sich zu jedem Punkte P von M ein ganz in der Umgebung r von P liegendes, im kleinen zusammenhängendes Kontinuum $M^{**}(P, r)$ finden läßt, das alle in der Umgebung ρ von P liegenden Punkte von M enthält.

Es hat also auch hier $M^{**}(P, r)$ alle jene Eigenschaften, die im Falle der ebenen Punktmengen schon den Mengen $M^{*}(P, r)$ zukamen und auf denen der in § 3 geführte Beweis beruhte, daß jedes ebene, geschränkte, im kleinen zusammenhängende Kontinuum stetiges Bild einer Strecke ist. Dieser Beweis ist also ohne weiteres auf den allgemeinen Fall der normalen Klassen (V) übertragbar, indem man nur überall statt der Mengen M^{*} die Mengen M^{**} benutzt. Auch in den normalen Klassen (V) ist also jedes kompakte, im kleinen zusammenhängende Kontinuum stetiges Bild einer Strecke und zusammen mit Satz XV ergibt dies das Schlußresultat:

Damit eine aus Elementen einer normalen Klasse (V) gebildete Menge stetiges Bild einer (abgeschlossenen) Strecke sei, ist notwendig und hinreichend, daß sie ein kompaktes, im kleinen zusammenhängendes Kontinuum ist.

Über die Komponenten offener Mengen.

Von

Hans Hahn (Bonn).

Bei der Aufgabe, die stetigen Kurven rein topologisch zu charakterisieren, sind sowohl Herr St. Mazurkiewicz[1]) als ich[2]) auf eine Eigenschaft gestossen[3]), die ich als *Zusammenhang im Kleinen* bezeichnet habe, und die wohl auch in anderen Fragen der topologischen Theorie der Punktmengen von Bedeutung sein dürfte. Eine solche Frage will ich hier vorführen. Zunächst sei an einige Definitionen erinnert.

Wir legen unseren Untersuchungen einen metrischen Raum[4]) zugrunde, und bezeichnen nach F. Hausdorff[5]) eine Punktmenge $\mathfrak{A}$ dieses Raumes als *zusammenhängend*, wenn sie nicht Vereinigung zweier in $\mathfrak{A}$ abgeschlossener, nicht leerer, zu einander fremder Teile ist. Bilden wir zu einem Punkte a einer beliebigen Menge $\mathfrak{M}$ die Vereinigung aller a enthaltenden, zusammenhängenden Teile von $\mathfrak{M}$, so entsteht wieder eine zusammenhängende Menge; sie ist offenbar der umfassendste, a enthaltende und zusammenhängende Teil von $\mathfrak{M}$ und wird als eine Komponente von $\mathfrak{M}$ bezeichnet. Es gilt der Satz[6]): jede beliebige Menge $\mathfrak{M}$ kann auf eine und nur

[1]) *Fund. Math.* 1 (1920), S. 166, wo man auch Hinweise auf frühere Arbeiten des Herrn Mazurkiewicz findet.

[2]) *Wien. Ber.* 123 (1914), S. 2433.

[3]) Auf eine verwandte Eigenschaft war auch Pia Nalli bei der Untersuchung des Randes ebener Gebiete gestossen. *Rend. Pal.* 32 (1911), S. 392.

[4]) Vgl. H. Hahn: Theorie der reellen Funktionen (Berlin, J. Springer 1920), S. 52.

[5]) Grundzüge der Mengenlehre, S. 244.

[6]) F. Hausdorff: Grundzüge der Mengenlehre S. 246, oder H. Hahn: Theorie der reellen Funktionen S. 87.

eine Weise als Vereinigung zu je zweien fremder Komponenten dargestellt werden.

Nun bezeichnen wir in üblicher Weise als *offene* Punktmenge jede Punktmenge unseres Raumes, deren Komplement *abgeschlossen* ist. Bekanntlich gilt dann in den euklidischen Räumen der Satz: Jede Komponente einer offenen Menge ist offen. Ich habe an folgendem Beispiele [1]) gezeigt, dass dies nicht in jedem metrischen Raume gilt: Wir wählen als metrischen Raum $\mathfrak{R}$ die Menge aller Punkte der x-Achse, die nach Tilgung der abzählbar vielen abgeschlossenen Intervalle $\left[\frac{1}{2n}, \frac{1}{2n-1}\right]$ $(n=1,2,\ldots)$ übrig bleibt; der Abstandsbegriff in $\mathfrak{R}$ sei derselbe, wie auf der x-Achse:

$$\varrho(x', x'') = |x' - x''|.$$

Der metrische Raum selbst ist immer offen, da sein Komplement, die leere Menge, abgeschlossen ist. Eine der Komponenten unsres Raumes $\mathfrak{R}$ ist die Halbachse $x \leqslant 0$, und diese ist nicht offen in $\mathfrak{R}$, da der zu ihr gehörige Punkt $x=0$ Häufungspunkt nicht zu ihr gehöriger Punkte von $\mathfrak{R}$ ist.

Die vielleicht naheliegende Annahme, dies rühre daher, dass der zugrunde gelegte Raum $\mathfrak{R}$ nicht zusammenhängend ist, dass aber in einem zusammenhängenden Raume jede Komponente einer offenen Menge offen sein müsse, trifft nicht zu, wie folgendes Beispiel lehrt. Wir gehen aus von der xy-Ebene, und betrachten in ihr die Punktmenge, die aus der vorhin benutzten, von der x-Achse nach Tilgung der Intervalle $\left[\frac{1}{2n}, \frac{1}{2n-1}\right]$ $(n=1,2,\ldots)$ übrig bleibenden, entsteht, indem man von der Geraden $y=1$ die Intervalle $\left[\frac{1}{2n}, \frac{1}{2n-1}\right]$ $(n=1,2,\ldots)$ und von jeder Geraden $x=\frac{1}{n}$ $(n=1,2,\ldots)$, sowie von der Geraden $x=0$ die Verbindungsstrecken $0<y<1$ hinzufügt. Die so entstehende Punktmenge (vgl. die Figur) ist offenbar zusammenhängend. Wir wählen sie als metrischen Raum $\mathfrak{R}$; der Abstandsbegriff sei derselbe wie in der xy-Ebene:

$$\varrho((x', y'), (x'', y'')) = \sqrt{(x'-x'')^2 + (y'-y'')^2}.$$

Wir tilgen nun aus $\mathfrak{R}$ die Menge aller auf der Geraden $y=1$

[1]) Theorie der reellen Funktionen S. 87.

liegenden Punkte; da diese Menge abgeschlossen ist, so ist die Menge $\mathfrak{M}$ der übrigen Punkte von $\mathfrak{R}$ offen. Eine Komponente von $\mathfrak{M}$ besteht aus dem Teile $x \leqslant 0$ der x-Achse und der Strecke $0 < y < 1$ der y-Achse. Diese Komponente $\mathfrak{A}$ ist nicht offen (in $\mathfrak{R}$)

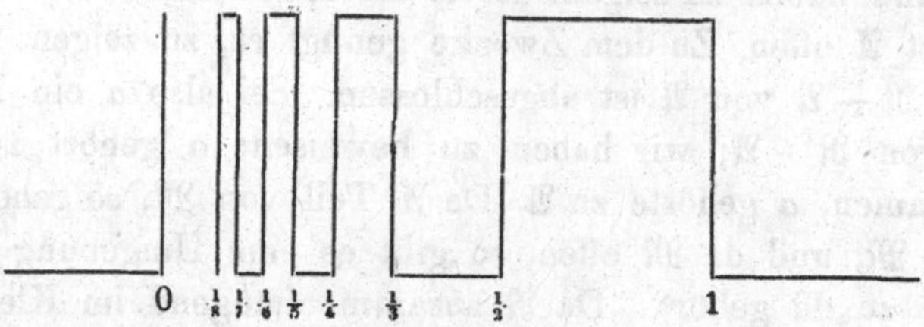

da jeder ihrer auf der y-Achse gelegenen Punkte Häufungspunkt nicht zu $\mathfrak{A}$ gehöriger Punkte von $\mathfrak{R}$ ist.

Es entsteht also die Aufgabe festzustellen: wie muss ein metrischer Raum beschaffen sein, damit in ihm jede Komponente einer offenen Menge offen sei? Die Antwort wird geliefert durch den Begriff des Zusammenhanges im Kleinen, an den wir zunächst erinnern: Die Menge $\mathfrak{A}$ heisst im Punkte a zusammenhängend im Kleinen, wenn es zu jeder Umgebung[1]) $\mathfrak{U}$ von a eine Umgebung $\mathfrak{U}_1$ von a gibt mit folgender Eigenschaft: ist a_1 ein in $\mathfrak{U}_1$ gelegener Punkt von $\mathfrak{A}$, so gibt es einen in $\mathfrak{U}$ gelegenen, zusammenhängenden Teil von $\mathfrak{A}$, der sowohl a als a_1 enthält. Und nun behaupten wir: Damit im metrischen Raume $\mathfrak{R}$ jede Komponente einer offenen Menge offen sei, ist notwendig und hinreichend, dass der Raum $\mathfrak{R}$ in jedem seiner Punkte zusammenhängend im Kleinen sei.

Die Bedingung ist notwendig. Angenommen in der Tat, $\mathfrak{R}$ sei im Punkte a nicht zusammenhängend im Kleinen. Dann gibt es eine Umgebung $\mathfrak{U}$ von a mit folgender Eigenschaft: es existiert eine Folge von Punkten a_n mit $\lim\limits_{n=\infty} a_n = a$, derart dass jede zusammenhängende Menge, die sowohl a als a_n enthält, mindestens einen nicht zu $\mathfrak{U}$ gehörigen Punkt enthält. Die Umgebung $\mathfrak{U}$ selbst ist eine offene Menge. Sei $\mathfrak{A}$ ihre den Punkt a enhaltende Komponente. Wir behaupten: $\mathfrak{A}$ ist nicht offen. In der Tat, $\mathfrak{A}$ kann keinen der Punkte a_n enthalten, da sonst $\mathfrak{A}$ eine ganz in $\mathfrak{U}$ liegende, zusammenhängende Menge wäre, die sowohl a wie a_n ent-

[1]) Als eine *Umgebung* von a bezeichnen wir jede a enthaltende offene Menge

hielte, was es nicht gibt. Also ist der Punkt a von $\mathfrak{A}$ Häufungspunkt nicht zu $\mathfrak{A}$ gehöriger Punkte. Also ist $\mathfrak{A}$ nicht offen, wie behauptet.

Die Bedingung ist hinreichend. Wir nehmen an, sie sei erfüllt, und haben zu zeigen: Ist $\mathfrak{A}$ Komponente der offenen Menge $\mathfrak{M}$, so ist $\mathfrak{A}$ offen. Zu dem Zwecke genügt es, zu zeigen: das Komplement $\mathfrak{R}-\mathfrak{A}$ von $\mathfrak{A}$ ist abgeschlossen. Sei also a ein Häufungspunkt von $\mathfrak{R}-\mathfrak{A}$; wir haben zu beweisen: a gehört zu $\mathfrak{R}-\mathfrak{A}$. Angenommen, a gehörte zu $\mathfrak{A}$. Da $\mathfrak{A}$ Teil von $\mathfrak{M}$, so gehört dann a auch zu $\mathfrak{M}$, und da $\mathfrak{M}$ offen, so gibt es eine Umgebung $\mathfrak{U}$ von a, die ganz zu $\mathfrak{M}$ gehört. Da $\mathfrak{R}$ zusammenhängend im Kleinen, gibt es eine Umgebung $\mathfrak{U}_1$ von a von folgender Eigenschaft: jeder Punkt a_1 von $\mathfrak{U}_1$ ist enthalten in einer auch a enthaltenden, zusammenhängenden Menge $\mathfrak{B}$, die ganz in $\mathfrak{U}$ liegt. Da $\mathfrak{U}$ Teil von $\mathfrak{M}$ ist, so ist dann auch $\mathfrak{B}$ Teil von $\mathfrak{M}$. Da sowohl $\mathfrak{A}$ als $\mathfrak{B}$ zusammenhängend sind, und da sie den Punkt a gemein haben, ist auch ihre Vereinigung ein zusammenhängender Teil von $\mathfrak{M}$. Als Komponente von $\mathfrak{M}$ aber ist $\mathfrak{A}$ der grösste a enthaltende zusammenhängende Teil von $\mathfrak{M}$. Es muss also $\mathfrak{B}$ Teil von $\mathfrak{A}$ sein und da $\mathfrak{B}$ den Punkt a_1 enthält, ist a_1 Punkt von $\mathfrak{A}$. Wir sehen also: $\mathfrak{A}$ enthällt sämtliche Punkte von $\mathfrak{U}_1$. Dies aber steht im Widerspruche zur Annahme, a sei Häufungspunkt von $\mathfrak{R}-\mathfrak{A}$. Also führt die Annahme, a gehöre zu $\mathfrak{A}$, auf einen Widerspruch, und die Behauptung ist bewiesen.

Über die stetigen Kurven der Ebene.

Von

Hans Hahn in Bonn.

Zum ersten Male wurden notwendige und hinreichende Bedingungen dafür, daß eine ebene Punktmenge Bogen einer stetigen Kurve sei, aufgestellt von A. Schoenflies[1]). Das Resultat, zu dem er gelangt, ist im folgenden Satze ausgesprochen[2]): „Die notwendige und hinreichende Bedingung dafür, daß ein ebenes, geschränktes Kontinuum als stetiges und eindeutiges Bild der Strecke darstellbar ist, besteht darin, daß für jedes Gebiet, das der Komplementärmenge angehört, die allseitige Erreichbarkeit ihrer Grenze vorhanden ist, und daß Gebiete, deren Breite eine beliebig gegebene Größe übersteigt, nur in endlicher Anzahl auftreten." Später habe ich folgendes Resultat bewiesen, das das in Frage stehende Problem nicht nur in der Ebene, sondern auch in euklidischen Räumen beliebiger Dimensionszahl (ja darüber hinaus in metrischen Räumen großer Allgemeinheit) löst[3]): „Damit eine Punktmenge stetiges Bild einer (abgeschlossenen) Strecke sei, ist notwendig und hinreichend, daß sie ein geschränktes, im kleinen zusammenhängendes Kontinuum ist." Aus der Tatsache, daß sowohl die von Schoenflies, als auch die von mir aufgestellten Bedingungen notwendig und hinreichend dafür sind, daß eine ebene Punktmenge stetiges Bild einer Strecke sei, folgt, daß diese Bedingungen äquivalent sein müssen, und es entsteht daher die Aufgabe, diese Äquivalenz auch unmittelbar nachzuweisen.

In der vorstehenden Abhandlung von Frl. M. Torhorst wurde diese Aufgabe für den speziellen Fall gelöst, daß die betrachtete Punktmenge

---

[1]) Die Entwicklung der Lehre von den Punktmannigfaltigkeiten. Zweiter Teil, Leipzig 1908, Kapitel VI.

[2]) A. a. O. S. 237.

[3]) Sitzungsber. d. Akad. Wien **123**, Abt. IIa (1914), S. 2433 ff. Zu demselben Resultate ist auch St. Mazurkiewicz gelangt; vgl. St. Mazurkiewicz, Sur les lignes de Jordan, Fundamenta mathematicae 1 (1920), S. 166–209.

Rand eines einfach zusammenhängenden, geschränkten Gebietes ist. Gestützt auf die Resultate dieser Arbeit will ich nun im folgenden die Äquivalenz der Schoenfliesschen Bedingungen und der meinen in voller Allgemeinheit nachweisen. Die verwendete Terminologie ist dieselbe wie in der Arbeit von Frl. Torhorst. Ein für allemal sei bemerkt, daß es sich nur um *ebene* Punktmengen handelt.

Sei $\mathfrak{A}$ eine geschränkte, abgeschlossene und zusammenhängende Punktmenge, oder — wie wir kürzer sagen wollen — ein *geschränktes Kontinuum.* Das Komplement von $\mathfrak{A}$ ist Vereinigung abzählbar vieler zu je zweien fremder Gebiete, die alle bis auf eines geschränkt sind, wir nennen sie: *die zu $\mathfrak{A}$ komplementären Gebiete.* Nimmt man eine stereographische Abbildung der Ebene auf die Kugeloberfläche vor, so verliert das nicht geschränkte unter diesen Gebieten seine Sonderstellung und verhält sich ganz wie alle anderen; es wird also genügen, die folgenden Erörterungen nur für die geschränkten Gebiete durchzuführen. Alle diese Gebiete sind einfach zusammenhängend (Nr. 5)[4]. In der Tat, ist $\mathfrak{G}$ eines dieser Gebiete, $\mathfrak{p}$ ein ganz in $\mathfrak{G}$ verlaufender einfacher Polygonzug, so kann, da $\mathfrak{A}$ zusammenhängend ist, im Innern von $\mathfrak{p}$ kein Punkt von $\mathfrak{A}$ liegen, das Innere von $\mathfrak{p}$ enthält also nur Punkte von $\mathfrak{G}$, wie behauptet.

Sei $\mathfrak{G}$ eines der zu $\mathfrak{A}$ komplementären Gebiete, P ein Primende von $\mathfrak{G}$ und ϱ ein Punkt des Primendes P. Ganz wie in Nr. 56 definieren wir: Gibt es zu jeder Umgebung $\mathfrak{U}(\varrho)$ von ϱ eine aufsteigende (absteigende) gegen P konvergierende Primendenfolge $\{P^{(\varrho_n)}\}$ von $\mathfrak{G}$, so daß jeder Punkt ϱ_n mit ϱ verbunden werden kann durch ein ganz in $\mathfrak{U}(\varrho)$ liegendes Kontinuum aus $\mathfrak{A}$, so heiße die Menge $\mathfrak{A}$ im Punkt ϱ des Primendes *zusammenhängend nach rechts* (links). Ganz wie in Nr. 63 beweisen wir sodann (es hat nur überall an Stelle des Randes von $\mathfrak{G}$ die Menge $\mathfrak{A}$ zu treten):

Satz I. *In einem Primende von $\mathfrak{G}$ kann es nur einen Punkt geben, in dem $\mathfrak{A}$ nach rechts (links) zusammenhängend ist.*

Wie in Nr. 65 folgt daraus:

Satz II. *Es kann in einem Primende von $\mathfrak{G}$ höchstens zwei Punkte geben, in denen die Menge $\mathfrak{A}$ zusammenhängend im kleinen ist.*

Da es in jedem Primende, das nicht von erster Art ist, unendlich viele Punkte gibt, folgt aus Satz II:

Satz III. *Ist in jedem Punkte des Randes von $\mathfrak{G}$ die Menge $\mathfrak{A}$ zusammenhängend im kleinen, so hat $\mathfrak{G}$ nur Primenden erster Art.*

---

[4]) Dieser und ähnliche Hinweise beziehen sich auf die vorstehende Arbeit von Frl. Torhorst.

Und daraus folgt weiter nach Nr. 71:

Satz IV. *Ist das geschränkte Kontinuum $\mathfrak{A}$ zusammenhängend im kleinen, so ist jeder Randpunkt eines zu $\mathfrak{A}$ komplementären Gebietes $\mathfrak{G}$ von $\mathfrak{G}$ aus allseitig erreichbar.*

Wir bezeichnen nun als *die Breite* eines Gebietes $\mathfrak{G}$ die obere Schranke der Abstände je zweier Punkte aus $\mathfrak{G}$. Dann gilt:

Satz V. *Ist das geschränkte Kontinuum $\mathfrak{A}$ zusammenhängend im kleinen, so gibt es — wenn ε irgendeine positive Zahl bedeutet — unter den zu $\mathfrak{A}$ komplementären Gebieten nur endlich viele, deren Breite $> \varepsilon$ ist.*

In der Tat, nehmen wir an, es gäbe unter diesen Gebieten *unendlich* viele, deren Breite $> \varepsilon$ wäre, etwa:

$$\mathfrak{G}_1, \mathfrak{G}_2, \ldots, \mathfrak{G}_n, \ldots.$$

Dann gibt es in $\mathfrak{G}_n$ zwei Punkte a_n und b_n, deren Abstand $> \varepsilon$ ist, und da $\mathfrak{G}_n$ ein Gebiet ist, so gibt es in $\mathfrak{G}_n$ einen a_n und b_n verbindenden Streckenzug $\mathfrak{w}_n$. Auf $\mathfrak{w}_n$ gibt es dann gewiß einen Punkt c_n, dessen Abstand sowohl von a_n als von b_n größer als $\frac{\varepsilon}{2}$ ist. Indem wir nötigenfalls von der Folge der $\mathfrak{G}_n$ zu einer Teilfolge übergehen, können wir annehmen, die Folge der Punkte c_n sei konvergent:

$$\lim_{n=\infty} c_n = c.$$

Fast alle Punkte a_n und b_n haben dann von c einen Abstand $> \frac{\varepsilon}{3}$.

Der Punkt c, in dem sich Punkte aus unendlich vielen verschiedenen zu $\mathfrak{A}$ komplementären Gebieten häufen, kann nicht selbst in einem der zu $\mathfrak{A}$ komplementären Gebiete liegen, gehört daher notwendig zu $\mathfrak{A}$. Weil $\mathfrak{A}$ zusammenhängend im kleinen, gibt es ein positives $\eta < \frac{\varepsilon}{3}$, so daß jeder in der Umgebung $\mathfrak{U}_\eta$[5]) von c liegende Punkt von $\mathfrak{A}$ mit c verbunden ist durch ein in der Umgebung $\mathfrak{U}_{\frac{\varepsilon}{3}}$ von c liegendes Kontinuum aus $\mathfrak{A}$. Für fast alle n liegt c_n in $\mathfrak{U}_\eta$ und somit auch in $\mathfrak{U}_{\frac{\varepsilon}{3}}$, während a_n und b_n gewiß nicht in $\mathfrak{U}_{\frac{\varepsilon}{3}}$ liegen. Verfolgen wir dann den Streckenzug $\mathfrak{w}_n$ von c_n sowohl gegen a_n als gegen b_n, so müssen wir daher in beiden Richtungen auf einen ersten Schnittpunkt a_n' bzw. b_n' von $\mathfrak{w}_n$ mit dem Randkreise von $\mathfrak{U}_{\frac{\varepsilon}{3}}$ stoßen. Das Stück $a_n' b_n'$ des Streckenzuges $\mathfrak{w}_n$ heiße $\mathfrak{w}_n'$.

---

5) Das ist das Innere eines um c mit dem Radius η beschriebenen Kreises.

Sei n_0 so groß gewählt, daß c_{n_0} in $\mathfrak{U}_\eta$ liegt. Durch $\mathfrak{w}'_{n_0}$ wird $\mathfrak{U}_{\frac{\varepsilon}{3}}$ in zwei Teile zerlegt, und für fast alle n liegt c_n in jenem dieser Teile, der c enthält. Da je zwei $\mathfrak{w}_n$ zu verschiedenen Gebieten $\mathfrak{G}_n$ gehören, also gewiß keinen Punkt gemein haben, liegen auch fast alle $\mathfrak{w}'_n$ auf derjenigen Seite von $\mathfrak{w}'_{n_0}$, auf der c liegt. Seien $\mathfrak{w}'_{n_1}$ und $\mathfrak{w}'_{n_2}$ zwei dieser $\mathfrak{w}'_n$. Wenn keines von ihnen den Punkt c von $\mathfrak{w}'_{n_0}$ trennen sollte, so müssen sie notwendig so liegen, daß eines von ihnen, etwa $\mathfrak{w}'_{n_2}$, das andere $\mathfrak{w}'_{n_1}$ von c trennt (vgl. Figur 1). Jedenfalls können wir also sagen: Es gibt zwei Indizes n' und n'', so daß $c_{n'}$ und $c_{n''}$ in $\mathfrak{U}_\eta$ liegen und weiter so, daß durch den Streckenzug $\mathfrak{w}'_{n''}$ die Kreisfläche $\mathfrak{U}_{\frac{\varepsilon}{3}}$ so in zwei Teile zerlegt wird, daß $\mathfrak{w}'_{n'}$ und c in verschiedenen dieser Teile liegen.

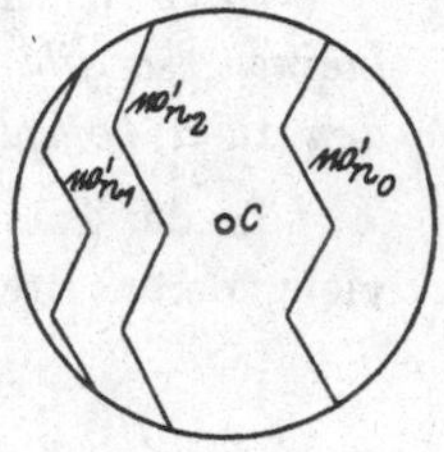

Fig. 1.

Ziehen wir nun vom Punkte $c_{n'}$ von $\mathfrak{w}'_{n'}$ die Verbindungsstrecke nach $c_{n''}$; sie muß, da $c_{n'}$ und $c_{n''}$ in verschiedenen zu $\mathfrak{A}$ komplementären Gebieten $\mathfrak{G}_n$ liegen, mindestens einen Punkt von $\mathfrak{A}$ enthalten. Sei d der zunächst an $c_{n'}$ gelegene dieser Punkte. Ebenso wie $c_{n'}$ und $c_{n''}$ gehört auch er zu $\mathfrak{U}_\eta$, und wie $c_{n'}$ ist auch er durch $\mathfrak{w}_{n''}$ von c getrennt. Nach Annahme aber ist jeder in $\mathfrak{U}_\eta$ liegende Punkt von $\mathfrak{A}$, und daher auch d, mit c verbunden durch ein in $\mathfrak{U}_{\frac{\varepsilon}{3}}$ liegendes Kontinuum $\mathfrak{T}$ aus $\mathfrak{A}$. Das aber ist nicht möglich; denn dann müßte $\mathfrak{T}$ notwendig mit $\mathfrak{w}_{n''}$ einen Punkt gemein haben, was nicht der Fall ist, da $\mathfrak{T}$ Teil von $\mathfrak{A}$ ist, $\mathfrak{w}_{n''}$ aber in dem zu $\mathfrak{A}$ komplementären Gebiete $\mathfrak{G}_{n''}$ verläuft. Damit ist Satz V bewiesen.

Wir beweisen nun die Umkehrung:

Satz VI. *Es erfülle das geschränkte Kontinuum $\mathfrak{A}$ die beiden folgenden Bedingungen:*

1. *Von jedem zu $\mathfrak{A}$ komplementären Gebiete $\mathfrak{G}$ aus ist jeder Randpunkt von $\mathfrak{G}$ allseitig erreichbar.*

2. *Bedeutet ε eine beliebige positive Zahl, so gibt es unter den zu $\mathfrak{A}$ komplementären Gebieten nur endlich viele, deren Breite $> \varepsilon$ ist.*

Dann ist das Kontinuum $\mathfrak{A}$ auch zusammenhängend im kleinen.

Sei, um dies nachzuweisen, a ein beliebiger Punkt von $\mathfrak{A}$. Da in einem *inneren* Punkte die Menge $\mathfrak{A}$ gewiß zusammenhängend im kleinen ist, nehmen wir sogleich an, a sei ein *Randpunkt* von $\mathfrak{A}$. Wir unterscheiden zwei Fälle, je nachdem sich in a Punkte aus nur *endlich* vielen, oder aus *unendlich* vielen zu $\mathfrak{A}$ komplementären Gebieten häufen.

Erster Fall: Es gibt eine Umgebung von a, in der nur endlich viele zu $\mathfrak{A}$ komplementäre Gebiete Punkte besitzen. Seien $\mathfrak{G}_1, \mathfrak{G}_2, \ldots, \mathfrak{G}_n$ die endlich vielen komplementären Gebiete, von denen a Häufungspunkt ist, und sei $\mathfrak{r}_i$ der Rand von $\mathfrak{G}_i$. Dann gehört a zu jeder der Mengen $\mathfrak{r}_1, \mathfrak{r}_2, \ldots, \mathfrak{r}_n$. Da nach Annahme jeder Punkt von $\mathfrak{r}_i$ vom Gebiete $\mathfrak{G}_i$ aus allseitig erreichbar ist, so ist nach Nr. 73 jede der Mengen $\mathfrak{r}_i$ $(i = 1, 2, \ldots, n)$ zusammenhängend im kleinen, und daher ist auch ihre Vereinigung:

$$\mathfrak{B} = \mathfrak{r}_1 + \mathfrak{r}_2 + \ldots + \mathfrak{r}_n$$

zusammenhängend im kleinen. Ist $\varepsilon > 0$ beliebig gegeben, so gibt es daher ein $\eta > 0$ von folgender Eigenschaft: jeder zu $\mathfrak{B}$ gehörige Punkt der Umgebung $\mathfrak{U}_\eta$ von a ist mit a verbunden durch ein ganz in der Umgebung $\mathfrak{U}_\varepsilon$ von a liegendes Kontinuum aus $\mathfrak{B}$. — Des weiteren kann η auch so klein gewählt werden, daß jeder nicht zu $\mathfrak{A}$ gehörige Punkt von $\mathfrak{U}_\eta$ zu einem der n Gebiete $\mathfrak{G}_1, \mathfrak{G}_2, \ldots, \mathfrak{G}_n$ gehört.

Um nun nachzuweisen, daß in a auch $\mathfrak{A}$ zusammenhängend im kleinen ist, sei b ein beliebiger zu $\mathfrak{A}$ gehöriger Punkt von $\mathfrak{U}_\eta$. Wir verbinden b mit a durch die Strecke ba. Gehört sie ganz zu $\mathfrak{A}$, so ist sie ein in $\mathfrak{U}_\varepsilon$ liegendes, b mit a verbindendes Kontinuum aus $\mathfrak{A}$. Gehört sie nicht ganz zu $\mathfrak{A}$, so gibt es auf ihr, von b aus gerechnet, einen letzten Punkt c derart, daß die Strecke bc ganz zu $\mathfrak{A}$ gehört[6]). Dieser Punkt c ist dann Randpunkt mindestens eines der Gebiete $\mathfrak{G}_1, \mathfrak{G}_2, \ldots, \mathfrak{G}_n$ und gehört daher zu unserer Menge $\mathfrak{B}$. Es gibt also, wie oben festgestellt, ein ganz in $\mathfrak{U}_\varepsilon$ liegendes, c mit a verbindendes Kontinuum $\mathfrak{T}$ aus $\mathfrak{B}$. Dann aber ist die Vereinigung von $\mathfrak{T}$ und der Strecke bc ein ganz in $\mathfrak{U}_\varepsilon$ liegendes, b mit a verbindendes Kontinuum aus $\mathfrak{A}$. Es ist also jeder in $\mathfrak{U}_\eta$ liegende Punkt b von $\mathfrak{A}$ mit a verbunden durch ein in $\mathfrak{U}_\varepsilon$ liegendes Kontinuum aus $\mathfrak{A}$, d. h. es ist $\mathfrak{A}$ in a zusammenhängend im kleinen, wie behauptet.

Zweiter Fall: In jeder Umgebung von a gibt es Punkte aus unendlich vielen zu $\mathfrak{A}$ komplementären Gebieten. Sei wieder $\varepsilon > 0$ beliebig gegeben. Nach Annahme gibt es unter den zu $\mathfrak{A}$ komplementären Gebieten nur endlich viele, deren Breite $> \frac{\varepsilon}{2}$ ist. Seien $\mathfrak{G}_1, \mathfrak{G}_2, \ldots, \mathfrak{G}_n$ diese Gebiete. Wie im 1. Falle ist die Vereinigung $\mathfrak{B}$ der Ränder von $\mathfrak{G}_1, \mathfrak{G}_2, \ldots, \mathfrak{G}_n$ zusammenhängend im kleinen.

Wir bestimmen nun zu dem gegebenen ε ein positives $\eta < \frac{\varepsilon}{2}$ durch folgende Vorschrift: *Gehört a zu* $\mathfrak{B}$, so sei η so gewählt, daß jeder in der Umgebung $\mathfrak{U}_\eta$ von a liegende Punkt von $\mathfrak{B}$ mit a verbunden ist durch ein in der Umgebung $\mathfrak{U}_\varepsilon$ von a liegendes Kontinuum aus $\mathfrak{B}$[7]). *Gehört*

---

[6]) Natürlich kann c mit b zusammenfallen.

[7]) Da, wie eben bemerkt, $\mathfrak{B}$ zusammenhängend im kleinen ist, so ist dies möglich.

hingegen a nicht zu $\mathfrak{B}$, so wählen wir η so klein, daß in die Umgebung $\mathfrak{U}_\eta$ von a kein Punkt eines unsrer n Gebiete $\mathfrak{G}_1, \mathfrak{G}_2, \ldots, \mathfrak{G}_n$ fällt.

Sei also η so bestimmt, und sei b ein beliebiger in $\mathfrak{U}_\eta$ liegender Punkt von $\mathfrak{A}$. Wir ziehen wieder die Verbindungsstrecke ba. Gehört sie ganz zu $\mathfrak{A}$, so ist sie wieder ein in $\mathfrak{U}_\varepsilon$ liegendes, b mit a verbindendes Kontinuum aus $\mathfrak{A}$. Gehört sie nicht ganz zu $\mathfrak{A}$, so unterscheiden wir zwei Fälle, e nachdem sie einen von a verschiedenen Punkt aus $\mathfrak{B}$ enthält[8]) oder nicht.

Fall 2a: Die Strecke ba enthält keinen von a verschiedenen, zu $\mathfrak{B}$ gehörigen Punkt. Der Durchschnitt der Strecke ba mit der Menge $\mathfrak{A}$ bildet eine abgeschlossene Menge $\mathfrak{B}$. Die nicht zu $\mathfrak{A}$ gehörigen Punkte von ba bilden abzählbar viele offene Intervalle (p_ν, q_ν), deren jedes in einem zu $\mathfrak{A}$ komplementären Gebiete $\mathfrak{G}_{n_\nu}$ liegt, wobei gewiß $n_\nu > n$ (da andernfalls ein von a verschiedener Punkt der Strecke ba Randpunkt eines der Gebiete $\mathfrak{G}_1, \mathfrak{G}_2, \ldots, \mathfrak{G}_n$ sein müßte und mithin Punkt von $\mathfrak{B}$ wäre, entgegen der Voraussetzung).

Wir ersetzen nun jedes dieser Intervalle (p_ν, q_ν) durch den Rand $\mathfrak{r}_{n_\nu}$ des (p_ν, q_ν) enthaltenden Gebietes $\mathfrak{G}_{n_\nu}$, bilden die Vereinigung der Menge $\mathfrak{B}$ und aller dieser $\mathfrak{r}_{n_\nu}$ und fügen zu dieser Vereinigung noch alle ihre Häufungspunkte hinzu. Der so entstehende *abgeschlossene Teil* $\mathfrak{C}$ *von* $\mathfrak{A}$ *enthält die Punkte a und b.*

Wir behaupten weiter: $\mathfrak{C}$ *liegt ganz in der Umgebung* $\mathfrak{U}_\varepsilon$ *von a.* In der Tat, die Strecke ba liegt ganz in $\mathfrak{U}_\eta$. Wegen $n_\nu > n$ hat jedes unsrer Gebiete $\mathfrak{G}_{n_\nu}$ eine Breite $\leqq \frac{\varepsilon}{2}$, und da es die Teilstrecke $p_\nu q_\nu$ von ba enthält, steht sein Rand $\mathfrak{r}_{n_\nu}$ von der Strecke ba um höchstens $\frac{\varepsilon}{2}$, von a also um höchstens $\frac{\varepsilon}{2} + \eta$ ab. Wegen $\eta < \frac{\varepsilon}{2}$ hat daher jeder Punkt der Menge $\mathfrak{C}$ von a einen Abstand $< \varepsilon$, wie behauptet.

Wir behaupten endlich: *die Menge* $\mathfrak{C}$ *ist zusammenhängend.* In der Tat, andernfalls wäre sie Vereinigung zweier fremder, abgeschlossener Mengen $\mathfrak{C}_1$ und $\mathfrak{C}_2$, deren keine leer ist. Da die bei Bildung von $\mathfrak{C}$ verwendeten Mengen $\mathfrak{r}_{n_\nu}$ zusammenhängend sind, muß jede von ihnen ganz zu $\mathfrak{C}_1$ oder ganz zu $\mathfrak{C}_2$ gehören; und da die beiden Endpunkte p_ν und q_ν der Strecke $p_\nu q_\nu$ zu $\mathfrak{r}_{n_\nu}$ gehören, so gehören sie entweder beide zu $\mathfrak{C}_1$ oder beide zu $\mathfrak{C}_2$. Daraus können wir weiter folgern, daß auch die Menge $\mathfrak{B}$ ganz zu $\mathfrak{C}_1$ oder ganz zu $\mathfrak{C}_2$ gehört. Denn angenommen, dies wäre nicht der Fall, dann wären die beiden Durchschnitte

$$\mathfrak{B}_1 = \mathfrak{B}\mathfrak{C}_1; \quad \mathfrak{B}_2 = \mathfrak{B}\mathfrak{C}_2$$

---

[8]) Dies kann, zufolge unsrer Bestimmung von η, natürlich nur dann eintreten, wenn auch a zu $\mathfrak{B}$ gehört.

zwei nicht leere, fremde, abgeschlossene Mengen. Da der Punkt b zu $\mathfrak{A}$, mithin auch zu $\mathfrak{B}$ gehört, so gehört er auch zu einer und nur einer der beiden Mengen $\mathfrak{B}_1, \mathfrak{B}_2$, etwa zu $\mathfrak{B}_1$. Bei Durchwanderung von ba in der Richtung von b gegen a müssen wir auf einen ersten zu $\mathfrak{B}_2$ gehörigen Punkt q stoßen, und ihm muß ein letzter zu $\mathfrak{B}_1$ gehöriger Punkt p vorausgehen. Die Strecke pq wäre dann eine unsrer Strecken $p_\nu q_\nu$, und es würde von ihren beiden Endpunkten der eine zu $\mathfrak{C}_1$, der andere zu $\mathfrak{C}_2$ gehören, entgegen dem vorhin gewonnenen Resultat, daß sie beide zu $\mathfrak{C}_1$ oder beide zu $\mathfrak{C}_2$ gehören. Es muß also tatsächlich $\mathfrak{B}$ ganz zu $\mathfrak{C}_1$ oder ganz zu $\mathfrak{C}_2$ gehören, wie behauptet. Sei etwa $\mathfrak{B}$ Teil von $\mathfrak{C}_1$.

Dann aber gehören auch alle unsre Punkte p_ν und q_ν zu $\mathfrak{C}_1$, mithin auch alle unsre Mengen $\mathfrak{r}_{n_\nu}$, und daher auch deren Vereinigung. Und da $\mathfrak{C}_1$ abgeschlossen ist, gehören dann auch alle Häufungspunkte dieser Vereinigung zu $\mathfrak{C}_1$, d. h. die ganze Menge $\mathfrak{C}$ gehört zu $\mathfrak{C}_1$. Mit anderen Worten: Es ist $\mathfrak{C} = \mathfrak{C}_1$ und $\mathfrak{C}_2$ ist leer, entgegen der Annahme, daß $\mathfrak{C}_1$ und $\mathfrak{C}_2$ nicht leer sind. Damit ist gezeigt, daß $\mathfrak{C}$ zusammenhängend ist, wie behauptet.

Fassen wir zusammen, so sehen wir: *$\mathfrak{C}$ ist ein b und a verbindendes, ganz in $\mathfrak{U}_\varepsilon$ liegendes Kontinuum aus $\mathfrak{A}$.*

Fall 2b: Die Strecke ba enthält einen von a verschiedenen Punkt aus $\mathfrak{B}$. Wie schon in Fußnote[8]) bemerkt, gehört dann auch a zu $\mathfrak{B}$. Sei c der zunächst an b gelegene, zu $\mathfrak{B}$ gehörige Punkt der Strecke ba. Dann behandeln wir die Strecke bc ganz ebenso, wie wir im Falle 2a die Strecke ba behandelt haben, indem wir jedes ihrer zur Menge $\mathfrak{A}$ komplementären Intervalle (p_ν, q_ν) ersetzen durch den Rand $\mathfrak{r}_{n_\nu}$ desjenigen Gebietes $\mathfrak{G}_{n_\nu}$, in dem (p_ν, q_ν) liegt, und der so entstehenden Menge noch alle ihre Häufungspunkte hinzufügen. Wir gelangen so, wie im Falle 2a, zu einem b und c verbindenden, ganz in $\mathfrak{U}_\varepsilon$ liegenden Kontinuum $\mathfrak{C}'$ aus $\mathfrak{A}$.

Da nun aber a zu $\mathfrak{B}$ gehört, und c in $\mathfrak{U}_\eta$ liegt, gibt es zufolge unserer Wahl von η ein in $\mathfrak{U}_\varepsilon$ liegendes, c mit a verbindendes Kontinuum $\mathfrak{C}''$ aus $\mathfrak{B}$. Und die Vereinigung $\mathfrak{C} = \mathfrak{C}' + \mathfrak{C}''$ stellt *ein in $\mathfrak{U}_\varepsilon$ liegendes, b mit a verbindendes Kontinuum aus $\mathfrak{A}$ dar.*

Wir haben also in jedem Falle ein in $\mathfrak{U}_\varepsilon$ liegendes, b mit a verbindendes Kontinuum aus $\mathfrak{A}$ gefunden. Das aber heißt: $\mathfrak{A}$ ist in a zusammenhängend im kleinen. Damit ist Satz VI bewiesen.

Indem wir die Sätze IV, V, VI zusammenfassen, erhalten wir das Schlußresultat:

Damit eine geschränkte, abgeschlossene und zusammenhängende Menge $\mathfrak{A}$ *auch im kleinen zusammenhängend sei, ist notwendig und hinreichend, daß sie folgende Eigenschaften habe:*

1. *Ist* $\mathfrak{G}$ *eines ihrer komplementären Gebiete, so ist jeder Randpunkt von* $\mathfrak{G}$ *allseitig erreichbar von* $\mathfrak{G}$ *aus.*

2. *Ist* ε *irgendeine positive Zahl, so gibt es unter den zu* $\mathfrak{A}$ *komplementären Gebieten nur endlich viele, deren Breite* $> \varepsilon$ *ist.*

Damit ist die Äquivalenz der Schoenfliesschen und meiner Bedingungen dafür, daß eine ebene Punktmenge stetiges Bild einer Strecke sei, nachgewiesen.

(Eingegangen am 23. Januar 1920.)

Über irreduzible Kontinua

Von

Prof. Hans Hahn in Wien

(Vorgelegt in der Sitzung am 27. Mai 1921)

Die folgende Arbeit beschäftigt sich mit den von L. Zoretti [1] eingeführten, von Z. Janiszewski [2] näher untersuchten irreduziblen Kontinuen zwischen zwei gegebenen Punkten a und b. Dieser Begriff stellt eine Verallgemeinerung des Begriffes »einfacher Kurvenbogen zwischen a und b« dar. Eine charakteristische Eigenschaft der einfachen Kurvenbögen ist die, daß sie bei Tilgung auch nur eines inneren (d. h. von a und b verschiedenen) Punktes aufhören, zusammenhängend zu sein. Eine andere charakteristische Eigenschaft (die gewöhnlich geradezu zur Definition verwendet wird) ist die, daß die Punkte eines einfachen Kurvenbogens umkehrbar eindeutig und stetig den reellen Zahlen des Intervalls $0 \leqq x \leqq 1$ zugeordnet werden können. Beide genannten Eigenschaften sind für beliebige zwischen a und b irreduzible Kontinua nicht erfüllt. Im folgenden soll gezeigt werden, was dort an ihre Stelle tritt.

Wir fassen als elementare Bestandteile eines Kontinuums nicht seine Punkte, sondern gewisse Teilmengen auf, die wir seine Primteile nennen. Wenn dann nicht — was durchaus möglich ist — ein zwischen a und b irreduzibles Kontinuum aus einem einzigen Primteile besteht, so gilt wieder: bei Tilgung auch nur eines einzigen »inneren« Primteiles hört das Kontinuum auf, zusammenhängend zu sein; seine Primteile können umkehrbar eindeutig und »stetig« den reellen Zahlen des Intervalls $0 \leqq x \leqq 1$ zugeordnet werden. Einfache Kurvenbögen zwischen a und b sind diejenigen zwischen a und b irreduziblen Kontinua, deren sämtliche Primteile aus nur einem Punkte bestehen.

---

[1] Ann. Éc. Norm. (3), 26 (1909), p. 487.

[2] Journ. Éc. Polyt. (2), 16 (1912), p. 79 ff.

Um die Beziehungen dieser Untersuchungen zu denen von C. Carathéodory[1] über die Primenden ebener Gebiete klarzustellen, müßte die hier für irreduzible Kontinua zwischen zwei Punkten (die eine Verallgemeinerung des Begriffes »einfacher Kurvenbogen« darstellen) entwickelte Theorie auf die entsprechende Verallgemeinerung des Begriffes »einfache geschlossene Kurve« übertragen werden, was einer anderen Gelegenheit vorbehalten bleiben muß. Im Gegensatze zu Carathéodory's Theorie der Primenden arbeitet die im folgenden entwickelte Theorie nur mit inneren Eigenschaften des untersuchten Kontinuums, nicht mit seinen Beziehungen zum Raume, in den es eingebettet ist; sie ist daher keineswegs auf ebene Kontinua beschränkt.

Von großer Bedeutung erweist sich auch hier der Begriff des Zusammenhanges im kleinen. Es zeigt sich, daß in irreduziblen Kontinuen die von Z. Janiszewski[2] eingeführte Unterscheidung von Punkten erster und zweiter Art (solche, die keinem, beziehungsweise mindestens einem »Häufungskontinuum« angehören) völlig identisch ist mit der Einteilung in solche, in denen Zusammenhang im kleinen besteht, beziehungsweise nicht besteht.

§ 1.

Den folgenden Untersuchungen liegt ein beliebiger metrischer Raum[3] zugrunde. Nach N. J. Lennes[4] und F. Hausdorff[5] nennen wir eine Punktmenge $\mathfrak{A}$ dieses Raumes zusammenhängend, wenn es unmöglich ist, sie so in zwei Teile zu zerlegen, daß jeder dieser Teile weder einen Punkt noch einen Häufungspunkt des anderen enthält. Eine nicht nur aus einem Punkte bestehende Menge, die sowohl abgeschlossen als auch zusammenhängend ist, nennen wir ein Kontinuum. Wir sagen, ein Kontinuum verbinde die beiden Punkte a und b, wenn es sowohl a als b enthält.

Wir werden wiederholt folgenden Satz benutzen:[6]

Satz I. Ist $\mathfrak{A}$ eine abgeschlossene Menge, $\mathfrak{K}$ ein kompaktes[7] Kontinuum, das einen zu $\mathfrak{A}$ gehörigen Punkt c und einen nicht zu $\mathfrak{A}$ gehörigen Punkt verbindet, so enthält die c enthaltende Komponente[8]

---

[1] Math. Ann., 73 (1913), p. 321 ff.

[2] A. a. O., p. 103.

[3] Vgl. H. Hahn, Theorie der reellen Funktionen, I, p. 52. Dieses Buch, dessen Terminologie wir im folgenden verwenden, soll weiterhin mit R. F. zitiert werden.

[4] Am. Journ., 33 (1911), p. 303.

[5] Grundzüge der Mengenlehre, p. 244.

[6] Er wurde bewiesen von Z. Janiszewski a. a. O., p. 100, 101.

[7] Vgl. R. F., p. 58.

[8] Vgl. R. F., p. 86.

des Durchschnittes $\mathfrak{A}\mathfrak{K}$ mindestens einen Punkt der Begrenzung[1] von $\mathfrak{A}$.

Ein a und b verbindendes Kontinuum $\mathfrak{J}$ heißt irreduzibel zwischen a und b, wenn es kein a und b verbindendes Kontinuum gibt, das echter Teil von $\mathfrak{J}$ wäre. Im folgenden wird der Buchstabe $\mathfrak{J}$ stets ein kompaktes, zwischen a und b irreduzibles Kontinuum bedeuten.

Ist das Kontinuum $\mathfrak{C}$ Teil des Kontinuums $\mathfrak{K}$ und ist das Komplement $\mathfrak{K}-\mathfrak{C}$ dicht in $\mathfrak{K}$,[2] so heißt $\mathfrak{C}$ ein Häufungskontinuum[3] von $\mathfrak{K}$. Ist c Punkt von $\mathfrak{K}$ und gibt es in $\mathfrak{K}$ kein c enthaltendes Häufungskontinuum, so heißt c ein Punkt erster Art von $\mathfrak{K}$, andernfalls ein Punkt zweiter Art.[4]

Eine Menge $\mathfrak{A}$ heißt zusammenhängend im kleinen[5] im Punkte p, wenn es zu jedem $\varepsilon > 0$ ein $\eta > 0$ gibt von folgender Art: Jeder in der Umgebung $\mathfrak{U}(p; \eta)$[6] von p liegende Punkt von $\mathfrak{A}$ ist mit p verbunden durch ein ganz in $\mathfrak{U}(p; \varepsilon)$ liegendes Kontinuum aus $\mathfrak{A}$. Um eine kurze Ausdrucksweise zu haben, wollen wir die Punkte von $\mathfrak{A}$, in denen $\mathfrak{A}$ zusammenhängend im kleinen ist, als reguläre, die übrigen als irreguläre Punkte von $\mathfrak{A}$ bezeichnen.[7]

Für jedes Kontinuum gilt der Satz:[8]

Satz II. Jeder irreguläre Punkt eines Kontinuums ist von zweiter Art.

Die Umkehrung dieses Satzes gilt nicht, wie folgendes Beispiel zeigt (in dem als metrischer Raum die euklidische xy-Ebene zugrunde gelegt ist): $\mathfrak{K}$ bestehe aus dem Intervall $0 \leqq x \leqq 1$ der x-Achse, dem Intervall $0 < y \leqq 1$ der y-Achse und den Intervallen $0 < y \leqq 1$ der Geraden $x = \frac{1}{n}$ $(n = 1, 2, \ldots)$; der Punkt $x = 0$, $y = 0$ ist regulär, aber von zweiter Art.

Wir werden aber beweisen, daß in kompakten, irreduziblen Kontinuen $\mathfrak{J}$ die Umkehrung gilt:

---

1 Vgl. R. F., p. 71.

2 Vgl. R. F., p. 77.

3 Bei Z. Janiszewski (a. a. O., p. 102) »continu de condensation«.

4 Nach Z. Janiszewski, a. a. O., p. 103.

5 Diese Bezeichnung habe ich eingeführt in Jahresber. Math. Ver., 23 (1914), p. 319.

6 R. F., p. 66.

7 St. Mazurkiewicz nennt die regulären Punkte »points de premier genre«, die irregulären »points de second genre«. Fund. math., 1 (1920), p. 170.

8 Bewiesen von St. Mazurkiewicz, a. a. O., p. 176.

Satz III. In einem kompakten, zwischen a und b irreduziblen Kontinuum $\mathfrak{J}$ ist jeder Punkt zweiter Art ein irregulärer Punkt.

Sei c ein Punkt zweiter Art von $\mathfrak{J}$. Es gibt also in $\mathfrak{J}$ ein c enthaltendes Häufungskontinuum $\mathfrak{K}$. Wir nehmen nun zuerst an, c sei weder der Punkt a noch der Punkt b. Dann können wir ein $\rho > 0$ so klein wählen, daß

$$\rho < r(a, c); \quad \rho < r(b, c), \tag{1}$$

wo mit $r(p, q)$ der Abstand der Punkte p und q bezeichnet ist. Die abgeschlossene Umgebung $\overline{\mathfrak{U}}(c; \rho)$[1] enthält dann weder a noch b und dasselbe gilt für den Durchschnitt $\mathfrak{K}.\overline{\mathfrak{U}}(c; \rho)$. Wir bezeichnen mit $\mathfrak{H}$ die c enthaltende Komponente dieses Durchschnittes. Nach Satz I enthält sie, wenn ρ hinlänglich klein, einen Punkt der Begrenzung von $\overline{\mathfrak{U}}(c; \rho)$, d. h. einen Punkt p, für den $r(p, c) = \rho$; sie reduziert sich also nicht auf einen Punkt und ist somit ein Kontinuum.

Wir bilden nun die Umgebung $\mathfrak{U}\left(\mathfrak{H}; \frac{1}{n}\right)$.[2] Da $\mathfrak{H}$ in $\overline{\mathfrak{U}}(c; \rho)$ liegt, enthält sie wegen (1) für fast alle n weder a noch b. Sowohl a wie b gehören also zu $\mathfrak{J} - \mathfrak{J}.\mathfrak{U}\left(\mathfrak{H}; \frac{1}{n}\right)$. Sei $\mathfrak{C}'_n$, beziehungsweise $\mathfrak{C}''_n$ die a, beziehungsweise b enthaltende Komponente dieser abgeschlossenen Menge. Nach Satz I muß sowohl $\mathfrak{C}'_n$ als $\mathfrak{C}''_n$ mindestens einen Punkt der Begrenzung von $\mathfrak{U}\left(\mathfrak{H}; \frac{1}{n}\right)$ enthalten, d. h. einen Punkt p, für den[2]

$$r\left(p, \mathfrak{H}\right) = \frac{1}{n}. \tag{2}$$

Wir unterscheiden nun die folgenden vier Fälle, die eine vollständige Disjunktion bilden:

1. Fall: In jeder Umgebung von c gibt es einen Punkt mindestens einer Menge $\mathfrak{C}'_n$ und mindestens einer Menge $\mathfrak{C}''_n$.

2. Fall: In jeder Umgebung von c gibt es einen Punkt mindestens einer Menge $\mathfrak{C}'_n$, aber es gibt eine Umgebung von c, die zu allen $\mathfrak{C}''_n$ fremd ist.

3. Fall: Es gibt eine Umgebung von c, die zu allen $\mathfrak{C}'_n$ fremd ist, aber in jeder Umgebung von c gibt es einen Punkt mindestens einer Menge $\mathfrak{C}''_n$.

---

[1] R. F., p. 66.

[2] R. F., p. 55.

4. Fall: Es gibt eine Umgebung von c, die zu allen $\mathfrak{C}'_n$ und zu allen $\mathfrak{C}''_n$ fremd ist.

In jedem dieser vier Fälle gelangen wir, wie wir nun zeigen wollen, bei der Annahme, c sei ein regulärer Punkt von $\mathfrak{J}$, zu einem Widerspruch.

1. Fall. Wir wählen $\varepsilon > 0$ so klein, daß $\mathfrak{H}$ nicht ganz in $\mathfrak{U}(c; \varepsilon)$ liegt. Ist c regulär, so gibt es zu diesem ε ein $\eta > 0$, derart, daß jeder in $\mathfrak{U}(c; \eta)$ liegende Punkt von $\mathfrak{J}$ mit c verbunden ist durch ein ganz in $\mathfrak{U}(c; \varepsilon)$ liegendes Kontinuum aus $\mathfrak{J}$. Nach Voraussetzung gibt es in $\mathfrak{U}(c; \eta)$ sowohl einen Punkt einer Menge $\mathfrak{C}'_n$ als auch einen Punkt einer Menge $\mathfrak{C}''_n$, etwa c' aus $\mathfrak{C}'_{n_1}$ und c'' aus $\mathfrak{C}''_{n_2}$. Es gibt in $\mathfrak{U}(c; \varepsilon)$ ein Kontinuum $\mathfrak{K}'$ aus $\mathfrak{J}$, das c' mit c verbindet, und ein Kontinuum $\mathfrak{K}''$ aus $\mathfrak{J}$, das c'' mit c verbindet. Die Vereinigung:

$$\mathfrak{B} = \mathfrak{C}'_{n_1} \dot{+} \mathfrak{K}' \dot{+} \mathfrak{K}'' \dot{+} \mathfrak{C}''_{n_2}$$

ist ein Kontinuum, da $\mathfrak{C}'_{n_1}$ und $\mathfrak{K}'$ den Punkt c' gemein haben $\mathfrak{K}'$ und $\mathfrak{K}''$ den Punkt c und $\mathfrak{K}''$ und $\mathfrak{C}''_{n_2}$ den Punkt c''. Da $\mathfrak{C}'_{n_1}$ den Punkt a enthält und $\mathfrak{C}''_{n_2}$ den Punkt b, so ist $\mathfrak{B}$ ein a und b verbindendes Kontinuum aus $\mathfrak{J}$. Da aber $\mathfrak{J}$ irreduzibel zwischen a und b ist, muß:

$$\mathfrak{B} = \mathfrak{J}$$

sein. Das aber ist unmöglich: denn sei p ein außerhalb $\mathfrak{U}(c; \varepsilon)$ liegender Punkt von $\mathfrak{H}$; dann gehört p weder zu $\mathfrak{K}'$ noch zu $\mathfrak{K}''$, da diese beiden Mengen in $\mathfrak{U}(c; \varepsilon)$ liegen; p gehört aber auch weder zu $\mathfrak{C}'_{n_1}$ noch zu $\mathfrak{C}''_{n_2}$, da diese Mengen außerhalb $\mathfrak{U}\left(\mathfrak{H}; \frac{1}{n_1}\right)$, beziehungsweise $\mathfrak{U}\left(\mathfrak{H}; \frac{1}{n_2}\right)$ liegen; also gehört p nicht zu $\mathfrak{B}$; also kann nicht $\mathfrak{B} = \mathfrak{J}$ sein. Damit ist im 1. Falle ein Widerspruch erreicht.

2. Fall. In diesem Falle gibt es ein $\delta > 0$, so daß $\mathfrak{U}(c; \delta)$ zu allen $\mathfrak{C}''_n$ fremd ist; wir wählen ε gemäß:

$$0 < \varepsilon < \delta. \tag{3}$$

Ist c regulär, so gibt es dann ein $\eta > 0$, derart, daß jeder in $\mathfrak{U}(c; \eta)$ gelegene Punkt von $\mathfrak{J}$ mit c verbunden ist durch ein in $\mathfrak{U}(c; \varepsilon)$ gelegenes Kontinuum aus $\mathfrak{J}$. Nach Voraussetzung gibt es in $\mathfrak{U}(c; \eta)$ einen Punkt einer Menge $\mathfrak{C}'_n$, etwa c' aus $\mathfrak{C}'_{n_1}$, und es gibt weiter ein ganz in $\mathfrak{U}(c; \varepsilon)$ gelegenes Kontinuum $\mathfrak{K}'$ aus $\mathfrak{J}$, das c' und c verbindet. Sodann bilden wir die obere Näherungsgrenze[1] $\mathfrak{G}''$ der $\mathfrak{C}''_n$. Sie ist ein Kontinuum,[2] das gewiß den allen

[1] R. F., S. 74.

[2] R. F., S. 87, Satz XVII.

$\mathfrak{C}''_n$ gemeinsamen Punkt b enthält. Nach (2) gibt es in $\mathfrak{C}''_n$ einen Punkt d''_n, für den:

$$r(d''_n, \mathfrak{H}) = \frac{1}{n}. \tag{4}$$

Da $\mathfrak{J}$ kompakt, gibt es einen Häufungspunkt p'' der Folge $\{d''_n\}$; er gehört zu $\mathfrak{G}''$ und liegt wie die $\mathfrak{C}''_n$ außerhalb $\mathfrak{U}(c; \delta)$; wegen (4) ist:

$$r(p'', \mathfrak{H}) = 0$$

und da $\mathfrak{H}$ abgeschlossen, gehört p'' zu $\mathfrak{H}$. Nun bilden wir die Vereinigung:

$$\mathfrak{V} = \mathfrak{C}'_{n_1} \dot{+} \mathfrak{K}' \dot{+} \mathfrak{H} \dot{+} \mathfrak{G}''. \tag{5}$$

Da $\mathfrak{C}'_{n_1}$ und $\mathfrak{K}'$ den Punkt c' gemein haben, $\mathfrak{K}'$ und $\mathfrak{H}$ den Punkt c und $\mathfrak{H}$ und $\mathfrak{G}''$ den Punkt p'', so ist $\mathfrak{V}$ ein Kontinuum. Da $\mathfrak{C}'_{n_1}$ den Punkt a enthält, $\mathfrak{G}''$ den Punkt b, verbindet es a und b. Da $\mathfrak{J}$ irreduzibel ist zwischen a und b, muß also:

$$\mathfrak{V} = \mathfrak{J}$$

sein. Wir erkennen auch hier, daß dies nicht möglich ist: da $\mathfrak{H}$ Häufungskontinuum von $\mathfrak{J}$ ist, müßte jeder Punkt von $\mathfrak{H}$ Häufungspunkt von $\mathfrak{J} - \mathfrak{H} = \mathfrak{V} - \mathfrak{H}$, also wegen (5) auch von $\mathfrak{C}'_{n_1} \dot{+} \mathfrak{K}' \dot{+} \mathfrak{G}''$ sein. Nun muß aber das Kontinuum $\mathfrak{H}$, das den außerhalb $\mathfrak{U}(c; \delta)$ liegenden Punkt p'' mit c verbindet, einen Punkt q in

$$\mathfrak{U}(c; \delta) - \overline{\mathfrak{U}}(c; \varepsilon)$$

enthalten.[1] Dieser Punkt q aber ist nicht Häufungspunkt von $\mathfrak{C}'_{n_1}$, da diese Menge außerhalb $\mathfrak{U}\left(\mathfrak{H}; \frac{1}{n_1}\right)$ liegt; er ist nicht Häufungspunkt von $\mathfrak{K}'$, da diese Menge in $\mathfrak{U}(c; \varepsilon)$ liegt; er ist nicht Häufungspunkt von $\mathfrak{G}''$, da diese Menge, ebenso wie die $\mathfrak{C}''_n$, außerhalb $\mathfrak{U}(c; \delta)$ liegt; also ist q auch nicht Häufungspunkt von $\mathfrak{C}'_{n_1} \dot{+} \mathfrak{K}' \dot{+} \mathfrak{G}''$ und die Annahme, c sei regulär, führt auch in diesem Falle auf einen Widerspruch.

3. Fall. Dieser Fall erledigt sich wie der 2. Fall, von dem er nur durch die Bezeichnungsweise verschieden ist.

4. Fall. In diesem Falle gibt es ein $\delta > 0$, so daß $\mathfrak{U}(c, \delta)$ sowohl zu allen $\mathfrak{C}'_n$ als auch zu allen $\mathfrak{C}''_n$ fremd ist. Sei $\mathfrak{G}'$ die

---

1 Denn andernfalls würden die Punkte von $\mathfrak{H}$ außerhalb von $\mathfrak{U}(c; \delta)$ einerseits, die Punkte von $\mathfrak{H}$ in $\overline{\mathfrak{U}}(c; \varepsilon)$ andrerseits zwei abgeschlossene und wegen (3) fremde Mengen bilden, entgegen der Tatsache, daß $\mathfrak{H}$ zusammenhängend ist.

obere Näherungsgrenze der $\mathfrak{C}'_n$ und $\mathfrak{G}''$ die der $\mathfrak{C}''_n$. Wie wir beim 2. Falle sahen, ist $\mathfrak{G}''$ ein Kontinuum aus $\mathfrak{J}$, das b mit einem Punkte p'' von $\mathfrak{H}$ verbindet; ganz ebenso ist $\mathfrak{G}'$ ein Kontinuum, das a mit einem Punkte p' von $\mathfrak{H}$ verbindet. Die Vereinigung:

$$\mathfrak{B} = \mathfrak{G}' \dot{+} \mathfrak{H} \dot{+} \mathfrak{G}'' \tag{6}$$

ist ein Kontinuum, da $\mathfrak{G}'$ und $\mathfrak{H}$ den Punkt p' gemein haben, $\mathfrak{H}$ und $\mathfrak{G}''$ den Punkt p''. Sie verbindet a und b, da $\mathfrak{G}'$ den Punkt a und $\mathfrak{G}''$ den Punkt b enthält. Da aber $\mathfrak{J}$ irreduzibel zwischen a und b ist, muß

$$\mathfrak{B} = \mathfrak{J}$$

sein. Das aber ist unmöglich; denn da $\mathfrak{H}$ Häufungskontinuum von $\mathfrak{J}$ ist, müßte der Punkt c von $\mathfrak{H}$ Häufungspunkt von $\mathfrak{J} - \mathfrak{H} = \mathfrak{B} - \mathfrak{H}$ sein und mithin wegen (6) auch Häufungspunkt von $\mathfrak{G}' \dot{+} \mathfrak{G}''$; das aber ist nicht der Fall, da $\mathfrak{G}'$ und $\mathfrak{G}''$ ebenso wie die $\mathfrak{C}'_n$ und $\mathfrak{C}''_n$ außerhalb $\mathfrak{U}(c; \delta)$ liegen.

In allen vier Fällen ist also ein Widerspruch erreicht und es ist gezeigt, daß ein von a und b verschiedener Punkt c zweiter Art nicht regulär sein kann. Nun ist der Beweis noch in den Fällen $c = a$ und $c = b$ zu führen; wir führen ihn etwa für $c = a$.

Wir wählen ρ gemäß:

$$0 < \rho < r(a, b),$$

bezeichnen mit $\mathfrak{K}$ ein den Punkt a enthaltendes Häufungskontinuum von $\mathfrak{J}$ und bilden den Durchschnitt $\mathfrak{K} . \overline{\mathfrak{U}}(a; \rho)$; wie oben sehen wir, daß seine a enthaltende Komponente $\mathfrak{H}$ ein Kontinuum ist. Die Umgebung $\mathfrak{U}\left(\mathfrak{H}; \frac{1}{n}\right)$ enthält für fast alle n den Punkt b nicht; für fast alle n gehört also b zur abgeschlossenen Menge $\mathfrak{J} - \mathfrak{J} . \mathfrak{U}\left(\mathfrak{H}; \frac{1}{n}\right)$. Die b enthaltende Komponente dieser Menge bezeichnen wir wieder mit $\mathfrak{C}''_n$ und unterscheiden zwei Fälle:

1. Fall: In jeder Umgebung von a gibt es einen Punkt mindestens einer Menge $\mathfrak{C}''_n$.

2. Fall: Es gibt eine Umgebung von a, die zu allen $\mathfrak{C}''_n$ fremd ist.

Auch hier kommen wir bei der Annahme, a sei regulär, in jedem Falle zu einem Widerspruch.

1. Fall. Wir wählen ε und η wie oben im 1. Falle. In $\mathfrak{U}(a; \eta)$ gibt es einen Punkt einer Menge $\mathfrak{C}''_n$, etwa c'' aus $\mathfrak{C}''_{n_2}$. In $\mathfrak{U}(a; \varepsilon)$

gibt es, wenn a regulär, ein a und c'' verbindendes Kontinuum $\mathfrak{K}''$ aus $\mathfrak{J}$. Wir bilden die Vereinigung:

$$\mathfrak{V} = \mathfrak{K}'' \dot{+} \mathfrak{C}''_{n_2}.$$

Sie ist ein a und b verbindendes Kontinuum aus $\mathfrak{J}$, mithin ist $\mathfrak{V} = \mathfrak{J}$. Das aber ist unmöglich, da es zufolge der Wahl von ε in $\mathfrak{H}$ einen außerhalb $\mathfrak{U}(a; \varepsilon)$ liegenden Punkt gibt, der weder zu $\mathfrak{K}''$ gehören kann (da $\mathfrak{K}''$ in $\mathfrak{U}(a; \varepsilon)$ liegt), noch zu $\mathfrak{C}''_{n_2}$, da $\mathfrak{C}''_{n_2}$ außerhalb $\mathfrak{U}\left(\mathfrak{H}; \frac{1}{n_2}\right)$ liegt.

2. Fall. Es gibt ein $\delta > 0$, so daß $\mathfrak{U}(a; \delta)$ zu allen $\mathfrak{C}''_n$ fremd. Sei wieder $\mathfrak{G}''$ die obere Näherungsgrenze der $\mathfrak{C}''_n$; wie oben im 2. Falle ist sie ein Kontinuum, das b mit einem Punkte von $\mathfrak{H}$ verbindet. Also ist:

$$\mathfrak{V} = \mathfrak{H} \dot{+} \mathfrak{G}'' \tag{7}$$

ein a mit b verbindendes Kontinuum aus $\mathfrak{J}$ und mithin ist $\mathfrak{V} = \mathfrak{J}$. Das aber ist unmöglich; denn es müßte dann a, als Punkt des Häufungskontinuums $\mathfrak{H}$, Häufungspunkt von $\mathfrak{J} - \mathfrak{H} = \mathfrak{V} - \mathfrak{H}$ sein und mithin wegen (7) auch Häufungspunkt von $\mathfrak{G}''$, was nicht der Fall ist, da $\mathfrak{G}''$ — ebenso wie die $\mathfrak{C}''_n$ — außerhalb $\mathfrak{U}(a; \delta)$ liegt.

Damit ist der Beweis von Satz III beendet. Zusammen mit Satz II besagt er:

Satz IV. In einem kompakten, zwischen a und b irreduziblen Kontinuum fallen die Begriffe »Punkt erster Art« und »regulärer Punkt« zusammen, ebenso die Begriffe »Punkt zweiter Art« und »irregulärer Punkt«.

§ 2.

Sei $\mathfrak{K}$ ein kompaktes Kontinuum, c und c' seien Punkte von $\mathfrak{K}$. Wir sagen, c und c' seien durch eine irreguläre ε-Kette verbunden, wenn es in $\mathfrak{K}$ endlich viele irreguläre Punkte $c_1, c_2, \ldots, c_n$ gibt, so daß:

$$r(c, c_1) < \varepsilon; \quad r(c_i, c_{i+1}) < \varepsilon \quad (i = 1, 2, \ldots, n-1); \quad r(c_n, c') < \varepsilon.$$

Wir bilden die Menge $\mathfrak{P}$, die außer c noch alle diejenigen Punkte von $\mathfrak{K}$ enthält, die für jedes $\varepsilon > 0$ mit c verbunden sind durch eine irreguläre ε-Kette und nennen $\mathfrak{P}$ den zu c gehörigen Primteil von $\mathfrak{K}$. Wir behaupten:

Satz V. Ein Primteil $\mathfrak{P}$ von $\mathfrak{K}$ besteht aus einem einzigen Punkte oder ist ein Kontinuum.

Die Behauptung ist gleichbedeutend mit: $\mathfrak{P}$ ist abgeschlossen und zusammenhängend. Wir zeigen zunächst: $\mathfrak{P}$ ist abgeschlossen.

Sei in der Tat p ein Häufungspunkt von $\mathfrak{P}$ und sei $\varepsilon > 0$ beliebig gegeben. Dann gibt es in $\mathfrak{P}$ einen Punkt q, so daß:

$$r(p, q) < \frac{\varepsilon}{2}. \tag{8}$$

Da q Punkt von $\mathfrak{P}$, so ist (wenn $\mathfrak{P}$ der zu c gehörige Primteil ist) q verbunden mit c durch eine irreguläre $\frac{\varepsilon}{2}$-Kette, etwa: $c, c_1, \ldots, c_n, q$. Darin ist:

$$r(c_n, q) < \frac{\varepsilon}{2}. \tag{9}$$

Aus (8) und (9) aber folgt:

$$r(c_n, p) < \varepsilon.$$

Es ist also $c, c_1, \ldots, c_n, p$ eine irreguläre ε-Kette, die c mit p verbindet, d. h. p gehört zu $\mathfrak{P}$. Also ist $\mathfrak{P}$ abgeschlossen, wie behauptet.

Nun ist noch zu zeigen: $\mathfrak{P}$ ist zusammenhängend. Sei $q \neq c$ ein Punkt von $\mathfrak{P}$. Sei $\{\varepsilon_n\}$ eine Folge positiver Zahlen mit $\lim_{n=\infty} \varepsilon_n = 0$. Dann gibt es für jedes n in $\mathfrak{K}$ eine irreguläre ε_n-Kette, die c mit q verbindet; die Punkte dieser ε_n-Kette bilden eine (endliche) Punktmenge $\mathfrak{E}_n$. Die obere Näherungsgrenze $\mathfrak{Q}$ der Mengen $\mathfrak{E}_n$ ist ein Kontinuum,[1] das c mit q verbindet; wir behaupten: $\mathfrak{Q}$ ist Teil von $\mathfrak{P}$. Sei in der Tat q' ein beliebiger Punkt von $\mathfrak{Q}$ und ε eine beliebige positive Zahl. Wir können n so wählen, daß $\varepsilon_n < \varepsilon$ und daß in $\mathfrak{E}_n$ ein Punkt q'' vorkommt, für den $r(q', q'') < \varepsilon$. Dann liefert uns ein Teil von $\mathfrak{E}_n$ sofort eine irreguläre ε-Kette, die c mit q' verbindet; also gehört q' zu $\mathfrak{P}$ und $\mathfrak{Q}$ ist Teil von $\mathfrak{P}$, wie behauptet. Damit ist gezeigt: zu jedem Punkte q von $\mathfrak{P}$ gibt es ein zu $\mathfrak{P}$ gehöriges Kontinuum $\mathfrak{Q}$, das c mit q verbindet. Daraus aber folgt: jeder Punkt q von $\mathfrak{P}$ gehört zu derselben Komponente von $\mathfrak{P}$ wie c. Also ist diese Komponente mit $\mathfrak{P}$ identisch und $\mathfrak{P}$ ist zusammenhängend, wie behauptet. Damit ist Satz V bewiesen.

Satz VI. Zwei Primteile $\mathfrak{P}$ und $\mathfrak{P}'$ von $\mathfrak{K}$ sind entweder identisch oder sie haben keinen Punkt gemein.

---

[1] Z. Janiszewski, a. a. O., p. 97.

Sei in der Tat q ein sowohl zu $\mathfrak{P}$ als zu $\mathfrak{P}'$ gehöriger Punkt und sei $\mathfrak{P}$ der zu c gehörige, $\mathfrak{P}'$ der zu c' gehörige Primteil von $\mathfrak{K}$. Für jedes $\varepsilon > 0$ ist dann q sowohl mit c als mit c' verbunden durch je eine irreguläre $\frac{\varepsilon}{2}$-Kette, etwa:

$$c, q_1, \ldots, q_m, q \quad \text{und} \quad c', q'_1, \ldots, q'_n, q.$$

Sei ferner p' ein beliebiger Punkt von $\mathfrak{P}'$; er ist mit c' verbunden durch eine irreguläre $\frac{\varepsilon}{2}$-Kette, etwa:

$$c', p'_1, \ldots, p'_k, p'.$$

Wir bilden nun die Kette:

$$c, q_1, \ldots, q_m, q'_n, \ldots, q'_1, p'_1, \ldots, p'_k, p'. \tag{10}$$

Aus $r(q_m, q) < \frac{\varepsilon}{2}$ und $r(q'_n, q) < \frac{\varepsilon}{2}$ folgt $r(q_m, q'_n) < \varepsilon$; ebenso folgt $r(q'_1, p'_1) < \varepsilon$ aus $r(q'_1, c') < \frac{\varepsilon}{2}$ und $r(p'_1, c') < \frac{\varepsilon}{2}$. Es ist also (10) eine irreguläre ε-Kette, die c mit p' verbindet. Also gehört p' zu $\mathfrak{P}$. Damit ist gezeigt, daß $\mathfrak{P}'$ Teil von $\mathfrak{P}$ ist; ebenso zeigt man, daß $\mathfrak{P}$ Teil von $\mathfrak{P}'$ ist, d. h. wenn $\mathfrak{P}$ und $\mathfrak{P}'$ einen Punkt gemein haben, sind sie identisch. Damit ist Satz VI bewiesen.

Jedes kompakte Kontinuum $\mathfrak{K}$ ist also Vereinigung seiner (zu je zweien fremden) Primteile. Es kann sehr wohl sein, daß ein Kontinuum nur aus einem einzigen Primteile besteht. Ein solches Kontinuum wollen wir ein Primkontinuum nennen. Bevor wir ein wenig auf solche Primkontinua eingehen, beweisen wir:

Satz VII. Ist der Punkt c von $\mathfrak{K}$ nicht Häufungspunkt irregulärer Punkte, so enthält der zu c gehörige Primteil $\mathfrak{P}$ von $\mathfrak{K}$ nur den Punkt c.

In der Tat, es gibt ein $\rho > 0$, so daß in $\mathfrak{U}(c; \rho)$ kein irregulärer Punkt liegt. Sei $q \neq c$ ein Punkt von $\mathfrak{K}$. Sobald $\varepsilon < \rho$ und $\varepsilon < r(c, q)$, kann c mit q nicht durch eine irreguläre ε-Kette verbunden werden. Also gehört q nicht zu $\mathfrak{P}$ und Satz VII ist bewiesen.

Nun ergibt sich leicht:

Satz VIII. Damit $\mathfrak{K}$ ein Primkontinuum sei, ist notwendig und hinreichend, daß die Menge aller irregulären Punkte von $\mathfrak{K}$ dicht in $\mathfrak{K}$ sei.

Die Bedingung ist notwendig. Angenommen in der Tat, sie sei nicht erfüllt. Dann gibt es in $\mathfrak{K}$ einen Punkt c, der nicht Häufungspunkt irregulärer Punkte ist. Nach Satz VII besteht der zu c gehörige Primteil nur aus dem Punkte c und ist somit nicht mit $\mathfrak{K}$ identisch.

Die Bedingung ist hinreichend. Angenommen in der Tat, sie sei erfüllt. Seien c und c' zwei beliebige Punkte in $\mathfrak{K}$. Da $\mathfrak{K}$ zusammenhängend, sind sie für jedes $\varepsilon > 0$ durch eine $\frac{\varepsilon}{3}$-Kette aus $\mathfrak{K}$ verbunden, etwa:

$$c, c_1, \ldots, c_n, c'.$$

Nach Annahme gibt es nun aber zu jedem der Punkte c_ν $(\nu = 1, 2, \ldots, n)$ einen irregulären Punkt c'_ν, so daß:

$$r(c_\nu, c'_\nu) < \frac{\varepsilon}{3}.$$

Dann aber ist:

$$r(c, c'_1) \leqq r(c, c_1) + r(c_1, c'_1) < \frac{2\varepsilon}{3};$$

$$r(c'_n, c') \leqq r(c'_n, c_n) + r(c_n, c') < \frac{2\varepsilon}{3};$$

$$r(c'_\nu, c'_{\nu+1}) \leqq r(c'_\nu, c_\nu) + r(c_\nu, c_{\nu+1}) + r(c_{\nu+1}, c'_{\nu+1}) < \varepsilon.$$

Es ist also:

$$c, c'_1, \ldots, c'_n, c'$$

eine irreguläre ε-Kette, die c und c' verbindet, d. h. c und c' gehören zum selben Primteile. Je zwei Punkte von $\mathfrak{K}$ gehören also zum selben Primteile, d. h. $\mathfrak{K}$ besteht nur aus einem einzigen Primteile, wie behauptet.

Insbesondere gilt der Satz:

Satz IX. Jedes unzerlegbare[1] kompakte Kontinuum $\mathfrak{K}$ ist ein Primkontinuum.

In der Tat, in einem unzerlegbaren Kontinuum ist jedes echte Teilkontinuum ein Häufungskontinuum.[2] Nun ist aber jeder Punkt c von $\mathfrak{K}$ in einem echten Teilkontinuum von $\mathfrak{K}$ enthalten;

---

[1] Ein Kontinuum heißt unzerlegbar, wenn es nicht Vereinigung zweier echter Teilkontinua ist. Mit solchen unzerlegbaren Kontinuen haben sich eingehend beschäftigt Z. Janiszewski und C. Kuratowski, Fund. math., 1 (1920), p. 210.

[2] Z. Janiszewski und C. Kuratowski, a. a. O., p. 212 (Théorème II).

z. B. ist, wenn $\rho > 0$ hinlänglich klein ist, die Komponente des Durchschnittes $\mathfrak{K} . \overline{\mathfrak{U}}(c; \rho)$ ein solches. Also ist jeder Punkt von $\mathfrak{K}$ ein Punkt zweiter Art. Da es aber in jedem unzerlegbaren Kontinuum auch zwei Punkte a und b gibt, zwischen denen es irreduzibel ist,[1] so ist nach Satz III jeder Punkt von $\mathfrak{K}$ auch irregulär. Nach Satz VIII ist also $\mathfrak{K}$ ein Primkontinuum, wie behauptet.

Die Umkehrung von Satz IX gilt natürlich nicht: es gibt zerlegbare Kontinua, die Primkontinua sind, z. B. die Vereinigung zweier unzerlegbarer Kontinua, die nur einen einzigen Punkt gemein haben.

Zum Schlusse seien noch Beispiele angeführt. Die Menge der Punkte der xy-Ebene:

$$y = \sin \frac{1}{x} \quad \left(0 < x \leqq \frac{1}{\pi}\right); \quad x = 0, \quad -1 \leqq y \leqq 1$$

bildet ein Kontinuum; und zwar ist es irreduzibel zwischen den Punkten $a = (0, 0)$ und $b = \left(\frac{1}{\pi}, 0\right)$. Seine Primteile sind: die einzelnen Punkte mit $x \neq 0$ und das Intervall $-1 \leqq y \leqq 1$ der y-Achse.

Bestehe $\mathfrak{K}$ aus zwei konzentrischen Kreisen und einer zwischen ihnen verlaufenden Spirale, die sich asymptotisch jedem der beiden Kreise nähert. Dieses Kontinuum ist irreduzibel zwischen jedem Punkte des einen und jedem Punkte des anderen Kreises. Seine Primteile sind: die einzelnen Punkte der Spirale und jeder der beiden Kreise.

§ 3.

Wir beschäftigen uns nun näher mit irreduziblen Kontinuen $\mathfrak{J}$, die nicht Primkontinua sind; wir nennen sie: zusammengesetzte Kontinua.

Satz X. Sei $\mathfrak{J}$ ein kompaktes, zusammengesetztes, zwischen a und b irreduzibles Kontinuum. Dann sind der zu a gehörige Primteil $\mathfrak{P}_a$ und der zu b gehörige Primteil $\mathfrak{P}_b$ fremd.

Angenommen in der Tat, $\mathfrak{P}_a$ und $\mathfrak{P}_b$ hätten einen Punkt gemein. Nach Satz VI sind sie dann identisch; es wäre also $\mathfrak{P}_a$ ein a und b verbindendes Kontinuum aus $\mathfrak{J}$ und mithin wäre, da $\mathfrak{J}$ irreduzibel zwischen a und b ist: $\mathfrak{P}_a = \mathfrak{J}$. Es wäre also $\mathfrak{J}$ ein Primkontinuum, entgegen der Annahme.

---

[1] Z. Janiszewski und C. Kuratowski, a. a. O., p. 215 (Théorème IV).

Da nun $\mathfrak{P}_a$ und $\mathfrak{P}_b$ fremd, kann nicht

$$\mathfrak{J} = \mathfrak{P}_a + \mathfrak{P}_b$$

sein, da sonst $\mathfrak{J}$ in zwei nicht leere, fremde, abgeschlossene Mengen zerfiele, entgegen der Tatsache, daß $\mathfrak{J}$ zusammenhängend ist. Also gibt es in $\mathfrak{J}$ noch andere Primteile als $\mathfrak{P}_a$ und $\mathfrak{P}_b$. Wir wollen sie innere Primteile von $\mathfrak{J}$ nennen und können den Satz aussprechen:

Satz XI. Jedes kompakte, zusammengesetzte, zwischen a und b irreduzible Kontinuum besitzt innere Primteile.

Sei nun $\mathfrak{P} \neq \mathfrak{P}_a$ ein Primteil von $\mathfrak{J}$. Die Menge aller Punkte von $\mathfrak{J}$, die mit a verbunden sind durch ein zu $\mathfrak{P}$ fremdes Kontinuum aus $\mathfrak{J}$ (einschließlich des Punktes a) bezeichnen wir mit $\mathfrak{A}$; ebenso bezeichnen wir, wenn $\mathfrak{P} \neq \mathfrak{P}_b$, mit $\mathfrak{B}$ die Menge aller Punkte von $\mathfrak{J}$, die mit b verbunden sind durch ein zu $\mathfrak{P}$ fremdes Kontinuum (einschließlich des Punktes b). Offenbar ist jeder Punkt von $\mathfrak{A}$ (von $\mathfrak{B}$) mit a (mit b) verbunden durch ein ganz zu $\mathfrak{A}$ (zu $\mathfrak{B}$) gehöriges Kontinuum aus $\mathfrak{A}$ (aus $\mathfrak{B}$).

Im Falle $\mathfrak{P} = \mathfrak{P}_a$ sei $\mathfrak{A}$ die leere Menge, ebenso sei im Falle $\mathfrak{P} = \mathfrak{P}_b$ die Menge $\mathfrak{B}$ leer.

Wir nennen $\mathfrak{A}$ und $\mathfrak{B}$ die Endstücke von $\mathfrak{J}$ bezüglich $\mathfrak{P}$, und zwar $\mathfrak{A}$ das zu a gehörige, $\mathfrak{B}$ das zu b gehörige Endstück. Aus ihrer Definition folgt sofort:

Satz XII. Die Endstücke $\mathfrak{A}$ und $\mathfrak{B}$ bezüglich $\mathfrak{P}$ sind zu $\mathfrak{P}$ fremd.

Ferner gilt:

Satz XIII. Die Endstücke $\mathfrak{A}$ und $\mathfrak{B}$ bezüglich $\mathfrak{P}$ sind untereinander fremd.

Angenommen in der Tat, $\mathfrak{A}$ und $\mathfrak{B}$ hätten einen Punkt c gemein. Dann ist c sowohl mit a wie mit b verbunden durch ein zu $\mathfrak{P}$ fremdes Kontinuum $\mathfrak{C}'$, beziehungsweise $\mathfrak{C}''$ aus $\mathfrak{J}$. Die Vereinigung $\mathfrak{C}' \dot{+} \mathfrak{C}''$ ist dann ein a und b verbindendes Kontinuum aus $\mathfrak{J}$, und da $\mathfrak{J}$ irreduzibel zwischen a und b, wäre:

$$\mathfrak{C}' \dot{+} \mathfrak{C}'' = \mathfrak{J}.$$

Das aber ist unmöglich, da $\mathfrak{C}' \dot{+} \mathfrak{C}''$ fremd zu $\mathfrak{P}$, während $\mathfrak{P}$ zu $\mathfrak{J}$ gehört. Damit ist Satz XIII bewiesen.

Darüber hinaus können wir noch zeigen:

Satz XIV. Es enthält $\mathfrak{A}$ keinen Häufungspunkt von $\mathfrak{B}$ und $\mathfrak{B}$ keinen Häufungspunkt von $\mathfrak{A}$.

Angenommen in der Tat, der Punkt a' von $\mathfrak{A}$ wäre Häufungspunkt von $\mathfrak{B}$. Dann gibt es in $\mathfrak{B}$ eine Punktfolge $\{b_\nu\}$ mit $\lim_{\nu=\infty} b_\nu = a'$. Nach Definition von $\mathfrak{B}$ ist b_ν verbunden mit b durch ein zu $\mathfrak{P}$ fremdes Kontinuum $\mathfrak{C}_\nu$ aus $\mathfrak{J}$. Die obere Näherungsgrenze $\mathfrak{G}$ der $\mathfrak{C}_\nu$ ist dann ein a' und b verbindendes Kontinuum[1] aus $\mathfrak{J}$. Nach Definition von $\mathfrak{A}$ aber ist a' mit a verbunden durch ein zu $\mathfrak{P}$ fremdes Kontinuum $\mathfrak{A}'$ aus $\mathfrak{J}$. Die Vereinigung

$$\mathfrak{B} = \mathfrak{A}' \dot{+} \mathfrak{G}$$

ist also ein a und b verbindendes Kontinuum aus $\mathfrak{J}$, und somit ist, da $\mathfrak{J}$ irreduzibel zwischen a und b:

$$\mathfrak{B} = \mathfrak{J}.$$

Also ist $\mathfrak{P}$ in $\mathfrak{B}$ enthalten und da $\mathfrak{A}'$ fremd zu $\mathfrak{P}$, ist $\mathfrak{P}$ Teil von $\mathfrak{G}$.

Nach Satz XII gehört a', als Punkt von $\mathfrak{A}$, nicht zu $\mathfrak{P}$, und da $\mathfrak{P}$ abgeschlossen, ist also:

$$r(a', \mathfrak{P}) > 0.$$

Wir wählen ein ρ gemäß:

$$0 < \rho < r(a', \mathfrak{P})$$

und bilden die Umgebung $\mathfrak{U}(\mathfrak{P}; \rho)$. Dann gehört a' zu $\mathfrak{G} - \mathfrak{G}.\mathfrak{U}(\mathfrak{P}; \rho)$. Die a' enthaltende Komponente dieser abgeschlossenen Menge heiße $\mathfrak{G}_\rho$; nach Satz I enthält sie einen Punkt q, für den:

$$r(q, \mathfrak{P}) = \rho. \qquad (11)$$

Wir behaupten nun: Ist ρ hinlänglich klein, so gibt es in $\mathfrak{G}_\rho$ mindestens einen regulären Punkt von $\mathfrak{J}$. In der Tat, enthält die Menge $\mathfrak{G}_\rho$ gar keinen regulären Punkt, so ist sie in dem zu a' gehörigen Primteile $\mathfrak{P}'$ von $\mathfrak{J}$ enthalten. Da a' nicht zu $\mathfrak{P}$ gehört, sind nach Satz VI $\mathfrak{P}$ und $\mathfrak{P}'$ fremd, und da sie abgeschlossen sind, ist:

$$r(\mathfrak{P}, \mathfrak{P}') > 0.$$

Als Punkt von $\mathfrak{G}_\rho$ gehört nun aber q zu $\mathfrak{P}'$, es ist also:

$$r(q, \mathfrak{P}) \geqq r(\mathfrak{P}, \mathfrak{P}')$$

und somit wegen (11)

$$\rho \geqq r(\mathfrak{P}, \mathfrak{P}'). \qquad (12)$$

[1] R. F., p. 87, Satz XVII.

Enthält also $\mathfrak{G}_\rho$ keinen regulären Punkt, so gilt (12), und mithin gilt umgekehrt: Ist

$$0 < \rho < r(\mathfrak{P}, \mathfrak{P}'),$$

so enthält $\mathfrak{G}_\rho$ mindestens einen regulären Punkt, wie behauptet.

Sei also ρ so klein gewählt und sei p ein zu $\mathfrak{G}_\rho$ gehöriger regulärer Punkt von $\mathfrak{J}$. Zufolge der Definition von $\mathfrak{G}_\rho$ ist:

$$r(p, \mathfrak{P}) \geqq \rho.$$

Da p regulär, gibt es ein $\sigma > 0$, so daß jeder in $\mathfrak{U}(p; \sigma)$ gelegene Punkt von $\mathfrak{J}$ mit p verbunden ist durch ein in $\mathfrak{U}(p; \rho)$ gelegenes, mithin zu $\mathfrak{P}$ fremdes Kontinuum von $\mathfrak{J}$. Da p zur oberen Näherungsgrenze $\mathfrak{G}$ der $\mathfrak{C}_\nu$ gehört, gibt es in $\mathfrak{U}(p; \sigma)$ einen Punkt c_ν einer Menge $\mathfrak{C}_\nu$. Er ist verbunden mit p durch ein in $\mathfrak{U}(p; \rho)$ gelegenes Kontinuum $\mathfrak{C}'_\nu$ aus $\mathfrak{J}$; wie erwähnt, ist $\mathfrak{C}'_\nu$ zu $\mathfrak{P}$ fremd. Wir bilden die Vereinigung:

$$\mathfrak{W} = \mathfrak{A}' \dotplus \mathfrak{G}_\rho \dotplus \mathfrak{C}'_\nu \dotplus \mathfrak{C}_\nu.$$

Da $\mathfrak{A}'$ und $\mathfrak{G}_\rho$ den Punkt a' gemein haben, $\mathfrak{G}_\rho$ und $\mathfrak{C}'_\nu$ den Punkt p und $\mathfrak{C}'_\nu$ und $\mathfrak{C}_\nu$ den Punkt c_ν, ist $\mathfrak{W}$ ein Kontinuum. Da $\mathfrak{A}'$ den Punkt a enthält, $\mathfrak{C}_\nu$ den Punkt b, verbindet es a und b. Also ist:

$$\mathfrak{W} = \mathfrak{J}. \tag{13}$$

Nun ist aber $\mathfrak{A}'$ zu $\mathfrak{P}$ fremd nach seiner Definition, $\mathfrak{G}_\rho$ ist zu $\mathfrak{P}$ fremd, weil außerhalb $\mathfrak{U}(\mathfrak{P}; \rho)$ liegend; daß $\mathfrak{C}'_\nu$ zu $\mathfrak{P}$ fremd, wurde schon erwähnt und $\mathfrak{C}_\nu$ ist zu $\mathfrak{P}$ fremd nach seiner Definition. Also ist $\mathfrak{W}$ fremd zu $\mathfrak{P}$ und (13) ist unmöglich. Damit ist ein Widerspruch erreicht und Satz XIV ist bewiesen.

Sei wieder $\mathfrak{J}$ ein kompaktes, zwischen a und b irreduzibles Kontinuum, $\mathfrak{P}$ irgendein Primteil von $\mathfrak{J}$ und $\mathfrak{P}_a$ der zu a gehörige Primteil von $\mathfrak{J}$. Mit $\mathfrak{M}^0$ bezeichnen wir die abgeschlossene Hülle[1] einer Punktmenge $\mathfrak{M}$.

Satz XV. Ist $\mathfrak{P} \neq \mathfrak{P}_a$ und ist $\mathfrak{A}$ das zu a gehörige Endstück von $\mathfrak{J}$ bezüglich $\mathfrak{P}$, so ist der Durchschnitt $\mathfrak{A}^0 \mathfrak{P}$ nicht leer.

Angenommen in der Tat, $\mathfrak{A}^0 \mathfrak{P}$ wäre leer. Da $\mathfrak{A}^0$ und $\mathfrak{P}$ abgeschlossen, wäre dann:

$$r(\mathfrak{A}, \mathfrak{P}) = r(\mathfrak{A}^0, \mathfrak{P}) > 0.$$

[1] Das ist die aus $\mathfrak{M}$ durch Hinzufügung aller Häufungspunkte entstehende Menge. Vgl. R. F., p. 70.

Wir wählen ρ gemäß:

$$0 < \rho < r(\mathfrak{A}, \mathfrak{P})$$

und bilden die abgeschlossene Umgebung $\overline{\mathfrak{U}}(\mathfrak{A}; \rho)$. Sei a' ein beliebiger Punkt von $\mathfrak{A}$. Da $\mathfrak{J}$ Punkte außerhalb $\overline{\mathfrak{U}}(\mathfrak{A}; \rho)$ hat, muß nach Satz I die a' enthaltende Komponente $\mathfrak{K}$ von $\mathfrak{J}.\overline{\mathfrak{U}}(\mathfrak{A}; \rho)$ einen Punkt q enthalten, für den:

$$r(q, \mathfrak{A}) = \rho. \tag{14}$$

Nach Definition von $\mathfrak{A}$ ist a' mit a verbunden durch ein zu $\mathfrak{P}$ fremdes Kontinuum $\mathfrak{A}'$ aus $\mathfrak{J}$. Die Vereinigung $\mathfrak{A}' \dot{+} \mathfrak{K}$ ist gleichfalls ein zu $\mathfrak{P}$ fremdes Kontinuum aus $\mathfrak{J}$; da sie a mit q verbindet, müßte q zu $\mathfrak{A}$ gehören, im Widerspruche zu (14). Damit ist Satz XV bewiesen.

Satz XVI. Ist $\mathfrak{P}$ Primteil von $\mathfrak{J}$ und $\mathfrak{A}$ ein Endstück von $\mathfrak{J}$ bezüglich $\mathfrak{P}$, so ist $\mathfrak{A}^0 - \mathfrak{A}$ Teil von $\mathfrak{P}$.

Dies ist trivial, wenn $\mathfrak{P} = \mathfrak{P}_a$, denn dann ist $\mathfrak{A}$ und somit auch $\mathfrak{A}^0 - \mathfrak{A}$ leer. Sei also $\mathfrak{P} \neq \mathfrak{P}_a$. Wir haben zu zeigen: ist a' ein nicht zu $\mathfrak{A}$ gehöriger Häufungspunkt von $\mathfrak{A}$, so gehört a' zu $\mathfrak{P}$. Angenommen, a' gehöre nicht zu $\mathfrak{P}$; da $\mathfrak{P}$ abgeschlossen, ist dann:

$$r(a', \mathfrak{P}) > 0.$$

Wir wählen ρ gemäß:

$$0 < \rho < r(a', \mathfrak{P})$$

und bilden die Umgebung $\mathfrak{U}(\mathfrak{P}; \rho)$. Da a' Häufungspunkt von $\mathfrak{A}$, gibt es in $\mathfrak{A}$ eine Punktfolge $\{a_\nu\}$ mit $\lim_{\nu=\infty} a_\nu = a'$. Nach Definition von $\mathfrak{A}$ ist a_ν verbunden mit a durch ein zu $\mathfrak{P}$ fremdes Kontinuum $\mathfrak{C}_\nu$ aus $\mathfrak{J}$. Die obere Näherungsgrenze $\mathfrak{G}$ der $\mathfrak{C}_\nu$ ist ein a mit a' verbindendes Kontinuum aus $\mathfrak{J}$. Da a' nicht zu $\mathfrak{A}$ gehört, muß $\mathfrak{G}$ einen Punkt von $\mathfrak{P}$ enthalten. Da $\mathfrak{G}$ aber auch den außerhalb $\mathfrak{U}(\mathfrak{P}; \rho)$ liegenden Punkt a' enthält, muß nach Satz I die a' enthaltende Komponente $\mathfrak{G}_\rho$ von $\mathfrak{G} - \mathfrak{G}.\mathfrak{U}(\mathfrak{P}; \rho)$ einen Punkt q enthalten, für den:

$$r(q, \mathfrak{P}) = \rho.$$

Daraus folgern wir, wie beim Beweise von Satz XIV: Ist ρ hinlänglich klein, so enthält $\mathfrak{G}_\rho$ mindestens einen regulären Punkt p, und zwar ist:

$$r(p, \mathfrak{P}) \geqq \rho.$$

Da p regulär, gibt es ein $\sigma > 0$, so daß jeder in $\mathfrak{U}(p; \sigma)$ liegende Punkt von $\mathfrak{J}$ mit p verbunden ist durch ein in $\mathfrak{U}(p; \rho)$

liegendes, mithin zu $\mathfrak{P}$ fremdes Kontinuum aus $\mathfrak{J}$. Da p zur oberen Näherungsgrenze der $\mathfrak{C}_\nu$ gehört, gibt es in $\mathfrak{U}(p;\sigma)$ einen Punkt c_ν eines $\mathfrak{C}_\nu$; er ist verbunden mit p durch ein in $\mathfrak{U}(p;\rho)$ liegendes, daher zu $\mathfrak{P}$ fremdes Kontinuum $\mathfrak{C}'_\nu$ aus $\mathfrak{J}$. Nun haben in der Vereinigung:

$$\mathfrak{B} = \mathfrak{C}_\nu \dot{+} \mathfrak{C}'_\nu \dot{+} \mathfrak{G}_\rho$$

$\mathfrak{C}_\nu$ und $\mathfrak{C}'_\nu$ den Punkt c_ν gemein, $\mathfrak{C}'_\nu$ und $\mathfrak{G}_\rho$ den Punkt p; sie ist also ein Kontinuum; da $\mathfrak{C}_\nu$ den Punkt a enthält, $\mathfrak{G}_\rho$ den Punkt a', verbindet es a mit a'. Da endlich $\mathfrak{B}$ zu $\mathfrak{P}$ fremd, müßte a' zu $\mathfrak{A}$ gehören, entgegen der Annahme. Damit ist Satz XVI bewiesen.

Satz XVII. Die Vereinigung $\mathfrak{A}+\mathfrak{P}$ ist ein Kontinuum (oder ein Punkt).

Dies ist trivial, wenn $\mathfrak{P}=\mathfrak{P}_a$, da dann $\mathfrak{A}$ leer, mithin $\mathfrak{A}+\mathfrak{P}=\mathfrak{P}$. Sei also $\mathfrak{P}\neq\mathfrak{P}_a$. Aus Satz XVI folgt sofort, daß $\mathfrak{A}+\mathfrak{P}$ abgeschlossen. Bleibt zu zeigen, daß $\mathfrak{A}+\mathfrak{P}$ zusammenhängend. Dazu genügt es zu zeigen,[1] daß je zwei Punkte q, q' von $\mathfrak{A}+\mathfrak{P}$ für jedes $\varepsilon>0$ durch eine ε-Kette aus $\mathfrak{A}+\mathfrak{P}$ verbunden sind. Gehören q und q' beide zu $\mathfrak{P}$, so trifft dies zu, da $\mathfrak{P}$ zusammenhängend. Gehören q und q' beide zu $\mathfrak{A}$, so sind sie beide verbunden mit a durch je ein ganz zu $\mathfrak{A}$ gehöriges Kontinuum $\mathfrak{C}$, beziehungsweise $\mathfrak{C}'$; also ist $\mathfrak{C}\dot{+}\mathfrak{C}'$ ein zu $\mathfrak{A}$ gehöriges, q mit q' verbindendes Kontinuum; also sind q und q' auch verbunden durch eine zu $\mathfrak{A}$ gehörige ε-Kette. Gehöre endlich q zu $\mathfrak{A}$ und q' zu $\mathfrak{P}$. Nach Satz XV ist $\mathfrak{A}^0\mathfrak{P}$ nicht leer; sei p ein Punkt von $\mathfrak{A}^0\mathfrak{P}$. Dann gibt es in $\mathfrak{A}$ einen Punkt a', so daß:

$$r(a', p) < \varepsilon. \tag{15}$$

Wie wir eben sahen, gibt es in $\mathfrak{A}$ eine ε-Kette, die q mit a' verbindet, in $\mathfrak{P}$ eine ε-Kette, die p mit q' verbindet, also wegen (15) in $\mathfrak{A}+\mathfrak{P}$ eine ε-Kette, die q mit q' verbindet. Damit ist Satz XVII bewiesen.

Satz XVIII. Sind $\mathfrak{A}$ und $\mathfrak{B}$ die Endstücke von $\mathfrak{J}$ bezüglich $\mathfrak{P}$, so ist:

$$\mathfrak{J} = \mathfrak{A}+\mathfrak{P}+\mathfrak{B}. \tag{16}$$

In der Tat, nach Satz XVII ist sowohl $\mathfrak{A}+\mathfrak{P}$ als $\mathfrak{P}+\mathfrak{B}$ ein Kontinuum, daher auch $\mathfrak{A}+\mathfrak{P}+\mathfrak{B}$, und da dieses Kontinuum a und b enthält, $\mathfrak{J}$ aber irreduzibel ist zwischen a und b, muß (16) gelten.

Satz XIX. Sind $\mathfrak{A}$ und $\mathfrak{B}$ die Endstücke von $\mathfrak{J}$ bezüglich $\mathfrak{P}$, so ist der Durchschnitt $\mathfrak{A}^0\mathfrak{B}^0$ ihrer abgeschlossenen Hüllen Teil von $\mathfrak{P}$.

---

[1] R. F., p. 84, Satz V.

In der Tat, es ist:

$$\mathfrak{A}^0\mathfrak{B}^0 = \mathfrak{A}\mathfrak{B} + (\mathfrak{A}^0 - \mathfrak{A}).\mathfrak{B} + \mathfrak{A}(\mathfrak{B}^0 - \mathfrak{B}) + (\mathfrak{A}^0 - \mathfrak{A})(\mathfrak{B}^0 - \mathfrak{B}).$$

Nach Satz XIII ist der erste Summand leer, nach Satz XIV der zweite und dritte, nach Satz XVI aber ist der vierte Teil von $\mathfrak{P}$.

Satz XX. Tilgt man aus $\mathfrak{J}$ einen inneren Primteil $\mathfrak{P}$, so ist die übrigbleibende Menge $\mathfrak{J} - \mathfrak{P}$ nicht mehr zusammenhängend.

In der Tat, nach Satz XVIII ist

$$\mathfrak{J} - \mathfrak{P} = \mathfrak{A} + \mathfrak{B}. \tag{17}$$

Nach Satz XIV gehört jeder Häufungspunkt von $\mathfrak{A}$ zu $\mathfrak{A}$ oder zu $\mathfrak{P}$; jeder zu $\mathfrak{J} - \mathfrak{P}$ gehörige Häufungspunkt von $\mathfrak{A}$ gehört also zu $\mathfrak{A}$, d. h. $\mathfrak{A}$ ist abgeschlossen in $\mathfrak{J} - \mathfrak{P}$. Ebenso ist $\mathfrak{B}$ abgeschlossen in $\mathfrak{J} - \mathfrak{P}$. Durch (17) ist also eine Zerlegung von $\mathfrak{J} - \mathfrak{P}$ in zwei nicht leere, fremde, in $\mathfrak{J} - \mathfrak{P}$ abgeschlossene Teile gegeben, also ist $\mathfrak{J} - \mathfrak{P}$ nicht zusammenhängend, wie behauptet.

§ 4.

Wir führen nun folgende Begriffsbildung ein.[1] Ein Kontinuum $\mathfrak{K}$, das einen Punkt p und eine Menge $\mathfrak{M}$ (oder eine Menge $\mathfrak{N}$ und eine Menge $\mathfrak{M}$) enthält, heißt ein irreduzibles Kontinuum zwischen a und $\mathfrak{M}$ (zwischen $\mathfrak{N}$ und $\mathfrak{M}$), wenn es in $\mathfrak{K}$ kein echtes Teilkontinuum gibt, das sowohl a als $\mathfrak{M}$ (sowohl $\mathfrak{N}$ als $\mathfrak{M}$) enthält.

Sei wieder $\mathfrak{J}$ ein kompaktes, irreduzibles Kontinuum zwischen a und b, $\mathfrak{P}$ ein Primteil von $\mathfrak{J}$ und $\mathfrak{A}$ das zu a gehörige Endstück von $\mathfrak{J}$ bezüglich $\mathfrak{P}$. Dann gilt:

Satz XXI. Es ist $\mathfrak{A} + \mathfrak{P}$ ein irreduzibles Kontinuum zwischen a und $\mathfrak{P}$ (oder ein Punkt).

Dies ist trivial, wenn $\mathfrak{P}$ der zu a gehörige Primteil $\mathfrak{P}_a$ ist. Sei also $\mathfrak{P} \neq \mathfrak{P}_a$. Angenommen, es gebe in $\mathfrak{A} + \mathfrak{P}$ ein echtes Teilkontinuum $\mathfrak{C}$, das sowohl a als $\mathfrak{P}$ enthält. Es gibt dann in $\mathfrak{A}$ einen Punkt a', der in $\mathfrak{C}$ nicht vorkommt. Wir bilden die Vereinigung:

$$\mathfrak{V} = \mathfrak{C} \dotplus (\mathfrak{P} + \mathfrak{B}).$$

[1] Ich wurde auf sie durch H. Tietze aufmerksam gemacht.

Nach Satz XVII ist $\mathfrak{P}+\mathfrak{B}$ ein Kontinuum, und da $\mathfrak{P}$ Teil von $\mathfrak{C}$, ist auch $\mathfrak{B}$ ein Kontinuum; es enthält a und b, und da $\mathfrak{J}$ irreduzibel zwischen a und b, ist $\mathfrak{B}=\mathfrak{J}$. Das ist unmöglich, da der Punkt a' von $\mathfrak{J}$ weder in $\mathfrak{C}$ noch (wegen Satz XII und XIII) in $\mathfrak{P}+\mathfrak{B}$, mithin auch nicht in $\mathfrak{B}$ vorkommt.

Satz XXII. Ist $\mathfrak{P}$ ein Primteil von $\mathfrak{J}$ und sind $\mathfrak{A}, \mathfrak{B}$ die Endstücke von $\mathfrak{J}$ bezüglich $\mathfrak{P}$, so gehört jeder von $\mathfrak{P}$ verschiedene Primteil $\mathfrak{P}'$ entweder ganz zu $\mathfrak{A}$ oder ganz zu $\mathfrak{B}$.

In der Tat, nach Satz VI sind $\mathfrak{P}$ und $\mathfrak{P}'$ fremd. Nach Satz XVIII ist daher:

$$\mathfrak{P}' = \mathfrak{P}'\mathfrak{A}+\mathfrak{P}'\mathfrak{B}. \tag{18}$$

Nach Satz XVI sind $\mathfrak{P}'(\mathfrak{A}^0-\mathfrak{A})$ und $\mathfrak{P}'(\mathfrak{B}^0-\mathfrak{B})$ Teile von $\mathfrak{P}$ und somit leer, weil $\mathfrak{P}'$ zu $\mathfrak{P}$ fremd. Also kann (18) auch geschrieben werden:

$$\mathfrak{P}' = \mathfrak{P}'\mathfrak{A}^0+\mathfrak{P}'\mathfrak{B}^0. \tag{19}$$

Die beiden Summanden auf der rechten Seite dieser Gleichung sind fremd, da nach Satz XIX der Durchschnitt $\mathfrak{A}^0\mathfrak{B}^0$ Teil von $\mathfrak{P}$ und $\mathfrak{P}'$ fremd zu $\mathfrak{P}$ ist. Also muß einer dieser Summanden leer sein, da sonst durch (19) eine Zerlegung von $\mathfrak{P}'$ in zwei fremde, nicht leere, abgeschlossene Teile gegeben wäre, entgegen der Tatsache, daß $\mathfrak{P}'$ zusammenhängend. Damit ist Satz XXII bewiesen.

Satz XXIII. Seien $\mathfrak{P}$ und $\mathfrak{P}'$ Primteile von $\mathfrak{J}$ und seien $\mathfrak{A}$, beziehungsweise $\mathfrak{A}'$ die zu a gehörigen, $\mathfrak{B}$, beziehungsweise $\mathfrak{B}'$ die zu b gehörigen Endstücke von $\mathfrak{J}$ bezüglich $\mathfrak{P}$, beziehungsweise $\mathfrak{P}'$; ist dann $\mathfrak{P}'$ Teil von $\mathfrak{A}$ (von $\mathfrak{B}$), so ist auch $\mathfrak{A}'$ Teil von $\mathfrak{A}$ (beziehungsweise $\mathfrak{B}'$ Teil von $\mathfrak{B}$).

Nach Satz XVIII genügt es, zu zeigen: $\mathfrak{A}'$ kann weder einen Punkt von $\mathfrak{B}$ noch einen Punkt von $\mathfrak{P}$ enthalten.

Angenommen, $\mathfrak{A}'$ enthalte einen Punkt b' von $\mathfrak{B}$. Als Punkt von $\mathfrak{A}'$ wäre b' verbunden mit a durch ein zu $\mathfrak{P}'$ fremdes Kontinuum $\mathfrak{C}_1$ aus $\mathfrak{J}$; als Punkt von $\mathfrak{B}$ wäre b' verbunden mit b durch ein ganz in $\mathfrak{B}$ enthaltenes Kontinuum $\mathfrak{C}_2$ aus $\mathfrak{J}$; da $\mathfrak{P}'$ Teil von $\mathfrak{A}$, mithin nach Satz XIII fremd zu $\mathfrak{B}$, ist auch $\mathfrak{C}_2$ fremd zu $\mathfrak{P}'$. Nun ist $\mathfrak{C}_1\dot{+}\mathfrak{C}_2$ ein a mit b verbindendes Kontinuum aus $\mathfrak{J}$, mithin $=\mathfrak{J}$, was unmöglich, da $\mathfrak{C}_1\dot{+}\mathfrak{C}_2$ fremd zu $\mathfrak{P}'$ und $\mathfrak{P}'$ Teil von $\mathfrak{J}$.

Angenommen sodann, $\mathfrak{A}'$ enthielte einen Punkt p aus $\mathfrak{P}$. Als Punkt von $\mathfrak{A}'$ wäre p verbunden mit a durch ein zu $\mathfrak{P}'$ fremdes Kontinuum aus $\mathfrak{J}$; als Punkt von $\mathfrak{P}$ wäre nach Satz XVII p verbunden mit b durch das Kontinuum $\mathfrak{P}+\mathfrak{B}$; dieses ist gleichfalls fremd zu $\mathfrak{P}'$, da $\mathfrak{P}'$ Teil von $\mathfrak{A}$ und $\mathfrak{A}$ fremd zu $\mathfrak{P}+\mathfrak{B}$ (Satz XII und XIII). Die Vereinigung $\mathfrak{C}_1 \dot{+} (\mathfrak{P}+\mathfrak{B})$ ist ein a mit b verbindendes Kontinuum aus $\mathfrak{J}$ und mithin $=\mathfrak{J}$; das aber ist unmöglich, da sie fremd zu $\mathfrak{P}'$. Damit ist Satz XXIII bewiesen.

Wir führen nun folgende Relation zwischen den Primteilen von $\mathfrak{J}$ ein: Sei $\mathfrak{P}$ ein Primteil von $\mathfrak{J}$ und $\mathfrak{A}$ das zu a gehörige Endstück von $\mathfrak{J}$ bezüglich $\mathfrak{P}$. Von jedem in $\mathfrak{A}$ enthaltenen Primteile $\mathfrak{P}'$ von $\mathfrak{J}$ sagen wir:

$$\mathfrak{P}' \text{ vor } \mathfrak{P}.$$

Wie man sieht, gilt, wenn $\mathfrak{P}_a$, $\mathfrak{P}_b$ die zu a, beziehungsweise b gehörigen Primteile bezeichnen, für jeden Primteil $\mathfrak{P} \neq \mathfrak{P}_a$ die Relation $\mathfrak{P}_a$ vor $\mathfrak{P}$, für jeden Primteil $\mathfrak{P} \neq \mathfrak{P}_b$ die Relation $\mathfrak{P}$ vor $\mathfrak{P}_b$.

Diese Relation »vor« hat folgende Eigenschaften:

Satz XXIV. Die Relationen »$\mathfrak{P}'$ vor $\mathfrak{P}$« und »$\mathfrak{P}$ vor $\mathfrak{P}'$« schließen sich aus.

In der Tat, seien $\mathfrak{A}$ und $\mathfrak{A}'$ die zu a gehörigen Endstücke von $\mathfrak{J}$ bezüglich $\mathfrak{P}$, beziehungsweise $\mathfrak{P}'$. Ist $\mathfrak{P}'$ vor $\mathfrak{P}$, so ist $\mathfrak{P}'$ Teil von $\mathfrak{A}$, mithin nach Satz XXIII auch $\mathfrak{A}'$ Teil von $\mathfrak{A}$; da $\mathfrak{P}$ zu $\mathfrak{A}$ fremd, kann demnach $\mathfrak{P}$ nicht Teil von $\mathfrak{A}'$ sein, d. h. es kann nicht $\mathfrak{P}$ vor $\mathfrak{P}'$ sein.

Satz XXV. Sind $\mathfrak{P} \neq \mathfrak{P}'$ Primteile von $\mathfrak{J}$, so gilt entweder: $\mathfrak{P}'$ vor $\mathfrak{P}$ oder: $\mathfrak{P}$ vor $\mathfrak{P}'$.

Angenommen in der Tat, es sei nicht $\mathfrak{P}'$ vor $\mathfrak{P}$. Nach Definition heißt das: $\mathfrak{P}'$ ist nicht Teil von $\mathfrak{A}$. Nach Satz XXII ist also $\mathfrak{P}'$ Teil von $\mathfrak{B}$. Nach Satz XXIII ist dann auch $\mathfrak{B}'$ Teil von $\mathfrak{B}$. Nach Satz XVIII ist:

$$\mathfrak{J} = \mathfrak{A} + \mathfrak{P} + \mathfrak{B} = \mathfrak{A}' + \mathfrak{P}' + \mathfrak{B}'.$$

Da, wie eben gezeigt, $\mathfrak{B}'$ Teil von $\mathfrak{B}$, gehört kein Punkt von $\mathfrak{A}+\mathfrak{P}$ zu $\mathfrak{B}'$, d. h. $\mathfrak{A}+\mathfrak{P}$ ist Teil von $\mathfrak{A}'+\mathfrak{P}'$. Da $\mathfrak{P}$ zu $\mathfrak{P}'$ fremd, ist also $\mathfrak{P}$ Teil von $\mathfrak{A}'$, das aber heißt: $\mathfrak{P}$ vor $\mathfrak{P}'$. Damit ist Satz XXV bewiesen.

Wir können nun sofort die Definition der Relation »vor« ergänzen durch:

Satz XXVI. Ist $\mathfrak{P}'$ Teil von $\mathfrak{B}$, so ist: $\mathfrak{P}$ vor $\mathfrak{P}'$.

In der Tat, da $\mathfrak{P}'$ Teil von $\mathfrak{B}$, ist nach Satz XIII nicht $\mathfrak{P}'$ Teil von $\mathfrak{A}$, d. h. es ist nicht $\mathfrak{P}'$ vor $\mathfrak{P}$, also nach Satz XXV $\mathfrak{P}$ vor $\mathfrak{P}'$, wie behauptet.

Wir zeigen noch, daß die Relation »vor« transitiv ist:

Satz XXVII. Ist $\mathfrak{P}$ vor $\mathfrak{P}'$ und $\mathfrak{P}'$ vor $\mathfrak{P}''$, so ist auch $\mathfrak{P}$ vor $\mathfrak{P}''$.

In der Tat, zunächst ist gewiß $\mathfrak{P} \neq \mathfrak{P}''$; denn weil $\mathfrak{P}$ vor $\mathfrak{P}'$, ist $\mathfrak{P}$ Teil von $\mathfrak{A}'$;[1] weil $\mathfrak{P}'$ vor $\mathfrak{P}''$, ist nach Satz XXIV nicht $\mathfrak{P}''$ vor $\mathfrak{P}'$, d. h. $\mathfrak{P}''$ ist nicht Teil von $\mathfrak{A}'$; also ist $\mathfrak{P} \neq \mathfrak{P}''$. — Weil $\mathfrak{P}$ vor $\mathfrak{P}'$, ist $\mathfrak{P}$ Teil von $\mathfrak{A}'$ und nach Satz XXIII auch $\mathfrak{A}$ Teil von $\mathfrak{A}'$; ebenso folgt aus $\mathfrak{P}'$ vor $\mathfrak{P}''$: es ist $\mathfrak{A}'$ Teil von $\mathfrak{A}''$; also ist auch $\mathfrak{A}$ Teil von $\mathfrak{A}''$. Weil $\mathfrak{P}''$ zu $\mathfrak{A}''$ fremd, ist also $\mathfrak{P}''$ erst recht fremd zu $\mathfrak{A}$, also nicht Teil von $\mathfrak{A}$; nach Satz XXII ist also $\mathfrak{P}''$ Teil von $\mathfrak{B}$ und mithin ist nach Satz XXVI $\mathfrak{P}$ vor $\mathfrak{P}''$, wie behauptet.

Die Sätze XXIV, XXV, XXVII können in die Aussage zusammengefaßt werden:

Satz XXVIII. Durch die Relation »vor« werden die Primteile eines kompakten, zwischen a und b irreduziblen, zusammengesetzten Kontinuums einfach geordnet.

In üblicher Weise sagen wir, wenn $\mathfrak{P}$ vor $\mathfrak{P}'$ und $\mathfrak{P}'$ vor $\mathfrak{P}''$ ist: $\mathfrak{P}'$ ist zwischen $\mathfrak{P}$ und $\mathfrak{P}''$ oder zwischen $\mathfrak{P}''$ und $\mathfrak{P}$. Statt $\mathfrak{P}$ vor $\mathfrak{P}'$ sagen wir auch: $\mathfrak{P}'$ nach $\mathfrak{P}$.

Nach Satz XXVIII kommt den durch die Relation »vor« geordneten Primteilen von $\mathfrak{J}$ ein bestimmter Ordnungstypus zu; wir wollen zeigen, daß er dicht ist, d. h. daß der Satz besteht:

Satz XXIX. Sind $\mathfrak{P}' \neq \mathfrak{P}''$ Primteile von $\mathfrak{J}$, so gibt es in $\mathfrak{J}$ auch einen Primteil $\mathfrak{P}$ zwischen $\mathfrak{P}'$ und $\mathfrak{P}''$.

In der Tat, seien wieder $\mathfrak{A}', \mathfrak{B}'$, beziehungsweise $\mathfrak{A}'', \mathfrak{B}''$ die Endstücke von $\mathfrak{J}$ bezüglich $\mathfrak{P}'$, beziehungsweise $\mathfrak{P}''$. Aus der Definition der Relation »vor« folgt: es ist $\mathfrak{A}'$ die Vereinigung aller vor $\mathfrak{P}'$ liegenden Primteile, $\mathfrak{B}''$ die Vereinigung aller Primteile, die nach $\mathfrak{P}''$ kommen. Gäbe es nun keinen Primteil zwischen $\mathfrak{P}'$ und $\mathfrak{P}''$, so wäre:

$$\mathfrak{J} = (\mathfrak{A}' + \mathfrak{P}') + (\mathfrak{P}'' + \mathfrak{B}'').$$

Nach Satz XVII ist jeder der beiden Summanden auf der rechten Seite dieser Gleichung abgeschlossen. Also wäre $\mathfrak{J}$ Ver-

[1] Mit $\mathfrak{A}, \mathfrak{A}', \mathfrak{A}'', \mathfrak{B}, \mathfrak{B}', \mathfrak{B}''$ bezeichnen wir die Endstücke von $\mathfrak{J}$ bezüglich $\mathfrak{P}, \mathfrak{P}', \mathfrak{P}''$.

einigung zweier nicht leerer, fremder, abgeschlossener Mengen, entgegen der Tatsache, daß $\mathfrak{J}$ zusammenhängend. Damit ist Satz XXIX bewiesen.

Es folgt aus ihm unmittelbar:

Satz XXX. Ist $\mathfrak{J}$ zusammengesetzt, so gibt es in $\mathfrak{J}$ unendlich viele verschiedene Primteile.

Wir bezeichnen nun, wenn $\mathfrak{P}'$ vor $\mathfrak{P}''$, als das abgeschlossene Primteileintervall $[\mathfrak{P}', \mathfrak{P}'']$ die Vereinigung von $\mathfrak{P}'$, $\mathfrak{P}''$ und allen Primteilen zwischen $\mathfrak{P}'$ und $\mathfrak{P}''$. Dann gilt:

Satz XXXI. Das abgeschlossene Primteileintervall $[\mathfrak{P}', \mathfrak{P}'']$ ist ein irreduzibles Kontinuum zwischen $\mathfrak{P}'$ und $\mathfrak{P}''$.

Zunächst ist $[\mathfrak{P}', \mathfrak{P}'']$ abgeschlossen; denn es ist, wenn wir bei der bisherigen Bezeichnungsweise bleiben, $[\mathfrak{P}', \mathfrak{P}'']$ der Durchschnitt der beiden Mengen $\mathfrak{A}'' + \mathfrak{P}''$ und $\mathfrak{P}' + \mathfrak{B}'$, deren jede abgeschlossen ist nach Satz XVII.

Sodann ist $[\mathfrak{P}', \mathfrak{P}'']$ zusammenhängend. In der Tat, angenommen, es wäre nicht zusammenhängend, so gäbe es eine Zerlegung

$$[\mathfrak{P}', \mathfrak{P}''] = \mathfrak{Q}_1 + \mathfrak{Q}_2,$$

wo $\mathfrak{Q}_1$, $\mathfrak{Q}_2$ zwei nicht leere, fremde, abgeschlossene Mengen bedeuten. Da die Menge $\mathfrak{P}'$ zusammenhängend, muß sie entweder ganz zu $\mathfrak{Q}_1$ oder ganz zu $\mathfrak{Q}_2$ gehören.[1]

Dann kann nicht auch $\mathfrak{P}''$ zu $\mathfrak{Q}_1$ gehören; denn dann wäre $\mathfrak{Q}_2$ fremd zu $\mathfrak{A}' + \mathfrak{P}'$ und zu $\mathfrak{P}'' + \mathfrak{B}''$ und es wäre somit:

$$\mathfrak{J} = \{(\mathfrak{A}' + \mathfrak{P}' + \mathfrak{P}'' + \mathfrak{B}'') \dot{+} \mathfrak{Q}_1\} + \mathfrak{Q}_2$$

eine Zerlegung von $\mathfrak{J}$ in zwei abgeschlossene,[2] fremde, nicht leere Summanden, entgegen der Tatsache, daß $\mathfrak{J}$ zusammenhängend.

Also gehört $\mathfrak{P}'$ zu $\mathfrak{Q}_1$ und $\mathfrak{P}''$ zu $\mathfrak{Q}_2$. Dann aber ist:

$$\mathfrak{J} = \{(\mathfrak{A}' + \mathfrak{P}') \dot{+} \mathfrak{Q}_1\} + \{\mathfrak{Q}_2 \dot{+} (\mathfrak{P}'' + \mathfrak{B}'')\}$$

---

[1] In der Tat, andernfalls wäre:

$$\mathfrak{P}' = \mathfrak{P}'\,\mathfrak{Q}_1 + \mathfrak{P}'\,\mathfrak{Q}_2$$

eine Zerlegung von $\mathfrak{P}'$ in zwei nicht leere, fremde, abgeschlossene Teile, was unmöglich.

[2] In der Tat ist $(\mathfrak{A}' + \mathfrak{P}' + \mathfrak{P}'' + \mathfrak{B}'') \dot{+} \mathfrak{Q}_1$ abgeschlossen, als Vereinigung der (Satz XVII) abgeschlossenen Mengen $\mathfrak{A}' + \mathfrak{P}'$, $\mathfrak{P}'' + \mathfrak{B}''$ und $\mathfrak{Q}_1$.

eine Zerlegung von $\mathfrak{J}$ in zwei abgeschlossene, nicht leere Mengen, die auch fremd sind, weil nun $\mathfrak{Q}_1$ fremd zu $\mathfrak{P}''+\mathfrak{B}''$ und $\mathfrak{Q}_2$ fremd zu $\mathfrak{A}'+\mathfrak{P}'$. Wir befinden uns also abermals in Widerspruch zur Tatsache, daß $\mathfrak{J}$ zusammenhängend.

Damit ist gezeigt, daß $[\mathfrak{P}', \mathfrak{P}'']$ ein Kontinuum ist. Bleibt zu zeigen, daß es irreduzibel ist zwischen $\mathfrak{P}'$ und $\mathfrak{P}''$. Wäre dies nicht der Fall, so gäbe es in $[\mathfrak{P}', \mathfrak{P}'']$ ein echtes Teilkontinuum $\mathfrak{C}$, das sowohl $\mathfrak{P}'$ als $\mathfrak{P}''$ enthält. Sei c ein nicht zu $\mathfrak{C}$ gehöriger Punkt von $[\mathfrak{P}', \mathfrak{P}'']$, dann gehört c weder zu $\mathfrak{P}'$ noch zu $\mathfrak{P}''$. Wir bilden:

$$\mathfrak{B} = (\mathfrak{A}'+\mathfrak{P}') \dot{+} \mathfrak{C} \dot{+} (\mathfrak{P}''+\mathfrak{B}'').$$

Diese Menge ist ein a mit b verbindendes Kontinuum; mithin müßte sie $=\mathfrak{J}$ sein. Das aber ist unmöglich, da sie den Punkt c von $\mathfrak{J}$ nicht enthält; in der Tat, nach Voraussetzung kommt er nicht in $\mathfrak{C}$ vor; als Punkt von $[\mathfrak{P}', \mathfrak{P}'']$, der weder zu $\mathfrak{P}'$ noch zu $\mathfrak{P}''$ gehört, kann er aber auch nicht in $\mathfrak{A}'+\mathfrak{P}'$ oder $\mathfrak{P}''+\mathfrak{B}''$ vorkommen. Damit ist Satz XXXI bewiesen.

§ 5.

Wir führen nun für die Primteile eines kompakten, zwischen a und b irreduziblen, zusammengesetzten Kontinuums den Grenzbegriff ein durch folgende Definition:

Sei $\{\mathfrak{P}_\nu\}$ eine Folge von Primteilen und $\mathfrak{P}$ ein Primteil aus $\mathfrak{J}$; wir schreiben:

$$\lim_{\nu=\infty} \mathfrak{P}_\nu = \mathfrak{P},$$

wenn für jeden Primteil $\mathfrak{P}'$ vor $\mathfrak{P}$ gilt:

$$\mathfrak{P}' \text{ vor } \mathfrak{P}_\nu \text{ für fast alle } \nu,$$

und für jeden Primteil $\mathfrak{P}''$ nach $\mathfrak{P}$ gilt:

$$\mathfrak{P}_\nu \text{ vor } \mathfrak{P}'' \text{ für fast alle } \nu.$$

Dann gilt folgender Satz:

Satz XXXII. Damit $\lim_{\nu=\infty} \mathfrak{P}_\nu = \mathfrak{P}$ sei, ist notwendig und hinreichend, daß für jede beliebige Punktfolge $\{p_\nu\}$, in der p_ν zu $\mathfrak{P}_\nu$ gehört, sämtliche Häufungspunkte zu $\mathfrak{P}$ gehören.

Die Bedingung ist notwendig. Sei in der Tat $\lim_{\nu=\infty} \mathfrak{P}_\nu = \mathfrak{P}$ und sei $\mathfrak{Q}$ ein Primteil $\neq \mathfrak{P}$. Sei etwa $\mathfrak{Q}$ vor $\mathfrak{P}$. Nach Satz XXIX gibt es einen Primteil $\mathfrak{P}'$ zwischen $\mathfrak{Q}$ und $\mathfrak{P}$; nach Definition des Grenzbegriffes ist $\mathfrak{P}'$ vor $\mathfrak{P}_\nu$ für fast alle ν. Bezeichnet $\mathfrak{P}_b$ den zu b gehörigen Primteil von $\mathfrak{J}$, so gehören also fast alle $\mathfrak{P}_\nu$ und demnach auch fast alle p_ν zum Intervall $[\mathfrak{P}', \mathfrak{P}_b]$.

Nach Satz XXXI ist dieses Intervall eine abgeschlossene Punktmenge; also gehören auch alle Häufungspunkte von $\{p_\nu\}$ zu diesem Intervall und mithin gehört kein Häufungspunkt von $\{p_\nu\}$ zum Primteile $\mathfrak{Q}$, da $\mathfrak{Q}$ nicht zu $[\mathfrak{P}', \mathfrak{P}_b]$ gehört.

Die Bedingung ist hinreichend. Angenommen in der Tat, sie sei erfüllt, und sei $\mathfrak{P}'$ irgendein Primteil vor $\mathfrak{P}$. Gäbe es in $\{\mathfrak{P}_\nu\}$ unendlich viele Primteile, die nicht nach $\mathfrak{P}'$, so gäbe es, wenn $\mathfrak{P}_a$ der zu a gehörige Primteil ist, in $\{p_\nu\}$ unendlich viele zu $[\mathfrak{P}_a, \mathfrak{P}']$ gehörige Punkte. Da $\mathfrak{J}$ kompakt und $[\mathfrak{P}_a, \mathfrak{P}']$ abgeschlossen, müßte also die Folge $\{p_\nu\}$ einen zu $[\mathfrak{P}_a, \mathfrak{P}']$ gehörigen Häufungspunkt besitzen, was unmöglich ist, da nach Annahme alle diese Häufungspunkte zu $\mathfrak{P}$ gehören und $\mathfrak{P}$ nicht zu $[\mathfrak{P}_a, \mathfrak{P}']$ gehört. Also ist für fast alle ν $\mathfrak{P}'$ vor $\mathfrak{P}_\nu$. Ebenso argumentiert man für jeden Primteil $\mathfrak{P}''$ nach $\mathfrak{P}$. Damit ist gezeigt, daß $\lim_{\nu=\infty} \mathfrak{P}_\nu = \mathfrak{P}$, und die Behauptung ist bewiesen.

Nunmehr wollen wir zeigen, daß es eine umkehrbar eindeutige und stetige, ähnliche Abbildung der Primteile $\mathfrak{P}$ auf die ihrer Größe nach geordneten reellen Zahlen des Intervalls $[0, 1]$ gibt. Wir definieren in üblicher Weise als Schnitt in der Menge aller Primteile von $\mathfrak{J}$ eine Einteilung dieser sämtlichen Primteile in zwei nicht leere Klassen, eine Oberklasse und eine Unterklasse, wobei jeder Primteil der Unterklasse vor jedem Primteile der Oberklasse liegt. Dann gilt:

Satz XXXIII. Ist ein Schnitt in der Menge aller Primteile von $\mathfrak{J}$ gegeben, so gibt es entweder in der Unterklasse einen letzten oder in der Oberklasse einen ersten Primteil.[1]

Angenommen in der Tat, es gebe weder in der Unterklasse einen letzten noch in der Oberklasse einen ersten Primteil. Sei $\mathfrak{V}'$ die Vereinigung aller Primteile der Unterklasse, $\mathfrak{V}''$ die Vereinigung aller Primteile der Oberklasse; dann ist:

$$\mathfrak{J} = \mathfrak{V}' + \mathfrak{V}''. \tag{20}$$

Wir behaupten: kein Häufungspunkt von $\mathfrak{V}'$ kann zu $\mathfrak{V}''$ gehören, kein Häufungspunkt von $\mathfrak{V}''$ zu $\mathfrak{V}'$. Wir zeigen etwa das erstere. Gehöre der Häufungspunkt p von $\mathfrak{V}'$ zum Primteile $\mathfrak{P}$

[1] Wir drücken dies in üblicher Weise auch so aus: Es gibt einen den Schnitt hervorrufenden Primteil.

von $\mathfrak{B}''$. Nach Voraussetzung gibt es in $\mathfrak{B}''$ einen Primteil $\mathfrak{P}''$ vor $\mathfrak{P}$. Bezeichnet wieder $\mathfrak{P}_a$ den a enthaltenden Primteil, so ist $\mathfrak{B}'$ Teil von $[\mathfrak{P}_a, \mathfrak{P}'']$, also ist p auch Häufungspunkt von $[\mathfrak{P}_a, \mathfrak{P}'']$, und da $[\mathfrak{P}_a, \mathfrak{P}'']$ abgeschlossen (Satz XXXI), gehört p zu $[\mathfrak{P}_a, \mathfrak{P}'']$. Das aber steht in Widerspruch zur Annahme, p gehöre zu $\mathfrak{P}$, da $\mathfrak{P}$ nicht zu $[\mathfrak{P}_a, \mathfrak{P}'']$ gehört. Damit ist die Behauptung bewiesen.

Da nun $\mathfrak{B}''$ keinen Häufungspunkt von $\mathfrak{B}'$ und $\mathfrak{B}'$ keinen von $\mathfrak{B}''$ enthält, stellt (20) eine Zerlegung von $\mathfrak{J}$ in zwei nicht leere, fremde, in $\mathfrak{J}$ abgeschlossene Teile dar, im Gegensatze zur Tatsache, daß $\mathfrak{J}$ zusammenhängend. Damit ist Satz XXXIII bewiesen.

Wir gehen nun aus von der Bemerkung, daß $\mathfrak{J}$ als kompakte Punktmenge auch separabel ist,[1] d. h. es gibt einen in $\mathfrak{J}$ dichten abzählbaren Teil von $\mathfrak{J}$.

Daraus folgern wir zunächst:

Satz XXXIV. Es gibt eine abzählbare Menge innerer Primteile $\mathfrak{P}_1, \mathfrak{P}_2, \ldots, \mathfrak{P}_n, \ldots$ von $\mathfrak{J}$, derart daß zwischen je zwei Primteilen von $\mathfrak{J}$ mindestens einer unserer Primteile $\mathfrak{P}_n$ liegt.

Sei in der Tat $q_1, q_2, \ldots, q_\nu, \ldots$ eine abzählbare Punktmenge aus $\mathfrak{J}$, die in $\mathfrak{J}$ dicht ist, und sei $\mathfrak{Q}_\nu$ der zu q_ν gehörige Primteil von $\mathfrak{J}$. Seien $\mathfrak{P}' \neq \mathfrak{P}''$ irgend zwei Primteile von $\mathfrak{J}$; wir zeigen: zwischen $\mathfrak{P}'$ und $\mathfrak{P}''$ gibt es mindestens ein $\mathfrak{Q}_\nu$.

Sei etwa $\mathfrak{P}'$ vor $\mathfrak{P}''$ und seien $\mathfrak{A}', \mathfrak{B}'$, beziehungsweise $\mathfrak{A}'', \mathfrak{B}''$ die Endstücke von $\mathfrak{J}$ bezüglich $\mathfrak{P}'$, beziehungsweise $\mathfrak{P}''$. Dann ist:

$$\mathfrak{J} = (\mathfrak{A}' + \mathfrak{P}') + \mathfrak{A}''\mathfrak{B}' + (\mathfrak{P}'' + \mathfrak{B}''). \qquad (21)$$

Hierin sind $\mathfrak{A}' + \mathfrak{P}'$ und $\mathfrak{P}'' + \mathfrak{B}''$ zwei fremde und nach Satz XVII abgeschlossene Mengen. Also ist $\mathfrak{A}''\mathfrak{B}'$ nicht leer, da sonst nach (21) $\mathfrak{J}$ nicht zusammenhängend wäre. Sei p ein Punkt von $\mathfrak{A}''\mathfrak{B}'$. Da $\mathfrak{A}' + \mathfrak{P}'$ und $\mathfrak{P}'' + \mathfrak{B}''$ abgeschlossen, ist also:

$$r(p, \mathfrak{A}' + \mathfrak{P}') > 0; \quad r(p, \mathfrak{P}'' + \mathfrak{B}'') > 0.$$

Da die Menge der q_ν dicht in $\mathfrak{J}$, muß aber p Häufungspunkt der q_ν sein. Es muß also unter den Punkten q_ν mindestens einen geben, für den:

$$r(p, q_\nu) < r(p, \mathfrak{A}' + \mathfrak{P}'); \quad r(p, q_\nu) < r(p, \mathfrak{P}'' + \mathfrak{B}'').$$

Dieser Punkt q_ν gehört dann weder zu $\mathfrak{A}' + \mathfrak{P}'$ noch zu $\mathfrak{P}'' + \mathfrak{B}''$, mithin zu $\mathfrak{A}''\mathfrak{B}'$.

---

[1] R. F., p. 91, Satz V.

Wir behaupten nun: Der zu diesem q_ν gehörige Primteil $\mathfrak{Q}_\nu$ liegt zwischen $\mathfrak{P}'$ und $\mathfrak{P}''$. In der Tat, da $\mathfrak{Q}_\nu$ den nicht zu $\mathfrak{P}'$ gehörigen Punkt q_ν enthält, ist $\mathfrak{Q}_\nu \neq \mathfrak{P}'$ und ebenso ist $\mathfrak{Q}_\nu \neq \mathfrak{P}''$; nach Satz XXII gehört also $\mathfrak{Q}_\nu$ ganz zu $\mathfrak{A}'$ oder ganz zu $\mathfrak{B}'$; ebenso ganz zu $\mathfrak{A}''$ oder ganz zu $\mathfrak{B}''$; da aber $\mathfrak{Q}_\nu$ den zu $\mathfrak{A}''\mathfrak{B}'$ gehörigen Punkt q_ν enthält, gehört es also ganz zu $\mathfrak{A}''$ und ganz zu $\mathfrak{B}'$, d. h. es ist $\mathfrak{P}'$ vor $\mathfrak{Q}_\nu$ und $\mathfrak{Q}_\nu$ vor $\mathfrak{P}''$, wie behauptet. — Daraus folgt auch von selbst, daß $\mathfrak{Q}_\nu$ innerer Primteil von $\mathfrak{J}$.

Damit ist aber auch Satz XXXIV bewiesen: man hat nur für die $\mathfrak{P}_n$ die sämtlichen untereinander verschiedenen $\mathfrak{Q}_\nu$ zu wählen, soweit sie innere Primteile von $\mathfrak{J}$ sind.

Nun folgt sofort:

Satz XXXV. Die Menge der Primteile $\mathfrak{P}_n$ $(n = 1, 2, \ldots)$ von Satz XXXIV hat, nach der Relation »vor« geordnet, den Ordnungstypus η der der Größe nach geordneten Menge aller rationalen Zahlen.

In der Tat, es genügt nachzuweisen,[1] daß die Menge der $\mathfrak{P}_n$ folgende beiden Eigenschaften hat: 1. Zwischen zweien ihrer Elemente liegt immer noch eines; 2. es gibt in ihr kein erstes und kein letztes. Daß 1. gilt, folgt unmittelbar aus Satz XXXIV, demzufolge zwischen irgend zwei Primteilen stets ein $\mathfrak{P}_n$ liegt. Um 2. einzusehen, sei ein $\mathfrak{P}_n$ gegeben, etwa $\mathfrak{P}_{n_0}$; weil es innerer Primteil ist, ist $\mathfrak{P}_{n_0} \neq \mathfrak{P}_a$ (wo $\mathfrak{P}_a$ den a enthaltenden Primteil bedeutet). Nach Satz XXXIV liegt aber zwischen $\mathfrak{P}_a$ und $\mathfrak{P}_{n_0}$ noch ein $\mathfrak{P}_n$, also ist $\mathfrak{P}_{n_0}$ nicht erstes $\mathfrak{P}_n$. Ebenso sieht man, daß es kein letztes $\mathfrak{P}_n$ gibt. Damit ist Satz XXXV bewiesen.

Da auch die Menge aller rationalen Zahlen aus (0, 1) den Ordnungstypus η hat,[2] gibt es eine umkehrbar eindeutige, ähnliche Abbildung der $\mathfrak{P}_n$ auf die rationalen Zahlen aus (0, 1). Wir ordnen ferner der Zahl 0 zu den a enthaltenden Primteil $\mathfrak{P}_a$, der Zahl 1 den b enthaltenden Primteil $\mathfrak{P}_b$. Sei nun $\overline{\mathfrak{P}}$ ein Primteil, dem noch keine Zahl zugeordnet ist, d. h. es ist $\overline{\mathfrak{P}}$ von allen $\mathfrak{P}_n$, von $\mathfrak{P}_a$ und von $\mathfrak{P}_b$ verschieden. Dann ruft $\overline{\mathfrak{P}}$ in der Menge der $\mathfrak{P}_n$ einen Schnitt hervor, zu dessen Unterklasse alle $\mathfrak{P}_n$ vor $\overline{\mathfrak{P}}$, zu dessen Oberklasse alle $\mathfrak{P}_n$ nach $\overline{\mathfrak{P}}$ gehören. Vermöge der vorgenommenen Abbildung der $\mathfrak{P}_n$ auf die rationalen Zahlen aus (0, 1) entspricht diesem Schnitt in der Menge der $\mathfrak{P}_n$ ein ganz bestimmter Schnitt in der Menge der rationalen Zahlen aus (0, 1). Dieser wird hervorgerufen durch eine bestimmte irrationale Zahl aus (0, 1), die wir dem Primteile $\overline{\mathfrak{P}}$ zuordnen. Dadurch ist auch umgekehrt jeder

---

[1] R. F., p. 14, Satz I.

[2] R. F., p. 47.

irrationalen Zahl x aus (0, 1) ein Primteil zugeordnet. Denn x ruft einen Schnitt in der Menge der rationalen Zahlen aus (0, 1) hervor, diesem entspricht ein Schnitt S in der Menge der $\mathfrak{P}_n$; dieser definiert wieder einen Schnitt Σ in der Menge aller $\mathfrak{P}$, nämlich den, dessen Unterklasse aus allen jenen $\mathfrak{P}$ besteht, die vor sämtlichen $\mathfrak{P}_n$ der Oberklasse des Schnittes S stehen. Dieser Schnitt Σ aber wird nach Satz XXXIII hervorgerufen durch einen gewissen Primteil $\overline{\mathfrak{P}}$: und dieser ist es, der der irrationalen Zahl x zugeordnet ist. So sehen wir:

Satz XXXVI. Ist $\mathfrak{J}$ ein kompaktes, zwischen a und b irreduzibles, zusammengesetztes Kontinuum, so gibt es eine umkehrbar eindeutige und ähnliche Abbildung der durch die Relation »vor« geordneten Menge aller Primteile von $\mathfrak{J}$ auf die Menge aller reellen Zahlen aus [0, 1].

Wir bezeichnen nun mit $\mathfrak{P}(x)$ den der Zahl x aus [0, 1] zugeordneten Primteil und dann beweisen wir weiter, daß diese Abbildung auch in beiden Richtungen stetig ist, d. h. wir zeigen:

Satz XXXVII. Aus:

$$\lim_{n=\infty} x_n = \bar{x} \tag{22}$$

folgt:

$$\lim_{n=\infty} \mathfrak{P}(x_n) = \mathfrak{P}(\bar{x}) \tag{23}$$

und umgekehrt.

Sei also (22) erfüllt und sei p_n ein beliebiger Punkt von $\mathfrak{P}(x_n)$. Nach Satz XXXII haben wir zu zeigen: Ist $x' \neq \bar{x}$, so kann kein Häufungspunkt der Folge $\{p_n\}$ zu $\mathfrak{P}(x')$ gehören. Sei etwa $x' < \bar{x}$. Wir wählen x'' gemäß:

$$x' < x'' < \bar{x}.$$

Wegen (22) sind fast alle $x_n \geqq x''$, gehören also zu $[x'', 1]$. Fast alle p_n gehören daher zu $[\mathfrak{P}(x''), \mathfrak{P}(1)]$, und da diese Menge abgeschlossen ist, gehören also auch sämtliche Häufungspunkte von $\{p_n\}$ zu ihr und mithin keiner dieser Häufungspunkte zu $\mathfrak{P}(x')$. Dasselbe gilt, wenn $x' > \bar{x}$, womit (23) bewiesen ist.

Sei nun umgekehrt (23) erfüllt. Angenommen, es gelte nicht (22). Dann gibt es in $\{x_n\}$ eine Teilfolge $\{x_{n_\nu}\}$ mit:

$$\lim_{\nu=\infty} x_{n_\nu} = \bar{\bar{x}} \neq \bar{x}.$$

Wie eben bewiesen, ist dann aber:

$$\lim_{\nu=\infty} \mathfrak{P}(x_{n_\nu}) = \mathfrak{P}(\bar{\bar{x}}),$$

d. h. alle Häufungspunkte von $\{p_{n_\nu}\}$ gehören zu $\mathfrak{P}(\bar{\bar{x}})$; das aber ist nicht möglich, da die Häufungspunkte von $\{p_{n_\nu}\}$ zugleich Häufungspunkte von $\{p_n\}$ sind und somit wegen (23) zu $\mathfrak{P}(\bar{x})$ gehören. Also muß (22) gelten und Satz XXXVII ist bewiesen.

Wir lassen noch einige Beispiele folgen, bei denen als metrischer Raum die xy-Ebene zugrunde gelegt ist. Sei $\mathfrak{J}$ das von den Punkten

$$y = \sin\frac{1}{x} \quad \left(0 < x \leqq \frac{1}{\pi}\right) \quad \text{und} \quad x = 0, \quad -1 \leqq y \leqq 1$$

gebildete Kontinuum der xy-Ebene; es ist irreduzibel zwischen den Punkten $a = (0, 0)$ und $b = \left(\frac{1}{\pi}, 0\right)$. Wir bilden seine Primteile ähnlich und stetig ab auf das Intervall $\left[0, \frac{1}{\pi}\right]$ durch die Festsetzung: $\mathfrak{P}(0)$ sei der Primteil $x = 0$, $-1 \leqq y \leqq 1$; $\mathfrak{P}(x)$ für $x \neq 0$ sei der aus dem Punkte $\left(x, \sin\frac{1}{x}\right)$ bestehende Primteil.

Sei $\mathfrak{J}$ das Kontinuum, das gebildet wird aus zwei verschiedenen konzentrischen Kreisen $\mathfrak{K}_1$ und $\mathfrak{K}_2$ und einer zwischen ihnen verlaufenden Spirale, die sich sowohl $\mathfrak{K}_1$ als $\mathfrak{K}_2$ asymptotisch nähert. Hier wird der Primteil $\mathfrak{P}(0)$ gebildet von $\mathfrak{K}_1$, der Primteil $\mathfrak{P}(1)$ von $\mathfrak{K}_2$, während die Primteile $\mathfrak{P}(x)$ für $0 < x < 1$ gebildet werden von den Punkten der Spirale.

Sei $\mathfrak{J}$ in folgender Weise definiert:[1] Im Intervall $[0, 1]$ sei eine nirgends dichte perfekte Menge $\mathfrak{M}$ gegeben, zu der die Punkte 0 und 1 gehören sollen. Die zu $\mathfrak{M}$ komplementären Teilintervalle von $[0, 1]$ seien ähnlich abgebildet auf die Menge der Brüche $\frac{p}{2^\nu}$ aus $(0, 1)$, wo p eine ungerade Zahl bedeutet. Das Kontinuum $\mathfrak{J}$ nun bestehe 1. aus Strecken der Länge 1, die senkrecht zur x-Achse nach der Seite der positiven y in allen Punkten von $\mathfrak{M}$ errichtet werden, 2. denjenigen zu $\mathfrak{M}$ komplementären Intervallen der x-Achse, die einem Bruche $\frac{p}{2^{2\nu-1}}$ zugeordnet sind; 3. denjenigen Intervallen der Geraden $y = 1$, die durch Parallelverschiebung in Richtung der y-Achse aus den den Brüchen $\frac{p}{2^{2\nu}}$ zugeordneten, zu $\mathfrak{M}$ komplementären Intervallen entstehen. Die Primteile von $\mathfrak{J}$ sind dann 1. jede einzelne der oben unter 1. genannten Strecken; 2. jeder einzelne Punkt der oben unter 2.

---

[1] Vgl. A. Schoenflies, Die Entwicklung der Lehre von den Punktmannigfaltigkeiten, 2. Teil, p. 121.

und 3. genannten Strecken. Sie können den Zahlen x von [0, 1] zugeordnet werden durch die Vorschrift: durch Projektion parallel zur y-Achse projiziert sich jeder Primteil von $\mathfrak{J}$ in einen einzigen Punkt der x-Achse; die Abszisse dieses seines Projektionspunktes ordne man jedem Primteile von $\mathfrak{J}$ zu.

Sei $\mathfrak{J}$ in folgender Weise definiert:[1] $\mathfrak{J}$ bestehe 1. aus konzentrischen Kreisen um den Punkt a, deren Halbmesserlängen eine 0 und 1 enthaltende, nirgends dichte, perfekte Menge $\mathfrak{M}$ aus [0, 1] bilden; 2. aus Spiralen, die in den abzählbar vielen von zwei unmittelbar aufeinanderfolgenden dieser Kreise begrenzten Kreisringen liegen und sich jedem der beiden, den betreffenden Kreisring begrenzenden Kreisen asymptotisch nähern. $\mathfrak{J}$ ist irreduzibel zwischen dem Punkte a und jedem beliebigen Punkte des Kreises vom Radius 1 um a. Die Primteile von $\mathfrak{J}$ sind: 1. die oben unter 1. genannten Kreise; 2. die einzelnen Punkte der oben unter 2. genannten Spiralen. Sie werden ähnlich abgebildet auf die Zahlen von [0, 1], indem man jedem der genannten Kreise zuordnet die Zahl, die die Länge seines Halbmessers angibt, und den Punkten der Spiralen zuordnet die Zahlen des entsprechenden, zu $\mathfrak{M}$ komplementären Teilintervalls von [0, 1].

Zum Schlusse sei noch festgestellt:

Satz XXXVIII. Damit ein kompaktes, zwischen a und b irreduzibles Kontinuum $\mathfrak{J}$ ein einfacher Kurvenbogen sei, ist notwendig und hinreichend, daß sämtliche Primteile von $\mathfrak{J}$ nur aus je einem Punkte bestehen.

Die Bedingung ist notwendig; in der Tat, ein einfacher Kurvenbogen ist gleichzeitig auch ein stetiger Kurvenbogen, daher zusammenhängend im kleinen[2], und enthält daher keinen irregulären Punkt. Aus der Definition der Primteile folgt also, daß jeder nur aus einem einzigen Punkte besteht.

Die Bedingung ist hinreichend; in der Tat, besteht jeder Primteil von $\mathfrak{J}$ nur aus einem einzigen Punkte, so wird aus unserer umkehrbar eindeutigen und stetigen Abbildung der Primteile auf die Zahlen von [0, 1] eine ebensolche Abbildung der Punkte von $\mathfrak{J}$ auf die Zahlen von [0, 1], das aber heißt: $\mathfrak{J}$ ist ein einfacher Kurvenbogen.

§ 6.

Sei wieder $\mathfrak{J}$ ein kompaktes, zwischen a und b irreduzibles, zusammengesetztes Kontinuum. Seine Primteile seien umkehrbar eindeutig, ähnlich und stetig auf die reellen Zahlen von [0, 1]

---

[1] Vgl. Z. Janiszewski, Journ. éc. polyt. (2), 16, 1912, p. 114, Fig. 6.

[2] St. Mazurkiewicz, Comptes Rendus Vars. 6 (1913), p. 945; H. Hahn, Jahresber. Math. Ver., 23 (1914), p. 318.

abgebildet und $\mathfrak{P}(x)$ sei der dabei der Zahl x zugeordnete Primteil. Aus Satz XXXII entnehmen wir sofort:

Satz XXXIX. Damit $\lim_{\nu=\infty} \mathfrak{P}_\nu = \mathfrak{P}$ sei, ist notwendig und hinreichend, daß

$$\lim_{\nu=\infty} r(\mathfrak{P}_\nu, \mathfrak{P}) = 0 \tag{24}$$

sei.

Die Bedingung ist notwendig. Sei in der Tat $\lim_{\nu=\infty} \mathfrak{P}_\nu = \mathfrak{P}$ und sei p_ν ein beliebiger Punkt von $\mathfrak{P}_\nu$. Wir behaupten: Es ist

$$\lim_{\nu=\infty} r(p_\nu, \mathfrak{P}) = 0. \tag{25}$$

In der Tat, andernfalls gäbe es ein $\rho > 0$, so daß:

$$r(p_\nu, \mathfrak{P}) \geqq \rho \quad \text{für unendlich viele } \nu.$$

Da $\mathfrak{J}$ kompakt, müßte also die Folge $\{p_\nu\}$ einen Häufungspunkt besitzen, der nicht zu $\mathfrak{P}$ gehört, im Widerspruche zu Satz XXXII. Damit ist (25) bewiesen. Da aber

$$r(\mathfrak{P}_\nu, \mathfrak{P}) \leqq r(p_\nu, \mathfrak{P}),$$

ist damit auch (24) bewiesen.

Die Bedingung ist hinreichend. Sei in der Tat nicht $\lim_{\nu=\infty} \mathfrak{P}_\nu = \mathfrak{P}$. Dann gibt es, sei es ein $\mathfrak{P}'$ vor $\mathfrak{P}$, so daß für unendlich viele ν: $\mathfrak{P}_\nu$ vor $\mathfrak{P}'$, sei es ein $\mathfrak{P}''$ nach $\mathfrak{P}$, so daß für unendlich viele ν: $\mathfrak{P}_\nu$ nach $\mathfrak{P}''$. Sei etwa ersteres der Fall. Dann gehören unendlich viele $\mathfrak{P}_\nu$ zu $[\mathfrak{P}(0), \mathfrak{P}']$. Dieses Primteilintervall ist nun nach Satz XXXI eine abgeschlossene Menge, die zur abgeschlossenen Menge $\mathfrak{P}$ fremd ist, also von $\mathfrak{P}$ positiven Abstand $\rho > 0$ hat. Für unendlich viele ν ist daher auch:

$$r(\mathfrak{P}_\nu, \mathfrak{P}) \geqq \rho > 0$$

und es kann (24) nicht gelten. Damit ist Satz XXXIX bewiesen.

Wir führen nun statt des Abstandes $r(\mathfrak{P}, \mathfrak{P}')$ zweier Primteile eine andere Zahl ein, die wir als die Abweichung $d(\mathfrak{P}, \mathfrak{P}')$ bezeichnen wollen. Sei δ die obere Schranke der Abstände $r(p, \mathfrak{P}')$ der Punkte p aus $\mathfrak{P}$ von $\mathfrak{P}'$ und δ' die obere Schranke der Abstände $r(p', \mathfrak{P})$ der Punkte p' aus $\mathfrak{P}'$ von $\mathfrak{P}$. Die kleinere der beiden Zahlen δ und δ' sei $d(\mathfrak{P}, \mathfrak{P}')$. Offenbar ist stets:

$$r(\mathfrak{P}, \mathfrak{P}') \leqq d(\mathfrak{P}, \mathfrak{P}'). \tag{26}$$

Und nun zeigen wir, daß in Satz XXXIX auch r durch d ersetzt werden darf:

Satz XL. Damit $\lim_{\nu=\infty} \mathfrak{P}_\nu = \mathfrak{P}$ sei, ist notwendig und hinreichend, daß:

$$\lim_{\nu=\infty} d(\mathfrak{P}_\nu, \mathfrak{P}) = 0$$

sei.

Die Bedingung ist notwendig. Angenommen, sie sei nicht erfüllt. Dann gibt es ein $\rho > 0$, so daß:

$$d(\mathfrak{P}_\nu, \mathfrak{P}) > \rho \quad \text{für unendlich viele } \nu;$$

es gibt also in $\mathfrak{P}_\nu$ einen Punkt p_ν, so daß:

$$r(p_\nu, \mathfrak{P}) > \rho \quad \text{für unendlich viele } \nu.$$

Also besitzt die Folge $\{p_\nu\}$ einen nicht zu $\mathfrak{P}$ gehörigen Häufungspunkt und es kann nach Satz XXXII nicht $\lim_{\nu=\infty} \mathfrak{P}_\nu = \mathfrak{P}$ sein.

Die Bedingung ist hinreichend. In der Tat, ist sie erfüllt, so ist nach (26) auch (24) erfüllt und die Behauptung folgt aus Satz XXXIX.

Die Stetigkeit der vorgenommenen Abbildung der Primteile von $\mathfrak{J}$ auf die Zahlen aus [0, 1] kann nun auch so ausgedrückt werden:

Satz XLI. Ist $\bar{x}$ ein Wert aus [0, 1], so gibt es zu jedem $\varepsilon > 0$ ein $\eta > 0$, derart, daß für jeden der Ungleichung $|x - \bar{x}| < \eta$ genügenden Wert aus [0, 1]:

$$d(\mathfrak{P}(x), \mathfrak{P}(\bar{x})) < \varepsilon.$$

In der Tat, andernfalls gäbe es eine Folge $\{x_\nu\}$ aus [0, 1] mit $\lim_{\nu=\infty} x_\nu = \bar{x}$, für deren zugeordnete Primteile:

$$d(\mathfrak{P}(x_\nu), \mathfrak{P}(\bar{x})) \geqq \varepsilon. \tag{27}$$

Aus $\lim_{\nu=\infty} x_\nu = \bar{x}$ aber folgt: $\lim_{\nu=\infty} \mathfrak{P}(x_\nu) = \mathfrak{P}(\bar{x})$. Also steht (27) im Widerspruche mit Satz XL.

In bekannter Weise definieren wir nun den Durchmesser $D(\mathfrak{M})$ einer Menge $\mathfrak{M}$ als die obere Schranke der Abstände je zweier Punkte von $\mathfrak{M}$. Dann gilt:

Satz XLII. Ist[1] $0 < x_0 < 1$ und $D(x_0)$ der Durchmesser von $\mathfrak{P}(x_0)$, so gibt es zu jedem $\varepsilon > 0$ in [0, 1] ein $x' < x_0$

[1] Für $x_0 = 0$ und $x_0 = 1$ gilt ein analoger Satz.

und ein $x'' > x_0$, so daß der Durchmesser $D(x', x'')$ von $[\mathfrak{P}(x'), \mathfrak{P}(x'')]$:

$$D(x', x'') < D(x_0) + \varepsilon.$$

In der Tat, andernfalls gäbe es in [0, 1] zwei Folgen $\{x'_\nu\}$, $\{x''_\nu\}$ mit:

$$\lim_{\nu=\infty} x'_\nu = x_0; \quad \lim_{\nu=\infty} x''_\nu = x_0, \tag{28}$$

während für alle ν:

$$D(x'_\nu, x''_\nu) \geqq D(x_0) + \varepsilon.$$

Es gäbe also in $[\mathfrak{P}(x'_\nu), \mathfrak{P}(x''_\nu)]$ ein Punktepaar p'_ν, p''_ν, für das:

$$r(p'_\nu, p''_\nu) > D(x_0) + \frac{\varepsilon}{2} \cdot \tag{29}$$

Gehört p'_ν zu $\mathfrak{P}'_\nu$ und p''_ν zu $\mathfrak{P}''_\nu$, so folgt aus (28):

$$\lim_{\nu=\infty} \mathfrak{P}'_\nu = \mathfrak{P}(x_0); \quad \lim_{\nu=\infty} \mathfrak{P}''_\nu = \mathfrak{P}(x_0).$$

Alle Häufungspunkte der Folgen $\{p'_\nu\}$, $\{p''_\nu\}$ müssen also zu $\mathfrak{P}(x_0)$ gehören. Fast alle p'_ν und p''_ν müssen also in $\mathfrak{U}\left(\mathfrak{P}(x_0); \frac{\varepsilon}{4}\right)$ von $\mathfrak{P}(x_0)$ liegen. Daher ist für fast alle ν:

$$r(p'_\nu, p''_\nu) < D(x_0) + \frac{\varepsilon}{2}$$

im Widerspruch zu (29). Damit ist Satz XLII bewiesen.

Satz XLIII. Für jedes δ ist die Menge aller x, deren zugeordneter Primteil $\mathfrak{P}(x)$ einen Durchmesser $D(x) \geqq \delta$ hat, abgeschlossen.

In der Tat, sei x_0 ein Häufungspunkt solcher x, für die $D(x) \geqq \delta$. Nehmen wir, um einen bestimmten Fall vor Augen zu haben, etwa an $0 < x_0 < 1$. Ist $x' < x_0 < x''$, so enthält also das Primteilintervall $[\mathfrak{P}(x'), \mathfrak{P}(x'')]$ gewiß einen Primteil, dessen Durchmesser $\geqq \delta$ ist. Daher ist auch $D(x', x'') \geqq \delta$. Nach Satz XLII folgt dann sofort, daß nicht $D(x_0) < \delta$ sein kann. Damit aber ist Satz XLIII bewiesen.

Satz XLIV. Die Menge aller x aus [0, 1], deren zugeordneter Primteil aus mehr als einem Punkte besteht, ist nirgends dicht in [0, 1].

Angenommen in der Tat, sie sei dicht im Teilintervall (x', x'') von $[0, 1]$. Wir bezeichnen mit $\mathfrak{V}$ die Vereinigung aller Primteile $\mathfrak{P}(x)$ $(x' < x < x'')$ und behaupten: die Menge aller irregulären Punkte von $\mathfrak{J}$ ist dicht in $\mathfrak{V}$. Denn andernfalls gäbe es in $\mathfrak{V}$ einen Punkt $\bar{p}$ und eine Umgebung $\mathfrak{U}(\bar{p}; \rho)$ von $\bar{p}$, in der kein zu $\mathfrak{V}$ gehöriger irregulärer Punkt von $\mathfrak{J}$ liegt. Daraus schließen wir weiter: Es gibt dann auch eine Umgebung $\mathfrak{U}(\bar{p}; \sigma)$, in der gar kein irregulärer Punkt von $\mathfrak{J}$ liegt. In der Tat, da $[\mathfrak{P}(0), \mathfrak{P}(x')]$ und $[\mathfrak{P}(x''), \mathfrak{P}(1)]$ abgeschlossene Mengen sind und $\bar{p}$ zu keiner von beiden gehört, hat $\bar{p}$ von jeder von beiden positiven Abstand; wählen wir σ kleiner als jeden dieser beiden Abstände, so gehören alle in $\mathfrak{U}(\bar{p}; \sigma)$ liegenden Punkte von $\mathfrak{J}$ auch zu $\mathfrak{V}$; wählen wir σ auch $< \rho$, so liegt dann in $\mathfrak{U}(\bar{p}; \sigma)$ überhaupt kein irregulärer Punkt von $\mathfrak{J}$.

Aus der Definition der Primteile folgt nun: Ist $\mathfrak{P}(\bar{x})$ der $\bar{p}$ enthaltende Primteil, so besteht $\mathfrak{P}(\bar{x})$ nur aus dem Punkte $\bar{p}$, hat also den Durchmesser 0.

Andrerseits muß es nach Voraussetzung in (x', x'') eine Punktfolge x_ν mit $\lim\limits_{\nu=\infty} x_\nu = \bar{x}$ geben, deren zugeordnete Primteile $\mathfrak{P}(x_\nu)$ nicht aus nur einem Punkte bestehen. Sei p_ν ein Punkt aus $\mathfrak{P}(x_\nu)$. Wegen $\lim\limits_{\nu=\infty} x_\nu = \bar{x}$ ist auch:

$$\lim_{\nu=\infty} \mathfrak{P}(x_\nu) = \mathfrak{P}(\bar{x}) \tag{30}$$

und daher müssen alle Häufungspunkte von $\{p_\nu\}$ zu $\mathfrak{P}(\bar{x})$ gehören, d. h. mit $\bar{p}$ zusammenfallen. Also ist:

$$\lim_{\nu=\infty} p_\nu = \bar{p}.$$

Für fast alle p_ν ist demnach:

$$r(p_\nu, \bar{p}) < \frac{\sigma}{2}\cdot \tag{31}$$

Nach Satz XLII gilt wegen (30) für die Durchmesser $D(x_\nu)$ fast aller $\mathfrak{P}(x_\nu)$:

$$D(x_\nu) < \frac{\sigma}{2}\cdot \tag{32}$$

Aus (31) und (32) aber folgt, daß fast alle $\mathfrak{P}(x_\nu)$ ganz in $\mathfrak{U}(\bar{p}; \sigma)$ liegen. Da aber in $\mathfrak{U}(\bar{p}; \sigma)$ kein irregulärer Punkt von $\mathfrak{J}$ liegt, müssen fast alle $\mathfrak{P}(x_\nu)$ aus nur einem Punkte bestehen, entgegen der Annahme. Damit ist die Behauptung, daß die Menge der irregulären Punkte von $\mathfrak{J}$ in $\mathfrak{V}$ dicht ist, bewiesen.

Seien nun $x^* < x^{**}$ zwei Werte aus (x', x''). Da $[\mathfrak{P}(x^*), \mathfrak{P}(x^{**})]$ ein ganz zu $\mathfrak{V}$ gehöriges Kontinuum ist, so ist für jedes $\varepsilon > 0$

ein beliebiger Punkt p^* von $\mathfrak{P}(x^*)$ mit einem beliebigen Punkte p^{**} von $\mathfrak{P}(x^{**})$ verbunden durch eine $\frac{\varepsilon}{3}$-Kette aus $\mathfrak{B}$, etwa:

$$p^*, p_1, p_2, \ldots, p_n, p^{**}.$$

Da die Menge der irregulären Punkte von $\mathfrak{J}$ dicht in $\mathfrak{B}$, gibt es zu jedem p_ν dieser Kette einen irregulären Punkt p'_ν von $\mathfrak{J}$, für den:

$$r(p_\nu, p'_\nu) < \frac{\varepsilon}{3}.$$

Dann aber ist:

$$p^*, p'_1, p'_2, \ldots, p'_n, p^{**}$$

eine p^* und p^{**} verbindende irreguläre ε-Kette; es müßten also p^* und p^{**} zum selben Primteile gehören, was nicht der Fall. Damit ist ein Widerspruch hergestellt und Satz XLIV ist bewiesen.

Satz XLIII und XLIV zusammen ergeben:

Satz XLV. Die Menge $\mathfrak{M}$ aller jener Zahlen x aus [0, 1], deren zugeordnete Primteile aus mehr als einem Punkte bestehen, ist eine in [0, 1] nirgends dichte Vereinigung abzählbar vieler abgeschlossener Mengen.

In der Tat, ist $\mathfrak{M}_n$ die Menge aller derjenigen x aus [0, 1], deren zugeordneter Primteil einen Durchmesser $\geqq \frac{1}{n}$ hat, so ist $\mathfrak{M}$ die Vereinigung:

$$\mathfrak{M} = \mathfrak{M}_1 \dot{+} \mathfrak{M}_2 \dot{+} \ldots \dot{+} \mathfrak{M}_n \dot{+} \ldots$$

und nach Satz XLIII ist jede Menge $\mathfrak{M}_n$ abgeschlossen.

H. HAHN (Wien - Austria)

ÜBER STETIGE STRECKENBILDER

Eine uralte Definition des Begriffes « Kurve » lautet: Kurven sind jene geometrischen Gebilde, die durch stetige Bewegung eines Punktes erzeugt werden; oder etwas präziser formuliert: Eine Kurve ist eine Punktmenge, die von einem sich stetig bewegenden Punkte in einem abgeschlossenen endlichen Zeitintervalle durchlaufen werden kann. Es ist nur ein andrer Wortlaut, wenn wir statt dessen sagen: Kurven sind die stetigen Bilder abgeschlossener Strecken. Nun weiss man seit PEANO, dass unter diese Definition Punktmengen fallen, die niemand wird als Kurven bezeichnen wollen, wie z. B. die Fläche eines Quadrates. Man hat daher die in Rede stehende Kurvendefinition verlassen und definiert heute die Kurven durch ihre Eindimensionalität im Sinne von MENGER und URYSOHN. Doch verliert dadurch die Frage nach einer topologischen Charakterisierung der stetigen Streckenbilder, also derjenigen Punktmengen, die von einem sich stetig bewegenden Punkte in einem abgeschlossenen endlichen Zeitintervalle durchlaufen werden können, nichts von ihrem Interesse. Diese Frage haben im Jahre 1913 gleichzeitig und unabhängig beantwortet Herr MAZURKIEWICZ und ich (¹). Die Antwort lautet: Damit eine Punktmenge stetiges Streckenbild sei, ist nothwendig und hinreichend, dass sie in sich kompakt, zusammenhängend und lokal zusammenhängend sei. Dabei heisst eine Punktmenge in sich kompakt, wenn jeder ihrer unendlichen Teile einen zu ihr gehörigen Häufungspunkt hat; der Begriff « zusammenhängend » ist im Sinne der bekannten HAUSDORFF'schen Definition (²) zu verstehen; und eine Menge E heisst im Punkte a von E lokal zusammenhängend, wenn es zu jeder Umgebung U von a eine Umgebung U' von a gibt, so dass jeder in U' liegende Punkt b von E einem auch a enthaltenden und ganz in U liegenden zusammenhängenden Teile von E angehört; die Menge E heisst lokal zusammenhängend, wenn sie in jedem ihrer Punkte lokal zusammenhängend ist.

Dass diese Bedingungen *notwendig* sind, liegt auf der Hand; schwieriger

(¹) ST. MAZURKIEWICZ, Compt. r. Varsovie (III) 6 (1913), 305; Fund. math. 1 (1920), 191; H. HAHN Jahresber. Math. V. 23 (1914), 319; Wien. Ber. 123 (1914), 2433.

(²) Siehe z. B. F. HAUSDORFF Mengenlehre (2 Aufl.), 150.

ist der Nachweis, dass sie *hinreichend* sind; hiefür soll ein neuer Beweis angegeben werden, der — wie mir scheint — nicht nur die ursprünglichen Beweise von Herrn MAZURKIEWICZ und mir, sondern auch die zeither von verschiedenen Seiten mitgeteilten Beweise an Einfachheit und Durchsichtigkeit übertrifft, indem er die Behauptung als unmittelbare Folge bekannter, mit elementaren Mitteln beweisbarer Sätze aufweist. Es sind dies die folgenden Sätze:

I. *Jede in sich kompakte Menge ist stetiges Bild jedes dyadischen Diskontinuums.*

II. *Ist die Menge* M *in sich kompakt, zusammenhängend und lokal zusammenhängend, so sind je zwei Punkte* a *und* b *von* M *verbunden durch ein zu* M *gehöriges stetiges Streckenbild* M′ (1).

III. *Ist die Menge* M *in sich kompakt, zusammenhängend und lokal zusammenhängend, so gehört zu jedem* $\varrho>0$ *ein* $\sigma>0$ *von folgender Eigenschaft: je zwei Punkte von* M *deren Abstand* $<\sigma$ *ist, sind verbunden durch ein zu* M *gehöriges stetiges Streckenbild, dessen Durchmesser* $<\varrho$ *ist.*

Satz II und III findet man bewiesen in meiner oben zitierten Abhandlung (2). Einen Beweis von Satz I findet man in der zweiten Auflage von Hausdorff's Mengenlehre (3); er sei hier kurz in etwas vereinfachter Form skizziert.

Wir nennen ein System endlich vieler Zahlen $(k_1, k_2,\dots, k_n)$ einen *dyadischen Komplex*, wenn jede seiner « Stellen » k_i einen der beiden Werte 0, 1, hat; ebenso nennen wir $k_1, k_2,\dots, k_r,\dots$ eine *dyadische Folge*, wenn jede ihrer Stellen k_r einen der Werte 0, 1 hat. Sei nun jedem dyadischen Komplexe $(k_1, k_2,\dots, k_n)$ eine Menge $A_{k_1,k_2,\dots,k_n}$ zugeordnet; die Mengen mit n Indices nennen wir *Mengen n-ter Stufe*. Wir sagen, diese Mengen bilden ein *dyadischen Schema*, wenn sie folgenden Bedingungen genügen:

1. Jede Menge $A_{k_1,k_2,\dots,k_n}$ ist in sich kompakt.
2. Es ist stels $A_{k_1,k_2,\dots,k_n,k_{n+1}}$ Teil von $A_{k_1,k_2,\dots,k_n}$.
3. Ist d_n der grösste unter den Durchmessern der Mengen n-ter Stufe, so gilt $d_n \to 0$.

Für jede dyadische Falge $k_1, k_2,\dots, k_r,\dots$ besteht der Durchschnitt $A_{k_1}, A_{k_1k_2},\dots, A_{k_1k_2,\dots,k_r},\dots$ aus genau einem Punkte. Die Menge aller dieser Punkte (für alle möglichen dyadischen Folgen) heisst die durch unser Schema dargestellte *dyadische Menge*. Jede dyadische Folge liefert also genau einen Punkt der dyadischen Menge, doch können verschiedene dyadische Folgen denselben Punkt liefern. Sind aber je zwei Mengen n-ter Stufe des dyadischen Schemas fremd, so liefern verschiedene dyadische Folgen auch verschiedene Punkte; die dyadische Menge

(1) D. h. M' ist stetiges Bild einer Strecke $[p, q]$, wobei a und b die Bilder von p und q sind.

(2) H. HAHN Wien. Ber. 123 (1914), 2436, 2439, (Satz II und III).

(3) F. HAUSDORFF, Mengenlehre (2 Aufl.), 131, 197.

heisst dann ein *dyadisches Diskontinuum*. Das bekannteste Beispiel ist das *Cantorsche Diskontinuum*; es entsteht, indem man für A_0, A_1, die Intervalle $\left[0, \frac{1}{3}\right]$, $\left[\frac{2}{3}, 1\right]$ wählt, für A_{00}, A_{01}, A_{10}, A_{11} die Intervalle $\left[0, \frac{1}{9}\right]$, $\left[\frac{2}{9}, \frac{1}{3}\right]$, $\left[\frac{2}{3}, \frac{7}{9}\right]$, $\left[\frac{8}{9}, 1\right]$ usf.

Sei nun durch ein erstes dyadisches Schema eine beliebige dyadische Menge A gegeben, durch ein zweites dyadisches Schema ein dyadisches Diskontinuum D. Jeder Punkt von D wird geliefert durch genau eine dyadische Folge, die ihrerseits genau einen Punkt von A liefert; dadurch ist eine Abbildung von D auf A gegeben, die offenbar stetig ist. Also: *Jede dyadische Menge ist stetiges Bild jedes dyadischen Diskontinuums.*

Um I zu beweisen, ist also nur zu zeigen: *Jede in sich kompakte Menge* A *ist eine dyadische Menge.* Um dies einzusehen, beachte man, dass A, weil in sich kompakt, überdeckbar ist durch endlich viele Kugeln vom Radius 1; indem man eventuell eine solche Kugel mehrmals anschreibt, kann man immer annehmen, ihre Anzahl sei eine Potenz von 2, etwa 2^{n_1}. Die Durchschnitte dieser Kugeln mit A seien $K_1, K_2, \ldots, K_{2^{n_1}}$; wir machen sie zu den Mengen n_1-ter Stufe eines dyadischen Schemas, dessen Mengen niedrigerer Stufe alle die Menge A selbst seien. Jede Menge K_i ist wieder überdeckbar durch endlich viele Kugeln vom Radius $\frac{1}{2}$; wir können ohneweiteres annehmen, die Anzahl dieser überdeckenden Kugeln sei für jedes K_i dieselbe, und zwar eine Potenz 2^{n_2} von 2. Die Durchschnitte dieser $2^{n_1+n_2}$ Kugeln mit A machen wir zu den Mengen (n_1+n_2)-ter Stufe unsres dyadischen Schemas, während für $n_1 < n < n_1+n_2$ als Mengen n-ter Stufe in leicht ersichtlicher Weise die Mengen $K_1, K_2, \ldots, K_{2^{n_1}}$ gewählt werden. In dieser Weise fortfahrend erhält man tatsächlich ein die Menge A darstellendes dyadisches Schema, und I ist bewiesen.

Nun zeigen wir, wie aus I, II und III die Behauptung folgt:

Jede in sich kompakte, zusammenhängende und lokal zusammenhängende Menge M *ist ein stetiges Streckenbild.*

Nach I gibt es eine stetige Abbildung des Cantorschen Diskontinuums C auf M; es handelt sich noch darum, diese Abbildung zu einer stetigen Abbildung der Strecke [0, 1] auf M zu ergänzen. Das Komplement von C zu [0, 1] besteht aus abzählbar vielen zu je zweien fremden, offenen Intervallen (p_r, q_r) $(r=1, 2, \ldots)$. Da p_r und q_r zu C gehören, haben sie in M je einen Bildpunkt a_r bzw. b_r. Nach II sind a_r und b_r verbunden durch ein zu M gehöriges Streckenbild M_r, und nach III kann angenommen werden, dass für den Durchmesser d_r von M_r gilt: $d_r \to 0$. Weil M_r ein a_r und b_r verbindendes Streckenbild ist, können wir $[p_r, q_r]$ stetig so auf M_r abbilden, dass a_r Bild von p_r und b_r Bild von q_r ist. Dadurch ist die Abbildung von C auf M ergänzt zu einer Abbildung von [0, 1] auf M, die wegen $d_r \to 0$ offenbar stetig ist.

Wählen wir insbesondere für M die Fläche eines Quadrates und verstehen unter M_r die Verbindungsstrecke von a_r und b_r, so erhalten wir eine Abbildung der Strecke aufs Quadrat, die zuerst von H. LEBESGUE angegeben wurde ([1]). Während die stetige Abbildung einer Strecke auf eine in sich kompakte, zusammenhängende und lokal zusammenhängende Menge, die ich in der oben zitierten Abhandlung durchführte, eine Verallgemeinerung von PEANOS Abbildung der Strecke aufs Quadrat war, ist also die hier angegebene Abbildung eine Verallgemeinerung von LEBESGUES Abbildung der Strecke aufs Quadrat.

([1]) H. LEBESGUE, *Leçons sur l'intégration*, 44. Vgl. auch H. HAHN « Ann. di Mat. » (3), 21, (1913), 51; *Theorie der reellen Funktionen*, 150.

Commentary on Hans Hahn's paper "Über nichtarchimedische Größensysteme"

Laszlo Fuchs

Department of Mathematics, Tulane University

This monumental paper is one of the most influential articles in the theory of ordered groups and rings. It reflects Hahn's ingenuity in creating a new field by analyzing a problem from different perspectives and by using a new idea to solve it.

Order has always played an important role in mathematics, but – as a subject of study in connection with algebraic operations – the notion of order emerged only towards the end of the 19th century. It was recognized that the property known as Archimedean Axiom was indispensable for the study. This axiom was an important factor (implicitly) in the development of the real numbers via Dedekind cuts (1872) as well as (explicitly) in Hilbert's foundation of the euclidean geometry (1899). In fact, the archimedean property was instrumental in establishing both completeness and commutativity.

However, archimedean orders were too restrictive: several topics of interest (like infinitesimal quantities and growth types of functions) were not covered. In his endeavor to understand non-archimedean structures, Hahn recognized that the critical question was whether or not there exist non-archimedean structures which possess some sort of completeness property reminiscent to the real numbers, and he set himself the formidable task of finding them. He brilliantly exploited the fertile ideas in Zermelo's paper (1904): the transfinite methods developed there would offer a powerful machinery to attack the problem of non-archimedean structures. Surprisingly, both the formulation of the results and their proofs required transfinite apparatus.

In the process of writing this long article, Hahn had to invent new terminology and develop new methods. It must have involved an immense amount of thinking to distill the insight of the author into powerful theorems. Though he did an amazing job, the article is rather difficult to read. (Perhaps this was the reason why his ideas lay dormant for a long time.) In Clifford's opinion (2), the paper "may well be described as a transfinite marathon".

In order to appreciate Hahn's achievement, let us give here an abbreviated description of the main results of this paper, using modern terminology.

Let G be a totally ordered abelian group, written additively. Two positive elements, a and b of G, are *archimedean equivalent* if there are positive integers m, n such that $ma > b$ and $nb > a$, while b is *infinitely smaller* than a if $nb < a$ for all positive integers n. The equivalence classes form a totally ordered set Π (the class $[b]$ of b is defined to be larger than the class $[a]$ of a if b is infinitely smaller than a). For every positive a, the class $[a] = \pi$ defines two "convex" subgroups, L_π and U_π, consisting of all the elements of G whose absolute values are infinitely smaller than a, and whose absolute values are not infinitely larger than a, respectively. The factor group $U_\pi/L_\pi = G_\pi$ is a totally ordered group which is archimedean, and thus order-isomorphic to a subgroup of the reals. The collection $\{\Pi, G_\pi (\pi \in \Pi)\}$ contains crucial information about G. For each G_π choose a copy $\mathcal{R}_\pi$ of the reals and form the subgroup H of the cartesian product of the totally ordered groups $\mathcal{R}_\pi$ consisting of vectors whose supports are well-ordered in the total order of Π (the arising group is now called the *Hahn product*). H carries a total order under the lexicographic ordering.

The Hahn products of the reals are the sought-after totally ordered groups which display a sort of completeness similar to the reals. They are the principal tools in the first main result of the paper which can be formulated as a sort of embedding theorem: *G is order-isomorphic to a subgroup of H over the same* Π.

The other striking result in this paper is concerned with totally ordered fields. If the totally ordered set Π carries an additional structure, viz. if it is a totally ordered abelian group, then in the Hahn product multiplication can be defined. This way we obtain rings of formal power series, which leads to the second main result of the article: *The Hahn product of the reals over a totally ordered abelian group* Π *is a totally ordered field.*

Since Hahn a great deal of significant work has been done on ordered groups and rings. New methods have since been developed which have not only simplified the original presentation, but in fact have extended the theory to larger classes of structures. But even today, Hahn's theorems remain deep results for which no simple proofs are available. One can not acquire any serious knowledge of totally ordered abelian groups and totally ordered fields without a profound understanding of Hahn's theory. Generalizations are abundant, we just point out a few: Conrad (3) and Conrad–Harvey–Holland (4) extend Hahn's embedding theorem to lattice-ordered abelian groups (and beyond), while Mal'cev (7) and Neumann (8) generalize Hahn's construction of formal power series fields to the non-commutative case.

This pioneering paper has influenced other areas of mathematics as well. Most notably, in his general valuation theory, the crucial construction of "maximally valuated fields" Krull (6) was motivated by Hahn's ideas and used Hahn's construction of power series fields. Lexicographic products over totally ordered sets are nowadays indispensable tools in several areas of mathematics.

A fuller discussion of the topics can be found e. g. in Fuchs (5) and in Bigard–Keimel–Wolfenstein (1).

References

1. *A. Bigard, K. Keimel, S. Wolfenstein,* Groupes et Anneaux Réticulés, Lecture Notes in Math. 608 (Springer, Berlin, 1977).
2. *A. H. Clifford,* Note on Hahn's theorem on ordered abelian groups, Proc. Amer. Math. Soc. 5 (1954), 860–863.
3. *P. Conrad,* Embedding theorems for abelian groups with valuations, Amer. J. Math. 75 (1953), 1–29.
4. *P. Conrad, J. Harvey, C. Holland,* The Hahn embedding theorem for lattice-ordered groups, Trans. Amer. Math. Soc. 108 (1963), 143–169.
5. *L. Fuchs,* Teilweise Geordnete Algebraische Strukturen, Vanderhoeck & Ruprecht (Göttingen, 1966).
6. *W. Krull,* Allgemeine Bewertungstheorie, J. reine ang. Math. 167 (1932), 160–196.
7. *A. I. Mal'cev,* On the embedding of group algebras in division algebras [Russian], Doklady Akad. Nauk. USSR 60 (1948), 1499–1501.
8. *B. H. Neumann,* On ordered division rings, Trans. Amer. Math. Soc. 66 (1949), 202–252.

Hahn's Work in Algebra
Hahns Arbeit zur Algebra

Über die nichtarchimedischen Größensysteme

von

Hans Hahn in Wien.

(Vorgelegt in der Sitzung am 7. März 1907.)

Das Studium der nichtarchimedischen Größensysteme geht zurück auf P. Du Bois-Reymond[1] und O. Stolz.[2] Ausführlich finden sich einige hieher gehörende Fragen behandelt in der von der Accademia dei Lincei preisgekrönten Schrift von R. Bettazzi: Teoria delle grandezze.[3] In seinen mathematisch und philosophisch bedeutungsvollen »Fondamenti di geometria«[4] baute sodann G. Veronese eine Geometrie auf ohne Benützung des archimedischen Axioms und kam später, anläßlich verschiedener gegen sein Werk gerichteter Einwände, wiederholt auf den Gegenstand zurück.[5] Weitere Untersuchungen über nichtarchimedische Größensysteme rühren von T. Levi-Civita her,[6] der sich eine arithmetische Darstellung des Veronese'schen Kontinuums zum Ziele setzte und dabei zu Resultaten von großer Allgemeinheit geführt wurde. Ferner sei hier noch eine Arbeit von A. Schoenflies genannt,[7] von der weiter unten eingehender zu sprechen sein wird.

Unter einem nichtarchimedischen Größensystem wird im folgenden ein System einfach geordneter Größen verstanden, in dem eine gewissen sechs Forderungen genügende Addition definiert ist und in dem das Axiom des Archimedes nicht gilt.

---

1 Math. Ann., 8 (1875), 11 (1877).

2 Math. Ann., 18 (1881), p. 269; 22 (1883); 39 (1891).

3 Pisa, 1891.

4 Padua, 1891, deutsch von A. Schepp, Leipzig, 1894.

5 Math. Ann., 47 (1896); Rend. Linc. (5), 6 (1897); (5), 7 (1898).

6 Atti ist. Ven. (7), 4 (1892/93); Rend. Linc. (5), 7 (1898).

7 Jahresber. deutsch. Math. Ver., 15 (1906).

Die Größen eines solchen Systems lassen sich dann so in Klassen zusammenfassen, daß innerhalb jeder einzelnen Klasse das Axiom des Archimedes gilt. Diese Klassen bilden nun selbst eine einfach geordnete Menge, deren Ordnungstypus ich als den Klassentypus unseres nichtarchimedischen Größensystems bezeichne. Es besteht dann (§ 1) der Satz, daß es nichtarchimedische Größensysteme von beliebig vorgegebenem Klassentypus gibt.[1]

Beispiele nichtarchimedischer Größensysteme von endlichem Klassentypus liefern, wie seit langem bekannt, die komplexen Zahlen mit n Einheiten, wenn man zwischen ihnen eine geeignete Ordnungsbeziehung festsetzt. Umgekehrt hat Bettazzi in seiner oben genannten Preisschrift gezeigt, daß jedes nichtarchimedische Größensystem vom endlichen Klassentypus n sich arithmetisch durch komplexe Zahlen mit n Einheiten darstellen läßt. Ich zeige nun in § 2 allgemein, daß jedes nichtarchimedische Größensystem sich arithmetisch darstellen läßt durch komplexe Zahlen, deren Einheiten eine (im allgemeinen unendliche) einfach geordnete Menge bilden[2] — der Ordnungstypus dieser Menge ist der Klassentypus unserer Größensysteme —, wobei in jeder einzelnen solchen Zahl die Einheiten, deren Koeffizient von Null verschieden ist, eine »absteigend wohlgeordnete« Menge bilden,[3] d. h. eine Menge, welche bei Umkehrung der Ordnungsbeziehung zwischen ihren Elementen in eine wohlgeordnete Menge im Sinne von G. Cantor übergeht. Über die Art meiner Beweisführung muß ich einige Worte vorausschicken; sie beruht nämlich auf der Annahme, daß jede Menge wohlgeordnet werden kann. Die Frage nun, ob der von E. Zermelo[4] für diese Behauptung publizierte Beweis bindend ist, ist bekanntlich kontrovers und besonders

[1] Dies Resultat deckt sich inhaltlich mit den Überlegungen von Levi-Civita, Rend. Linc. (5), 7/1, p. 113 ff.

[2] Auch Veronese bezeichnet die von ihm aufgestellten Zahlen gelegentlich als komplexe Zahlen mit unendlich vielen Einheiten.

[3] Ein Hinweis auf die Möglichkeit von Zahlen, die mit Hilfe solcher absteigend wohlgeordneter Mengen gebildet sind, findet sich in der genannten Arbeit von Schoenflies.

[4] Math. Ann., 59 (1904).

schwerwiegend sind die Bedenken, die in letzter Zeit Poincaré[1] gegen diesen Beweis geltend gemacht hat. Es muß daher besonders darauf hingewiesen werden, daß das Resultat von § 2 nur unter der Voraussetzung gewonnen ist, daß es eine Wohlordnung der Größen unseres Systems gibt. Es ist übrigens nicht zum ersten Mal, daß von dem Wohlordnungssatze in Fragen, die nicht direkt die Mengenlehre berühren, Gebrauch gemacht wird: G. Hamel[2] hat diesen Satz verwendet, um die Existenz unstetiger Lösungen der Funktionalgleichung $f(x+y)=f(x)+f(y)$ nachzuweisen.

In § 3 werden die nichtarchimedischen Größensysteme in vollständige und unvollständige unterschieden. Bekanntlich ist die Dedekind'sche Stetigkeitsforderung in nichtarchimedischen Größensystemen unerfüllbar. Veronese hat sie durch ein System von zwei Forderungen ersetzt, deren erste die Dedekind'sche Stetigkeit innerhalb jeder einzelnen Klasse verlangt, während die zweite festsetzt, daß zwischen zwei gegen einander konvergierenden Größen des Systems, deren Differenz kleiner wird als jede Größe des Systems, immer noch eine Größe des Systems liegt.[3] Man erkennt nun leicht, daß unsere vollständigen Systeme auch immer stetig sind im Sinne von Veronese, während das Umgekehrte nicht zutrifft: es gibt Systeme mit Veronese'scher Stetigkeit, die nicht vollständig sind.[4] Hilbert hat für archimedische Größensysteme die Dedekind'sche Stetigkeitsforderung in zwei Forderungen gespalten,[5] deren erste das Axiom des Archimedes enthält, während die zweite — das sogenannte Vollständigkeitsaxiom — verlangt, es solle nicht möglich sein, das System durch Hinzufügung neuer Größen so zu erweitern, daß auch im erweiterten Systeme alle übrigen Axiome — die Axiome der Verknüpfung, die Axiome der Anordnung und das archi-

---

1 Revue de metaphysique et de morale, 1905.

2 Math. Ann., 60 (1905).

3 Schoenflies untersucht l. c. die Tragweite der zweiten Forderung, wenn man die erste nicht als erfüllt voraussetzt.

4 Zum Beispiel die von Levi-Civita l. c. angegebenen.

5 Grundlagen der Geometrie, 2. Aufl., p. 26; Jahresber. deutsch. Math. Ver., 8 (1900).

medische Axiom — weiter gelten. Schoenflies spricht nun in seiner oben genannten Arbeit die Vermutung aus, es könne keine nichtarchimedischen Größensysteme geben, für welche ein Vollständigkeitsaxiom gilt. Diese Behauptung ist sicher richtig, wenn man hier dem Vollständigkeitsaxiom den Inhalt geben will, es solle nicht möglich sein, das System so zu erweitern, daß die Axiome der Verknüpfung und Anordnung erhalten bleiben.

Man beachte aber, daß die Frage noch in andrer Weise gestellt werden kann. Das Vollständigkeitsaxiom, wie es für archimedische Systeme formuliert ist, verlangt auch Weiterbestehen des archimedischen Axioms im erweiterten Systeme, und man kann ihm also auch die Form geben, es solle nicht möglich sein, daß die Axiome der Verknüpfung und Anordnung weiter bestehen und jede der neu hinzugekommenen Größen mit einer Größe des ursprünglichen Systems in dieselbe Klasse gehört. In dieser Form nun gestattet das Vollständigkeitsaxiom sofort eine Übertragung auf nichtarchimedische Größensysteme und damit diese Forderung erfüllt sei, ist notwendig und hinreichend, daß das Größensystem ein vollständiges ist. Archimedische und nichtarchimedische Größensysteme unterscheiden sich dann nur mehr durch das archimedische Axiom. Diesem Axiom kann man aber die Form geben: Unser Größensystem soll vom Klassentypus 1 sein. Für ein nichtarchimedisches Größensystem tritt dann an Stelle dieser Forderung die Festsetzung des Klassentypus dieses Systems, etwa: Das System soll vom Typus $\omega^* + \omega$ sein oder es soll vom Ordnungstypus des Kontinuums sein, so daß also vollständiger Parallelismus für archimedische und nichtarchimedische Größensysteme erreicht ist.

Im letzten Paragraphen wird gezeigt, daß für vollständige nichtarchimedische Größensysteme, zwischen deren Klassen sich eine allen Regeln der gewöhnlichen Addition der reellen Zahlen genügende Addition definieren läßt, eine allen Regeln der gewöhnlichen Multiplikation der reellen Zahlen genügende Multiplikation definiert werden kann, die also auch eine inverse Operation zuläßt: die Division. Es ist dies deshalb bemerkenswert, weil dadurch gezeigt ist, daß der für komplexe Zahlsysteme mit einer endlichen Anzahl von Einheiten gültige Satz von der Unmöglichkeit einer allen Regeln der gewöhnlichen Arithmetik genügenden Multiplikation für komplexe Zahlen mit unendlich vielen Einheiten seine Gültigkeit verliert. Hierauf ist schon von Veronese hingewiesen worden. Hier nun wird die Fragestellung in voller Allgemeinheit behandelt.

Auf die Behandlung einiger spezieller nichtarchimedischer Größensysteme, insbesondere solcher, die sich zur arithmetischen Darstellung des Veronese'schen Kontinuums verwenden lassen, hoffe ich bald zurückkommen zu können.

§ 1.

Wir werden im folgenden ein System von Dingen als ein Größensystem bezeichnen, wenn zufolge irgend einer Regel zwei beliebige Dinge des Systems a und b als einander gleich ($a = b$) oder ungleich ($a \neq b$) definiert sind. An die Definition der Gleichheit werden dabei nur die folgenden zwei Forderungen gestellt:

1. Es muß zufolge dieser Regel jedes Ding des Systems sich selbst gleich sein ($a = a$).
2. Wenn zwei Dinge des Systems einem und demselben dritten gleich sind, so müssen sie untereinander gleich sein (wenn $a = b$, $b = c$, so ist auch $a = c$).

Wir werden es nur mit einfach geordneten Größensystemen zu tun haben. Wir nennen ein Größensystem einfach geordnet, wenn von zwei auf Grund der obigen Regel als ungleich definierten Dingen a, b zufolge einer weiteren Regel das eine (a) als das kleinere, das andere (b) als das größere definiert ist ($a < b$ oder $b > a$). An die Definition der Zeichen $>$ und $<$ stellen wir dabei nur die folgenden zwei Forderungen:

1. Wenn $a > b$, $b > c$ ist, so muß auch $a > c$ sein.
2. Wenn $a > b$ und $a = a'$, $b = b'$, so muß auch $a' > b'$ sein.

Wir werden weiter voraussetzen, daß in unseren Größensystemen sich eine Addition definieren läßt, d. h. eine Operation, der die folgenden Eigenschaften zukommen:

1. Sie gestattet, aus irgend zwei Dingen a und b des Systems in eindeutiger Weise ein drittes Ding $a+b$ des Systems herzuleiten.
2. Wenn $a = a'$ und $b = b'$, so ist $a+b = a'+b'$.
3. Sie ist assoziativ: $(a+b)+c = a+(b+c)$.
4. Sie ist kommutativ: $a+b = b+a$.
5. Sie läßt eine eindeutige Umkehrung (die Subtraktion) zu, d. h. wenn a und c zwei beliebige Größen des Systems sind, so gibt es stets eine Größe b, derart, daß $a+b = c$ ist und für jede andere Größe b', für die ebenfalls $a+b' = c$ besteht, gilt: $b = b'$.
6. Aus $b > b'$ folgt $a+b > a+b'$.

Die Subtraktion drücken wir wie gewöhnlich durch das — Zeichen aus, so daß, wenn $a+b = c$ ist, $b = c-a$ gesetzt wird. Man beweist leicht, daß für irgend zwei Größen a und b des Systems $a-a = b-b$ wird. Diese Größe des Systems — sowie jede ihr gleiche — wird mit 0 bezeichnet. Sie ist die indifferente Größe (der Modul) der Addition: $a+0 = a$.

Diejenigen Größen des Systems, welche > 0 sind, heißen positiv, diejenigen, welche < 0 sind, heißen negativ. Die Größe $0-a$ heißt die zu a entgegengesetzte und wird auch kurz mit $-a$ bezeichnet. Die zu einer positiven Größe entgegengesetzte ist negativ und umgekehrt. Für jedes positive b gilt: $a+b > a$, für jedes negative b gilt $a+b < a$. Die Summe aus n einander gleichen Summanden a bezeichnen wir mit na und nennen sie ein Vielfaches von a (dabei bedeutet n eine natürliche Zahl).

Wir unterscheiden die einfach geordneten Größensysteme, in denen eine unseren Forderungen genügende Addition besteht, in archimedische und nichtarchimedische, je nachdem in ihnen das sogenannte Postulat des Archimedes erfüllt ist oder nicht. Dasselbe lautet:

Es seien a und b zwei beliebige positive Größen des Systems und $a < b$. Dann gibt es stets ein solches Vielfaches na von a, daß $na > b$.

Die Gesamtheit der reellen Zahlen bildet ein archimedisches Größensystem; Beispiele nichtarchimedischer Größensysteme werden wir im folgenden in großer Zahl aufstellen.

Sei uns ein beliebiges nichtarchimedisches Größensystem gegeben und seien a und b irgend zwei positive Größen desselben. Dann bilden die folgenden vier Möglichkeiten eine vollständige Disjunktion.

I. Zu jedem Vielfachen na von a gibt es ein Vielfaches mb von b, so daß $mb > na$ und umgekehrt zu jedem Vielfachen $m'b$ von b ein Vielfaches $n'a$ von a, so daß $n'a > m'b$.

II. Zu jedem Vielfachen na von a gibt es ein Vielfaches mb von b, so daß $mb > na$, aber nicht umgekehrt.

III. Zu jedem Vielfachen $m'b$ von b gibt es ein Vielfaches $n'a$ von a, so daß $n'a > m'b$, aber nicht umgekehrt.

IV. Es gibt weder zu jedem Vielfachen na von a ein Vielfaches mb von b, so daß $mb > na$, noch zu jedem Vielfachen $m'b$ von b ein Vielfaches $n'a$ von a, so daß $n'a > m'b$.

Im Falle I wollen wir sagen, a und b sind von derselben Höhe, in Zeichen $a \sim b$. Es ist offenbar, wenn $a = a'$ ist, auch $a \sim a'$ und wenn $a \sim b$ und $b \sim c$, so auch $a \sim c$.

Im Falle II sagen wir, a sei von geringerer Höhe als b, in Zeichen $a \mathrel{-\!\ni} b$ oder $b \mathrel{\in\!-} a$ und haben demgemäß im Falle III zu schreiben $b \mathrel{-\!\ni} a$ oder $a \mathrel{\in\!-} b$. Man erkennt, daß sich die Zeichen $\sim$, $\mathrel{-\!\ni}$, $\mathrel{\in\!-}$ gegenseitig ausschließen. Es ist ferner leicht zu sehen, daß im Falle II jedes Vielfache von a kleiner als b ($na < b$ für jedes n und daher auch $na < mb$ für jedes n und m), im Falle III jedes Vielfache von b kleiner als a sein muß. Denn wäre etwa im Falle II $na > b$, so wäre auch (nach Eigenschaft 6 der Addition) $mna > mb$ für jede natürliche Zahl m und es gäbe zu jedem Vielfachen von b ein größeres Vielfaches von a entgegen der Voraussetzung, daß Fall II vorliegt.

Fall IV endlich kann überhaupt nicht auftreten. Denn wenn es nicht zu jedem Vielfachen von a ein größeres Vielfaches von b gibt, so muß, wie eben gezeigt, für jedes n die Ungleichung bestehen $na < b$, speziell für $n = 1$ erhält man $a < b$. Gäbe es nun auch nicht zu jedem Vielfachen von b ein größeres Vielfaches von a, so müßte ebenso $b < a$ sein, was unmöglich ist.

Wir sehen also, daß, wenn a und b irgend zwei positive Größen unseres Systems sind, immer eine und nur eine der drei Beziehungen stattfindet:

$$a \sim b, \quad a \mathrel{-\!\!\!3} b, \quad a \mathrel{\varepsilon\!\!-} b.$$

Ferner haben wir erkannt, daß aus $a \mathrel{-\!\!\!3} b$ immer auch folgt $a < b$ und aus $a \mathrel{\varepsilon\!\!-} b$ auch $a > b$, aber nicht umgekehrt.

Ist eine der beiden Größen a und b negativ, etwa a, so ersetzen wir sie durch die entgegengesetzte $-a$, die dann positiv ist und setzen fest, daß zwischen a und b diejenige unserer drei Ordnungsbeziehungen bestehen möge, welche zwischen $-a$ und b besteht. Sind a und b beide negativ, so ersetzen wir sie durch $-a$ und $-b$ und setzen wieder für a und b die zwischen $-a$ und $-b$ bestehende Ordnungsbeziehung fest. Nunmehr besteht zwischen irgend zwei von Null verschiedenen Größen unseres Systems eine und nur eine der drei Ordnungsbeziehungen $\sim$, $\mathrel{-\!\!\!3}$, $\mathrel{\varepsilon\!\!-}$.

Nun fassen wir alle Größen unseres Systems, die untereinander gleiche Höhe haben, in eine Größenklasse zusammen und fügen jeder einzelnen Größenklasse noch die Null hinzu. Jede Größe unseres Systems mit Ausnahme der Null steht also in einer und nur einer Klasse, die Null hingegen in jeder Klasse.

Seien nun A und B zwei verschiedene Größenklassen unseres nichtarchimedischen Größensystems — man erkennt leicht, daß jedes nichtarchimedische Größensystem mindestens zwei verschiedene Klassen enthalten muß — sei a eine von Null verschiedene Größe aus A, b eine von Null verschiedene Größe aus b. Dann ist entweder $a \mathrel{-\!\!\!3} b$ oder $a \mathrel{\varepsilon\!\!-} b$, und dieselbe Ordnungsbeziehung wie zwischen a und b besteht dann zwischen irgend einer von Null verschiedenen Größe aus A einerseits und irgend einer von Null verschiedenen Größe aus B andrerseits. Wir setzen dieselbe Ordnungsbeziehung zwischen den Klassen A und B selbst fest. Zwischen irgend zwei voneinander verschiedenen Klassen A und B unseres Größensystems besteht also eine der beiden Ordnungsbeziehungen $A \mathrel{-\!\!\!3} B$ und $A \mathrel{\varepsilon\!\!-} B$, von denen jede die andere ausschließt. Ferner folgt aus $A \mathrel{\varepsilon\!\!-} B$ und $B \mathrel{\varepsilon\!\!-} C$ offenbar $A \mathrel{\varepsilon\!\!-} C$. Die Klassen unseres

Größensystems bilden daher — nach der Terminologie von G. Cantor — eine einfach geordnete Menge, der somit ein bestimmter Ordnungstypus zukommt. Wir bezeichnen ihn als den Klassentypus unseres nichtarchimedischen Größensystems.

Jedes archimedische Größensystem besteht nur aus einer einzigen Klasse[1] und hat somit den Klassentypus 1.

Ein nichtarchimedisches Größensystem vom Klassentypus 2 bilden die gemeinen komplexen Zahlen $a+bi$, wenn man zwischen ihnen die nachstehende Ordnungsbeziehung festsetzt:

$$a+bi > a'+b'i, \quad \text{wenn } a > a'$$
$$a+bi > a+b'i, \quad \text{wenn } b > b'.$$

Dann wird die Klasse geringerer Höhe gebildet von allen rein imaginären Zahlen, die höhere Klasse von den Zahlen mit nicht verschwindendem reellen Teile.

Ebenso erhalten wir ein nichtarchimedisches Größensystem von beliebigem endlichen Klassentypus n durch Bildung eines komplexen Zahlsystems mit n Einheiten: a_1e_1+ $+a_2e_2+\ldots+a_ne_n$, in dem die Addition definiert ist durch:

$$(a_1e_1+a_2e_2+\ldots+a_ne_n)+(b_1e_1+b_2e_2+\ldots+b_ne_n) =$$
$$= (a_1+b_1)e_1+(a_2+b_2)e_2+\ldots+(a_n+b_n)e_n$$

und die folgenden Ordnungsbeziehungen festgesetzt sind:

$$a_1e_1+a_2e_2+\ldots+a_ne_n > b_1e_1+b_2e_2+\ldots+b_ne_n, \quad \text{wenn } a_1 > b_1$$

oder im Falle

$$a_1 = b_1, \ldots, \quad a_{i-1} = b_{i-1}, \quad \text{wenn } a_i > b_i.$$

Die n Klassen sind dann der Reihe nach gebildet aus den Größen: a_ne_n, $a_{n-1}e_{n-1}+a_ne_n$ $(a_{n-1} \neq 0), \ldots,$ $a_2e_2+\ldots+$ $+a_ne_n (a_2 \neq 0)$, $a_1e_1+a_2e_2+\ldots+a_ne_n$ $(a_1 \neq 0)$, während die Null selbst in allen Klassen steht.

---

[1] Von diesem Standpunkt aus kann man die archimedischen Größensysteme als Spezialfall der nichtarchimedischen auffassen, nämlich als nichtarchimedische Größensysteme vom Klassentypus 1.

Wir können aber auch nichtarchimedische Größensysteme von überendlichem Klassentypus angeben und es gilt der Satz:

Sei eine beliebige einfach geordnete Menge Γ gegeben. Dann gibt es stets nichtarchimedische Größensysteme, deren Klassentypus mit dem Ordnungstypus von Γ übereinstimmt.

Wir bezeichnen die Elemente von Γ mit $\gamma, \gamma' \ldots$. Eine der Menge Γ ähnlich geordnete Menge bilden dann die Symbole $e_\gamma, e_{\gamma'} \ldots$ (wir werden sie im folgenden als »Einheiten« bezeichnen), wenn wir festsetzen:

$$e_\gamma \dashv e_{\gamma'}, \quad \text{wenn } \gamma \dashv \gamma'.$$

Das gesuchte nichtarchimedische Größensystem erhalten wir nun in der folgenden Weise: Wir greifen aus den Symbolen $e_\gamma, e_{\gamma'} \ldots$ eine beliebige endliche Menge heraus: $e_{\gamma_1}, e_{\gamma_2}, \ldots, e_{\gamma_n}$, die wir uns nach absteigendem Range geordnet denken ($e_{\gamma_1} \vdash e_{\gamma_2} \vdash \ldots \vdash e_{\gamma_n}$) und bilden das Symbol:[1]

$$a_{\gamma_1} e_{\gamma_1} + a_{\gamma_2} e_{\gamma_2} + \ldots + a_{\gamma_n} e_{\gamma_n},$$

wo $a_{\gamma_1}, a_{\gamma_2}, \ldots a_{\gamma_n}$ reelle Zahlen bedeuten. Wir machen die Gesamtheit der so erhältlichen Symbole zu einem Größensystem durch die folgende Festsetzung: Zwei unserer Symbole — sie mögen mit A und B bezeichnet werden — heißen dann und nur dann einander gleich, wenn

1. jede in A, nicht aber in B vorkommende Einheit e_γ in A den Koeffizienten Null hat und umgekehrt, und
2. jede sowohl in A als in B vorkommende Einheit in A und B denselben Koeffizienten hat.

Auf Grund dieser Gleichheitsdefinition sieht man, daß, wenn irgend zwei Symbole A und B gegeben sind, man sie immer so schreiben kann, daß jede in A auftretende Einheit

[1] Es wäre logisch richtiger, die einzelnen Glieder dieses Symbols nicht von vornherein durch das Zeichen + der Addition zu verbinden, sondern durch irgend ein anderes Zeichen, das nicht schon von vornherein eine Bedeutung hat, doch zeigt die Art, wie weiter unten die Addition unserer Symbole eingeführt wird, daß hiedurch keine Zweideutigkeit entstehen kann, da tatsächlich das Symbol $a_{\gamma_1} e_{\gamma_1} + \ldots + a_{\gamma_n} e_{\gamma_n}$ die Summe der n Symbole: $a_{\gamma_1} e_{\gamma_1}, a_{\gamma_2} e_{\gamma_2} \ldots, a_{\gamma_n} e_{\gamma_n}$ wird.

auch in B auftritt und umgekehrt. Ist etwa e_γ eine in A, nicht aber in B auftretende Einheit, so kann man ja in B an der geeigneten Stelle das Glied $o . e_\gamma$ hinzufügen, wodurch nach unserer Gleichheitsdefinition B nicht geändert wird.

Um nun zu definieren, welches von zwei ungleichen Symbolen A und B größer heißen soll, denken wir uns A und B in der angegebenen Weise mit Hilfe derselben Einheiten angeschrieben. Es können dann nicht alle Einheiten in A und B denselben Koeffizienten haben und unter denen, die verschiedene Koeffizienten haben, muß es eine von höchstem Range geben, etwa e_γ. Als das größere der beiden Symbole wird dann dasjenige bezeichnet, in dem e_γ den größeren Koeffizienten hat. Auf Grund dieser Definitionen bilden unsere Symbole ein System einfach geordneter Größen.

Um die Addition unserer Größen zu definieren, denken wir uns wieder A und B durch dieselben Einheiten dargestellt:

$$A = a_{\gamma_1} e_{\gamma_1} + a_{\gamma_2} e_{\gamma_2} + \ldots + a_{\gamma_n} e_{\gamma_n}$$
$$B = b_{\gamma_1} e_{\gamma_1} + b_{\gamma_2} e_{\gamma_2} + \ldots + b_{\gamma_n} e_{\gamma_n}$$

und setzen fest:

$$A + B = (a_{\gamma_1} + b_{\gamma_1}) e_{\gamma_1} + (a_{\gamma_2} + b_{\gamma_2}) e_{\gamma_2} + \ldots + (a_{\gamma_n} + b_{\gamma_n}) e_{\gamma_n}.$$

Es ist klar, daß diese Addition alle sechs Bedingungen erfüllt, die wir eingangs an eine Addition gestellt haben. Insbesondere erkennt man, daß eine Größe dann und nur dann gegenüber unserer Addition indifferent ist, wenn ihre sämtlichen Einheiten e_γ die Koeffizienten Null haben. Alle diese Größen sind einander gleich, wie es sein muß, und werden mit 0 bezeichnet.

Man erkennt nun sofort, daß zwei Größen A und B dann und nur dann in dieselbe Klasse gehören, wenn in beiden die Einheit höchsten Ranges, deren Koeffizient von Null verschieden ist, übereinstimmt. Sind hingegen diese beiden Einheiten verschieden, in A etw e_γ, in B aber $e_{\gamma'}$, dann hat die Klasse von A geringere oder größere Höhe als die von B, je nachdem $\gamma \ni \gamma'$ oder $\gamma \in \gamma'$. Die Klassen unseres Größensystems bilden somit eine Menge, die ähnlich geordnet ist der Menge der Einheiten e_γ und somit auch ähnlich ist der ursprünglichen Menge Γ, so wie wir behauptet hatten.

Doch ist das hier angegebene Größensystem nur ein spezieller Fall viel allgemeinerer Größensysteme vom selben Klassentypus. Um sie zu erhalten, gehen wir folgendermaßen vor: Wir bilden aus der Menge Γ Teilmengen N mit den nachstehenden Eigenschaften:

1. Die Menge N enthält ein Element höchsten Ranges.
2. Jede Teilmenge von N enthält ein Element höchsten Ranges.

Wie man sieht, wird die Menge N **wohlgeordnet**, wenn man zwischen je zweien ihrer Elemente die Beziehung $\succ$ durch $\prec$ ersetzt. Wir wollen eine solche Menge »**absteigend wohlgeordnet**« nennen. Jedenfalls ist jede absteigend wohlgeordnete Menge einer wohlgeordneten Menge äquivalent, ihre Mächtigkeit daher ein $\aleph$. Wir greifen nun aus der Menge Γ nur solche absteigend wohlgeordnete Teilmengen N heraus, deren Mächtigkeit kleiner ist als ein beliebig vorgegebenes $\aleph$, etwa $\aleph_\mu$. Seien

$$\gamma_0, \gamma_1, \ldots, \gamma_n, \ldots, \gamma_\omega, \gamma_{\omega+1}, \ldots, \gamma_\alpha, \ldots$$

die Elemente von N (der Index α wird alle Ordinalzahlen zu durchlaufen haben, die kleiner sind als eine bestimmte, der Zahlklasse $Z(\aleph_\mu)$ vorangehende Ordinalzahl β). Aus den entsprechenden Einheiten:

$$e_{\gamma_0}, e_{\gamma_1}, \ldots, e_{\gamma_n}, \ldots, e_{\gamma_\omega}, e_{\gamma_{\omega+1}}, \ldots, e_{\gamma_\alpha}, \ldots$$

bilden wir dann das Symbol:[1]

$$A = a_{\gamma_0} e_{\gamma_0} + a_{\gamma_1} e_{\gamma_1} + \ldots + a_{\gamma_\omega} e_{\gamma_\omega} + a_{\gamma_{\omega+1}} e_{\gamma_{\omega+1}} + \ldots + a_{\gamma_\alpha} e_{\gamma_\alpha} + \ldots,$$

---

[1] Auch hier wäre es korrekter, die Glieder des Symbols nicht gerade durch das Zeichen + der Addition zu verbinden, doch kann auch hier keine Zweideutigkeit entstehen, aus denselben Gründen wie oben, wenn unsere absteigend wohlgeordnete Menge sich auf eine endliche Menge reduziert; ist aber diese absteigend wohlgeordnete Menge transfinit, so aus dem Grunde, weil eine Summe aus transfinit vielen Summanden in unserem Größensystem überhaupt nicht definiert wird.

wo die Koeffizienten a_{γ_α} reelle Zahlen bedeuten und die Summation sich über alle Ordinalzahlen α zu erstrecken hat, die der Zahl β vorangehen.

Sei dann:

$$B = b_{\gamma'_0} e_{\gamma'_0} + b_{\gamma'_1} e_{\gamma'_1} + \ldots + b_{\gamma'_\alpha} e_{\gamma'_\alpha} + \ldots \quad (\alpha < \beta')$$

ein analog gebautes Symbol, so definieren wir: Das Symbol A heiße gleich dem Symbol B, wenn:

1. Jede in A, nicht aber in B vorkommende Einheit e_{γ_α} in A den Koeffizienten Null hat ($a_{\gamma_\alpha} = 0$) und umgekehrt, und wenn
2. jede sowohl in A als in B vorkommende Einheit ($e_{\gamma_\alpha} = e_{\gamma'_{\alpha'}}$) in A und B denselben Koeffizienten hat ($a_{\gamma_\alpha} = b_{\gamma'_{\alpha'}}$).

Speziell werden wir dann und nur dann $A = 0$ setzen, wenn die Koeffizienten sämtlicher Einheiten von A Null sind.

Auch hier dürfen wir immer annehmen, daß jede in A vorkommende Einheit auch in B, jede in B vorkommende Einheit auch in A vorkommt. Seien in der Tat N' und N'' zwei absteigend wohlgeordnete Teilmengen von Γ, deren Mächtigkeit kleiner ist als $\aleph_\mu$. Die Vereinigungsmenge $N' + N''$ in der durch Γ gegebenen Anordnung der Elemente bildet dann selbst, wie unmittelbar ersichtlich, eine absteigend wohlgeordnete Menge. Da nun bekanntlich, wenn $\mu' < \mu''$ ist, $\aleph_{\mu'} + \aleph_{\mu''} = \aleph_{\mu''}$ ist, so folgt aus $\mu' < \mu$, $\mu'' < \mu$ auch:

$$\aleph_{\mu'} + \aleph_{\mu''} < \aleph_\mu$$

und somit gehört die Menge $N' + N''$ als absteigend wohlgeordnete Menge von einer Mächtigkeit $< \aleph_\mu$ auch zu den von uns betrachteten Teilmengen von Γ. Statt nun bei Bildung von A über die Menge N' zu summieren, kann man ebensogut über die Menge $N' + N''$ summieren, wenn man nur jeder in $N' + N''$, nicht aber in N' vorkommenden Einheit den Koeffizienten Null erteilt, und Analoges gilt für B.

Um nun zu definieren, welches von zwei Symbolen A und B das größere heißen soll, denken wir uns A und B in der angegebenen Weise aus denselben Einheiten gebildet. Wenn A und B nicht gleich sind, so gibt es eine Teilmenge ihrer

Einheiten, welche in A und B verschiedene Koeffizienten haben. Nach den Eigenschaften der zur Bildung unserer Symbole verwendeten Teilmengen von Γ muß es unter diesen Einheiten eine von höchstem Range geben, etwa $e_{\gamma_{\alpha_0}}$. Größer heiße dann dasjenige der beiden Symbole, in welchem $e_{\gamma_{\alpha_0}}$ den größeren Koeffizienten hat. Unsere Symbole bilden nunmehr ein einfach geordnetes Größensystem.

Um die Addition unserer Symbole zu definieren, denken wir uns wieder A und B aus denselben Einheiten gebildet:

$$A = a_{\gamma_0} e_{\gamma_0} + a_{\gamma_1} e_{\gamma_1} + \ldots + a_{\gamma_\alpha} e_{\gamma_\alpha} + \ldots \quad (\alpha < \beta)$$

$$B = b_{\gamma_0} e_{\gamma_0} + b_{\gamma_1} e_{\gamma_1} + \ldots + b_{\gamma_\alpha} e_{\gamma_\alpha} + \ldots \quad (\alpha < \beta)$$

und setzen fest:

$$A + B = (a_{\gamma_0} + b_{\gamma_0}) e_{\gamma_0} + (a_{\gamma_1} + b_{\gamma_1}) e_{\gamma_1} + \ldots + \\ + (a_{\gamma_\alpha} + b_{\gamma_\alpha}) e_{\gamma_\alpha} + \ldots \quad (\alpha < \beta)$$

Man erkennt wieder, daß eine Größe unseres Systems dann und nur dann indifferent gegenüber dieser Addition ist, wenn ihre sämtlichen Einheiten den Koeffizienten Null haben, und daß alle diese Größen einander gleich sind. Sie werden wieder mit 0 bezeichnet.

Daß das so erhaltene nichtarchimedische Größensystem wieder den gewünschten Klassentypus hat, zeigt man wie oben. Man erhält das früher behandelte spezielle Größensystem, indem man für das $\aleph_\mu$ unserer allgemeinen Erörterungen speziell $\aleph_0$ wählt.

Bemerkenswerte nichtarchimedische Größensysteme erhält man, wenn man für die geordnete Menge Γ etwa die Menge der rationalen Zahlen in ihrer natürlichen Reihenfolge oder das Kontinuum wählt. Man erhält dann verschiedene Systeme, je nachdem man für das $\aleph_\mu$ unserer allgemeinen Theorie $\aleph_0$ oder $\aleph_1$ wählt.

§ 2.

Wir wollen nun beweisen, daß die eben angegebenen nichtarchimedischen Größensysteme die allgemeinsten sind. Genauer gesprochen: Wir wollen zeigen, daß den Größen eines beliebigen nichtarchimedischen Größensystems sich in eindeutiger Weise Symbole von der Form:

$$\Sigma a_\gamma e_\gamma \tag{1}$$

zuordnen lassen, wo die a_γ reelle Zahlen bedeuten, die e_γ aber Symbole für eine Rangordnung (»Einheiten«) sind und die Summation sich über absteigend wohlgeordnete Mengen erstreckt. Und zwar wird diese Zuordnung die folgenden Eigenschaften haben:

(α) Ungleichen Größen des Systems entsprechen verschiedene Symbole. Dabei sollen — übereinstimmend mit § 1 — zwei Symbole dann und nur dann als nicht verschieden betrachtet werden, wenn jede Einheit, die im einen vorkommt, im anderen aber nicht, im ersteren den Koeffizienten Null hat, und wenn jede Einheit, die in beiden vorkommt, auch in beiden denselben Koeffizienten hat.[1]

(β) Haben die beiden Größen g und g' des Systems die Symbole:

$$g = \Sigma a_\gamma e_\gamma \quad g' = \Sigma a'_\gamma e_\gamma, \tag{2}$$

so hat die gleichfalls im System vorkommende Größe $g+g'$ das Symbol

$$g+g' = \Sigma (a_\gamma + a'_\gamma) e_\gamma.$$

(γ) Ist g die größere der beiden Größen (2), so ist unter allen Differenzen $a_\gamma - a'_\gamma$ die erste von Null verschiedene positiv.

Sei uns also irgend ein nichtarchimedisches Größensystem G gegeben. Ferner sei uns eine einfach geordnete Menge Γ von Elementen γ gegeben, deren Ordnungstypus der Klassentypus von G ist. Wir denken uns — für den Fall, daß zwischen den Klassen von G und den Elementen von Γ mehr als eine ähnliche Beziehung möglich sein sollte — eine derselben festgehalten. Jeder Klasse von G entspricht also in eindeutiger Weise ein Element γ von Γ, dem wir eine Einheit e_γ zuordnen,

---

[1] Auf Grund dieser Festsetzung können wir wie in § 1 immer annehmen, daß zwei vorgegebene Symbole der Form (1) genau dieselben Einheiten e_γ enthalten, wovon bei Formulierung der Eigenschaften (β) und (γ) Gebrauch gemacht ist.

die wir zur Bezeichnung der Klasse verwenden wollen; wir bezeichnen die betreffende Klasse kurz als die Klasse e_γ.

Wie schon in § 1 bemerkt, muß es im System eine gegen die Addition indifferente Größe geben. Wir bezeichnen sie mit 0 oder einem Symbol der Form (1), in dem alle Koeffizienten a_γ Null sind.

Gebrauch machend von dem Satze, daß jede Menge einer wohlgeordneten Menge äquivalent ist, denken wir uns nun die von Null verschiedenen Größen von G eineindeutig auf eine geeignete wohlgeordnete Menge bezogen. Die dadurch zwischen den Größen von G festgesetzte Rangordnung denken wir uns zunächst noch in nachfolgender Weise modifiziert. Unter allen positiven Größen der Klasse e_γ gibt es eine vom niedrigsten Range (wegen einer bekannten Eigenschaft der wohlgeordneten Mengen). Nehmen wir nun in jeder Klasse e_γ das positive Element niedersten Ranges, so bilden diese Elemente als Teilmenge einer wohlgeordneten Menge selbst eine wohlgeordnete Menge M_1, und das gleiche gilt aus demselben Grunde für die nicht in M_1 enthaltenen Größen von G; diese zweite wohlgeordnete Menge nennen wir M_2. Ebenso ist die Menge $M = M_1 + M_2$ wohlgeordnet (wenn jedes Element von M_2 hinter jedes Element von M_1 geordnet wird, die Elemente von M_1 untereinander, ebenso wie die von M_2 ihre Rangordnung behalten). Die durch die Menge M gegebene Wohlordnung von G denken wir uns nun für das Folgende festgehalten:

In M_1 steht aus jeder Klasse von G eine und nur eine Größe. Die der Klasse e_γ angehörige Größe von M_1 bezeichnen wir mit dem Symbol $1 . e_\gamma$ oder kurz mit e_γ selbst.

Allen Größen von M_1 ist somit ein Symbol zugeordnet. Die Zuordnung von Symbolen zu den übrigen Größen vollziehen wir durch Induktion: Wir nehmen an, allen Größen von G, die in M einer bestimmten Größe g vorangehen, seien bereits Symbole zugeordnet und setzen sodann fest, welches Symbol der Größe g zuzuordnen ist.

Wir führen folgende Bezeichnung ein: Eine Größe g heiße darstellbar durch die vorhergehenden, wenn eine Relation besteht:

$$ng = m_1 g_1 + m_2 g_2 + \ldots + m_i g_i,$$

wo $g_1, g_2, \ldots, g_i$ eine endliche Anzahl von Größen ist, die in M der Größe g vorangehen und $n, m_1, m_2, \ldots, m_i$ von Null verschiedene ganze (positive oder negative) Zahlen bedeuten.

Eine Größe g heiße durch die vorhergehenden darstellbar bis auf Größen der Klasse e_γ, wenn sich eine endliche Anzahl von Größen $g_1, g_2, \ldots, g_i$, die in M der Größe g vorangehen, sowie von Null verschiedene ganze (positive oder negative) Zahlen $n, m_1, m_2, \ldots, m_i$ so auffinden lassen, daß die Differenz

$$ng - m_1 g_1 - m_2 g_2 - \ldots - m_i g_i$$

eine Größe wird, deren Klasse nicht höher ist als die Klasse e_γ.

Sei nun g eine Größe aus M_2. Wir setzen voraus, den der Größe g in M vorangehenden Größen seien bereits Symbole der Form (1) zugeordnet, und zwar so, daß folgende Forderungen erfüllt sind:

1. Es seien $g_1, g_2, \ldots, g_i$ eine endliche Anzahl von Größen, die in M der Größe g vorangehen und zwischen denen eine Relation von der Form:

$$m_1 g_1 + m_2 g_2 + \ldots + m_i g_i = 0 \tag{3}$$

besteht (wo die m_i nicht verschwindende ganze Zahlen bedeuten). Ferner sei $a_\gamma^{(k)}$ der Koeffizient von e_γ im Symbol von g_k, beziehungsweise sei $a_\gamma^{(k)} = 0$, wenn e_γ im Symbol von g_k nicht auftritt; dann soll stets auch:

$$m_1 a_\gamma^{(1)} + m_2 a_\gamma^{(2)} + \ldots + m_i a_\gamma^{(i)} = 0 \tag{4}$$

sein und umgekehrt, wenn die Relation (4) für alle γ gilt, so soll auch die Relation (3) bestehen.

2. Allemal, wenn zwischen den Größen $g_1, g_2, \ldots, g_i$ eine Relation von der Form besteht:[1]

$$m_1 g_1 + m_2 g_2 + \ldots + m_i g_i = g^*, \tag{5}$$

so soll für alle γ derart, daß die Klasse e_γ höher ist als die Klasse von g^* die Relation bestehen:

$$m_1 a_\gamma^{(1)} + m_2 a_\gamma^{(2)} + \ldots + m_i a_\gamma^{(i)} = 0 \tag{6}$$

---

[1] Dabei kann g^* eine beliebige Größe von G sein und muß nicht in M vor g stehen.

und umgekehrt, wenn die Relation (6) für alle γ besteht, für welche $e_\gamma \succ e_{\gamma^*}$, soll auch eine Relation von der Form (5) bestehen, wo g^* höchstens von der Klasse e_{γ^*} ist.

3. Sei g' eine beliebige Größe von G, die in M vor g steht, und es sei in dem ihr zugeordneten Symbol a'_γ der Koeffizient von e_γ, beziehungsweise sei $a'_\gamma = 0$, wenn e_γ in diesem Symbol nicht auftritt. Dann lassen sich zu einem vorgegebenen γ^* eine endliche Anzahl Größen $g_1, g_2, \ldots, g_i$, die in M vor g stehen, sowie ganze Zahlen $n, m_1, m_2, \ldots, m_i$ so auffinden, daß für jedes $\gamma \succ \gamma^*$:

$$n a'_\gamma = m_1 a_\gamma^{(1)} + m_2 a_\gamma^{(2)} + \ldots + m_i a_\gamma^{(i)}$$

für $\gamma = \gamma^*$ aber und für jedes $\gamma \prec \gamma^*$:

$$m_1 a_\gamma^{(1)} + m_2 a_\gamma^{(2)} + \ldots + m_i a_\gamma^{(i)} = 0$$

wird. Dabei bedeutet $a_\gamma^{(k)}$ den Koeffizienten von e_γ im Symbol von g_k, beziehungsweise die Null, wenn e_γ in diesem Symbol nicht auftritt.

4. Seien $g_1, g_2, \ldots, g_i$ Größen von G, die in M vor g stehen, und $m_1, m_2, \ldots, m_i$ irgendwelche ganze Zahlen, ferner habe $a_\gamma^{(k)}$ dieselbe Bedeutung wie oben. Ist dann die sicher in G vorkommende Größe

$$m_1 g_1 + m_2 g_2 + \ldots + m_i g_i$$

positiv, so ist auch unter den reellen Zahlen

$$m_1 a_\gamma^{(1)} + m_2 a_\gamma^{(2)} + \ldots + m_i a_\gamma^{(i)} \tag{7}$$

die erste nichtverschwindende positiv [daß es unter den nichtverschwindenden Größen (7) eine erste geben muß, d. h. eine in der γ den höchsten Rang hat, folgt sofort aus den bekannten Eigenschaften der wohlgeordneten Mengen].

Daß für die bereits vollzogene Zuordnung von Symbolen zu den Größen von M_1 diese vier Forderungen erfüllt sind, liegt auf der Hand. Nun gehen wir dazu über, auch der Größe g ein Symbol von der Form (1) zuzuordnen. Wir unterscheiden drei Fälle:

I. Die Größe g sei darstellbar durch vorhergehende Größen; etwa:

$$ng = m_1 g_1 + m_2 g_2 + \ldots + m_i g_i.$$

Hat dann wieder $a_\gamma^{(k)}$ die mehrmals verwendete Bedeutung, so habe im Symbol von g die Einheit e_γ den Koeffizienten:

$$a_\gamma = \frac{m_1}{n} a_\gamma^{(1)} + \frac{m_2}{n} a_\gamma^{(2)} + \ldots + \frac{m_i}{n} a_\gamma^{(i)}.$$

Dieser Koeffizient ist dadurch eindeutig festgelegt. Denn sei:

$$n' g = m'_1 g'_1 + m'_2 g'_2 + \ldots + m'_j g'_j$$

eine andere Darstellung von g durch vorhergehende Größen, so ist:

$$n' m_1 g_1 + n' m_2 g_2 + \ldots + n' m_i g_i - n m'_1 g'_1 - n m'_2 g'_2 - \ldots - n m'_j g'_j = 0$$

somit nach der Forderung 1:

$$n' m_1 a_\gamma^{(1)} + n' m_2 a_\gamma^{(2)} + \ldots + n' m_i a_\gamma^{(i)} = n m'_1 a'^{(1)}_\gamma + n m'_2 a'^{(2)}_\gamma + \ldots + n m'_j a'^{(j)}_\gamma$$

wo $a'^{(k)}_\gamma$ für g'_k dieselbe Bedeutung hat wie $a_\gamma^{(k)}$ für g_k. Hieraus folgt die Behauptung.

Daß diejenigen Einheiten e_γ, welche hiebei einen von Null verschiedenen Koeffizienten erhalten, eine absteigend wohlgeordnete Menge bilden, ist evident. Es ist also der Größe g ein Symbol der Form (1) zugeordnet.

II. Sei e_{γ_0} die Klasse von g und g sei nicht darstellbar durch vorhergehende Größen, auch nicht darstellbar bis auf Größen einer Klasse e_γ, wo $\gamma \prec \gamma_0$. Dann gehen wir so vor:

In M_1 steht eine und nur eine Größe der Klasse e_{γ_0}; sie werde bezeichnet mit g_0. Mit $\bar{g}$ bezeichnen wir die Größe g selbst oder die ihr entgegengesetzte, je nachdem g positiv oder negativ ist. Die Größe $\bar{g}$ ist also jedenfalls positiv. Es läßt sich daher eine ganze positive Zahl n_0 (die auch Null sein kann) so finden, daß:

$$n_0 g_0 < \bar{g} < (n_0 + 1) g_0 \qquad (n_0 \geqq 0).$$

Sei nun d eine ganze Zahl >1. Dann läßt sich wieder eine ganze Zahl n_1 ($\geqq 0$ und $< d$) so bestimmen, daß:

$$(n_0 d + n_1) g_0 < d\bar{g} < (n_0 d + n_1 + 1) g_0,$$

sodann eine ganze Zahl n_2 ($\geqq 0$ und $< d$), so daß:

$$(n_0 d^2 + n_1 d + n_2) g_0 < d^2 \bar{g} < (n_0 d^2 + n_1 d + n_2 + 1) g_0.$$

Allgemein, wenn in dieser Weise $n_0, n_1, \ldots, n_{i-1}$ bestimmt sind, läßt sich n_i so bestimmen, daß:

$$(n_0 d^i + n_1 d^{i-1} + \ldots + n_{i-1} d + n_i) g_0 < d^i \bar{g} <$$
$$< (n_0 d^i + n_1 d^{i-1} + \ldots + n_{i-1} d + n_i + 1) g_0$$

wird, wo alle n_k, ausgenommen n_0, nicht negative ganze Zahlen $< d$ bedeuten und $n_0 \geqq 0$ ist. Gleichheitszeichen können bei diesem Prozeß nie auftreten, weil sonst g durch g_0 darstellbar wäre, entgegen der Voraussetzung.

Wir bilden nun den unendlichen systematischen Bruch:

$$\bar{a}_{\gamma_0} = n_0 + \frac{n_1}{d} + \frac{n_2}{d^2} + \ldots + \frac{n_k}{d^k} + \ldots$$

und geben der Größe g das Symbol $\bar{a}_{\gamma_0} e_{\gamma_0}$ oder $-\bar{a}_{\gamma_0} e_{\gamma_0}$, je nachdem $g = \bar{g}$ oder $g = -\bar{g}$ war. Die Größe g hat somit ein Symbol von der Form (1) erhalten.

III. Sei wieder e_{γ_0} die Klasse von g, und g sei zwar nicht exakt durch vorhergehende Größen darstellbar, wohl aber bis auf Größen von niedrigerer Klasse als e_{γ_0}, etwa in der Form:

$$n g = m_1 g_1 + m_2 g_2 + \ldots + m_i g_i + g^{(1)}, \tag{8}$$

wo die Klasse von $g^{(1)}$ von geringerer Höhe ist als e_{γ_0}. Sei nun e_{γ_k} die erste Klasse von geringerer Höhe als e_{γ_0}, deren Koeffizient im Symbol von g_k nicht Null ist. Auf Grund von Forderung 3 können wir dann unter den der Größe g in M vorausgehenden Größen die Größen $g_{1,k}, g_{2,k}, \ldots, g_{i_k,k}$ so auswählen, daß für geeignete ganze Zahlen $n_k, m_{1,k}, m_{2,k}, \ldots, m_{i_k,k}$ die Beziehung:

$$n_k a_\gamma^{(k)} = m_{1,k} a_\gamma^{(1,k)} + m_{2,k} a_\gamma^{(2,k)} + \ldots + m_{i_k,k} a_\gamma^{(i_k,k)}$$

für alle $\gamma \mathrel{\vdash\!\!\!\varepsilon} \gamma_k$ gilt, während für alle $\gamma \mathrel{\underline{\dashv}} \gamma_k$ die Beziehung:

$$m_{1,k}\, a_\gamma^{(1,k)} + m_{2,k}\, a_\gamma^{(2,k)} + \ldots + m_{i_k,k}\, a_\gamma^{(i_k,k)} = 0$$

gilt. Daraus folgt unmittelbar unter Benützung von Forderung 2, daß die Differenz der beiden Größen:

$$n_1 n_2 \ldots n_i m_1 g_1 + n_1 n_2 \ldots n_i m_2 g_2 + \ldots + n_1 n_2 \ldots n_i m_i g_i$$

und:

$$\begin{aligned} & n_2 n_3 \ldots n_i m_1 (m_{1,1} g_{1,1} + m_{2,1} g_{2,1} + \ldots + m_{i_1,1} g_{i_1,1}) + \\ & + n_1 n_3 \ldots n_i m_2 (m_{1,2} g_{1,2} + m_{2,2} g_{2,2} + \ldots + m_{i_2,2} g_{i_2,2}) + \\ & \ldots + n_1 n_2 \ldots n_{i-1} m_i (m_{1,i} g_{1,i} + m_{2,i} g_{2,i} + \ldots + m_{i_i,i} g_{i_i,i}) \end{aligned} \qquad (9)$$

von geringerer Klasse als e_{γ_0} ist. Mithin ist auch die Differenz von $n n_1 n_2 \ldots n_i g$ und der Größe (9) von geringerer Klasse als e_{γ_0}. Daraus schließen wir:

Ist eine Darstellung der Form (8) möglich, so ist auch stets eine analoge Darstellung:

$$\bar{n} g = \bar{m}_1 \bar{g}_1 + \bar{m}_2 \bar{g}_2 + \ldots + \bar{m}_{\bar{i}} \bar{g}_{\bar{i}} + \bar{g}^{(1)}$$

möglich, derart, daß für jedes $\gamma \dashv \gamma_0$:

$$\bar{m}_1 \bar{a}_\gamma^{(1)} + \bar{m}_2 \bar{a}_\gamma^{(2)} + \ldots + \bar{m}_{\bar{i}} \bar{a}_\gamma^{(\bar{i})} = 0 \qquad (10)$$

wird. Wir nehmen daher an, die Darstellung (8) habe von vornherein die durch (10) ausgedrückte Eigenschaft, so daß also für $\gamma \dashv \gamma_0$:

$$m_1 a_\gamma^{(1)} + m_2 a_\gamma^{(2)} + \ldots + m_i a_\gamma^{(i)} = 0$$

ist. Dieselbe Relation besteht aber — wegen Forderung 2 — für $\gamma \mathrel{\vdash\!\!\!\varepsilon} \gamma_0$, weil in der Gleichung:

$$m_1 g_1 + m_2 g_2 + \ldots + m_i g_i = n g - g^{(1)}$$

die rechts stehende Größe von der Klasse e_{γ_0} ist. Hingegen ist die Zahl:

$$a_{\gamma_0} = \frac{m_1}{n} a_{\gamma_0}^{(1)} + \frac{m_2}{n} a_{\gamma_0}^{(2)} + \ldots + \frac{m_i}{n} a_{\gamma_0}^{(i)} \qquad (11)$$

gewiß nicht Null, weil sonst nach Forderung 1 die Beziehung bestehen müßte:

$$m_1 g_1 + m_2 g_2 + \ldots + m_i g_i = 0,$$

während $ng - g^{(1)}$ als Differenz zweier Größen verschiedener Klasse nicht Null sein kann. Die durch (11) definierte Zahl a_{γ_0} sei der Koeffizient von e_{γ_0} im Symbol der Größe g (während jede höhere Einheit e_γ den Koeffizienten Null habe).

Durch diese Festsetzung ist der Koeffizient a_{γ_0} eindeutig festgelegt. Dann sei:

$$n'g = m'_1 g'_1 + m'_2 g'_2 + \ldots + m'_j g'_j + g'^{(1)} \tag{12}$$

eine andere Darstellung von g, wo wieder $g'^{(1)}$ von niedrigerer Klasse als e_{γ_0} sei, dann ist:

$$n' m_1 g_1 + n' m_2 g_2 + \ldots + n' m_i g_i - n m'_1 g'_1 - n m'_2 g'_2 - \ldots - n m'_j g'_j =$$
$$= n g'^{(1)} - n' g^{(1)}$$

ebenfalls von niedrigerer Klasse als e_{γ_0} und mithin wegen Forderung 2:

$$\frac{m_1}{n} a^{(1)}_{\gamma_0} + \frac{m_2}{n} a^{(2)}_{\gamma_0} + \ldots + \frac{m_i}{n} a^{(i)}_{\gamma_0} =$$
$$= \frac{m'_1}{n'} a'^{(1)}_{\gamma_0} + \frac{m'_2}{n'} a'^{(2)}_{\gamma_0} + \ldots + \frac{m'_j}{n'} a'^{(j)}_{\gamma_0}$$

wie behauptet. Hat ferner die Darstellung (12) ebenfalls die Eigenschaft:

$$m'_1 a'^{(1)}_\gamma + m'_2 a'^{(2)}_\gamma + \ldots + m'_j a'^{(j)}_\gamma = 0 \quad \text{für } \gamma \succ \gamma_0, \tag{13}$$

so folgt aus Forderung 1, daß:

$$n'(m_1 g_1 + m_2 g_2 + \ldots + m_i g_i) =$$
$$= n(m'_1 g'_1 + m'_2 g'_2 + \ldots + m'_j g'_j) \tag{14}$$

ist.

Wir bilden nun die Differenz:

$$ng - (m_1 g_1 + m_2 g_2 + \ldots + m_i g_i) = g^{(1)},$$

bezeichnen mit e_{γ_1} die Klasse von $g^{(1)}$ — wo also $\gamma_1 \prec \gamma_0$ — und unterscheiden wieder zwei Fälle:

Erster Fall. Die Größe g sei nicht durch Größen, die ihr in M vorangehen, darstellbar bis auf Größen einer geringeren Klasse als e_{γ_1}. Dasselbe gilt dann offenbar von $g^{(1)}$ und wir können wie im Falle II einen unendlichen systematischen Bruch bestimmen:

$$\bar{a}_{\gamma_1} = n_0 + \frac{n_1}{d} + \frac{n_2}{d^2} + \ldots + \frac{n_k}{d^k} + \ldots,$$

derart, daß (unter $\bar{g}^{(1)}$ die Größe $g^{(1)}$ oder ihre entgegengesetzte verstanden, je nachdem $g^{(1)}$ positiv oder negativ und unter $g_0^{(1)}$ diejenige Größe der Klasse e_{γ_1}, die in M_1 steht) für jedes i:

$$(n_0 d^i + n_1 d^{i-1} + \ldots + n_{i-1} d + n_i) g_0^{(1)} < d^i \bar{g}^{(1)} <$$
$$< (n_0 d^i + n_1 d^{i-1} + \ldots + n_{i-1} d + n_i + 1) g_0^{(1)}.$$

Ferner können wir immer annehmen, in (8) sei die ganze Zahl n positiv. Je nachdem nun $g^{(1)} = \bar{g}^{(1)}$ oder $g^{(1)} = -\bar{g}^{(1)}$, wählen wir $\frac{\bar{a}_{\gamma_1}}{n}$ oder $\frac{-\bar{a}_{\gamma_1}}{n}$ als Koeffizienten a_{γ_1} von e_{γ_1} im Symbol von g, während alle Einheiten e_γ, die im Range zwischen e_{γ_0} und e_{γ_1} stehen, sowie alle, die von niedrigerem Range als e_{γ_1} sind, in diesem Symbol nicht vorkommen sollen.

Die Zuordnung eines Symbols der Form (1) zur Größe g ist somit vollzogen, nur ist wieder zu zeigen, daß auch die Bestimmung von a_{γ_1} eindeutig ist. Wären wir nun statt von der Darstellung (8) von einer anderen, etwa (12), ausgegangen, für welche die Gleichungen (13) gelten sollen und in der wir wieder n' positiv annehmen dürfen, so ergäbe sich:

$$n'g - (m_1' g_1' + m_2' g_2' + \ldots + m_j' g_j') = g'^{(1)}$$

und somit wegen (14):

$$n g'^{(1)} = n' g^{(1)}. \tag{15}$$

Hieraus folgt zunächst, daß, wenn $g^{(1)}$ nicht darstellbar ist bis auf Größen von niedrigerer Klasse als e_{γ_1}, dasselbe von $g'^{(1)}$

gilt. Geht man nun weiter mit $g'^{(1)}$ so vor wie eben mit $g^{(1)}$, so gelangt man zu einem systematischen Bruche:

$$\bar{a}'_{\gamma_1} = n'_0 + \frac{n'_1}{d} + \frac{n'_2}{d^2} + \ldots + \frac{n'_k}{d^k} + \ldots$$

und unsere Behauptung geht dahin, daß:

$$n\bar{a}'_{\gamma_1} = n'\bar{a}_{\gamma_1}.$$

Wäre etwa $n\bar{a}'_{\gamma_1} > n'\bar{a}_{\gamma_1}$, so müßte sich k so wählen lassen, daß:

$$nn'_0 + \frac{nn'_1}{d} + \ldots + \frac{nn'_k}{d^k} > n'n_0 + \frac{n'n_1}{d} + \ldots + \frac{n'(n_k+1)}{d^k}$$

wird. Aus:

$$n'\bar{g}^{(1)} < \{n'n_0 d^k + n'n_1 d^{k-1} + \ldots + n'(n_k+1)\} g_0^{(1)}$$
$$n\bar{g}'^{(1)} > (n\,n'_0 d^k + n\,n'_1 d^{k-1} + \ldots + n\,n'_k) g_0^{(1)}$$

würde dann folgen: $n\bar{g}'^{(1)} > n'\bar{g}^{(1)}$, entgegen der Gleichung (15). Unser Beweis ist somit erbracht.

Zweiter Fall. Die Größe g sei durch Größen, die ihr in M vorangehen, darstellbar bis auf Größen, deren Klasse niedriger ist als e_{γ_1}. Sei etwa

$$n^{(2)}g = m_1^{(2)}g_1^{(2)} + m_2^{(2)}g_2^{(2)} + \ldots + m_{i_2}^{(2)}g_{i_2}^{(2)} + g^{(2)} \tag{16}$$

eine solche Darstellung, wo die Klasse e_{γ_2} von $g^{(2)}$ geringeren Rang hat als e_{γ_1}. Wir können wie oben annehmen, daß für alle $\gamma \dashv \gamma_1$:

$$m_1^{(2)}a_\gamma^{(2,1)} + m_2^{(2)}a_\gamma^{(2,2)} + \ldots + m_{i_2}^{(2)}a_\gamma^{(2,i_2)} = 0 \tag{17}$$

ist. Ferner muß, da auch (16) eine Darstellung von g von der Form (12) ist:

$$\frac{m_1^{(2)}}{n^{(2)}}a_{\gamma_0}^{(2,1)} + \frac{m_2^{(2)}}{n^{(2)}}a_{\gamma_0}^{(2,2)} + \ldots + \frac{m_{i_2}^{(2)}}{n^{(2)}}a_{\gamma_0}^{(2,i_2)} = a_{\gamma_0}$$

sein, und analog erkennt man, daß für alle anderen $\gamma \succ \gamma_1$ die Gleichung (17) bestehen muß. Als Koeffizienten von e_{γ_1} im Symbol von g wählen wir dann die Zahl:

$$a_{\gamma_1} = \frac{m_1^{(2)}}{n^{(2)}} a_{\gamma_1}^{(2,1)} + \frac{m_2^{(2)}}{n^{(2)}} a_{\gamma_1}^{(2,2)} + \ldots + \frac{m_{i_2}^{(2)}}{n^{(2)}} a_{\gamma_1}^{(2,i_2)}$$

und überzeugen uns ähnlich wie oben, daß diese Definition von der Wahl der Darstellung (16) unabhängig ist. Sodann unterscheiden wir, analog wie oben, zwei Fälle. Wir bezeichnen mit e_{γ_2} die Klasse von $g^{(2)}$ und haben den ersten Fall, wenn eine Darstellung von g bis auf Größen von geringerer Klasse als e_{γ_2} unmöglich ist; in diesem Falle ist mit diesem Schritte die Bestimmung des Symbols für g abgeschlossen. Der zweite Fall hingegen tritt ein, wenn eine Darstellung von g bis auf Größen geringerer Klasse als e_{γ_2} möglich ist; in diesem Falle ist dasselbe Schlußverfahren nochmals anzuwenden.

Wir gehen sogleich ganz allgemein vor und nehmen an, es seien im Symbol von g bereits für eine absteigend wohlgeordnete Menge von Klassen $e_{\gamma_0}, e_{\gamma_1} \ldots e_{\gamma_\alpha} \ldots$, wo der Index α kleiner sei als eine gewisse Ordinalzahl β, die zugehörigen Koeffizienten $a_{\gamma_0}, a_{\gamma_1}, \ldots, a_{\gamma_\alpha} \ldots$ bestimmt,[1] und zwar so, daß zu jeder dieser Klassen e_{γ_α} sich eine Darstellung von g durch vorhergehende Größen bis auf Größen einer niedrigeren Klasse als e_{γ_α} angeben läßt:[2]

$$n^{(\alpha+1)} g = m_1^{(\alpha+1)} g_1^{(\alpha+1)} + m_2^{(\alpha+1)} g_2^{(\alpha+1)} + \ldots + \\ + m_{i_{\alpha+1}}^{(\alpha+1)} g_{i_{\alpha+1}}^{(\alpha+1)} + g^{(\alpha+1)} \quad (18)$$

derart, daß für $\gamma = \gamma_\alpha$ und für jedes $\gamma \succ \gamma_\alpha$

$$n^{(\alpha+1)} a_\gamma = m_1^{(\alpha+1)} a_\gamma^{(\alpha+1,1)} + m_2^{(\alpha+1)} a_\gamma^{(\alpha+1,2)} + \ldots + \\ + m_{i_{\alpha+1}}^{(\alpha+1)} a_\gamma^{(\alpha+1, i_{\alpha+1})} \quad (19)$$

---

[1] Jede Einheit e_γ, die höheren Rang als irgend ein e_{γ_α} hat, ohne aber mit einem anderen e_{γ_α} übereinzustimmen, habe den Koeffizienten $a_\gamma = 0$.

[2] Wenn es eine solche Darstellung gibt, so müssen für jede andere Darstellung der Form (18) ebenfalls die Gleichungen (19) gelten, woraus sofort folgt, daß eine andere unseren Forderungen genügende Wahl der Klassen e_γ und der Koeffizienten a_{γ_α} unmöglich ist.

und wir wollen zeigen, daß sich dann die Aufstellung des Symbols für g entweder zum Abschluß bringen oder in eindeutiger Weise um einen Schritt weiter führen läßt. Es sind zwei Hauptfälle zu unterscheiden.

Erster Hauptfall. Es sei nicht möglich, g durch vorhergehende Größen darzustellen bis auf Größen, deren Klasse niedriger ist als alle e_{γ_α} $(\alpha < \beta)$. In diesem Falle geben wir im Symbol von g jeder Klasse, die niedriger ist als alle e_{γ_α} $(\alpha < \beta)$, den Koeffizienten Null, und die Aufstellung des Symbols für g ist fertig. Es ist klar, daß dieser Fall nur auftreten kann, wenn die Ordinalzahl β eine Grenzzahl ist[1] (d. h. keine unmittelbar vorhergehende besitzt), denn im entgegengesetzten Falle gäbe es unter den e_{γ_α} ein niederstes und es ließe sich nach Voraussetzung g darstellen bis auf Größen von niedrigerer Klasse als e_{γ_α}.

Zweiter Hauptfall. Es sei möglich, g durch vorhergehende Größen darzustellen bis auf eine Größe $g^{(\beta)}$, deren Klasse niedriger ist als alle $e_{\gamma_\alpha}(\alpha < \beta)$:

$$n^{(\beta)} g = m_1^{(\beta)} g_1^{(\beta)} + m_2^{(\beta)} g_2^{(\beta)} + \ldots + m_{i_\beta}^{(\beta)} g_{i_\beta}^{(\beta)} + g^{(\beta)}. \qquad (20)$$

Wir dürfen dann wieder annehmen, diese Darstellung sei bereits so gewählt, daß für jede Klasse e_γ, die niedriger ist als alle e_{γ_α}:

$$m_1^{(\beta)} a_\gamma^{(\beta, 1)} + m_2^{(\beta)} a_\gamma^{(\beta, 2)} + \ldots + m_{i_\beta}^{(\beta)} a_\gamma^{(\beta, i_\beta)} = 0 \qquad (21)$$

ist. Ist dann:

$$n'^{(\beta)} g = m_1'^{(\beta)} g_1'^{(\beta)} + m_2'^{(\beta)} g_2'^{(\beta)} + \ldots + m_{j_\beta}'^{(\beta)} g_{j_\beta}'^{(\beta)} + g'^{(\beta)}$$

eine zweite solche Darstellung, für die ebenfalls für jedes γ, das niedriger ist als alle γ_α:

$$m_1'^{(\beta)} a_\gamma'^{(\beta, 1)} + m_2'^{(\beta)} a_\gamma'^{(\beta, 2)} + \ldots + m_{j_\beta}'^{(\beta)} a_\gamma'^{(\beta, j_\beta)} = 0,$$

---

1 Das ist der Grund, warum in den schon erledigten Fällen $\beta = 0$ und $\beta = 1$ dieser Fall nicht auftrat.

so gilt für jedes γ:

$$n'^{(\beta)}(m_1^{(\beta)} a_\gamma^{(\beta,1)} + \ldots + m_{i_\beta}^{(\beta)} a_\gamma^{(\beta,i_\beta)}) =$$
$$= n^{(\beta)}(m_1'^{(\beta)} a_\gamma'^{(\beta,1)} + \ldots + m_{j_\beta}'^{(\beta)} a_\gamma'^{(\beta,j_\beta)}),$$

denn für ein γ, das höheren Rang hat als irgend ein γ_α, gilt diese Gleichung, weil dann jede der beiden Seiten gleich wird $n^{(\beta)} n'^{(\beta)} a_\gamma$; für ein γ, das im Range niedriger ist als alle γ_α, aber gilt sie, weil dann ihre beiden Seiten Null sind. Es ist also:

$$n'^{(\beta)}(m_1^{(\beta)} g_1^{(\beta)} + \ldots + m_{i_\beta}^{(\beta)} g_{i_\beta}^{(\beta)}) = n^{(\beta)}(m_1'^{(\beta)} g_1'^{(\beta)} + \ldots + m_{j_\beta}'^{(\beta)} g_{j_\beta}'^{(\beta)})$$

und somit:

$$n'^{(\beta)} g^{(\beta)} = n^{(\beta)} g'^{(\beta)}.$$

Die Klasse von $g'^{(\beta)}$ ist also dieselbe wie die von $g^{(\beta)}$, wir bezeichnen sie mit e_{γ_β}; sie sei die erste auf alle e_{γ_α} folgende Klasse, die im Symbol von g einen von Null verschiedenen Koeffizienten habe; diese Klasse ist somit eindeutig festgelegt. Es ist nun zunächst der Koeffizient a_{γ_β} von e_{γ_β} im Symbol von g zu bestimmen. Hiezu unterscheiden wir zwei Unterfälle:

Erster Unterfall. Eine Darstellung von g bis auf Größen niedrigerer Klasse als e_{γ_β} sei nicht möglich. Dann werde der Koeffizient von e_{γ_β}, wie im analogen Falle oben, durch Zuhilfenahme eines unendlichen systematischen Bruches definiert. Daß diese Bestimmung eine eindeutige ist, zeigt man wie oben. Jede Einheit, die im Range niedriger ist als e_{γ_β}, erhält den Koeffizienten Null, und die Definition des Symbols von g ist somit auch hier abgeschlossen.

Zweiter Unterfall. Es sei eine Darstellung von g bis auf Größen von niedrigerer Klasse als e_{γ_β} möglich, etwa:

$$n^{(\beta+1)} g = m_1^{(\beta+1)} g_1^{(\beta+1)} + \ldots + m_{i_{\beta+1}}^{(\beta+1)} g_{i_{\beta+1}}^{(\beta+1)} + g^{(\beta+1)}. \quad (22)$$

Den Koeffizienten a_{γ_β} bestimmen wir dann aus:

$$n^{(\beta+1)} a_{\gamma_\beta} = m_1^{(\beta+1)} a_{\gamma_\beta}^{(\beta+1,1)} + \ldots + m_{i_{\beta+1}}^{(\beta+1)} a_{\gamma_\beta}^{(\beta+1,i_{\beta+1})} \quad (23)$$

und überzeugen uns auf dem schon wiederholt angewendeten Wege, daß auch diese Bestimmung eindeutig, d. h. von der speziellen Wahl der Darstellung (22) unabhängig ist.

Wir befinden uns nun in genau denselben Verhältnissen, von denen wir ausgegangen sind, nur daß die absteigend wohlgeordnete Menge $e_{\gamma_0}, e_{\gamma_1} \ldots e_{\gamma_\alpha} \ldots$ ein Glied mehr umfaßt, da der Index α nun alle Ordinalzahlen $< \beta + 1$ durchläuft. In der Tat sind die dort gemachten Voraussetzungen auch für unsere um ein Glied vermehrte absteigend wohlgeordnete Menge erfüllt. Um dies behaupten zu können, brauchen wir nur folgendes zu zeigen: Es läßt sich eine Darstellung von g bis auf Größen von niedrigerer Klasse als e_{γ_β}

$$n^{(\beta+1)} g = m_1^{(\beta+1)} g_1^{(\beta+1)} + \ldots + m_{i_{\beta+1}}^{(\beta+1)} g_{i_{\beta+1}}^{(\beta+1)} + g^{(\beta+1)}$$

so angeben, daß für $\gamma = \gamma_\beta$ und jedes $\gamma \succ \gamma_\beta$:

$$n^{(\beta+1)} a_\gamma = m_1^{(\beta+1)} a_\gamma^{(\beta+1, 1)} + \ldots + m_{i_{\beta+1}}^{(\beta+1)} a_\gamma^{(\beta+1, i_{\beta+1})} \tag{24}$$

Man erkennt leicht, daß die Darstellung (22) eine Darstellung der Eigenschaft (24) ist. Daß dies stattfindet, sobald γ von höherem Range als irgend ein γ_α ($\alpha < \beta$) ist, ist klar, weil ja (22) gleichzeitig eine Darstellung der Form (18) ist. Für $\gamma = \gamma_\beta$ ergibt Gleichung (23) die gewünschte Eigenschaft, und es ist (24) daher nur noch als richtig zu erweisen für solche γ, die im Range zwischen γ_β und allen γ_α liegen. Aus (20) und (22) folgt aber:

$$\begin{aligned} n^{(\beta+1)}\left(m_1^{(\beta)} g_1^{(\beta)} + \ldots + m_{i_\beta}^{(\beta)} g_{i_\beta}^{(\beta)}\right) & - \\ - n^{(\beta)}\left(m_1^{(\beta+1)} g_1^{(\beta+1)} + \ldots + m_{i_{\beta+1}}^{(\beta+1)} g_{i_{\beta+1}}^{(\beta+1)}\right) & = \\ = n^{(\beta)} g^{(\beta+1)} - n^{(\beta+1)} g^{(\beta)}, & \end{aligned}$$

wo die rechte Seite von der Klasse e_{γ_β} ist. Daher für $\gamma \succ \gamma_\beta$:

$$\begin{aligned} n^{(\beta+1)}\left(m_1^{(\beta)} a_\gamma^{(\beta, 1)} + \ldots + m_{i_\beta}^{(\beta)} a_\gamma^{(\beta, i_\beta)}\right) & = \\ = n^{(\beta)}\left(m_1^{(\beta+1)} a_\gamma^{(\beta+1, 1)} + \ldots + m_{i_{\beta+1}}^{(\beta+1)} a_\gamma^{(\beta+1, i_{\beta+1})}\right) & \end{aligned}$$

und daher wegen (21) sobald $\gamma \prec \gamma_\alpha$ für jedes α:

$$m_1^{(\beta+1)} a_\gamma^{(\beta+1, 1)} + \ldots + m_{i_{\beta+1}}^{(\beta+1)} a_\gamma^{(\beta+1, i_{\beta+1})} = 0$$

wie behauptet.

Wir sehen also folgendes: Sind im Symbol für g die Koeffizienten $a_{\gamma_0}, a_{\gamma_1}, \ldots, a_{\gamma_\alpha} \ldots$ $(\alpha < \beta)$ einer absteigend wohlgeordneten Menge von Einheiten $e_{\gamma_0}, e_{\gamma_1}, \ldots, e_{\gamma_\alpha} \ldots$ $(\alpha < \beta)$ so bestimmt, daß die durch (18) und (19) ausgedrückte Eigenschaft besteht, so läßt sich bei einem folgenden Schritte entweder die Bestimmung des Symbols von g zu Ende führen (erster Hauptfall und erster Unterfall des zweiten Hauptfalles) oder es läßt sich die erste auf alle Einheiten e_{γ_α} $(\alpha < \beta)$ folgende Einheit e_{γ_β} auffinden, deren Koeffizient im Symbol von g nicht Null ist und dieser Koeffizient in eindeutiger Weise so bestimmen, daß die durch (18) und (19) ausgedrückten Eigenschaften auch für die absteigend wohlgeordnete Menge e_{γ_α} $(\alpha \leq \beta)$ bestehen. Dann aber kann das ganze Verfahren wieder angewendet werden.

Hieraus aber folgt weiter, daß einmal bei Fortführung dieses Prozesses der erste Hauptfall oder der erste Unterfall des zweiten Hauptfalles eintreten muß. Denn träte bei jedem neuen Schritte immer wieder der zweite Unterfall des zweiten Hauptfalles ein, so ließe sich der Prozeß so lange fortsetzen, bis die Mächtigkeit der absteigend wohlgeordneten Menge e_{γ_α} $(\alpha < \beta)$ ein beliebig vorgegebenes $\aleph$ wird. Das ist aber unmöglich, da eine solche Menge als Teilmenge von Γ nie die Mächtigkeit von Γ übertreffen kann. Sobald aber einmal nicht der zweite Unterfall des zweiten Hauptfalles eintritt, wird beim nächsten Schritte die Bildung des Symbols von g abgeschlossen, so daß also auch im Falle III der Größe g ein Symbol der Form (1) zugeordnet ist.

Wir behaupten nun weiter, daß auch für jenen Abschnitt der wohlgeordneten Menge M, der aus allen der Größe g vorangehenden Größen und der Größe g selbst besteht, die Forderungen 1, 2, 3 und 4 erfüllt sind.

Für die erste Hälfte der Forderung 1 ist dies evident. Denn besteht eine Relation

$$m_1 g_1 + m_2 g_2 + \ldots + m_i g_i + m_{i+1} g = 0,$$

so ist g darstellbar durch vorhergehende Größen, wir befinden uns im Falle I und dann wurden ja die Koeffizienten a_γ gerade aus dieser Relation bestimmt.

Die zweite Hälfte von Forderung 1 aber verlangt umgekehrt, daß wenn unter den der Größe g in M vorangehenden Größen sich eine endliche Anzahl $g_1, g_2, \ldots, g_i$ so finden läßt, daß für alle γ:

$$m_1 a_\gamma^{(1)} + m_2 a_\gamma^{(2)} + \ldots + m_i a_\gamma^{(i)} + m_{i+1} a_\gamma = 0, \tag{25}$$

wo $m_1, m_2, \ldots, m_i, m_{i+1}$ ganze Zahlen sind, auch die Beziehung gilt:

$$m_1 g_1 + m_2 g_2 + \ldots + m_i g_i + m_{i+1} g = 0. \tag{26}$$

Nehmen wir zuerst an, wir befinden uns im Falle I und es bestehe die Relation:

$$n g = m'_1 g'_1 + m'_2 g'_2 + \ldots + m'_j g'_j. \tag{27}$$

Dann ist für alle γ:

$$-\left(\frac{m_1}{m_{i+1}} a_\gamma^{(1)} + \frac{m_2}{m_{i+1}} a_\gamma^{(2)} + \ldots + \frac{m_i}{m_{i+1}} a_\gamma^{(i)}\right) =$$

$$= a_\gamma = \frac{m'_1}{n} a_\gamma'^{(1)} + \frac{m'_2}{n} a_\gamma'^{(2)} + \ldots + \frac{m'_j}{n} a_\gamma'^{(j)}$$

und somit wegen Forderung 1:

$$m_{i+1}(m'_1 g'_1 + m'_2 g'_2 + \ldots + m'_j g'_j) +$$
$$+ n(m_1 g_1 + m_2 g_2 + \ldots + m_i g_i) = 0$$

woraus in Verbindung mit (27), (26) folgt.

Im Falle II können wir zeigen, daß Relationen der Form (25) nicht für alle γ bestehen können. Sei in der Tat e_{γ_0} die Klasse von g und sei wieder $\bar{g}$ gleich g oder gleich $-g$, je nachdem g positiv oder negativ ist. Wir bilden die Größe:

$$m_1 g_1 + m_2 g_2 + \ldots + m_i g_i + m_{i+1} g = g^* \tag{28}$$

die notwendig auch in der Klasse e_{γ_0} steht; denn in einer höheren Klasse kann g^* nach Forderung 2 nicht stehen, weil für $\gamma \in \gamma_0$:

$$m_1 a_\gamma^{(1)} + m_2 a_\gamma^{(2)} + \ldots + m_i a_\gamma^{(i)} = 0,$$

in einer niedrigeren Klasse kann aber g^* nicht stehen, weil sonst — entgegen der Voraussetzung — g durch vorhergehende Größen darstellbar wäre bis auf Größen von geringerer Klasse als e_{γ_0}. Wir bezeichnen nun wieder mit $\bar{g}$ den absoluten Betrag von g und schreiben (28) in der Form,

$$m_1 g_1 + m_2 g_2 + \ldots + m_i g_i = \overline{m}_{i+1} \bar{g} + g^*,$$

wo wir offenbar $\overline{m}_{i+1}$ positiv annehmen dürfen. Unter Beibehaltung der oben benützten Bezeichnung haben wir dann:

$$\frac{1}{\overline{m}_{i+1}}(m_1 a_{\gamma_0}^{(1)} + m_2 a_{\gamma_0}^{(2)} + \ldots + m_i a_{\gamma_0}^{(i)}) =$$

$$= \bar{a}_{\gamma_0} = n_0 + \frac{n_1}{d} + \frac{n_2}{d^2} + \ldots + \frac{n_k}{d^k} + \ldots,$$

wo:

$$\overline{m}_{i+1}(n_0 d^k + n_1 d^{k-1} + \ldots + n_{k-1} d + n_k) g_0 < \overline{m}_{i+1} d^k \bar{g} <$$

$$< \overline{m}_{i+1}(n_0 d^k + n_1 d^{k-1} + \ldots + n_{k-1} d + n_k + 1) g_0 .$$

Andrerseits ist aber auch wegen Forderung 4:

$$\overline{m}_{i+1}(n_0 d^k + n_1 d^{k-1} + \ldots + n_{k-1} d + n_k) g_0 <$$

$$< (m_1 g_1 + m_2 g_2 + \ldots + m_i g_i) d^k <$$

$$< \overline{m}_{i+1}(n_0 d^k + n_1 d^{k-1} + \ldots + n_{k-1} d + n_k + 1) g_0 .$$

Daraus würde nun folgen, daß für jedes k:

$$d^k |g^*| < \overline{m}_{i+1} g_0$$

sein muß, was unmöglich ist, wenn g^* in derselben Klasse wie g_0 steht. Die Relation (25) kann also für $\gamma = \gamma_0$ nicht bestehen.

Liege endlich der Fall III vor, so können wir wieder zeigen, daß die Relationen (25) nicht für alle γ erfüllt sein können. Je nachdem dann unter den Einheiten e_{γ_α}, die im Symbol von g einen von Null verschiedenen Koeffizienten haben, eine niedrigste vorhanden ist oder nicht, befinden wir uns im zweiten Hauptfall (und zwar im ersten Unterfall) oder im ersten Hauptfall.

Nehmen wir also zuerst an, wir befinden uns im ersten Hauptfall. Dann gibt es zu jedem α ($<\beta$) eine Darstellung:

$$n^{(\alpha+1)}g = m_1^{(\alpha+1)} g_1^{(\alpha+1)} + m_2^{(\alpha+1)} g_2^{(\alpha+1)} + \ldots + \\ + m_{i_{\alpha+1}}^{(\alpha+1)} g_{i_{\alpha+1}}^{(\alpha+1)} + g^{(\alpha+1)},$$

wo $g^{(\alpha+1)}$ von niedrigerer Klasse als e_{γ_α} und für jedes $\gamma \leqq \gamma_\alpha$:

$$n^{(\alpha+1)} a_\gamma = m_1^{(\alpha+1)} a_\gamma^{(\alpha+1,1)} + m_2^{(\alpha+1)} a_\gamma^{(\alpha+1,2)} + \ldots + \\ + m_{i_{\alpha+1}}^{(\alpha+1)} a_\gamma^{(\alpha+1, i_{\alpha+1})}.$$

Hingegen gibt es keine Darstellung von g bis auf Größen, deren Klasse niedriger ist als alle e_{γ_α}.

Wir bilden die Größe:

$$-(m_1 g_1 + m_2 g_2 + \ldots + m_i g_i).$$

Dann ist für $\gamma \leqq \gamma_\alpha$:

$$-n^{(\alpha+1)}(m_1 a_\gamma^{(1)} + m_2 a_\gamma^{(2)} + \ldots + m_i a_\gamma^{(i)}) = \\ = m_{i+1}(m_1^{(\alpha+1)} a_\gamma^{(\alpha+1,1)} + \ldots + m_{i_{\alpha+1}}^{(\alpha+1)} a_\gamma^{(\alpha+1, i_{\alpha+1})}).$$

Somit gilt nach Forderung 2 die Relation:

$$-n^{(\alpha+1)}(m_1 g_1 + m_2 g_2 + \ldots + m_i g_i) = \\ = m_{i+1}(m_1^{(\alpha+1)} g_1^{(\alpha+1)} + \ldots + m_{i_{\alpha+1}}^{(\alpha+1)} \cdot g_{i_{\alpha+1}}^{(\alpha+1)}) + g^{(\alpha+1)*},$$

wo $g^{(\alpha+1)*}$ von niedrigerer Klasse als e_{γ_α} ist. Somit gilt auch:

$$m_{i+1} g = -(m_1 g_1 + m_2 g_2 + \ldots + m_i g_i) + g^{(\alpha+1)**} \qquad (29)$$

wo $g^{(\alpha+1)**}$ ebenfalls von niedrigerer Klasse als e_{γ_α} ist, und zwar gilt diese Formel für jedes α ($<\beta$). Es wäre also durch (29) eine Darstellung von g bis auf Größen von niedrigerer Klasse als alle e_{γ_α} geliefert, was unmöglich ist.

Befinden wir uns hingegen im zweiten Hauptfall, und zwar im ersten Unterfall und ist e_{γ_β} die niederste Einheit mit von Null verschiedenem Koeffizienten, so gibt es eine Darstellung:

$$n^{(\beta)} g = m_1^{(\beta)} g_1^{(\beta)} + \ldots + m_{i_\beta}^{(\beta)} g_{i_\beta}^{(\beta)} + g^{(\beta)},$$

wo $g^{(\beta)}$ von niedrigerer Klasse als alle e_{γ_α} $(\alpha < \beta)$ und wo für jedes γ derart, daß für irgend ein α: $\gamma \succeq \gamma_\alpha$, die Gleichung besteht:

$$n^{(\beta)} a_\gamma = m_1^{(\beta)} a_\gamma^{(\beta,1)} + \ldots + m_{i_\beta}^{(\beta)} a_\gamma^{(\beta,i_\beta)}$$

für jedes γ hingegen, das niedrigeren Rang als alle γ_α hat:

$$m_1^{(\beta)} a_\gamma^{(\beta,1)} + \ldots + m_{i_\beta}^{(\beta)} a_\gamma^{(\beta,i_\beta)} = 0.$$

Dann ist e_{γ_β} die Klasse von $g^{(\beta)}$ und es gibt keine Darstellung von g bis auf Größen von niedrigerer Klasse als e_{γ_β}.

Wir setzen nun:

$$-n^{(\beta)}(m_1 g_1 + m_2 g_2 + \ldots + m_i g_i) -$$
$$- m_{i+1}(m_1^{(\beta)} g_1^{(\beta)} + m_2^{(\beta)} g_2^{(\beta)} + \ldots + m_{i_\beta}^{(\beta)} g_{i_\beta}^{(\beta)}) =$$
$$= m_{i+1} g^{(\beta)} + g^* \qquad (30)$$

und erkennen, daß g^* ebenfalls von der Klasse e_{γ_β} sein muß. In der Tat, von höherer Klasse kann g^* nicht sein, da für jedes $\succ \gamma_\beta$:

$$n^{(\beta)}(m_1 a_\gamma^{(1)} + m_2 a_\gamma^{(2)} + \ldots + m_i a_\gamma^{(i)}) +$$
$$+ m_{i+1}(m_1^{(\beta)} a_\gamma^{(\beta,1)} + m_2^{(\beta)} a_\gamma^{(\beta,2)} + \ldots + m_{i_\beta}^{(\beta)} a_\gamma^{(\beta,i_\beta)}) = 0$$

ist, somit nach Forderung 2 die linke Seite von Gleichung (30) höchstens von der Klasse e_{γ_β} ist. Von niedrigerer Klasse als e_{γ_β} aber kann g^* auch nicht sein, weil sonst $g^{(\beta)}$ und somit auch g darstellbar wäre bis auf Größen von niedrigerer Klasse als e_{γ_β}.

Wir bezeichnen nun mit $\bar{g}^{(\beta)}$ den absoluten Betrag von $g^{(\beta)}$, bestimmen $\bar{m}_{i+1}$ so, daß $\bar{m}_{i+1} \bar{g}^{(\beta)} = m_{i+1} g^{(\beta)}$ wird und dürfen immer annehmen, die Zahl:

$$-n^{(\beta)}(m_1 a_{\gamma_\beta}^{(1)} + m_2 a_{\gamma_\beta}^{(2)} + \ldots + m_i a_{\gamma_\beta}^{(i)}) = \bar{m}_{i+1} \bar{a}_{\gamma_\beta}$$

sei positiv. Dann ist wegen Forderung 4 auch die linke Seite von (30) positiv. Durch Betrachtung des systematischen Bruches:

$$\bar{a}_{\gamma_\beta} = n_0^{(\beta)} + \frac{n_1^{(\beta)}}{d} + \frac{n_2^{(\beta)}}{d^2} + \ldots + \frac{n_k^{(\beta)}}{d^k} + \ldots$$

gelangt man wie oben zu einem Widerspruch. Das Fortbestehen von Forderung 1 ist somit allgemein nachgewiesen.

Wir gehen nun dazu über, das Fortbestehen von Forderung 2 zu beweisen. Wir haben also zunächst zu zeigen, daß wenn

$$m_1 g_1 + m_2 g_2 + \ldots + m_i g_i + m_{i+1} g = g^*, \tag{31}$$

wo g^* von der Klasse e_{γ^*} sei, für alle $\gamma \succ \gamma^*$ die Relationen bestehen:

$$m_1 a_\gamma^{(1)} + m_2 a_\gamma^{(2)} + \ldots + m_i a_\gamma^{(i)} + m_{i+1} a_\gamma = 0.$$

Wir können uns selbstverständlich auf den Fall $\gamma^* \prec \gamma_0$ beschränken, wenn e_{γ_0} die Klasse von g bedeutet. Wir gehen wieder die einzelnen Fälle durch.

Befinden wir uns im Falle I, so haben wir:

$$n g = m_1' g_1' + m_2' g_2' + \ldots + m_j' g_j'$$

und:

$$n a_\gamma = m_1' a_\gamma'^{(1)} + m_2' a_\gamma'^{(2)} + \ldots + m_j' a_\gamma'^{(j)}.$$

Nun ist aber:

$$n(m_1 g_1 + \ldots + m_i g_i) + m_{i+1}(m_1' g_1' + \ldots + m_j' g_j') = n . g^*$$

und somit nach Forderung 2 für alle $\gamma \succ \gamma^*$:

$$n(m_1 a_\gamma^{(1)} + \ldots + m_i a_\gamma^{(i)}) + m_{i+1}(m_1' a_\gamma'^{(1)} + \ldots + m_j' a_\gamma'^{(j)}) = 0,$$

was zu beweisen war.

Im Falle II ist eine Darstellung der Form (31) unmöglich.

Befinden wir uns im Falle III und werden wieder mit e_{γ_α} die Einheiten bezeichnet, die im Symbol von g von Null verschiedene Koeffizienten haben, so ist im ersten Hauptfall die Relation (31) gewiß nur möglich, wenn für irgend ein α: $\gamma^* \succ \gamma_\alpha$. Nun aber ist:

$$n^{(\alpha+1)} g = m_1^{(\alpha+1)} g_1^{(\alpha+1)} + \ldots + m_{i_{\alpha+1}}^{(\alpha+1)} g_{i_{\alpha+1}}^{(\alpha+1)} + g^{(\alpha+1)} \tag{32}$$

wo $g^{(\alpha+1)}$ von niedrigerer Klasse als e_{γ_α} und für alle $\gamma \succeq \gamma_\alpha$

$$n^{(\alpha+1)} a_\gamma = m_1^{(\alpha+1)} a_\gamma^{(\alpha+1,1)} + \ldots + m_{i_{\alpha+1}}^{(\alpha+1)} a_\gamma^{(\alpha+1, i_{\alpha+1})}.$$

Aus:

$$n^{(\alpha+1)}(m_1 g_1 + \ldots + m_i g_i) +$$
$$+ m_{i+1}(m_1^{(\alpha+1)} g_1^{(\alpha+1)} + \ldots + m_{i_{\alpha+1}}^{(\alpha+1)} g_{i_{\alpha+1}}^{(\alpha+1)}) =$$
$$= n^{(\alpha+1)} g^* - m_{i+1} g^{(\alpha+1)}$$

folgt aber wieder für alle $\gamma \succ \gamma^*$

$$n^{(\alpha+1)}(m_1 a_\gamma^{(1)} + \ldots + m_i a_\gamma^{(i)}) +$$
$$+ m_{i+1}(m_1^{(\alpha+1)} a_\gamma^{(\alpha+1,1)} + \ldots + m_{i_{\alpha+1}}^{(\alpha+1)} a_\gamma^{(\alpha+1, i_{\alpha+1})}) = 0,$$

wie zu beweisen war.

Befinden wir uns endlich im zweiten Hauptfalle von III (und zwar dann im ersten Unterfall), so gibt es unter den Einheiten, die im Symbol von g nicht verschwindende Koeffizienten haben, eine niedrigste e_{γ_β} und es gilt:

$$n^{(\beta)} g = m_1^{(\beta)} g_1^{(\beta)} + \ldots + m_{i_\beta}^{(\beta)} g_{i_\beta}^{(\beta)} + g^{(\beta)}, \qquad (33)$$

wo $g^{(\beta)}$ von der Klasse e_{γ_β}. Da nun offenbar in diesem Falle γ^* nicht von niedrigerem Range als γ_β sein kann, folgt aus (33) auf dem obigen Wege das gewünschte Resultat.

Nun ist noch die zweite Hälfte von Forderung 2 nachzuweisen: Wenn unter den der Größe g vorangehenden Größen sich $g_1, g_2, \ldots, g_i$ so wählen lassen, daß für alle $\gamma \succ \gamma^*$:

$$m_1 a_\gamma^{(1)} + m_2 a_\gamma^{(2)} + \ldots + m_i a_\gamma^{(i)} + m_{i+1} a_\gamma = 0, \qquad (34)$$

dann ist:

$$m_1 g_1 + m_2 g_2 + \ldots + m_i g_i + m_{i+1} g = g^*, \qquad (35)$$

wo die Klasse von g^* nicht höher als e_{γ^*} ist. Wir können uns wieder ohneweiters auf $\gamma^* \prec \gamma_0$ beschränken.

Im Falle I haben wir:

$$n g = m_1' g_1' + m_2' g_2' + \ldots + m_j' g_j',$$

wo für alle γ:

$$n a_\gamma = m_1' a_\gamma'^{(1)} + m_2' a_\gamma'^{(2)} + \ldots + m_j' a_\gamma'^{(j)}.$$

Daher ist für $\gamma \prec \gamma^*$:

$$m_{i+1}(m'_1 a'^{(1)}_\gamma + \ldots + m'_j a'^{(j)}_\gamma) +$$
$$+ n(m_1 a^{(1)}_\gamma + m_2 a^{(2)}_\gamma + \ldots + m_i a^{(i)}_\gamma) = 0,$$

woraus nach Forderung 2 in der Tat (35) folgt.

Im Falle II kann, wie schon bewiesen, die Relation (34) für $\gamma = \gamma_0$ nicht erfüllt sein.

Im ersten Hauptfall von Fall III kann — wie ebenfalls schon bewiesen — jedenfalls nicht $\gamma^* \succ \gamma_\alpha$ für alle α sein. Wir haben daher für ein geeignetes α: $\gamma^* \prec \gamma_\alpha$. Im zweiten Hauptfall hingegen kann nicht $\gamma^* \succ \gamma_\beta$ sein. Mit Hilfe von (32), beziehungsweise (33) schließt man dann weiter wie eben im Falle I.

Wir kommen zum Beweis für das Fortbestehen von Forderung 3. Hier ist zu zeigen: Es lassen sich, wenn γ^* gegeben ist, unter den der Größe g vorangehenden Größen $g_1, g_2, \ldots, g_i$ so finden, daß für $\gamma \prec \gamma^*$:

$$n a_\gamma = m_1 a^{(1)}_\gamma + m_2 a^{(2)}_\gamma + \ldots + m_i a^{(i)}_\gamma + m_{i+1} a_\gamma,$$

für $\gamma \succeq \gamma^*$:

$$0 = m_1 a^{(1)}_\gamma + m_2 a^{(2)}_\gamma + \ldots + m_i a^{(i)}_\gamma + m_{i+1} a_\gamma.$$

Wir können uns offenkundig auf $\gamma^* \succ \gamma_0$ beschränken.

Im Falle I haben wir:

$$n' g = m'_1 g_1 + m'_2 g_2 + \ldots + m'_j g_j. \tag{36}$$

Nach Forderung 3 kann man nun $\bar{g}^{(k)}_1, \bar{g}^{(k)}_2, \ldots, \bar{g}^{(k)}_{i_k}$ so wählen, daß:

$$\bar{m}^{(k)}_1 \bar{a}^{(k,1)}_\gamma + \bar{m}^{(k)}_2 \bar{a}^{(k,2)}_\gamma + \ldots + \bar{m}^{(k)}_{i_k} \bar{a}^{(k,i_k)}_\gamma = \begin{cases} \bar{n}^{(k)} a^{(k)}_\gamma & \text{für } \gamma \prec \gamma^* \\ 0 & \text{für } \gamma \succeq \gamma^* \end{cases}$$

Hieraus aber folgt in Verbindung mit (36):

$$\bar{n}^{(2)} \bar{n}^{(3)} \ldots \bar{n}^{(j)} m'_1 (\bar{m}^{(1)}_1 \bar{a}^{(1,1)}_\gamma + \bar{m}^{(1)}_2 \bar{a}^{(1,2)}_\gamma + \ldots + \bar{m}^{(1)}_{i_1} \bar{a}^{(1,i_1)}_\gamma) +$$
$$+ \bar{n}^{(1)} \bar{n}^{(3)} \ldots \bar{n}^{(j)} m'_2 (\bar{m}^{(2)}_1 \bar{a}^{(2,1)}_\gamma + \bar{m}^{(2)}_2 \bar{a}^{(2,2)}_\gamma + \ldots + \bar{m}^{(2)}_{i_2} \bar{a}^{(2,i_2)}_\gamma) + \ldots$$
$$+ \bar{n}^{(1)} \ldots \bar{n}^{(j-1)} m'_j (\bar{m}^{(j)}_1 \bar{a}^{(j,1)}_\gamma + \bar{m}^{(j)}_2 \bar{a}^{(j,2)}_\gamma + \ldots + \bar{m}^{(j)}_{i_j} \bar{a}^{(j,i_j)}_\gamma) =$$
$$= \begin{cases} \bar{n}^{(1)} \bar{n}^{(2)} \ldots \bar{n}^{(i)} n' a_\gamma & \text{für } \gamma \prec \gamma^* \\ 0 & \text{für } \gamma \succeq \gamma^* \end{cases}$$

womit in diesem Falle die Behauptung erwiesen ist.

Im Falle II ist die ganze Fragestellung trivial. Im ersten Hauptfall des Falles III können wir uns ersichtlich beschränken auf den Fall, daß nicht für alle α: $\gamma^* \mathrel{-\!\!\!\ni} \gamma_\alpha$. Sei etwa α_0 die erste unter den Ordinalzahlen α derart, daß nicht $\gamma^* \mathrel{-\!\!\!\ni} \gamma_\alpha$. Wir haben schon gesehen, daß es dann eine Darstellung gibt:

$$n^{(\alpha_0)} g = m_1^{(\alpha_0)} g_1^{(\alpha_0)} + m_2^{(\alpha_0)} g_2^{(\alpha_0)} + \ldots + m_{i_{\alpha_0}}^{(\alpha_0)} g_{i_{\alpha_0}}^{(\alpha_0)} + g^{(\alpha_0)},$$

wo:

$$m_1^{(\alpha_0)} a_\gamma^{(\alpha_0, 1)} + \ldots + m_{i_{\alpha_0}}^{(\alpha_0)} a_\gamma^{(\alpha_0, i_{\alpha_0})} = \begin{cases} n^{(\alpha_0)} a_\gamma & \text{für } \gamma \mathrel{\in\!\!\!-} \gamma_{\alpha_0} \\ 0 & \text{für } \gamma \mathrel{\underline{-\!\!\!\ni}} \gamma_{\alpha_0} \end{cases}$$

Diese Darstellung liefert offenbar das Verlangte.

Im zweiten Hauptfall von Fall III (erster Unterfall) können wir annehmen, es sei $\gamma^* \mathrel{\underline{\in\!\!\!-}} \gamma_\beta$, wenn e_{γ_β} die letzte Einheit mit von Null verschiedenem Koeffizienten im Symbol von g bedeutet. Dieselbe Schlußweise führt dann zum Ziele.

Wir kommen zu Forderung 4. Hier ist zu beweisen: Wenn

$$m_1 g_1 + m_2 g_2 + \ldots + m_i g_i + m_{i+1} g > 0 \tag{37}$$

ist, so ist der erste nichtverschwindende Ausdruck:

$$m_1 a_\gamma^{(1)} + m_2 a_\gamma^{(2)} + \ldots + m_i a_\gamma^{(i)} + m_{i+1} a_\gamma \tag{38}$$

positiv.

Befinden wir uns zunächst wieder im Falle I, so haben wir:

$$n g = m_1' g_1' + m_2' g_2' + \ldots + m_j' g_j',$$

wo wir n als positiv annehmen können und wo für alle γ:

$$n a_\gamma = m_1' a_\gamma'^{(1)} + m_2' a_\gamma'^{(2)} + \ldots + m_j' a_\gamma'^{(j)}.$$

Aus (37) folgt dann:

$$n(m_1 g_1 + m_2 g_2 + \ldots + m_i g_i) + \\ + m_{i+1}(m_1' g_1' + m_2' g_2' + \ldots + m_j' g_j') > 0$$

und somit ergibt Forderung 4, daß in der Tat der erste nichtverschwindende unter den Ausdrücken:

$$n(m_1 a_\gamma^{(1)} + m_2 a_\gamma^{(2)} + \ldots + m_i a_\gamma^{(i)}) + \\ + m_{i+1}(m_1' a_\gamma'^{(1)} + m_2' a_\gamma'^{(2)} + \ldots + m_j' a_\gamma'^{(j)}) = \\ = n(m_1 a_\gamma^{(1)} + m_2 a_\gamma^{(2)} + \ldots + m_i a_\gamma^{(i)} + m_{i+1} a_\gamma)$$

positiv sein muß, wie behauptet.

Wir gehen zu Fall II über. Ist der Index γ^* des ersten nichtverschwindenden Ausdruckes (38) von höherem Range als γ_0 (wo e_{γ_0} die Klasse von g), so reduziert sich dieser Ausdruck auf:

$$m_1 a_{\gamma^*}^{(1)} + m_2 a_{\gamma^*}^{(2)} + \ldots + m_i a_{\gamma^*}^{(i)}, \tag{39}$$

so daß die Größe:

$$m_1 g_1 + m_2 g_2 + \ldots + m_i g_i \tag{40}$$

von höherer Klasse als g wird. Soll dann (37) gelten, so muß (40) positiv sein und somit nach Forderung 4 auch (39) positiv sein, womit die Behauptung erwiesen ist.

Ist hingegen (39) für alle $\gamma \succ \gamma_0$ gleich Null, so ist der erste nichtverschwindende Ausdruck (38):

$$m_1 a_{\gamma_0}^{(1)} + m_2 a_{\gamma_0}^{(2)} + \ldots + m_i a_{\gamma_0}^{(i)} + m_{i+1} a_{\gamma_0}, \tag{41}$$

denn dieser Ausdruck kann, wie schon bewiesen, nicht verschwinden.

Hierin hat a_{γ_0} das Zeichen von g. Ist nun:

$$m_1 a_{\gamma_0}^{(1)} + m_2 a_{\gamma_0}^{(2)} + \ldots + m_i a_{\gamma_0}^{(i)} = 0,$$

so ist die Größe (40) von geringerer Klasse als g, mithin gilt die Ungleichung (37), wenn $m_{i+1} g > 0$. Dann aber ist auch $m_{i+1} a_{\gamma_0} > 0$, was wieder der Behauptung entspricht. Ebenso folgt unmittelbar, daß, wenn sowohl (40) als $m_{i+1} g$ positiv sind, der Ausdruck (38) positiv ausfällt. Es bleibt also der Fall, daß von den beiden Größen (40) und $m_{i+1} g$ die eine positiv, die andere negativ ausfällt; etwa:

$$m_1 g_1 + m_2 g_2 + \ldots + m_i g_i > 0, \quad m_{i+1} g = -\bar{m}_{i+1} \bar{g} < 0.$$

Wegen Ungleichung (37) ist dann:

$$m_1 g_1 + m_2 g_2 + \ldots + m_i g_i > \bar{m}_{i+1} \bar{g}. \tag{42}$$

Wir betrachten die systematischen Brüche:

$$\frac{1}{\bar{m}_{i+1}} (m_1 a_{\gamma_0}^{(1)} + m_2 a_{\gamma_0}^{(2)} + \ldots + m_i a_{\gamma_0}^{(i)}) =$$

$$= h_0 + \frac{h_1}{d} + \frac{h_2}{d^2} + \ldots + \frac{h_k}{d^k} + \ldots$$

und:

$$\bar{a}_{\gamma_0} = n_0 + \frac{n_1}{d} + \frac{n_2}{d^2} + \ldots + \frac{n_k}{d^k} + \ldots,$$

wo beidemale die linken Seiten positive Zahlen sind. Mit g_0 werde die Größe $1 . e_{\gamma_0}$ bezeichnet. Nach Forderung 4 ist dann für alle k:

$$\overline{m}_{i+1}(h_0 d^k + \ldots + h_{k-1} d + h_k) g_0 \leqq d^k (m_1 g_1 + \ldots + m_i g_i) \leqq$$
$$\leqq \overline{m}_{i+1}(h_0 d^k + \ldots + h_{k-1} d + h_k + 1) g_0$$

und nach Definition von $\bar{a}_{\gamma_0}$:

$$\overline{m}_{i+1}(n_0 d^k + \ldots + n_{k-1} d + n_k) g_0 < d^k \overline{m}_{i+1} \bar{g} <$$
$$< \overline{m}_{i+1}(n_0 d^k + \ldots + n_{k-1} d + n_k + 1) g_0 .$$

Wäre nun:

$$m_1 a_{\gamma_0}^{(1)} + m_2 a_{\gamma_0}^{(2)} + \ldots + m_i a_{\gamma_0}^{(i)} < \overline{m}_{i+1} \bar{a}_{\gamma_0},$$

so wäre für alle genügend großen k:

$$\overline{m}_{i+1}(n_0 d^k + \ldots + n_{k-1} d + n_k) > \overline{m}_{i+1}(h_0 d^k + \ldots + h_{k-1} d + h_k + 1)$$

und demnach:

$$\overline{m}_{i+1} \bar{g} > m_1 g_1 + m_2 g_2 + \ldots + m_i g_i,$$

entgegen der Ungleichung (42). Es ist also auch in diesem Falle

$$m_1 a_{\gamma_0}^{(1)} + m_2 a_{\gamma_0}^{(2)} + \ldots + m_i a_{\gamma_0}^{(i)} > \overline{m}_{i+1} \bar{a}_{\gamma_0}$$

(Gleichheit zwischen diesen zwei Zahlen ist ja ausgeschlossen) oder was dasselbe ist:

$$m_1 a_{\gamma_0}^{(1)} + m_2 a_{\gamma_0}^{(2)} + \ldots + m_i a_{\gamma_0}^{(i)} + m_{i+1} a_{\gamma_0} > 0,$$

was wieder der Behauptung entspricht, die somit auch für Fall II vollständig bewiesen ist.

Liege der erste Hauptfall von Fall III vor. Dann kann der Ausdruck (38), wie schon bewiesen, nicht für jedes γ verschwinden, das höheren Rang als irgend ein γ_α hat (wenn e_{γ_α} wieder diejenigen Einheiten bezeichnet, deren Koeffizient im Symbol von g von Null verschieden ist). Es gibt also solche γ_α, welche von niedrigerem Range als γ^* sind; sei γ_{α_0} das erste unter denselben.

Wir benützen, wie schon wiederholt, die Relation:

$$n^{(\alpha_0+1)} g = m_1^{(\alpha_0+1)} g_1^{(\alpha_0+1)} + \ldots + m_{i_{\alpha_0+1}}^{(\alpha_0+1)} g_{i_{\alpha_0+1}}^{(\alpha_0+1)} + g^{(\alpha_0+1)},$$

wo $g^{(\alpha_0+1)}$ von niedrigerer Klasse als $e_{\gamma_{\alpha_0}}$ und daher auch von niedrigerer Klasse als e_{γ^*} ist. Die ganze Zahl $n^{(\alpha_0+1)}$ kann positiv angenommen werden. Die Größe:

$$m_1 g_1 + m_2 g_2 + \ldots + m_i g_i + m_{i+1} g \tag{43}$$

hingegen ist genau von der Klasse e_{γ^*} (wegen Forderung 2). Die Größe:

$$n^{(\alpha_0+1)}(m_1 g_1 + m_2 g_2 + \ldots + m_i g_i) + \\ + m_{i+1}(m_1^{(\alpha_0+1)} g_1^{(\alpha_0+1)} + \ldots + m_{i_{\alpha_0+1}}^{(\alpha_0+1)} g_{i_{\alpha_0+1}}^{(\alpha_0+1)})$$

hat daher das Zeichen von (43) und ist somit nach (37) positiv. Hier aber ergibt Forderung 4, daß dann:

$$n^{(\alpha_0+1)}(m_1 a_{\gamma^*}^{(1)} + \ldots + m_i a_{\gamma^*}^{(i)}) + m_{i+1}(m_1^{(\alpha_0+1)} a_{\gamma^*}^{(\alpha_0+1, 1)} + \ldots + \\ + m_{i_{\alpha_0+1}}^{(\alpha_0+1)} a_{\gamma^*}^{(\alpha_0+1, i_{\alpha_0+1})} = \\ n^{(\alpha_0+1)}(m_1 a_{\gamma^*}^{(1)} + \ldots + m_i a_{\gamma^*}^{(i)} + m_{i+1} a_{\gamma^*})$$

positiv sein muß, wie behauptet.

Es bleibt der zweite Hauptfall von Fall III zu betrachten, und zwar der erste Unterfall. Ist e_{γ_β} die letzte Einheit, die im Symbol von g einen von Null verschiedenen Koeffizienten hat, so wissen wir bereits, daß nicht $\gamma^* \dashv \gamma_\beta$ sein kann.

Ist zunächst $\gamma^* \vdash \gamma_\beta$, so gehen wir aus von der Darstellung:

$$n^{(\beta)} g = m_1^{(\beta)} g_1^{(\beta)} + \ldots + m_{i_\beta}^{(\beta)} g_{i_\beta}^{(\beta)} + g^{(\beta)}, \tag{44}$$

wobei wir immer annehmen dürfen, daß $n^{(\beta)}$ positiv ist und daß für alle γ, die niedrigeren Rang haben als sämtliche dem e_{γ_β} vorausgehenden Einheiten, die im Symbol von g einen von Null verschiedenen Koeffizienten haben, die Gleichungen erfüllt sind:

$$m_1^{(\beta)} a_\gamma^{(\beta, 1)} + \ldots + m_{i_\beta}^{(\beta)} a_\gamma^{(\beta, i_\beta)} = 0.$$

Dann ist $g^{(\beta)}$ genau von der Klasse e_{γ_β} und somit von niedrigerer Klasse als die Größe (43) und wir können weiter schließen wie im ersten Hauptfall.

Ist hingegen $\gamma^* = \gamma_\beta$, so folgt aus (37) und (44):

$$n^{(\beta)}(m_1 g_1 + m_2 g_2 + \ldots + m_i g_i) +$$
$$+ m_{i+1}(m_1^{(\beta)} g_1^{(\beta)} + \ldots + m_{i_\beta}^{(\beta)} g_{i_\beta}^{(\beta)}) + m_{i+1} g^{(\beta)} > 0$$

und die im Falle II verwendete Argumentation lehrt, daß der Ausdruck:

$$n^{(\beta)}(m_1 a_{\gamma_\beta}^{(1)} + \ldots + m_i a_{\gamma_\beta}^{(i)}) + m_{i+1}(m_1^{(\beta)} a_{\gamma_\beta}^{(\beta,1)} + \ldots + m_{i_\beta}^{(\beta)} a_{\gamma_\beta}^{(\beta,i_\beta)}) +$$
$$+ m_{i+1} n^{(\beta)} a_{\gamma_\beta} =$$
$$n^{(\beta)}(m_1 a_{\gamma_\beta}^{(1)} + \ldots + m_i a_{\gamma_\beta}^{(i)} + m_{i+1} a_{\gamma_\beta})$$

positiv sein muß, so daß unsere Behauptung auch hier bewiesen ist.

Wir sehen also: Sind allen der Größe g in M vorhergehenden Größen Symbole zugeordnet, so daß die Forderungen 1, 2, 3, 4 erfüllt sind, so läßt sich auch der Größe g ein Symbol so zuordnen, daß auch in dem von der Größe g und allen vorhergehenden gebildeten Systeme unsere vier Forderungen erfüllt sind. Hieraus aber folgt unmittelbar, daß sich allen in der wohlgeordneten Menge M enthaltenen Größen Symbole zuordnen lassen, derart, daß für alle diese Größen die Forderungen 1, 2, 3, 4 bestehen. In der Tat, wäre das nicht der Fall, so gäbe es eine erste, der sich kein den vier Forderungen genügendes Symbol zuordnen ließe, während für alle vorhergehenden dies der Fall ist. Dies aber steht in Widerspruch mit dem eben ausgesprochenen Resultat.

Damit ist aber der zu Beginn dieses Paragraphen angekündigte Satz bewiesen. In der Tat bilden in dem einer Größe g zugewiesenen Symbol die Einheiten e_γ, deren Koeffizient nicht Null ist, eine absteigend wohlgeordnete Menge. Forderung α) und β) sind nur Spezialfälle unserer Forderung 1, Forderung γ) aber ist ein Spezialfall von Forderung 4.

Wir können dieses Resultat in den Satz zusammenfassen: Die Größen eines beliebigen nichtarchimedischen

Größensystems lassen sich ausdrücken durch komplexe Zahlen, deren Einheiten eine geordnete Menge Γ bilden, deren Ordnungstypus der Klassentypus unseres Größensystems ist. In jeder dieser komplexen Zahlen bilden die Einheiten mit von Null verschiedenem Koeffizienten innerhalb Γ eine absteigend wohlgeordnete Menge. Die Addition erfolgt, indem man die Koeffizienten gleicher Einheiten addiert. Von zweien dieser komplexen Zahlen gehört diejenige zur größeren Größe, in welcher die erste Einheit, die nicht in beiden komplexen Zahlen gleichen Koeffizienten hat, den größeren Koeffizienten besitzt.

§ 3.

Wir wollen nun definieren, wann ein nichtarchimedisches Größensystem G als ein **vollständiges** bezeichnet werden soll. Sei wieder Γ eine Menge von geordneten Elementen γ, deren Ordnungstypus übereinstimmt mit dem Klassentypus von G. Man ordne nach obigem Verfahren den Größen von G Symbole (komplexe Zahlen mit den Einheiten e_γ) zu. Nun bilde man eine beliebige absteigend wohlgeordnete Menge aus den Elementen e_γ und gebe jedem in dieser absteigend wohlgeordneten Menge enthaltenen e_γ eine beliebige reelle Zahl a_γ als Koeffizienten. Wenn dann jede auf diesem Wege erhältliche komplexe Zahl unter den zur Bezeichnung der Größen von G verwendeten Symbolen vorkommt, heiße das Größensystem G ein vollständiges.

Die gewöhnlichen komplexen Zahlen mit n Einheiten:

$$a_1 e_1 + a_2 e_2 + \ldots + a_n e_n$$

bilden, wenn man sie in der auf p. 609 angegebenen Weise ordnet, ein vollständiges nichtarchimedisches Größensystem vom (endlichen) Ordnungstypus n, vorausgesetzt, daß $a_1, a_2, \ldots, a_n$ alle reellen Zahlen durchlaufen. Würden $a_1, a_2, \ldots, a_n$ etwa auf die ganzen oder die rationalen Zahlen beschränkt, so hätten wir ein unvollständiges nichtarchimedisches Größensystem vom Ordnungstypus n. Auch die p. 613 angegebenen Größensysteme können unvollständig sein. Desgleichen im allgemeinen die nach den Vorschriften des Herrn Levi-Civita gebildeten Größensysteme.

Da das einer Größe unseres Systems zugeordnete Symbol verschieden ausfällt, je nach der Wohlordnung der Größen von G, von der wir ausgehen, muß zunächst bewiesen werden, daß die Eigenschaft, vollständig oder unvollständig zu sein, von der Wahl dieser Wohlordnung unabhängig ist.

Seien also zwei Wohlordnungen von G gegeben; ausgehend von der ersten erhalte eine Größe g von G das Symbol:

$$g = \Sigma a_{\gamma_\alpha} e_{\gamma_\alpha}, \tag{45}$$

ausgehend von der zweiten das Symbol:

$$g = \Sigma \bar{a}_{\bar{\gamma}_\alpha} e_{\bar{\gamma}_\alpha}, \tag{46}$$

wo die Summation beide Male über eine absteigend wohlgeordnete Menge sich erstreckt. Kommt der Index γ unter den γ_α nicht vor, so sei $a_\gamma = 0$; analog, wenn $\bar{\gamma}$ unter den $\bar{\gamma}_\alpha$ nicht vorkommt: $\bar{a}_{\bar{\gamma}} = 0$.

Es sei bekannt, daß bei Zugrundelegung der ersten Wohlordnung jedem Symbol der Form (45) auch umgekehrt eine Größe von G entspricht. Wir wollen zeigen, daß dann bei Zugrundelegung der zweiten Wohlordnung auch jedem Symbol (46) eine Größe von G entspricht.

Wir bemerken zunächst, daß es zu jeder Größe g eine Größe $g' = \frac{g}{n}$ gibt, derart, daß $ng' = g$. In der Tat, hat g im ersten System das Symbol $\Sigma a_\gamma e_\gamma$, so ist g' die Größe, deren Symbol $\Sigma \frac{a_\gamma}{n} e_\gamma$ ist. Sodann zeigen wir, daß jedem Symbol $\bar{a}_{\gamma_0} e_{\gamma_0}$ eine Größe entspricht. Das ist sicher richtig für $\bar{a}_{\gamma_0} = 1$ nach der Art der Einführung unserer Symbole. Es sei dies die Größe g_0 und im ersten System von Symbolen sei:

$$g_0 = \Sigma a_{\gamma_\alpha} e_{\gamma_\alpha},$$

wo offenbar das erste e_{γ_α} mit von Null verschiedenem a_{γ_α} ebenfalls e_{γ_0} ist. Dann entspricht aber auch, sobald $\bar{a}_{\gamma_0}$ rational ist, dem obigen Symbol eine Größe, nämlich diejenige, welche im ersten System das Symbol

$$\Sigma \bar{a}_{\gamma_0} a_{\gamma_\alpha} e_{\gamma_\alpha} \tag{47}$$

hat. Sei endlich $\bar{a}_{\gamma_0}$ irrational. Wir betrachten wieder die im ersten System durch (47) symbolisierte Größe. Sie habe im zweiten System das Symbol:

$$\Sigma \bar{b}_{\gamma_\beta} e_{\gamma_\beta},$$

wo offenbar das erste e_{γ_β} nichts anderes als e_{γ_0}, der Koeffizient $\bar{b}_{\gamma_0}$ aber — wegen Forderung 4 — gleich $\bar{a}_{\gamma_0}$ sein muß. Nach Forderung 3 aber können wir $g_1, g_2, \ldots, g_i$ so bestimmen, daß:

$$m_1 \bar{a}_\gamma^{(1)} + m_2 \bar{a}_\gamma^{(2)} + \ldots + m_i \bar{a}_\gamma^{(i)} = \begin{cases} n \bar{a}_{\gamma_0} & \text{für } \gamma = \gamma_0 \\ 0 & \text{für alle übrigen } \gamma \end{cases}$$

wobei $m_1, m_2, \ldots, m_i, n$ ganze Zahlen und $\bar{a}_\gamma^{(k)}$ der Koeffizient von e_γ im Symbol des zweiten Systems der Größe g_k bedeutet. Die Größe $m_1 g_1 + m_2 g_2 + \ldots + m_i g_i$ hat dann im zweiten System das Symbol $n \bar{a}_{\gamma_0} e_{\gamma_0}$; der n^{te} Teil dieser Größe hat daher das Symbol $\bar{a}_{\gamma_0} e_{\gamma_0}$ und unsere Behauptung ist erwiesen.

Aus der Ausführbarkeit der Addition folgt dann sofort, daß auch jedem Symbol:

$$\bar{a}_{\gamma_0} e_{\gamma_0} + \bar{a}_{\gamma_1} e_{\gamma_1} + \ldots + \bar{a}_{\gamma_n} e_{\gamma_n},$$

wo die Zahl der Summanden endlich ist, eine Größe entspricht.

Sei nun das Symbol des zweiten Systems:

$$\Sigma \bar{a}_{\gamma_\alpha} e_{\gamma_\alpha} \tag{48}$$

gegeben, wo wieder γ_α eine absteigend wohlgeordnete Menge durchläuft. Wir nehmen an, es sei für jedes $\beta < \alpha^*$ bewiesen, daß dem Symbol:

$$\sum_{\alpha < \beta} \bar{a}_{\gamma_\alpha} e_{\gamma_\alpha} \tag{49}$$

wo γ_α also nur einen Abschnitt der obigen absteigend wohlgeordneten Menge durchläuft, eine Größe zugehört und beweisen, daß dann dasselbe vom Symbol:

$$\sum_{\alpha < \alpha^*} \bar{a}_{\gamma_\alpha} e_{\gamma_\alpha}$$

gilt.[1]

Wir drücken zunächst die dem Symbol (49) entsprechende Größe $g^{(\beta)}$ durch ein Symbol des ersten Systems aus. Sei $a_\gamma^{(\beta)}$ der Koeffizient der Einheit e_γ in diesem Symbol.

Ist dann $\beta < \beta' < \alpha^*$ und $g^{(\beta')}$ die dem Symbol

$$\sum_{\alpha < \beta'} \bar{a}_{\gamma_\alpha} e_{\gamma_\alpha}$$

entsprechende Größe, so ist $g^{(\beta)} - g^{(\beta')}$ höchstens von der Klasse e_{γ_β}. Stellen wir auch $g^{(\beta')}$ durch ein Symbol des ersten Systems mit den Koeffizienten $a_\gamma^{(\beta')}$ dar, so ist demnach für $\gamma \succ \gamma_\beta$:

$$a_\gamma^{(\beta')} = a_\gamma^{(\beta)}.$$

Wir bezeichnen diesen gemeinsamen Wert mit a_γ, so daß die Zahl a_γ für jedes $\gamma \succ \gamma_{\alpha^*}$ definiert ist und diejenigen γ, für welche $a_\gamma \neq 0$ eine absteigend wohlgeordnete Menge bilden. Wir setzen noch $a_\gamma = 0$ für $\gamma \preceq \gamma_{\alpha^*}$. Durch diese Werte der a_γ ist ein Symbol des ersten Systems gegeben; die zugehörige Größe nennen wir $g^{(\alpha^*)}$ und drücken sie durch ein Symbol des zweiten Systems aus, dessen Koeffizienten $\bar{a}_\gamma^{(\alpha^*)}$ heißen mögen.

Aus der Definition von $g^{(\alpha^*)}$ folgt, daß die Größe $g^{(\alpha^*)} - g^{(\beta)}$ höchstens von der Klasse e_{γ_β} ist, somit haben wir für jedes γ, das höheren Rang hat als irgend ein γ_β:

$$\bar{a}_\gamma^{(\alpha^*)} = \bar{a}_\gamma.$$

Nach Forderung 3 aber lassen sich $g_1, g_2, \ldots, g_i$ so bebestimmen, daß:

$$m_1 \bar{a}_\gamma^{(1)} + m_2 \bar{a}_\gamma^{(2)} + m_i \bar{a}_\gamma^{(i)} = \begin{cases} n\,\bar{a}_\gamma \\ 0 \end{cases}$$

je nachdem γ höheren Rang hat als irgend ein $\gamma_\beta (\beta < \alpha^*)$ oder γ niedrigeren Rang hat als sämtliche $\gamma_\beta (\beta < \alpha^*)$.

---

1 Wir beschränken uns dabei auf den Fall, daß α^* eine Grenzzahl ist, da andernfalls die Behauptung evident ist.

Das im zweiten System der Größe $m_1 g_1 + m_2 g_2 + \ldots + m_i g_i$ zugehörende Symbol ist also:

$$\sum_{\alpha < \alpha^*} n \, . \, \bar{a}_{\gamma_\alpha} e_{\gamma_\alpha}$$

und der n^{te} Teil dieser Größe ist die gewünschte.

Hieraus aber folgt nach den Eigenschaften wohlgeordneter Mengen unmittelbar, daß auch dem Symbol (48) eine Größe zugehört.

Ob ein System nichtarchimedischer Größen vollständig oder unvollständig ist, ist also von der zugrunde gelegten Wohlordnung dieses Systems unabhängig, es ist eine Eigenschaft des Systems selbst.

Wir erinnern nun daran, daß unter einem nichtarchimedischen Größensystem ein einfach geordnetes Größensystem verstanden wurde, zwischen dessen Größen eine sechs Forderungen genügende Verknüpfung, die Addition, möglich ist. Auf Grund dieser Forderungen ließ sich innerhalb dieses Systems der Begriff der Größenklasse definieren.

Unter allen nichtarchimedischen Größensystemen lassen sich dann speziell die archimedischen hervorheben durch Hinzufügung der weiteren Forderung:

A. Unser Größensystem soll vom Klassentypus 1 sein, welche nur eine andere Formulierung des sogenannten archimedischen Axioms ist.

Um nun unter diesen Systemen weiter die vollständigen hervorzuheben, braucht man noch eine Forderung, welche D. Hilbert als Vollständigkeitsaxiom bezeichnet und der wir hier die Form geben:

B. Es soll nicht möglich sein, durch Hinzufügung neuer Größen zu den Größen unseres Systems ein umfassenderes einfach geordnetes System zu erhalten, in dem wieder eine unseren sechs Forderungen genügende Addition möglich ist,[1] ohne daß dadurch neue Größenklassen entstehen.

---

[1] Dabei ist angenommen, daß die Ordnung des erweiterten Systems für die auch im ursprünglichen System enthaltenen Größen die ursprüngliche sei und ebenso die Addition.

Den Größen eines auch den Forderungen A) und B) genügenden Größensystems lassen sich die reellen Zahlen so zuordnen, daß gleichen Größen dieselbe Zahl, verschiedenen Größen aber verschiedene Zahlen entsprechen, und zwar der kleineren Größe auch die kleinere Zahl und so, daß die der Summe zweier Größen entsprechende Zahl die Summe der den beiden Größen entsprechenden Zahlen ist. Diese Größensysteme sind also vom Standpunkt der Arithmetik aus von dem System der reellen Zahlen nur unwesentlich verschieden.

Man erkennt nun, wie diese Verhältnisse auf die allgemeinen nichtarchimedischen Größensysteme zu übertragen sind. An Stelle der Forderung A) tritt die Forderung:

A'. Unser Größensystem soll einen gegebenen Klassentypus haben und um aus allen Systemen des gegebenen Klassentypus die vollständigen herauszuheben, dient wieder die Forderung B).

Indem man den Größen eines solchen Systems nach dem in § 2 angegebenen Verfahren komplexe Zahlen zuordnet, sieht man wieder, daß alle vollständigen Größensysteme von gleichem Ordnungstypus nur unwesentlich verschieden sind, insofern sie sich ja arithmetisch durch dieselben komplexen Zahlen darstellen lassen.

Aus diesen Überlegungen geht hervor, daß die allgemeinen nichtarchimedischen Größensysteme sich im Hinblick auf das Vollständigkeitsaxiom durchaus nicht anders verhalten als die archimedischen Größensysteme.

Es sei noch darauf hingewiesen, daß man nicht an Stelle von B) die Forderung aufstellen darf, es solle unmöglich sein, das System so zu erweitern, daß der Klassentypus erhalten bleibt (für den Klassentypus 1 sind diese beiden Forderungen identisch), da diese letztere Forderung im allgemeinen nicht erfüllbar wäre.

§ 4.

Von nun an beschränken wir uns auf **vollständige** nichtarchimedische Größensysteme G, deren Klassentypus noch obendrein folgender Bedingung genügt: Sei Γ eine einfach geordnete Menge, deren Ordnungstypus der Klassentypus von

G ist, und seien γ ihre Elemente; die Einschränkung, die wir dem Klassentypus von G auferlegen, ist die, daß für die Elemente γ eine unseren sechs Forderungen genügende Addition[1] definiert sein soll.

Unter diesen Voraussetzungen werden wir beweisen, daß sich für die Größen von G eine Multiplikation definieren läßt, der folgende Eigenschaften zukommen.

1. Sie gestattet, aus zwei Größen des Systems g_1 und g_2 in eindeutiger Weise eine dritte, $g_1 . g_2$, herzuleiten.
2. Wenn $g_1 = g_1'$ und $g_2 = g_2'$, so ist $g_1 . g_2 = g_1' . g_2'$.
3. Sie ist assoziativ: $(g_1 g_2) g_3 = g_1 (g_2 g_3)$.
4. Sie ist kommutativ: $g_1 . g_2 = g_2 . g_1$.
5. Sie ist in Verbindung mit der Addition distributiv:

$$(g_1 + g_2) g_3 = g_1 g_3 + g_2 g_3 \text{ und } g_1 (g_2 + g_3) = g_1 g_2 + g_1 g_3 .$$

6. Ihre Umkehrung, die Division, ist eindeutig ausführbar außer durch die Null (die gegenüber der Addition indifferente Größe), d. h. wenn g_1 und g_3 beliebige Größen des Systems sind, und $g_1 \neq 0$, dann gibt es stets eine Größe g_2, derart, daß $g_1 . g_2 = g_3$ und für jede andere Größe g_2', für die ebenfalls $g_1 . g_2' = g_3$ ist, gilt $g_2' = g_2$.
7. Aus $g_1 > g_1'$ und $g_2 > 0$ folgt: $g_1 g_2 > g_1' g_2$.

Wir denken uns den Größen unseres Systems nach der in § 2 durchgeführten Art komplexe Zahlen zugeordnet; dann genügt es offenbar, nachzuweisen, daß es im System dieser komplexen Zahlen eine unseren Forderungen genügende Multiplikation gibt.

Zunächst definieren wir, was unter dem Produkt zweier Zahlen der Form $a_{\gamma_0} e_{\gamma_0}$ und $a'_{\gamma_0'} e_{\gamma_0'}$ verstanden werden soll. Wir setzen fest:

$$a_{\gamma_0} e_{\gamma_0} . a'_{\gamma_0'} e_{\gamma_0'} = a_{\gamma_0} a'_{\gamma_0'} e_{\gamma_0 + \gamma_0'},$$

wo auch die rechts stehende Zahl unserem System angehört, da nach Voraussetzung die Summe zweier Elemente von Γ wieder ein Element von Γ liefert.

---

[1] Dabei ist in diesen Forderungen das Zeichen $>$ durch $\succsim$ zu ersetzen.

Seien nun allgemein:

$$A = \Sigma\, a_{\gamma_\alpha} e_{\gamma_\alpha} \quad \text{und} \quad A' = \Sigma\, a'_{\gamma'_\alpha} e_{\gamma'_\alpha} \tag{50}$$

zwei komplexe Zahlen unseres Systems, wo also die Summation sich über absteigend wohlgeordnete Mengen erstreckt.

Wir bilden allgemein die Einheiten $e_{\gamma_\alpha + \gamma'_{\alpha'}}$, wo γ_α sowohl als $\gamma'_{\alpha'}$ jedes für sich die entsprechende absteigend wohlgeordnete Menge durchlaufe. Wir behaupten: Die so entstehende Menge von Einheiten ist selbst absteigend wohlgeordnet.

In der Tat, wäre sie es nicht, so enthielte die Menge der $\gamma_\alpha + \gamma'_{\alpha'}$ eine Teilmenge ohne höchstes Element und es ließen sich daher unendlich viele Paare γ_{α_n} und $\gamma'_{\alpha'_n}$ finden, so daß:

$$\gamma_{\alpha_1} + \gamma'_{\alpha'_1} \ni \gamma_{\alpha_2} + \gamma'_{\alpha'_2} \ni \ldots \ni \gamma_{\alpha_n} + \gamma'_{\alpha'_n} \ni \ldots$$

Da nun die γ_{α_n} einer absteigend wohlgeordneten Menge entnommen sind, so gibt es unter ihnen eines von höchstem Range, etwa $\gamma_{\alpha_{n_1}}$. Unter allen γ_{α_n} $(n > n_1)$ gibt es wieder eines von höchstem Range, es heiße $\gamma_{\alpha_{n_2}}$ u. s. w. Wir haben dann:

$$\gamma_{\alpha_{n_1}} + \gamma'_{\alpha'_{n_1}} \ni \gamma_{\alpha_{n_2}} + \gamma'_{\alpha'_{n_2}} \ni \ldots \ni \gamma_{\alpha_{n_k}} + \gamma'_{\alpha'_{n_k}} \ni \ldots$$

neben:

$$\gamma_{\alpha_{n_1}} \underline{\in} \gamma_{\alpha_{n_2}} \underline{\in} \ldots \underline{\in} \gamma_{\alpha_{n_k}} \underline{\in} \ldots,$$

woraus folgen würde:

$$\gamma'_{\alpha'_{n_1}} \ni \gamma'_{\alpha'_{n_2}} \ni \ldots \ni \gamma'_{\alpha'_{n_k}} \ni \ldots,$$

was unmöglich ist, da auch die $\gamma'_{\alpha'_{n_k}}$ einer absteigend wohlgeordneten Menge angehören und es daher unter ihnen ein höchstes geben muß. Unsere Behauptung ist somit erwiesen.

Wir behaupten weiter: In den beiden absteigend wohlgeordneten Mengen der Zahlen (50) kann es nur eine endliche Anzahl von Paaren γ_α und $\gamma'_{\alpha'}$ geben, derart, daß $\gamma_\alpha + \gamma'_{\alpha'}$ ein

42*

vorgegebenes Element γ von Γ ergibt. In der Tat, gäbe es unendlich viele solche Paare γ_{α_n}, $\gamma'_{\alpha'_n}$ derart, daß:

$$\gamma_{\alpha_1} + \gamma'_{\alpha'_1} = \gamma_{\alpha_2} + \gamma'_{\alpha'_2} = \ldots = \gamma_{\alpha_n} + \gamma'_{\alpha'_n} = \ldots,$$

so können wir, da die γ_{α_n} einer absteigend wohlgeordneten Menge angehören, immer annehmen, es sei:

$$\gamma_{\alpha_1} \prec \gamma_{\alpha_2} \prec \ldots \prec \gamma_{\alpha_n} \prec \ldots,$$

woraus sofort wieder folgen würde:

$$\gamma'_{\alpha'_1} \succ \gamma'_{\alpha'_2} \succ \ldots \succ \gamma'_{\alpha'_n} \succ \ldots,$$

was unmöglich ist.

Wir können nun definieren, was wir unter dem Produkt $AA' = B$ der beiden Zahlen (50) A und A' verstehen wollen. Um den Koeffizienten zu bestimmen, den die beliebige Einheit e_γ in B hat, gehe man so vor: Man stelle γ auf alle möglichen Weisen als Summe $\gamma_\alpha + \gamma'_{\alpha'}$ dar, wo sowohl γ_α als $\gamma'_{\alpha'}$ der entsprechenden absteigend wohlgeordneten Menge (50) angehören. Es ist dies nur auf eine endliche Anzahl Arten möglich, etwa:

$$\gamma = \gamma_{\alpha_1} + \gamma'_{\alpha'_1} = \gamma_{\alpha_2} + \gamma'_{\alpha'_2} = \ldots = \gamma_{\alpha_n} + \gamma'_{\alpha'_n}.$$

Der Koeffizient b_γ von e_γ in B sei dann:

$$b_\gamma = a_{\gamma_{\alpha_1}} a'_{\gamma'_{\alpha'_1}} + a_{\gamma_{\alpha_2}} a'_{\gamma'_{\alpha'_2}} + \ldots + a_{\gamma_{\alpha_n}} a'_{\gamma'_{\alpha'_n}}$$

beziehungsweise sei $b_\gamma = 0$, wenn eine Darstellung $\gamma = \gamma_\alpha + \gamma'_{\alpha'}$ überhaupt unmöglich ist.

Die Einheiten e_γ, deren Koeffizient b_γ von Null verschieden ausfällt, bilden dann, wie oben gezeigt, eine absteigend wohlgeordnete Menge, so daß durch diese Vorschrift das Produkt B von A und A' wirklich als Zahl unseres Systems definiert ist.

Man erkennt zunächst, daß diese Multiplikation assoziativ ist. Seien in der Tat A, B, C drei Zahlen unseres Systems:

$$A = \Sigma a_{\gamma_\alpha} e_{\gamma_\alpha} \qquad B = \Sigma b_{\gamma'_\beta} e_{\gamma'_\beta} \qquad C = \Sigma c_{\gamma''_\delta} e_{\gamma''_\delta},$$

dann erhält man zur Bildung von $(AB)C$ sowohl als von $A(BC)$ die Vorschrift: Man stelle γ auf alle möglichen Weisen dar als Summe $\gamma_\alpha+\gamma'_\beta+\gamma''_\delta$, etwa:

$$\gamma_{\alpha_1}+\gamma'_{\beta_1}+\gamma''_{\delta_1}=\gamma_{\alpha_2}+\gamma'_{\beta_2}+\gamma''_{\delta_2}=\ldots=\gamma_{\alpha_n}+\gamma'_{\beta_n}+\gamma''_{\delta_n}$$

und nehme als Koeffizienten von e_γ den Ausdruck:

$$a_{\gamma_{\alpha_1}} b_{\gamma'_{\beta_1}} c_{\gamma''_{\delta_1}}+a_{\gamma_{\alpha_2}} b_{\gamma'_{\beta_2}} c_{\gamma''_{\delta_2}}+\ldots+a_{\gamma_{\alpha_n}} b_{\gamma'_{\beta_n}} c_{\gamma''_{\delta_n}}$$

beziehungsweise die Null, wenn keine Darstellung von γ in der Form $\gamma_\alpha+\gamma'_\beta+\gamma''_\delta$ möglich ist.

Daß unsere Multiplikation kommutativ und in Verbindung mit der Addition distributiv ist, ist ohneweiters klar. Eigenschaft 7) (p. 648) weist man in folgender Weise nach:

Sei $A > A'$ und $B > 0$. Sind dann $e_{\gamma_0}, e_{\gamma'_0}, e_{\gamma''_0}$ die höchsten Einheiten mit von Null verschiedenem Koeffizienten in A, A', B, so ist $b_{\gamma''_0} > 0$ und entweder $\gamma_0 \succ \gamma'_0$ oder im Falle $\gamma_0=\gamma'_0$ wenigstens $a_{\gamma_0} > a'_{\gamma'_0}$. Die höchsten Einheiten mit von Null verschiedenem Koeffizienten in den Produkten AB und $A'B$ sind dann $e_{\gamma_0+\gamma''_0}$ und $e_{\gamma'_0+\gamma''_0}$, ihre Koeffizienten offenbar $a_{\gamma_0} b_{\gamma''_0}$ und $a'_{\gamma'_0} b_{\gamma''_0}$ und es ist entweder $e_{\gamma_0+\gamma''_0} \succ e_{\gamma'_0+\gamma''_0}$ oder im Falle $e_{\gamma_0+\gamma''_0}=e_{\gamma'_0+\gamma''_0}$ wenigstens $a_{\gamma_0} b_{\gamma''_0} > a'_{\gamma'_0} b_{\gamma''_0}$, so daß die Behauptung bewiesen ist.

Es ist nun noch zu zeigen, daß auch die Forderung 6 erfüllt und somit die Division (außer durch Null) allgemein ausführbar ist.

Seien also:

$$A = a_{\gamma_0} e_{\gamma_0}+a_{\gamma_1} e_{\gamma_1}+\ldots+a_{\gamma_\alpha} e_{\gamma_\alpha}+\ldots \qquad (a_{\gamma_0} \neq 0)$$
$$C = c_{\gamma'_0} e_{\gamma'_0}+c_{\gamma'_1} e_{\gamma'_1}+\ldots+c_{\gamma'_\alpha} e_{\gamma'_\alpha}+\ldots$$

zwei Zahlen unseres Systems (die Summation erstreckt sich beide Male über eine absteigend wohlgeordnete Menge). Gesucht wird eine Zahl B, derart, daß $C = AB$ ist.

Wir setzen:

$$B_1 = \frac{c_{\gamma'_0}}{a_{\gamma_0}} e_{\gamma'_0-\gamma_0}$$

und bilden:

$$C_1 = C-B_1 A = c^{(1)}_{\gamma^{(1)}_0} e_{\gamma^{(1)}_0}+c^{(1)}_{\gamma^{(1)}_1} e_{\gamma^{(1)}_1}+\ldots+c^{(1)}_{\gamma^{(1)}_\alpha} e_{\gamma^{(1)}_\alpha}+\ldots$$

Ist dann $C_1 = 0$, so ist B_1 die gesuchte Zahl B. Ist hingegen $C_1 \neq 0$, so können wir immer annehmen, es sei $c^{(1)}_{\gamma_0^{(1)}} \neq 0$. Jedenfalls ist dann C_1 von niedrigerer Klasse als C $(\gamma_0^{(1)} \ni \gamma_0')$. Wir setzen:

$$B_2 = B_1 + \frac{c^{(1)}_{\gamma_0^{(1)}}}{a_{\gamma_0}} e_{\gamma_0^{(1)}-\gamma_0} = \frac{c_{\gamma_0'}}{a_{\gamma_0}} e_{\gamma_0'-\gamma_0} + \frac{c^{(1)}_{\gamma_0^{(1)}}}{a_{\gamma_0}} e_{\gamma_0^{(1)}-\gamma_0}$$

und bilden:

$$C_2 = C - B_2 A = c^{(2)}_{\gamma_0^{(2)}} e_{\gamma_0^{(2)}} + c^{(2)}_{\gamma_1^{(2)}} e_{\gamma_1^{(2)}} + \ldots + c^{(2)}_{\gamma_\alpha^{(2)}} e_{\gamma_\alpha^{(2)}} + \ldots$$

Ist dann $C_2 = 0$, so ist B_2 die gesuchte Größe. Ist $C_2 \neq 0$, kann man annehmen: $c^{(2)}_{\gamma_0^{(2)}} \neq 0$ und hat $\gamma_0^{(2)} \ni \gamma_0^{(1)}$. Wir setzen dann:

$$B_3 = B_2 + \frac{c^{(2)}_{\gamma_0^{(2)}}}{a_{\gamma_0}} c_{\gamma_0^{(2)}-\gamma_0} = \frac{c_{\gamma_0'}}{a_{\gamma_0}} e_{\gamma_0'-\gamma_0} + \frac{c^{(1)}_{\gamma_0^{(1)}}}{a_{\gamma_0}} e_{\gamma_0^{(1)}-\gamma_0} + \frac{c^{(2)}_{\gamma_0^{(2)}}}{a_{\gamma_0}} e_{\gamma_0^{(2)}-\gamma_0}.$$

Entweder kommt man auf diesem Wege für irgend einen endlichen Index n zu einer Zahl:

$$B_n = \frac{c_{\gamma_0'}}{a_{\gamma_0}} e_{\gamma_0'-\gamma_0} + \frac{c^{(1)}_{\gamma_0^{(1)}}}{a_{\gamma_0}} e_{\gamma_0^{(1)}-\gamma_0} + \ldots + \frac{c^{(n-1)}_{\gamma_0^{(n-1)}}}{a_{\gamma_0}} e_{\gamma_0^{(n-1)}-\gamma_0}$$

$$(\gamma_0' \in \gamma_0^{(1)} \in \ldots \in \gamma_0^{(n-1)}),$$

so daß:

$$C_n = C - B_n A = 0$$

wird, und dann ist B_n die gesuchte Zahl B oder $C - B_n A$ ist für alle endlichen Indices n von Null verschieden. Im letzteren Falle können wir die Zahl B_ω bilden:

$$B_\omega = \frac{c_{\gamma_0'}}{a_{\gamma_0}} e_{\gamma_0'-\gamma_0} + \frac{c^{(1)}_{\gamma_0^{(1)}}}{a_{\gamma_0}} e_{\gamma_0^{(1)}-\gamma_0} + \ldots + \frac{c^{(n)}_{\gamma_0^{(n)}}}{a_{\gamma_0}} e_{\gamma_0^{(n)}-\gamma_0} + \ldots,$$

wo die Summation sich über alle endlichen Indices n erstreckt und $\gamma_0' \in \gamma_0^{(1)} \in \ldots \in \gamma_0^{(n)} \in \ldots$

Wir bilden weiter:

$$C_\omega = C - B_\omega A = c^{(\omega)}_{\gamma_0^{(\omega)}} e_{\gamma_0^{(\omega)}} + c^{(\omega)}_{\gamma_1^{(\omega)}} e_{\gamma_1^{(\omega)}} + \ldots + c^{(\omega)}_{\gamma_\alpha^{(\omega)}} e_{\gamma_\alpha^{(\omega)}} + \ldots$$

Ist $C_\omega = 0$, so ist B_ω die gesuchte Zahl B. Ist hingegen $C_\omega \neq 0$, so kann man wieder annehmen $c^{(\omega)}_{\gamma_0^{(\omega)}} \neq 0$ und es läßt sich beweisen, daß $\gamma_0^{(\omega)} \dashv \gamma_0^{(n)}$ für jedes endliche n, und der Prozeß läßt sich dann wieder um einen Schritt weiterführen.

Wir gehen gleich allgemein vor. Sei π irgend eine transfinite Ordinalzahl und:

$$B_\pi = \frac{c_{\gamma_0'}}{a_{\gamma_0}} e_{\gamma_0'-\gamma_0} + \frac{c^{(1)}_{\gamma_0^{(1)}}}{a_{\gamma_0}} e_{\gamma_0^{(1)}-\gamma_0} + \ldots + \frac{c^{(\alpha)}_{\gamma_0^{(\alpha)}}}{a_{\gamma_0}} e_{\gamma_0^{(\alpha)}-\gamma_0} + \ldots, \tag{51}$$

wo die Summation sich über alle Ordinalzahlen $< \pi$ erstreckt, und:

$$e_{\gamma_0'} \vdash e_{\gamma_0^{(1)}} \vdash \ldots \vdash e_{\gamma_0^{(\alpha)}} \vdash \ldots$$

Ist ρ eine Ordinalzahl $< \pi$, so werde unter B_ρ diejenige Zahl verstanden, die man erhält, wenn in (51) die Summation nur über alle Ordinalzahlen $< \rho$ erstreckt wird, und es sei für alle $\rho < \pi$:

$$C_\rho = C - B_\rho A = c^{(\rho)}_{\gamma_0^{(\rho)}} e_{\gamma_0^{(\rho)}} + c^{(\rho)}_{\gamma_1^{(\rho)}} e_{\gamma_1^{(\rho)}} + \ldots + c^{(\rho)}_{\gamma_\alpha^{(\rho)}} e_{\gamma_\alpha^{(\rho)}} + \ldots,$$

wo $c^{(\rho)}_{\gamma_0^{(\rho)}} \neq 0$ und die Summation sich über eine absteigend wohlgeordnete Menge erstreckt.

Wir bilden:

$$C_\pi = C - B_\pi A = c^{(\pi)}_{\gamma_0^{(\pi)}} e_{\gamma_0^{(\pi)}} + c^{(\pi)}_{\gamma_1^{(\pi)}} e_{\gamma_1^{(\pi)}} + \ldots + c^{(\pi)}_{\gamma_\alpha^{(\pi)}} e_{\gamma_\alpha^{(\pi)}} + \ldots$$

Ist dann $C_\pi = 0$, so ist B_π die gesuchte Zahl B. Ist hingegen $C_\pi \neq 0$, so können wir annehmen $c^{(\pi)}_{\gamma_0^{(\pi)}} \neq 0$ und beweisen, daß für jede Ordinalzahl $\rho < \pi$:

$$e_{\gamma_0^{(\pi)}} \dashv e_{\gamma_0^{(\rho)}}.$$

Setzen wir in der Tat:

$$B_\pi = B_\rho + B_\rho^*,$$

so haben wir:

$$B_\rho^* = \frac{c^{(\rho)}_{\gamma_0^{(\rho)}}}{a_{\gamma_0}} e_{\gamma_0^{(\rho)}-\gamma_0} + \frac{c^{(\rho+1)}_{\gamma_0^{(\rho+1)}}}{a_{\gamma_0}} e_{\gamma_0^{(\rho+1)}-\gamma_0} + \ldots + \frac{c^{(\alpha)}_{\gamma_0^{(\alpha)}}}{a_{\gamma_0}} e_{\gamma_0^{(\alpha)}-\gamma_0} + \ldots$$

Ferner haben wir:

$$C_\pi = C-(B_\rho+B^*_\rho)A = C_\rho - B^*_\rho A$$

und da das Glied höchsten Ranges in C_ρ und $B^*_\rho A$ übereinstimmend $c^{(\rho)}_{\gamma^{(\rho)}_0} e_{\gamma^{(\rho)}_0}$ ist, so ist gewiß die Klasse $e_{\gamma^{(\pi)}_0}$ von C_π von geringerem Range als die Klasse $e_{\gamma^{(\rho)}_0}$ von C_ρ, wie behauptet.

Wir sehen also: Sind die Zahlen B_ρ gegeben und wird B_π gebildet nach (51), so ist die Differenz $C-B_\pi A$ gewiß von niedrigerer Klasse als alle Differenzen $C-B_\rho A$, wo $\rho < \pi$.

Ist nun $C-B_\pi A = 0$, so ist B_π die gesuchte Zahl B, ist hingegen $C-B_\pi A \neq 0$, so kann der Prozeß fortgesetzt werden. Er gestattet Zahlen B_π zu berechnen, deren Indices immer höhere Ordinalzahlen sind und wird nur aufgehalten, wenn für eine Ordinalzahl π_0 die Differenz $C-B_{\pi_0}A$ Null wird, dann aber ist B_{π_0} die gesuchte Zahl B. Und dieser letztere Fall muß einmal eintreten, jedenfalls bevor die Ordinalzahl π die Anfangszahl der Zahlklasse $Z(\aleph_\nu)$ erreicht, wenn $\aleph_\nu$ die auf die Mächtigkeit von Γ unmittelbar folgende Mächtigkeit bedeutet; denn ist $e_{\gamma^{(\pi)}_0}$ die Klasse von $C-B_\pi A$, so hätte sonst die absteigend wohlgeordnete Menge, die von den $\gamma^{(\pi)}_0$ gebildet wird, höhere Mächtigkeit als die Menge Γ, was unsinnig ist.

Es ist also in der Tat möglich, eine Zahl B zu bestimmen, derart, daß $A.B = C$ ist, und es bleibt nur noch zu zeigen, daß es nur eine solche Zahl geben kann.

Um das zu zeigen, beachte man, daß offenbar bei unserer Multiplikation ein Produkt nur verschwinden kann, wenn ein Faktor verschwindet, so daß, wenn $C=0$ ist, auch $B=0$ sein muß. In der Tat, ist $A \neq 0$, $B \neq 0$, $a_{\gamma_0} e_{\gamma_0}$ das höchste Glied von A, $b'_{\gamma'_0} e_{\gamma'_0}$ das höchste Glied von B mit nicht verschwindendem Koeffizienten, so kommt in C das Glied $a_{\gamma_0} b'_{\gamma'_0} e_{\gamma_0+\gamma'_0}$ vor und es ist daher auch $C \neq 0$. Ist daher $AB = C$ und $AB' = C$, so ist $A(B-B') = 0$ und wegen der Voraussetzung $A \neq 0$ muß $B = B'$ sein.

Für die von uns definierte Multiplikation gelten also alle sieben auf p. 648 gestellten Forderungen.

Da innerhalb der Menge Γ eine den sechs Forderungen von p. 606 genügende Addition bestehen soll, so gibt es in Γ

ein Element γ_0, das gegenüber dieser Addition indifferent ist. Man sieht sofort, daß dann die Zahl $1 . e_{\gamma_0}$ gegenüber unserer Multiplikation indifferent ist.

Man kann nun die reellen Zahlen in unser System komplexer Zahlen einordnen, indem man festsetzt, die reelle Zahl a soll gleich heißen unserer komplexen Zahl $a . e_{\gamma_0}$. Jede positive Zahl unseres Systems, deren Klasse von höherem Range als e_{γ_0} ist, ist dann größer als jedes Vielfache na; man kann sie daher als aktual-unendlich groß bezeichnen. Jedes Vielfache einer positiven Zahl, deren Klasse von geringerem Range als e_{γ_0} ist, ist hingegen kleiner als jede positive reelle Zahl; eine solche Zahl kann daher als aktual unendlich klein bezeichnet werden.

Schriftenverzeichnis / List of Publications
Hans Hahn

[1] (1903) Zur Theorie der zweiten Variation einfacher Integrale, *Monatshefte f. Mathematik u. Physik,* **14**, 3–57.

[2] (1903) Über die Lagrangesche Multiplikationsmethode in der Variationsrechnung, *Monatshefte f. Mathematik u. Physik,* **14**, 325–342.

[3] (1904) Bemerkungen zur Variationsrechnung, *Mathematische Annalen,* **58**, 148–168.

[4] (1904) Über das Strömen des Wassers in Röhren und Kanälen (gemeinsam mit G. Herglotz und K. Schwarzschild), *Zeitschr. f. Mathem. u. Physik,* **51**, 411–426.

[5] (1904) Über den Fundamentalsatz der Integralrechnung, *Monatshefte f. Mathematik u. Physik,* **16**, 161–166.

[6] (1904) Über punktweise unstetige Funktionen, *Monatshefte f. Mathematik u. Physik,* **16**, 312–320.

[7] (1904) Weiterentwicklung der Variationsrechnung in den letzten Jahren (gemeinsam mit E. Zermelo), *Enzyklopädie der mathemat. Wissensch.*, Teubner, Leipzig, **II A**, 8a, 627–641.

[8] (1905) Über Funktionen zweier komplexer Veränderlichen, *Monatshefte f. Mathematik u. Physik,* **16**, 29–44.

[9] (1906) Über einen Satz von Osgood in der Variationsrechnung, *Monatshefte f. Mathematik u. Physik,* **17**, 63–77.

[10] (1906) Über das allgemeine Problem der Variationsrechnung, *Monatshefte f. Mathematik u. Physik,* **17**, 295–304.

[11] (1907) Über die nicht-archimedischen Größensysteme, *Sitzungsber. d. Akademie d. Wiss. Wien, math.-naturw. Klasse,* **116**, 601–655.

[12] (1907) Über die Herleitung der Differentialgleichungen der Variationsrechnung, *Math. Annalen,* **63**, 253–272.

[13] (1908) Bemerkungen zu den Untersuchungen des Herrn M. Fréchet: Sur quelques points du calcul fonctionnel, *Monatshefte f. Mathematik u. Physik,* **19**, 247–257.

[14] (1908) Über die Anordnungssätze der Geometrie, *Monatshefte f. Mathematik u. Physik,* **19**, 289–303.

[15] (1909) Über Bolzas fünfte notwendige Bedingung in der Variationsrechnung, *Monatshefte f. Mathematik u. Physik,* **20**, 279–284.

[16] (1909) Über Extremalenbogen, deren Endpunkt zum Anfangspunkt konjugiert ist, *Sitzungsber. d. Akademie d. Wissenschaften Wien, math.-naturw. Klasse,* **118**, 99–116.

[17] (1910) Über den Zusammenhang zwischen den Theorien der zweiten Variation und der Weierstraßschen Theorie der Variationsrechnung, *Rendiconti del Circolo Matematico di Palermo,* **29**, 49–78.

*[18] (1910) Arithmetik, Mengenlehre, Grundbegriffe der Funktionenlehre, in E. Pascal, *Repertorium der höheren Mathematik,* Teubner, Leipzig, **Bd. I, 1,** Kap. I, 1–42.

[19] (1911) Bericht über die Theorie der linearen Integralgleichungen, *Jahresbericht der D. M. V.*, **20**, 69–117.

[20] (1911) Über räumliche Variationsprobleme, *Math. Annalen,* **70**, 110–142.

[21] (1911) Über Variationsprobleme mit variablen Endpunkten, *Monatshefte f. Mathematik u. Physik,* **22**, 127–136.

[22] (1912) Über die Integrale des Herrn Hellinger und die Orthogonalinvarianten der quadratischen Formen von unendlich vielen Veränderlichen, *Monatshefte f. Mathematik u. Physik,* **23**, 161–224.

[23] (1912) Allgemeiner Beweis des Osgoodschen Satzes der Variationsrechnung für einfache Integrale, *II. Weber-Festschrift,* 95–110.

[24] (1913) Ergänzende Bemerkungen zu meiner Arbeit über den Osgoodschen Satz in Band 17 dieser Zeitschrift, *Monatshefte f. Mathematik u. Physik,* **24**, 27–33.

[25] (1913) Über einfach geordnete Mengen, *Sitzungsber. d. Akademie d. Wissenschaften Wien, math.-naturw. Klasse,* **122**, 945–967.

[26] (1913) Über die Abbildung einer Strecke auf ein Quadrat, *Annali di Matematica,* **21**, 33–55.

[27] (1913) Über die hinreichenden Bedingungen für ein starkes Extremum beim einfachsten Probleme der Variationsrechnung, *Rendiconti del Circolo Matematica di Palermo,* **36**, 379–385.

[28] (1914) Über die allgemeinste ebene Punktmenge, die stetiges Bild einer Strecke ist, *Jahresbericht der D. M. V.,* **23**, 318–322.

[29] (1914) Über Annäherung an Lebesguesche Integrale durch Riemannsche Summen, *Sitzungsber. d. Akademie d. Wiss. Wien, math.-naturw. Klasse,* **123**, 713–743.

[30] (1914) Mengentheoretische Charakterisierung der stetigen Kurve, *Sitzungsber. d. Akademie d. Wiss. Wien, math.-naturw. Klasse,* **123**, 2433–2490.

[31] (1915) Über eine Verallgemeinerung der Riemannschen Integraldefinition, *Monatshefte f. Mathematik u. Physik,* **26**, 3–18.

[32] (1916) Über die Darstellung gegebener Funktionen durch singuläre Integrale I und II, *Denkschriften d. Akademie d. Wiss. Wien, math.-naturw. Kl.,* **93**, 585–692.

[33] (1916) Über Fejérs Summierung der Fourierschen Reihe, *Jahresbericht der D. M. V.,* **25**, 359–366.

[34] (1917) Über halbstetige und unstetige Funktionen, *Sitzungsber. d. Akademie d. Wiss. Wien, math.-naturw. Klasse,* **126**, 91–110.

[35] (1918) Über stetige Funktionen ohne Ableitung, *Jahresbericht der D. M. V.,* **26**, 281–284.

[36] (1918) Über das Interpolationsproblem, *Mathem. Zeitschrift,* **1**, 115–142.

[37] (1918) Einige Anwendungen der Theorie der singulären Integrale, *Sitzungsber. d. Akademie d. Wiss. Wien, math.-naturw. Klasse,* **127**, 1763–1785.

[38] (1919) Über die Menge der Konvergenzpunkte einer Funktionenfolge, *Archiv d. Math. u. Physik,* **28**, 34–45.

[39] (1919) Über die Vertauschbarkeit der Differentiationsfolge, *Jahresbericht der D. M. V.,* **27**, 184–188.

[40] (1919) Über Funktionen mehrerer Veränderlicher, die nach jeder einzelnen Veränderlichen stetig sind, *Mathem. Zeitschrift,* **4**, 307–313.

[41] (1919) Besprechung von Alfred Pringsheim: Vorlesungen über Zahlen- und Funktionenlehre, *Göttingische gelehrte Anzeigen,* **9–10**, 321–347.

*[42] (1920) Bernhard Bolzano, Paradoxien des Unendlichen (mit Anmerkungen versehen von H. Hahn), Leipzig.

[43] (1921) Über die Komponenten offener Mengen, *Fundamenta mathematicae,* **2**, 189–192.

[44] (1921) Arithmetische Bemerkungen (Entgegnung auf Bemerkungen des

Herrn J. A. Gmeiner), *Jahresbericht der D. M. V.*, **30**, 170–175.

[45] (1921) Schlußbemerkungen hiezu, *Jahresbericht der D. M. V.*, **30**, 178–179.

[46] (1921) Über die stetigen Kurven der Ebene, *Mathem. Zeitschrift*, **9**, 66–73.

[47] (1921) Über irreduzible Kontinua, *Sitzungsber. d. Akademie d. Wiss. Wien, math.-naturw. Klasse*, **130**, 217–250.

[48] (1921) Über die Darstellung willkürlicher Funktionen durch bestimmte Integrale (Bericht), *Jahresbericht der D. M. V.*, **30**, 94–97.

*[49] (1921) Theorie der reellen Funktionen I, Berlin, Springer Verlag.

[50] (1922) Über Folgen linearer Operationen, *Monatshefte f. Mathematik u. Physik*, **32**, 3–88.

[51] (1922) Über die Lagrangesche Multiplikatorenmethode, *Sitzungsber. d. Akademie d. Wiss. Wien, math.-naturw. Klasse*, **131**, 531–550.

[52] (1923) Über Reihen mit monoton abnehmenden Gliedern, *Monatshefte f. Mathematik u. Physik*, **33**, 121–134.

[53] (1923) Die Äquivalenz der Cesàroschen und Hölderschen Mittel, *Monatshefte f. Mathematik u. Physik*, **33**, 135–143.

[54] (1924) Über Fouriersche Reihen und Integrale, *Jahresbericht der D. M. V.*, **33**, 107.

[55] (1925) Über ein Existenztheorem der Variationsrechnung, *Anzeiger d. Akad. d. W. in Wien*, **62**, 233.

[56] (1925) Über die Methode der arithmetischen Mittel, *Anzeiger d. Akad. d. W. in Wien*, **62**, 233–234.

[57] (1925) Über ein Existenztheorem der Variationsrechnung, *Sitzungsber. d. Akademie d. Wiss. Wien, math.-naturw. Klasse*, **134**, 437–447.

[58] (1925) Über die Methode der arithmetischen Mittel in der Theorie der verallgemeinerten Fourierschen Integrale, *Sitzungsber. d. Akademie d. Wiss. Wien, math.-naturw. Klasse*, **134**, 449–470.

*[59] (1925) Einführung in die Elemente der höheren Mathematik, (gemeinsam mit H. Tietze), Leipzig, 12 + 330 S.

[60] (1926) Über eine Verallgemeinerung der Fourierschen Integralformel, *Acta mathematica*, **49**, 301–353.

[61] (1927) Über lineare Gleichungssysteme in linearen Räumen, *Journal f. d. reine u. angew. Mathematik*, **157**, 214–229.

*[62] (1927) Variationsrechnung, in *Repertorium der höheren Mathematik*, E. Pascal, Teubner, Leipzig, **Bd. I, 2**, Kap. XIV, 626–684.

[63] (1928) Über additive Mengenfunktionen, *Anzeiger d. Akad. d. W. in Wien*, **65**, 65–66.

[64] (1928) Über unendliche Reihen und totaladditive Mengenfunktionen, *Anzeiger d. Akad. d. W. in Wien*, **65**, 161–163.

[65] (1928) Über stetige Streckenbilder, *Anzeiger d. Akad. d. W. in Wien*, **65**, 281–282.

[66] (1928) Über stetige Streckenbilder, *Atti del Congresso Internazionale dei Matematici*, Bologna, Band 2, 217–220.

[67] (1929) Über den Integralbegriff, *Anzeiger d. Akad. d. W. in Wien*, **66**, 19–23.

[68] (1929) Über den Integralbegriff, *Festschrift der 57. Versammlung Deutscher Philologen und Schulmänner in Salzburg vom 25. bis 29. September 1929*, 193–202.

[69] (1929) Empirismus, Mathematik, Logik, *Forschungen und Fortschritte*, **5**, 409–410.

[70] (1929) Mengentheoretische Geometrie, *Die Naturwissenschaften*, **17**, 916–919.

*[71] (1929) Die Theorie der Integralgleichungen und Funktionen unendlich vieler Variablen und ihre Anwendung auf die Randwertaufgaben bei gewöhnlichen und partiellen Differentialgleichungen (gemeinsam mit L. Lichtenstein und J. Lense), in E. Pas-

cal, *Repertorium der höheren Mathematik,* Teubner, Leipzig, **Bd. I, 3**, Kap. XXIV, 1250–1324.

[72] (1930) Über unendliche Reihen und absolut-additive Mengenfunktionen, *Bulletin of the Calcutta Mathem. Society,* **20**, 227–238.

[73] (1930) Die Bedeutung der wissenschaftlichen Weltauffassung, insbesondere für Mathematik und Physik, *Erkenntnis,* **1**, 96–105.

[74] (1930) Überflüssige Wesenheiten (Occams Rasiermesser) (Veröff. Ver. Ernst Mach), Wien, 24 S.

[75] (1931) Diskussion zur Grundlegung der Mathematik, *Erkenntnis,* **2**, 135–141.

*[76] (1932) Reelle Funktionen, Teil 1: Punktfunktion, *Math. und ihre Anwendung in Monogr. u. Lehrb.,* **13**, Leipzig, 11 + 415 S.

[77] (1933) Über separable Mengen, *Anzeiger d. Akad. d. W. in Wien,* **70**, 58–59.

[78] (1933) Über die Multiplikation total additiver Mengenfunktionen, *Annali di Pisa,* **2**, 429–452.

[79] (1933) Logik, Mathematik und Naturerkennen, *Einheitswissenschaft,* Heft **2**, Wien, 33 S.

[80] (1933) Die Krise der Anschauung, in Krise und Neuaufbau in den exakten Wissenschaften, 5 Wiener Vorträge, 1. Zyklus, Leipzig, Wien, 41–64.

[81] (1934) Gibt es Unendliches?, in Alte Probleme – Neue Lösungen in den exakten Wissenschaften, 5 Wiener Vorträge, 2. Zyklus, Leipzig, Wien, 93–116.

*[82] (1948) Set functions, hrsg. v. A. Rosenthal, University of New Mexico Press, 9 + 324 S.

Inhaltsverzeichnis, Band 2
Table of Contents, Volume 2

Hahn's Work in Real Analysis / Hahns Arbeiten zur reellen Analysis

Hahn's Work in Hydrodynamics / Hahns Arbeit zur Hydrodynamik

Inhaltsverzeichnis, Band 3
Table of Contents, Volume 3

Hahn's work in complex analysis /
Hahns Arbeit zur Funktionentheorie

Hahn's work on philosophical writing /
Hahns philosophische Schriften

Überflüssige Wesenheiten (Occams Rasiermesser). *Veröff. Ver. Ernst Mach, Wien,* 24 S

Diskussion zur Grundlegung der Mathematik. *Erkenntnis* **2**: 135–141

Logik, Mathematik und Naturerkennen. *Einheitswissenschaft,* Heft **2**, Wien, 33 S

Die Krise der Anschauung, in Krise und Neuaufbau in den exakten Wissenschaften. 5 Wiener Vorträge, 1. Zyklus, Leipzig, Wien, 41–64

Gibt es Unendliches? In: Alte Probleme – Neue Lösungen in den exakten Wissenschaften. 5 Wiener Vorträge, 2. Zyklus, Leipzig, Wien, 93–116

Springer-Verlag
und Umwelt

Als internationaler wissenschaftlicher Verlag sind wir uns unserer besonderen Verpflichtung der Umwelt gegenüber bewußt und beziehen umweltorientierte Grundsätze in Unternehmensentscheidungen mit ein.

Von unseren Geschäftspartnern (Druckereien, Papierfabriken, Verpackungsherstellern usw.) verlangen wir, daß sie sowohl beim Herstellungsprozeß selbst als auch beim Einsatz der zur Verwendung kommenden Materialien ökologische Gesichtspunkte berücksichtigen.

Das für dieses Buch verwendete Papier ist aus chlorfrei hergestelltem Zellstoff gefertigt und im pH-Wert neutral.

Springer-Verlag
and the Environment

WE AT SPRINGER-VERLAG FIRMLY BELIEVE THAT AN international science publisher has a special obligation to the environment, and our corporate policies consistently reflect this conviction.

WE ALSO EXPECT OUR BUSINESS PARTNERS – PRINTERS, paper mills, packaging manufacturers, etc. – to commit themselves to using environmentally friendly materials and production processes.

THE PAPER IN THIS BOOK IS MADE FROM NO-CHLORINE pulp and is acid free, in conformance with international standards for paper permanency.

Printed in the United States
By Bookmasters